macOS 应用开发基础教程

macOS application development

赵君卫 张帆 著

人民邮电出版社

北京

图书在版编目（CIP）数据

macOS应用开发基础教程 / 赵君卫，张帆著. -- 北京 ：人民邮电出版社，2018.9（2023.3重印）
ISBN 978-7-115-48640-0

Ⅰ. ①m… Ⅱ. ①赵… ②张… Ⅲ. ①软件开发一教材
Ⅳ. ①TP311.52

中国版本图书馆CIP数据核字(2018)第124269号

内 容 提 要

本书是 Swift 版本的 macOS 应用开发教程。本书全面介绍和说明了 macOS 平台中应用开发的系统控件，详细阐述和探讨了应用开发的常用组件、系统框架、应用沙盒处理、上架流程、生产力工具开发等内容，并配有丰富的示例讲解。书中还介绍了几个小型的演示项目，剖析了开发过程、开发思路和关键流程代码，力求让读者从基础知识和项目实践等多个维度去理解和掌握 macOS 平台的应用开发。

本书立足普及基本的 macOS 应用开发知识，力求每个知识点的讲解都简明扼要，并通过代码示例演示让读者尽快学以致用，非常适合 macOS 应用开发的初学者阅读。但是，本书中并没有介绍 Swift 的基础语法，阅读本书需要读者了解 Swift 的知识。

◆ 著　　　　赵君卫　张　帆
责任编辑　杨海玲
责任印制　焦志炜

◆ 人民邮电出版社出版发行　　北京市丰台区成寿寺路 11 号
邮编　100164　　电子邮件　315@ptpress.com.cn
网址　https://www.ptpress.com.cn
北京九州迅驰传媒文化有限公司印刷

◆ 开本：787×1092　1/16
印张：37.75　　　　　　2018 年 9 月第 1 版
字数：968 千字　　　　　2023 年 3 月北京第 7 次印刷

定价：108.00 元

读者服务热线：(010)81055410　印装质量热线：(010)81055316
反盗版热线：(010)81055315
广告经营许可证：京东市监广登字 20170147 号

前　言

念念不忘，终有回响。一直想着什么时候能写一本自己的书，把心中的世界分享出去，直到有一天我终于鼓起勇气！我知道这是一场真正的战斗，要用毅力去跟自己的懒惰进行一场较量。

2009 年一个偶然的机会我读到一篇博客，讲述了如何开发 iPhone 手机程序，感觉很好玩儿的样子，开发的程序还能放到 App Store 上赚钱，我一下子眼前一亮。我马上去买了一本书，不到一个月就学会了开发一些简单的 App。2009 年 10 月 18 日，一个周末我去南京仙林一家苹果专卖店花 8698 元人民币入手了人生第一台 MacBook。自从用上了 MacBook，我便开启了自己人生的新经历。此时，我才知道，世界上原来还有如此美好的产品，由不得你不爱它！

后来我一发不可收拾，我独立负责开发了陌生人交友 App 飘信 iOS 客户端——一个 LBS、BBS 和微博合体的复杂社交平台，后来还负责开发了很多大型商业 iOS App，同时还有很多半成品的 App 在我的 MacBook 上，如 2010 年就开始幻想的一个自助式应用开发平台，可以通过拖曳基本的控件迅速完成 App 基本功能的开发，甚至可以对一个现有 App 进行拍照，智能识别自动分析界面布局，生成其原型界面。

玩够了 iOS，自然不满足于 iOS 平台，我想在 macOS 平台上也去“舞剑”。MacBook 作为一款高效的生产力工具，有无数制作精美的 App 在为用户创造使用价值。

我是 macOS 平台的粉丝和玩家，自然不满足于玩儿别人的“剑”（App）！我也要创造自己的“剑”！

于是，我从两年前开始真正学习 macOS 应用开发，断断续续发布了几个 macOS 工具类应用，到现在为止累计收入近 2 万美元。我开发的典型应用是 DBAppX，一个支持 MySQL、PostgreSQL、SQLite、MongoDB 和 Redis 等多数据库类型的管理工具。另外，正在概念规划阶段中的项目是 AppX，一个 macOS 平台 UI 控件原型工具，支持可视化、所见即所得的设计 UI 控件，能自动化生成实现代码。

虽然自己的技术水平有限，写书有错误在所难免，对有些知识的理解也可能不全面，但是我写这本书是出于两方面的考虑，一方面是迫使自己对很多知识去做系统化的整理提炼，另一方面是国内目前还没有 macOS 应用开发相关的中文教程，想尽自己的微薄之力做一些基础知识的普及，吸引更多的人来学习 macOS 应用开发。

我喜欢创造自己的东西，写一本自己的书，于是便开始了人生第一次痛苦并快乐着的写书之旅。

主要内容

本书对 macOS 平台中应用开发的 App Kit 系统控件进行了详细的介绍，给出了示例说明，对开发软件常用的公用组件、系统框架、生产力工具开发等做了进一步的探讨，最后介绍了几个小型演示项目的开发过程、关键代码和开发思路，力求让读者从基础知识、方法论、项目实践等多维度去理解和掌握 macOS 平台的应用开发。

适合的读者群

本书是基于 Xcode 9.0 和 Swift 4.0 语法编写的 macOS 应用开发教程，并没有对 Swift 的基础语法概念进行详细的介绍，需要读者自行学习或具备 Swift 语言相关的基础知识。

致谢

感谢各位素不相识的网友一直以来的鼓舞。看到那么多朋友对 macOS 开发抱有热情，对知识充满渴望，我相信这是一种连接的力量。教学相长，跟网友交流的过程中我自己也学到了很多新的知识。

不要叫我“大神”什么的，我一样是个初学者，只是比大家早花了些时间学习和研究而已。

任何人都不可能从一本书中学到所有的东西，只要本书对读者能有一点帮助，对我来说就是一种莫大的鼓励，我就会非常开心。

在写作本书的过程中，我牺牲了很多晚上和周末的闲暇时间，这些生命中的美好时光本来是应该陪太太和孩子的，被我无情地占为己有，在此还要向家人表示感谢并致以歉意！

人民邮电出版社的杨海玲编辑对本书的出版付出了巨大心血和精力，提供了很多严谨且专业的修改意见，在此表示衷心的感谢！另外，我还要特别感谢聂玉江、舒姝、季怀斌、陈文颖、叶斌、李明、彭喜成和张琦等热心的朋友对本书提供的修改建议和帮助。

问题反馈

错误在所难免，Xcode 和 Swift 的升级更新也非常快，本书的代码可能会在下一版最新开发环境出现不兼容的问题，读者在阅读和开发中发现任何问题，都可以在本书专门的 issues 页面 MacDev Ebook Issues 提交，期待读者的反馈。

资源与支持

本书由异步社区出品，社区（https://www.epubit.com/）为您提供相关资源和后续服务。

配套资源

本书提供如下资源：

- 本书源代码；
- 书中彩图文件。

要获得以上配套资源，请在异步社区本书页面中点击 配套资源 ，跳转到下载界面，按提示进行操作即可。注意：为保证购书读者的权益，该操作会给出相关提示，要求输入提取码进行验证。

提交勘误

作者和编辑尽最大努力来确保书中内容的准确性，但难免会存在疏漏。欢迎您将发现的问题反馈给我们，帮助我们提升图书的质量。

当您发现错误时，请登录异步社区，按书名搜索，进入本书页面，点击“提交勘误”，输入勘误信息，点击“提交”按钮即可。本书的作者和编辑会对您提交的勘误进行审核，确认并接受后，您将获赠异步社区的 100 积分。积分可用于在异步社区兑换优惠券、样书或奖品。

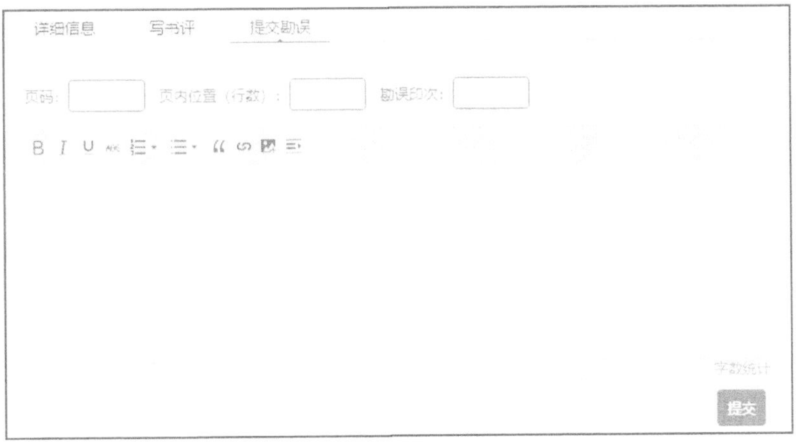

扫码关注本书

扫描下方二维码，您将会在异步社区微信服务号中看到本书信息及相关的服务提示。

与我们联系

我们的联系邮箱是 contact@epubit.com.cn。

如果您对本书有任何疑问或建议，请您发邮件给我们，并请在邮件标题中注明本书书名，以便我们更高效地做出反馈。

如果您有兴趣出版图书、录制教学视频，或者参与图书翻译、技术审校等工作，可以发邮件给我们；有意出版图书的作者也可以到异步社区在线提交投稿（直接访问 www.epubit.com/selfpublish/submission 即可）。

如果您是学校、培训机构或企业，想批量购买本书或异步社区出版的其他图书，也可以发邮件给我们。

如果您在网上发现有针对异步社区出品图书的各种形式的盗版行为，包括对图书全部或部分内容的非授权传播，请您将怀疑有侵权行为的链接发邮件给我们。您的这一举动是对作者权益的保护，也是我们持续为您提供有价值的内容的动力之源。

关于异步社区和异步图书

“异步社区”是人民邮电出版社旗下 IT 专业图书社区，致力于出版精品 IT 技术图书和相关学习产品，为作译者提供优质出版服务。异步社区创办于 2015 年 8 月，提供大量精品 IT 技术图书和电子书，以及高品质技术文章和视频课程。更多详情请访问异步社区官网 https://www.epubit.com。

“异步图书”是由异步社区编辑团队策划出版的精品 IT 专业图书的品牌，依托于人民邮电出版社近 30 年的计算机图书出版积累和专业编辑团队，相关图书在封面上印有异步图书的 LOGO。异步图书的出版领域包括软件开发、大数据、AI、测试、前端、网络技术等。

异步社区

微信服务号

目　录

第 1 章 准备工作

本章首先说明使用 Mac 电脑开发 macOS 应用的必要性，接着对 Xcode 开发工具的使用进行简单介绍，最后通过一个简单的 Hello World 示例程序来分析一个简单应用的工程结构。

1.1 Mac 电脑

开发 macOS 应用，首先必须准备一台 Mac 电脑，可以去苹果专卖店直接购买，也可以去苹果公司官方网站在线下单购买。

使用 Mac 电脑能提升开发效率，大大改善工作的心情。只要不去非官方的应用商店去下载 App，很少有各种病毒和乱弹窗的烦恼，也不会遇到系统崩溃、蓝屏的事儿。开机都是秒级的，节省的时间可以集中精力完成工作。

用 Mac 电脑开启你的 macOS 应用开发之旅吧！

1.2 Xcode 使用介绍

Xcode 是开发 macOS 应用软件的利器，可以在 Mac 电脑的应用商店免费下载。

首次启动 Xcode，选择顶部菜单 File→New→Project，选择 Cocoa App 模板后点击 Next，如图 1-1 所示。

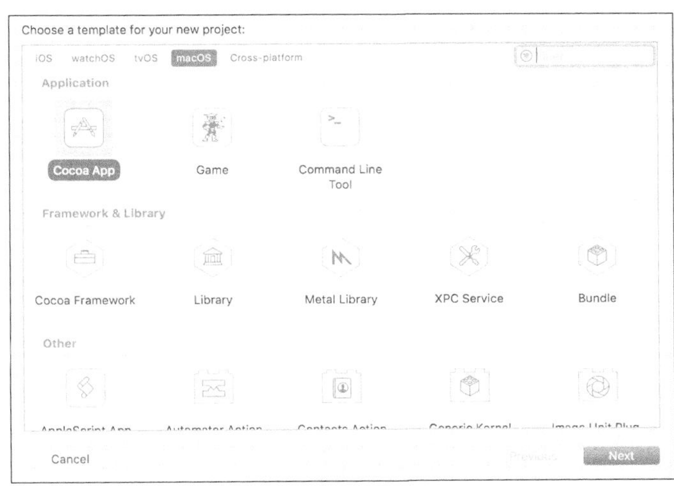

图 1-1

输入工程名称 HelloWorld，开发语言选择 Swift，如图 1-2 所示。

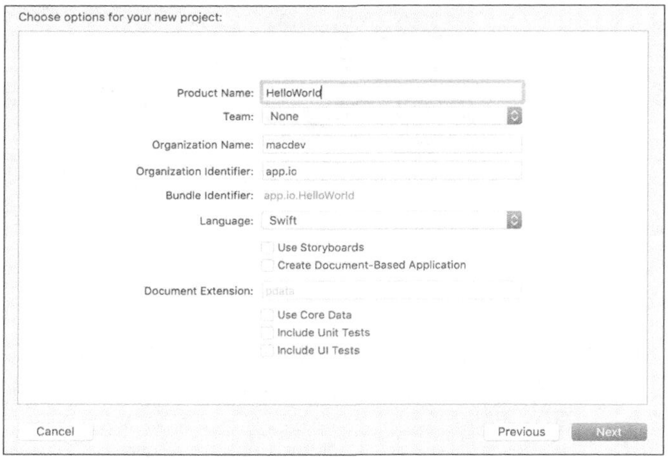

图 1-2

完成第一个工程的创建。图 1-2 上没有勾选 Use Storyboards 的方式，若勾选 Use Storyboards，生成的工程代码框架会有所不同。苹果公司推荐使用 Storyboard 方式创建，但是，为了快速、简单地展示一些知识点，本书在大多数情况下会使用 xib 方式创建工程。在实际项目开发中还是建议大家使用 Storyboard 方式来创建项目。

1.2.1　Xcode 工作区

Xcode 工作区由以下几部分组成，如图 1-3 所示。

- 系统菜单栏：位于 Xcode 的顶部，提供核心功能的菜单入口。
- 工具栏：提供便捷的功能按钮入口，包括运行工程、终止工程的常用的功能按钮。最右边是 3 个不同方向的工作区开关按钮。点击可以打开或关闭不同方向的侧边栏区域。
- 工程结构导航区：位于最左边区域，可以方便地浏览工程的所有文件。

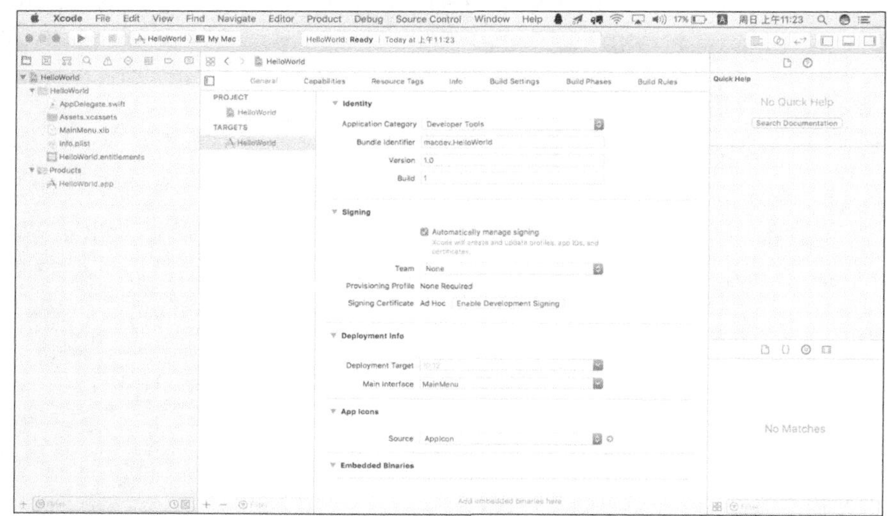

图 1-3

点击工程结构导航区中 MainMenu.xib，出现 xib 界面设计相关的工作区，下面逐一进行说明。

1.2.2 xib 界面设计相关的工作区和菜单

1. 界面设计工作区

xib 界面设计相关的工作区包括 xib 文件导航区、xib 设计区、xib inspector 面板区和控件工具箱，如图 1-4 所示。

- xib 文件导航区：用来快速导航切换到 xib 界面相关组件视图或对象。
- xib 设计区：视图设计界面的工作环境。
- xib inspector 面板区：对 xib 设计区选中的视图或对象，可以查看或修改其各种属性。
- 控件工具箱：各种控件和对象的集合区，选中其中一个可以拖放到设计区工作界面。

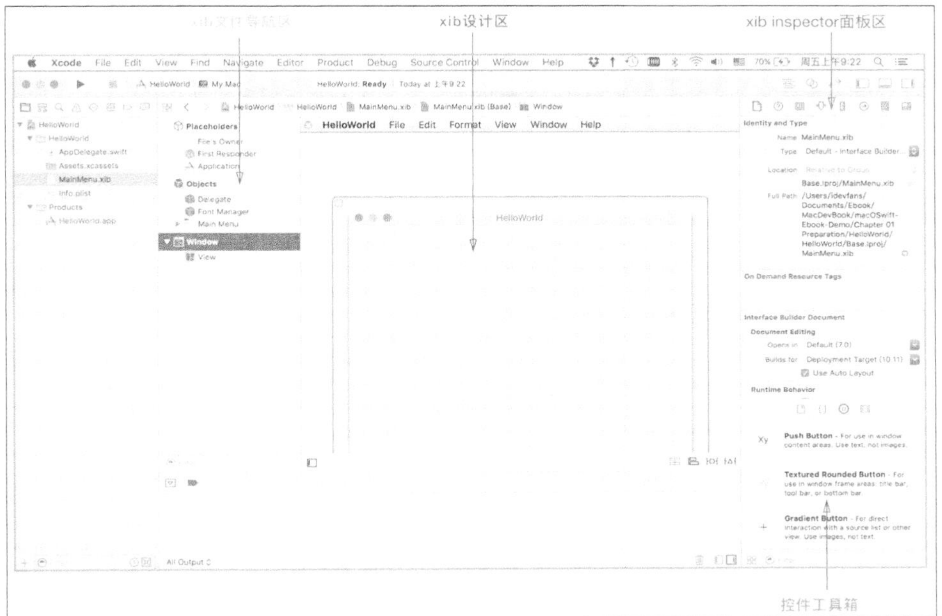

图 1-4

inspector 面板有 8 个功能按钮，依次为文件信息、快速帮助、类主体和标识、属性、大小、事件和变量连接、对象绑定和视图特定效果。

每个按钮对应的面板区功能说明如下。

- 文件信息：xib 文件信息包括文件名、文件路径、文件支持的 Xcode 版本、是否使用自动布局等。
- 快速帮助：当前选中的对象的帮助信息。
- 类主体和标识：如果控件使用自定义的类，需要从 Class 中选择内容。
- 属性：用于对每个控件的不同风格样式的属性进行设置。
- 大小：视图控件的大小、坐标位置。
- 事件和变量连接：用于控件响应的事件设置以及控件对应的 Outlet 变量绑定。
- 对象绑定：对象属性参数的绑定设置。
- 视图效果：视图的模糊化特定效果设置。

2. Assistant Editor 菜单

从工程结构导航区选择要编辑的 xib 文件，点击 View→Assistant Editor→Show Assistant Editor 后，会出现 Assistant Editor 区域，如图 1-5 所示。

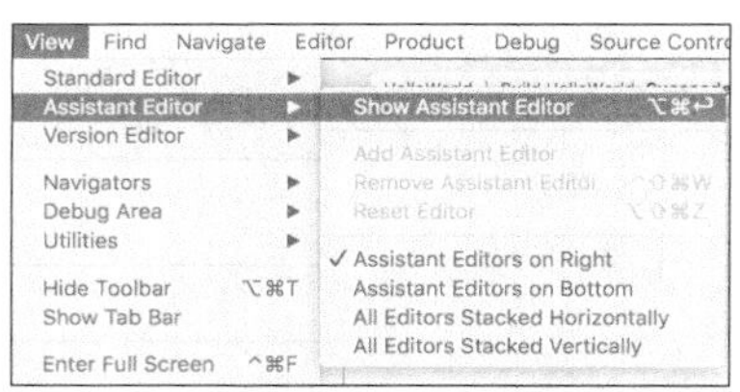

图 1-5

中间 xib 视图区域分为左右两部分，左边是以前的 xib 部分，右边是代码编辑面板，可以辅助完成控件的事件动作以及 Outlet 变量和代码的绑定。如果出现的代码文件不是当前 xib 对应的，则可以通过顶部工具栏 Automatic 菜单切换到目标代码，如图 1-6 所示。

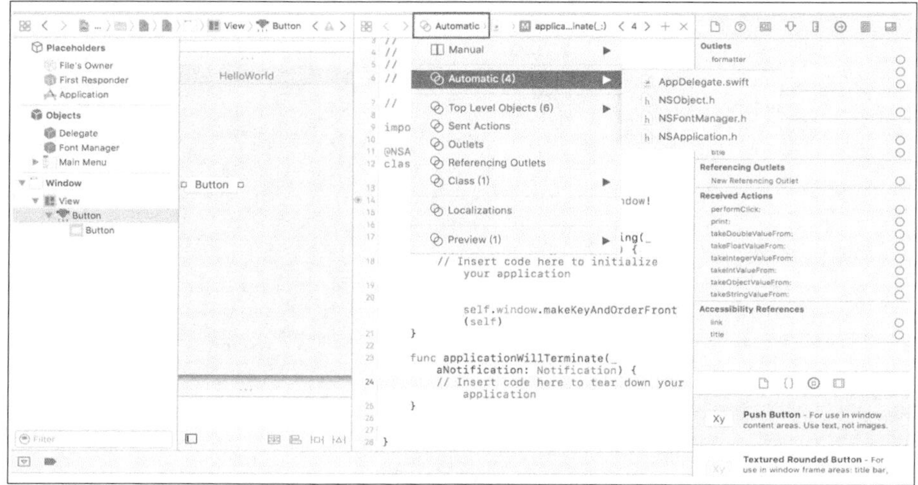

图 1-6

以 NSButton 按钮为例，点击选中按钮切换到右边的 inspector 面板区的 Connections，拖动 Sent Actions 部分的 action 旁边的小圆圈向代码区域拖放，会出现 Insert Action，此时松开后会弹出 Connection 小面板对话框，如图 1-7 所示，输入名称，Xcode 会自动在当前代码中插入命名的按钮事件，这样就完成了按钮的事件绑定定义。

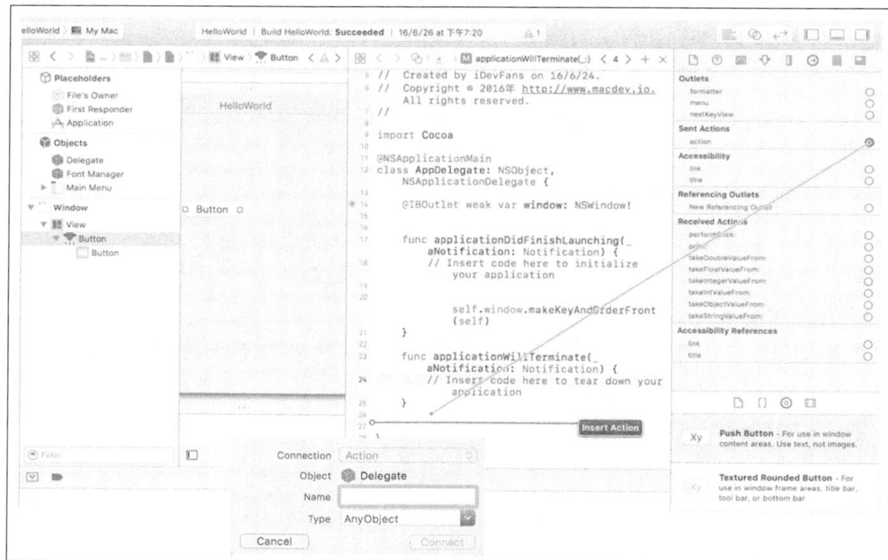

图 1-7

同样，如果要将 xib 界面的一个控件绑定到一个变量，就点击图 1-7 中 Referencing Outlets 旁边的小圆圈拖到代码区域，输入变量名称就完成了 Outlets 变量的绑定。

通过本节的介绍，希望读者尽快熟悉 Xcode 开发环境，重点掌握创建工程和如何进行变量绑定和事件绑定。

1.3 工程结构

新建一个工程有两种方式，一种是 xib 方式，另一种是 Storyboard 方式。苹果公司推荐使用最新的 Storyboard 方式创建，这种方式的代码层级结构比较清晰，也易于维护。

1.3.1 使用 xib 方式创建的工程

先分析以 xib 方式创建 HelloWorld 工程的组成部分，如图 1-8 所示。

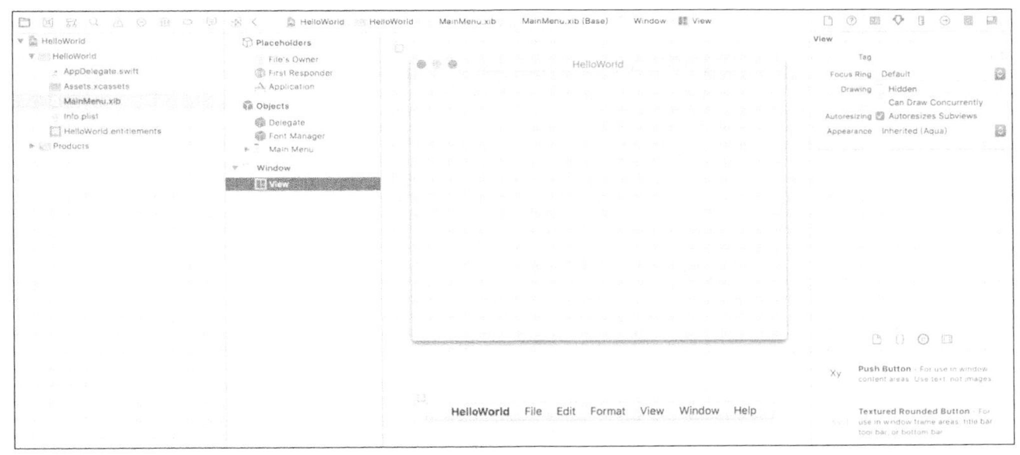

图 1-8

MainMenu.xib 文件中主要定义应用菜单、一个窗口对象和窗口的内容视图。最左边是树形的导航目录，可以点击切换到不同的代码文件或资源目录进行统一管理。目录树顶部根节点为工程名称，选中后双击可以修改工程名称。里面的二级目录为 HelloWorld 和 Products，所有的重量级的元素都在第一个 HelloWorld 目录里面。Products 里面是编译生成的应用文件。子目录 HelloWorld 里的 AppDelegate.swift 是应用的代理，定义了应用启动完成和应用终止的回调代理方法。

1. AppDelegate.swift

在 AppDelegate.swift 中声明了 AppDelegate 类，它必须继承 NSApplicationDelegate 协议。

下面具体看一下 ApplicationDelegate 类的代码：

```
import Cocoa

@NSApplicationMain
class AppDelegate: NSObject, NSApplicationDelegate {
   @IBOutlet weak var window: NSWindow!
   func applicationDidFinishLaunching(_ aNotification: Notification) {
      // Insert code here to initialize your application
   }
```

```
    func applicationWillTerminate(_ aNotification: Notification) {
        // Insert code here to tear down your application
    }
}
```

AppDelegate 类实现了 applicationDidFinishLaunching 和 applicationWillTerminate 两个代理方法。applicationDidFinishLaunching 中可以做一些应用启动前的初始化处理，applicationWillTerminate 中可以做一些应用退出前的全局性数据区和资源的清理和释放。

AppDelegate 中还在接口中声明了一个 NSWindow 类型的名为 window 的 IBOutlet 输出变量，这样就可以在 AppDelegate 中通过变量 window 来控制窗口，如设置 window 的背景颜色、标题、位置和大小等。Xcode 自动生成的代码中没有对 window 进行任何修改设置，因此删除这个 IBOutlet 类型的 window 定义也不会有问题。

2. Assets.xcassets

Assets.xcassets 文件夹中对工程中使用的图片资源可以进行统一管理，其中 Xcode 会默认创建一个 AppIcon 的图片资源作为应用的安装图标，如图 1-9 所示。

图 1-9

在图 1-9 中，可以依次看到 5 种规格的图标图片，每一种都需要 1x 和 2x 两种规格的图片。例如，16pt 的就需要将 16 像素×16 像素和 32 像素×32 像素的图片分别拖入到 1x 和 2x 的虚线位置框里面。

可以点击底部“＋”菜单按钮创建自己的 Image Set，双击可以修改 Image Set 的名字。除 AppIcon 以外，其他普通的图标资源都有 1x、2x 和 3x 这 3 种规格。

3. MainMenu.xib

这个 xib 文件是很关键的一个程序资源文件。应用启动的界面和应用的菜单都定义在其中。当然，你完全可以不使用这个文件作为应用的初始化界面，而直接使用纯代码控制，这会在后续的章节中详细说明。

点击 HelloWorld 窗口，最右边会出现控制面板，通过顶部的不同图标按钮来切换到不同的功能控制区。

（1）自动布局。选中 Use Auto Layout，如图 1-10 所示，表示使用自动布局机制来控制界面上元素的布局方式。与自动布局相对应的另外一个方式就是坐标式布局，必须由代码显式地指定 UI 元素之间的坐标位置关系。xib 设计区域右下部分 4 个工具按钮用来辅助设置自动布局约束，自动布局是苹果公司推荐的布局方式，本书后续的代码示例都使用自动布局来说明。

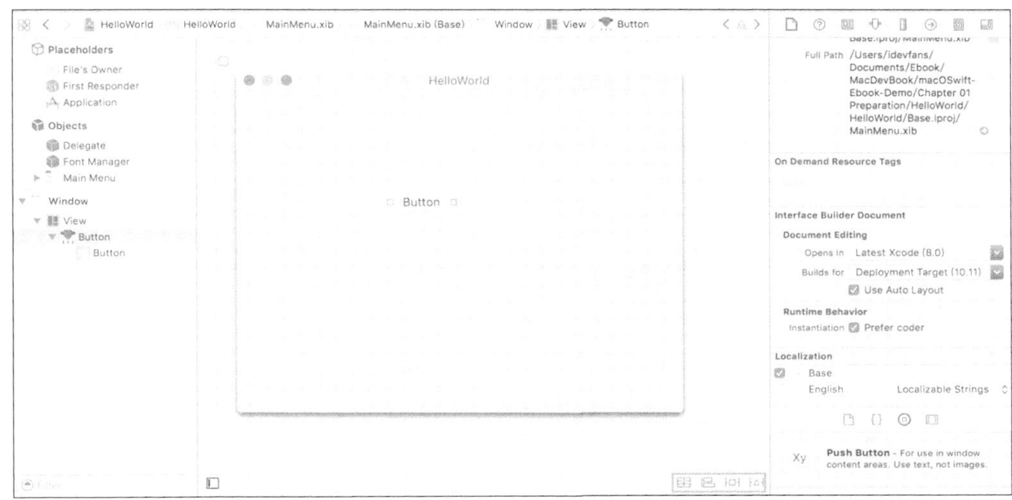

图 1-10

（2）类。每一种界面元素都是系统默认的标准类。如果想使用自定义的类，可以在图 1-11 所示的界面的右边面板的 Class 中输入自定义的类名。这样 xib 文件被加载的时候就会使用你定义的类中的初始化方法完成类加载。

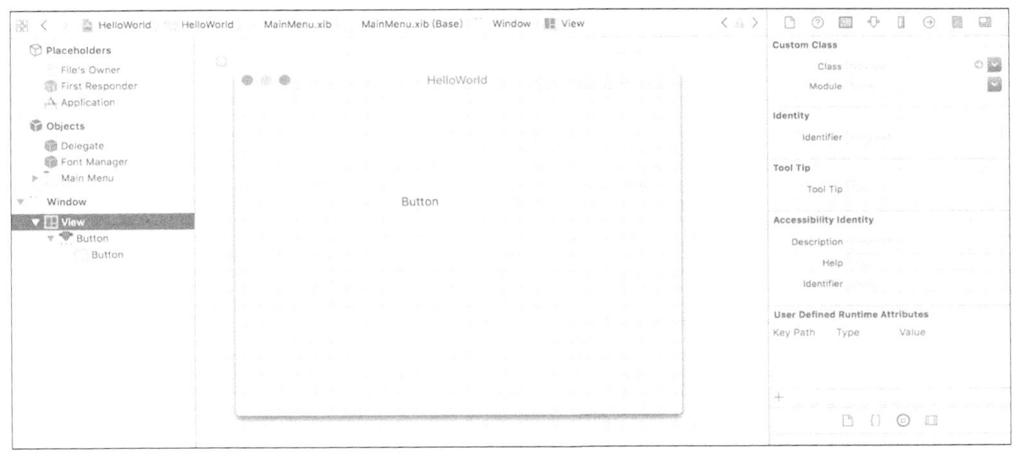

图 1-11

（3）属性。点击 HelloWorld 窗口，切换到它的属性面板区，如图 1-12 所示，其中 title 字段可以修改 Window 的标题。选中 Title Bar 表示 Window 是带有顶部标题的，取消选中，窗口顶部的标题会消失。还有一个关键的提示，选中 Visible At Launch 表示应用启动时窗口自动显示，取消选中，再运行 HelloWorld 工程，应用启动窗口就不见了，只显示顶部的菜单。

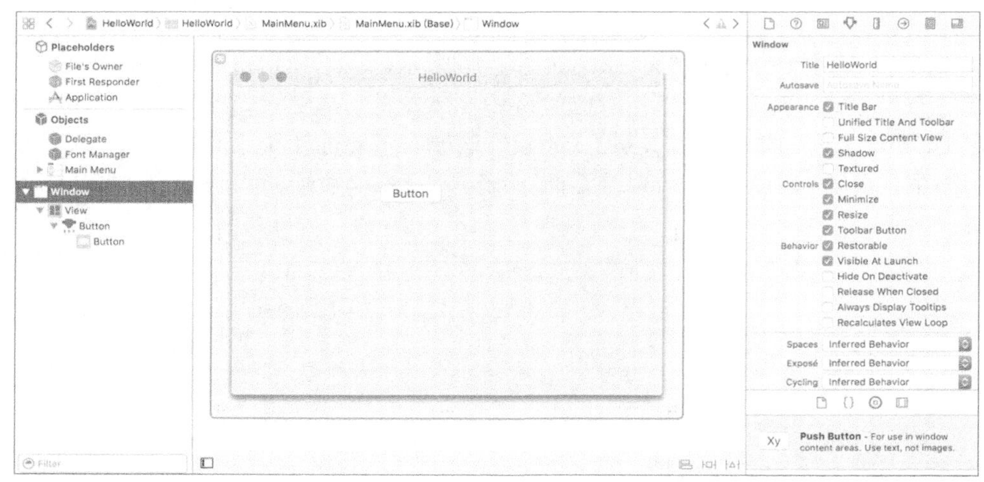

图 1-12

可以通过代码让它再次出现，在 AppDelegate 的 applicationDidFinishLaunching 中调用 makeKeyAndOrderFront 方法：

```
func applicationDidFinishLaunching(_ aNotification:
    Notification) {
    // Insert code here to initialize your application
    self.window.makeKeyAndOrderFront(self);
}
```

（4）大小。如图 1-13 所示，这里可以控制 Window 的大小以及高度/宽度的最大值和最小值。设置最大和最小高度/宽度后会影响应用运行后，通过鼠标去拉长、拉高 Window 的范围。

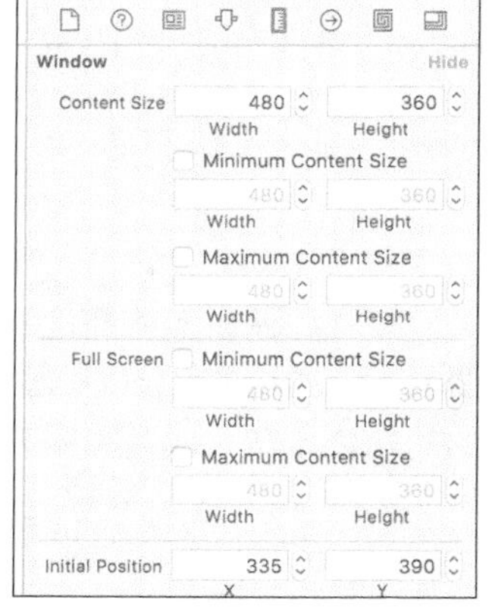

图 1-13

（5）连接。点击 Xcode 顶部 View 菜单中的 Assistant Editor，选择 Show Assistant Editor，调出类的定义文件 AppDelegate.swift，如图 1-14 所示。

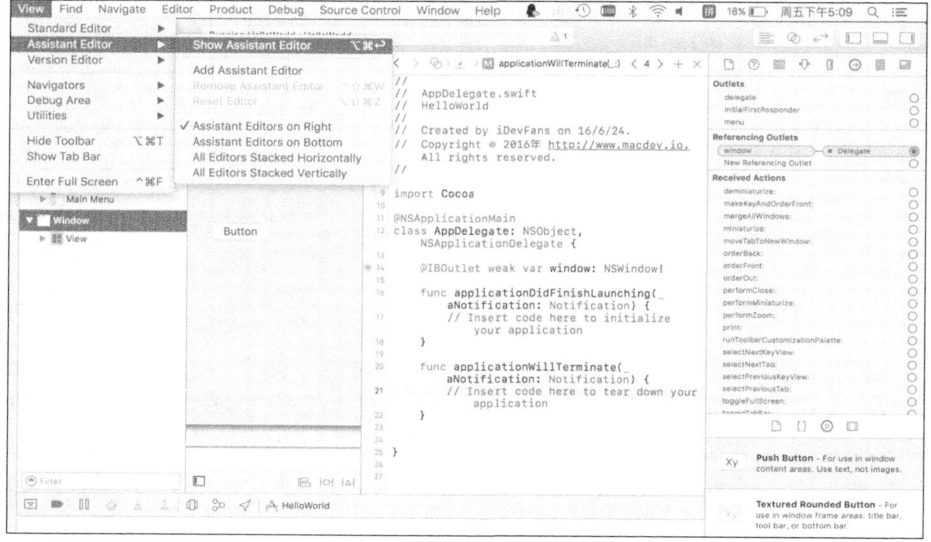

图 1-14

任何想通过代码修改 UI 上元素的属性/行为动作时，都需要对 xib 中的 UI 元素命名。在这个面板的 Referencing Outlets 部分，拖住 New Referencing Outlet 右侧的小圆圈，放到 AppDelegate 文件中，在弹出的窗口中输入变量的名称，完成 UI 元素绑定到 Outlet 类型的变量上。这样在代码中就可以使用这个变量对 UI 元素进行访问控制。

4．info.plist

info.plist 是工程基本信息 plist 文件，plist 是苹果公司的（键，类型，值）形式描述的文件格式，用来描述配置信息，如图 1-15 所示。

- Icon file：可以在这个字段输入 icns 格式的文件作为 AppIcon 图标。AppIcon 现在一般通过 Assets.xcassets 设置，因此指定 Icon file 的方式很少使用了。
- Bundle identifier：应用的唯一标识字串。
- Bundle versions string，short：应用对外发布的版本号。
- Bundle version：应用的内部版本号。提交到 Mac App Store 等待审核中的版本，如果发现 bug，可以撤下来重新提交，这时候 Bundle versions string，short 版本号保持不变，只需要让 Bundle version 版本号递增即可。
- Main nib file base name：指定应用启动时加载的 xib 文件名。
- Principal class：NSApplication。

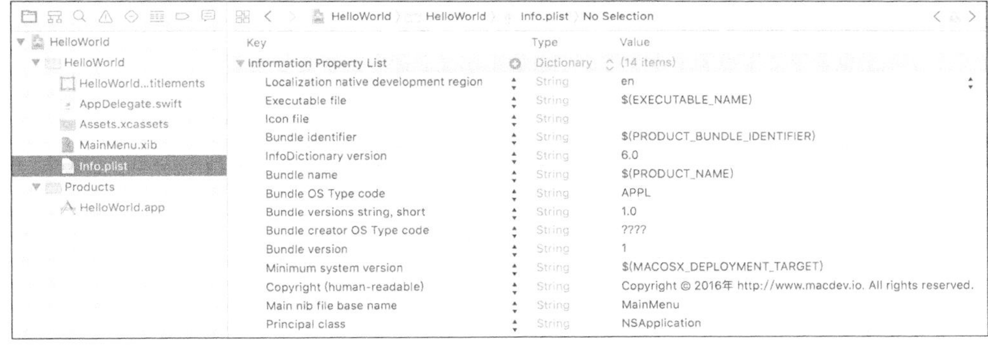

图 1-15

5．target

target 定义了编译发布的单个产品需要的源文件、配置参数、依赖的库、部署系统版本环境和签名文件等。

（1）General。除了可以通过 plist 文件修改应用的配置信息字段外，还可以选择 target 进入 General 面板来修改 plist 文件中的部分字段，如图 1-16 所示。Deployment Info 部分的 Deployment Target 设置应用支持的最低 macOS 系统版本。

（2）Capabilities。Capabilities 面板中列出的是应用测试和发布前需要关注的功能开关，应用用到什么相关功能就勾选它，如图 1-17 所示。

重点关注一下 App Sandbox，苹果公司现在要求上架 Mac App Store 的应用必须使用沙盒，所以发布到商店的应用必须选择打开。

如果应用要访问服务器的接口，就必须打开 Outgoing Connections。Hardware 里面必须选择打开 Printing，否则审核不通过。

如果你需要让用户选择访问本地的文件，File Access 部分的 User Selected File 必须选择读/写权限。

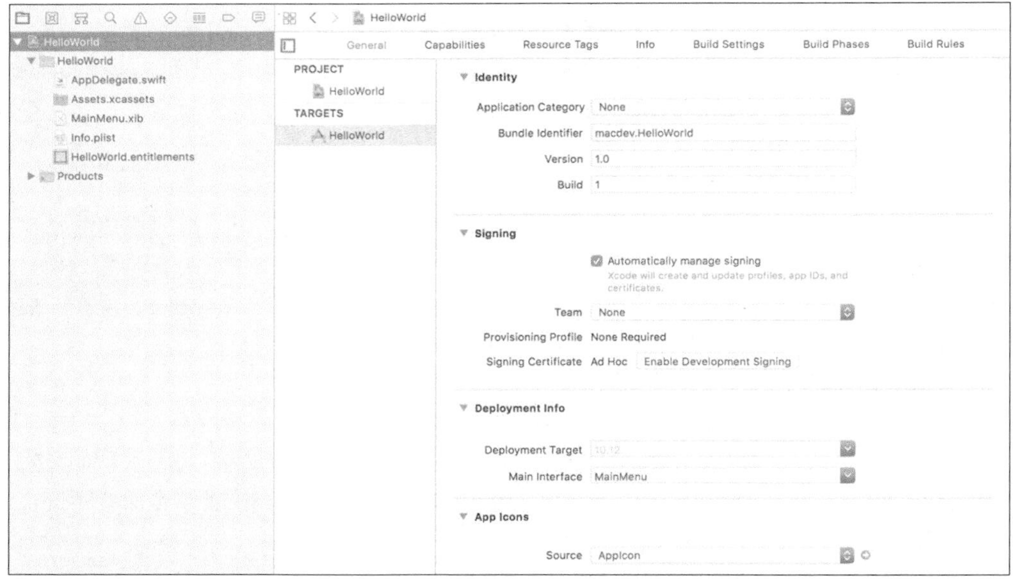

图 1-16

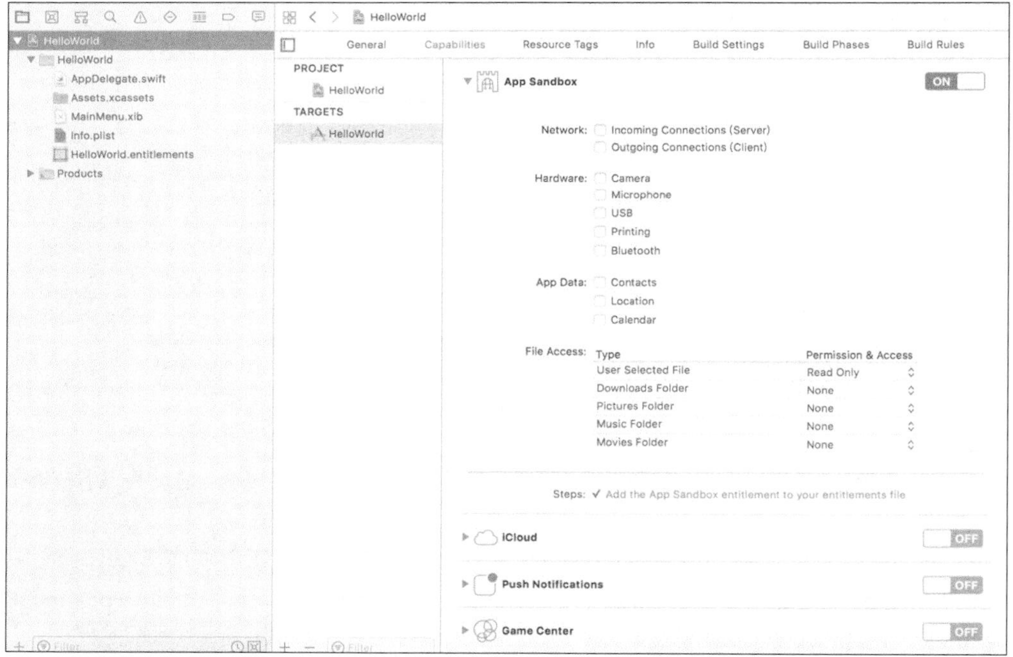

图 1-17

（3）Info。Info 面板中的内容与点击工程结构导航区中的 info.plist 文件看到的内容一致，如图 1-18 所示。

点击 Principal class 增加一行 Application Category，对 Application Category 可以选择一个应用的分类，要提交到 Mac App Store 就必须有分类。

（4）Build Settings。发布前必须正确设置 Signing。Code Signing Identity 为证书，Provisioning Profile 为应用的签名信息，如图 1-19 所示。

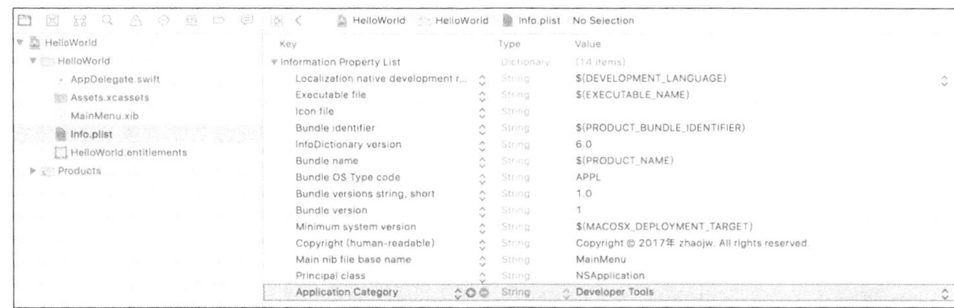

图 1-18

图 1-19

1.3.2 使用 storyboard 方式创建的工程

创建 HelloWorld 工程时，如果勾选 Use Storyboard，则创建工程使用的就是 storyboard 方式。创建完成后工程目录结构如图 1-20 所示。

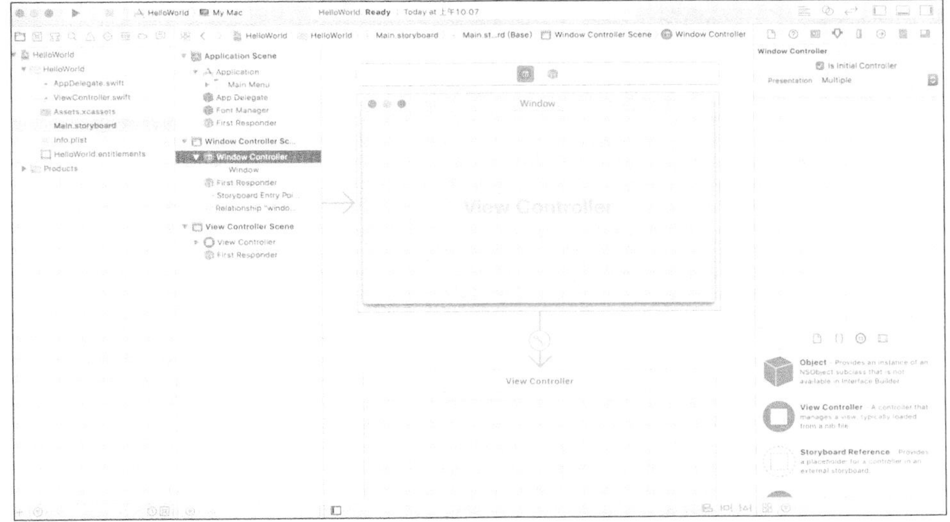

图 1-20

点击 Main.storyboard 资源文件，会看到里面的文件结构包括以下 3 个场景。

- Application Scene：应用场景，包括应用菜单、App Delegate 对象。
- Window Controller Scene：窗口控制器场景，选中其中的 Window Controller 会看到它的属性面板上有 Is Initial Controller，勾选表示为应用启动默认先显示的窗口控制器。有多个 Window Controller Scene 时必须指定其中一个为初始控制器（initial controller）。
- View Controller Scene：视图控制器场景，用来定义界面上各种控件。

从控件工具箱选择 Window Controller 到 storyboard 设计区，会创建一个新的 Window Controller Scene，同时也会自动创建一个对应的 View Controller Scene 作为 Window Controller 的视图控制器。

通过上面的分析，读者应该对 storyboard 文件有了一个基本的概念，它主要定义应用菜单、启动的窗口控制器和视图控制器。

第 2 章 窗口对象

窗口 NSWindow 是应用 UI 视图的容器，负责接收用户的鼠标、键盘等系统事件，转发消息到相关的接收者对象。AppKit 提供的一些子类化的窗口还可以实现一些辅助的交互功能，比如文件打开/保存的对话框、字体颜色选择器等。

每个应用启动后至少会打开一个窗口。运行多个应用时，屏幕上会打开多个窗口。我们把当前用户正在工作的应用的窗口称为活动窗口，其他应用的窗口相应地称为非活动窗口。活动窗口顶部的标题栏部分的颜色是高亮灰色选中状态，如图 2-1 所示。

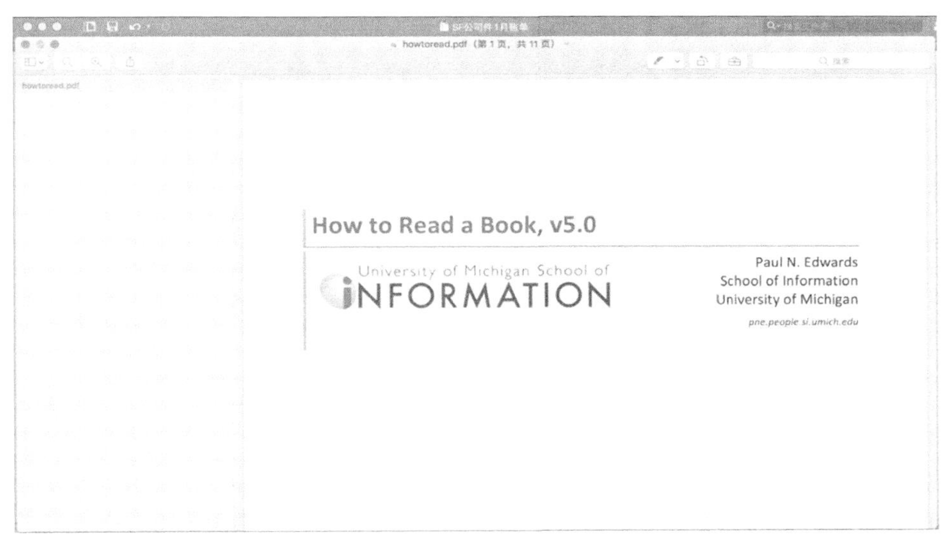

图 2-1

可以接收输入事件（键盘、鼠标、触控板等外部设备）的窗口对象称为键盘窗口（Key Window），当前的活动窗口也称为主窗口（Main Window）。一个时刻只能有一个键盘窗口（响应键盘鼠标等外设事件的窗口）和一个主窗口。图 2-2 展示了一个键盘窗口和一个主窗口。

键盘窗口和主窗口既可以是同一个窗口，又可以是不同的窗口。当主窗口可以接收输入事件时，它同时也是键盘窗口。

图 2-3 展示了一个编辑器 App，它的窗口对象是活动窗口，也是主窗口，它可以接收键盘输入，因此也是键盘窗口。

面板是一种特殊的窗口，执行一些辅助功能，常用来作为一些警告确认框、用户输入信息等对话框。

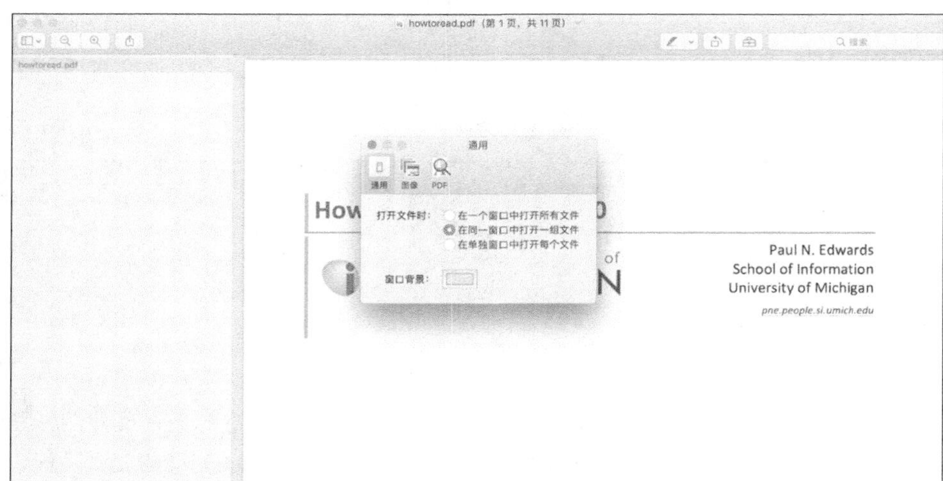

图 2-2

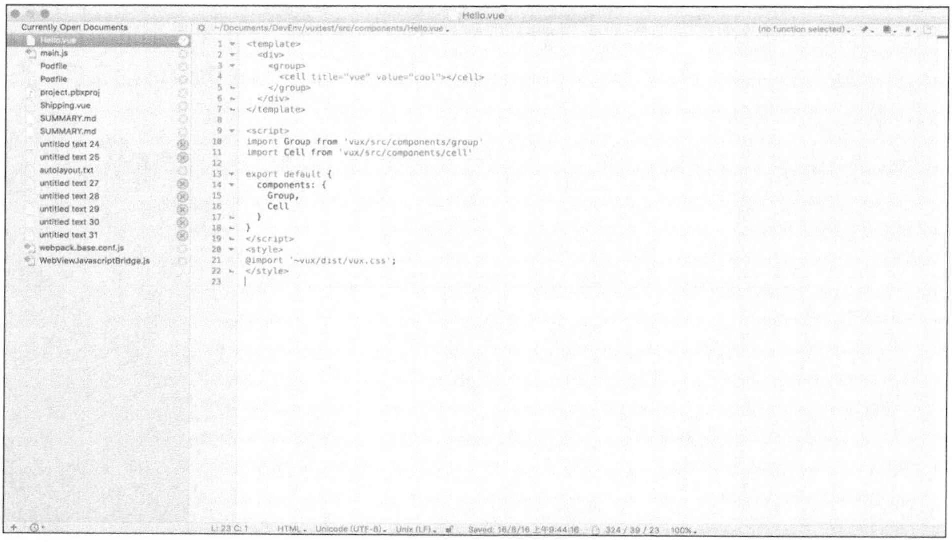

图 2-3

NSPanel 类型的窗口不能作为主窗口，只能作为键盘窗口。

一些常用的子类有 NSColorPanel（颜色选择）、NSFontPanel（字体选择）、NSSavePanel（保存打开文件），这些子类化的窗口都只能作为键盘窗口，第 5 章将对它们的使用进行说明。

2.1 窗口界面的组成

窗口界面由标题栏、内容视图和底部边框区组成。标题栏包括控制按钮和标题，如图 2-4 所示。

在 Window 的属性面板中配置 UI，如图 2-5 所示。

- Title Bar：去掉勾选后，窗口就没有顶部标题栏了。
- Close、Minimize、Resize：分别表示顶部左边 3 个控制按钮是否有效。
- Restorable：表示是否允许保存窗口的当前状态，下次运行时可以恢复之前的状态。例如，记住窗口的上一次的位置。

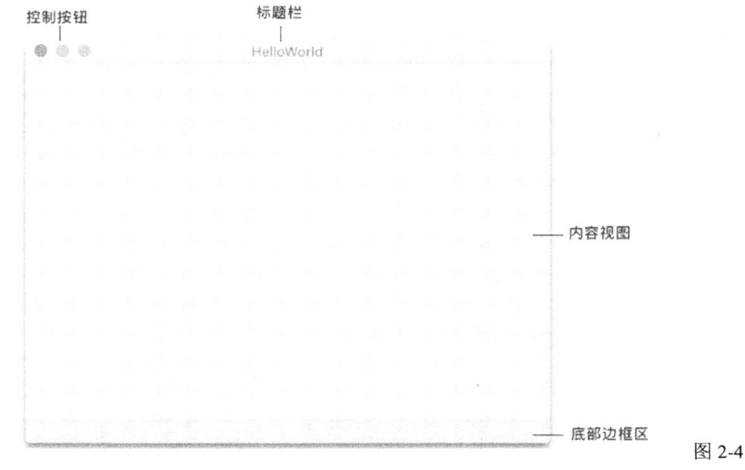

图 2-4

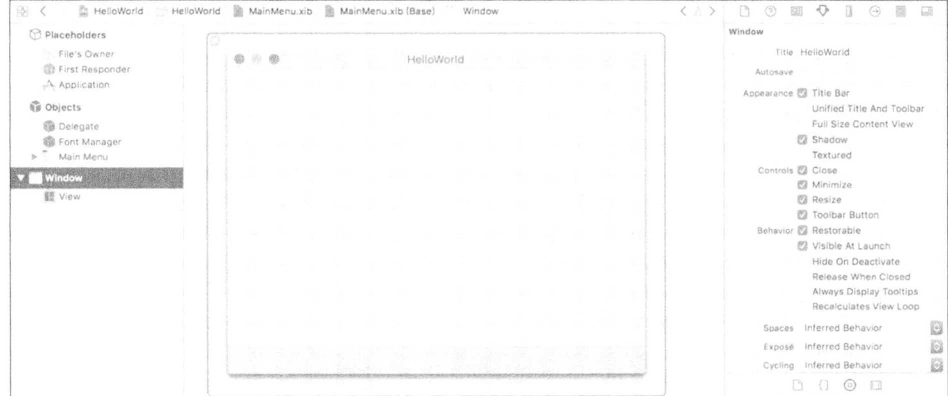

图 2-5

- Content Border：默认是 None，表示不显示；如果需要显示，可以选择 Small Bottom Border、Large Bottom Border 和其他选项，如图 2-6 所示。

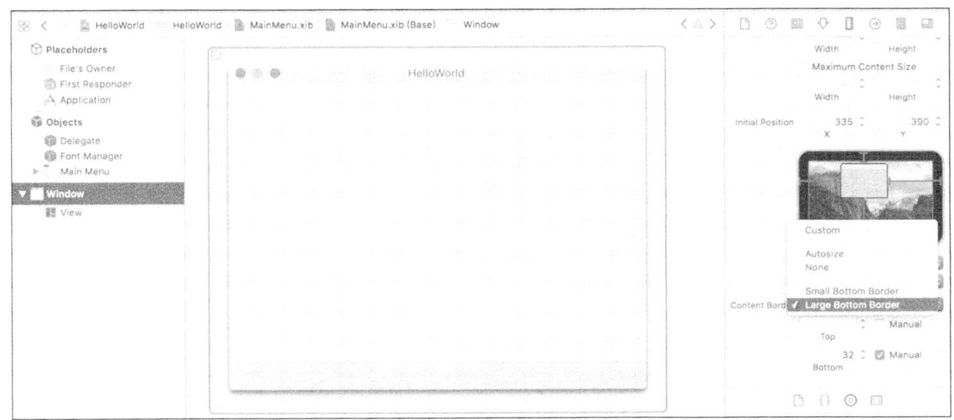

图 2-6

注意，窗口属性面板中有一个 Visible At Launch，通过 xib 创建的窗口这个属性默认是勾选的，表示窗口在加载 xib 文件时自动显示出来。如果当前 xib 文件上有多个窗口需要程序控制显示，需要将这个属性勾选去掉。

2.2 模态窗口

当有多个窗口在屏幕上时，用户可以点击切换到任何一个窗口上。有些特殊场景需要限制用户必须处理完当前窗口的任务，完成任务后关闭它才能继续操作其他的窗口，这种窗口称为模态窗口（Modal Window）。

2.2.1 模态窗口

这种窗口比较霸道，当这个窗口启动后，只有它可以接收和响应用户操作，无法切换到其他窗口，其他窗口也不能接收和处理系统内部的各种事件。

使用 NSApplication 的 runModalForWindow 方法来创建模态窗口：

```
@IBAction func showModalWindow(_ sender: NSButton) {
   NSApplication.shared.runModal(for: self.modalWindow)
}
```

使用 stopModal 方法来结束模态。如果用户直接点击了窗口顶部最左侧的关闭按钮，虽然窗口关闭了，但是整个应用仍然处于模态，任何操作都无法得到响应。正确的做法是监听窗口关闭事件，增加结束模态的方法调用。

```
func applicationDidFinishLaunching(_ aNotification: Notification) {
   NotificationCenter.default.addObserver(self, selector:#selector(self.windowClose(_:)),
       name: NSWindow.willCloseNotification, object: nil)
}

func windowClose(window:NSWindow){
   NSApplication.shared.stopModal()
}
```

2.2.2 模态会话窗口

比起模态窗口，模态会话（Modal Session）方式创建的窗口对系统事件响应的限制稍微小一些，允许响应快捷键和系统菜单，比如字体颜色选择面板。

下面是启动模态会话窗口的代码：

```
Var sessionCode: NSModalSession?
@IBAction func showSessionsWindow(_ sender: NSButton) {
   sessionCode = NSApplication.shared().beginModalSession(for: self.modalWindow)
}
```

如果需要结束模态会话窗口，跟模态窗口一样注册通知来处理关闭事件，保证结束会话状态：

```
@objc func windowClose(_ aNotification: Notification) {

   if let sessionCode = sessionCode {
      NSApplication.shared.endModalSession(sessionCode)
      self.sessionCode = nil
   }

   if let window = aNotification:object as? NSWindow {
      if self.modalWindow == window {
         NSApplication.shared.stopModal()
      }
      if window == self.window! {
         NSApp.terminate(self)
      }
   }
}
```

总结一下有以下两点需要注意。

（1）任何窗口的关闭要么通过点击左上角的系统关闭按钮，要么通过代码执行窗口的 close 方法来关闭。

（2）对于任何一种模态窗口，关闭后还必须额外调用结束模态的方法去结束状态。如果点击了窗口左上角的关闭按钮，而没有执行结束模态的方法，整个系统仍然处于模态，则其他窗口无法正常工作。

2.3 编程控制窗口

2.3.1 创建窗口对象

使用 NSWindow 类创建窗口对象，除了 frame 参数，还需要指定 styleMask 来确定窗口的样式风格。

```
var myWindow: NSWindow!
func createWindow() {
    let frame = CGRect(x: 0, y: 0, width: 400, height: 280)
    let style : NSWindowStyleMask = [.titled,.closable,.resizable]
    // 创建窗口
    myWindow = NSWindow(contentRect:frame, styleMask:style, backing:.buffered, defer:false)
    myWindow.title = "New Create Window"
    // 显示窗口
    myWindow.makeKeyAndOrderFront(self);
    // 居中
    myWindow.center()
}
```

（1）styleMask：表示窗口风格的参数。

- borderless：没有顶部标题栏和控制按钮。
- titled：有顶部标题栏边框。
- closable：带有关闭按钮。
- miniaturizable：带有最小化按钮。
- resizable：带有恢复按钮。
- texturedBackground：带纹理背景窗口。
- unifiedTitleAndToolbar：窗口的标题栏按钮区和窗口顶部的标题区融合为一体。
- fullScreen：全屏显示。
- fullSizeContentView：内容视图占据整个窗口大小。
- utilityWindow：NSPanel 类型的窗口。
- docModalWindow：模态文档，NSPanel 类型窗口。
- nonactivatingPanel：一种非活动主应用 NSPanel 类型窗口，点击这种面板不会导致主应用窗口从活动状态变为非活动状态。
- hudWindow：HUD 黑色风格窗口，只有 NSPanel 类型窗口支持。

（2）backing：窗口绘制的缓存模式。

- retained：兼容老系统参数，基本很少用到。
- nonretained：不缓存直接绘制。
- buffered：缓存绘制。

（3）defer：表示延迟创建还是立即创建。

2.3.2 窗口通知

当窗口状态发生变化时，系统会发出相关的通知消息。下面是一些典型的窗口事件，更多的事件请参考 NSWindow 类文件中的定义。

- didBecomeKeyNotification：窗口成为键盘窗口。
- didBecomeMainNotification：窗口成为主窗口。
- didMoveNotification：窗口移动。
- didResignKeyNotification：窗口不再是键盘窗口。
- didResignMainNotification：窗口不再是主窗口。
- didResizeNotification：改变窗口大小。
- willCloseNotification：关闭窗口。
- willMiniaturizeNotification：窗口最小化。

例如，有多个窗口来回切换的操作，两个窗口之间会有业务影响，一个窗口的界面数据修改会影响另外一个窗口的界面数据。用户可以注册 NSWindowDidBecomeMain 和 NSWindowDidBecomeKey 消息，当窗口每次接收到这个消息时可以重新获取数据、刷新界面。

注册关闭窗口的消息通知可以在窗口关闭前完成一些资源释放，提醒用户有变化的数据，是否需要保存等操作。

2.3.3 NSWindow 的 contentView

通过 xib 设计窗口元素布局的话，直接从控件库拖上去就可以了。在运行过程中要动态增加 view 元素到窗口的话，可以借助 window 的 contentView，它代表了窗口的根视图。

有以下 3 种方法可以改变 window 的 contentView。

（1）直接增加 View 控件到 contentView。下面是向 contentView 增加一个按钮的代码片段。

```
let btnFrame = CGRect(x: 10, y: 10, width: 80, height: 18)
let button = NSTextField(frame: btnFrame)
button.stringValue = "MacDev.io"
self.window.contentView?.addSubview(button)
```

（2）可以使用自定义的 NSView 或 NSViewController 的 view 替换 contentView：

```
let vc = NSViewController()
self.window.contentView = vc.view
```

或者创建一个视图，如下面的代码：

```
let myView = CustomView()
self.window.contentView =  myView
```

（3）对于 macOS 10.10 及以后的系统，创建一个 NSViewController 子类，可以实例化后赋值给窗口的 contentViewController。

```
let vc = NSViewController()
self.window.contentViewController = vc
```

由于 contentView 的位置和大小由窗口的 frame 控制，因此并不需要设置 contentView 的 Frame。

2.3.4　设置窗口的 image 和 title

窗口的标题由 Title 属性设置，它的 image 的设置代码并不容易理解。只有设置窗口的 representedURL，然后才可以通过 standardWindowButton 方法设置 image。

```
func setWindowTitleImage(){
   self.window.representedURL = URL(string:"WindowTitle")
   self.window.title = "My Window"
   let image = NSImage(named: NSImage.Name(rawValue: "AppIcon.png"))
   self.window.standardWindowButton(.documentIconButton)?.image = image
}
```

运行效果如图 2-7 所示。

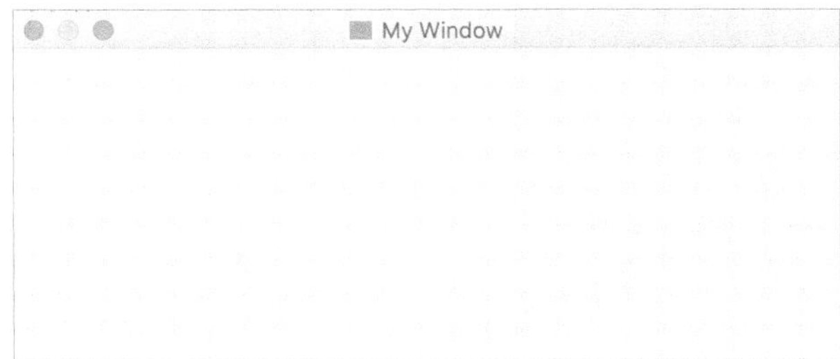

图 2-7

2.3.5　设置窗口的背景颜色

设置窗口的背景颜色的方法如下：

```
self.window.backgroundColor = NSColor.green()
```

设置背景后的效果如图 2-8 所示。

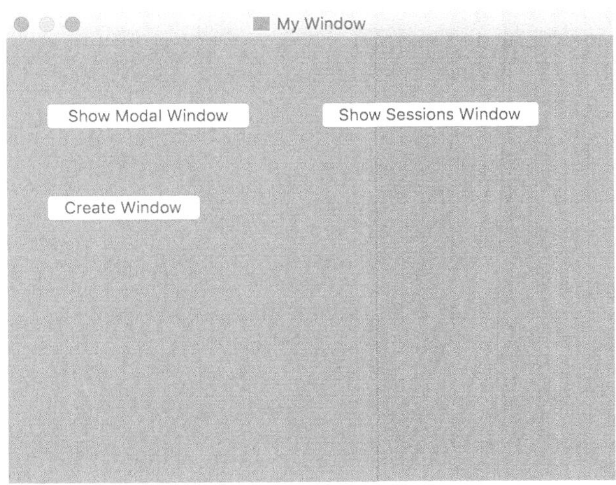

图 2-8

2.3.6　关闭窗口时终止应用

在 AppDelegate 中增加如下代码，可以保证关闭最后一个窗口或者关闭应用唯一的窗口时应用自动退出。

```
func applicationShouldTerminateAfterLastWindowClosed(_ sender: NSApplication) -> Bool {
   return true
}
```

另外一个方法是监听窗口关闭的 NSWindow.willCloseNotification 消息，判断关闭的消息通知中的窗口对象为当前 window 时执行关闭应用。

```
func applicationDidFinishLaunching(_ aNotification: Notification) {
   NotificationCenter.default.addObserver(self, selector:#selector(self.windowClose(_:)),
      name: NSWindow.willCloseNotification, object: nil)
}

@objc func windowClose(_ aNotification: Notification) {
   if let window = aNotification.object {
      if window as! NSObject == self.window! {
         NSApp.terminate(self)
      }
   }
}
```

2.3.7 在窗口标题区域增加视图

通过获取 contentView 的父视图，可以将提示信息或操作按钮（如注册按钮）增加到窗口顶部区域，提醒用户操作，如图 2-9 所示。

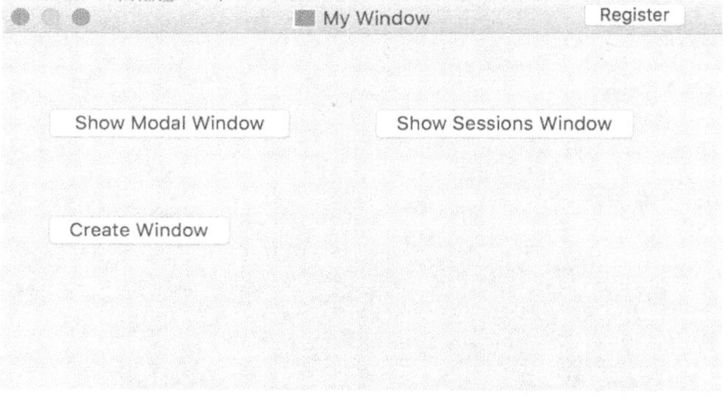

图 2-9

具体代码如下：

```
func addButtonToTitleBar(){
   let titleView = self.window.standardWindowButton(.closeButton)?.superview
   let button = NSButton()
   let x = (self.window.contentView?.frame.size.width)! - 100
   let frame = CGRect(x: x, y: 0, width: 80, height: 24)
   button.frame = frame
   button.title = "Register"
   button.bezelStyle = .roundRectBezelStyle
   titleView?.addSubview(button)
}
```

这段代码在窗口最大化以后 Register 按钮的位置会有问题，如果需要按钮正常显示在窗口右上角的位置，可以注册窗口大小变化的 didResizeNotification 通知事件，按照上面的代码重新计算它的 frame 即可。

2.3.8 NSWindow 如何正确地保证居中显示

调用窗口的 center 方法可以实现窗口居中。由于窗口有历史记忆功能，会记住上次应用运行时退出前的 frame 位置，因此需要先在界面中或通过代码设置它的 isRestorable 属性为 false。

```
class WindowController: NSWindowController {
   override func windowDidLoad() {
      super.windowDidLoad()
      self.window?.isRestorable = false
      self.window?.center()
   }
}
```

另外一种方式是在视图控制器的 viewDidAppear 方法中获取当前 view 的窗口属性对象后进行处理：

```
class ViewController: NSViewController {

   @IBOutlet weak var myView: NSView!
   override func viewDidLoad() {
      super.viewDidLoad()
   }

   override func viewDidAppear() {
      super.viewDidAppear()
      self.view.window?.isRestorable = false
      self.view.window?.center()
   }
}
```

2.3.9 窗口显示位置控制

调用窗口的 setFrame 方法可以控制窗口的位置。如果希望通过代码控制窗口的位置，同样也必须关闭 isRestorable 属性。

```
self.window?.isRestorable = false
let rect = CGRect(x: 0, y: 0, width: 100, height: 100)
self.window?.setFrame(rect, display: true)
```

2.3.10 应用关闭后点击 Dock 菜单再次打开应用

在 AppDelegate 中实现下面代理协议方法，重新打开窗口：

```
func applicationShouldHandleReopen(_ sender: NSApplication, hasVisibleWindows flag: Bool)
  -> Bool {
   self.window.makeKeyAndOrderFront(self)
   return true
}
```

关于实现两个窗口之间的切换，参见 10.5 节。

2.4 窗口的创建和管理

一般情况下很少需要单独创建和管理窗口对象。窗口的创建都是基于项目场景模板创建的，或者通过 WindowController 创建和管理的。

新建一个项目，工程自动生成的 MainMenu.xib 中会包含一个窗口对象，这个窗口是由 AppDelegate 管理的。

新建一个项目，勾选 Create Document-Based Application，自动生成的 Document.xib 会包含一个窗口对象，它是由 NSDocument 类来管理的。

新建一个 NSWindowController 的子类 WindowController，勾选使用 xib，自动生成的 WindowController.xib 中会包含一个窗口对象。

第 9 章会说明 WindowController 和 AppDelegate 是如何管理窗口对象的，第 20 章会说明 NSDocument 是如何管理窗口对象的。

注意，在实际项目开发中，推荐创建一个 NSWindowController 类，然后调用它的 showWindow 方式来显示。

第 3 章
视图和滚动条

视图是控件的基础，本章将简单介绍视图的坐标系统、视图层级管理、绘制方法和事件响应等基本概念，并通过讲述滚动条视图的工作原理，说明滚动条是如何管理和控制大范围内的视图的。

3.1 基本视图

视图（View，对应类 NSView）是 AppKit 中控件的基础，提供以下几个主要功能。

- 作为容器放置各种控件。
- 提供子类化的视图控件，方便快速开发。
- 作为文本视图接收键盘输入。

3.1.1 坐标系统

macOS 系统中视图坐标系统原点(0, 0)在直角坐标系的左下角，如图 3-1 所示。

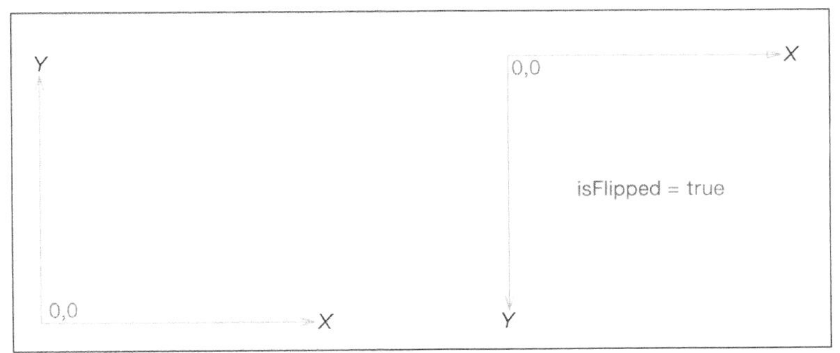

图 3-1

如果想让坐标系原点从左上角（见图 3-1）开始，可以通过覆盖视图的 isFlipped 方法，返回 true。

```
final class CustomView: NSView {
   override var isFlipped: Bool {
      get {
         return true
      }
   }
}
```

将 Window 的 contentView 的 Class 类型从 NSView 修改为 CustomView。在 contentView 上增加一个按钮，CustomView 的 isFlipped 返回不同值后按钮位置的变化如图 3-2 所示。

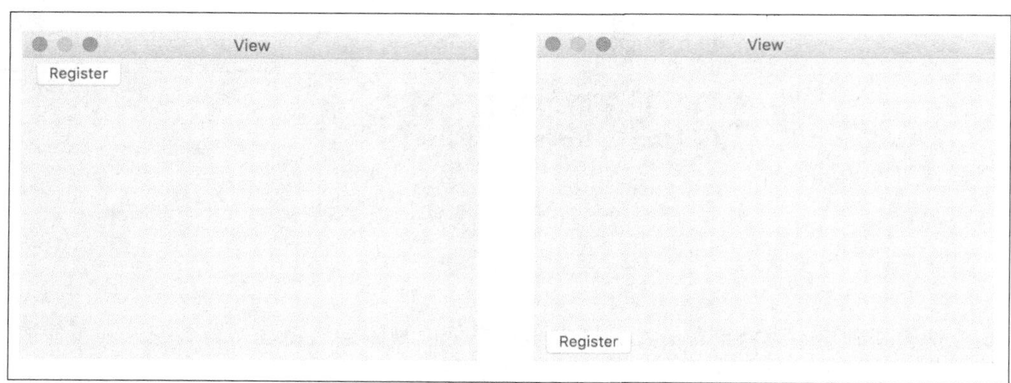

图 3-2

3.1.2 frame 和 bounds

视图的 frame 定义为 CGRect(x, y, width, height)，表示视图在父视图中的位置和大小。图 3-3 中位置为(x, y)，大小为(width, height)。

视图的 bounds 定义为 CGRect(0, 0, width, height)，是视图本身的内部坐标系统，bounds 的坐标原点的变化会影响子视图的位置。视图的子视图矩形框的位置坐标(5, 5)，父视图的 bounds 原点从(0, 0)变为(–5, –5)后，如图 3-4 所示，矩形在父视图坐标系中的坐标值没有变化，但相对位置发生了变化。如果父视图的大小不够大，矩形的一部分区域甚至会超出父视图被裁剪掉。

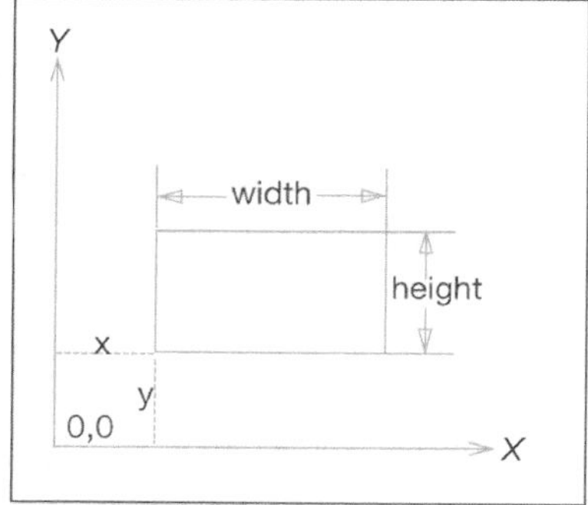

图 3-3

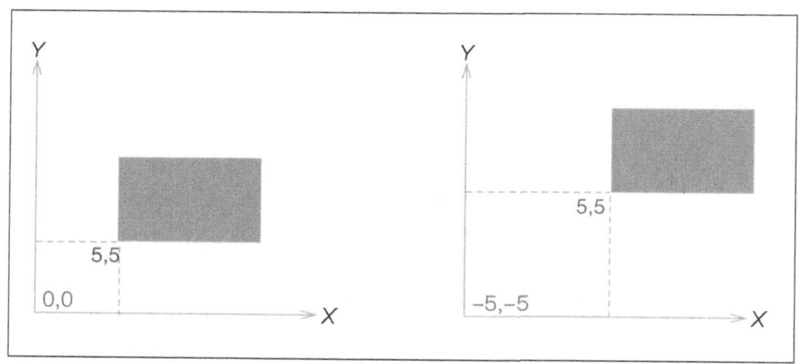

图 3-4

理解视图的 bounds 的变化对子视图的影响是后续学习滚动视图的基础。要修改视图 frame 的原点（origin）和大小（size），可以使用下面的代码：

```
let view = NSView(frame: .zero)
view.frame.size   = NSSize(width: 10, height: 10)
view.frame.origin = NSPoint(x: 10, y: 10)
```

修改视图 bounds 的原点和大小，可以使用下面的代码：

```
view.bounds.size   = NSSize(width: 20, height: 20)
view.bounds.origin = NSPoint(x: 5, y: 5)
```

3.1.3 坐标转换

每个视图都有自己的坐标系统，因此同一个屏幕点的坐标在不同的视图中是不一样的。视图类中提供了丰富的坐标转换方法，如从视图到视图、从视图到窗口、从视图到屏幕绘图缓存区、从视图到层的坐标转换，包括坐标点、大小、矩形 3 类转换函数。

坐标转换的一个使用场景用在鼠标事件处理中，鼠标事件中坐标点是基于窗口的，需要转换为视图本地坐标处理。

```
final class CustomView: NSView {
   override func mouseDown(with theEvent: NSEvent) {
      let point = self.convert(theEvent.locationInWindow, to: nil)
      Swift.print("window point: \(theEvent.locationInWindow)")
      Swift.print("view point: \(point)")
   }
}
```

由于 NSView 类实现了自己的 print 方法，因此日志输出需要使用约定命名空间的 Swift.print。

3.1.4 视图管理

视图作为容器可以添加子视图，子视图中又可以继续添加下一级视图，形成多层级嵌套关系，如图 3-5 所示。

下面 3 个属性分别代表视图的窗口、视图的父视图和视图的所有子视图。

```
public var window: NSWindow? { get }
public var superview: NSView? { get }
public var subviews: [NSView]
```

需要注意的是视图的 window 属性，需要在视图显示完成后才能正常获得，因此一般是在视图所在的 ViewController 对象的 viewDidAppear 方法而不是 viewDidLoaded 方法中获得。

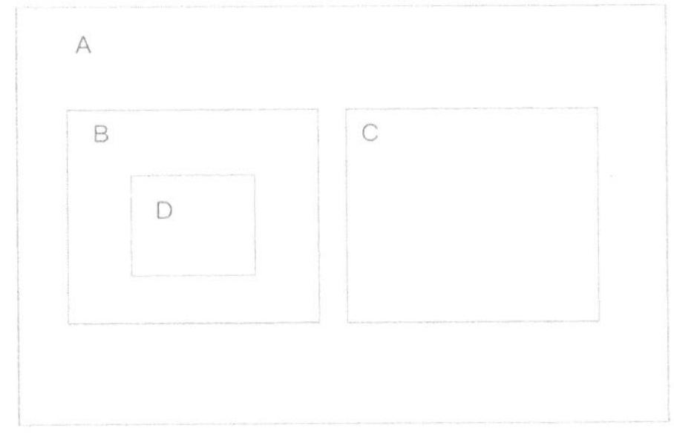

图 3-5

3.1.5 视图查找

每个视图都绑定一个唯一的 tag 属性。视图通过 viewWithTag 方法去查找子视图。

```
public func viewWithTag(aTag: Int) -> NSView?
public var tag: Int { get }
```

注意，NSView 视图类的 tag 属性是只读的，NSControl 子类实现了可读写的 tag 属性。

3.1.6 视图的 autoSize 控制

使用视图的 setAutoresizingMask 方法控制视图的 autoSize 属性。当父视图大小变化时，子视图在父视图中上下左右边距、宽度和高度能自动调整大小。用户可以在视图属性面板中直接点击设置，如图 3-6 所示。

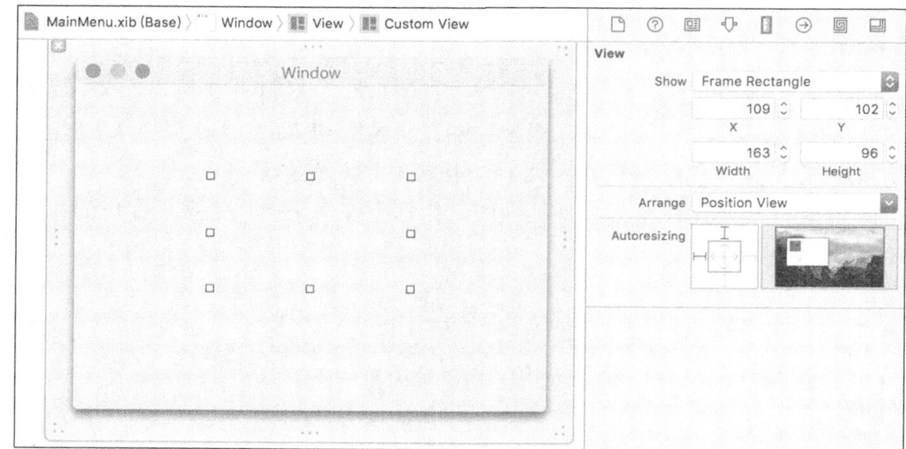

图 3-6

AutoresizingMask 是一个集合类型，代码中根据需要设置一个或多个选项的组合。

```
extension NSView {
   public struct AutoresizingMask : OptionSet {
      public init(rawValue: UInt)
      public static var none: NSView.AutoresizingMask { get }
      public static var minXMargin: NSView.AutoresizingMask { get }
      public static var width: NSView.AutoresizingMask { get }
      public static var maxXMargin: NSView.AutoresizingMask { get }
      public static var minYMargin: NSView.AutoresizingMask { get }
      public static var height: NSView.AutoresizingMask { get }
      public static var maxYMargin: NSView.AutoresizingMask { get }
   }
}
```

AutoresizingMask 的各个方向如图 3-7 所示。

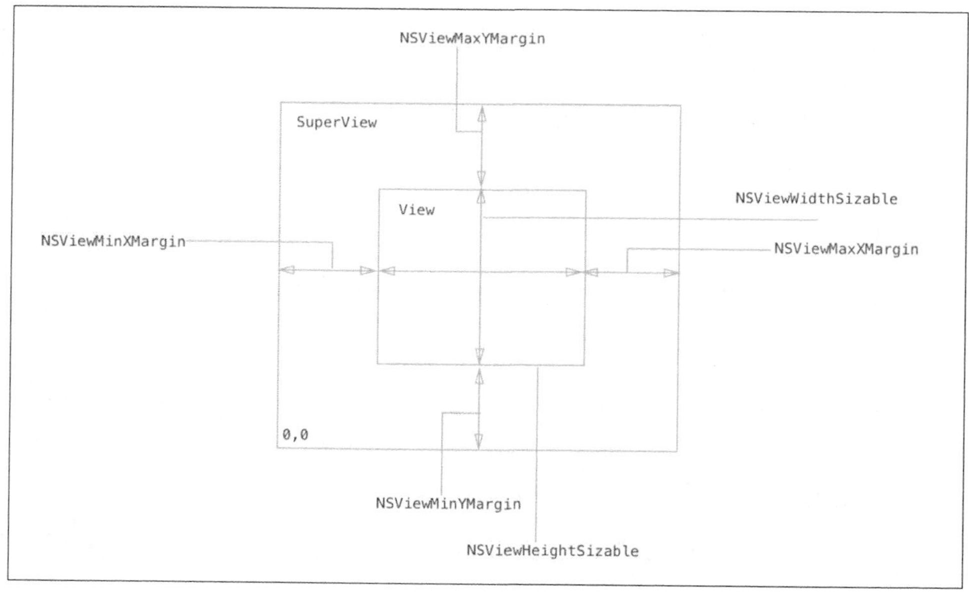

图 3-7

注意，AutoresizingMask 视图控制方法已经逐渐被自动布局代替了，因此这种方式了解即可，不推荐使用。

3.1.7 视图的 layer 属性

视图本身没有提供背景、边框和圆角等属性，可以利用 layer 属性来控制这些效果。使用 layer 属性之前必须先调用，设置 wantsLayer 为 true。

```
self.wantsLayer = true
self.layer?.backgroundColor = NSColor.red.cgColor
self.layer?.borderWidth = 2
self.layer?.cornerRadius = 10
```

3.1.8 视图绘制

视图绘制是调用 drawRect 方法来实现的。对于 AppKit 中的各种界面控件，系统默认实现了不同控件的界面绘制和事件响应控制，如果要自定义控件的外观样式，可以在 drawRect 方法中实现界面绘制。

1. 在 drawRect 方法中实现绘制

从性能方面考虑，系统对界面绘制采用了延时绘制机制进行的。调用 setNeedsDisplay:方法使当前视图或 Rect 定义的区域变为 invalidate 状态，并不是立即绘制，系统会在下一个绘图周期重绘。调用 display、displayRect 方法会强制视图立即重绘。

下面的代码使用 Quartz 2D 的绘图函数实现了在视图上绘制圆角矩形：

```
override func draw(_ dirtyRect: NSRect) {
   super.draw(dirtyRect)
   NSColor.blue.setFill()
   let frame = self.bounds
   let path = NSBezierPath()
   path.appendRoundedRect(frame, xRadius: 20, yRadius: 20)
   path.fill()
}
```

2. 在 drawRect 方法之外实现绘制

在 drawRect 方法之外绘制视图时，需要使用 lockFocus 方法锁定视图，完成绘制后再执行 unlockFocus 解锁。如果在执行 lockFocus 时已经有其他流程执行了 lockFocus，则会将当前操作保存到队列中，等待其他流程执行 unlockFocus 来恢复后来的 lockFocus 中的绘图操作。

```
func drawViewShape(){
   self.lockFocus()
   let text: NSString = "RoundedRect"
   let font = NSFont(name: "Palatino-Roman", size: 12)
   let attrs = [NSFontAttributeName :font! , NSForegroundColorAttributeName :NSColor.blue,
       NSBackgroundColorAttributeName :NSColor.red]
   let loaction = NSPoint(x: 50, y: 50)
   text.draw(at: loaction, withAttributes: attrs)
   self.unlockFocus()
}
```

另外，注意 drawRect 方法与 lockFocus 锁定方式不可以同时使用。

3. 视图截屏

使用 lockFocus 方法锁定后获得 PDF 数据转换成 NSData 写入文件。path 中的 idevfans 为假设的计算机用户名，实际运行代码时需要修改为用户自己的计算机名。

```
func saveSelfAsImage() {
   self.lockFocus()
   let image = NSImage(data:self.dataWithPDF(inside: self.bounds))
   self.unlockFocus()
   let imageData = image!.tiffRepresentation

   let fileManager = FileManager.default
   let path = "/Users/idevfans/Documents/myCapture.png"
   fileManager.createFile(atPath: path, contents: imageData, attributes: nil)

   // 保存结束后 Finder 中自动定位到文件路径
   let fileURL = URL(fileURLWithPath: path)
   NSWorkspace.shared().activateFileViewerSelecting([fileURL])
}
```

如果视图比较大，是带滚动条的大视图，则按下面的方法处理可以保证获得整个滚动页面的截图：

```
func saveScrollViewAsImage() {
   let pdfData = self.dataWithPDF(inside: self.bounds)
   let imageRep = NSPDFImageRep(data: pdfData)!
   let count = imageRep.pageCount
   for i in 0..<count {
      imageRep.currentPage = i
      let tempImage = NSImage()
      tempImage.addRepresentation(imageRep)
      let rep  = NSBitmapImageRep(data:tempImage.tiffRepresentation!)
      let imageData = rep?.representation(using:.PNG, properties: [:])
      let fileManager = FileManager.default
      // 写死的文件路径
      let path = "/Users/idevfans/Documents/myCapture.png"
      fileManager.createFile(atPath: path, contents: imageData, attributes: nil)

      // 保存结束后 Finder 中自动定位到文件路径
      let fileURL = URL(fileURLWithPath: path)
      NSWorkspace.shared().activateFileViewerSelecting([fileURL])
   }
}
```

3.1.9 事件响应

NSView 继承自 NSResponder，可以响应鼠标、键盘等事件消息，消息可以沿着响应链一直追溯到事件方法的响应者为止。

事件响应更为详细的说明参见第 11 章。

3.1.10 视图的 frame/bounds 变化通知

NSView.frameDidChangeNotification 和 NSView.boundsDidChange 分别代表视图 frame 和 bounds 变化时的消息通知。要接收通知，需要注册上述两个通知事件，并且设置视图下面的两个属性为 true：

```
@property BOOL postsFrameChangedNotifications;
@property BOOL postsBoundsChangedNotifications;
```

下面是注册视图的 frame 变化的通知和对应的处理方法，其中 object 参数为需要观察的视图对象：

```
func registerNotification() {
   NotificationCenter.default.addObserver(self,
       selector:#selector(self.recieveFrameChangeNotification(_:)),
       name:NSView.frameDidChangeNotification, object: myView)
}

@objc func recieveFrameChangeNotification(_ notification: Notification){
   let newFrame =  myView.frame
   // 省略具体处理代码
}
```

3.2 增效视图

增效视图（Visual Effect View，对应类 NSVisualEffectView）可以给视图增加透明化和毛玻璃视觉效果，通过下面两种方式设计实现增效视图。

1. 通过 xib 设计

从控件工具箱拖放一个 Visual Effect View 控件，从右边属性面板可以修改样式风格参数，如图 3-8 所示。

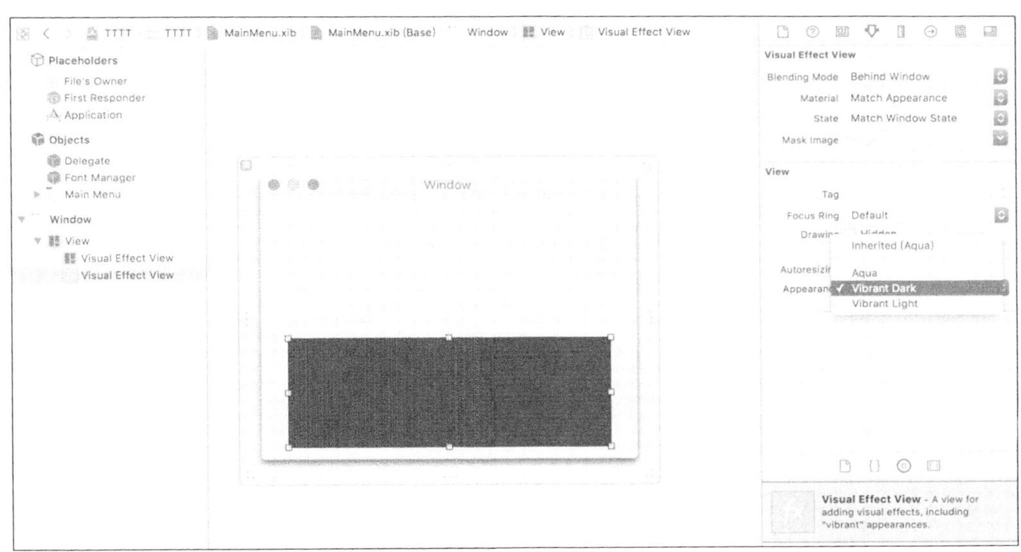

图 3-8

选中刚才创建的增效视图，右边属性面板切换到它的属性页面，其属性简单说明如下。

（1）Blending Mode：混合渲染模式，分为 Behind Window 和 In Window 两种。

- Behind Window：与当前窗口下面的内容产生混合渲染效果。图 3-9 展示了这种窗口与下面另外的窗口背景图片颜色完全融合的效果。
- In Window：只与当前窗口中的内容产生混合渲染

图 3-9

效果。在这种模式下，增效视图所在的父视图必须使用层，即父视图的 wantsLayer 属性为 true。下面的代码在 LoginViewController 的 viewDidAppear 方法中设置了视图使用层，配置了层的背景颜色：

```
class LoginViewController: NSViewController {
   override func viewDidAppear() {
      super.viewDidAppear()
      self.view.wantsLayer = true
      self.view.layer?.backgroundColor = NSColor.red.cgColor
   }
}
```

图 3-10 展示了使用 Mask Image 属性和没有使用 Mask Image 属性的情况下 In Window 模式渲染的不同效果。

图 3-10

（2）Material：不同材质产生不同视觉效果，有 titlebar、selection、menu、popover、sidebar、light、dark、mediumLight 和 ultraDark 多种材质选择。

（3）State：窗口的不同状态对应的风格，分为 Active 和 Inactive，默认为 Active。

（4）Mask Image：如果设置了 Mask Image，则只在图像所在区域产生效果。如图 3-11 所示，配置 Mask Image 为 NSFolder，则在文件夹图像区域内有效果。

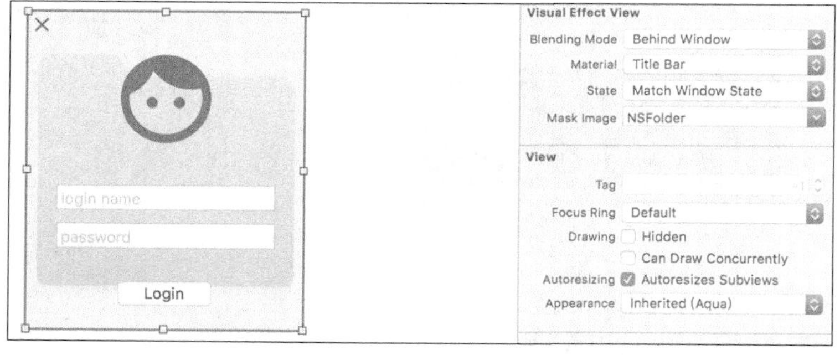

图 3-11

2．使用代码实现增效视图

首先定义 NSVisualEffectView 类型来加载实例变量 effectView，然后在 viewDidAppear 方法中将其添加到主视图。注意，必须添加为 view 的第一个子视图，即最底部，否则 addSubview 默认添加会遮挡其他控件。

```
class LoginViewController: NSViewController {
   lazy var effectView: NSVisualEffectView = {
      let effectView = NSVisualEffectView()
      effectView.wantsLayer   = true
```

```
        effectView.material     = .light
        effectView.state        = .active
        effectView.blendingMode = .withinWindow
        return effectView
    }()
    override func viewDidAppear() {
        super.viewDidAppear()
        self.view.wantsLayer = true
        self.view.layer?.backgroundColor = NSColor.red.cgColor
        effectView.frame = view.bounds
        view.addSubview(effectView, positioned: .below, relativeTo: view.subviews[0])
    }
}
```

3.3 滚动条视图

当视图的大小比父视图大时，可以使用滚动条视图（Scroll View，对应类 NSScrollView）来控制显示范围。

3.3.1 滚动条视图工作原理

滚动条视图主要包括裁剪视图（Clip View，对应类 NSClipView）、滚动条（Scroller，对应类 NSScroller）以及需要滚动的文档视图（Document View、对应类 DocumentView）3 个互相协作的部分，如图 3-12 所示。

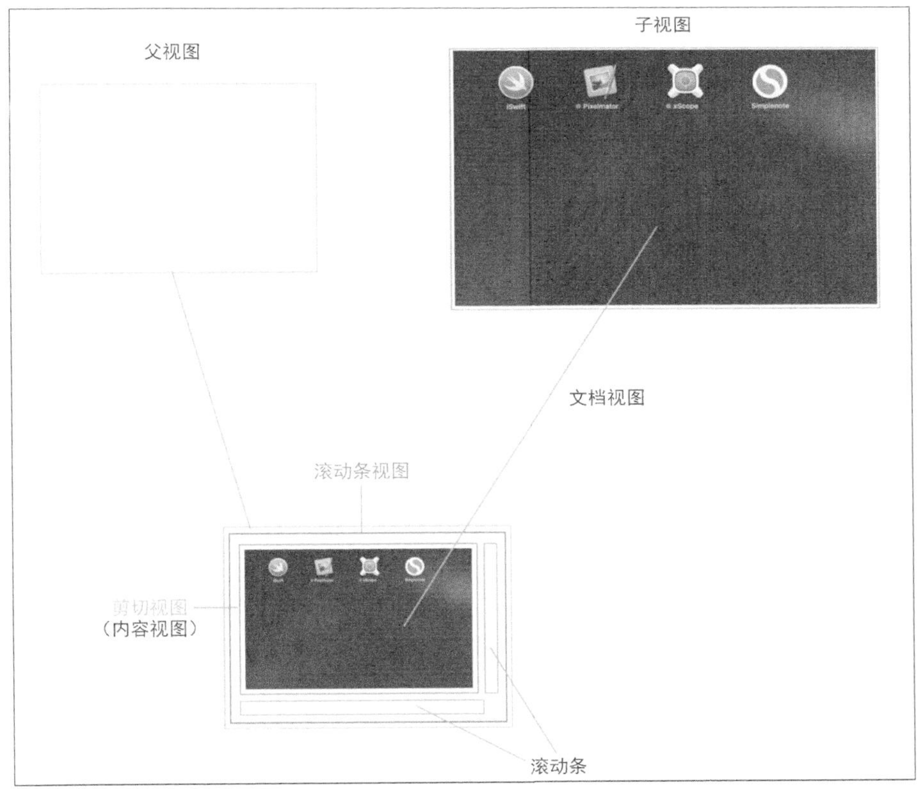

图 3-12

新建一个工程，从控件面板拖放 Text View，创建一个文本视图，在 xib 导航区点击查看它的结构，如图 3-13 所示。

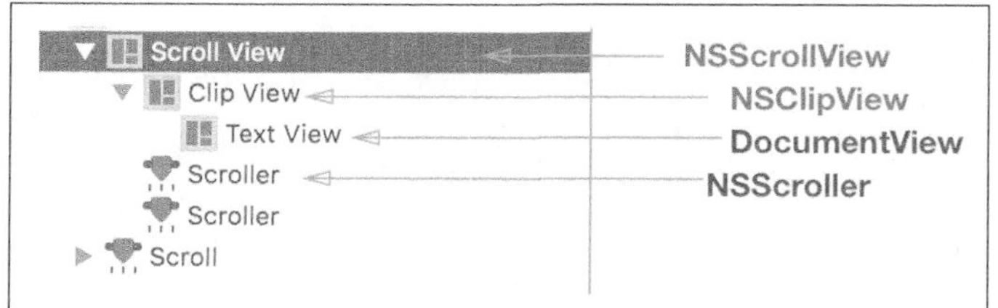

图 3-13

我们在 3.1 节中提到过视图的 bounds 的变化可以影响它的子视图的位置变化。通过修改 NSClipView 的 bounds 的 x 或 y 坐标可以实现文档视图在水平方向或者垂直方向的滚动。

3.3.2　用代码创建滚动条视图

下面的代码首先创建了滚动条视图对象实例名为 scrollView，接着创建了 NSImageView，设置了它的 image 和 frame，然后设置了滚动条视图允许有垂直和水平两个方向的滚动条，最后配置了滚动条视图的文档视图。

```
let frame = CGRect(x: 0, y: 0, width: 200, height:200)
let scrollView = NSScrollView(frame: frame)
let image = NSImage(named: "screen.png")
let imageViewFrame = CGRect(x: 0, y: 0, width: (image?.size.width)!,
    height:  (image?.size.height)!)
let imageView = NSImageView(frame: imageViewFrame)

imageView.image = image

scrollView.hasVerticalScroller = true
scrollView.hasHorizontalScroller = true
scrollView.documentView = imageView

self.window.contentView?.addSubview(scrollView)
```

3.3.3　滚动到指定的位置

NSClipView 提供了下面两个方法来实现视图滚动到指定的位置或一个矩形区域。

```
-(void)scrollPoint:(NSPoint)aPoint;
-(BOOL)scrollRectToVisible:(NSRect)aRect;
```

NSView 的 enclosingScrollView 属性可以获得视图的滚动条，如果视图没有滚动条则 enclosingScrollView 为 nil。

滚动到视图顶部的代码如下：

```
// 滚动到顶部位置 var newScrollOrigin : NSPoint
let contentView: NSClipView = scrollView.contentView

if self.window.contentView!.isFlipped {
   newScrollOrigin = NSPoint(x: 0.0,y: 0.0);
}
else{
   newScrollOrigin = NSPoint(x: 0.0,y: imageView.frame.size.height-contentView.frame.size.
```

```
height);
    }
    contentView.scroll(to: newScrollOrigin)
```

滚动到不同位置的界面效果如图 3-14 所示。

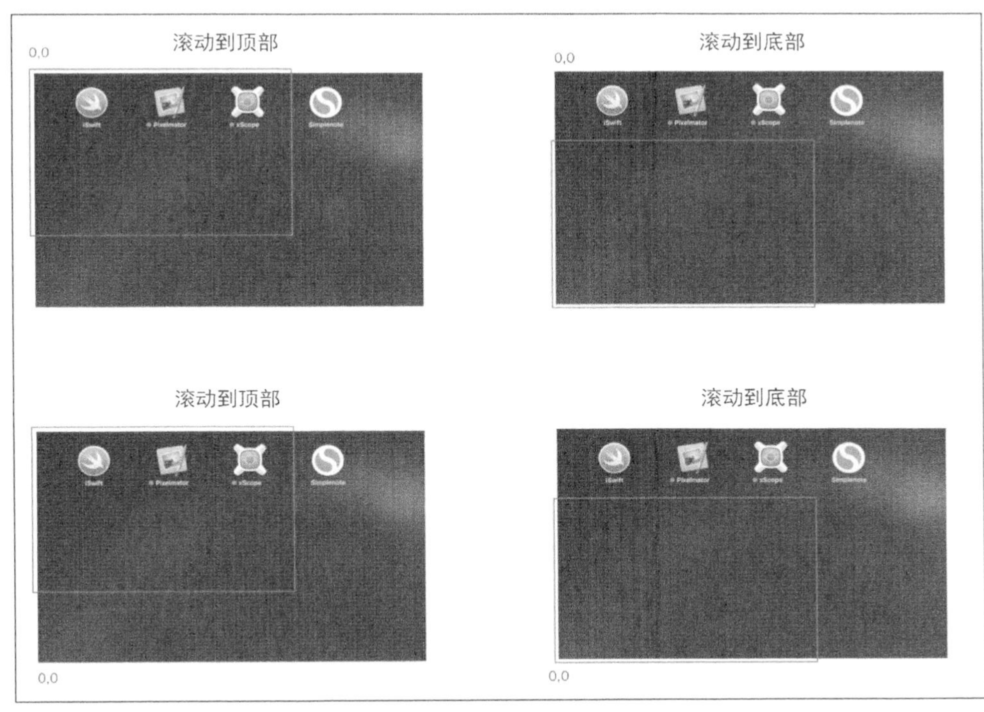

图 3-14

3.3.4 用代码实现文本视图滚动的示例

在工程界面上拖放一个 Text View 和一个 Button 控件，如图 3-15 所示。

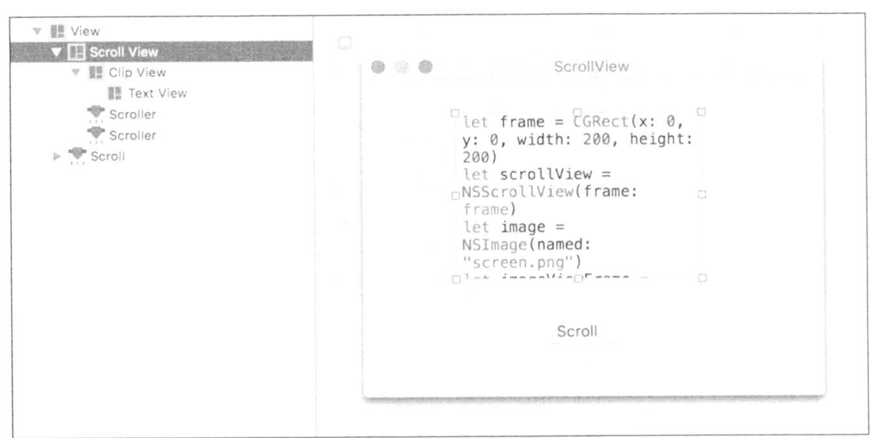

图 3-15

通过界面新建的文本视图会自动创建了一个滚动条视图，绑定这个滚动条视图到 Outlet 变量 scrollView，在属性面板中给文本视图输入一段文字，按钮控件修改标题为 Scroll，给按钮绑定动作事件到 scrollAction 方法。

```
@IBAction func scrollAction(_ sender: NSButton) {
    var frame = self.scrollView.bounds
    frame.origin.x = frame.origin.x - 10
    self.scrollView.bounds = frame;
}
```

运行后点击 Scroll 按钮，可以看到每点击一次按钮，TextView 中的内容向右滚动 10 个像素距离。

3.3.5 滚动条的显示控制

滚动条的 hasVerticalScroller 和 hasHorizontalScroller 分别用来控制是否显示纵向和横向的滚动条。如果设置它们为 false，只是不显示出来，并不是禁止滚动的行为。但是大多数情况下上述两个方法并不能真正实现滚动条的完全不显示，要做到完全不显示滚动条，需要重写滚动条类的 tile 方法，通过设置水平和垂直方向滚动条的 size 中的 width 和 height 为 0 来实现。

下面的代码定义了滚动条的子类 NoScrollerScrollView，重写了它的 tile 方法，实现了完全隐藏滚动条。

```
class NoScrollerScrollView: NSScrollView {
    override func tile() {
        super.tile()
        var hFrame = self.horizontalScroller?.frame
        hFrame?.size.height = 0
        if let hFrame = hFrame {
            self.horizontalScroller?.frame = hFrame
        }

        var vFrame = self.verticalScroller?.frame
        vFrame?.size.width = 0
        if let vFrame = vFrame {
            self.verticalScroller?.frame = vFrame
        }
    }
}
```

如果要禁止一个方向的滚动，需要子类化 NSScrollView，重载它的 scrollWheel 方法，判断 y 轴方向的偏移量满足一定条件返回即可：

```
class DisableVerticalScrollView: NSScrollView {
    override func scrollWheel(with event: NSEvent) {
        let f = abs(event.deltaY)
        if event.deltaX == 0.0 && f >= 0.01  {
            return
        }
        else if event.deltaX == 0.0 && f == 0.0  {
            return
        }
        else {
            super.scrollWheel(with: event)
        }
    }
}
```

关于滚动条的高级用法，参见 10.6 节。

第 4 章
基本控件

控件就是我们的工具箱，任何复杂的界面都是由一个个小小的控件组成的。

控件是应用与用户交互的核心，学习掌握 Cocoa 系统中 AppKit 提供的常用控件的属性设置，以及控件对象的事件响应处理，是 macOS 应用界面开发的基础。

4.1 控件的分类

对于常用控件，按功能可以分为文本类、按钮类、图像类、菜单/工具栏类、容器类、窗口类和多数据展示类。控件分类简单描述如下。

- 文本类：主要用来展示文字信息或获取用户输入。常见的有文本标签（Label）、文本输入（Text Field）、多行文本输入框（Text View）、组合框（Combo Box）等。
- 按钮类：主要用来响应用户的一个动作，或者对用户的点击选择做出响应，包括基本的按钮（Button）、单选按钮（Radio）、复选框（Check Box）和弹出按钮（Pop Up Button）。
- 图像类：用来展示图片的图像视图。
- 菜单/工具栏：包括菜单（Menu）和工具栏（Tool Bar）。多个分类功能集中展示，接受用户的鼠标点击动作，做出事件响应。
- 容器类：包括基本视图（View）、滚动条视图（Scroll View）、分组视图（Box）、选项卡视图（Tab View）、分栏视图（Split View）。其中选项卡视图和分栏视图可以将界面控件分类展示在不同的区域。滚动条视图可以滚动展示视图的不同区域的内容。
- 窗口类：弹出式窗口，包括窗口（Window）和各种面板（Panel）。
- 多数据展示类：以数据源代理模式统一管理多行/列数据信息，包括表视图（Table View）、大纲视图（Outline View）、组合框（Combo Box）和集合视图（Collection View）。

注意，上述分类并不是十分严格。例如，组合框对应类 NSComboBox 继承自文本输入对应类 NSTextField，但又通过数据源代理方式管理数据。因此即可以认为是文本类，也可以认为是多数据展示类。

4.2 控件家族类图谱

控件类图谱如图 4-1 所示。为了方便，这里使用矩形框将继承于同一个父类的同级对象放在一起，只在其中一个类上面画箭头指向父类。

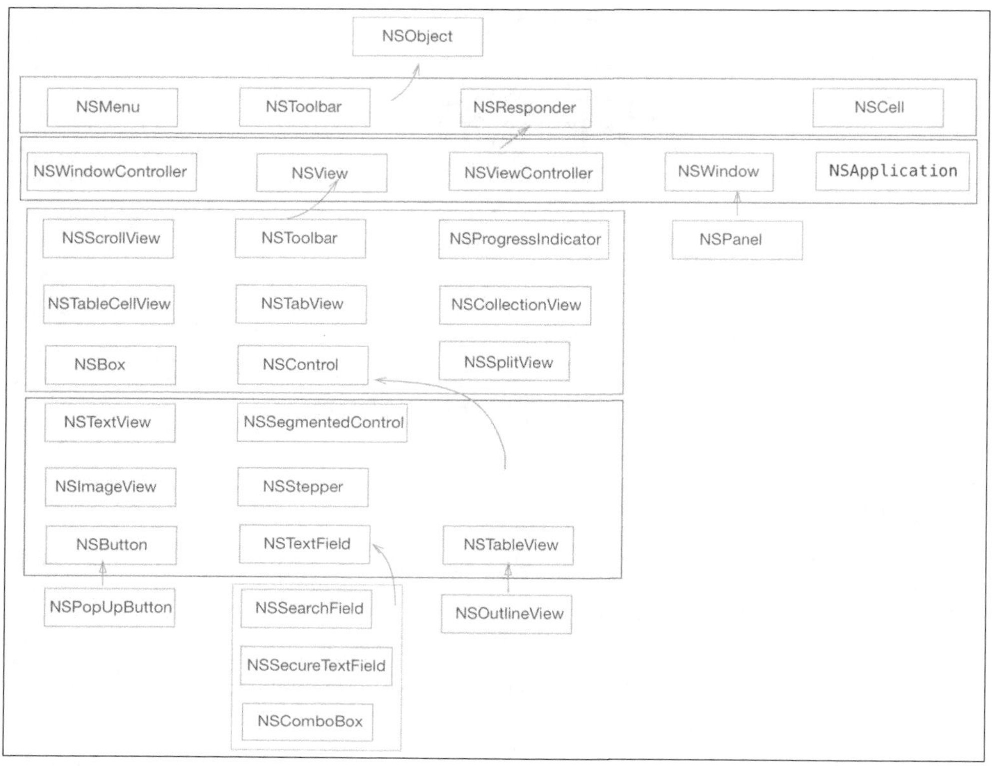

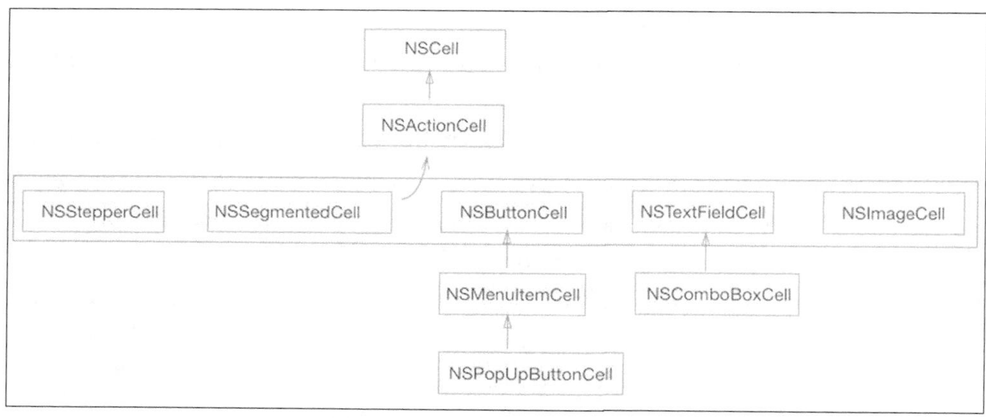

图 4-1

通过图 4-1 所示的类继承图谱，我们可以看出以下几点。

- 所有控件的根类都是 NSObject。
- NSMenu、NStoolBar 和 NSCell 类不继承自 NSView，而是直接继承自 NSObject。
- 绝大部分控件继承自 NSView，NSView 继承自 NSResponder。
- 部分控件继承自 NSControl。

- Cell 相关类继承自 NSCell。

4.2.1 NSResponder

NSResponder 针对设备类消息，定义了键盘、鼠标、触控板等事件响应的抽象方法，约定了事件响应的响应者链[①]处理机制。

NSApplication、NSWindow、NSWindowController、NSView 和 NSViewController 构成基本的响应者处理对象。响应者链在不同的场景下根据约定的处理顺序来传递和处理。对每一类事件，系统都会根据当前的对象来构造一个可能接收事件的队列（响应者链），当事件发生时，从队头依次遍历查找，如果找到了能实现事件响应方法的对象则终止后续查找，将事件发送到此对象，结束此事件的相应处理。

响应链消息传递一般的原则是顶层对象优先得到事件响应。比如子视图和父视图同时定义了鼠标事件响应 mouseDown 的处理函数，则子视图的 mouseDown 优先得到执行。

下面通过一个双指上下滚动触控板事件的例子来说明响应者链处理过程。

新建一个工程，从控件工具箱拖放一个 View 到窗口视图，再添加一个 Button 到 View 中，分别对 Button、View 和 Window 实现 3 个自定义类 FXButton、FXView 和 FXWindow，从属性面板上将它们的各自 Class 修改为对应新定义的类型，如图 4-2 所示。

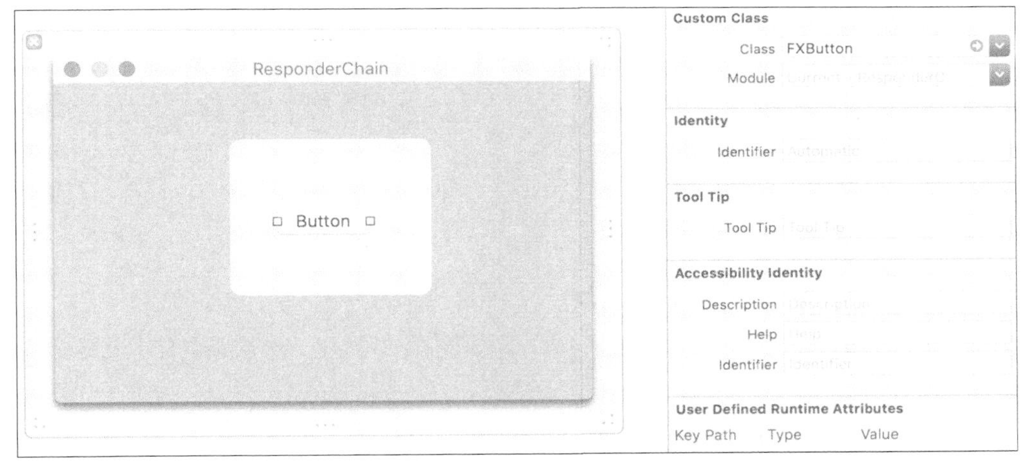

图 4-2

我们可以在 NSButton、NSView 和 NSWindow 这 3 个类中实现或不实现 scrollWheel 方法来运行程序，以便观察打印输出。注意，这里没有用 print 方法而是用 NSLog 输出日志，原因在于 print 方法在视图类中被重载为呼出打印机的设置页面。

```
import Foundation
import AppKit

class FXWindow: NSWindow {
   override func scrollWheel(with event: NSEvent) {
      NSLog("scrollWheel \(self)")
   }
```

① 详细的响应者链处理机制可以参照苹果公司官方文档说明的 Responders 部分。

```
}
class FXView: NSView {
    override func scrollWheel(with event: NSEvent) {
        NSLog("scrollWheel \(self)")
    }
}
class FXButton: NSButton {
    override func scrollWheel(with event: NSEvent) {
        NSLog("scrollWheel \(self)")
    }
}
```

可以看出，当 FXButton 中实现了 scrollWheel 方法时，手指在触控板滚动时 FXButton 优先得到事件响应；否则会传递到 FXView，或者处理或者继续传递，一直到 FXWindow，如图 4-3 所示。

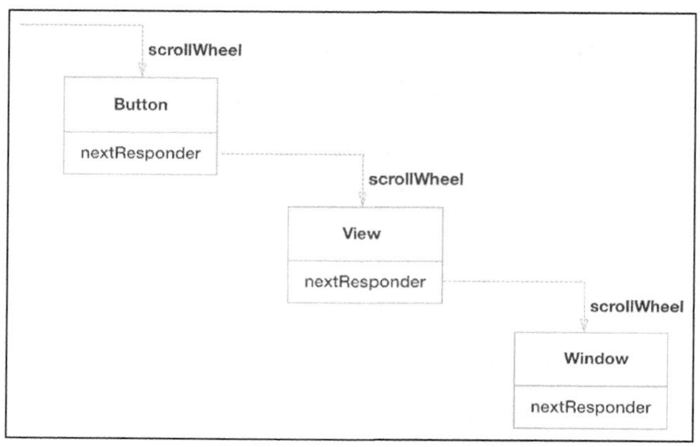

图 4-3

4.2.2 NSView

NSView 是最重要的 UI 基础组件类，负责控件的图形化界面绘制、类层级管理、鼠标键盘事件处理和打印处理等。

4.2.3 NSControl

NSControl 类处理消息事件中的用户动作类消息，如文本输入、按钮点击、菜单工具栏事件等。NSControl 与 4.2.4 节要讲的 NSCell 有密切的关联。

NSControl 将界面绘制、用户事件处理都委托给内部的 NSCell 去处理。

4.2.4 NSCell

在 NSControl 头文件中可以看到下面的方法定义：

```
public class func setCellClass(_ factoryId: Swift.AnyClass?)
public class func cellClass() -> Swift.AnyClass?
public func updateCell(_ cell: NSCell)
public var cell: NSCell?
```

NSCell 可以理解为对 NSControl 更细粒度的控制。对 NSCell 的定制可以实现对继承自 NSControl 的控件界面的改变和定制。也就是说，大多数 NSView 子类对应的控件并不是由 NSView 来完成界面绘制和事件响应处理的，而是由内部的 Cell 类完成的。

当 NSControl 有一组界面对象时，使用 NSCell 统一管理性能更高。例如，在 Radio 控件中，可以使用 NSCell 统一完成界面绘制处理，而不需要对每个 Radio 单独绘制一个 Label 作为标题，以及绘制一个 Button 作为单选按钮。

这样就不难理解，对于大部分 UI 控件，其左边 xib 导航目录树中都有一个子 Cell 类节点，如图 4-4 所示。

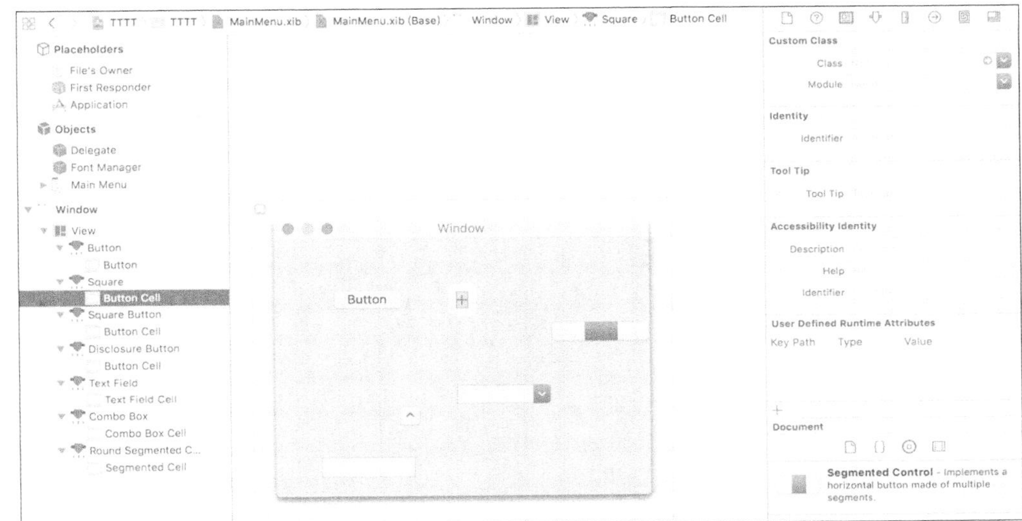

图 4-4

4.2.5　小结

NSResponder 定义了事件相关的抽象接口，具体实现由子类 NSView 负责。

NSControl 实现了界面交互的响应消息（Action Message）事件处理。NSControl 内部包括一个 Cell 类来负责 UI 绘制和动作消息事件处理。对于直接继承自 NSView 的子类，UI 绘制由控件自己完成。

4.3　文本框

单行文本输入框控件分为以下两类。

- 基本文字输入控件（Text Field）：用来输入基本文字，对应的类为 NSTextField。
- 安全文字输入控件（Secure Text Field）：用来输入密码，对应的类为 NSSecureTextField。

创建一个新工程。从控件工具箱依次拖入两个 Label 控件、一个 Text Field 控件和一个 Secure Text Field 控件。两个 Text Field 设置 Placeholder 属性，用来提示用户输入内容是什么，界面布局如图 4-5 所示。

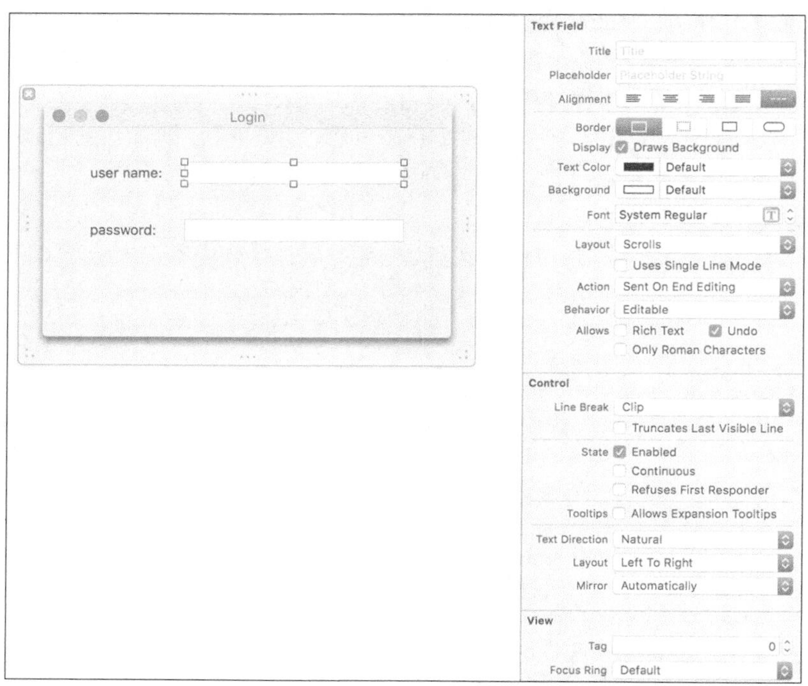

图 4-5

4.3.1 UI 属性说明

Text Field 控件的主要 UI 属性说明如下。

- Title：输入框的文字。
- Placeholder：提示性文字，当文本框内容为空时出现。
- Text Color：文字的颜色。
- Behavior：Editable 表示可以输入，Selectable 表示只能选中输入框的文字，None 表示不响应任何输入或选择，相当于 Disable。
- Text Direction：文本输入的方向从左到右或者从右到左。
- Focus Ring：控制点击控件选中时是否有高亮框，默认是有。选中 None，则不会显示高亮框。大多数点击选中的控件都有这个属性。

4.3.2 事件响应

文本框的输入事件响应是通过代理方法回调通知到应用的。

点击 Outlets 中的 delegate，连接 Text Field 的 delegate 到 Delegate，如图 4-6 所示。

几个代理方法如下。

- controlTextDidBeginEditing：光标进入输入框第一次输入得到事件通知。
- controlTextDidEndEditing：光标离开输入框时得到事件通知。
- controlTextDidChange：文本框正在输入和内容变化时得到事件通知。通过这个通知消息可以实时获取输入变化的文本。

图 4-6

这几个方法的输入参数都是 NSNotification 对象，从 Notification 的 object 属性中可以获得当前的输入框对象，当有多个 textField 对象时，需要区分不同对象来处理。

```
override func controlTextDidChange(_ obj: Notification) {
   if let textField = obj.object as? NSTextField {
      let text = textField.stringValue
      if(textField == self.userNameField){
         print("userName:\(text)")
      }
      if(textField == self.passwordTextField){
         print("password:\(text)")
      }
   }
}
```

4.3.3　文本内容的读取或修改

在 NSControl 中定义了各种数据类型，因此可以根据输入的数据类型来按需获取。

```
var stringValue: String
var attributedStringValue: NSAttributedString
var objectValue: Any?
var intValue: Int32
var integerValue: Int
var floatValue: Float
var doubleValue: Double
```

文本控件可以访问下面两个属性来操作文本内容：普通文本信息读/写使用 stringValue 属性，带格式的富文本使用 attributedStringValue 属性。intValue 可以直接获取转化好的 Int 类型。

4.3.4　特殊按键响应处理

NSTextField 的代理类 NSTextFieldDelegate 继承自 NSControlTextEditingDelegate 类，其中定义了特殊按键的响应协议方法，实现下面协议方法即可拦截特殊按键事件来进行处理：

```
func control(_ control: NSControl, textView: NSTextView, doCommandBy commandSelector: Selector)
-> Bool {
    if (commandSelector == #selector(NSResponder.insertNewline(_:))) {
       // 按下 Enter 键
       print("enter")
```

```
        return true
    } else if (commandSelector == #selector(NSResponder.deleteForward(_:))) {
        // 按 Delete 键
        return true
    } else if (commandSelector == #selector(NSResponder.deleteBackward(_:))) {
        // 按 Backspace 键
        return true
    } else if (commandSelector == #selector(NSResponder.insertTab(_:))) {
        // 按 Tab 键
        return true
    } else if (commandSelector == #selector(NSResponder.cancelOperation(_:))) {
        // 按 Esc 键
        return true
    }
    return false
}
```

4.4 文本视图

顾名思义，多行文字输入控件（Text View）用于输入大量的文字性说明/描述的多行文字，其对应的类是 NSTextView，如图 4-7 所示。与单行输入的 Text Field 不同，当文字内容超出多行输入框视图范围时，会自动出现滚动条。

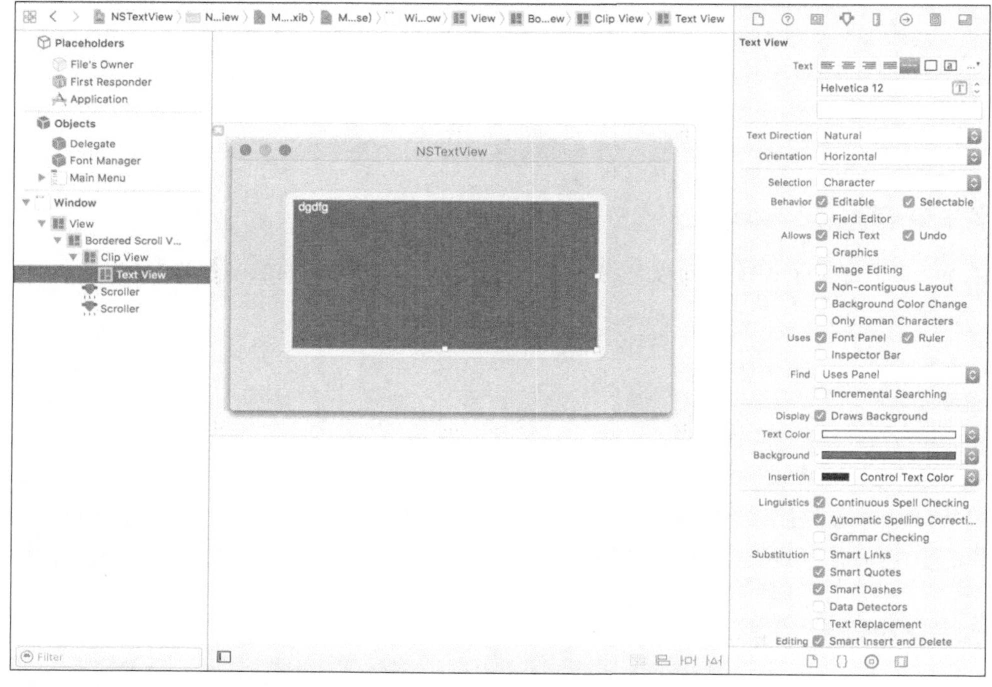

图 4-7

4.4.1 UI 属性说明

Text View 控件的主要 UI 属性说明如下。

- Text：定义预先输入的文字、对齐方式和字体。
- Text Color：文字的颜色。

- Background Color：背景的颜色。
- Behavior：勾选 Editable 表示可以输入，勾选 Selectable 表示可以选中输入框的文字。
- Linguistics：智能化的一些控制，包括持续拼写检查、自动拼写校正和语法检查。

4.4.2 事件响应

文本的开始编辑、结束编辑和输入内容变化均是以代理回调方式通知。

（1）通过代码或在 Xcode 中置 NSTextView 的 delegate。

（2）实现多行文本事件代理协议 NSTextDelegate。

注意，NSTextView 的实际代理类为 NSTextViewDelegate 类型，它继承自 NSTextDelegate。

```
// 当刚开始输入第一个字符时响应，从 NSNotification 的 object 属性中可以获得当前的多行文本输入框对象
func textDidBeginEditing(_ notification: Notification) {
    if let textView = notification.object as? NSTextView {
        let text = textView.string
        print("textDidBeginEditing text \(text)")
    }
}

// 当鼠标切换离开输入框失去焦点时响应 func textDidEndEditing(_ notification: Notification) {
    if let textView = notification.object as? NSTextView {
        let text = textView.string
        print("textDidEndEditing text \(text)")
    }
}

// 当文字内容变化时响应
func textDidChange(_ notification: Notification) {
    if let textView = notification.object as? NSTextView {
        let text = textView.string
        print("textDidChange text \(text)")
    }
}
```

4.4.3 文本的格式化显示

textView 的 TextColor 和 BackgroundColor 属性虽然可以设置文本的颜色和背景的颜色，但是无法精确实现每一段文本有不同的颜色和背景色。

textView 的 string 属性存储文本框中用户输入的内容，通过代码直接修改这个属性可以修改它的文本内容。如果要实现不同位置的字符设置不同的风格样式，需要使用 textView 的 textStorage 属性来设置。textStorage 是 NSMutableAttributedString 类型对象，可以方便地对文本内容进行格式化显示。

（1）定义 NSMutableAttributedString 格式化字符类，配置 textView 的 textStorage。

```
let attributedString = NSMutableAttributedString(string:"attributedString" as String)
attributedString.addAttributes([NSAttributedStringKey.foregroundColor: NSColor.blue as Any ],
    range:  NSMakeRange(0, 10))
attributedString.addAttributes([NSAttributedStringKey.foregroundColor: NSColor.green as Any ],
    range:  NSMakeRange(10, 6))

textView.textStorage?.setAttributedString(attributedString)
```

（2）设置 textStorage 的代理，通过实现 NSTextStorageDelegate 代理协议的 textStorage DidProcessEditing 方法能实时响应用户的输入。

```
textView.textStorage?.delegate = self
```

（3）实现代理方法 textStorageDidProcessEditing。

```
override func textStorageDidProcessEditing(_ notification: Notification) {
    self.perform(#selector(self.processEditContents), with: nil, afterDelay: 0.0)
}
```

代码高亮输入框就可以通过这种方式来实现，在 processEditContents 方法中可以实时对输入文本根据定义的高亮规则来格式化处理。

4.4.4 文本框高度根据文字高度自适应增长

设置文本视图的 textStorage 代理，在 setHeightToMatchContents 方法中实时计算文本高度，实现文本框高度自适应增长。

```
override func textStorageDidProcessEditing(_ notification: Notification) {
   self.perform(#selector(self.setHeightToMatchContents), with: nil, afterDelay: 0.0)
}
```

（1）naturalSize 方法计算当前输入文本的高度。

```
func naturalSize() -> NSSize {
   let bounds: NSRect = self.textView.bounds
   let layoutManager: NSLayoutManager = textView.textStorage!.layoutManagers[0]
   let textContainer: NSTextContainer = layoutManager.textContainers[0]
   textContainer.containerSize = NSMakeSize(bounds.size.width, 1.0e7)
   layoutManager.glyphRange(for: textContainer)
   let naturalSize: NSSize? = layoutManager.usedRect(for: textContainer).size
   return naturalSize!
}
```

（2）setHeightToMatchContents 根据文本高度修改文本框对应的滚动条高度。

```
@objc func setHeightToMatchContents() {
   let naturalSize: NSSize = self.naturalSize()
   if let scrollView = self.textView.enclosingScrollView {
      let frame = scrollView.frame
      scrollView.frame = NSMakeRect(frame.origin.x, frame.origin.y, frame.size.width,
         naturalSize.height + 4)
   }
}
```

4.5 文本搜索框

文本搜索框（Search Field）是用来搜索关键字输入的输入控件，其对应的类是 NSSearchField。

创建一个新工程，增加一个 Search Field 控件到窗口的内容视图上，连接控件 Outlet 变量到 searchField 变量。

事件响应

如图 4-8 所示，从右边 Outlets 面板的 Sent Actions 绑定 action 到 searchAction 方法。当用

户在搜索框输入内容时 searchAction 方法就会执行，这样就可以进行实时搜索处理。

```
@IBAction func searchAction(_ sender: NSSearchField) {
    let text = sender.stringValue
    Swift.print("searchAction:\(text)")
    // 实现搜索逻辑方法调用 刷新结果
}
```

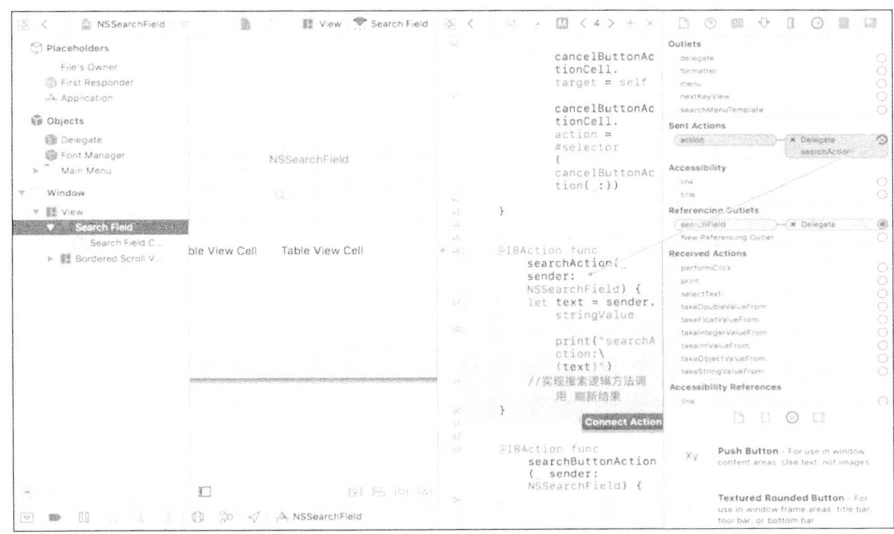

图 4-8

运行界面如图 4-9 所示。

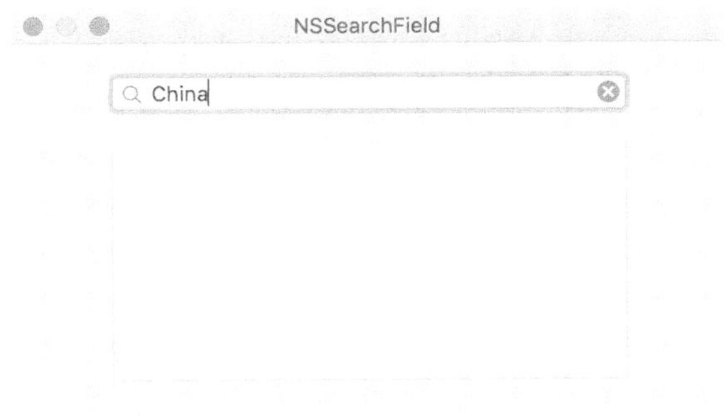

图 4-9

当用户开始输入内容后，搜索框左边会出现搜索按钮，右边会出现取消按钮。如何让这两个按钮响应事件呢？目前只能使用代码去增加。

首先从 searchField 获取搜索和取消按钮，然后使用 target-action 模式绑定响应事件，代码如下：

```
func registerSearchButtonAction(){
    let searchButtonCell  = self.searchField.cell as! NSSearchFieldCell
    let searchButtonActionCell = searchButtonCell.searchButtonCell!

    searchButtonActionCell.target = self
    searchButtonActionCell.action = #selector(searchButtonAction(_:))

    let cancelButtonCell  = self.searchField.cell as! NSSearchFieldCell
    let cancelButtonActionCell = cancelButtonCell.cancelButtonCell!
```

```
        cancelButtonActionCell.target = self
        cancelButtonActionCell.action = #selector(cancelButtonAction(_:))
    }

    @IBAction func searchButtonAction(_ sender: NSSearchField) {
        self.searchAction(sender)
    }

    @IBAction func cancelButtonAction(_ sender: NSSearchField) {
        sender.stringValue = ""
    }
```

searchButtonClicked 方法中可以调用 searchAction:搜索逻辑。cancelButtonClicked 方法中实现清除已有的输入。

4.6 文本标签

文本标签（Label）用来显示文本字段或者提示信息，分为单行文本显示和多行文本显示两类，其对应的类是 NSTextField。本质上来说 Label 仅是不可编辑的 NSTextField 类而已。

创建一个新工程，新增两个单行 Label 和一个多行显示的 Wrapping Label，如图 4-10 所示。

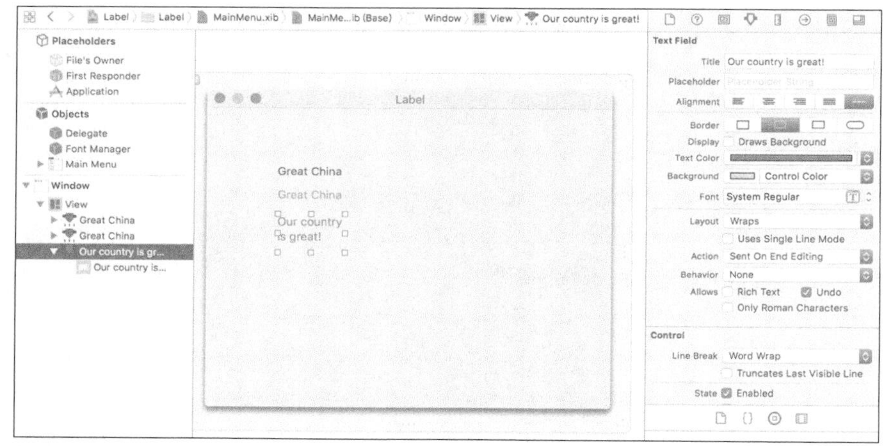

图 4-10

4.6.1 UI 属性说明

Lable 控件的主要 UI 属性说明如下。

- Title：文本标签的内容。
- Text Color：文本的颜色。
- Layout：Scrolls 表示单行显示，Wraps 表示多行显示。
- Line Break：控制单行文本的内容超出文本标签 frame 的宽度时的显示模式。有裁剪掉尾部多余的、头部内容省略号填充、尾部内容省略号填充和中间内容省略号填充几种模式。

4.6.2 用代码创建文本标签

Label 实际上是 NSTextField 类型的，只是去掉了边框和背景，不能进行编辑的文本框而已。

```
func addLabel(){
   let frame = CGRect(x: 10, y: 10, width: 80, height: 24)
   let label = NSTextField(frame: frame)
   label.isEditable = false
   label.isBezeled = false
   label.drawsBackground = false
   label.stringValue = "Name Label"
   self.window.contentView?.addSubview(label)
}
```

创建带格式的文本使用 attributedStringValue 属性。

```
func addRichableLabel(){
   let text = NSString(string: "please visit http://www.apple.com/")
   let attributedString = NSMutableAttributedString(string:text as String)
   let linkURLText = "http://www.apple.com/"
   let linkURL = NSURL(string:linkURLText)

   // 查找字符串的范围
   let selectedRange = text.range(of: linkURLText)

   attributedString.beginEditing()
   // 设置链接属性
   attributedString.addAttribute(NSLinkAttributeName, value:linkURL!, range: selectedRange)
   // 设置文字颜色
   attributedString.addAttribute(NSForegroundColorAttributeName,
      value:NSColor.blue, range: selectedRange)
   // 设置文本下画线
   attributedString.addAttribute(NSUnderlineStyleAttributeName,
      value:NSUnderlineStyle.styleSingle.rawValue, range: selectedRange)
   attributedString.endEditing()

   let frame = CGRect(x: 50, y: 50, width: 280, height: 80)
   let richTextLabel = NSTextField(frame: frame)
   richTextLabel.isEditable = false
   richTextLabel.isBezeled = false
   richTextLabel.drawsBackground = false
   richTextLabel.attributedStringValue = attributedString

   self.window.contentView?.addSubview(richTextLabel)
}
```

最后运行的效果如图 4-11 所示。

图 4-11

4.7　按钮

按钮（Button）是一种确认操作的控件，有各种不同风格类型的按钮，其对应的类是 NSButton。

创建一个新工程，命名为 NSButton，从最右边面板底部的控件工具箱选择一个 Push Button 拖动到窗口界面上，类似地可以迅速拖动、创建出各种风格的按钮到界面上，如图 4-12 所示。

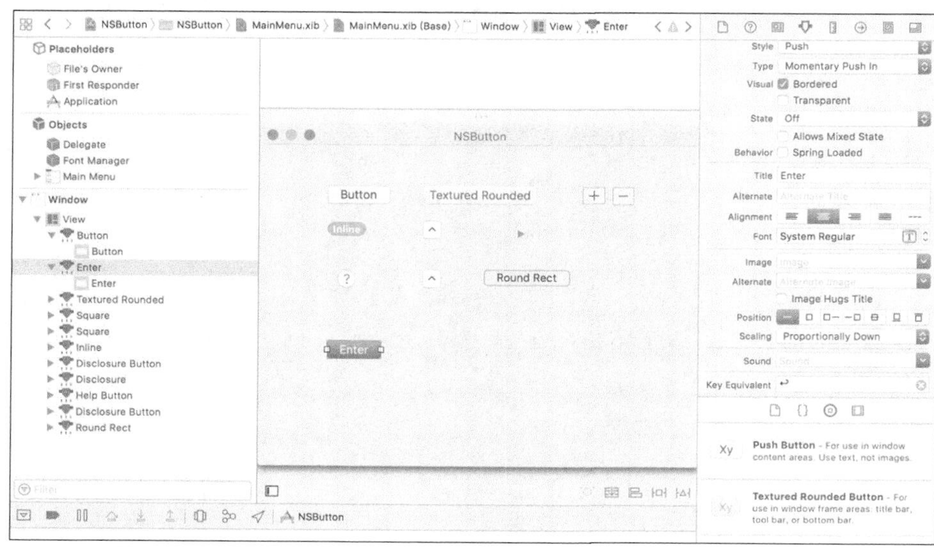

图 4-12

4.7.1　UI 属性说明

Button 控件的主要 UI 属性说明如下。

- Style 和 Type：决定样式风格。
- Visual：是否带边框。
- Title：显示的文字。
- Alignment：文字的对齐方式，如居左、居中和居右。
- Image：按钮中显示的图像。如果去掉按钮的边框和文字，设置完图像属性后，按钮就变成了一个图标按钮。
- Tool tip：鼠标悬停在按钮上时出现的提示性文字。点击属性面板顶部第三个按钮切换，可以设置修改它。
- Key Equivalent：按钮快捷键设置。如果设为回车键则按钮风格自动变成蓝色背景按钮，如图 4-13 中最下面的按钮所示。

4.7.2　事件响应

AppDelegate.swift 中定义按钮的响应事件的执行代码，如下：

```
@IBAction func buttonClicked(_ sender: NSButton) {
   print("buttonClicked")
}
```

4.7.3 连接事件

点击 Button 后切换到 Outlets 面板，选择 Sent Actions 下面的 action，连接到 AppDelegate 中的 buttonClicked 方法，如图 4-13 所示。

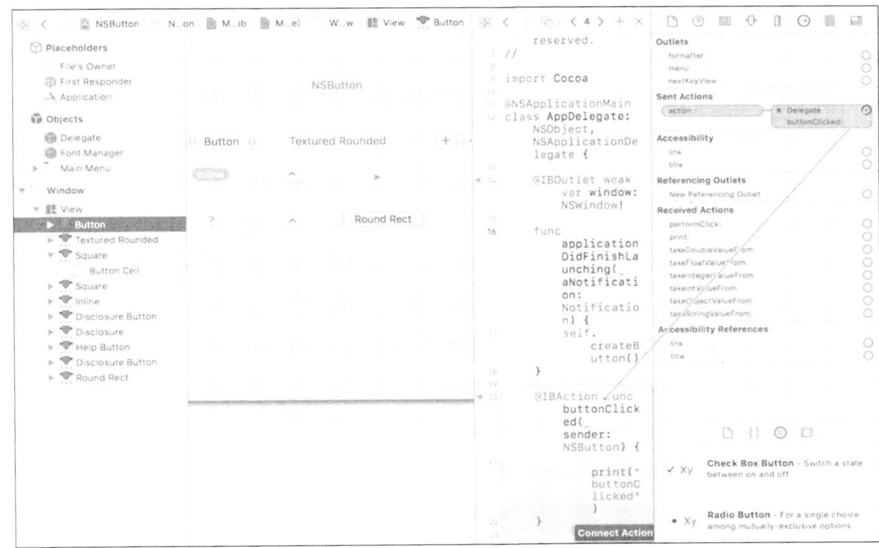

图 4-13

运行后控制台输出：button clicked。

4.7.4 用代码创建按钮

用代码创建按钮，并且绑定到 buttonClicked:方法。

```
func createButton(){
    let frame = CGRect(x: 0, y: 0, width: 80, height: 24)
    let btn = NSButton(frame: frame)
    btn.bezelStyle = .roundedBezelStyle
    btn.title = "CodeButton"
    btn.target = self
    btn.action = #selector(buttonClicked(_:))
    self.window.contentView?.addSubview(btn)
}
```

4.7.5 图片按钮的创建

创建按钮，删除属性面板中的 Title，从 Image 属性框中选择系统中的图片或输入工程中加入的图片名称即可，如图 4-14 所示。

Push Button 按下时背景会有高亮蓝色。Textured Rounded Button 按下时没有高亮效果，如同 Xcode 中运行、停止应用的按钮按下的效果。

还可以从控件工具箱里面选择 Image Button 拖放到界面上，可以看到设置它的 Image 为 NSActionTemplate，这是系统提供的一个模板图片。模板图片必须是一个灰度图片，颜色在黑白之间，点击选中后自动由系统生成高亮蓝色效果的图片。注意，上面的 Image Button 的 Type

要选为 Toggle 有状态切换的类型。

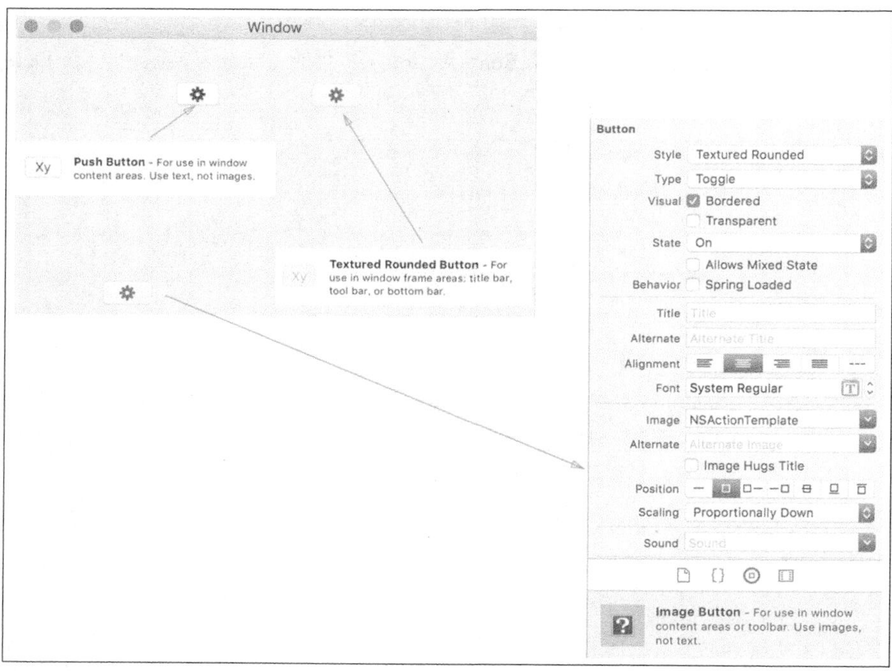

图 4-14

除了使用系统提供的模板图片，用户也可以指定使用自己提供的图片，只要图片命名时注意后面加上 Template 即可，像 buttonTemplate.png、1Template.png 都可以被系统当作模板图像来处理。

4.8 复选框

复选框（Check Box）是允许多个选项同时选择的按钮控件，其对应的类是 NSButton，如图 4-15 所示。

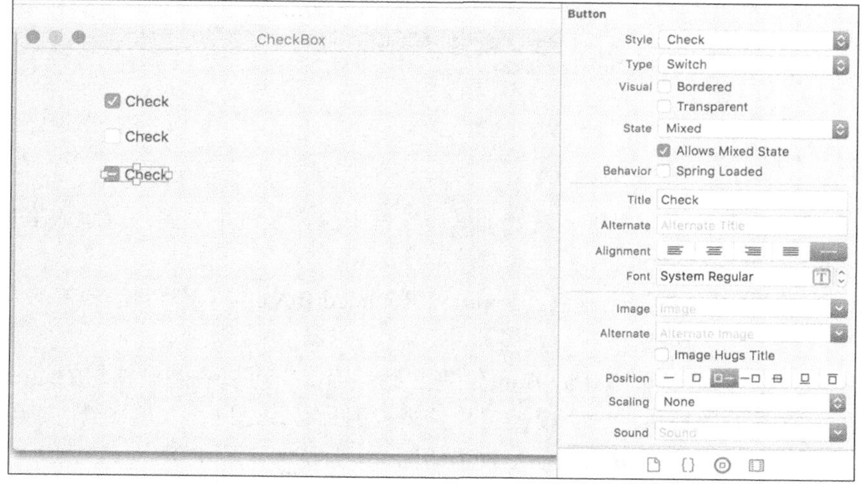

图 4-15

4.8.1 UI 属性说明

Check Box 控件的主要 UI 属性说明如下。

- State：On 表示选中，Off 表示不选中，Mixed 表示混合态。
- Allow Mixed State：必须勾选后才允许存在 Mixed 状态。

4.8.2 事件响应

从属性面板绑定 Sent Actions 中的 action 到事件方法即可。

```
@IBAction func checkBtnClicker(_ sender: NSButton){
   let state = sender.state
   if state == .on {
      print("check selected ")
   }
   else {
      print("check un selected ")
   }
   print("state :\(state)")
}
```

4.9 单选按钮

单选按钮（Radio）是用来实现多选一的逻辑控制的按钮控件，如图 4-16 所示。

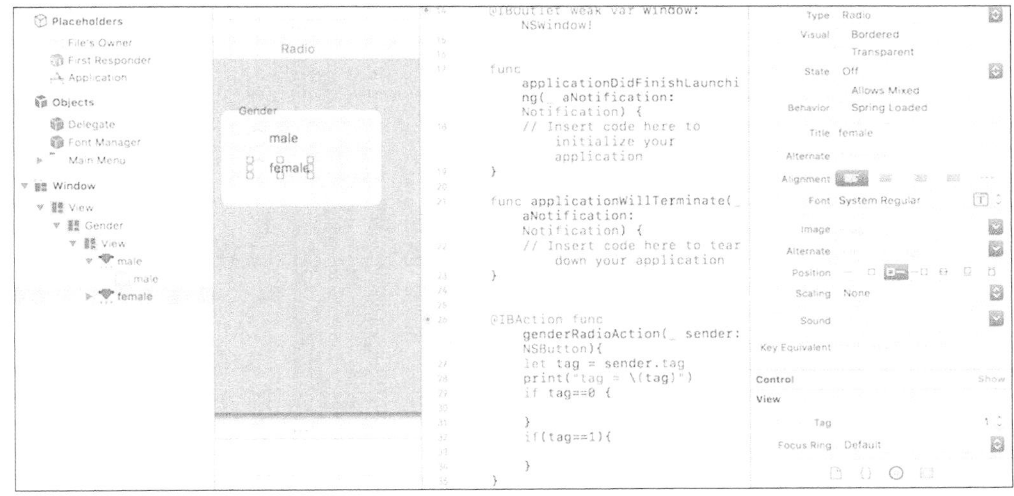

图 4-16

4.9.1 UI 属性说明

Radio 控件的主要 UI 属性说明如下。

- State：可以设置初始化时是否选中的状态。
- Allow Mixed State：必须勾选后才允许存在 Mixed 状态。
- Tag：点击左边导航树中每个 Radio，为每个 Radio 规定一个唯一的值，当用户点击后根据点击的 Radio 的 Tag 来进行逻辑功能判断处理。

4.9.2 事件响应

将一组相关的单选按钮关联到同样的动作方法即可，另外要求同一组单选按钮拥有相同的父视图，如图 4-17 所示。

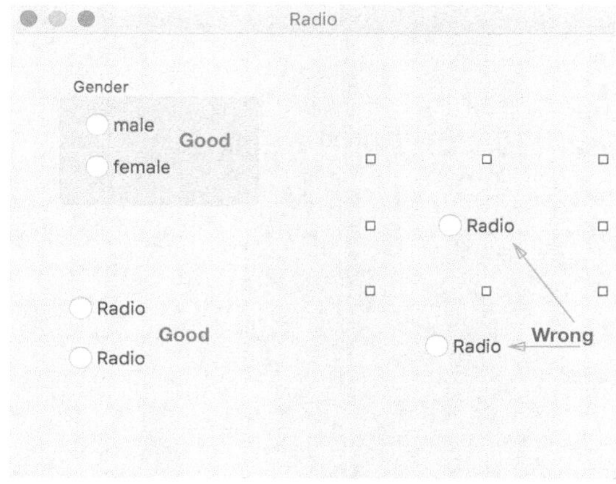

图 4-17

具体代码如下：

```
@IBAction func genderRadioAction(_ sender:NSButton){
   let tag = sender.tag
   Swift.print("tag = \(tag)")
   if tag==0 {
   }
   if(tag==1){
   }
}
```

4.10 分段选择控件

分段选择控件（Segmented Control）是一种多选一的视图控件，如图 4-18 所示，其对应的类是 NSSegmentedControl。

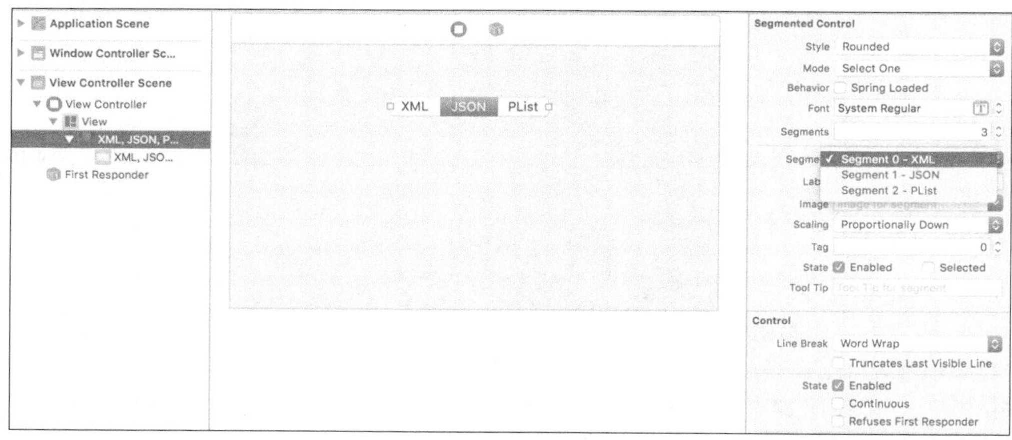

图 4-18

4.10.1 UI 属性说明

Segmented Control 控件的主要 UI 属性说明如下。

- Segments：分段个数。
- Segment：下拉列表，可以选择设置默认哪一项。
- State：勾选 Selected 后，默认的选项才会以蓝色高亮显示。

4.10.2 事件响应

将 action 绑定到定义的动作方法即可。NSSegmentedControl 的 selectedSegment 属性表示当前选中部分的序号 index。

```
@IBAction func segmentedAction(_ sender: NSSegmentedControl) {
    let tag = sender.selectedSegment
    print("selection index = \(tag)")
}
```

4.10.3 分段大小的控制

默认情况下每个分段的大小是根据文本内容自适应的，如果需要每个分段宽度一样的话，首先选中每一个分段，然后针对它设置大小，勾选 Fixed，输入相同的宽度值，如图 4-19 所示。

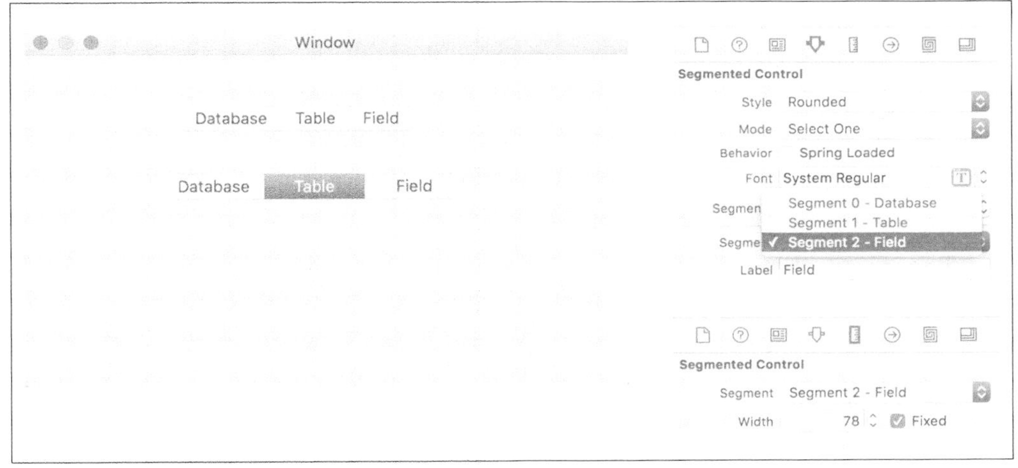

图 4-19

4.10.4 分段样式风格的控制

当 Mode 选择为 Momentary Accelerator 时分段控件没有选中的效果，相当于一组分组按钮；当 Style 选择 Separated 时，每个分段变为独立的按钮样式。选择不同的 Style 和 Mode，界面效果如图 4-20 所示。

在 4.7.5 节，我们讨论过模板图片的使用，分段选择控件也可以使用模板图片，参见图 4-20 上面第一排右边效果，注意设置 Segment 的 Style 为 Textured Square，Mode 为 Select Any 即可。

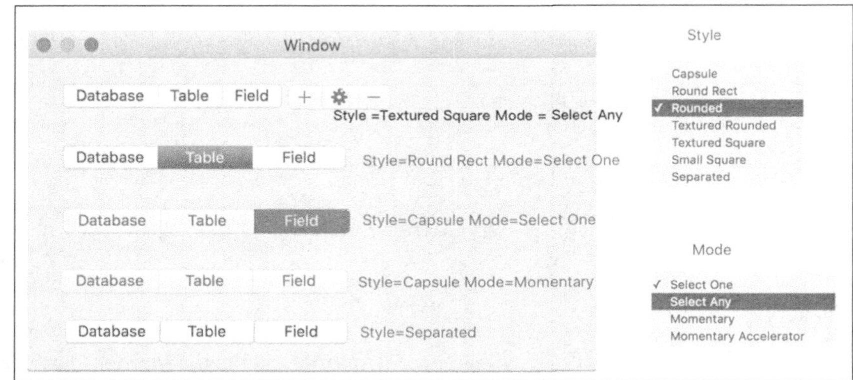

图 4-20

4.11 组合框

组合框（Combo Box）是一种下拉选择视图控件，其对应的类是 NSComboBox。可以通过 addItem 单个或批量添加文本条目，也可以使用数据源和代理的形式管理每个条目。

创建一个新工程时勾选使用 StoryBoard，则会生成 ViewController 类来管理界面。我们从控件工具箱拖放 3 个 Combo Box，如图 4-21 所示，第一个的数据直接通过属性面板的 Items 配置好，另外两个中，一个是通过动态接口加载数据，另一个是使用数据源方式加载数据，分别绑定到 IBOutlet 变量 dynamicComboBox 和 dataSourceComboBox。

```
@IBOutlet weak var dynamicComboBox: NSComboBox!
@IBOutlet weak var dataSourceComboBox: NSComboBox!
```

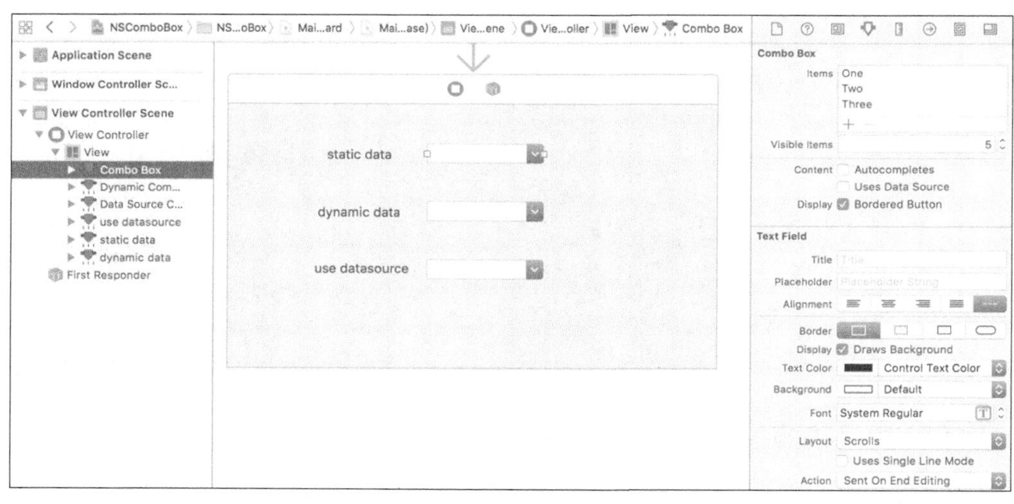

图 4-21

4.11.1 UI 属性说明

Combo Box 控件的主要 UI 属性说明如下。

- Items：可以输入条目作为显示的列表内容。
- Visible Items：表示最多显示多少个条目在界面上，超过的条目可以通过滚动条选择。
- Uses Data Source：是否使用数据源方式，勾选以后必须通过代码规定条目的内容项。

4.11.2 事件响应

将 action 事件绑定到自定义的 selectionChanged 方法即可。indexOfSelectedItem 表示选择的条目的 index 序号，stringValue 表示选择的文本内容，代码如下：

```
@IBAction func selectionChanged(_ sender: NSComboBox){
   let selectedIndex = sender.indexOfSelectedItem
   let selectedContent = sender.stringValue
   print("selectedIndex:\(selectedIndex) selectedContent:\(selectedContent)")
}
```

4.11.3 动态增加列表内容

通过数组批量增加条目，代码如下：

```
func dynamicComboBoxConfig(){
   let items = ["1","2","3"]
   // 删除默认的初始数据
   self.dynamicComboBox.removeAllItems()
   // 增加数据 items
   self.dynamicComboBox.addItems(withObjectValues: items)
   // 设置第一行数据为当前选中的数据
   self.dynamicComboBox.selectItem(at: 0)
}
```

4.11.4 使用数据源和代理

当 NSComboBox 的 usesDataSource 属性为 true 时，表示要使用数据源的方式配置条目。使用数据源的方式可以非常灵活地使用自定义的数据模型类去配置要显示的文本项。数据源数据配置好以后，调用 reloadData 方法完成它的数据加载刷新。

下面的代码配置组合框使用数据源并且设置了代理：

```
func dataSourceComboBoxConfig(){
   self.dataSourceComboBox.usesDataSource = true
   self.dataSourceComboBox.dataSource = self
   self.dataSourceComboBox.delegate = self
}
```

假设 self.datas 为字符串数组，已经完成了数据初始化。组合框使用数据源的方式时，要实现下面两个协议的方法：

```
func numberOfItems(in comboBox: NSComboBox) -> Int {
   return self.datas.count
}

func comboBox(_ comboBox: NSComboBox, objectValueForItemAt index: Int) -> Any? {
   return self.datas[index]
}
```

代理回调方法分别用来表示选择条目发生了变化。

```
func comboBoxSelectionDidChange(_ notification: Notification) {
   let comboBox = notification.object as! NSComboBox
   let selectedIndex = comboBox.indexOfSelectedItem
   let selectedContent = comboBox.stringValue
```

```
    print("selectedIndex = \(selectedIndex) selectedContent =\(selectedContent)")
}

@IBAction func selectionChanged(_ sender: NSComboBox){
    let selectedIndex = sender.indexOfSelectedItem
    let selectedContent = sender.stringValue
    print("selectedIndex:\(selectedIndex) selectedContent:\(selectedContent)")
}
```

4.12 弹出式按钮

弹出式按钮（Pop Up Button）是一种多选一的视图控件，如图 4-22 所示，其对应的类是 NSPopUpButton。

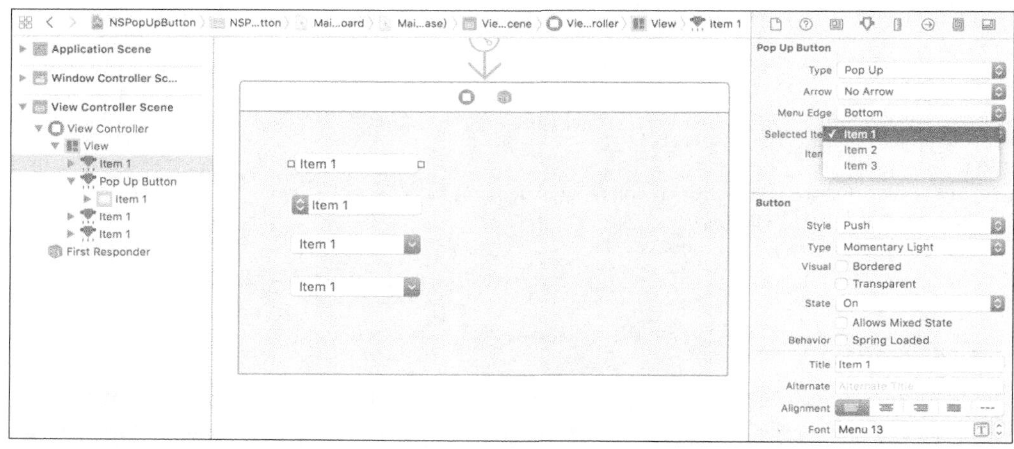

图 4-22

4.12.1 UI 属性说明

Pop Up Button 控件的主要 UI 属性说明如下。

- Type：有 Pop Up 和 Pull Down 两个选择，分别对应图 4-22 中第 2 个和第 3 个箭头的样式。
- Arrow：有 No Arrow、Left 和 Right 3 种选择，分别如图 4-22 中的 3 个箭头所示。
- Menu Edge：弹出的选择菜单的位置，可以在左右上下不同的位置。

4.12.2 动态列表项配置

下面是动态配置弹出式选择控件内容的代码：

```
func dynamicDataConfig(){
    let items = ["1","2","3"]
    // 删除默认的初始数据
    self.popUpButton.removeAllItems()
    // 增加数据 items
    self.popUpButton.addItems(withTitles: items)
    // 设置第一行数据为当前选中的数据
    self.popUpButton.selectItem(at: 0)
}
```

4.12.3 事件响应

将 action 绑定到自定义的事件方法如下：

```
@IBAction func popUpBtnAction(_ sender: NSPopUpButton){
    let items = sender.itemTitles
    // 当前选择的 index
    let index = sender.indexOfSelectedItem
    // 选择的文本内容
    let title =  items[index]
}
```

4.13 滑杆

滑杆（Slider）控件可以拖动中心圆形标记来选择数据值的范围，如图 4-23 所示，其对应的类是 NSSlider。

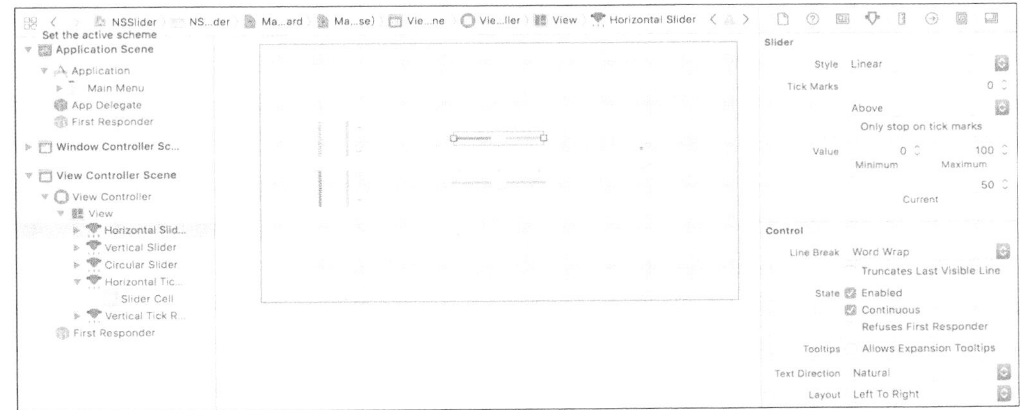

图 4-23

4.13.1 属性设置

Slider 控件的主要 UI 属性说明如下。

- Style：有 Linear 和 Circular 两个选择，分别表示直线或者圆形的外观样式。
- Tick Marks：默认是 0，表示无分段标记。如果设置其大于 0，表示有几个小的分段范围标记出现。例如图 4-23 中下面的两个 Slider 的展示效果。
- Value：有 Minimum、Maximum 和 Current3 个选择，分别代表最小、最大和当前值。它既可以是整数，也可以是浮点数或双精度浮点数。
- State：Enabled 表示允许选中。Continuous 表示在拖动选择值 Value 过程中是否将实时变化的值在事件响应中通知。如果没有勾选，则在事件响应中只会得到开始和结束的值。

4.13.2 水平和垂直方向设置

滑杆控件类定义有一个只读属性 vertical，表示是否为垂直的方向，因此没有办法通过程序修改它的水平和垂直方向，目前只能通过 xib 界面选择水平或垂直方向的控件拖放来实现。

4.13.3 事件绑定

将 Send Actions 中的 action 事件绑定到代码定义的 sliderAction 方法。根据使用 NSSlider 时设置的值类型，可以从基类 NSControl 的 4 个属性之一去获取或修改相应类型的值。

```
public var intValue: Int32
public var integerValue: Int
public var floatValue: Float
public var doubleValue: Double

@IBAction func sliderAction(_ sender :NSSlider){
   let intValue = sender.intValue
   print("intValue :\(intValue)")
}
```

4.14 日期选择器

日期选择器（Date Picker）是一种用来进行日期信息输入或选择的控件，如图 4-24 所示，其对应的类是 NSDatePicker。

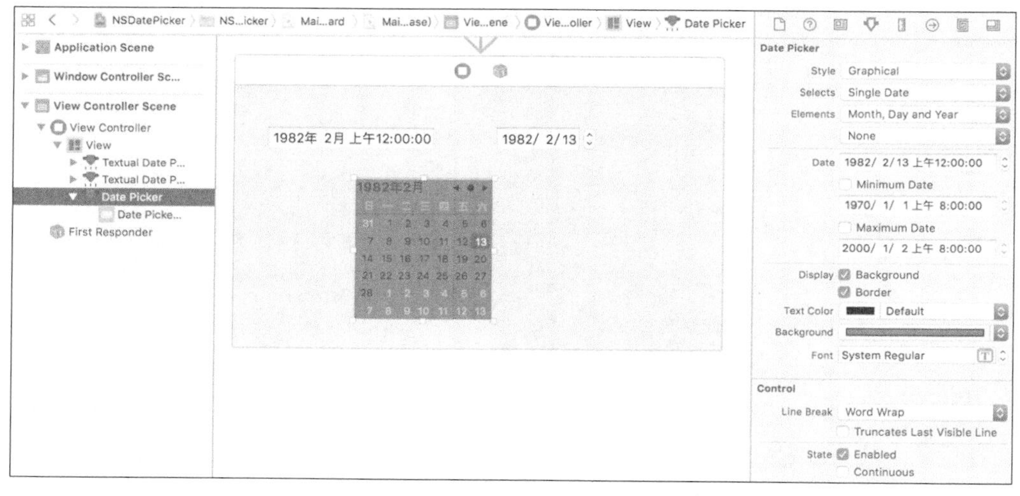

图 4-24

4.14.1 UI 属性说明

Date Picker 控件的主要 UI 属性说明如下。

- Style：3 种 UI 样式 Textual、Textual With Stepper 和 Graphical 分别表示文本日历、自增减的文本日历和图形化显示的日历。
- Selections：鼠标点击选择的模式，Date Range 和 Single Range 分别表示是整个日期范围还是单个部分的选择。
- Elements：日期按年月日时分秒多种组合显示，可以分段控制，如不显示年月日只显示时分秒。
- Date：日期的初始值。
- Display：Background 和 Border 分别控制是否显示背景和边框。

- Text Color：文字的颜色，仅对 Textual 和 Textual With Stepper 两种 UI 样式的 Date Picker 有效。
- Background：背景的颜色，仅对 Graphical 样式的 Date Picker 有效。

4.14.2 获取日期

日期选择器控件的 dateValue 和 timeInterval 属性代表不同数据类型的日期，属性定义如下：

```
public var dateValue: Date
public var timeInterval: TimeInterval
```

4.14.3 日期变化的事件

将 Outlets 中 Sent Actions 的 action 绑定到定义的 valuedChangedAction 方法，用户输入日期或者从图形化日历中选择了新的日期后，触发该方法。

```
@IBAction func valuedChangedAction(_ sender: NSDatePicker) {
    let date = sender.dateValue
    print("date:\(date)")
}
```

设置日期选择器的 Date Picker Cell 元素的 delegate，实现 NSDatePickerCellDelegate 协议 validate 方法，日期选择变化后的数据，可以对这个变化数据进行验证修改，再重新赋值给 Date Picker 控件，如图 4-25 所示。

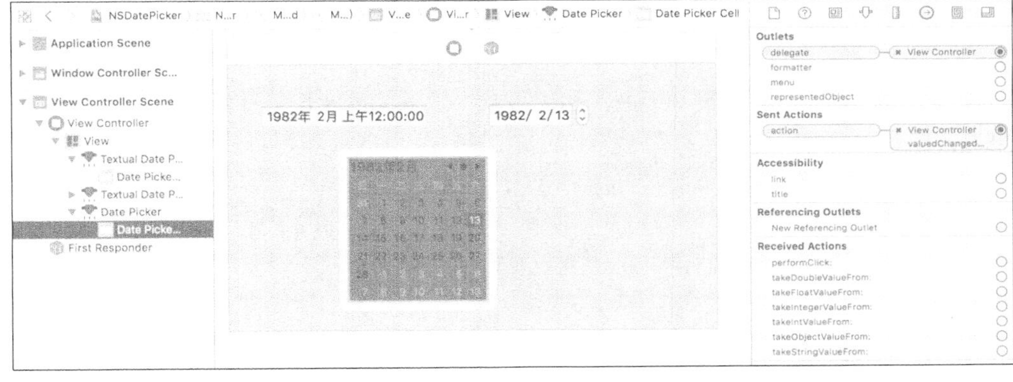

图 4-25

具体代码如下：

```
func datePickerCell(_ datePickerCell: NSDatePickerCell, validateProposedDateValue proposed
    DateValue: AutoreleasingUnsafeMutablePointer<NSDate>, timeInterval proposedTimeInterval: Unsafe
    MutablePointer<TimeInterval>?) {
    let timeInterval = proposedTimeInterval?.pointee
    self.datePicker.timeInterval = timeInterval!
}
```

4.15 步进器

步进器（Stepper）是用来进行数据递增或递减控制的控件，其对应的类是 NSStepper。

使用步进器实现文本输入框数字递增/递减的功能。添加文本输入框控件和步进器控件到窗口，如图 4-26 所示，分别绑定到 pageSizeTextField 和 pageSizeStepper 变量。

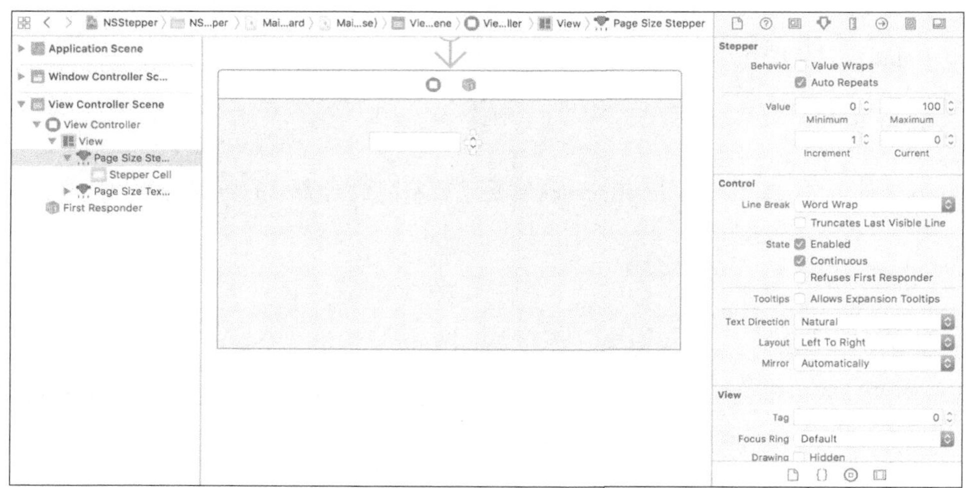

图 4-26

4.15.1 UI 属性说明

Stepper 控件的主要 UI 属性说明如下。

- Value：有 Minimum、Maximum、Increment 和 Current4 个选择，分别代表最小、最大、每次递增递减的阈值和初始值。

4.15.2 事件响应

将 Stepper 控件的 action 绑定到 stepperAction 方法，这样就能实现步进器值变化同步到文本输入控件。

```
@IBAction func stepperAction(_ sender: NSStepper) {
    // 获取当前变化的值更新 text 文本输入值
    let theValue = sender.intValue
    self.pageSizeTextField.intValue = theValue
}
```

4.15.3 文本框数据与步进器保持同步

设置文本输入框代理为 App Delegate，实现 controlTextDidChange 代理协议方法。用户输入值变化后，反过来同步更新了步进器控件的值。

```
override func controlTextDidChange(_ obj: Notification) {
    let textField  = obj.object as! NSTextField
    self.pageSizeStepper.intValue = textField.intValue
}
```

4.16 进度指示器

进度指示器（Progress Indicator）是一种进度可视化展示控件，其对应的类是 NSProgressIndicator。图 4-27 展示了不同风格的进度指示器控件。

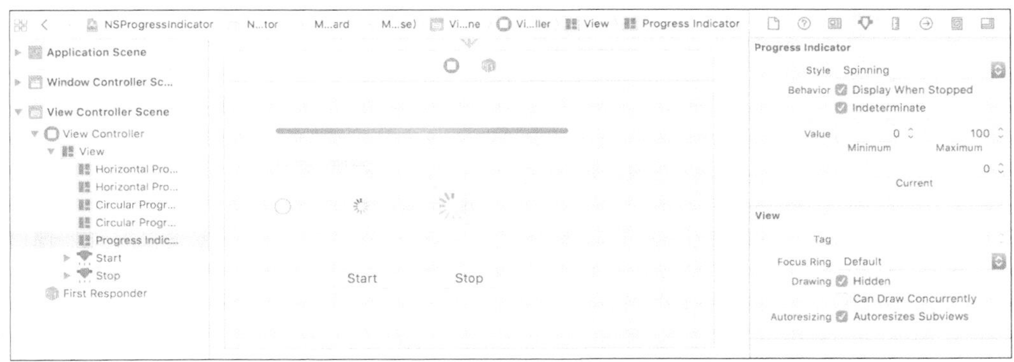

图 4-27

对于比较耗时的多个任务，每完成一个小任务，更新进度指示器的当前值，就可以直观地展示当前完成的任务数占总任务数的百分比。

4.16.1 UI 属性说明

Progress Indicator 控件的主要 UI 属性说明如下。

- Style：有线性增长的 Bar 和圆形转圈动画 Spinning 两种样式。
- Behavior 中的 Indeterminate：勾选，不指示具体的进度百分比，只是一个渐变的动画效果。取消勾选后，通过它的 doubleValue 属性说明，可以显示 doubleValue 相对于 Maximum 值的百分比。
- Value：有 Minimum、Maximum 和 Current 这 3 个选择，分别代表最小值、最大值和当前值。

在 View Controller 界面上拖放一个 Progress Indicator 控件，运行后它就会在一开始显示，如果希望在进行某个操作后（如网络请求开始后）才开始启动它的话，可以在初始化的入口通过设置 isHidden 为 true 来隐藏它，启动时再设置为允许显示。

```
self.progressIndicator.isHidden = true;
```

4.16.2 启动指示器动画

在一个任务或操作开始前，先启动 Indicator 动画。

```
@IBAction func startAnimationAction(_ sender: NSButton){
    self.progressIndicator.isHidden = false
    self.progressIndicator.startAnimation(self)
}
```

4.16.3 更新指示器进度

修改 Progress Indicator 控件的 doubleValue 属性值即可。

4.16.4 停止指示器动画

在一个任务或操作结束后，停止指示器动画。停止后 Progress Indicator 还会在界面上显示，通过设置它的 Hidden 属性可以隐藏它。

```
@IBAction func stopAnimationAction(_ sender: NSButton){
    self.progressIndicator.stopAnimation(self)
    self.progressIndicator.isHidden = true
}
```

4.16.5 用代码创建进度指示器

创建 NSProgressIndicator 实例，设置它的 frame 和 style，添加到父视图中，最后启动动画。

```
func createProgressIndicator() {
    let progressIndicator = NSProgressIndicator()
    progressIndicator.frame = NSRect(x: 50, y: 50, width: 40, height: 40)
    progressIndicator.style = .spinning
    self.view.addSubview(progressIndicator)
    progressIndicator.startAnimation(self)
}
```

4.17 图像视图

图像视图（Image View）是用来显示图像的视图控件，如图 4-28 所示，其对应的类是 NSImageView。

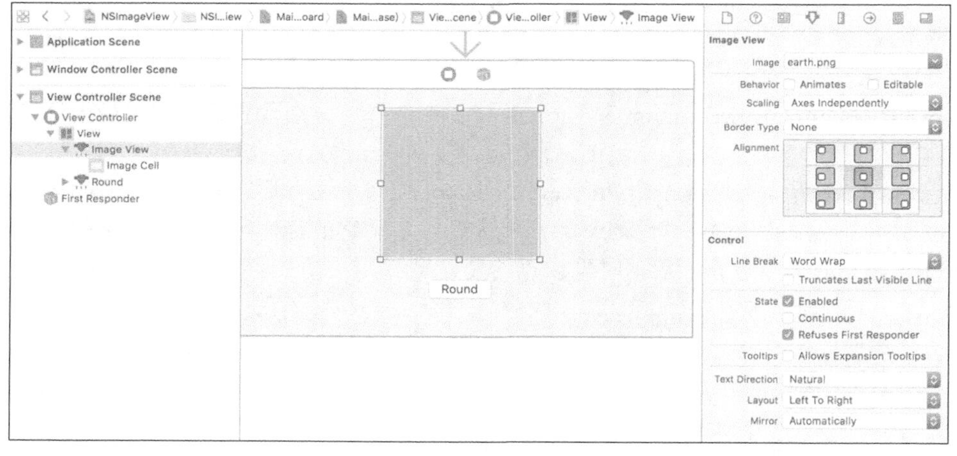

图 4-28

4.17.1 UI 属性说明

Image View 控件的主要 UI 属性说明如下。

- Image：指定图片文件名。除了使用开发者添加到项目中的文件外，Xcode 内部自带很多图标，可以从下拉框中选择使用。
- Border Type：设置图片视图的边框样式。
- Alignment：图像在图片视图中的对齐方式。

4.17.2 圆角处理

通过层来处理，首先必须修改控件的 wantsLayer 属性为 true，表示使用层，然后设置层的 cornerRadius 为圆角半径。相关代码如下：

```
self.imageView.wantsLayer = true
self.imageView.layer?.masksToBounds = true
self.imageView.layer?.cornerRadius = 20
self.imageView.layer?.borderWidth = 2
self.imageView.layer?.borderColor = NSColor.green.cgColor
```

4.18　分组框

分组框（Box）用来做带标题的视图区，可以作为容器分组展示相关的一组信息，也可以作为分隔线使用，其对应的类是 NSBox。

从视觉上我们可以直观地认为 Box 有两大类，一类是容器类的矩形框，另一类是线性的分隔线，如图 4-29 所示。

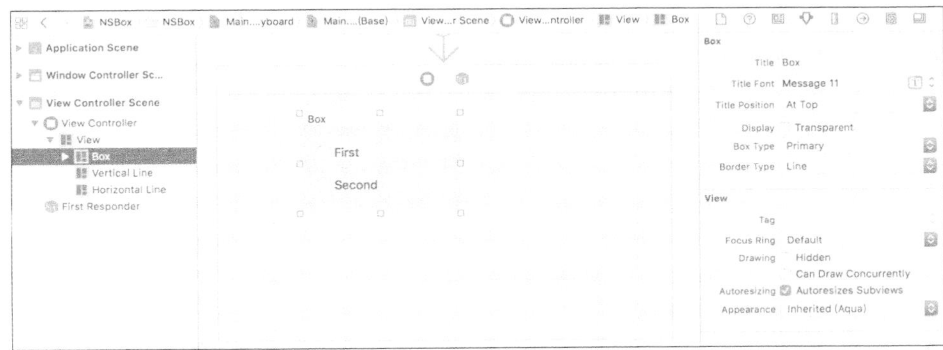

图 4-29

4.18.1　UI 属性说明

Box 控件的主要 UI 属性说明如下。

- Title：Box 的标题。
- Title Position：控制标题在上面还是在下面。

4.18.2　用代码创建分组框

NSBox 有一个 contentView，所有分组内的元素都是作为子视图添加到 contentView 中的。contentViewMargins 属性可以控制 Box 内上下左右的边距。

创建线型的 Box，宽度为 1，设置 boxType 为.separator。

```
let frame = CGRect(x: 15, y: 250, width: 250, height: 1)
let horizontalSeparator = NSBox(frame: frame)
horizontalSeparator.boxType = .separator
self.view.addSubview(horizontalSeparator)
```

创建容器类型的 Box，设置边距 margin，增加一个 textField 到 contentView 中。

```
let boxFrame = CGRect(x: 200, y: 140, width: 160, height: 100)
let box = NSBox(frame: boxFrame)
box.boxType = .primary
let margin  = NSSize(width: 20, height: 20)
box.contentViewMargins = margin
box.title = "Box"
```

```
let textFieldFrame = CGRect(x: 10, y: 10, width: 80, height: 20)
let textField = NSTextField(frame: textFieldFrame)
box.contentView?.addSubview(textField)
self.view.addSubview(box)
```

4.19 分栏视图

分栏视图（Split View）是一种用户可拖动改变大小的区域分隔视图控件，如图 4-30 所示，有左右和上下两种风格，其对应的类是 NSSplitView。中间可拖动的分隔线有 3 种不同宽度的样式可以选择。每个独立的区域还可以继续分隔，实现嵌套组合的复杂视图。

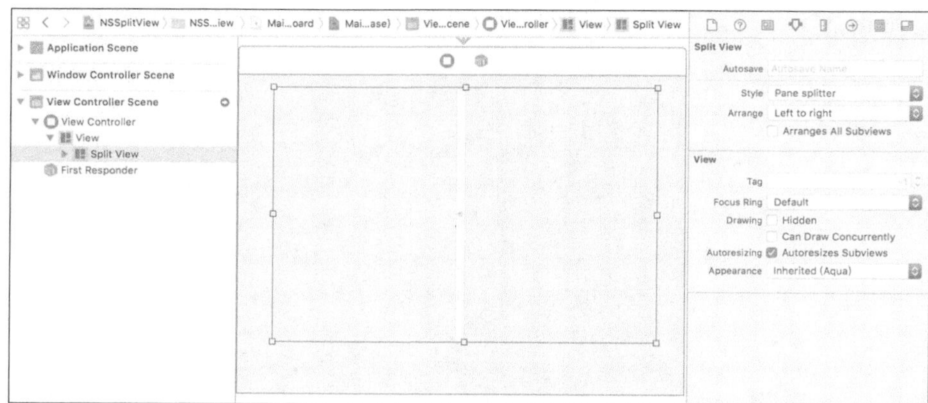

图 4-30

4.19.1 重要属性和方法说明

NSSplitView 类的重要属性和方法说明如下。

- vertical 属性：控制 NSSplitView 的中间分隔区的方向，水平或垂直。
- setPosition 方法：控制分隔区在 NSSplitView 中的位置，position 为 x 方向或 y 方向的左边偏移。dividerIndex：表示第几个分格区，如果只有两个分隔区域的话，此参数为 0。
- dividerThickness 方法：分隔区的大小、宽度或高度（根据 vertical 类型）。

setPosition 方法用来设置分隔区位置。

```
func setPosition(_ position: CGFloat, ofDividerAt dividerIndex: Int)
```

setPosition 中第一个位置参数为 20 和 100，执行后 NSSplitView 不同的效果如图 4-31 所示。

```
self.splitView.setPosition(20, ofDividerAt: 0)
```

图 4-31

4.19.2 用代码创建分栏视图

用代码创建分栏视图的基本步骤如下。

（1）设置中间分隔线的方向和样式。

（2）创建左右两个空视图，添加到分栏视图。

（3）将分栏视图添加到主视图区。

具体代码如下：

```
func createSplitView(){
   let frame = CGRect(x: 200, y: 20, width: 200, height: 200)
   let splitView = NSSplitView(frame: frame)
   // 垂直方向
   splitView.isVertical = true
   // 中间分隔线的样式
   splitView.dividerStyle = .thin

   // 左边视图
   let leftView = NSView()
   leftView.wantsLayer = true
   leftView.layer?.backgroundColor = NSColor.green().cgColor

   // 右边视图
   let rightView = NSView()
   rightView.wantsLayer = true
   rightView.layer?.backgroundColor = NSColor.red().cgColor

   // 增加左右两个视图
   splitView.addSubview(leftView)
   splitView.addSubview(rightView)

   self.view.addSubview(splitView)
}
```

macOS 10.10 及以上系统，提供了分栏视图控制器类 NSSplitViewController，可以更方便地实现分栏视图控制，具体用法参见第 10 章。

4.19.3 自定义分栏视图样式风格

除了使用分栏视图的 dividerStyle 来设置不同显示外观以外，还可以使用自定义的子类来控制分隔区 divider 视图的颜色，甚至直接绘制 divider 的样式外观。

（1）只修改 divider 的颜色。dividerColor 是只读属性，通过 NSSplitView 子类重置 dividerColor 的颜色即可。下面的代码设置 divider 颜色为红色，效果如图 4-32 左边所示。

```
class SplitView: NSSplitView {
   override  var dividerColor: NSColor {
      return NSColor.red
   }
}
```

（2）重绘外观。通过分栏视图子类实现 drawDivider 方法即可。下面的代码重绘了 divider，做了一个圆角矩形的图形，使用黄色填充，蓝色作为边框的颜色，效果如图 4-32 右边所示。

```
class SplitView: NSSplitView {
   override func drawDivider(in rect: NSRect) {
```

```
        let dividerRect = rect.insetBy(dx: 1, dy: 1)
        let path = NSBezierPath(roundedRect: dividerRect, xRadius: 3, yRadius: 3)
        NSColor.blue.setStroke()
        path.stroke()
        NSColor.yellow.setFill()
        path.fill()
    }
}
```

图 4-32

4.19.4 分栏视图中的子视图控制

分栏视图的子视图行为通过 NSSplitViewDelegate 协议接口来实现控制。

（1）视图 Size 变化通知如下。

```
func splitViewWillResizeSubviews(_ notification: Notification)
func splitViewDidResizeSubviews(_ notification: Notification)
```

（2）是否允许拉伸子视图。子视图默认是允许拉伸的，如果需要禁止某个子视图拉伸，则通过下面接口对相关的 subview 返回 false 禁止。

```
func splitView(_ splitView: NSSplitView, canCollapseSubview subview: NSView) -> Bool
```

（3）调整各个子视图。当分栏视图大小发生变化时调用下面协议接口。可以在这个接口中调整各个子视图的大小，调整的原则是要满足子视图 frame 之和再加上分隔线 divider 的 frame 等于分栏视图的 frame。

```
func splitView(_ splitView: NSSplitView, resizeSubviewsWithOldSize oldSize: NSSize)
```

默认情况下调用分栏视图的 adjustSubviews 来调整各个子视图的大小。

（4）关闭子视图时是否允许隐藏分隔线 divider。当通过拉伸某个子视图将其隐藏时，是否同时隐藏分隔线 divider。

```
func splitView(_ splitView: NSSplitView, shouldHideDividerAt dividerIndex: Int) -> Bool
```

（5）可拉伸的视图区间范围规定了通过分隔线 divider 可以拉伸的视图区域范围。对于图 4-33 左边的垂直方向的分栏视图来说，分别可以通过下面两个协议方法约定向左边和向右边拉伸的范围，如 Min 和 Max 代表的距离。默认的 Min 为 0，Max 为分栏视图的宽度。

当向左拖动分隔线时，divider 与分栏视图左边距离小于 Min 时，左边子视图隐藏关闭，即 divider 自动移动到最左边；当向右拖动分隔线时，divider 与分栏视图右边距离大于 Max 时，右边子视图隐藏关闭，即 divider 自动移动到最右边。

```
func splitView(_ splitView: NSSplitView, constrainMinCoordinate proposedMinimumPosition: CGFloat, ofSubviewAt dividerIndex: Int) -> CGFloat

func splitView(_ splitView: NSSplitView, constrainMaxCoordinate proposedMaximumPosition: CGFloat, ofSubviewAt dividerIndex: Int) -> CGFloat
```

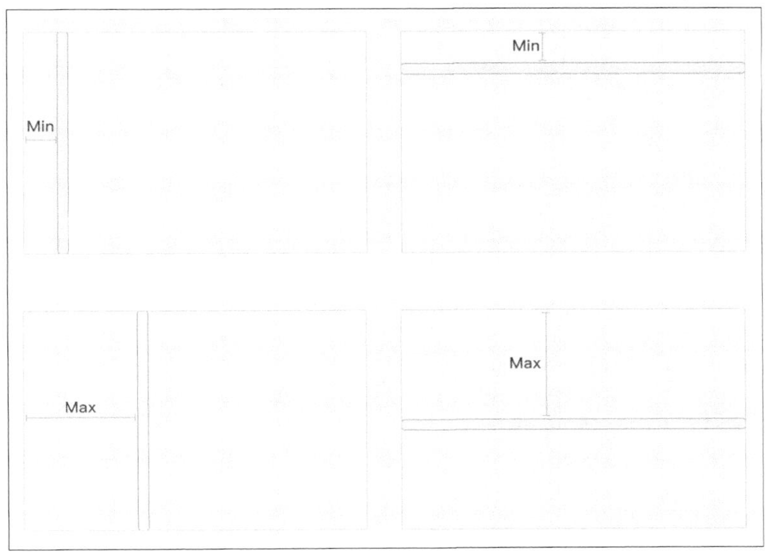

图 4-33

下面是一段使用 NSSplitViewDelegate 协议方法实现分栏视图控制的例子，注意必须首先设置分栏视图的代理为 ViewController。

```
extension  ViewController: NSSplitViewDelegate {
   // 只允许左边子视图拉伸移动
   func splitView(_ splitView: NSSplitView, canCollapseSubview subview: NSView) -> Bool {
      if subview == splitView.subviews[0] {
         return true
      }
      return false
   }
   // 向左移动拉伸距离最小值为 30
   func splitView(_ splitView: NSSplitView, constrainMinCoordinate proposedMinimumPosition:
      CGFloat, ofSubviewAt dividerIndex: Int) -> CGFloat {
      return 30
   }

   // 向右移动拉伸距离最大值为 100
   func splitView(_ splitView: NSSplitView, constrainMaxCoordinate proposedMaximumPosition:
      CGFloat, ofSubviewAt dividerIndex: Int) -> CGFloat {
      return 100
   }
   // 允许调整子视图大小
   func splitView(_ splitView: NSSplitView, shouldAdjustSizeOfSubview view: NSView) -> Bool {
      return true
   }
  // 允许拉伸移动子视图最小化后隐藏分隔线
   func splitView(_ splitView: NSSplitView, shouldHideDividerAt dividerIndex: Int) -> Bool {
      return true
   }
}
```

4.19.5 分栏视图子视图的隐藏和显示

控制左边子视图打开或关闭，在页面增加一个按钮，定义按钮的 Action 事件响应为 togglePanel 方法。这个方法中首先判断左边是否已经关闭，如果没有关闭，则存储 divider 的当前位置，重新设置 divider 位置为 0，隐藏左视图；如果已经关闭，则设置 divider 的位置为 leftViewWidth，重新显示左视图。

相关代码如下：

```
// leftViewWidth 变量用了记忆关闭前分隔线 divider 的位置
var leftViewWidth: CGFloat = 0
@IBAction func togglePanel(_ sender: NSButton) {
   let splitViewItem = splitView.arrangedSubviews
   // 获取左边子视图
   let leftView  = splitViewItem[0]
   // 判断左边子视图是否已经隐藏
   if splitView.isSubviewCollapsed(leftView){
      splitView.setPosition(leftViewWidth, ofDividerAt: 0)
      leftView.isHidden = false
   } else {
      leftViewWidth = leftView.frame.size.width
      splitView.setPosition(0, ofDividerAt: 0)
      leftView.isHidden = true
   }
   splitView.adjustSubviews()
}
```

4.20 集合视图

集合视图（Collection View）是以多行多列、类似格子的形式展示内容的控件，其对应的类是 NSCollectionView。我们通过用集合视图来实现一个图片文字六宫格的界面（如图 4-34 所示）来说明它的具体使用。

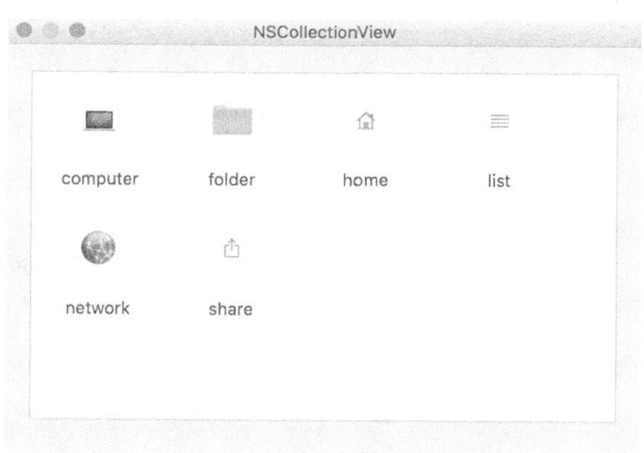

图 4-34

创建一个新工程，选择使用 StoryBoard，增加一个集合视图到 xib 的视图上。

使用自动布局设置 4 个方向的边距，选择 xib 文件导航区中的 Bordered Scroll View，再点击中间右下角第二个按钮，呼出自动布局边距设置面板，点击面板顶部 4 个方向的红色虚线，最后点击 Add Constraints，完成集合视图的位置约束设置，如图 4-35 所示。

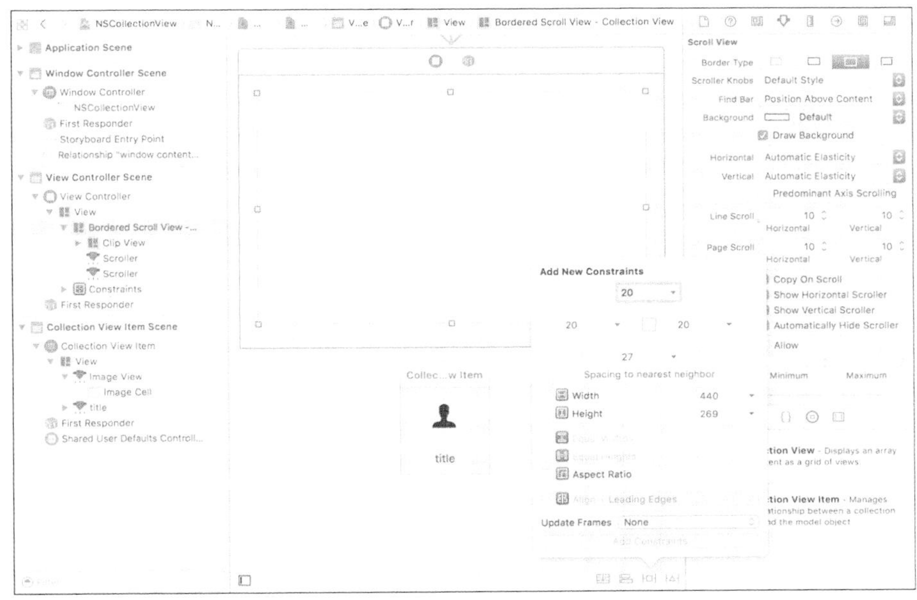

图 4-35

这样运行时任意拉大或缩小窗口的宽度和高度，可以看到集合视图与窗口内容视图的 4 个方向边距一直是固定的。

4.20.1 集合视图的 content

集合视图的 content 属性可以理解为它的数据源。修改 content 属性相当于更新集合视图中显示的内容。content 是一个数组，数组的元素个数代表了集合视图区域的个数。

特别要注意，使用 content 方式管理数据一定要选择 Collection View 的 Layout 类型为 Content Array（Legacy），如图 4-36 所示。

图 4-36

4.20.2 NSCollectionViewItem

集合视图的每一个子区域块的元素对象就是 NSCollectionViewItem。NSCollectionViewItem 继承自 NSViewController，每个子区域 UI 元素都是由它来控制。拖放一个 Collection View 控件到窗口内容视图上时，会自动生成一个 View 元素，这个 View 就是每个子区域的视图。

查看 NSViewController 类定义头文件，会看到有一个 representedObject 属性的对象，所有的玄机就在这里。representedObject 中保存了每个小区域视图的 Model 类，可以是 NSDictionary，也可以是自定义的模型对象。这样就可以将 Model 中存储的数据显示到 NSCollectionViewItem 的视图上。

4.20.3 绑定模型到视图

有两种方式可以更新视图的内容，一种是使用 Xcode 的对象绑定机制，另一种是使用代码控制。我们先说明一下如何通过绑定机制来实现。

定义 IBOutlet 变量绑定界面上的 NSCollectionView 对象，定义一个 content 数组来存放集合视图中每个区域的 Model 对象。

```
@IBOutlet weak var collectionView: NSCollectionView!
var content = [NSDictionary]()
```

创建 6 个 NSDictionary 字典对象 item1～item6，字典中 title 表示标题，image 表示要显示的图像。将这 6 个条目存储到 content 模型属性数组中，最后更新集合视图的视图内容。

```
func updateContent(){
    let item1: NSDictionary = ["title" : "computer","image" : NSImage(named: NSImage.Name.
       computer)!]
    // 次数省略部分条目的定义
    let item6: NSDictionary = ["title" : "share","image" : NSImage(named: NSImage.Name.
       shareTemplate)!]

    content.append(item1)
    content.append(item2)
    content.append(item3)
    content.append(item4)
    content.append(item5)
    content.append(item6)
    self.collectionView.content = content
}
```

从 Scene 导航区，点击选择 Collection View Item 中的 View 节点。从控件工具箱拖出 Image View 和 Label 两个控件到 View 上，设置 Image View 的 Image 属性，如图 4-37 所示。

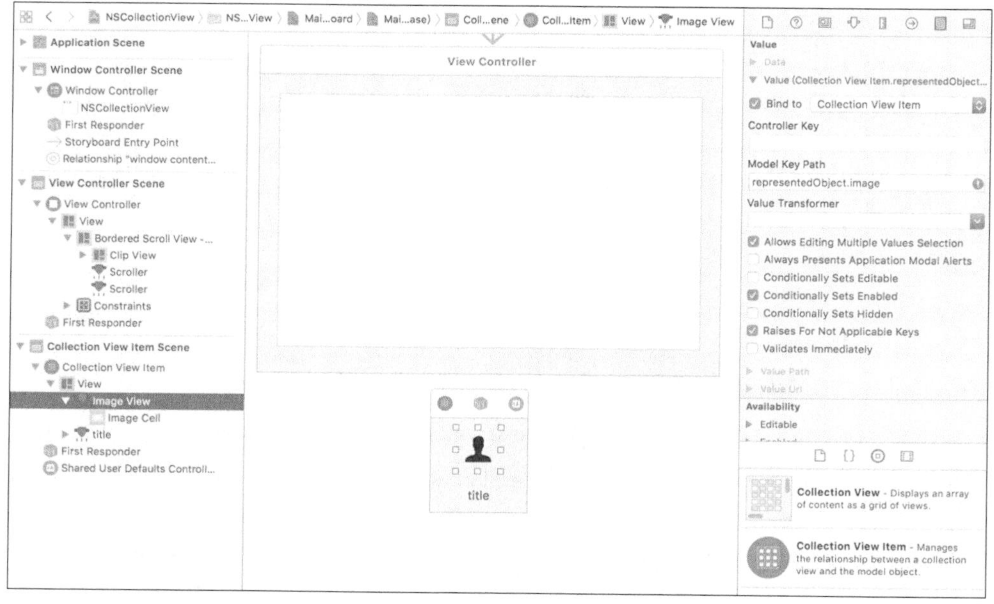

图 4-37

点击选中 Image View，切换右上角 tab 到绑定面板，勾选 Values 中 Bind to，从下拉框选择 Collection View Item，Model Key Path 中输入 representedObject.image。对 Label 进行同样的操作，Model Key Path 中输入 representedObject.title 就完成了对象值的绑定。

点击 Collection View Item Scene，设置 Storyboard ID 为 collectionViewItem，如图 4-38 所示。

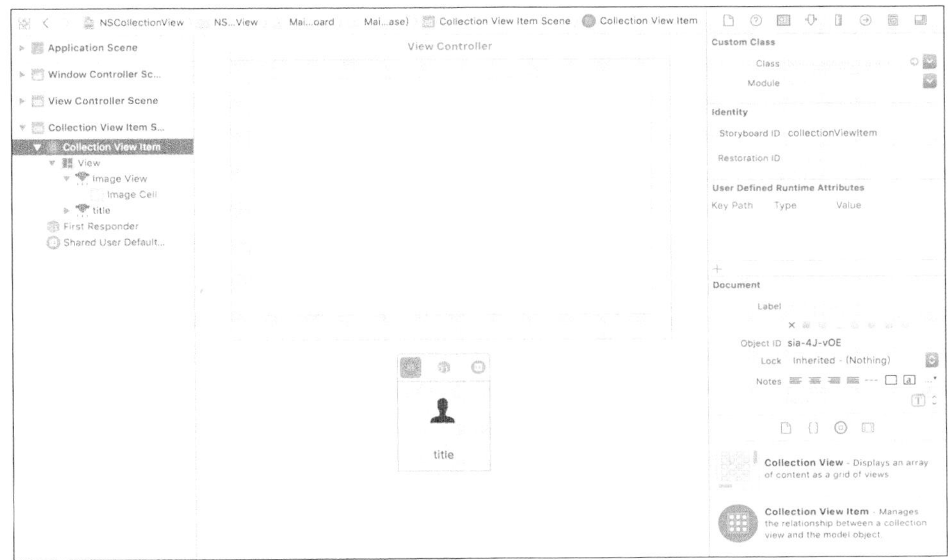

图 4-38

在加载更新数据之前，必须在 View Controller 的 viewDidLoad 中首先设置好集合视图的 itemPrototype。

```
override func viewDidLoad() {
   let itemPrototype = self.storyboard?.instantiateController(withIdentifier: NSStoryboard.
      SceneIdentifier(rawValue: "collectionViewItem"))
      as! NSCollectionViewItem
   self.collectionView.itemPrototype = itemPrototype
   self.updateContent()
}
```

运行应用后可以看实际的效果如图 4-34 所示。

4.20.4 使用数据源方式管理集合视图

首先创建一个新工程，命名为 NSCollectionViewDataSource，勾选使用 Storyboard。

1. 创建集合视图对象，配置使用数据源

从 Main.storyboard 中选择 View Controller Scene，从控件工具箱拖放一个 Collection View 到 View Controller 界面上。

定义一个 content 数组来存放 Collection View 中每个区域的 Model 对象。定义一个 NSCollectionView 类型变量 collectionView，将界面上 Collection View 绑定到这个变量。

定义一个名为 collectionViewItem 的接口名称变量，collectionView 用它来注册 CollectionViewItem 类型。

```
extension NSUserInterfaceItemIdentifier {
   static let collectionViewItem = NSUserInterfaceItemIdentifier("CollectionViewItem")
```

```
}

class ViewController: NSViewController{
   @IBOutlet weak var collectionView: NSCollectionView!

   var content = [NSDictionary]()
   override func viewDidLoad() {
      super.viewDidLoad()
      self.collectionView.collectionViewLayout = NSCollectionViewFlowLayout()
      self.collectionView.register(CollectionViewItem.self, forItemWithIdentifier: .
         collectionViewItem)
      self.collectionView.dataSource = self
      self.collectionView.delegate = self
      self.updateData()
   }
}
```

上面的 viewDidLoad 方法中首先配置了集合视图的布局为流式管理类型；register 方法注册了关联 CollectionViewItem 到 Identifier 变量，在 dataSource 创建每个单元格时会根据 Identifier 来获取这个 CollectionViewItem 类型，从而创建具体的实例。

这里 dataSource 和 delegate 是通过代码设置的，也可以在 xib 文件中关联设置。updateData 方法与之前一节中一样，是配置具体每个单元的数据。

2．实现数据源的协议方法

实现数据源接口代码如下：

```
extension ViewController: NSCollectionViewDataSource {
   // 返回每个 section 的单元格数
   func collectionView(_ collectionView: NSCollectionView, numberOfItemsInSection section:
      Int) -> Int {
      return content.count
   }

   // 创建 CollectionViewItem 实例，配置数据模型到 representedObject

   func collectionView(_ collectionView: NSCollectionView, itemForRepresentedObjectAt indexPath:
      IndexPath) -> NSCollectionViewItem {
      let item = collectionView.makeItem(withIdentifier: .collectionViewItem, for: indexPath)
      let itemIndex = (indexPath as NSIndexPath).item
      item.representedObject = content[itemIndex]
      return item
   }

   // 返回 section 的个数
   func numberOfSections(in collectionView: NSCollectionView) -> Int {
      return 1
   }
}
```

3．实现 delegate 代理方式

NSCollectionViewDelegateFlowLayout 继承自 NSCollectionViewDelegate，下面的方法配置每个单元格的大小。

```
extension ViewController: NSCollectionViewDelegateFlowLayout {
   func collectionView(_ collectionView: NSCollectionView, layout collectionViewLayout:
      NSCollectionViewLayout, sizeForItemAt indexPath: IndexPath) -> NSSize {
      return NSSize(width: 100, height: 100)
   }
}
```

4．创建 CollectionViewItem 类和 CollectionViewItem.xib 文件

在 CollectionViewItem.xib 上拖放一个 Image View 和一个 Label，分别绑定到 IBOutlet 类型的变量，如图 4-39 所示。

图 4-39

将 CollectionViewItem.xib 中的 view 通过 Outlets 连接到 titleField 变量。配置 CollectionViewItem.xib 的 File Owner 为 CollectionViewItem 类。

CollectionViewItem 类的 representedObject 属性代表当前单元的数据模型，通过 didSet 监视属性的变化，及时更新了界面上的 Image View 和 Label 的值。

```
class CollectionViewItem: NSCollectionViewItem {
   @IBOutlet weak var collImageView: NSImageView!
   @IBOutlet weak var titleField: NSTextField!
   override var representedObject: AnyObject? {
      didSet {
         let data = self.representedObject as! NSDictionary
         if let image = data["image"] as? NSImage {
            self.collImageView.image    = image
         }
         if let title = (data["title"] as? String) {
            self.titleField.stringValue = title
         }
      }
   }
}
```

4.20.5 实现集合视图的高亮选择

实现高亮选择之前，确保 Collection View 的 Selection 勾选了 Selectables，如图 4-40 右边面板所示。

NSCollectionViewItem 类的 isSelected 和 highlightState 是用来表示当前是否选中和高亮状态的。点击 Collection View 选择某个 NSCollectionViewItem，它的这两个状态变量会及时得到更新。由于 NSCollectionViewItem 中的视图是用户定义的，因此 NSCollectionViewItem 不负责高亮状态的可视化显示。

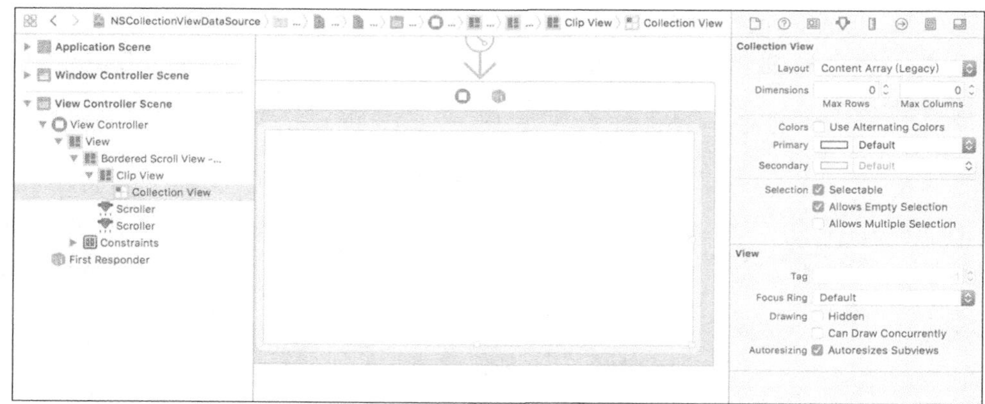

图 4-40

我们通过观察这两个状态的变化，将 NSCollectionViewItem 的 View 视图的背景或边框修改为不同的颜色，来自定义显示高亮选择的状态。

对 NSCollectionViewItem 中的 view 子类化为 CollectionItemView，定义两个状态变量 selected 和 highlightState，使用 Layer 作为状态变化时更新的边框宽度和边框颜色。

```
class CollectionItemView: NSView {
   // MARK: Properties
   var selected: Bool = false {
      didSet {
         if selected != oldValue {
            needsDisplay = true
         }
      }
   }
   var highlightState: NSCollectionViewItem.HighlightState = .none {
      didSet {
         if highlightState != oldValue {
            needsDisplay = true
         }
      }
   }
   // MARK: Layer
   override var wantsUpdateLayer: Bool {
      return true
   }
   override func updateLayer() {
      if selected {
         layer!.borderColor = NSColor.blue().cgColor
         ;
         layer!.borderWidth = 2
      } else {
         layer!.borderColor = NSColor.white().cgColor
         ;
         layer!.borderWidth = 0
      }
   }
   // MARK: Init
   override init(frame frameRect: NSRect) {
      super.init(frame: frameRect)
      wantsLayer = true
      layer?.masksToBounds = true
   }
```

```
    required init?(coder: NSCoder) {
        super.init(coder: coder)
        wantsLayer = true
        layer?.masksToBounds = true
    }
}
```

在 CollectionViewItem 中将 isSelected 和 highlightState 状态更新到关联的 view 中。

```
class CollectionViewItem: NSCollectionViewItem {
    override var isSelected: Bool {
        didSet {
            (self.view as! CollectionItemView).selected = isSelected
        }
    }
    override var highlightState: NSCollectionViewItem.HighlightState {
        didSet {
            (self.view as! CollectionItemView).highlightState = highlightState
        }
    }
}
```

运行程序，实现选中的效果如图 4-41 所示。

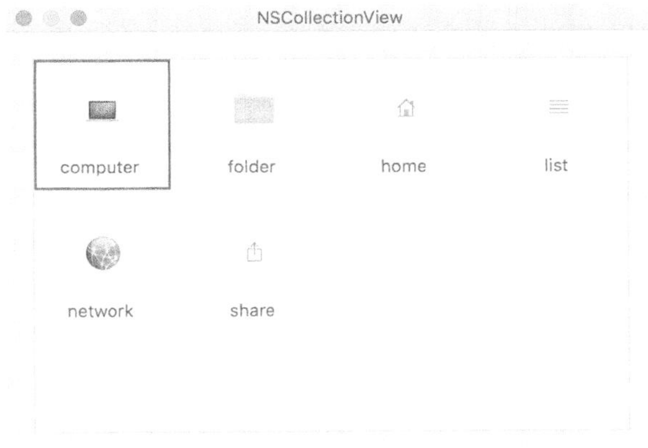

图 4-41

4.20.6 集合视图的背景设置

可以使用 backgroundColors 属性数组修改背景色。下面的代码修改集合视图的背景为红色：

```
CollectionView.backgroundColors[0] = NSColor.red
```

4.20.7 集合视图的布局管理器

集合视图的布局管理器基类为 NSCollectionViewLayout 类型，在此基础上系统提供了两个类型布局管理类，即流式布局 NSCollectionViewFlowLayout 和网格布局 NSCollectionViewGridLayout。除了这两种类型外，还可以基于 NSCollectionViewLayout 实现个性化的布局定义。

本节主要讨论系统提供的这两类布局管理器。

1．流式布局

流式布局规定了布局的方向 scrollDirection、每个 item 之间的上下左右间的间距、每个 Section 部分四周间距 padding 以及 Section 对应的 Header 和 Footer 大小，如图 4-42 所示。

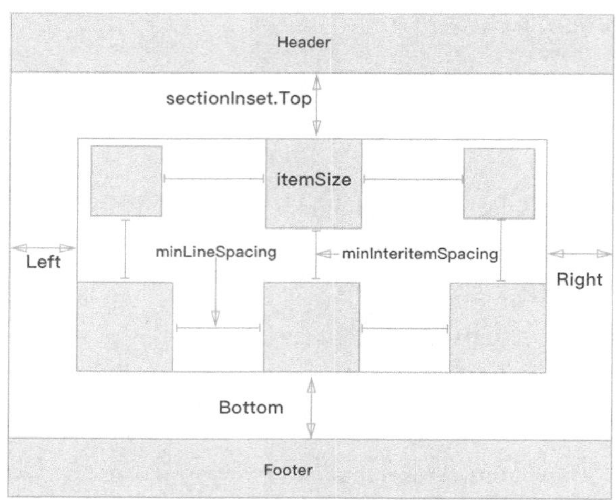

图 4-42

对照上面流式布局的示意图，再看下面 NSCollectionViewFlowLayout 类中的属性就非常容易理解了。

```
open class NSCollectionViewFlowLayout : NSCollectionViewLayout {
   open var minimumLineSpacing: CGFloat
   open var minimumInteritemSpacing: CGFloat
   open var itemSize: NSSize
   open var estimatedItemSize: NSSize
   open var scrollDirection: NSCollectionView.ScrollDirection
   open var headerReferenceSize: NSSize
   open var footerReferenceSize: NSSize
   open var sectionInset: NSEdgeInsets
}
```

针对这些属性，集合视图提供了一个基于 NSCollectionViewDelegate 子类化的 NSCollectionViewDelegateFlowLayout 代理类，其中实现了对应的接口方法。这样在布局渲染过程中优先从对应的协议方法中获取对应的属性值来使用，下面举例来说明一下。

下面的 collectionView 类实例配置了 flowLayout 实例，其中设置了每个条目的大小为长和宽各 40 像素。

```
lazy var flowLayout: NSCollectionViewFlowLayout = {
   let layout = NSCollectionViewFlowLayout()
   layout.itemSize = NSSize(width: 40, height: 40)
   return layout
}()

lazy var collectionView: NSCollectionView = {
   let view = NSCollectionView()
   view.isSelectable = true
   view.delegate     = self
   view.dataSource   = self
   view.collectionViewLayout = self.flowLayout
   return view
}()
```

同时，如果在代理协议中实现了 collectionView 获取 itemSize 的方法，则优先使用这个代理方法返回的 Size 作为 indexPath 位置对应条目的大小来布局。

```
extension ViewController: NSCollectionViewDelegateFlowLayout {
```

```
    func collectionView(_ collectionView: NSCollectionView, layout collectionViewLayout:
       NSCollectionViewLayout, sizeForItemAt indexPath: IndexPath) -> NSSize {
       return NSSize(width: 100, height: 100)
    }
}
```

2. 网格布局

NSCollectionViewGridLayout 只有一个分组，即 Section 只有一个，因此比 NSCollectionViewFlow Layout 更简单一些。

```
class NSCollectionViewGridLayout : NSCollectionViewLayout {
   // 四周边距
   open var margins: NSEdgeInsets
   // item 之间最小的上下间距
   open var minimumInteritemSpacing: CGFloat
   // item 之间最小的左右间距
   open var minimumLineSpacing: CGFloat
   // 每行最多 item 数量
   open var maximumNumberOfRows: Int
   // 每列最多 item 数量
   open var maximumNumberOfColumns: Int
   // item 的最小 size
   open var minimumItemSize: NSSize
   // item 的最大 size
   open var maximumItemSize: NSSize
}
```

4.20.8 设置集合视图的顶部头和底部尾

在前面创建的 Collection View 的基础上，可以给每个 Section 部分定义 Header 和 Footer 视图。新建文件选择一个空 View 模板，如图 4-43 所示。

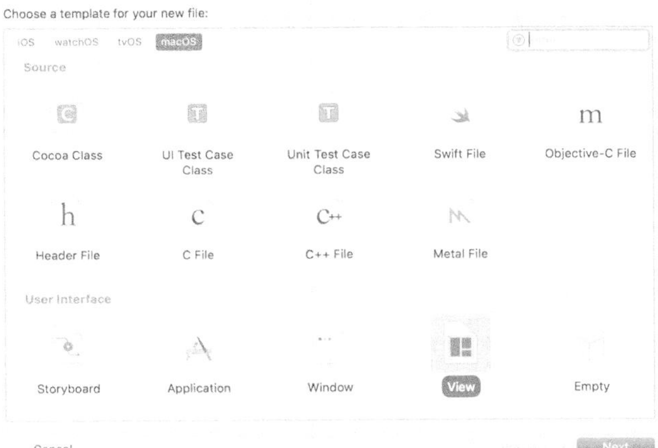

图 4-43

连续创建两个 xib 文件，分别命名为 HeaderView.xib 和 FooterView.xib。同时创建两个 NSView 类型的 Class 类，分别为 HeaderView.swift 和 FooterView.swift。

（1）在 CollectionView 上注册 Header 和 Footer 视图类型。

```
extension NSUserInterfaceItemIdentifier {
   static let headViewItem = NSUserInterfaceItemIdentifier("HeaderView")
   static let footerViewItem = NSUserInterfaceItemIdentifier("FooterView")
```

```
}

self.collectionView.register(HeaderView.self, forItemWithIdentifier: .headViewItem)

self.collectionView.register(FooterView.self, forItemWithIdentifier: .footerViewItem)
```

（2）代理方法中根据 Supplementary 类型创建不同的 View。

```
extension AppDelegate: NSCollectionViewDataSource {
   func collectionView(_ collectionView: NSCollectionView,
      viewForSupplementaryElementOfKind kind: NSCollectionView.SupplementaryElementKind,
      at indexPath: IndexPath) -> NSView {
      if kind == NSCollectionView.SupplementaryElementKind.sectionHeader {
         let view = collectionView.makeSupplementaryView(ofKind: NSCollectionView.
            SupplementaryElementKind.sectionHeader, withIdentifier: .headViewItem, for: indexPath)
         return view
      }
      if kind == NSCollectionView.SupplementaryElementKind.sectionFooter {
         let view = collectionView.makeSupplementaryView(ofKind: NSCollectionView.
            SupplementaryElementKind.sectionFooter, withIdentifier: .footerViewItem, for: indexPath)
         return view
      }
      return NSView()
   }
}
```

（3）在 NSCollectionViewDelegateFlowLayout 协议中约定 Header/Footer 视图的宽度和高度。

```
extension AppDelegate: NSCollectionViewDelegateFlowLayout {
    func collectionView(_ collectionView: NSCollectionView, layout collectionViewLayout:
       NSCollectionViewLayout, referenceSizeForHeaderInSection section: Int) -> NSSize {
       return NSSize(width: collectionView.frame.size.width, height: 30)
    }
    func collectionView(_ collectionView: NSCollectionView, layout collectionViewLayout:
       NSCollectionViewLayout, referenceSizeForFooterInSection section: Int) -> NSSize {
       return NSSize(width: collectionView.frame.size.width, height: 60)
    }
}
```

运行结果如图 4-44 所示。

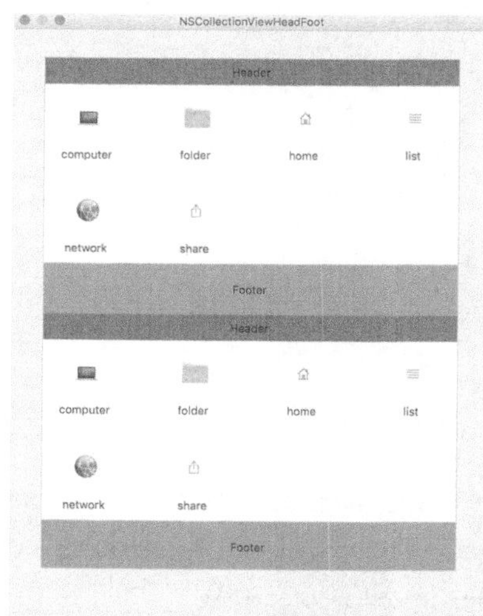

图 4-44

4.20.9 用代码创建集合视图

下面是使用代码完成集合视图创建的主要过程，其中数据源和代理方式实现跟前面的章节完全一致，因此这里省略相关内容。

（1）创建 collectionView 实例变量，配置数据源、代理和布局管理器。

```
lazy var collectionView: NSCollectionView = {
   let view = NSCollectionView()
   view.isSelectable = true
   view.delegate     = self
   view.dataSource   = self
   view.collectionViewLayout = self.flowLayout
   view.register(CollectionViewItem.self, forItemWithIdentifier: .collectionViewItem)
   view.backgroundColors[0] = NSColor.red
   return view
}()
```

（2）创建滚动条实例，设置 scrollView 的 documentView 为 collectionView。

```
lazy var scrollView: NSScrollView = {
   let scrollView = NSScrollView()
   scrollView.focusRingType = .none
   scrollView.autohidesScrollers = true
   scrollView.borderType = .noBorder
   scrollView.documentView = self.collectionView
   return scrollView
}()
```

（3）创建布局管理器，设置其滚动方向为水平，配置每个单元大小为 itemSize，minimumInteritemSpacing 和 minimumLineSpacing 约定单元之间左右上下的间距。

```
lazy var flowLayout: NSCollectionViewFlowLayout = {
   let layout = NSCollectionViewFlowLayout()
   layout.scrollDirection = .horizontal
   layout.itemSize = NSSize(width: 40, height: 40)
   layout.sectionInset = NSEdgeInsets(top: 10, left: 10, bottom: 10, right: 10)
   layout.minimumInteritemSpacing = 10
   layout.minimumLineSpacing = 10
   return layout
}()
```

（4）增加 scrollView 到 viewController 的视图上。

```
override func viewDidLoad() {
   super.viewDidLoad()
   scrollView.frame = self.view.bounds
   self.view.addSubview(scrollView)
   self.updateContent()
}
```

4.21 选项卡视图

选项卡视图（Tab View）是以选项卡切换的形式管理不同视图的容器控件，其对应的类是 NSTabView。

创建一个新工程，增加 Tab View 控件到窗口内容视图区，如图 4-45 所示。

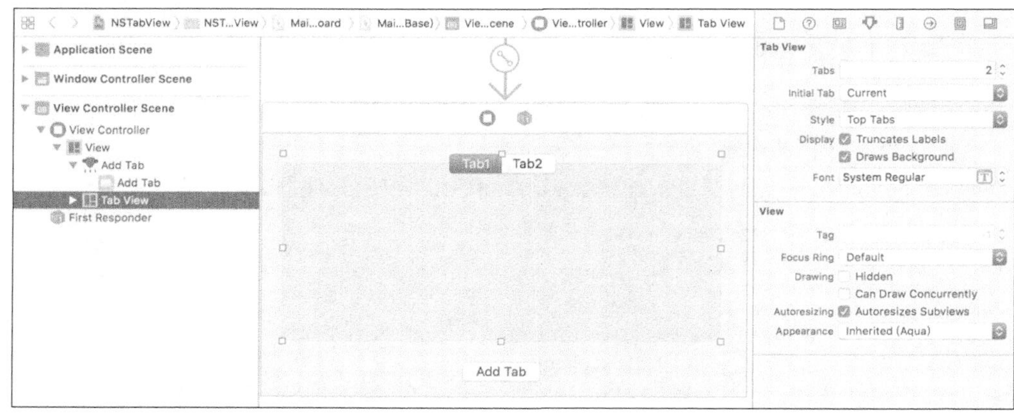

图 4-45

每个选项卡管理一个视图，从左边 xib 导航区点击选中 Tab 里面的视图，就可以从控件工具箱拖放其他组件到视图上了。

4.21.1 UI 属性说明

Tab View 控件的主要 UI 属性说明如下。

- Tabs：用来修改选项卡的个数。
- Initial Tab：设置默认选中的选项卡。
- Style：设置选项卡的样式风格，可以控制选项卡出现在上下左右不同的位置。

4.21.2 代理协议 NSTabViewDelegate

从 Outlets 面板连接选项卡视图的 delegate 到 View Controller。

最重要的一个代理方法 didSelectTabViewItem 在用户点击切换到选项卡时触发，应用第一次加载时也会默认调用。下面的方法演示了当用户点击不同选项卡切换时，控制台输出选项卡的 title 和 identifier。这个代理方法最主要的用处是在不同的选项卡之间切换需要刷新数据时可以进行相关处理。

```
extension ViewController: NSTabViewDelegate {
    func tabView(_ tabView: NSTabView, didSelect tabViewItem: NSTabViewItem?) {
        print("tabView title: \(tabViewItem?.label)  identifier: \(tabViewItem?.identifier)")
    }
}
```

4.21.3 动态增加选项卡

NSTabViewItem 类是 Tab View 中每个选项卡的对象类。创建 NSTabViewItem 类实例，设置它的 label 和 view，调用选项卡视图的 addTabViewItem 方法，就可以实现动态增加选项卡。

```
@IBAction func addTabBtnClicked(_ sender: NSButton) {
    let tabViewItem = NSTabViewItem(identifier: "Untitled")
    tabViewItem.label = "Untitled"
    let view = NSView(frame: NSZeroRect)
    tabViewItem.view = view
    self.tabView.addTabViewItem(tabViewItem)
}
```

macOS 10.10 及以上版本的系统提供了选项卡视图控制器（Tab View Controller），提供了更方便的控制，具体使用会在第 10 章中详述。

4.21.4　用无边风格的选项卡进行切换控制

在选项卡视图中通过点击选项卡按钮切换到不同的选项卡子视图，如果想定制 UI 不使用选项卡按钮来切换视图的话，可以隐藏选项卡按钮，而使用其他控件或自定义按钮代替选项卡按钮，这个可以通过无边风格的选项卡视图来实现。

创建一个新工程，在界面视图上增加一个 Tab View 控件，从右边属性面板中修改 Style 为 tabless，绑定 Outlet 变量名为 tabView。在 Tab View 对应的两个子视图页面分别添加两个 Label，标题分别为 Tab1 和 Tab2。

在选项卡视图下面新增一个分段选择控件，修改两个分段的标题为 Tab1 和 Tab2，如图 4-46 所示。

图 4-46

将 action 事件绑定到 segmentAction 方法。segmentAction 方法实现比较简单，获取当前选择的分段的序号 selectedSegment，调用选项卡视图的 selectTabViewItem 切换到具体的选项卡子视图。

```
class AppDelegate: NSObject, NSApplicationDelegate {
   @IBOutlet weak var window: NSWindow!
   @IBOutlet weak var tabView: NSTabView!
   @IBAction func segmentAction(_ sender: NSSegmentedControl) {
      let index = sender.selectedSegment
      tabView.selectTabViewItem(at: index)
   }
}
```

在实际项目中，这两个子视图页面可能会比较复杂，如果选项卡对应的子视图比较复杂，是单独的视图控制器管理的页面，我们可以直接通过代码将视图控制器的视图加到选项卡视图的页面上。

下面是一段示例代码，其作用是，首先将所有的视图控制器存入到 controllers 数组，然后遍历数组元素，将每个视图控制器对应的视图加入到选项卡视图的子视图上。

```
lazy var controllers:[NSViewController] = {
   let vc1 = NSViewController()
```

```
    let vc2 = NSViewController()
    return [vc1,vc2]
}()

func addViewController() {
    let tabCount = tabView.tabViewItems.count
    for (index,vc) in controllers.enumerated() {
        if index <= tabCount - 1 {
            let tabItem = tabView.tabViewItems[index]
            if let tabItemView = tabItem.view {
                tabItemView.addSubview(vc.view)
                vc.view.frame = tabItemView.bounds
            }
        }
    }
}
```

这个例子可以应用在复杂的多页面导航应用中，左边由不同的栏目导航区控制，右边可以使用无边风格的选项卡视图进行视图切换。

4.22 弹出式气泡

弹出式气泡（Popover）基于某个控件的位置，实现一种浮动式弹出视图，如图 4-47 所示，其对应的类是 NSPopover。

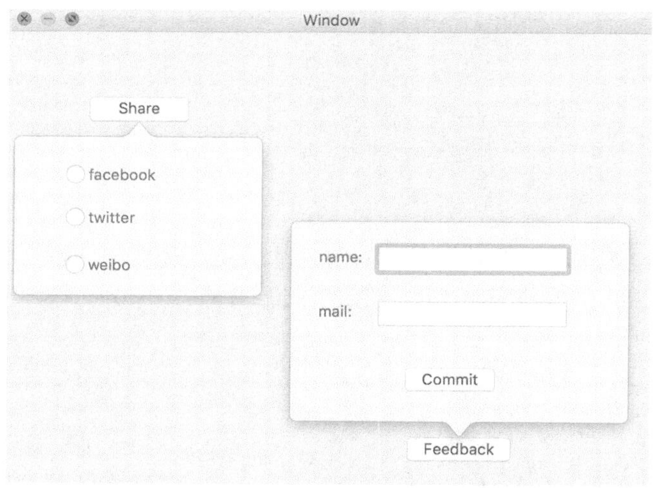

图 4-47

Popover 作为一种容器，显示的具体内容来自另外一个 View Controller，Popover 显示的位置可以由触发它显示的控件的位置的上下左右相对位置来决定。

4.22.1 重要属性

Popover 控件的重要属性说明如下。

- behavior：关闭的行为模式，定义如下。
  - applicationDefined：NSPopover 的关闭需要应用自己负责控制。
  - transient：只要点击到 NSPopover 显示的窗口之外就自动关闭。behavior 为 transient

时，点击 NSPopover 弹出的小窗口之外的任何区域都会关闭。

  - semitransient：只要点击 NSPopover 显示的窗口之外就自动关闭，但是点击当前应用窗口之外不会关闭。behavior 为 semitransient 时，点击 NSPopover 弹出的小窗口之外的区域，但在 NSPopoverDemo 大窗口之内会关闭 NSPopover，在 NSPopoverDemo 大窗口之外屏幕区域不关闭。

- animates：是否有动画效果。
- contentViewController：需要显示的内容控制器的 View Controller。

4.22.2 使用示例

新建一个工程，命名为 NSPopover。使用 Storyboard，在 View Controller 界面上增加两个 Button，分别命名为 Share 和 Feedback，参照图 4-47 调整按钮的位置。

新建两个 View，Controller Scene 和 Storyboard ID 分别命名为 Share 和 Feedback。参照图 4-47 在每个 View Controller 上拖放相应的控件，调整布局和视图大小。

在 View Controller 中定义两个 NSPopover 类型的懒加载变量。

```
lazy var sharePopover: NSPopover = {
   let popover = NSPopover()
   let controller = self.storyboard?.instantiateController(withIdentifier: NSStoryboard.
      SceneIdentifier(rawValue: "Share")) as! NSViewController
   popover.contentViewController = controller
   popover.behavior = .transient
   return popover
}()

lazy var feedbackPopover: NSPopover = {
   let popover = NSPopover()
   let controller = self.storyboard?.instantiateController(withIdentifier: NSStoryboard.
      SceneIdentifier(rawValue: "Feedback")) as! NSViewController
   popover.contentViewController = controller
   popover.behavior = .transient
   return popover
}()
```

实现按钮的点击事件如下：

```
@IBAction func sharePopover(_ sender:NSButton) {
   sharePopover.show(relativeTo: sender.bounds, of: sender, preferredEdge: .maxY)
}

@IBAction func feedbackPopover(_ sender:NSButton) {
   feedbackPopover.show(relativeTo: sender.bounds, of: sender, preferredEdge: .minY)
}
```

NSPopover 的 show 方法有以下 3 个参数。

- relativeTo：Popover 显示时的参考矩形，一般是 positioningView 的 bounds。
- of：Popover 显示时参考点的视图。
- preferredEdge：显示的位置参考的边（上、下、左、右 4 个位置）。

第 5 章

面板和警告框

面板和警告框是一类特殊的窗口类控件，用来作为辅助性选择，展示面板或显示警告提示信息。

5.1 面板

面板（Panel）是用来显示辅助性内容的窗口面板，其对应的类是 NSPanel。典型的有文件打开、保存对话框、颜色和字体选择面板等。NSPanel 继承自 NSWindow，因此很多属性设置与 NSWindow 相同。

新建一个工程，命名为 NSPanel，拖动一个 Panel 控件到 xib 文件导航区，完成面板的创建，同时在面板上拖放 Lable、Text Field 和 Button 控件，如图 5-1 所示。

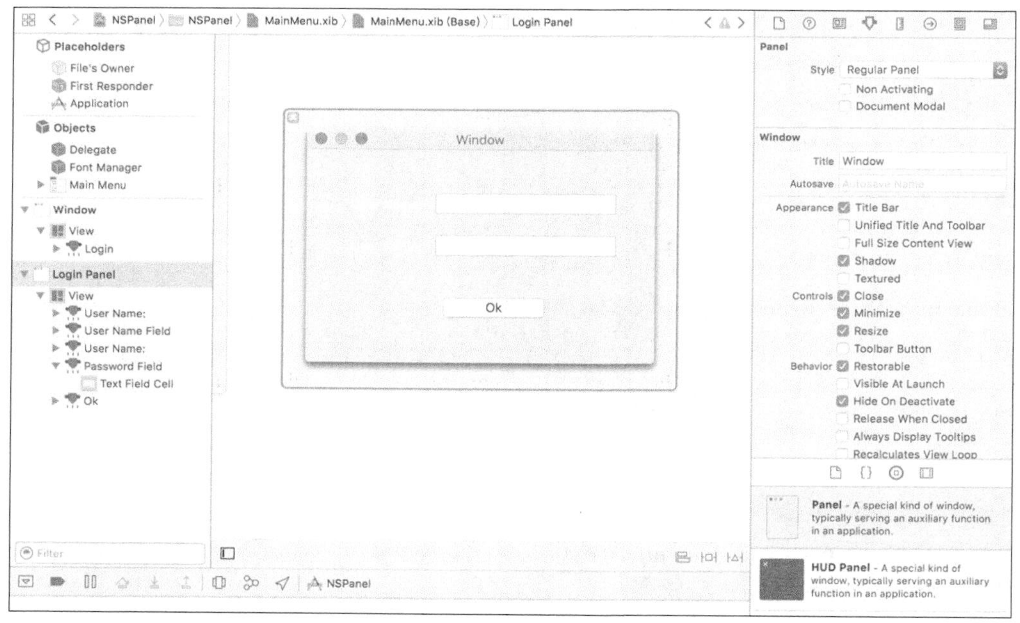

图 5-1

这里需要特别说明的是，Panel 只能在 xib 文件定义的视图界面上拖放定义，不能在 storyboard 创建的资源文件上拖放创建。因为 strorybaord 中全部是控制器类型的对象，而 NSPanel 仅仅是个普通类。这也是选择 strorybaord 文件时，从工具箱中无法找到 NSPanel 的原因。

5.1.1 UI 属性说明

Panel 控件的主要 UI 属性说明如下。

- Title：面板的标题文字。
- Controls：窗口最大化、最小化、关闭各种按钮。
- Behavior：重要的是 Visible At Launch 这个选项，表示启动时 Panel 是否显示出来，一般情况下都是取消勾选这个选项，而由程序控制是否显示。
- Style：可以改变面板的皮肤外观，如果选择 HUD Panel 样式就是一个很酷的黑色面板了，如图 5-2 所示。

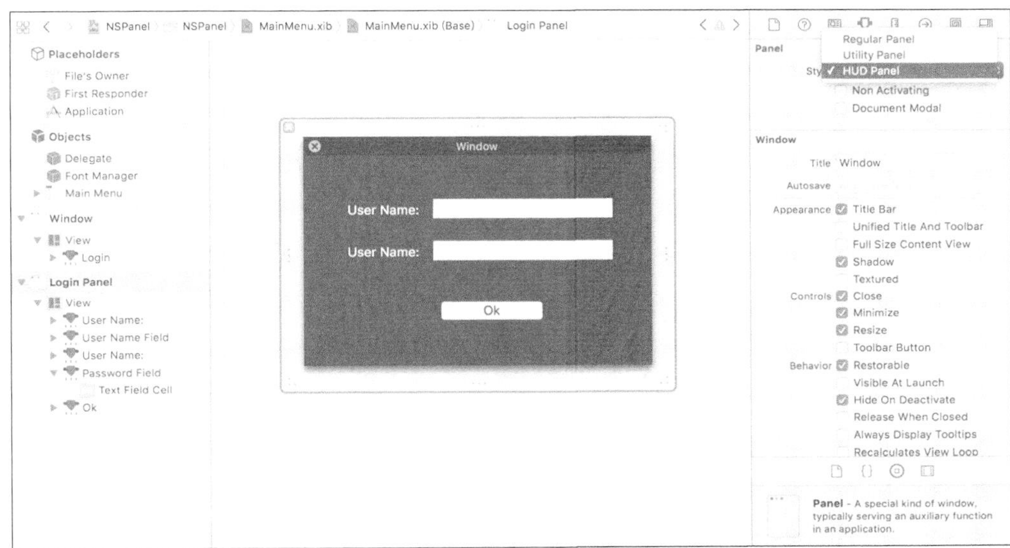

图 5-2

5.1.2 显示面板

下面以 HUD Panel 为例，创建一个登录界面。修改面板标题为 User Login，增加 Label、Text Field 和 Button 控件到该面板上。注意，要修改 Label 的文本颜色为白色。给按钮绑定响应事件 okButtonClicked。

绑定 panel 对象到 loginPanel 变量对象，增加一个按钮到窗口视图区，给按钮绑定响应事件 loginButtonAction。

调用 window 的 beginSheet 方法显示面板，completionHandler 回调函数中可以进行用户点击确定后的逻辑处理。

```
@IBAction func loginButtonAction(_ sender: NSButton) {
   self.window.beginSheet(self.loginPanel, completionHandler: { [weak self] returnCode in
      let userName = self?.userNameField.stringValue
      let password = self?.passwordField.stringValue
      print("returnCode \(returnCode)")
   })
}
```

运行界面如图 5-3 所示。

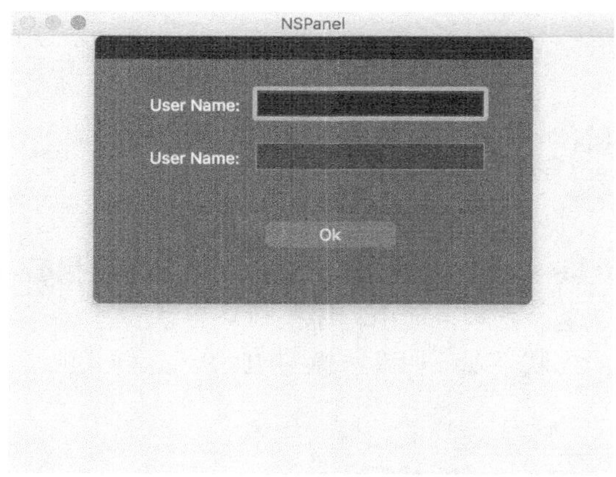

图 5-3

5.1.3 隐藏面板

执行 window 的 endSheet 方法如下。

```
@IBAction func okButtonAction(_ sender: NSButton) {
   self.window.endSheet(self.loginPanel)
}
```

5.1.4 文件打开面板

创建一个新工程，在 View Controller 界面上拖放一个 Text View 控件，绑定到 textView 变量上。

我们通过菜单来说明如何使用文件对话框来打开文件。我们打开一个文本文件，读取文件的内容，显示到多行文件显示框（Text View）中。

找到 Main Menu 中 File 菜单中的 Open...菜单项，修改响应事件 action，重新绑定到 First Responder 的 openFilePanel 方法，如图 5-4 所示。

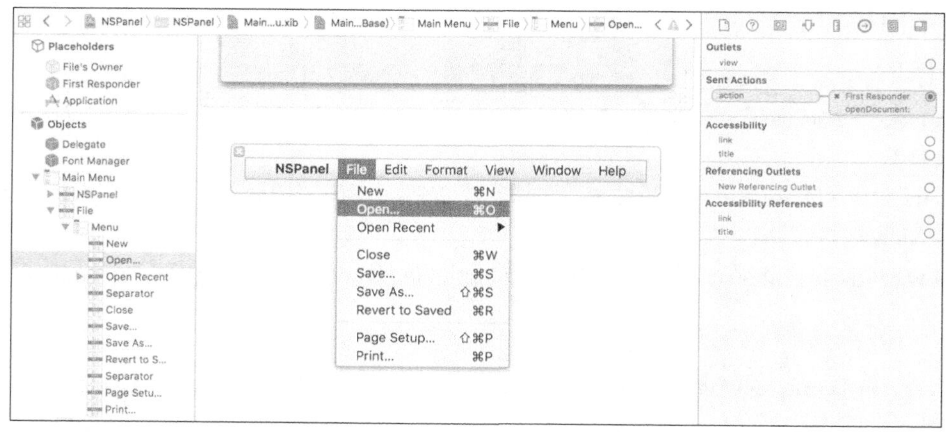

图 5-4

文件打开面板对应的类是 NSOpenPanel。NSOpenPanel 类的几个关键属性解释如下。

- canChooseFiles：是否允许选择文件。
- canChooseDirectories：是否允许选择目录。
- allowsMultipleSelection：是否允许多选。

- allowedFileTypes：允许的文件名后缀。
- urls：保存用户选择的文件/文件夹路径。

```
@IBAction func openFilePanel(_ sender:AnyObject) {
   let openDlg = NSOpenPanel()
   openDlg.canChooseFiles = true
   openDlg.canChooseDirectories = false
   openDlg.allowsMultipleSelection = false
   openDlg.allowedFileTypes = ["txt"]

   openDlg.begin(completionHandler: { [weak self]  result in
      if(result.rawValue == NSFileHandlingPanelOKButton){
         let fileURLs = openDlg.urls
         for url:URL in fileURLs  {
            guard let string = try?  NSString.init(contentsOf: url as URL, encoding: String.
               Encoding.utf8.rawValue)
               else {
                  return
            }
            self?.textView.string = string as String
         }
      }
  })
}
```

上述代码中[weak self]表示一个弱引用，避免在代码块或闭包中造成循环引用导致内存泄露。使用 guard 关键字对 string 变量进行安全保护，如果为空，则直接返回，不会赋值给 textView。另外，关键字 try?是异常处理，它会试图执行一个可能会抛出异常的操作。如果执行成功，执行的结果就会包裹在可选值（optional）里；如果执行失败，抛出异常执行的结果就是 nil，而且没有错误返回。

使用 Mac 上的文本编辑的应用创建一个文本类型的文件，输入一些内容，命名为 my.txt，保存到桌面。

点击菜单中的 Open，打开文件选择对话框，选择文件 my.txt，可以看到 textView 中已经显示为 my.txt 文件的内容，如图 5-5 所示。

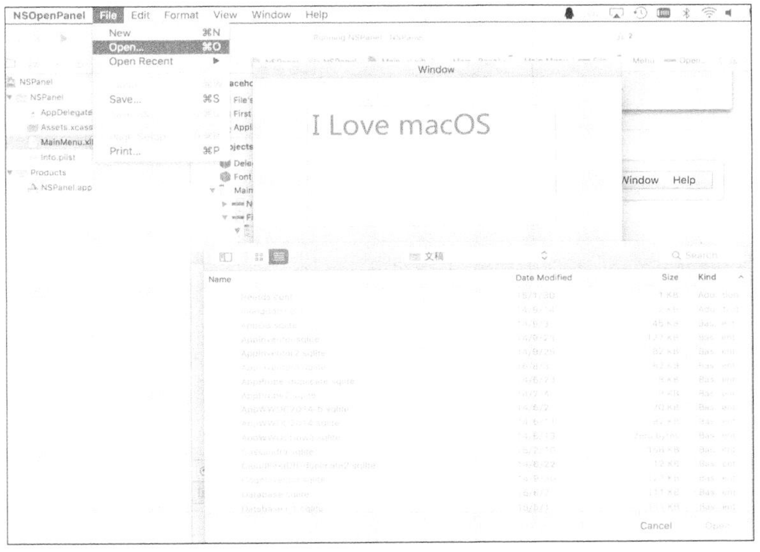

图 5-5

5.1.5　文件保存面板

NSSavePanel 是用来保存文件的面板类。它的几个重要属性说明如下。

- title：面板的标题。
- message：详细信息，可以不设置。
- allowedFileTypes：要保存的文件后缀名。
- nameFieldStringValue：要保存的文件名，可以修改。

基于 5.1.4 节创建的工程，可以修改 textView 多行文件显示框的内容，然后使用文件保存面板保存到原来的文件。从 MainMenu.xib 文件中找到工程 File 菜单中的 Save 菜单项，修改响应事件 action，绑定到新的 saveFileAction 方法。

saveFileAction 方法的代码如下：

```
@IBAction func saveFileAction(_ sender: AnyObject) {
    let text = self.textView.string
    let saveFileDlg = NSSavePanel()
    saveFileDlg.title = "Save File"
    saveFileDlg.message = "Save My File"
    saveFileDlg.allowedFileTypes = ["txt"]
    saveFileDlg.nameFieldStringValue = "my"
    saveFileDlg.begin(completionHandler: { result in
        if result.rawValue == NSFileHandlingPanelOKButton {
            let url = saveFileDlg.url
            _ = try? text.write(to: url!, atomically: true, encoding: String.Encoding(rawValue:
                String.Encoding.utf8.rawValue))
        }
    })
}
```

运行工程后，修改 textView，增加一行文字内容，点击 File 菜单中的 Save 菜单项，弹出文件保存面板，点击确定后，将文本视图修改过的内容保存到 my.txt 文件中。

5.1.6　颜色选择面板

需要用户设置颜色时，可以使用颜色选择面板来选择合适的颜色，如图 5-6 所示。

图 5-6

使用 NSColorPanel 单例创建颜色面板，然后绑定选择事件，最后使用 orderFront 来显示它。

```
@IBAction func selectColorAction(_ sender: AnyObject) {
    let colorpanel = NSColorPanel.shared
    colorpanel.setAction(#selector(changeTextColor(_:)))
    colorpanel.setTarget(self)
    colorpanel.orderFront(nil)
}
```

完成选择 action 事件后，根据选择结果设置 textView 的文本颜色。

```
@objc func changeTextColor(_ sender: NSColorPanel){
    let color = sender.color;
    self.textView.textColor = color
}
```

5.1.7 字体选择面板

需要用户选择设置字体时，使用字体选择面板来选择合适的字体，如图 5-6 所示。

（1）创建字体选择面板：

```
lazy var font = NSFont()
@IBAction func selectFontAction(_ sender: AnyObject) {
    let fontManager = NSFontManager.shared
    fontManager.target = self
    fontManager.action = #selector(changeTextFont(_:))
    fontManager.orderFrontFontPanel(self)
}
```

（2）实现字体选择变化后的 action 方法：

```
@objc func changeTextFont(_ sender: NSFontManager){
    self.font = sender.convert(self.font)
    self.textView.font = self.font
}
```

这里要注意的是，必须先定义一个 font 属性变量，进行初始化赋值，然后选择新字体的时候用 changeFont 方法才能获得当前选择的字体。

5.2 警告框

警告框（Alert）如图 5-7 所示，用来显示提示信息的面板窗口，其对应的类是 NSAlert。

图 5-7

5.2.1 UI 属性说明

NSAlert 类的主要属性说明如下。

- messageText：警告框的标题。
- informativeText：详细内容。
- icon：对应的图标，可以不设置，为空。为空时根据 alertStyle 样式决定使用默认的图标。
- alertStyle：警告样式定义，分为基本的、提示性的和严重的 3 种。不同样式显示的 icon 图标是不同的。

5.2.2 添加按钮

使用 addButtonWithTitle:方法可以向警告界面添加按钮。最多可以添加 3 个按钮，存储在 buttons 属性中。

```
- (NSButton *)addButtonWithTitle:(NSString *)title;
@property (readonly, copy) NSArray<NSButton *> *buttons;
```

每个按钮点击后，回调方法中的返回值 returnCode 的定义如下：

```
public var NSAlertFirstButtonReturn: Int { get }
public var NSAlertSecondButtonReturn: Int { get }
public var NSAlertThirdButtonReturn: Int { get }
```

可以根据不同的值区分不同的流程来处理。

5.2.3 使用示例

下面是一个用户注册的界面，对用户输入的密码长度进行检查，长度小于 6 位时提示错误。

先创建一个新工程，从控件箱拖动 1 个 Label 控件、3 个 Text Field 控件和 2 个 Button 到 View Controller 中，如图 5-8 所示。

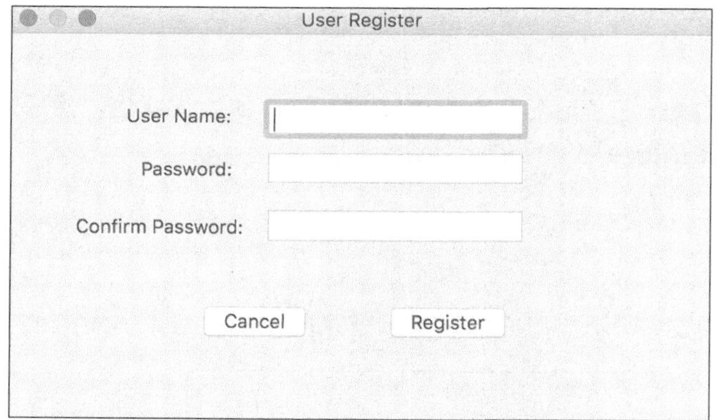

图 5-8

绑定文本输入框到 Outlet 变量，绑定 Register 按钮的事件到 registerButtonClicked:方法。

```
@IBAction func registerButtonClicked(_ sender: NSButton) {
   let password = self.passwordField.stringValue
   if password.characters.count < 6 {
      let alert = NSAlert()
      // 添加一个按钮
      alert.addButton(withTitle: "Ok")
      // 提示的标题
      alert.messageText = "Alert"
      // 提示的详细内容
```

```
        alert.informativeText = "password length must be more than 6 "
        // 设置警告框的风格
        alert.alertStyle = .informational
        alert .beginSheetModal(for: self.view.window!, completionHandler: { returnCode in
            // 当有多个按钮时可以通过 returnCode 区分
            print("returnCode :\(returnCode)")
            }
        )
    }
}
```

运行后输入密码长度，如果少于 6 位字符，则弹出警告面板，界面如图 5-9 所示。

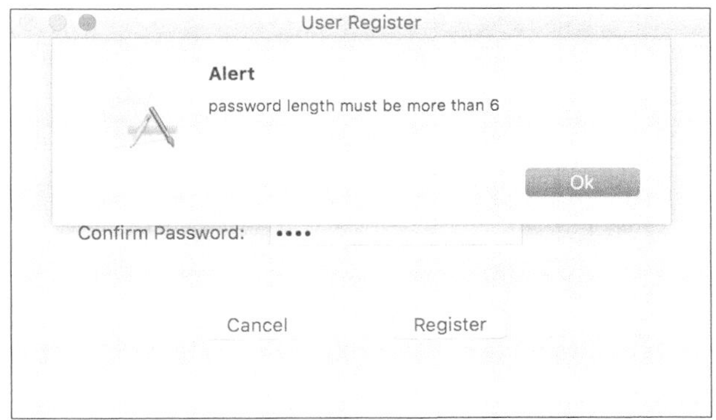

图 5-9

5.3　使用独立的 xib 文件创建面板类

新建一个工程，命名为 SingleXibPanel，新建一个空的 xib 文件，如图 5-10 所示，命名为 MyPanel.xib。

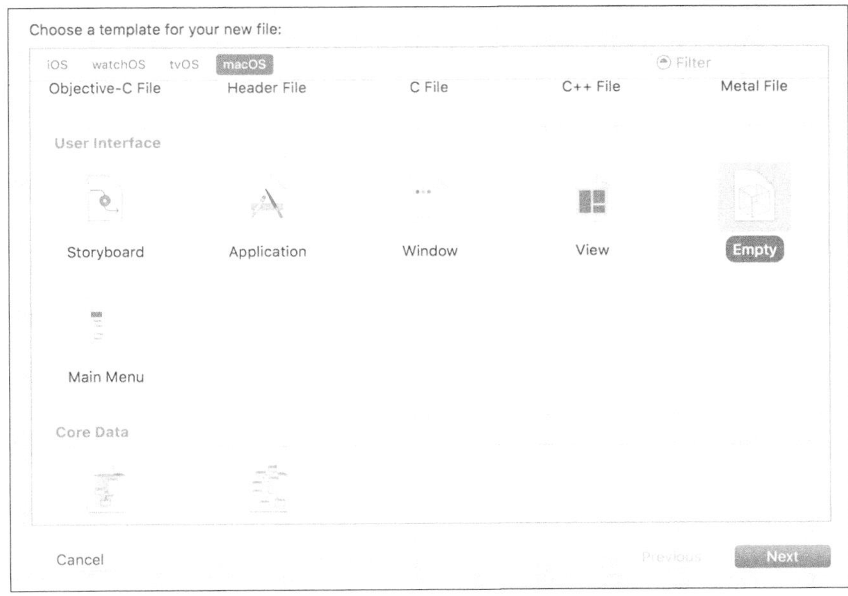

图 5-10

选中 MyPanel.xib，从控件工具箱拖放一个 Panel 控件到 xib 设计区，在右边属性面板上勾选去掉 Visible At Launch 选项，同时拖放一个 Table View 控件和两个 Button 控件，如图 5-11 所示。

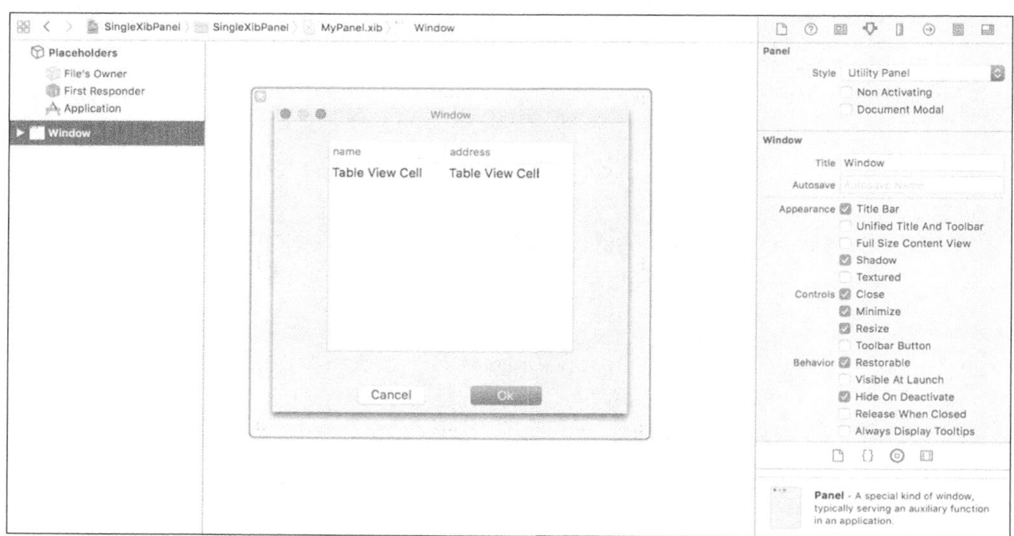

图 5-11

新建一个类 MyPanel，继承自 NSPanel。配置 xib 界面上的 Class 为 MyPanel，如图 5-12 所示。

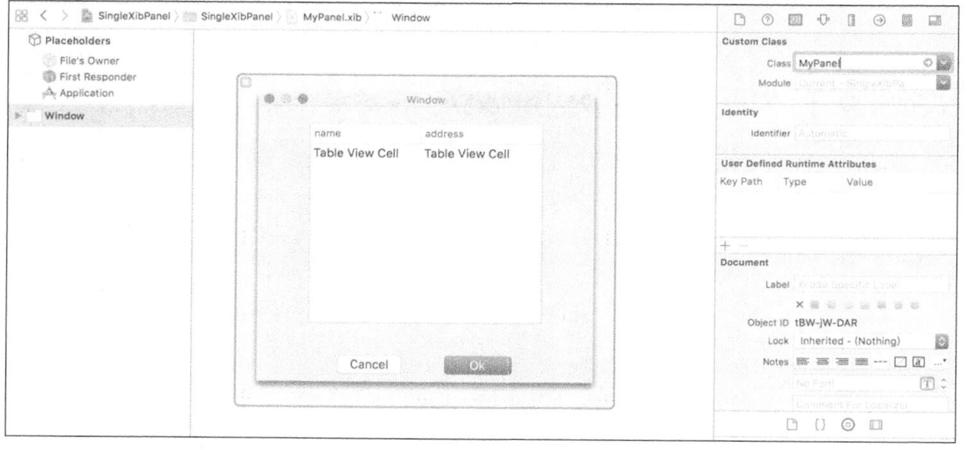

图 5-12

将 Ok 和 Cancel 按钮事件分别绑定到 MyPanel 的 okAction 和 cancelAction 方法。

```
class MyPanel: NSPanel {
   @IBAction func okAction(_ sender: AnyObject?) {
       self.parent?.endSheet(self, returnCode: NSApplication.ModalResponse(rawValue: kOkCode))
   }
   @IBAction func cancelAction(_ sender: AnyObject?) {
      self.parent?.endSheet(self, returnCode: NSApplication.ModalResponse(rawValue: kCancelCode)
)
   }
}
```

切换到 Main.storyboard 文件，在 View Controller 界面新增一个 Button 控件，绑定到 showPanelAction 方法。

NSViewController 类中定义了懒加载 MyPanel 类型的属性变量 myPanel 来完成初始化，要点如下。

（1）使用 NSNib 加载 MyPanel.xib 资源文件。

（2）定义 topLevelArray 存储对象数组。

（3）使用 nib 的 instantiate 方法实例化 xib 资源文件中的类，将所有类存储到对象数组中。

（4）循环遍历访问数组，找到自己感兴趣类型的对象实例，返回。

具体代码如下：

```
let kCancelCode = 0
let kOkCode = 1
class ViewController: NSViewController {
   var topLevelArray: NSArray?
   lazy var myPanel: MyPanel? = {
      var panel: MyPanel?
      let nib  = NSNib.init(nibNamed: NSNib.Name(rawValue: "MyPanel"), bundle: Bundle.main)
      if let success =  nib?.instantiate(withOwner: self, topLevelObjects: &topLevelArray) {
         if success {
            for obj in self.topLevelArray! {
               if obj is MyPanel {
                  panel = obj as? MyPanel
                  break
               }
            }
         }
      }
      return panel
   }()

   @IBAction func showPanelAction(_ sender: AnyObject) {
      self.myPanel?.parent = self.view.window
      self.view.window?.beginSheet(self.myPanel!, completionHandler: {  returnCode in
         if returnCode.rawValue == kOkCode {
            print("returnCode \(returnCode)")
         }
      })
   }
}
```

本节介绍的是一种通用的流程，可以用来加载任意 xib 文件中特定的类来获取其对象实例。

第 6 章 工具栏和菜单

菜单是 App 桌面应用必备的控件，分为应用菜单、控件上下文菜单、弹出式菜单和 Dock 菜单。系统菜单通过层级分类的方式提供系统常用功能的入口，工具栏控件则是一些常用功能的便捷入口。

6.1 工具栏

工具栏（Tool Bar）是固定显示在 Window 窗口顶部一组图标和文字组合的按钮视图，其对应的类是 NSToolbar。

NSToolbar 对象并不继承于 NSView，我们可以把它理解为一个视图的容器，每个工具栏按钮是一个子元素 NSToolbarItem，NSToolbarItem 对象并不是继承自 NSView，它包括 NSImage 和 Label 等多个子元素，如图 6-1 所示。

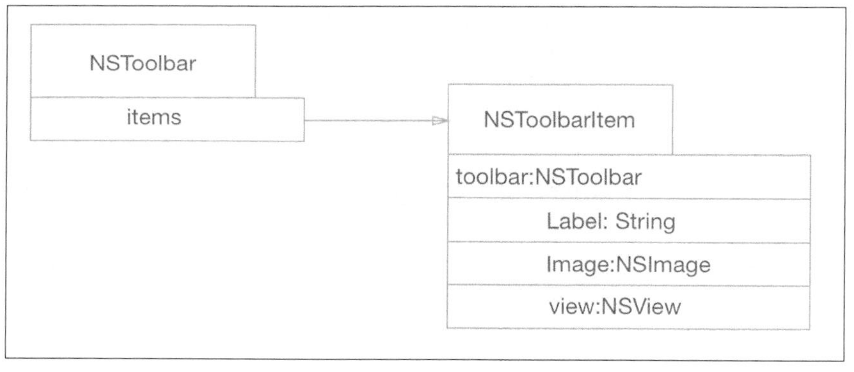

图 6-1

6.1.1 创建工具栏

创建一个 StoryBoard 工程，从控件工具箱拖动 Tool Bar 控件到 Window Controller Scene 视图上，它默认包括 Colors、Fonts 和 Print 这 3 个系统项，这个 Tool Bar 会自动调整位置到窗口的顶部。

从左边 xib 文件导航区选择 Window 层级下面的 Tool Bar，点击一个默认生成的 Colors 项进入设计模式，浮出一个设计视图，如图 6-2 所示。

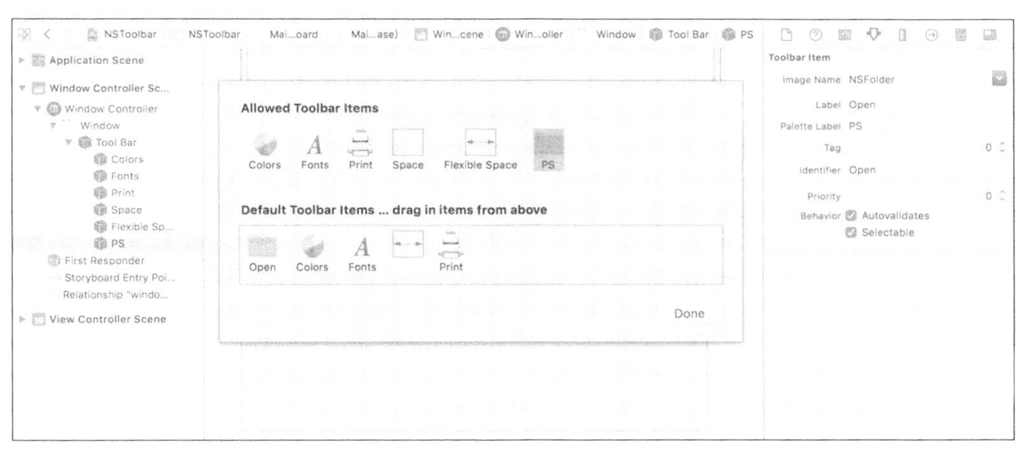

图 6-2

在图 6-2 中，Allow Toolbar Items 为所有可用的项，Default Toolbar Items 为应用运行后实际显示的项。设计阶段可以从右下角工具箱拖放不同的 Tool Bar 项到 Allow Toolbar Items 区域，调整好各个属性参数（6.1.3 节会详细说明每个参数的意义），然后从 Allow Toolbar Items 区域拖到 Default Toolbar Items 区域。

注意，同一个标题栏项在不同区域显示的文本有所不同，在 Allow Toolbar Items 区显示为 PS，在 Default Toolbar Items 显示为 Save，这是由于标题栏项设置的 Label 和 Palette Label 属性不同所致。

6.1.2　UI 属性说明

Tool Bar 控件的主要 UI 属性说明如下。

- Display：可以设置 toolbar 的不同显示风格，默认是图标＋文字形式，还可以选择只显示图标或只显示文字。
- Visible At Launch：是否显示工具栏。
- Size：可以选择工具栏视图的高度是正常还是小型。

控件工具箱中工具栏项有多种类型，分别说明如下。

（1）Image Toolbar Item：工具栏中的项可以自定义图标和文字。

（2）Flexible Space Toolbar Item：放在两个其他工具栏之间，由系统动态设置宽度分隔两个工具栏。

（3）Space Toolbar Item：一个标准工具栏项宽度的占位空白区。

（4）Separator Toolbar Item：一个标准工具栏项，上面显示一条分隔线。

（5）Customize Toolbar Item：自定义的工具栏项，用来在工具栏上放其他系统控件，如搜索框、按钮等。

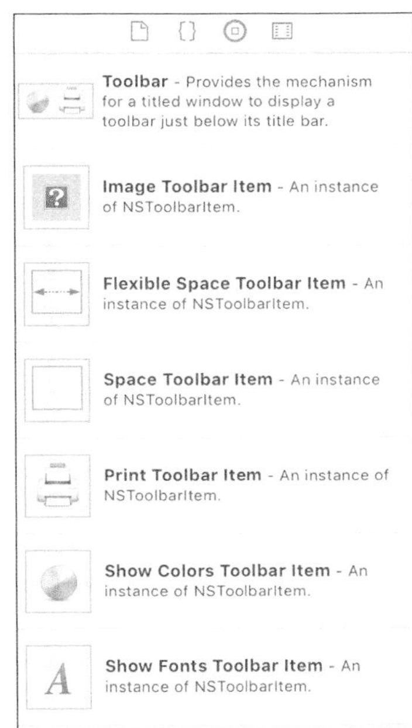

图 6-3

图 6-3 所示依次为控件工具箱中的系统工具栏、

图片工具栏项、动态空间工具栏项、标准工具栏项、打印工具栏项、颜色工具栏项和字体工具栏项。

6.1.3 NSToolbarItem 的属性说明

点击一个工具栏项，在右边属性面板上可以看到很多属性，如图 6-4 所示。下面是 Toolbar Item 的几个主要属性。

- Image Name：图标文件名。
- Label：应用运行后显示的文本。
- Palette Label：设计阶段在 Allow Toolbar Items 区域显示的文本。
- Tag：用来标识工具栏项的唯一数字。
- Identifier：用来标识工具栏项的字符串。
- Behavior：Selectable 表示点击后是否有选中的立体效果。

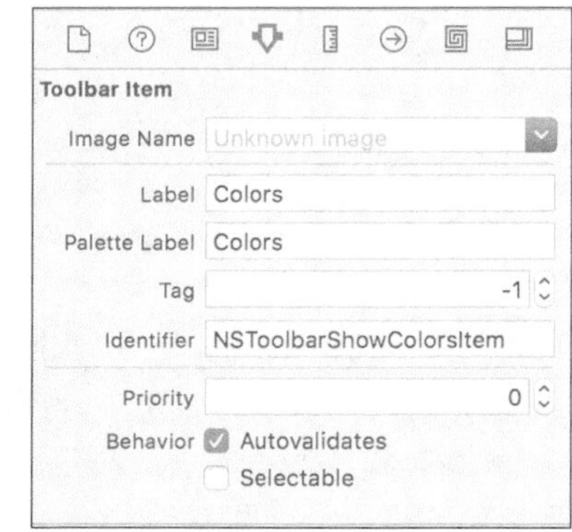

图 6-4

6.1.4 事件响应

Toolbar Item 采用了 target-action 的事件模式，可以通过代码动态设置，也可以在 Xcode 中配置它的事件处理函数。

从控件工具箱拖出 Image Toolbar Item 到 xib 文件导航区工具栏上，点击新建的 Toolbar Item，切换到右上边的属性面板，修改 Toolbar Item 默认 Label 为 Open，在 Image Name 中选择 NSFolder。

NSToolbarItem 的事件函数需要在 NSWindowController 中定义，因此创建一个 NSWindowController 的子类 WindowController，在 Storyboard 文件中配置 Window Controller 的类为新创建的 WindowController。

```
class WindowController: NSWindowController {
   @IBOutlet weak var toolBar: NSToolbar!
   override func windowDidLoad() {
      super.windowDidLoad()
   }
}
```

在 WindowController 类中定义 toolbarItemClicked 事件方法，完成 Open 工具栏项动作事件的绑定。

```
@IBAction func toolbarItemClicked(_ sender:NSToolbarItem) {
   let tag = sender.tag
   switch tag {
   case 0:{ ... }
   case 1:{ ... }
   default:
      {
         ...
      }
   }
}
```

Open 工具栏项选中前和选中后的效果如图 6-5 所示。

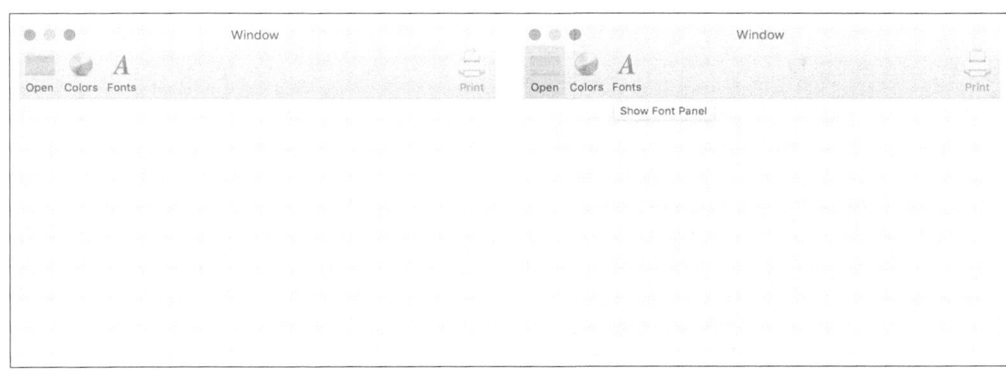

图 6-5

6.1.5 创建非标准的工具栏项

全部使用标准的图像加文字组合的工具栏项并不总是能满足需要，有时候需要放置一些非标准控件到工具栏面板区域，这就需要使用基于视图模式的工具栏项。

在工具栏的设计界面上，可以从控件工具箱拖放一个 Search Field 控件和一个标准 Button 控件到 Allow Toolbar Items 区域，如图 6-6 所示，最后从 Allow Toolbar Items 区域拖到 Default Toolbar Items 区域，完成界面的设计。

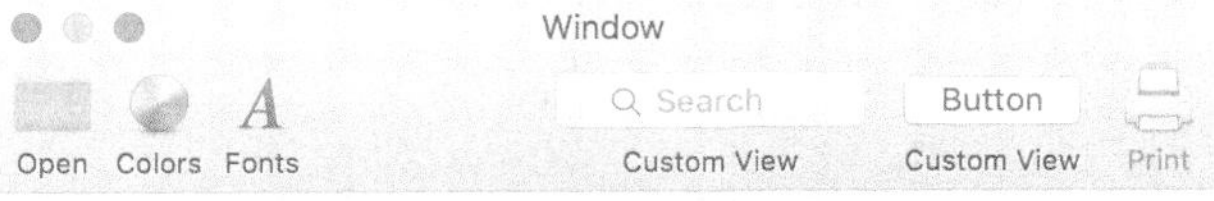

图 6-6

这些自定义的工具栏项的事件响应方法设置与它是普通控件时是一样的。

6.1.6 验证工具栏项

工具栏上的按钮并不需要总是可用，在一些场景下部分按钮不满足使用条件，这就需要将这些按钮设置为不可用状态——灰显（不响应鼠标点击事件）。

下面的代码可以使 Open 按钮处于灰显不可点击状态：

```
override func validateToolbarItem(_ item: NSToolbarItem) -> Bool {
    if item.label == "Open" {
        return false
    }
```

```
    return true
}
```

6.1.7 用代码创建工具栏

删除之前 Window Controller 中通过控件拖放创建的工具栏，下面我们直接使用代码来创建工具栏。

下面是各类对象标识符名称定义的代码：

```
extension NSToolbar.Identifier {
    public static let AppToolbar: NSToolbar.Identifier =  NSToolbar.Identifier(rawValue:
        "AppToolbar")
}

extension NSToolbarItem.Identifier {
    public static let FontSetting: NSToolbarItem.Identifier =  NSToolbarItem.Identifier
        (rawValue: "FontSetting")
    public static let Save: NSToolbarItem.Identifier =  NSToolbarItem.Identifier(rawValue:
        "Save")
}

extension  NSImage.Name {
    public static let FontSetting:  NSImage.Name =   NSImage.Name(rawValue: "FontSetting")
    public static let Save:  NSImage.Name =   NSImage.Name(rawValue: "Save")
}
```

创建 NSToolbar 对象实例，关联到 window 对象：

```
override func windowDidLoad() {
    super.windowDidLoad()
    self.setUpToolbar()
}

func setUpToolbar(){
    let toolbar = NSToolbar(identifier: NSToolbar.Identifier.AppToolbar)
    toolbar.allowsUserCustomization = false
    toolbar.autosavesConfiguration = false
    toolbar.displayMode = .iconAndLabel
    toolbar.delegate = self
    self.window?.toolbar = toolbar
}
```

实现 NSToolbarDelegate 协议，返回定义的 NSToolbarItem 对象：

```
extension WindowController: NSToolbarDelegate {

    // 实际显示的 item 标识
    func toolbarAllowedItemIdentifiers(_ toolbar: NSToolbar) -> [NSToolbarItem.Identifier] {
        return [NSToolbarItem.Identifier.FontSetting,NSToolbarItem.Identifier.Save]
    }

    // 所有的 item 标识,在编辑模式下会显示出所有的 item
    func toolbarDefaultItemIdentifiers(_ toolbar: NSToolbar) -> [NSToolbarItem.Identifier] {
         return [NSToolbarItem.Identifier.FontSetting,NSToolbarItem.Identifier.Save]
    }

    // 根据 item 标识返回每个具体的 NSToolbarItem 对象实例
    func toolbar(_ toolbar: NSToolbar, itemForItemIdentifier itemIdentifier: NSToolbarItem.
        Identifier, willBeInsertedIntoToolbar flag: Bool) -> NSToolbarItem? {
```

```
        let toolbarItem = NSToolbarItem(itemIdentifier: itemIdentifier)
        if itemIdentifier == NSToolbarItem.Identifier.FontSetting {
            toolbarItem.label = "Font"
            toolbarItem.paletteLabel = "Font"
            toolbarItem.toolTip = "Font Setting"
            toolbarItem.image = NSImage.init(named: NSImage.Name.FontSetting)
            toolbarItem.tag = 1
        }

        if itemIdentifier == NSToolbarItem.Identifier.Save {
            toolbarItem.label = "Save"
            toolbarItem.paletteLabel = "Save"
            toolbarItem.toolTip = "Save File"
            toolbarItem.image = NSImage.init(named: NSImage.Name.Save)
            toolbarItem.tag = 2
        }

        toolbarItem.minSize = NSSize(width: 25, height: 25)
        toolbarItem.maxSize = NSSize(width: 100, height: 100)
        toolbarItem.target = self
        toolbarItem.action = #selector(WindowController.toolbarItemClicked(_:))
        return toolbarItem
    }
}
```

6.1.8 工具栏与窗口控制按钮融合显示

工具栏和窗口左上角控制关闭、最小化和全屏的 3 个按钮在同一行，如图 6-7 所示，这个特性在 macOS 10.10 及以上的系统中才有。

图 6-7

下面是控制工具栏和窗口控制按钮显示的代码：

```
self.window?.titleVisibility = .hidden;
```

6.2 菜单

菜单（Menu）是一种多级无限嵌套的 UI 组件，由 NSMenu 类和 NSMenuItem 类来组合实现菜单功能。

NSMenu 可以包含多个 NSMenuItem，每个 NSMenuItem 可以有子菜单对象 NSMenu，子菜

单对象 NSMenu 可以包含多个 NSMenuItem，这样就形成了菜单层级结构，如图 6-8 所示。

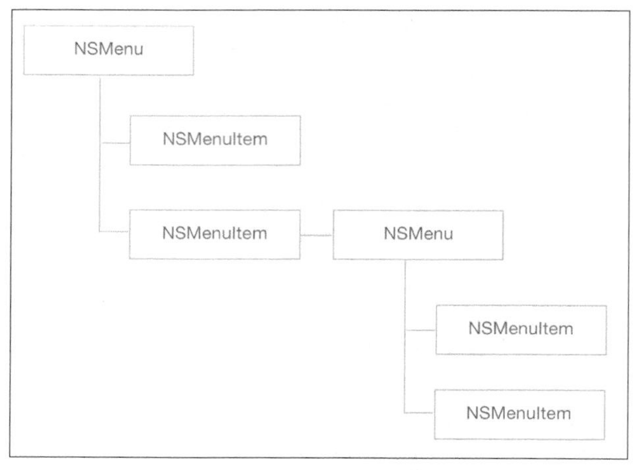

图 6-8

从图 6-9 所示的左边对象导航树上，可以看到 Main Menu 为顶级菜单，它包含了 NSMenu、File、Edit 等 8 个子菜单。点击 NSMenu 对象，展开后里面又包含了 Menu 顶级菜单，再点击 Menu 顶级菜单，又可以看到它的子菜单项。

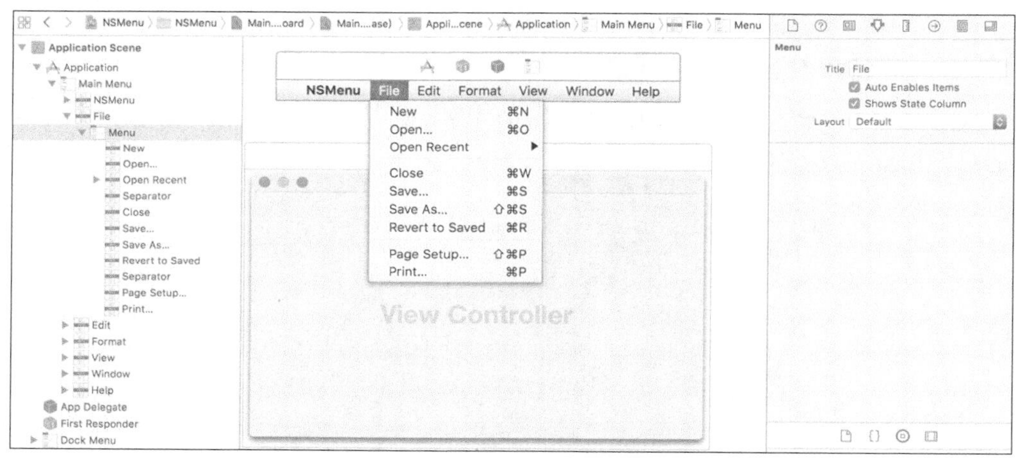

图 6-9

6.2.1　UI 属性说明

Menu 控件的主要属性说明如下。

- Title：菜单标题。
- Key Equivalent：菜单快捷键。
- State：菜单状态，包括 Off、On 和 Mixed 这 3 种。
- Tag：自定义标签编号。
- Image：菜单左侧的图片。
- Attrib.Title：带有格式的文本标题。

点击一个菜单项，在右边属性面板可以设置菜单的属性，如图 6-10 所示。

控件工具箱中提供了常用的一些菜单控件，下面按图 6-11 所示的顺序来认识一下吧。

图 6-10

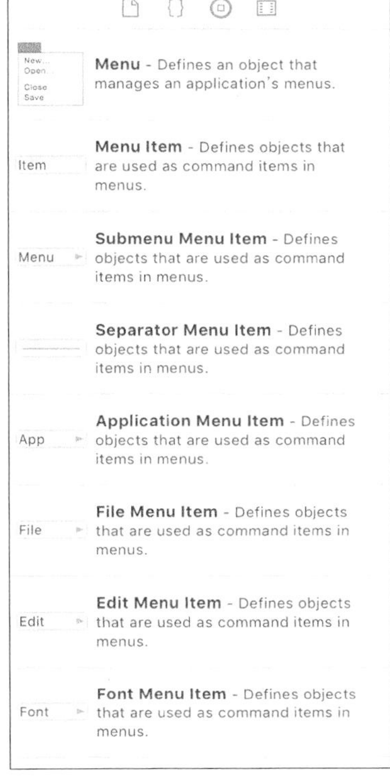

图 6-11

（1）Menu：整个应用的菜单对象。可以删除 MainMenu.xib 中的 Main Menu，自定义所有的菜单。一般不推荐这样做，因为应用的关于、帮助、退出这些菜单是必须有的。如果需要自己的菜单，直接在系统生产的默认菜单里面修改，增加自己的菜单就可以了。

（2）Menu Item：子菜单项。

（3）Submenu Menu Item：带有子菜单的菜单项，创建多级菜单时需要使用。

（4）Separator Menu Item：分隔线，用于对菜单分组。

后面剩下的菜单控件分别代表系统默认生成的所有菜单的顶级菜单项，也就是说，把默认的任何一个顶级菜单删除，都可以从这里拖一个出去重新创建。

6.2.2 增加菜单

增加菜单有不同的形式，包括以下几种。

（1）增加顶级菜单：拖动 Submenu Menu Item 控件到左侧 MainMenu.xib 文件导航区中的 Main Menu 上即可完成。菜单位置可以拖动调整。

（2）增加子菜单项：在 MainMenu.xib 文件导航区点击选择要增加子菜单的菜单项，从 Xcode 控件工具箱中拖动 Menu Item。

（3）添加子菜单的二级菜单：可以拖动 Submenu Menu Item 到某个菜单项，完成增加子菜单的二级菜单。

6.2.3 弹出式菜单

从控件工具箱拖动 Menu 类型的一个菜单对象到 View Controller 中，修改名称为 MyMenu。

绑定菜单对象到名称为 myMenu 的 IBOutlet 变量。

增加 PopMenu 按钮，绑定 popButtonClicked 事件。对每个子菜单项可以绑定到一个 menuItemClicked 事件，如图 6-12 所示。

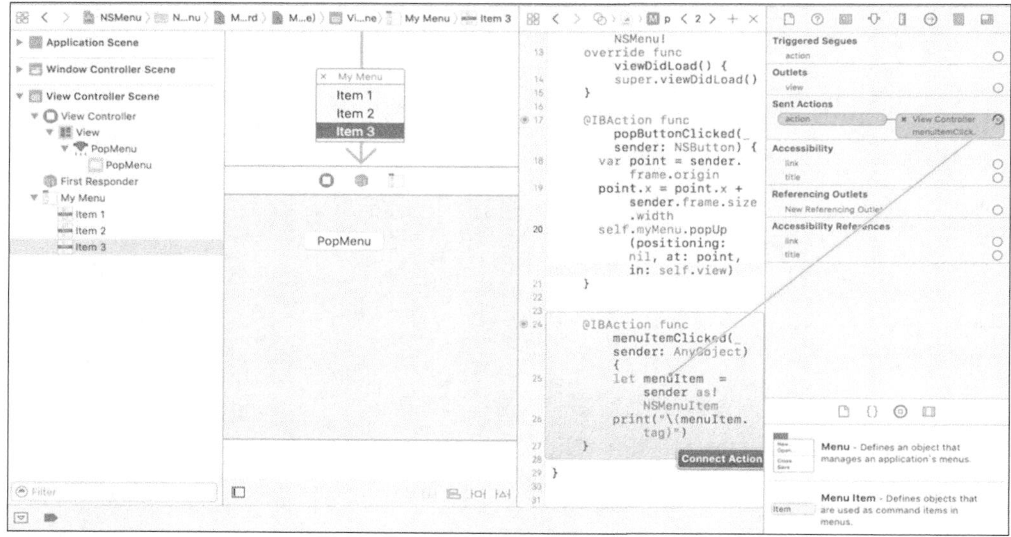

图 6-12

调用 popUp 方法即可实现菜单弹出显示。

```
@IBAction func popButtonClicked(_ sender: NSButton) {
    var point = sender.frame.origin
    point.x = point.x + sender.frame.size.width
    self.myMenu.popUp(positioning: nil, at: point, in: self.view)
}

@IBAction func menuItemClicked(_ sender: AnyObject) {
    let menuItem  = sender as! NSMenuItem
    print("\(menuItem.tag)")
}
```

6.2.4　设置上下文菜单

任何 view 都可以设置一个 menu，单击鼠标右键后会弹出上下文菜单。下面是通过代码设置视图的上下文菜单：

```
view.contextView.menu = self.customMenu
```

customMenu 为在 xib 界面上拖放的 Menu 控件的绑定变量，或者通过代码创建的一个菜单对象实例。

6.2.5　Dock 菜单

每个应用在 Dock 面板的图标上右击鼠标会出现一个菜单，里面是系统默认的菜单。每个应用都可以增加自定义菜单项到自己的 Dock 菜单上。

（1）在 Window 的 xib 界面上拖放一个 Menu，绑定到 dockMenu 变量，完成 menuitem 的名称定义和方法实现。

（2）AppDelegate 中实现下面的协议方法：

```
func applicationDockMenu(_ sender: NSApplication) -> NSMenu? {
   return self.dockMenu
}
```

运行应用后在 Dock 面板上单击右键，弹出菜单就会显示自定义的菜单，如图 6-13 所示。

图 6-13

6.2.6 用代码创建菜单

创建一个新工程时，xib 文件或 storyboard 文件已经创建了系统菜单，但是也可以创建自己的菜单来替换系统菜单。

下面的例子代码完整地演示了这个过程：

```
func applicationDidFinishLaunching(_ aNotification: Notification) {
   // Insert code here to initialize your application
   self.menuConfig()
}
func menuConfig() {
   // 1.创建顶级根菜单对象
   let customMenu = NSMenu(title: "MainMenu")

   // 2.创建第一个主菜单，也就是应用程序菜单
   let firstLevelMenuItem = NSMenuItem()
   let firstLevelMenu = NSMenu()
   // 配置菜单的二级菜单
   firstLevelMenuItem.submenu = firstLevelMenu

   // 创建 3 个子菜单
   let aboutMenuItem = NSMenuItem(title: "About",  action:#selector(NSApplication.
      orderFrontStandardAboutPanel(_:)), keyEquivalent: "A")

   let preferenceMenuItem = NSMenuItem(title: "Preferences...", action:nil,
      keyEquivalent: "P")

   let quitMenuItem = NSMenuItem(title: "Quit", action:#selector(NSApplication.terminate(_:)),
      keyEquivalent: "")

   // 将子菜单增加到上级菜单
   firstLevelMenu.addItem(aboutMenuItem)
   firstLevelMenu.addItem(preferenceMenuItem)
   firstLevelMenu.addItem(quitMenuItem)
```

```
        // 3.创建第二个一级菜单
        let secondLevelMenuItem = NSMenuItem()
        let secondLevelMenu = NSMenu(title: "File")
        secondLevelMenuItem.submenu = secondLevelMenu

        // 创建子菜单，配置 action 事件
        let openMenuItem = NSMenuItem(title: "Open", action: #selector(AppDelegate.menuClicked(_:)),
            keyEquivalent: "O")
        // 配置组合键
        openMenuItem.keyEquivalentModifierMask = NSEvent.ModifierFlags.shift

        secondLevelMenu.addItem(openMenuItem)

        // 增加一级菜单到顶级菜单对象
        customMenu.addItem(firstLevelMenuItem)
        customMenu.addItem(secondLevelMenuItem)

        // 配置应用的主菜单
        NSApp.mainMenu = customMenu
    }

    @IBAction func menuClicked(_ sender: AnyObject) {
    }
```

运行应用，菜单效果如图 6-14 所示。

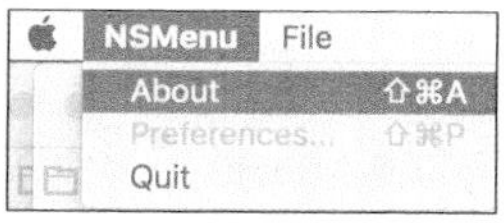

NSMenu File
About ⇧⌘A
Preferences... ⇧⌘P
Quit

图 6-14

6.2.7 获取应用默认的菜单

获取应用的菜单对象，然后获得所有一级菜单项，遍历打印输出菜单标题。逐级获得一级菜单的二级子菜单，打印输出标题。相关代码如下：

```
func showSystemMenu(){
    let mainMenu = NSApp.mainMenu
    let subitems = mainMenu?.items
    for  menuItem in subitems!  {
        let title = menuItem.title
        print("menuItem \(title)")
        let submenu = menuItem.menu
        let subsubitems = submenu?.items
        for subsubitem in subsubitems! {
            print("subsubitem \(subsubitem.title)")
        }
    }
}
```

如果要动态地增加系统菜单项，可以使用上述方法定位到要增加的父菜单，然后把自己的菜单项增加进去，使用 NSMenu 的 insertItem 方法可以增加子菜单到指定的位置。

6.2.8 菜单有效性验证

根据功能场景来决定菜单项是否可用。比如，根据应用当前的状态判断菜单项功能是否可用，返回 true 表示菜单项可用，返回 false 表示菜单项不可用。

```
override func validateMenuItem(_ menuItem: NSMenuItem) -> Bool {
    if menuItem.action == #selector(AppDelegate.menuClicked(_:)) {
        return false
    }
```

```
    return super.validateMenuItem(menuItem)
}
```

6.3 状态条

状态条（NSStatusBar）用来在系统右上角状态栏区域增加快捷入口，可以是文字或图标的形式，如图 6-15 所示。

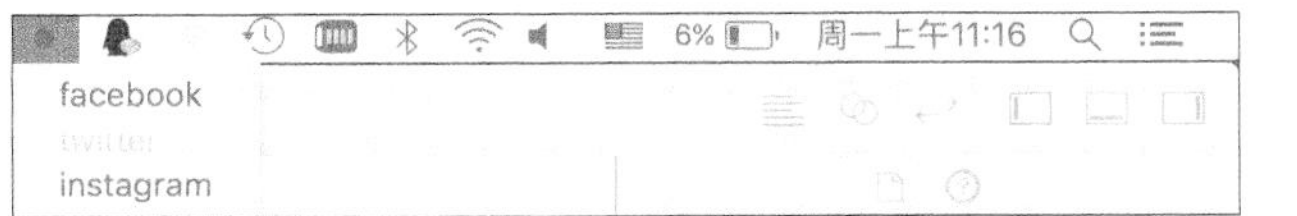

图 6-15

6.3.1 NSStatusBar 类的对象关系

NSStatusBar 为 macOS 系统中全局单例对象，NSStatusBar 管理所有的 menubar item，每个 item 都是 NSStatusItem 对象。

通过 NSStatusBar 来创建新的 NSStatusItem 对象。NSStatusItem 对象有两个关键属性 NSStatusBarButton 和 NSMenu。NSStatusBarButton 继承自 NSButton，可以通过 action-target 模式设置响应事件。图 6-16 展示了相关对象的关系。

图 6-16

6.3.2 NSStatusBar 的使用方式

从图 6-16 所示的对象关系图最右边分支可以看出，NSStatusItem 有两种使用方式，即以图标按钮方式和通过触发下拉菜单方式。

1．以图标按钮方式使用

NSStatusBarButton 由 NSStatusItem 自动创建，只需要像普通的按钮一样，设置它的 image、title、action 和 arget 属性就可以了。

创建工程 NSStatusBar，定义属性变量 statusItem，用来保存创建的 item。

AppDelegate 启动后先调用 NSStatusBar 的 systemStatusBar 方法，获取系统的 NSStatusBar 对象实例，再通过 NSStatusBar 的 statusItem 方法创建固定宽度的 NSStatusItem 实例。对 NSStatusItem 进行属性设置，最后保存 item 到属性变量。这一步是必需的，否则由于内存管理机制，对象马上被释放掉了，系统的 NSStatusBar 上不会出现这个 item。

代码中给按钮绑定了响应事件 itemAction:，在这个方法中可以灵活地实现自己的功能，如弹出一个面板窗口或者作为应用本身的快捷入口，每次点击 NSStatusBar 按钮来激活应用（将处于非活动状态的应用窗口调到最前面）。具体代码如下：

```
class AppDelegate: NSObject, NSApplicationDelegate {
    var statusItem : NSStatusItem? = nil
```

```
    @IBOutlet weak var shareMenu: NSMenu!
    func applicationDidFinishLaunching(_ aNotification: Notification) {
        self.createButtonStatusBar()
    }

    func createButtonStatusBar() {

        // 获取系统单例 NSStatusBar 对象
        let statusBar = NSStatusBar.system
        // 创建固定宽度的 NSStatusItem
        let item = statusBar.statusItem(withLength: NSStatusItem.squareLength)
        item.button?.target = self
        item.button?.action = #selector(AppDelegate.itemAction(_:))
        item.button?.image = NSImage(named: NSImage.Name(rawValue: "blue"))
        statusItem = item
    }

   @IBAction func itemAction(_ sender: AnyObject){
        // 激活应用到前台(如果应用窗口处于非活动状态)
        NSRunningApplication.current.activate(options: [NSApplication.ActivationOptions.
            activateIgnoringOtherApps])
        let window =  NSApp.windows[0]
        window.orderFront(self)
    }

    func applicationWillTerminate(_ aNotification: Notification) {
        // Insert code here to tear down your application
        let statusBar = NSStatusBar.system
        // 应用退出时删除 item
        statusBar.removeStatusItem(statusItem!)
    }
}
```

2. 通过触发下拉菜单方式使用

从控件工具箱拖放 NSMenu 到 xib 界面，绑定 NSMenu 到 IBOutlet 变量 shareMenu。AppDelegate 启动后通过 NSStatusBar 创建 NSStatusItem，设置 item 的 menu 为 shareMenu。

```
class AppDelegate: NSObject, NSApplicationDelegate {
    var statusItem : NSStatusItem? = nil
    @IBOutlet weak var shareMenu: NSMenu!
    func applicationDidFinishLaunching(_ aNotification: Notification) {
        self.createMenuStatusBar()
    }

    func createMenuStatusBar() {
        // 获取系统单例 NSStatusBar 对象
        let statusBar = NSStatusBar.system
        // 创建固定宽度的 NSStatusItem
        let item = statusBar.statusItem(withLength: NSStatusItem.squareLength)
        item.button?.image = NSImage(named: NSImage.Name(rawValue: "blue"))
        item.menu = self.shareMenu
        statusItem = item
    }

    @IBAction func shareAction(_ sender: AnyObject){
        print("shareAction")
    }
}
```

如果通过 action、target 定义了 Button 点击响应事件，同时设置了 NSMenu，则点击 NSStatusBar 按钮时优先显示下拉菜单。

6.3.3 状态条增加弹出视图

通过按钮方式也可以弹出视图（Popover）来实现一个简单的应用。

（1）创建 ViewController，定义界面视图。工程中增加一个名叫 AppViewController 的视图控制器。设计 AppViewController 界面，在 xib 界面中增加一个文本标签和图像控件，如图 6-17 所示。

Stock Graph

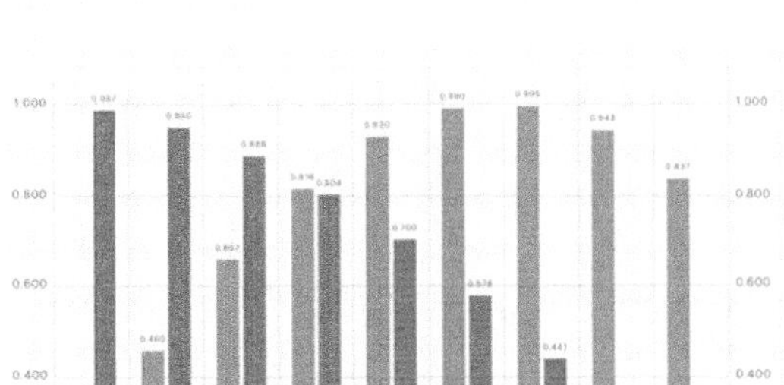

图 6-17

（2）增加 NSPopover，用来管理 ViewController。定义 NSPopover 类型的懒加载的属性变量 popover，同时增加一个 isShow 布尔变量来表示 popover 是否已经显示。

```
var isShow = false
lazy var popover: NSPopover  = {
   let popoverTemp = NSPopover()
   // 配置 NSPopover，设置它的 contentViewController 为 AppViewController
   popoverTemp.contentViewController = AppViewController()
   return popoverTemp
}()
```

在 AppDelegate 中创建 StatusBar。

```
func applicationDidFinishLaunching(_ aNotification: Notification) {
   self.createButtonStatusBarForPopover()
}

func createButtonStatusBarForPopover() {
   // 获取系统单例 NSStatusBar 对象
   let statusBar = NSStatusBar.system()
```

```
    // 创建固定宽度的 NSStatusItem
    let item = statusBar.statusItem(withLength: NSSquareStatusItemLength)
    item.button?.target = self
    item.button?.action = #selector(AppDelegate.itemPopoverAction(_:))
    item.button?.image = NSImage(named: "blue")
    statusItem = item
}
```

（3）实现按钮事件。当 self.isShow 为 false 时显示 popover，否则关闭 popover。

```
@IBAction func itemPopoverAction(_ sender: NSStatusBarButton){
    if !self.isShow {
        self.isShow = true
        self.popover.show(relativeTo: NSZeroRect, of: sender, preferredEdge: .minY)
    }
    else {
        self.popover.close()
        self.isShow = false
    }
}
```

运行后界面如图 6-18 所示。

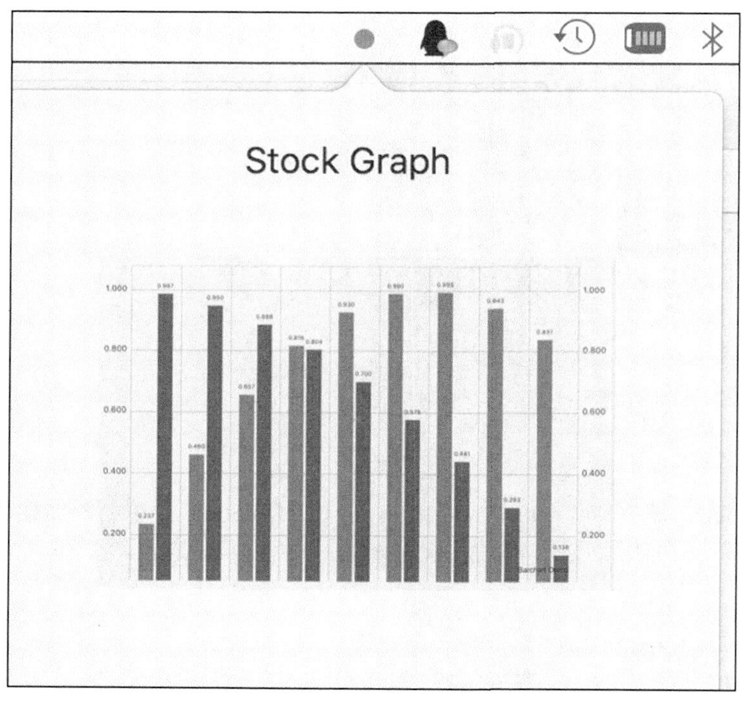

图 6-18

第 7 章 表视图

7.1 表视图

表视图（Table View）用来进行多行、多列的数据展示，其对应的类是 NSTableView。

“视图—数据源—代理”模式是多数据集对象典型的分层设计模式。Table View 作为视图，负责表格外观配置和数据显示，表格要显示的数据由数据源提供，表格代理统一管理表格的事件响应和单元视图的创建和定制。

（1）表视图(NSTableView)是由表头视图(NSTableHeaderView)和多个行视图(NSTableRowView)构成的，可以理解为 NSTableView=NSTableHeaderView+NSTableRowView，如图 7-1 所示。

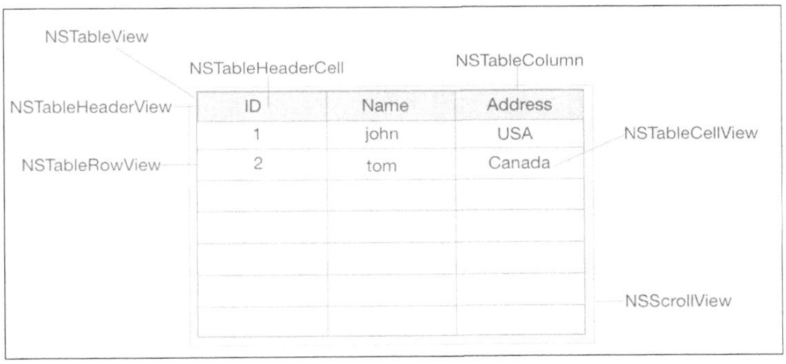

图 7-1

（2）每个表头视图（NSTableHeaderView）由多个表头单元（NSTableHeaderCell）构成，即 NSTableHeaderView = NSTableHeaderCell + NSTableHeaderCell +…。

（3）每个多行视图（NSTableRowView）由多个表单元格视图（NSTableCellView）构成，即 NSTableRowView = NSTableCellView + NSTableCellView + …。

（4）表视图（NSTableView）的列基本信息由表格列（NSTableColumn）定义。

（5）NSTableView 的数据源通过 NSTableViewDataSource 约定，主要定义了一系列获取数据从而显示表格内容的回调方法。NSTableView 的代理由 NSTableViewDelegate 定义，主要提供了在表格加载数据时配置表格单元视图的各种回调方法。

（6）NSScrollView 管理的文档视图为 NSTableView。

7.1.1 使用 xib 创建表格

使用 xib 可以非常方便地创建 NSTableView，配置表格列，定制列单元格。

1. UI 配置参数

创建一个新工程，添加 Table View 到 xib 视图，点击左边导航区的 Table View 节点，把右边顶部选项卡切换到属性面板，如图 7-2 所示。

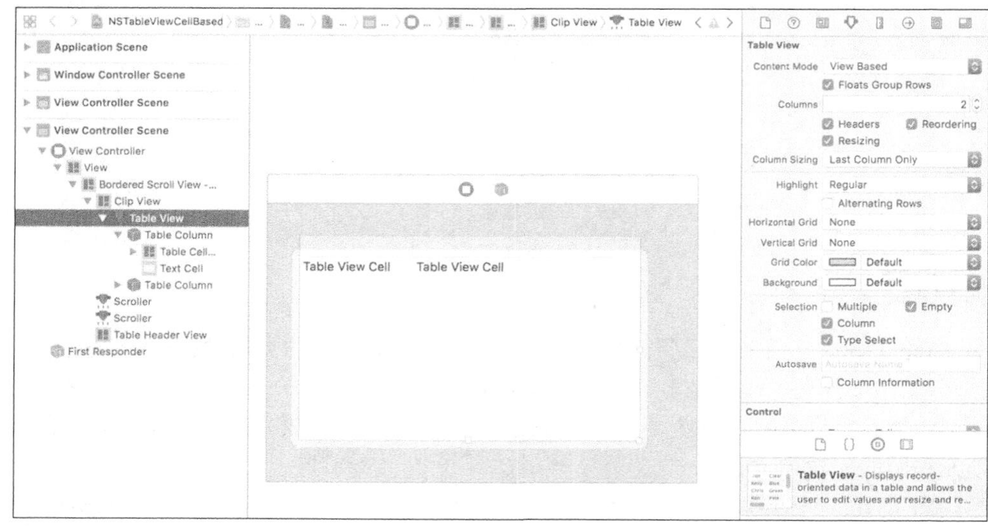

图 7-2

Table View 控件的主要属性说明如下。

- Content Mode：用来设置表的单元格模式，分为 View Based 和 Cell Based 两种。
  - View Based 模式：可以自由拖放常用的 UI 组件去设计表格单元格界面的布局，比较灵活、可定制性高，是目前推荐的使用方式。
  - Cell Based 模式：一般情况下只能使用控件箱中系统预定义的专门的 Table Cell 控件，适合一些简单的单元格界面布局的快速设计，属于之前历史遗留的设计模式。
- Columns：表格有多少列，默认是两列。
- Headers：勾选表示显示表格的列标题，取消勾选则表格没有表头的 Column1、Column2 显示。
- Horizontal Grid：水平方向的网格线样式，包括 None（无）、Solid（实线）、Dash（虚线）3 种样式。
- Vertical Grid：垂直方向的网格线样式，包括 None（无），Solid（实线）两种样式，如图 7-3 所示。
- Grid Color：网格线颜色。
- Background Color：表格内容背景色。
- Selection：Multiple 表示是否允许表格行多选。
- selectionHighlightStyle：点击选中的高亮样式风格，包括 none、regular 和 sourceLis3 种，对应图 7-3 中的 Highlight。

2. 表格列设置

（1）基本设置。在左边 xib 文件导航区选择 Table View 下面的 Column，切换右边的属性面板。Table Column 配置参数如下。

- Title：列标题。
- Alignment：标题文本对齐方式。
- Title Font：标题字体。

- State：勾选 Editale 表示表格列内容可以修改，否则禁止修改，如图 7-4 所示。

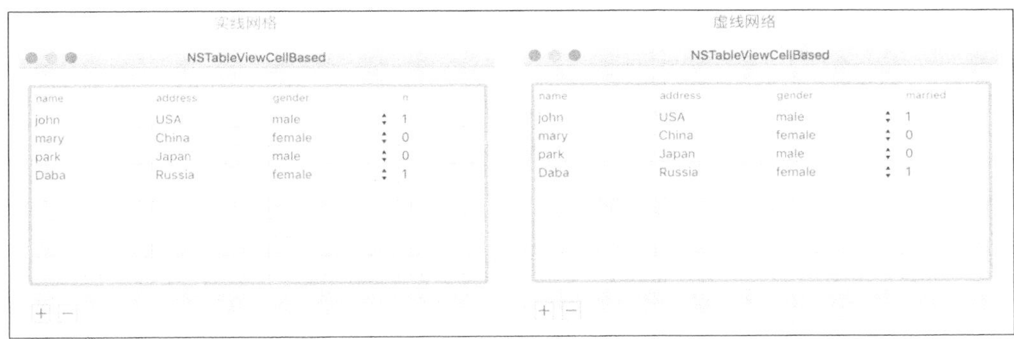

图 7-3

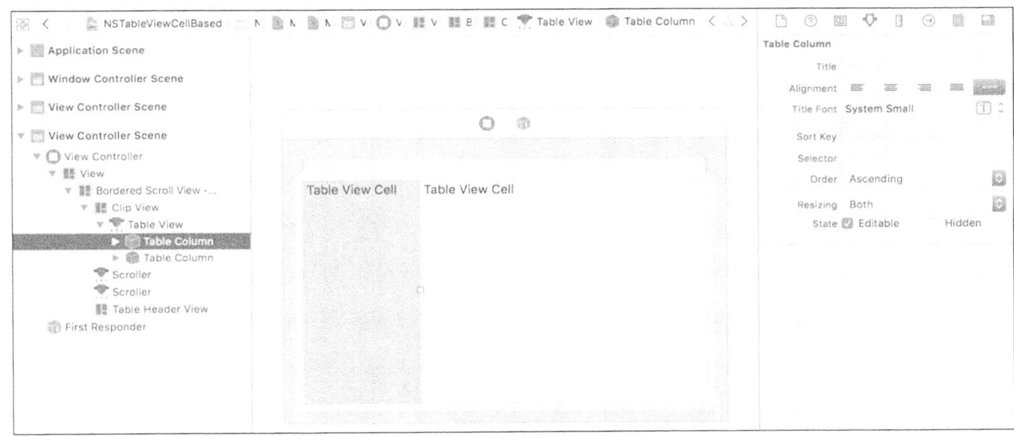

图 7-4

（2）表格列的标识符（Identifier）。设置列的 Identifier，用于在数据源和代理回调方法中区分表格的不同列，如图 7-5 所示。

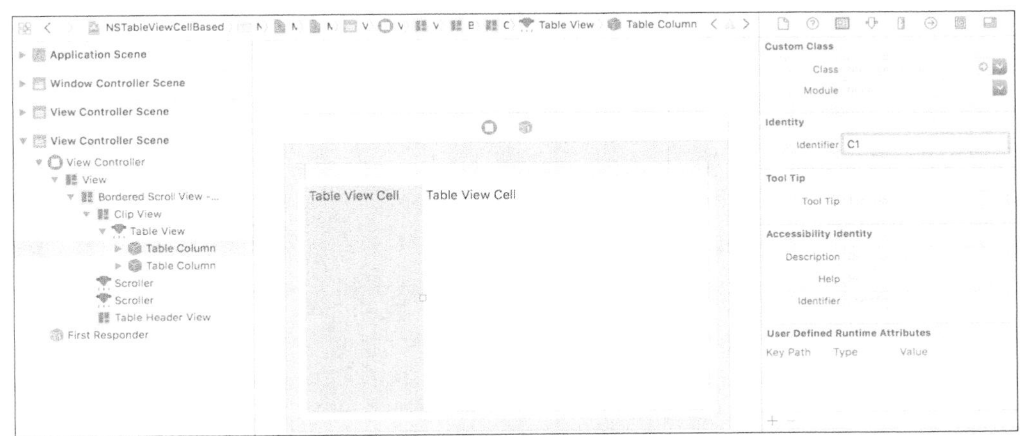

图 7-5

（3）单元格的复用标识符（Identifier）。在 View Based 模式的单元格中，设置单元格的 Identifier，如图 7-6 所示。当表格数据量大，需要滚动时，可以从缓存队列中获取可复用的单元格视图，提升系统的滑动性能。

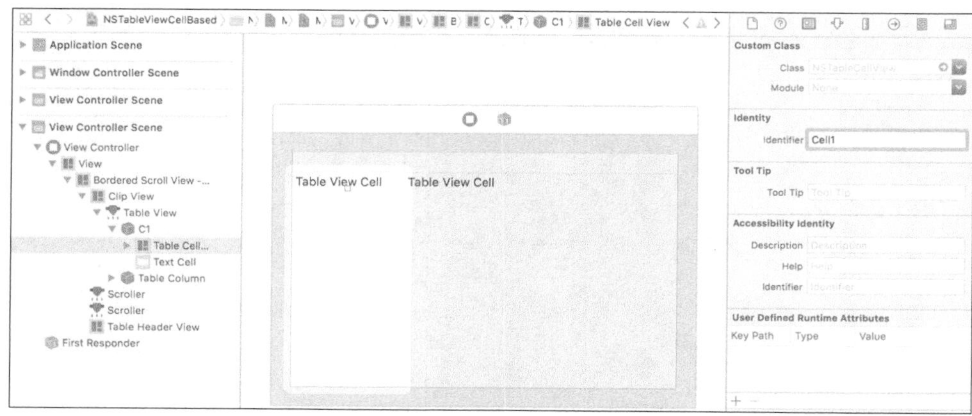

图 7-6

7.1.2 表格样式设置

表格的网格线样式、背景和选中的样式，可以根据需要进行个性化设置。下面是相关的代码实现：

```
func tableStyleConfig() {
    // 表格网格线设置
    self.tableView.gridStyleMask = [NSTableView.GridLineStyle.dashedHorizontalGridLineMask,
        NSTableView.GridLineStyle.solidVerticalGridLineMask]
    // 表格背景
    self.tableView.backgroundColor = NSColor.blue
    // 背景颜色交替
    self.tableView.usesAlternatingRowBackgroundColors = true
    // 表格行选中样式
    self.tableView.selectionHighlightStyle = .sourceList
}
```

7.1.3 表格数据显示配置

下面介绍创建一个演示工程，从工具箱拖放 Table View 控件到 View Controller 的 xib 界面。

1. Cell Based 表格数据显示

首先修改 Table View 的 Content Mode 为 Cell Based（默认为 View Based），如图 7-7 所示。

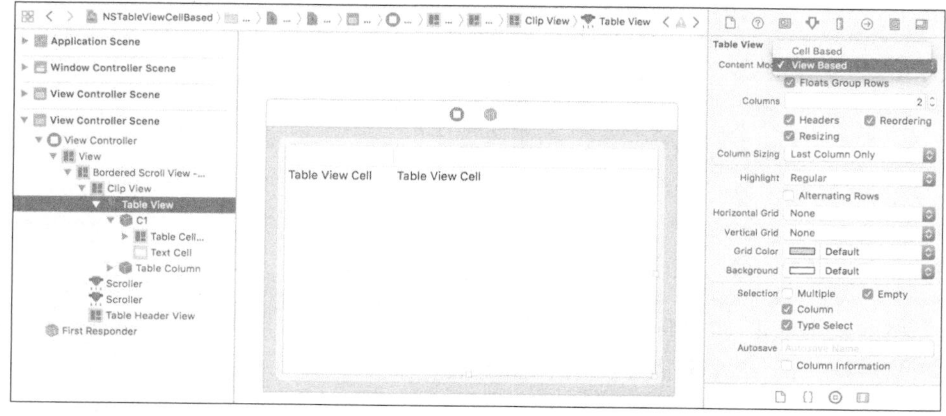

图 7-7

修改表格的第一个 Column 的 Title 为 name，如图 7-8 所示，修改表格的第一个 Column 的 Identifier 同样也为 name。

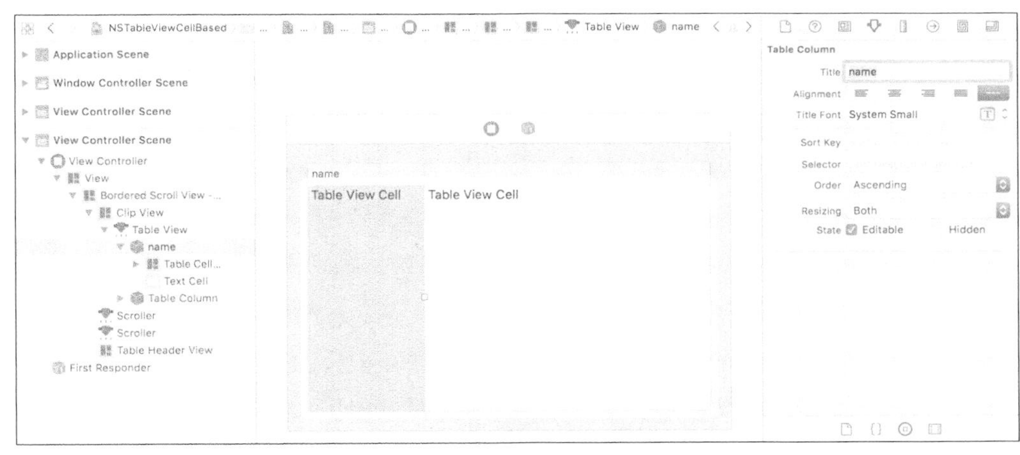

图 7-8

对第二个列进行同样的设置，设置 Title、Identifier 为 address，完成表格列的基本设置。

从左边 xib 导航面板中选择 Table View，右边面板切换到 Outlets，点击小圆圈拖放连接表格的 delegate 和 dataSource 到 View Controller 对象（也可以通过代码设置 TableView 的 Delegate 和 DataSource），如图 7-9 所示。

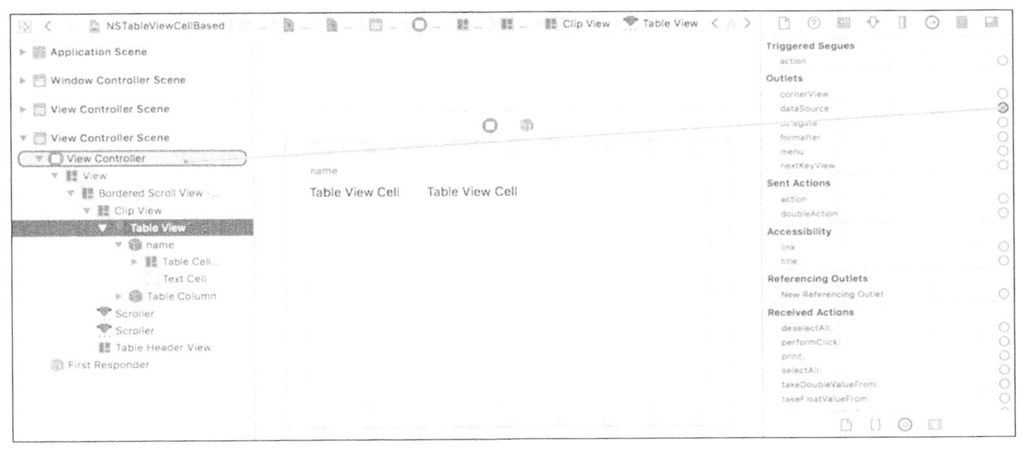

图 7-9

上面的例子中，Cell 类型使用了系统默认的文本类型 Text Cell（对应类 NSTextFieldCell），在控件工具箱中可以看到更多类型的 Cell，输入 Cell 关键字过滤，可以看到各种类型的 Cell，如图 7-10 所示。

在上面两个列的基础上，再增加一个性别 gender 列。点击 Table View 属性面板 Columns 右边向上的小箭头增加一个列，修改这个列的 Title、Identifier 为 gender。

添加完成时，如果表格没有显示新增的列，说明前面两个列的宽度太宽，占满了屏幕，选中它，减少它的宽度，第三列就会显示出来，如图 7-11 所示。

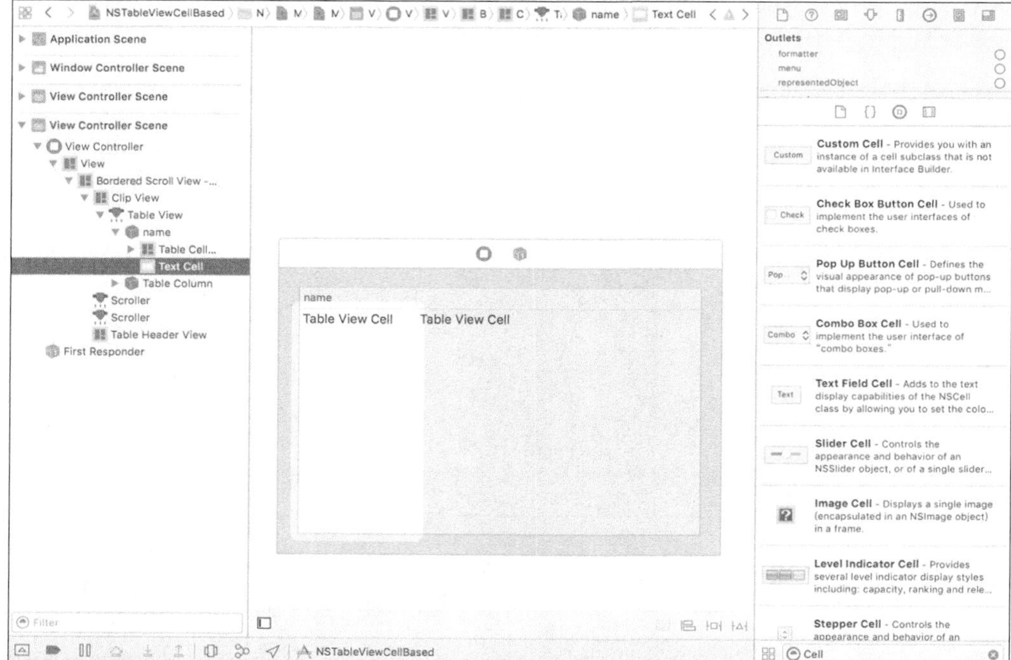

图 7-10

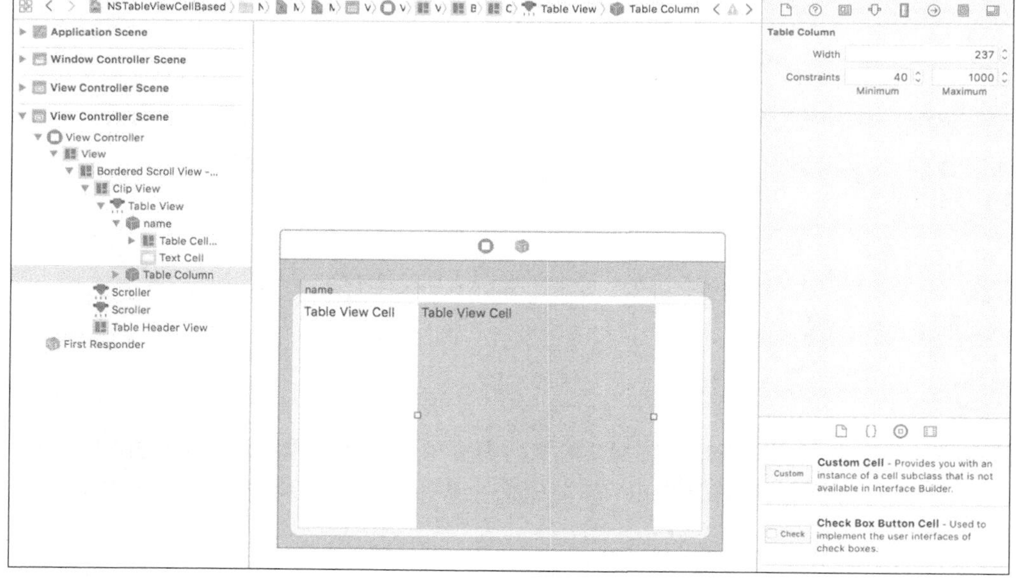

图 7-11

点击新增的 gender 列，从控件箱中选择 Combo Box Cell，拖放到 gender 的 Text Cell 上，完成 Cell 类型的修改，如图 7-12 所示。

点击 Combo Box Cell，切换到属性面板，修改 Items 中 Item1 和 Item2 分别为 Male 和 Female，选择 Item3，点击下面的减号按钮删除，如图 7-13 所示。

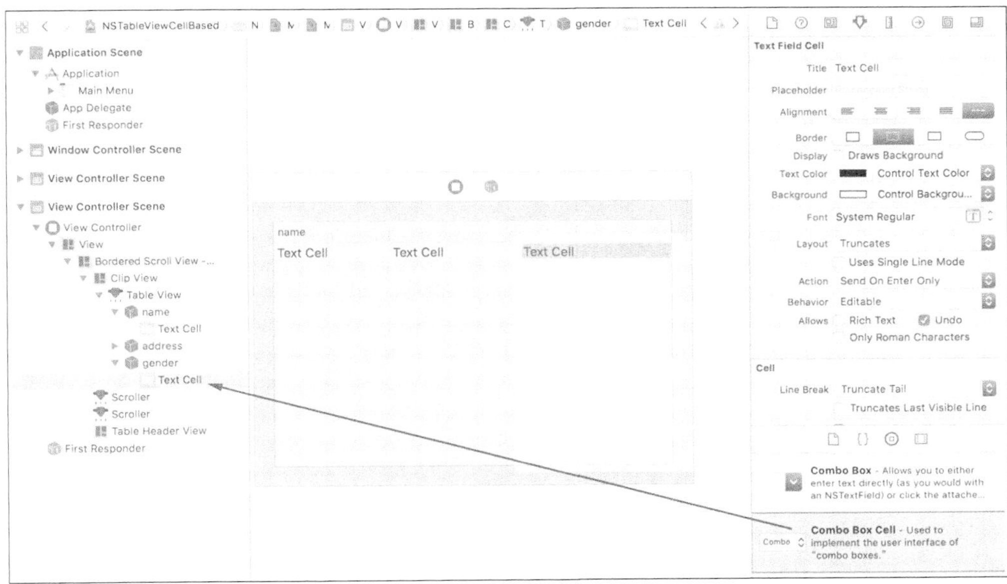

图 7-12

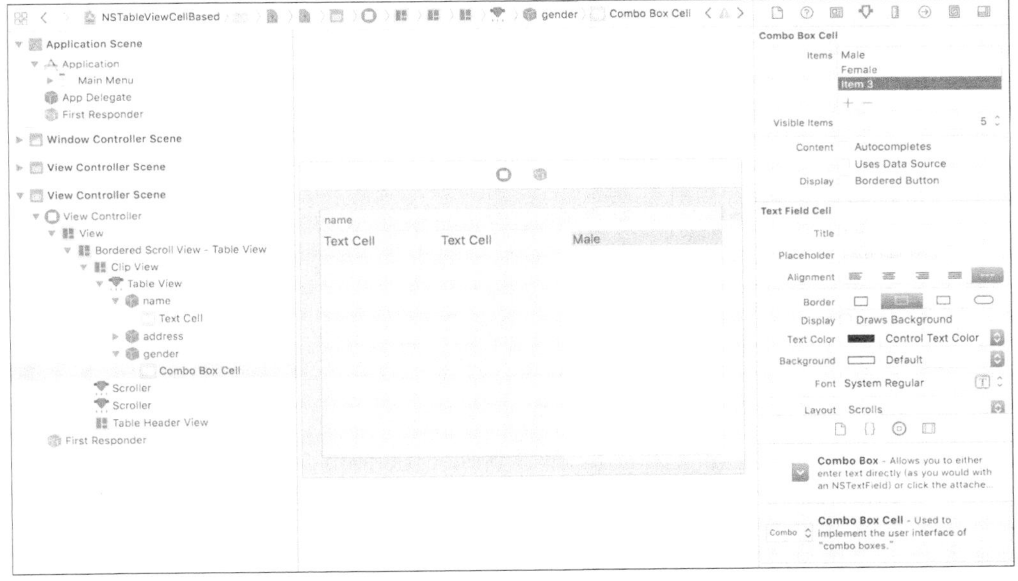

图 7-13

继续增加第四列，是否已婚（married），修改这个列的 Title、Identifier 为 married，拖放一个 Check Box Button Cell 到 Text Cell 上，完成 Cell 类型修改。

```
class ViewController: NSViewController {
   @IBOutlet weak var tableView: NSTableView!
   var datas = [NSDictionary]()
   override func viewDidLoad() {
      super.viewDidLoad()
      self.updateData()
   }
   func updateData() {
      self.datas = [
         ["name":"john","address":"USA","gender":"male","married":(1)],
```

```
            // 次数省略部分定义
            ["name":"Daba","address":"Russia","gender":"female","married":(1)],
        ]
    }
}

extension ViewController: NSTableViewDataSource {
    func numberOfRows(in tableView: NSTableView) -> Int {
        return self.datas.count
    }
    func tableView(_ tableView: NSTableView, objectValueFor tableColumn: NSTableColumn?,
        row: Int) -> Any? {
        let data = self.datas[row]
        // 表格列的标识
        let key = tableColumn?.identifier
        // 单元格数据
        let value = data[key!]
        return value
    }
}
```

运行应用的界面如图 7-14 所示。

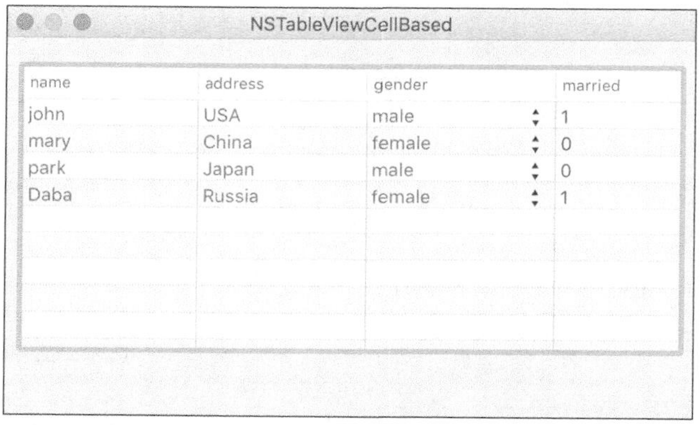

name	address	gender	married
john	USA	male	1
mary	China	female	0
park	Japan	male	0
Daba	Russia	female	1

图 7-14

2. View Based 表格数据显示

下面介绍创建一个新工程，拖放 TableView 控件到 View Controller 界面，TableView 默认的 Content Mode 为 View Based。

第一列和第二列使用默认的 Cell 视图，第三列从控件箱拖放普通 Combo Box 控件（注意不是 Combo Box Cell）到 Table Cell View 上，如图 7-15 所示。Table Cell View 上面默认有一个 Table View Cell，可以选中删除。

类似地第四列拖放一个 Check Box 控件到 Table Cell View 容器视图。

所有 4 列除了设置列的 Title、Identifier 外，还需要对每个列中的 Table Cell View 设置 Identifier。

View Based 的 Table View 的视图数据配置过程如下。

（1）根据行的 index 和列的 identifier，获取单元格的数据 data。

（2）根据列的 identifier，通过 tableView 的 make:owner:方法获取 Table Cell View 容器视图。

（3）获取容器视图的所有子视图。

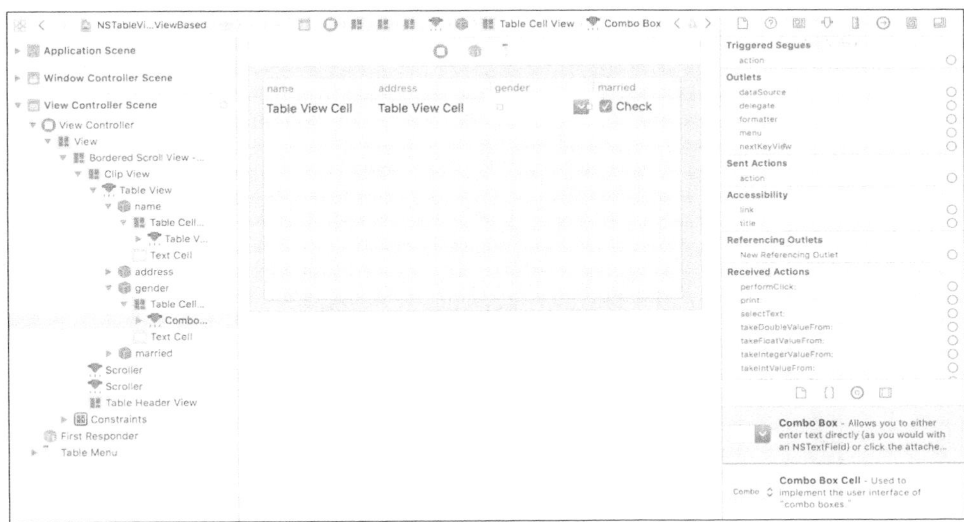

图 7-15

（4）遍历每个子视图，使用数据对子视图的内容进行配置（直接使用数据或进行格式映射转换）。

```
extension ViewController: NSTableViewDataSource {
   func numberOfRows(in tableView: NSTableView) -> Int {
      return self.datas.count
   }
}
extension ViewController: NSTableViewDelegate {
   func tableView(_ tableView: NSTableView, viewFor tableColumn: NSTableColumn?, row: Int)
      -> NSView? {
      let data = self.datas[row]
      // 表格列的标识符
      let key = (tableColumn?.identifier)!
      // 单元格数据
      let value = data[key]

      // 根据表格列的标识,创建单元视图
      let view = tableView.makeView(withIdentifier: key, owner: self)
      let subviews = view?.subviews
      if (subviews?.count)!<=0 {
         return nil
      }

      if key.rawValue == "name" || key.rawValue == "address" {
         let textField = subviews?[0] as! NSTextField
         if value != nil {
            textField.stringValue = value as! String
         }
      }

      if key.rawValue == "gender" {
         let comboField = subviews?[0] as! NSComboBox
         if value != nil {
            comboField.stringValue = value as! String
         }
      }

      if key.rawValue == "married" {
```

```
            let checkBoxField = subviews?[0] as! NSButton
            checkBoxField.state = NSControl.StateValue(rawValue: 0)
            if (value != nil)  {
                checkBoxField.state = NSControl.StateValue(rawValue: 1)
            }
        }
        return view
    }
}
```

3. 利用绑定机制显示数据

下面介绍创建一个新的演示工程，在 View Controller 界面增加一个 NSTableView。

（1）在界面上通过拖放来增加 Array Controller，如图 7-16 所示。

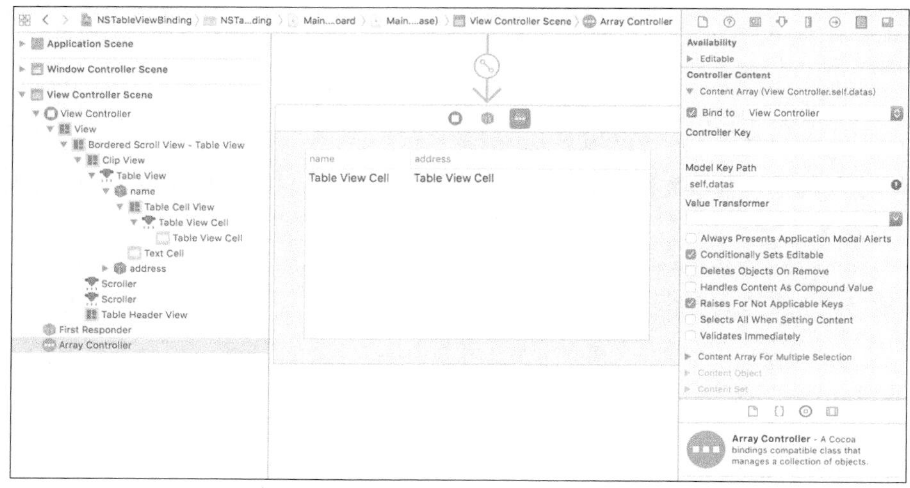

图 7-16

设置 Array Controller 的 Model Key Path 绑定到 View Controller 的属性数组变量 datas。

（2）表格列数据绑定配置。在左边导航区中选择表格列，右边切换到绑定面板，勾选 Bind to，选择 Array Controller，如图 7-17 所示。在 Model Key Path 中输入列名，不输入也没有关系。当前的行数据是通过数组 index 关联的。

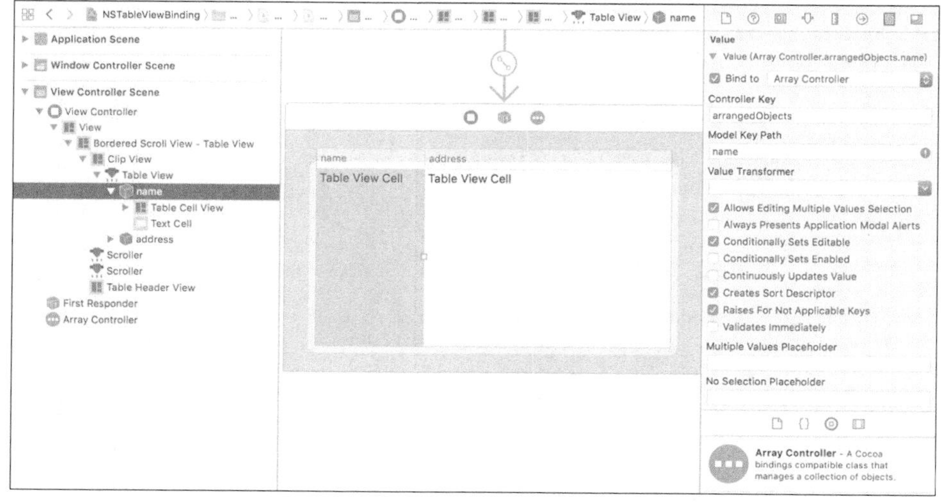

图 7-17

（3）单元格数据绑定配置：在左边导航区中选择表格单元格，右边切换到绑定面板，勾选 Bind to，选择 Table Cell View。将 Model Key Path 设置为 objectValue.name，如图 7-18 所示。objectValue 代表了当前的行数据模型。

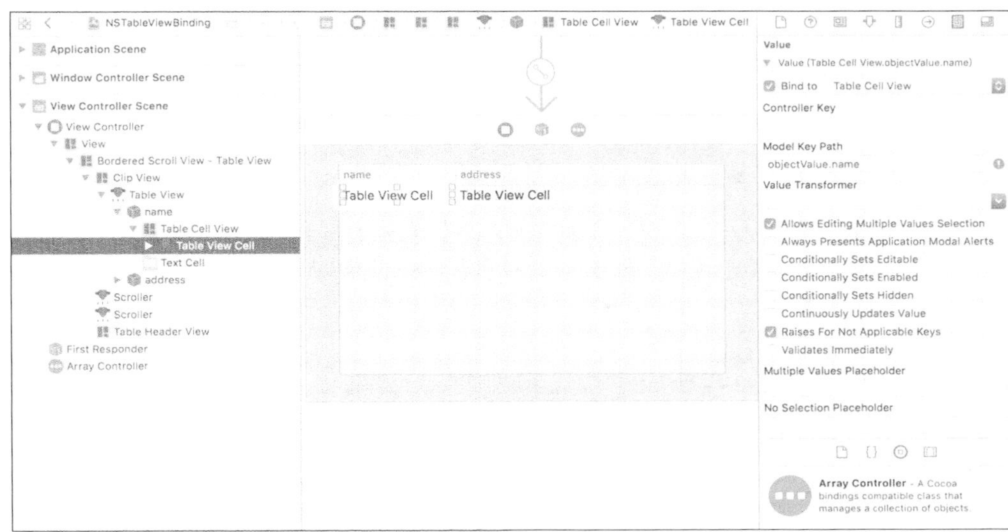

图 7-18

（4）初始化数据，运行即可看到数据显示。

```
class ViewController: NSViewController {
   dynamic var datas = [NSDictionary]()
   override func viewDidLoad() {
      super.viewDidLoad()
      self.updateData()
      // Do any additional setup after loading the view.
   }

   func updateData() {
      self.datas = [
         ["name":"john","address":"USA"],
         ["name":"Daba","address":"Russia"]
      ]
   }
}
```

与前面几个例子不同的是，需要注意 datas 数组增加了 dynamic 关键字，这是由于 KVO 中的动态绑定必须要声明。

可以看出绑定机制在单元格比较简单的情况下，可以用非常少的代码实现数据展示需求。

7.1.4 表格事件

表格事件有以下两种。

（1）表格点击选中事件。实现下面的代理协议方法，点击表格行即可触发，然后使用表格的 selectedRow 获取当前选中的行：

```
func tableViewSelectionDidChange(_ notification: Notification){
   let tableView = notification.object as! NSTableView
   let row = tableView.selectedRow
```

```
    print("selection row \(row)")
}
```

（2）表格双击事件。配置 doubleAction 到双击事件方法的代码如下：

```
self.tableView.doubleAction = #selector(ViewController.doubleAction(_:))
@IBAction func doubleAction(_ sender: AnyObject ) {
    let row = self.tableView?.selectedRow
    print("double selection row \(row)")
}
```

7.1.5　创建表格上下文菜单

配置上下文菜单一般有两种方式：通过表格的菜单属性绑定菜单和子类化表格实现菜单事件。

（1）通过表格的菜单属性绑定菜单。拖放创建一个 NSMenu 菜单对象，绑定到 tableMenu 变量，配置表格的 menu 属性。

```
@IBOutlet var tableMenu: NSMenu!
self.tableView.menu = self.tableMenu;
```

如果需要根据不同的行列显示不同的菜单，可以实现 NSMenuDelegate 协议，在 menuNeedsUpdate 方法中动态增删配置菜单。

```
self.tableView.menu?.delegate = self
extension ViewController: NSMenuDelegate {
    func menuNeedsUpdate(_ menu: NSMenu) {
        menu.removeAllItems()
        NSLog("menu clicked !")
    }
}
```

（2）子类化表格实现菜单事件。子类化定制 NSTableView，新建一个类，实现 menuForEvent 方法。

```
class MyTableView: NSTableView {
    var menu1: NSMenu?
    var menu2: NSMenu?
    override func menu(for event: NSEvent) -> NSMenu? {
        let row = self.selectedRow
        let col = self.selectedColumn
        if (row == 0 && col == 1) {
            return self.menu1
        }
        return  self.menu2
    }
}
```

7.1.6　数据排序

对表格 NSTableColumn 所有列或单独某类设置排序算法，当点击表列的时候会出现排序升降箭头指示。

（1）使用系统默认的排序算法：

```
func tableSortConfig() {
    for tableColumn in self.tableView.tableColumns {
        // 升序排序
        let sortRules = NSSortDescriptor(key: tableColumn.identifier.rawValue, ascending: true)
```

```
        tableColumn.sortDescriptorPrototype = sortRules
    }
}
```

（2）使用字符串标准的比较函数：

```
func tableSortConfig2() {
    for tableColumn in self.tableView.tableColumns {
        // 升序排序 使用字符串标准的比较函数
        let sortRules = NSSortDescriptor(key: tableColumn.identifier.rawValue, ascending: true,
            selector: #selector(NSString.localizedStandardCompare(_:)))

        tableColumn.sortDescriptorPrototype = sortRules
    }
}
```

（3）自定义排序算法：

```
func tableSortConfig3() {
    for tableColumn in self.tableView.tableColumns {
        // 升序排序
        let sortRules = NSSortDescriptor(key: tableColumn.identifier.rawValue, ascending: true,
            comparator:{ s1,s2 in
            let str1 = s1 as! String
            let str2 = s2 as! String
            if str1 > str2 {return .orderedAscending}
            if str1 < str2 {return .orderedDescending}
            return .orderedSame
        }
        )
        tableColumn.sortDescriptorPrototype = sortRules
    }
}
```

7.1.7　数据拖放

表格的拖放处理参见第 13 章的详细介绍。

7.1.8　表格数据获取

首先获取表格当前选择的单行索引或者多行索引集合，然后从表格数据源数组中，根据索引获取具体的数据。

单行索引通过表格的 selectedRow 属性获取，如果这个值小于 0 或者等于 NSNotFound，表示没有行选中；多行索引通过表格的 selectedRowIndexes 属性获取。如果 selectedRowIndexes 的 count 等于 0，表示没有任何行选中。

7.1.9　编辑表格内容

这里仅以 Cell Based 的表格为例说明如何编辑单元格，如图 7-19 所示。如果要实现 View Based 的表格数据修改，参见 34.7 节。

实现 tableView:setObjectValue:forTableColumn:row dataSource 协议的方法，表格数据编辑变化后，触发这个协议方法，将变化的数据保存到定义的数据对象即可。

```
func tableView(_ tableView: NSTableView, setObjectValue object: Any?, for tableColumn:
    NSTableColumn?, row: Int) {
    let data = self.datas[row]
```

```
        // 表格列的标识
        let key = tableColumn?.identifier
        // 将 row 数据转化为可修改的字典对象
        let editData = NSMutableDictionary.init(dictionary: data)
        // 更新字典 key 对应的值为用户编辑的内容
        editData[key!] = object
        // 更新 row 数据区
        self.datas[row] = editData
    }
```

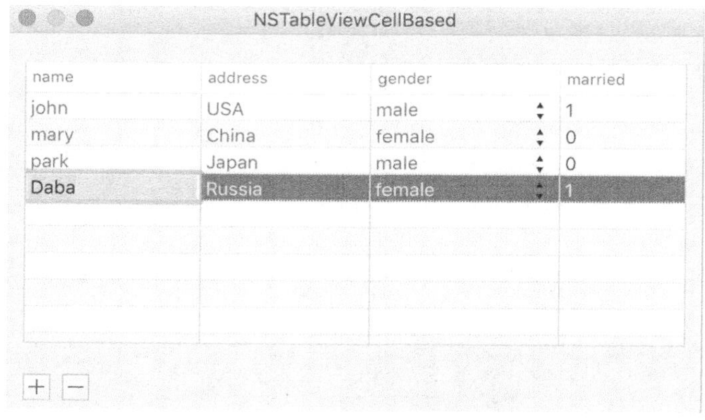

图 7-19

7.1.10 动态增加/删除表格行

下面以 Cell Based 表格为例进行说明，从控件工具箱中选择 Gradient Button 添加到 View Controller 界面视图区，调整位置使其位于表格的左下角。

同样地，再添加一个删除的按钮，修改 Image 为 NSRemoveTemplate，分别为两个按钮绑定响应事件，如图 7-20 所示。

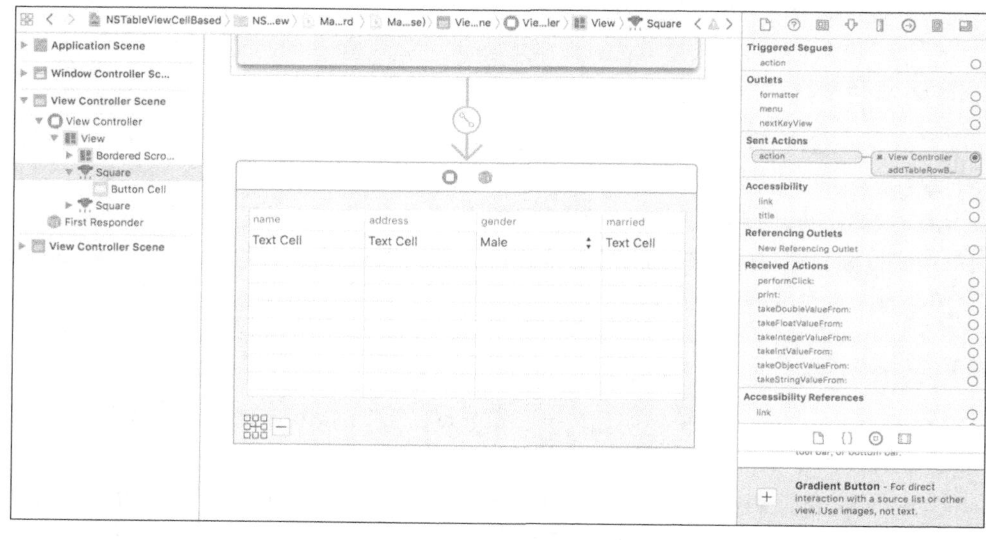

图 7-20

具体代码如下：

```
@IBAction func addTableRowButtonClicked(_ sender: NSButton) {
    let data = NSMutableDictionary()
```

```
        data["name"] = ""
        data["address"] = ""

        // 增加数据到 datas 数据区
        self.datas.append(data)
        // 刷新表数据
        self.tableView.reloadData()
        // 定位光标到新添加的行
        self.tableView.editColumn(0, row: self.datas.count-1 , with: nil, select: true)
    }

    @IBAction func removeTableRowButtonClicked(_ sender: NSButton) {
        // 表格当前选择的行
        let  row = self.tableView.selectedRow
        // 如果 row 小于 0 表示没有选择行
        if row<0 {
            return
        }
        // 从数据区删除选择的行的数据
        self.datas.remove(at: row)
        self.tableView.reloadData()
    }
```

更高效的多行批量删除方法：使用 removeRowsAtIndexes 方法批量删除多行。执行此方法前调用 beginUpdates，删除后必须调用 endUpdates，提交批量更新完成删除。

```
    @IBAction func removeTableMultiRowButtonClicked(_ sender: NSButton) {
        // 表格当前选择的行
        let  rowIndexes = self.tableView.selectedRowIndexes
        // 如果 row 小于 0 表示没有选择行
        if rowIndexes.count == 0  {
            return
        }

        self.tableView.beginUpdates()
        self.tableView.removeRows(at: rowIndexes, withAnimation: NSTableView.AnimationOptions.
            slideDown)
        self.tableView.endUpdates()

        let nsMutableArray = NSMutableArray(array: self.datas)
        nsMutableArray.removeObjects(at: rowIndexes)
        self.datas = nsMutableArray.copy() as! [NSDictionary]
    }
```

7.1.11 用代码创建表格

用代码创建表格主要包括创建表格对象和表格单元格，表格代理和数据源设置与前面使用界面创建的方式类似。

1. 创建表格对象

首先定义表格和滚动条属性变量，代码如下：

```
let tableView = NSTableView()
let tableScrollView = NSScrollView()
var datas = [NSDictionary]()
```

对表格进行基本配置，并创建表格的两个列单元，代码如下：

```
func tableViewConfig() {
    self.tableView.focusRingType = .none
```

```
    self.tableView.autoresizesSubviews = true
    self.tableView.delegate = self
    self.tableView.dataSource = self

    let column1 = NSTableColumn(identifier: NSUserInterfaceItemIdentifier(rawValue: "name"))
    column1.title = "name"
    column1.width = 80
    column1.maxWidth = 100
    column1.minWidth = 50
    self.tableView.addTableColumn(column1)

    let column2 = NSTableColumn(identifier: NSUserInterfaceItemIdentifier(rawValue: "address"))
    column2.title = "address"
    column2.width = 80
    column2.maxWidth = 100
    column2.minWidth = 50
    self.tableView.addTableColumn(column2)
}
```

配置滚动条，设置滚动条的内容视图为 tableView，最后将它增加到主视图：

```
func tableScrollViewConfig() {
    self.tableScrollView.hasVerticalScroller = false
    self.tableScrollView.hasVerticalScroller = false
    self.tableScrollView.focusRingType = .none
    self.tableScrollView.autohidesScrollers = true
    self.tableScrollView.borderType = .bezelBorder
    self.tableScrollView.translatesAutoresizingMaskIntoConstraints = false

    self.tableScrollView.documentView = self.tableView
    self.view.addSubview(self.tableScrollView)
}
```

表格的自动布局 Autolayout 设置如下：

```
func autoLayoutConfig() {
    let topAnchor = self.tableScrollView.topAnchor.constraint(equalTo: self.view.topAnchor,
        constant: 0)
    let bottomAnchor = self.tableScrollView.bottomAnchor.constraint(equalTo: self.view.
        bottomAnchor, constant: 0)

    let leftAnchor =  self.tableScrollView.leftAnchor.constraint(equalTo: self.view.leftAnchor,
        constant: 0)
    let rightAnchor = self.tableScrollView.rightAnchor.constraint(equalTo: self.view.
        rightAnchor, constant: 0)

    NSLayoutConstraint.activate([topAnchor, bottomAnchor, leftAnchor, rightAnchor])
}
```

View Controller 的 viewDidLoad 方法中依次执行上面实现的方法。updateData 方法与 7.1.3 节中的实现是一样的，不再说明。

```
override func viewDidLoad() {
    super.viewDidLoad()
    // 配置表格
    self.tableViewConfig()
    // 配置滚动条视图
    self.tableScrollViewConfig()
    // 设置滚动条自动布局
    self.autoLayoutConfig()
    // 加载更新数据
    self.updateData()
}
```

2．创建单元格对象

使用 TableView 的 makeViewWithIdentifier 获取可复用的 Cell 对象，如果获取到的值为 nil，则先创建一个 NSTableCellView 的对象，设置它的 identifier 为表格列的 identifier。再创建一个 NSTextField 对象作为 NSTableCellView 的子视图，配置 textField 的自动布局，注意设置 textField 的 translatesAutoresizingMaskIntoConstraints 为 false，否则自动布局会出错。

下面是表格代理协议方法中最关键的一个，实现了表格单元的创建。

```
extension ViewController: NSTableViewDelegate {
   func tableView(_ tableView: NSTableView, viewFor tableColumn: NSTableColumn?, row: Int)
      -> NSView? {
      let data = self.datas[row]
      // 表格列的标识
      let key = (tableColumn?.identifier)!
      // 单元格数据
      let value = data[key]

      // 根据表格列的标识符，创建单元视图
      var view = tableView.makeView(withIdentifier: key, owner: self)
      if view == nil {
         let cellView = NSTableCellView()
         cellView.identifier = identifier;
         view = cellView

         let textField =  NSTextField()
         textField.translatesAutoresizingMaskIntoConstraints = false
         // 不显示文本框的边框
         textField.isBezeled = false
         textField.drawsBackground = false

         cellView.addSubview(textField)

         let topAnchor = textField.topAnchor.constraint(equalTo: cellView.topAnchor, constant: 0)
         let bottomAnchor = textField.bottomAnchor.constraint(equalTo: cellView.bottomAnchor,
            constant: 0)

         let leftAnchor =  textField.leftAnchor.constraint(equalTo: cellView.leftAnchor,
            constant: 0)
         let rightAnchor = textField.rightAnchor.constraint(equalTo: cellView.rightAnchor,
            constant: 0)
          NSLayoutConstraint.activate([topAnchor,bottomAnchor,leftAnchor, rightAnchor])
      }
      let subviews = view?.subviews
      if subviews?.count<=0 {
         return nil
      }
      let textField = subviews?[0] as! NSTextField
      if value != nil {
         textField.stringValue = value as! String
      }
      return view
   }
}
```

7.1.12 代码控制选中行

使用 selectRowIndexes 方法控制选中的行，indexSet 定义行下标数组。

即使 NSTableView 的 allowsMultipleSelection 属性设置为 false，也不影响代码控制选中多行，

只影响鼠标多行的选中控制。

下面是一个代码控制选中表格第二行的例子的代码（下标 0 表示第一行）。

```
let indexSet:IndexSet = [1]
self.tableView?.selectRowIndexes(indexSet, byExtendingSelection: true)
```

7.1.13 表格行选中颜色定制

表格默认选中的颜色是一个蓝色高亮背景，选中的高亮颜色可以通过自定义行 NSTableRowView 并实现它的 drawSelection 方法来定制，如图 7-21 所示。

```
class CustomTableRowView: NSTableRowView {
   override func drawSelection(in dirtyRect: NSRect) {
      if self.selectionHighlightStyle != .none {
         let selectionRect = NSInsetRect(self.bounds, 1, 1)
         NSColor(calibratedWhite: 0.9, alpha: 1).setStroke()
         NSColor.red.setFill()
         let selectionPath = NSBezierPath(rect: selectionRect)
         selectionPath.fill()
         selectionPath.stroke()
      }
   }
}
```

实现表格代理协议 NSTableViewDelegate 中的 tableView:rowViewForRow:方法，指定自定义的行。

```
extension ViewController: NSTableViewDelegate {
   func tableView(_ tableView: NSTableView, rowViewForRow row: Int) -> NSTableRowView? {
      guard let rowView = tableView.makeView(withIdentifier:"RowView", owner: nil) as!
         CustomTableRowView? else {
         let rowView = CustomTableRowView()
         rowView.identifier = "RowView"
         return rowView
      }
      return rowView
   }
}
```

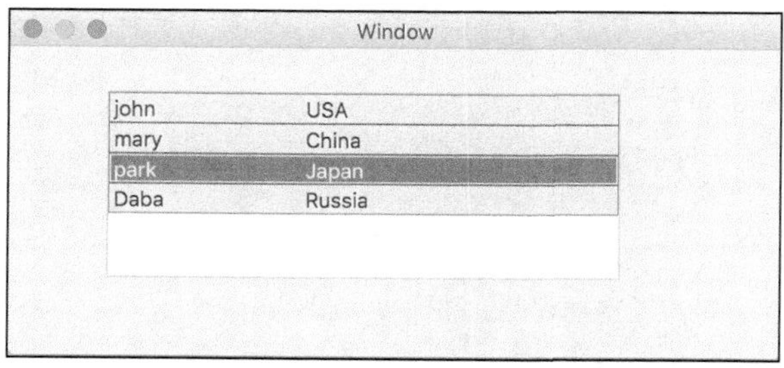

图 7-21

7.2 大纲视图控件

大纲视图（Outline View）控件是一种以层级关系展示数据的视图控件，其对应的类是 NSOutlineView。NSOutlineView 继承自 NSTableView，因此，它的基本属性、样式风格设置与 NSTableView 是一样的。

新建一个工程，拖放 Outline View 控件到 View Controller 界面上，把左边默认的 xib 文件导航中 Outline View 节点中的 column 删掉一个。同时在 Outline View 右边属性面板中去掉 header 的勾选，这样大纲视图界面上就没有表头出现，如图 7-22 所示。

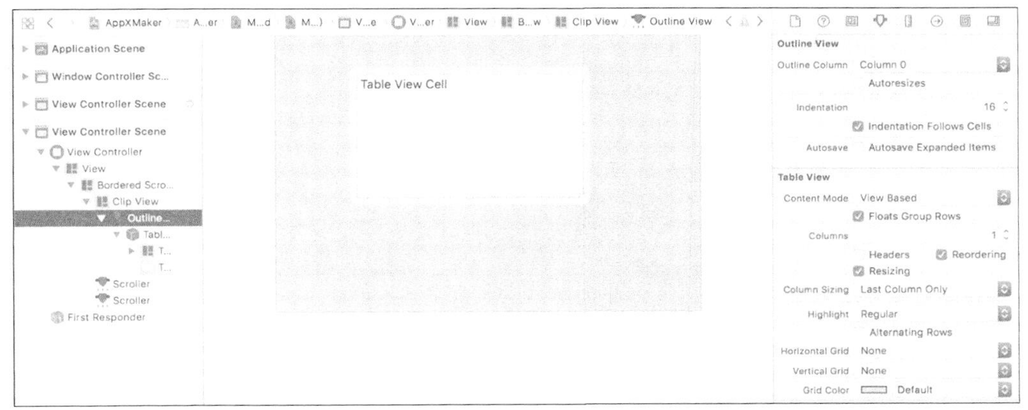

图 7-22

修改 Outline View 行高度为 34。拖动一个 Image View 到 Table Cell View 上，设置 Image 为 NSFolder，如图 7-23 所示。设置 Table Cell View 和 Column 的 identifier 均设置为 node。

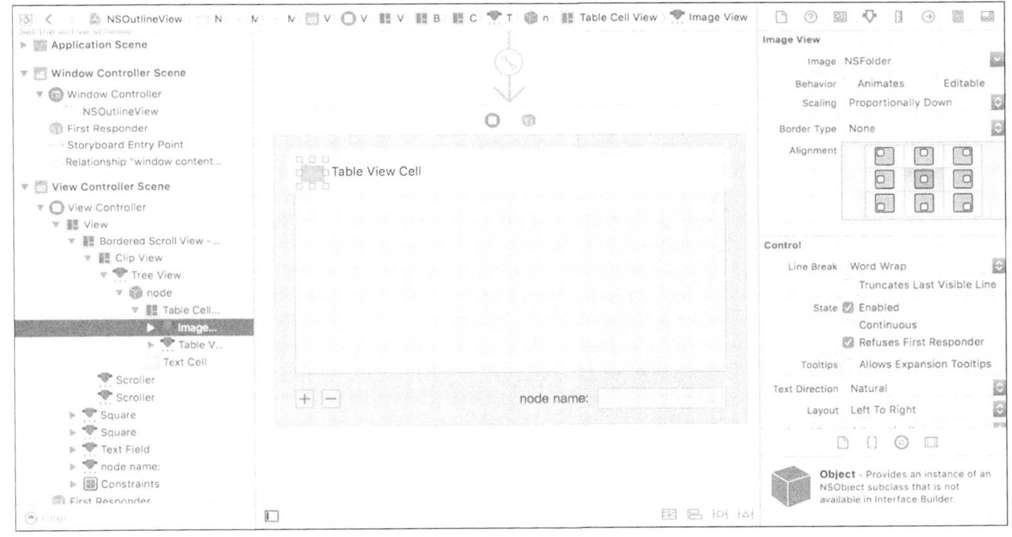

图 7-23

7.2.1 节点模型定义

大纲视图控件的每个节点都可以简单抽象为节点的名称和子节点对象数组的模型。

```
class TreeNodeModel: NSObject {
    var name: String?
    lazy var childNodes: Array = {
        return [TreeNodeModel]()
    }()
}
```

通过 TreeNodeModel 和它的 childNodes 嵌套组合，就可以完整地描述出整个 NSOutlineView 视图的节点关系。

7.2.2　初始化模型数据

首先在 View Controller 中定义一个属性变量存储节点模型信息，然后在 configData 方法中构造层级的节点关系数据。

```
var treeModel: TreeNodeModel = TreeNodeModel()

func configData() {
   let rootNode = TreeNodeModel()
   rootNode.name = "公司"
   self.treeModel.childNodes.append(rootNode)

   let level11Node = TreeNodeModel()
   level11Node.name = "电商"

   let level12Node = TreeNodeModel()
   level12Node.name = "游戏"

   let level13Node = TreeNodeModel()
   level13Node.name = "音乐"

   rootNode.childNodes.append(level11Node)
   rootNode.childNodes.append(level12Node)
   rootNode.childNodes.append(level13Node)


   let level21Node = TreeNodeModel()
   level21Node.name = "研发"

   let level22Node = TreeNodeModel()
   level22Node.name = "运营"

   level11Node.childNodes.append(level21Node)
   level11Node.childNodes.append(level22Node)

   self.treeView.reloadData()
}
```

7.2.3　实现数据源协议

下面代码实现的协议方法是实现大纲视图控件必需的 3 个方法，分别为每个节点的子节点数、节点代表的对象数据和节点是否可展开。

```
extension ViewController: NSOutlineViewDataSource {
   func outlineView(_ outlineView: NSOutlineView, numberOfChildrenOfItem item: Any?) -> Int {
      let rootNode:TreeNodeModel
      if item != nil {
         rootNode = item as! TreeNodeModel
      }
      else {
         rootNode =  self.treeModel
      }
      return rootNode.childNodes.count
   }

   func outlineView(_ outlineView: NSOutlineView, child index: Int, ofItem item: Any?) -> Any
```

```
{
        let rootNode:TreeNodeModel
        if item != nil {
          rootNode = item as! TreeNodeModel
        }
        else {
          rootNode =  self.treeModel
        }
        return rootNode.childNodes[index]
      }

      func outlineView(_ outlineView: NSOutlineView, isItemExpandable item: Any) -> Bool
        let rootNode:TreeNodeModel = item as! TreeNodeModel
        return rootNode.childNodes.count > 0
      }
    }
```

7.2.4 实现代理方法，绑定数据到节点视图

下面第一个代理方法实现的是根据节点数据构造返回的节点视图，第二个方法返回了大纲视图控件中每行的高度。

```
extension ViewController: NSOutlineViewDelegate {

  func outlineView(_ outlineView: NSOutlineView, viewFor tableColumn: NSTableColumn?, item:
    Any) -> NSView? {

    let view = outlineView.makeView(withIdentifier: (tableColumn?.identifier)!, owner: self)
    let subviews  = view?.subviews
    let imageView = subviews?[0] as! NSImageView

    let field = subviews?[1] as! NSTextField
    let model = item as! TreeNodeModel

    field.stringValue = model.name!

    if model.childNodes.count <= 0 {
      imageView.image = NSImage(named: NSImage.Name.listViewTemplate)
    }
    return view
  }

  func outlineView(_ outlineView: NSOutlineView, heightOfRowByItem item: Any) -> CGFloat {
    return 40
  }
}
```

7.2.5 节点选择的变化事件通知

实现代理方法 outlineViewSelectionDidChange，获得选择节点后的通知。

```
func outlineViewSelectionDidChange(_ notification: Notification) {
  let treeView = notification.object as! NSOutlineView
  let row = treeView.selectedRow
  let model = treeView.item(atRow: row)
  print("model:\(model)")
}
```

7.2.6 动态增加节点

为了实现动态增删节点功能，我们在界面大纲视图控件下面增加了两个按钮，依次为增加和删除按钮。在右侧放置一个文本输入框，用来输入新节点的名称。

增加一个节点的步骤如下。

（1）创建节点模型对象实例 item。

（2）确定目标节点 item 作为父节点，将新创建的节点增加到父节点的子节点数组对象中。

（3）执行 outlineView 的 reloadData 方法加载数据。

```
@IBAction func addNodeAction(_ sender: NSButton) {
   let nodeName = self.textField.stringValue
   if nodeName.characters.count <= 0 {
      return
   }

   let item : TreeNodeModel?
   let row = self.treeView.selectedRow
   // 没有节点选中时默认增加到根节点
   if row < 0 {
      item = self.treeModel
   }
   else {
      item = self.treeView.item(atRow: row) as? TreeNodeModel
   }

   let addNode = TreeNodeModel()
   addNode.name = nodeName
   item?.childNodes.append(addNode)

   self.treeView .reloadData()
}
```

7.2.7 动态删除节点

删除节点的步骤如下。

（1）获取选中的 row 对应的模型对象 item。

（2）获取 item 的父节点，从父节点删除 item。

（3）outlineView reloadData 重新加载。

```
@IBAction func removeNodeAction(_ sender: NSButton) {
   let row = self.treeView.selectedRow
   // 如果没有节点选中，则返回
   if row < 0 {
      return
   }

   let item = self.treeView.item(atRow: row)
   let parentItem = self.treeView.parent(forItem: item)
   // nil 表示为根节点
   if parentItem == nil {
      self.treeModel = TreeNodeModel()
   }
   else {
```

```
        let parentModel = parentItem as! TreeNodeModel
        var index = 0
        for itemModel in parentModel.childNodes {
            if itemModel.name == item?.name {
                parentModel.childNodes .remove(at: index)
                break
            }
            index = index + 1
        }
    }
    self.treeView .reloadData()
}
```

程序运行后的界面如图 7-24 所示。

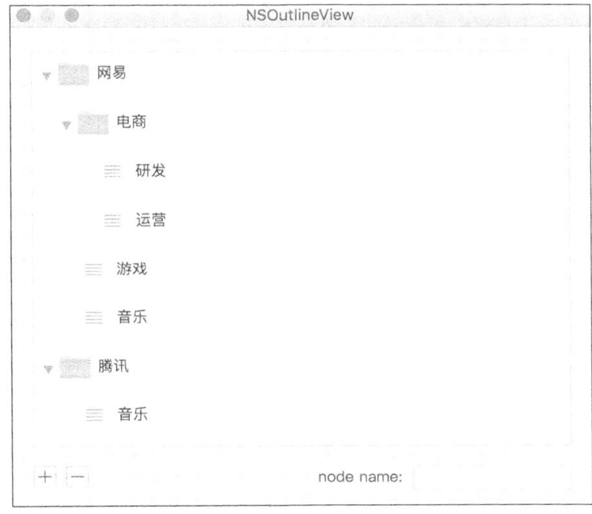

图 7-24

7.2.8 代码控制行的展开和选中

1. 节点展开和收缩

使用 expandItem 方法展开节点，相当于手工点击了节点左边的展开箭头图标。使用 collapseItem 方法收缩节点，相当于手工点击了节点左边的展开箭头图标。expandChildren 参数表示是否展开或收缩所有的子节点。

```
func expandItem(_ item: Any?)
func expandItem(_ item: Any?, expandChildren: Bool)
func collapseItem(_ item: Any?)
func collapseItem(_ item: Any?, collapseChildren: Bool)
```

展开 treeView 的根节点，expandChildren 为 true 表示所有的子节点全部展开。

```
self.treeView.expandItem(nil, expandChildren: true)
```

下面的代码表示展开 treeView 第一行节点及其下面的所有子节点：

```
let item = self.treeView.item(atRow: 1)
self.treeView.expandItem(item, expandChildren: true)
```

2. 选中某一行或多行

下面的代码是选中第二行的例子：

```
func selectFirstTableNode() {
   let firstTableNode = self.treeView.item(atRow: 1)
   if firstTableNode == nil {
      return
   }
   let indexSet:IndexSet =  [1]
   self.treeView.selectRowIndexes(indexSet, byExtendingSelection: false)
}
```

如果要选中多行，则在 IndexSet 数组中定义多个行下标。即使 allowsMultipleSelection 属性设置为 false，也不影响代码控制选中多行，只影响鼠标多行的选中控制。

7.2.9 修改节点展开关闭的默认图标

父节点的打开、关闭的扩展按钮是系统默认的小三角图标，这个图标是可以定制修改的，图 7-25 展示了使用系统默认图标和自定义图标的界面对比。

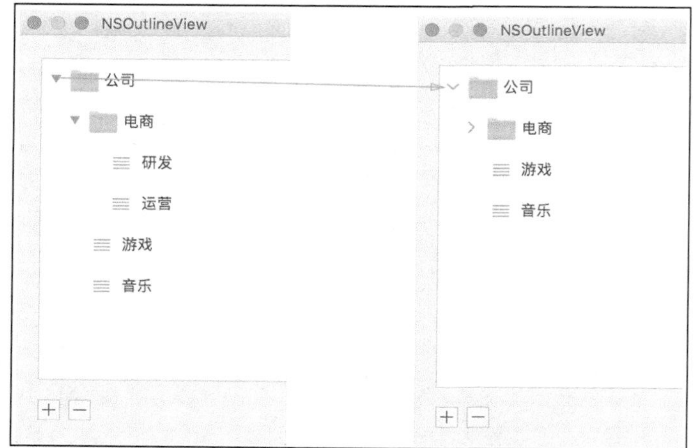

图 7-25

扩展按钮可以通过下面约定的键来获得：

```
public let NSOutlineViewDisclosureButtonKey: String    // 正常情况
public let NSOutlineViewShowHideButtonKey: String
// selectionHighlightStyle 为NSTableViewSelectionHighlightStyleSourceList 风格，即 Source Lists 样式时
```

创建 NSOutlineView 的子类，覆盖实现它的 makeViewWithIdentifier:owner:方法。判断 identifier 为 NSOutlineViewDisclosureButtonKey 时，修改它的图标，参见如下代码：

```
override func makeView(withIdentifier identifier: NSUserInterfaceItemIdentifier, owner:
   Any?) -> NSView?{
   let view = super.makeView(withIdentifier: identifier, owner: owner)
   if (identifier == NSOutlineView.disclosureButtonIdentifier) {
      let button:NSButton = view as! NSButton
      button.image = NSImage(named: NSImage.Name(rawValue: "Plus"))!
      button.alternateImage = NSImage(named: NSImage.Name(rawValue: "Minus"))!
      button.isBordered = false
      button.title = ""
      return button
   }
   return view
}
```

7.2.10 鼠标右键上下文菜单

NSOutlineView 定义了一个右键点击返回菜单的方法，只要子类化一个 NSOutlineView，并且实现 func menu(for event: NSEvent) →NSMenu?这个方法即可。

具体的菜单可以在 Controller 的 xib 界面上拖放一个 Menu 菜单控件来定义。对每个子菜单项，按需求修改它的标题，绑定每个菜单的 Action 响应事件，同时绑定 Menu 到一个 IBOutlet 变量 treeMenu。

在 NSOutlineView 的子类 OutlineView 中增加一个属性变量，ViewController 加载时配置 OutlineView 的菜单变量 treeMenu。

View Controller 中的相关代码如下：

```
class ViewController: NSViewController {
   @IBOutlet weak var treeView: OutlineView!
   @IBOutlet var treeMenu: NSMenu!
   override func viewDidLoad() {
      super.viewDidLoad()
      self.treeView.treeMenu = self.treeMenu
   }
}
```

NSOutlineView 子类 OutlineView 的菜单相关代码如下：

```
class OutlineView: NSOutlineView {
   weak var treeMenu: NSMenu?
   override func menu(for event: NSEvent) -> NSMenu? {
      let pt = self.convert(event.locationInWindow, from: nil)
      let row = self.row(at: pt)
      if row >= 0 {
         return self.nodeMenu
      }
      return super.menu(for: event)!
   }
}
```

图 7-26 所示是上述代码运行后展示的上下文界面菜单效果。

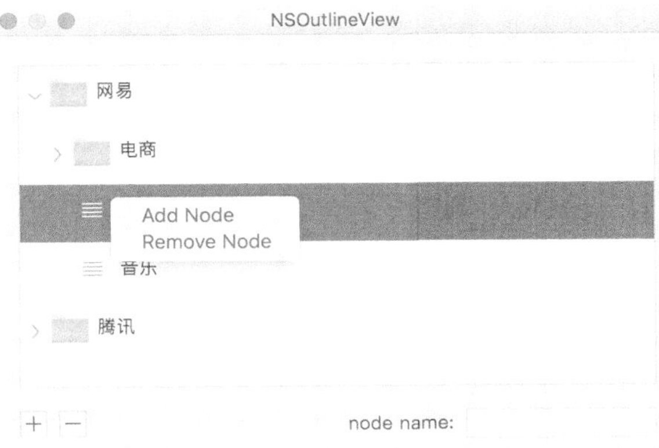

图 7-26

第 8 章

自动布局

自动布局（Auto Layout）是苹果公司为了适配不同大小屏幕而推出的一种技术方案，旨在实现一次性编写布局界面 UI，自动适应所有屏幕布局。在这之前，多屏幕适配需要跟进不同屏幕的分辨率尺寸，计算 UI 控件的坐标和大小，屏幕发生旋转变化后还需要重新计算，开发维护多屏适配需要花费很多人力、时间成本，而使用自动布局技术可以非常容易、方便地一次性解决这些问题。

自动布局同时还具有支持国际化、根据内容动态调整布局、支持动态字体的独有的优点。

本章将简单说明自动布局的原理，介绍 NSStackView 的概念、内容视图中 CHCR 的概念说明、Xcode 对自动布局的支持工具的使用说明、自动布局的多种解决方案的选择原则，以及常见的自动布局的实例。此外，还会介绍滚动条中使用自动布局的方法、通过代码使用自动布局的多种方式和使用自动布局的常见错误。

8.1 自动布局的原理

8.1.1 传统的布局

传统的布局方式是基于 Frame 来进行 UI 控件界面布局的，即设置控件在父视图中的起始坐标点 Origin(x, y) 和控件的大小 Size(width, height)，如图 8-1 所示。

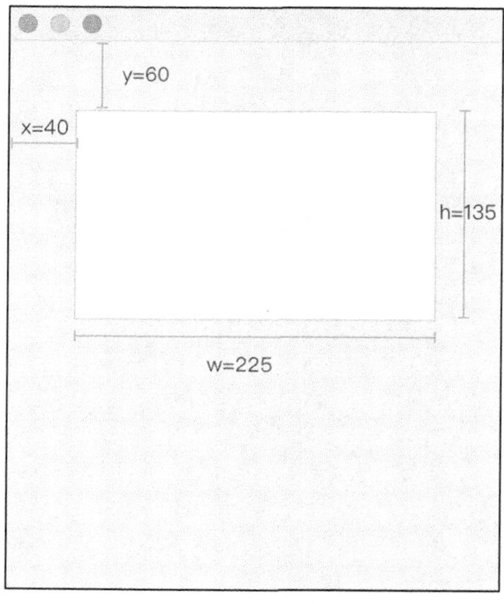

图 8-1

为了适应屏幕变化或者窗口调整大小，还需要设置 Autoresizing 的属性，如图 8-2 所示，确定子控件在父视图中的相对位置关系以及高和宽是否自适应伸缩，关于 Autoresizing 的不同属性参数参见 3.1.6 节中的相关描述。

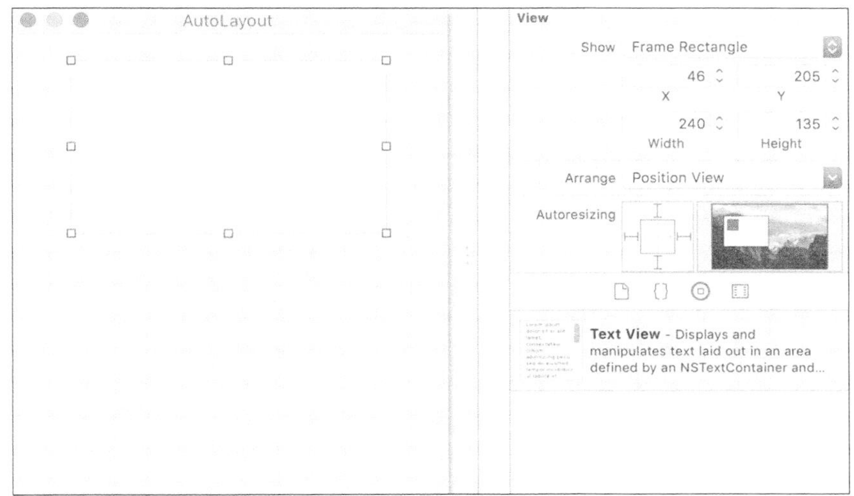

图 8-2

8.1.2　自动布局

自动布局是一种约束关系，描述的是控件与父视图或与最近相邻的 UI 元素之间的相对位置关系，控件的 Frame 不需要手工或用代码设置，而由自动布局引擎在视图显示时自动计算。

例如，下面的 Text View 控件 4 个边在父视图中的相对位置关系为：距顶部 top 为 40 像素，底部 bottom 为 120 像素，左边 left 为 60 像素，右边 right 为 60 像素，如图 8-3 所示。

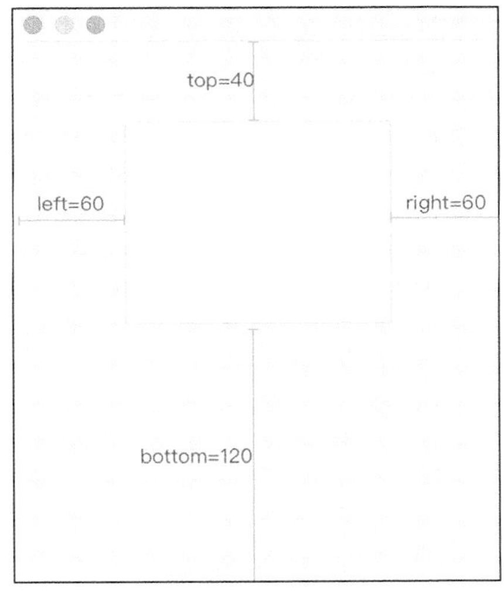

图 8-3

根据这 4 个约束关系，一旦父视图的位置和大小固定，Autolayout 在运行时能自动计算出 Text View 的 Frame，即起始坐标和大小。如果用户拉伸视图的窗口，父视图的大小位置变化后，Text View 的 Frame 又会被重新计算，因此不管窗口如何变化，Text View 距离父视图 4 个方向的相对位置的距离永远不变。

自动布局从数学角度看，是在 UI 元素间定义了一组属性的约束关系，形式上是通过方程、不等式和优先级约束来确定运行时 UI 布局的自动调整。

父视图用 p 表示，子视图用 s 表示，则上面 Text View 与父视图的关系可以表示为：

```
s.top = p.top + 40
p.bottom = s.bottom+ 120
s.left = p.left + 60
p.right = s.right + 60
p.frame = (0,0,300,400)
```

通过上面 5 个关系条件，就可以唯一确定 Text View 的 frame，实现 UI 的自动布局。

（1）自动布局关系的数学定义。自动布局关系的描述定义如下（其中关系符不限于=，还可以为>、<、>=和<=）：

```
Item1.Attribute  =  Multiplier * Item2.Attribute + Constant
```

- Item：代表具体的视图控件。Item1 和 Item2 代表了假设的 UI 对象。
- Attribute：元素的某个属性，所有支持的属性列表会在后面详细说明。
- Relationship：包括=、>=和<=。
- Multiplier：比例系数，通常默认为 1。如果为 0，则表示 Item1 的某属性直接设置为后面的 Constant。
- Constant：一个常量。

（2）自动布局的属性。自动布局中的属性说明如图 8-4 所示。

属性	含义	备注
top	顶部	
bottom	底部	
leading(left)	左边	leading 代表左边仅限于当前语言中文字的阅读顺序，习惯为从左到右，从右往左阅读到语言中 leading 表示右边
trailing(right)	右边	trailing 代表右边仅限于当前语言中文字的阅读顺序，习惯为从左到右，从右往左阅读到语言中 trailing 表示左边
height	高	
width	宽	
Center X	水平方向的中心	
Center Y	垂直方向的中心	
baseline	文字的基线位置	只用在Text 文本相关控件，用来确定文字底部位置

图 8-4

（3）优先级约束。为了解决多个约束条件之间的冲突，引出了优先级的概念，即在多个约束条件中优先满足优先级最高的约束条件，最大优先级为 1 000。

```
button1.width = 80
button2.width >= button1.width
button2.trailing = parentView.trailing - 20
```

如图 8-5 所示，上面第一个条件规定了 button1 的宽度为 80，第二个条件约束了 button2 的宽度大于等于 button1，第三个条件约束了 button2 的右边边距与父视图 view 的距离为 20 像素。如果不断拉宽父视图，这 3 个约束条件同时被满足没有任何问题。如果不断缩小父视图的宽度，则第二个约束必然会得不到满足。这时候我们说第二个条件和第三个条件发生了冲突，解决的办法是给第二个条件比第三个条件更小的优先级。这样就会优先按第三个条件去计算 button2 的宽度，而不再要求满足第二个约束条件。

（4）Intrinsic Content Size。对于文本/图片等一些视图控件，可以通过其内在内容推算出控件的大小。不是所有的控件都有 Intrinsic Content Size。Button、Label、Text Field、Text View、Image View 都可以根据内在的内容计算控件的大小。

基于控件的内容，有两个特定的约束，即内容收缩（content hugging）约束和内容扩张（content compression）约束，这两个约束简称为 CHCR，如图 8-6 所示。

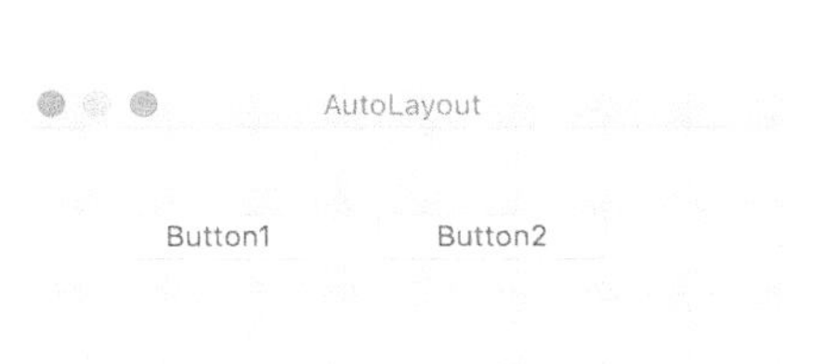

图 8-5

图 8-6

content compression 的约束条件如下：

```
View.height >= IntrinsicHeight
View.width >= IntrinsicWidth
```

content hugging 的约束条件如下：

```
View.height <= IntrinsicHeight
View.width <= IntrinsicWidth
```

IntrinsicHeight 代表内部内容的高，IntrinsicWidth 代表内部内容的宽。

从这几组约束来看，如果需要完整地显示内容，就需要内容扩张的优先级尽量高，而如果需要尽量显示得紧凑一些、占用空间小一些，可以将内容收缩的优先级尽量设置得高一些。

8.2 栈视图

引入栈视图（Stack View）是自动布局的优化升级技术，其对应的类是 NSStackView 类。可以把自动布局比作一个大箱子，里面堆放了各种小 UI 控件的布局设置，而 Stack View 的出现可以想象成小箱子，允许整体的自动布局嵌套包括小箱子，每个小箱子可以有自己的局部自动布局设置，小箱子之间可以嵌套。

自动布局使用 StackView：View 内部布局有了分级关系，如图 8-7 所示，整个 View 包括一个直接的下级 Stack View，Stack View 内部分为上中下 3 个部分。最上面的几个控件整体在 Profile Stack View 内，左边是一个 Image View，右边是一个 Name Stack View，Name Stack View 又分为 FName Stack View 和 LName Stack View。中间部分为一个 Text View。最下面为 Button Stack View，里面包括 3 个按钮控件。

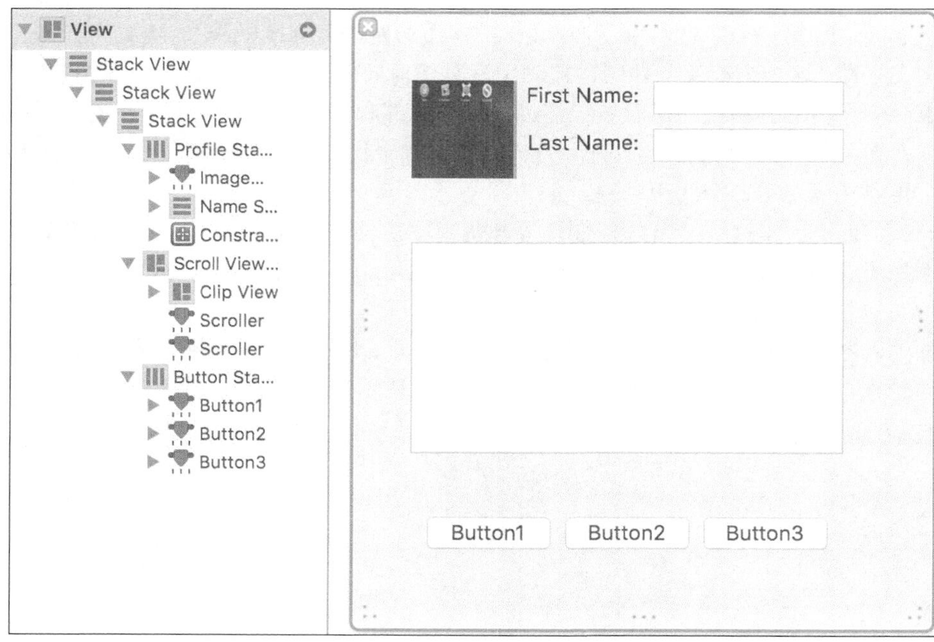

图 8-7

Stack View 可以根据布局元素的方向分为水平和垂直布局两种，如图 8-8 所示。

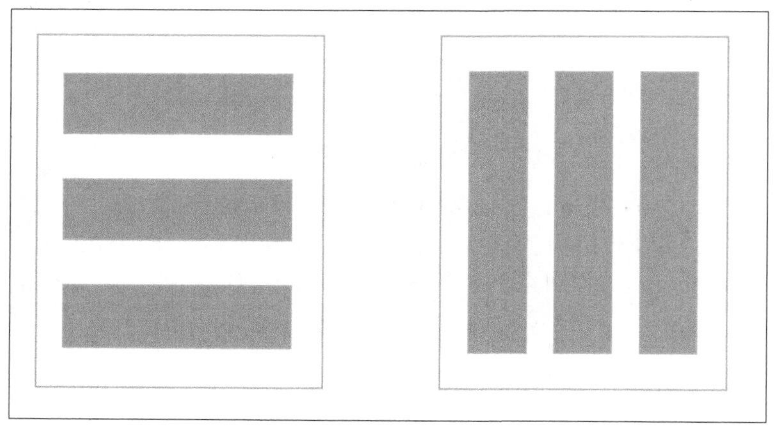

图 8-8

Stack View 的几个属性说明如下。

- Orientation：布局方向，Vertical 表示垂直，Horizontal 表示水平。
- Alignment：对齐方式，布局方向垂直时为顶部/居中/顶部对齐，水平时为左中右对齐。
- Spacing：间距，布局中每个元素间的空白的间隙。

8.3 Xcode 中的自动布局设置

新建项目中默认使用自动布局，如果不想使用自动布局而使用传统的布局，可以去掉图 8-9 右边面板中 Use Auto Layout 的勾选。

图 8-9

8.3.1 Stack

选择界面上的多个控件，如图 8-10 所示。在中间界面设计区中点击右下边第一个 Stack 按钮，可以将这些控件放置在 Stack View 里面管理。如果需要改变 Stack View 的方向，从右边属性面板 Orientation 中选择切换。

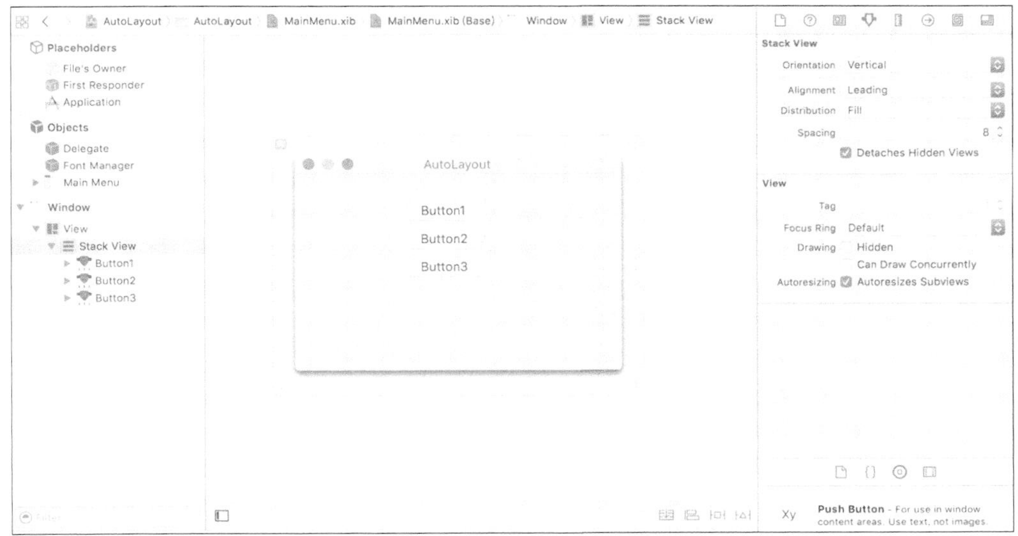

图 8-10

如果需要去掉 Stack View，从 Editor 菜单中选择 Unembed 即可。在 Embed In 菜单的子菜单中也可以实现选中多个控件，将它们放置到 Stack View 的功能，如图 8-11 所示。

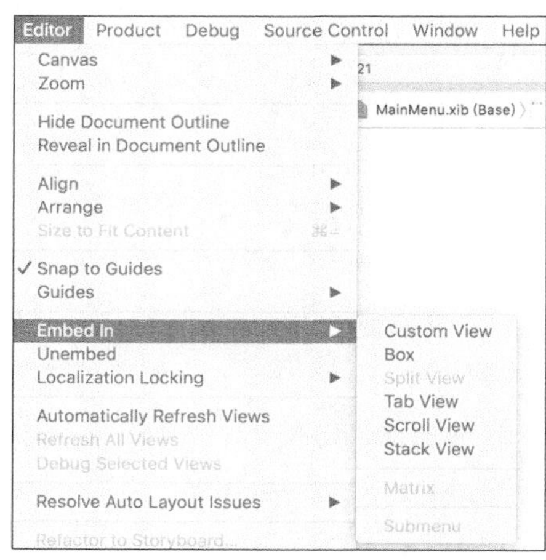

图 8-11

8.3.2 Align

点击 Align 工具按钮会出现 Align 面板，上面有 9 种约束关系设置，其中前 7 种需要同时至少选择两个控件后才能允许设置，其中最后两个 Horizontally in Container 和 Vertically in Container 是约束选中的控件与父视图的关系。每种关系都可以通过右边的输入框输入一个 Constant 常量，如果不输入，则默认为 0。

先选中控件，再点击 Align，调出工具面板，在 Align 面板上选择约束关系，输入常量，最后点击 Align 面板底部的 Add Constraints 按钮，就完成了约束的添加。

添加完成的约束会显示在左边 xib 文件导航区，点击这个约束可以在右边属性面板看到约束关系。用户可以通过对 First Item 和 Second Item 下拉框修改属性或者对调交换 First 和 Second 元素，另外，Relation 也可以修改。Constant、Priority 和 Multiplier 都可以重新修改设置，如图 8-12 所示。

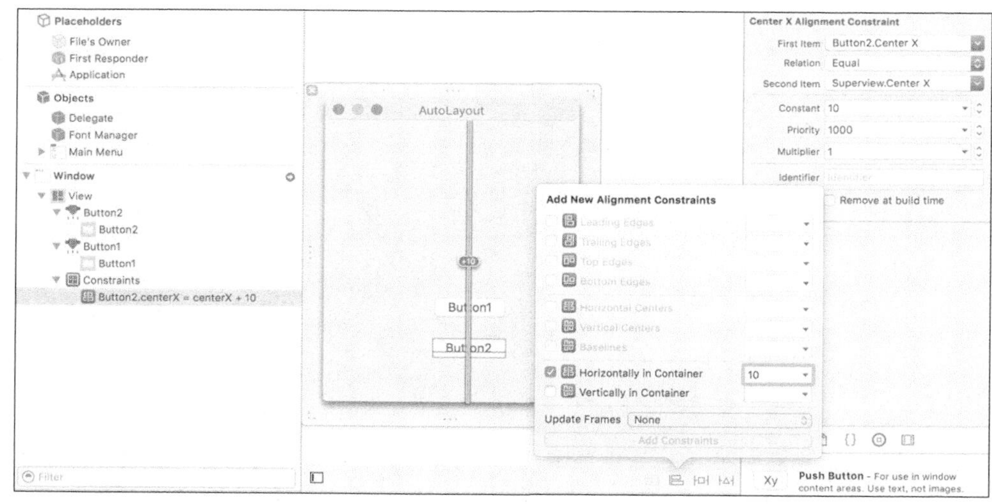

图 8-12

8.3.3 Pin

Pin 面板最上部用来设置选择的控件 4 个边的 top、bottom、leading、trailing，它们表示距离父视图或最近控件的间距。对需要设置的属性点击红色虚线后表示设置此方向的属性，如图

8-13 所示。

Pin 面板的主要功能项说明如下。

- Width 和 Height：用来设置控件的宽和高。
- Equal Widths：选中至少两个控件，约定它们的宽度相同。
- Equal Heights：选中至少两个控件，约定它们的高度相同。
- Aspect Ratio：选中控件，约定高度和宽度的比例关系。
- Align：可以下拉选择不同的属性，类似通过 Align 面板设置的各种属性，因此这里可以代替前面 Align 面板中大部分的约束设置的操作。

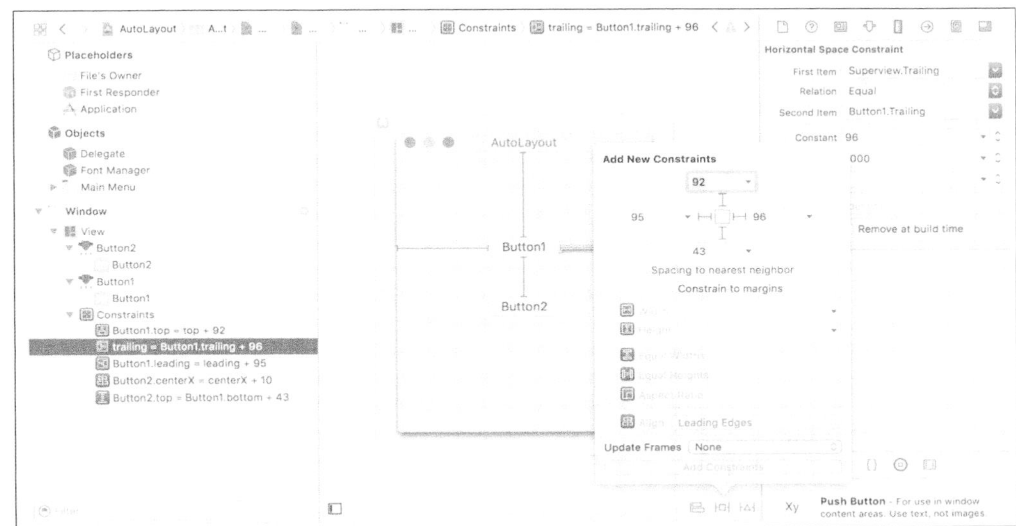

图 8-13

8.3.4 Resolve

Resolve 分别针对选中的 UI 控件或所有 UI 控件，它提供了一组菜单功能，用于更新 UI 边框、更新约束、自动增加缺少的约束、基于系统建议重置约束和删除约束等，如图 8-14 所示。

主要的几个菜单项说明如下。

- Update Frames：基于目前的约束更新 UI 边框，使用这个菜单项需要注意，如果约束不足或不正确会使 UI 控件消失或出现在不合适的位置。
- Update Constraints：基于目前的位置更新 UI 的约束，这个菜单项常被用于在 xib 中拖动调整了 UI 的位置以后，用它就可以基于新的位置重新生成合适的约束。

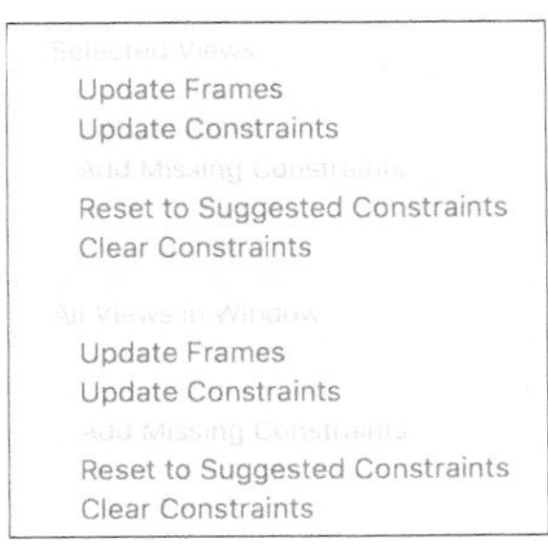

图 8-14

- Clear Constraints：如果觉得约束有问题，可以清除，重新设置。

8.4 自动布局的多种解决方案

自动布局是一种动态布局方案，约束关系可以通过多种方式来定义。

8.4.1 一个问题的多种解决方案

需求：设置 Text View 的 Autolayout，使其在父视图 SuperView 中居中显示。

方案 1：设置 Text View 4 个边 margin，左右各 60 像素，顶部和底部各 60 像素，如图 8-15 所示。

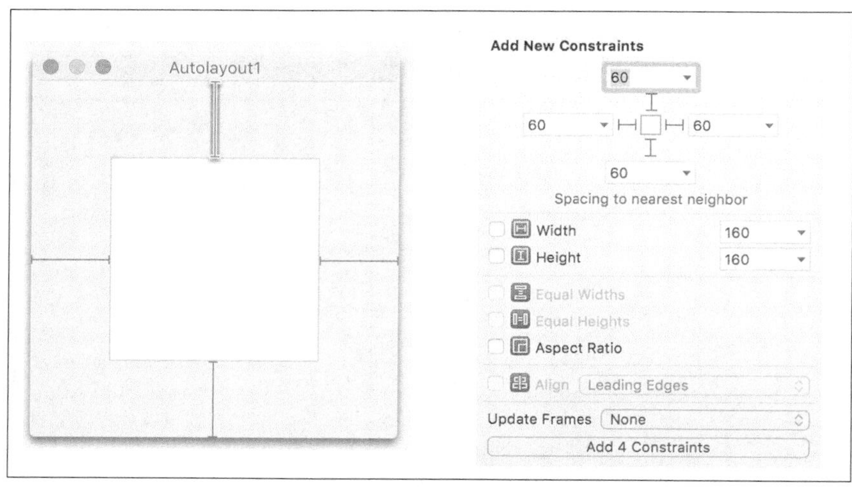

图 8-15

具体代码如下：

```
Scroll View.leading = SuperView.leading + 60
SuperView.trailing  = Scroll View.trailing + 60
Scroll View.top        = SuperView.top + 60
SuperView.bottom = Scroll View.bottom + 60
```

方案 2：设置 Text View 的左边距父视图左边 60 像素，顶部距父视图顶部 60 像素，Text View 的 X 方向中心和父视图 centerX 相同，Text View 的 Y 方向中心和父视图 centerY 相同（即水平和垂直方向居中），如图 8-16 所示。

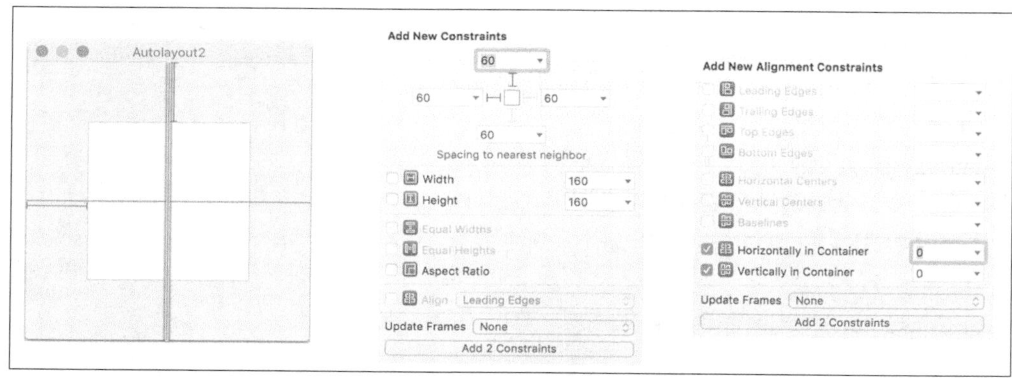

图 8-16

具体代码如下：

```
Scroll View.leading   = SuperView.leading + 60
Scroll View.top          = SuperView.top + 60
```

```
Scroll View.centerX = SuperView.centerX
Scroll View.centerY = SuperView.centerY
```

方案3：设置Text View的宽度为父视图宽度减去60像素，高度为父视图高度减去60像素，Text View的X方向中心和父视图centerX相同，TextView的Y方向中心和父视图centerY相同，如图8-17所示。

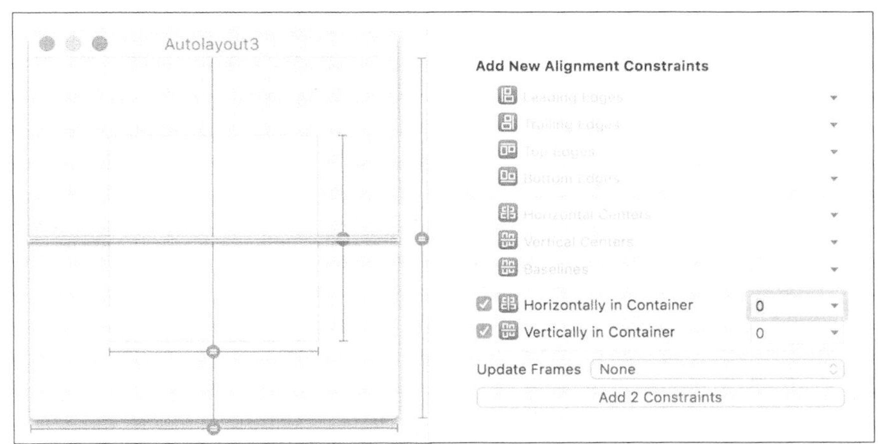

图 8-17

设置宽度跟父视图的关系时，选中Text View同时按下Control键，出现悬浮HUD黑色菜单，从中选择Equal Widths，如图8-18所示。

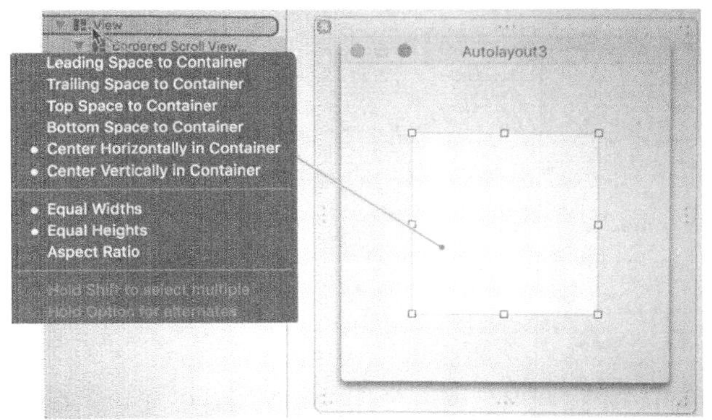

图 8-18

从xib组件导航中选择Constraints，点击切换到属性面板，修改Constant为－120，完成宽度约束设置，如图8-19所示。

设置Text View高度跟父视图的关系也采用类似的方法。

```
Scroll View.width    = SuperView.width - 120
Scroll View.height   = SuperView.height - 120
Scroll View.centerX = centerX
Scroll View.centerY = centerY
```

可以看出，对于一种问题会有多种自动布局约束解决方案，从前面的约束表达式Item1.Attribute = Multiplier Item2.Attribute + Constant来看，这个表达式可以有多种等价的形式。

（1）交换item的位置：Item2.Attribute = Multiplier Item1.Attribute－Constant。

（2）乘法因子变为除法：Item2.Attribute = Item1.Attribute / 0.5－Constant。

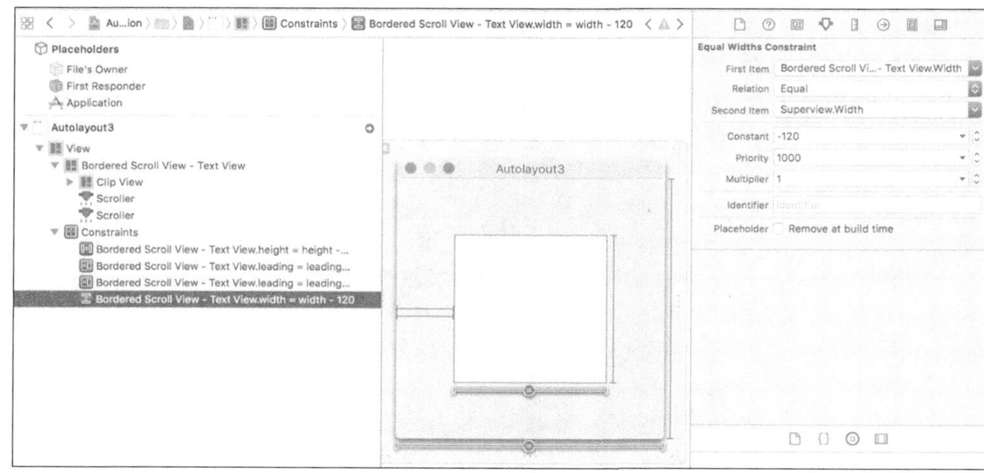

图 8-19

（3）某些属性的等价替换：leading 使用 left 替换，trailing 使用 right 替换。

（4）选择不同的参照物：例如，要使某个元素居中显示，既可以选择父视图为参照，也可以选择另外一个居中的 UI 元素为参考。

8.4.2　约束选择的原则和建议

至于使用哪一种约束是最优的方案，每个人的看法也不尽相同。一般的原则和建议如下。

（1）对每个 UI 组件，按人类语言阅读顺序从左到右或从右到左，即先设置 leading，再设置 trailing。尽量不要使用 left 和 right 属性（这两个属性不支持多语言国际化），从顶部 top 到底部 bottom 顺序设置属性约束。

（2）对 UI 的 4 个边距设置参照物为最近的元素，没有相邻 UI 元素参照时使用父视图为参照。

（3）对 Constant 使用正整数，即加上某个数，而不是减去某个数。

（4）Multiplier 因子使用乘法而不是除法。

8.5　自动布局使用示例

本节通过各种自动布局实例来更好地理解这个技术的使用。注意，省略 item 而直接使用属性的，默认 item 为 superView，比如，top 等价于 superView.top。

8.5.1　两个视图大小相同

如图 8-20 所示，设置约束如下：

```
(1) button.leading = leading + 20
(2) button.top = top + 20

(3) dynamicButton.leading = button.trailing + 10
(4) dynamicButton.top = top + 20

(5) dynamicButton.width = button.width
(6) trailing = dynamicButton.trailing + 20
```

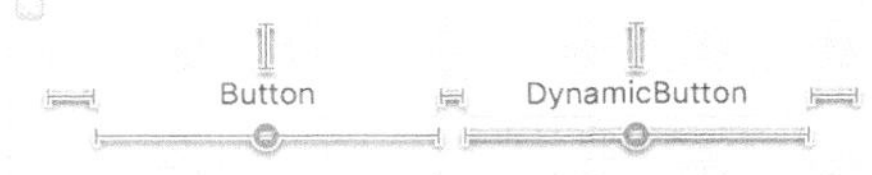

图 8-20

8.5.2 3 个 View 大小相同

如图 8-21 所示，设置约束如下：

```
(1) Button1.top = top + 27
(2) Button1.leading = leading + 20

(3) Button2.leading = Button1.trailing + 10
(4) Button2.top = top + 27

(5) Button2.width = Button1.width
(6) Button3.width = Button2.width

(7) Button3.top = top + 27
(8) Button3.leading = Button2.trailing + 10

(9) trailing = Button3.trailing + 20
```

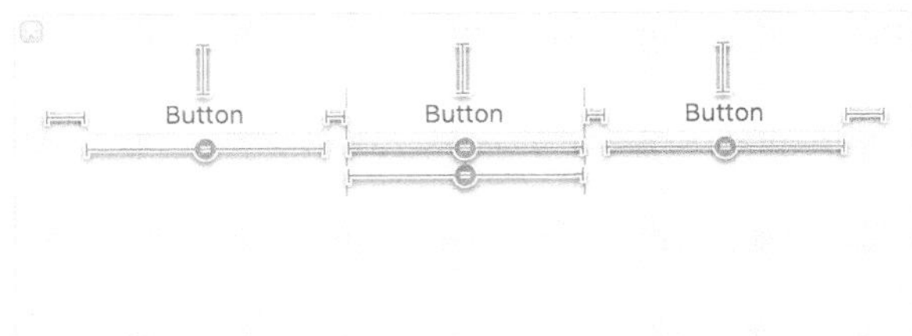

图 8-21

8.5.3 文本标签和输入框

如图 8-22 所示，设置约束如下：

```
(1) First Name.leading = leading + 20
(2) First Name.top = top + 20

(3) Text Field.baseline = First Name.baseline

(4) Text Field.leading = First Name.trailing + 18
(5) Text Field.top = top + 18

(6) trailing = Text Field.trailing + 28
```

图 8-22

8.5.4 文本标签动态字体和输入框

如图 8-23 所示，设置约束如下：

```
(1) Text Label.leading = leading + 14
(2) Text Label.top = top + 22 @249
(3) Text Label.top >= top + 22

(4) Text Label.baseline = Text Field.baseline

(5) Text Field.leading = Text Label.trailing + 8
(6) Text Field.top = top + 20 @249
(7) Text Field.top >= top + 20

(8) trailing = Text Field.trailing + 20
```

在上面第二个约束中设置 top=top+22，优先级别为 249。第三个约束为 Text Label.top >= top + 22，默认优先级为 1 000，是最高的。Text Label 可以在运行时修改字体，修改大字体后 Label 高度变大，此时第二个和第三个约束不能同时满足，优先采用高优先级。因此，当字体变大时看到的效果如图 8-24 所示。

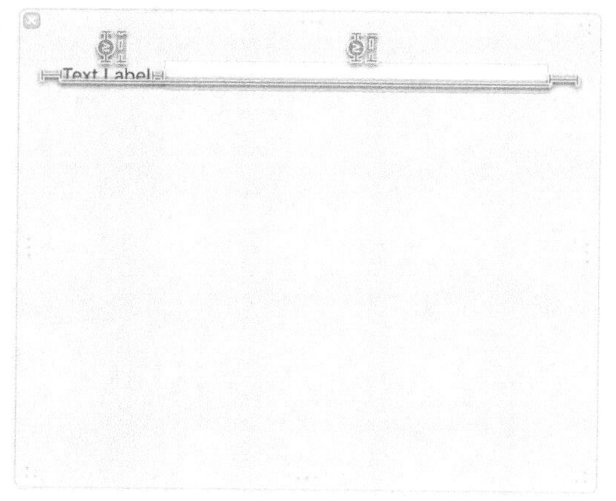

图 8-23

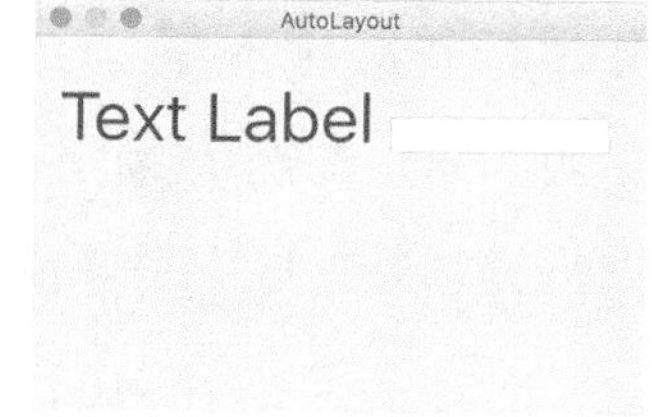

图 8-24

8.5.5 多行文本标签和输入框

如图 8-25 所示，设置约束如下：

```
(1) First Name:.leading = leading + 20
(2) FText Field.leading = First Name.trailing + 10
(3) FText Field.top = top + 18
(4) trailing = FText Field.trailing + 20
(5) First Name:.baseline = FText Field.baseline

(6) Moiddle Name:.leading = leading + 20
(7) MText Field.leading = Moiddle Name.trailing + 10
(8) MText Field.top = FText Field.bottom + 10
(9) trailing = MText Field.trailing + 20
(10) Moiddle Name:.baseline = MText Field.baseline

(11) Last Name:.leading = leading + 20
(12) LText Field.leading = Last Name.trailing + 10
(13) LText Field.top = MText Field.bottom + 10
(14) trailing = LText Field.trailing + 20
(15) Last Name:.baseline = LText Field.baseline

(16) MText Field.width = FText Field.width
(17) LText Field.width = MText Field.width
```

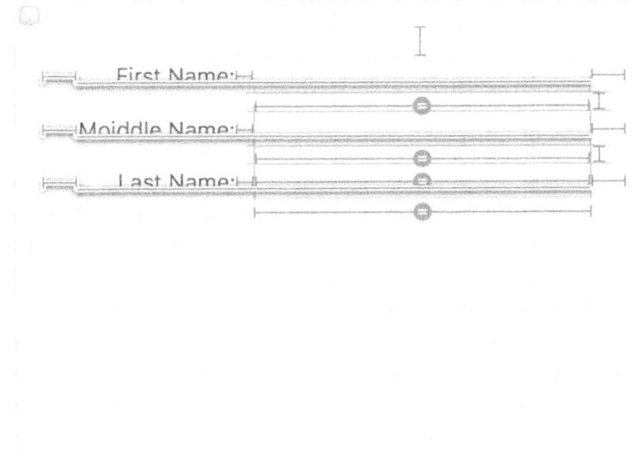

图 8-25

8.5.6 多行文本标签动态字体和输入框

如图 8-26 所示，设置约束如下：

```
(1) First Label.leading = leading + 20
(2) First Label.top = top + 22 @249
(3) First Label.top ≥ top + 22
(4) FText Field.leading = First Label.trailing + 10
(5) FText Field.top = top + 20 @249
(6) FText Field.top ≥ top + 20
(7) trailing = FText Field.trailing + 20
(8) FText Field.baseline = First Label.baseline

(9) Middle Label.leading = leading + 20
(10) Middle Label.top = First Label.bottom + 14 @249
(11) Middle Label.top ≥ First Label.bottom + 14
(12) MText Field.leading = Middle Label.trailing + 10
(13) MText Field.top = FText Field.bottom + 8 @249
(14) MText Field.top ≥ FText Field.bottom + 8
(15) MText Field.width = FText Field.width
(16) trailing = MText Field.trailing + 20
(17) MText Field.baseline = Middle Label.baseline
```

```
(18) Last Label.leading = leading + 20
(19) Last Label.top = Middle Label.bottom + 14 @249
(20) Last Label.top ≥ Middle Label.bottom + 14
(21) LText Field.leading = Last Label.trailing + 10
(22) LText Field.top ≥ MText Field.bottom + 10
(23) LText Field.top = MText Field.bottom + 10 @249
(24) LText Field.width = MText Field.width
(25) trailing = LText Field.trailing + 20
(26) LText Field.baseline = Last Label.baseline
```

修改 Label 字体后的效果如图 8-27 所示，3 个文本输入框宽度保持一致。

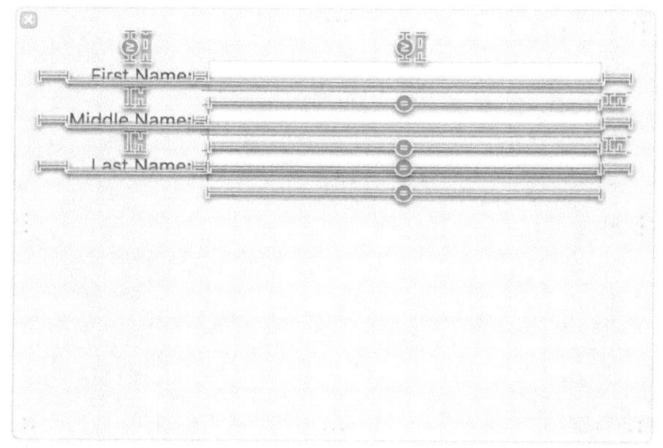

图 8-26

图 8-27

8.5.7 两个视图大小相同、水平方向的间距相同

思路：在 2 个 Button View 之间填充 3 个 Custom View（NSView）作为辅助，3 个 Custom View 宽度相等，高度为 0。

如图 8-28 所示，设置约束如下：

```
(1) Custom View1.leading = leading
(2) Custom View1.top = top + 19
(3) Custom View1.heigth = 0

(4) Button1.leading = Custom View1.trailing + 2
(5) Button1.top = top + 20

(6) Custom View2.leading = Button1.trailing + 2
(7) Custom View2.top = top + 20
(8) Custom View2.width = Custom View1.width
(9) Custom View2.heigth = 0

(10) Button2.leading = Custom View2.trailing + 2
(11) Button2.top = top + 20
(12) Button2.width = Button1.width

(13) Custom View3.leading = Button2.trailing + 2
(14) Custom View3.top = top + 19
(15) Custom View3.width = Custom View2.width
(16) Custom View3.heigth = 0

(17) trailing = Custom View3.trailing
```

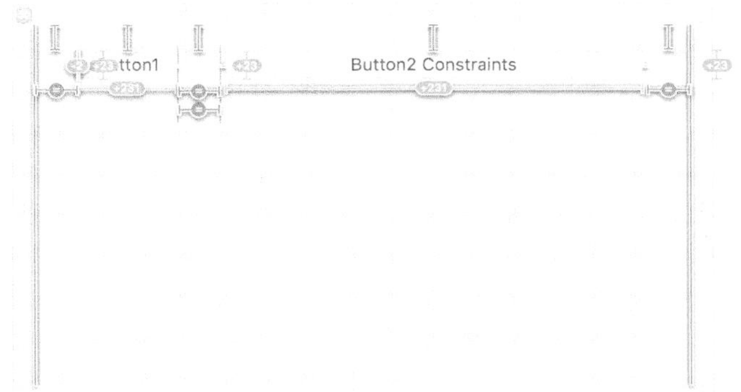

图 8-28

运行后的效果如图 8-29 所示。

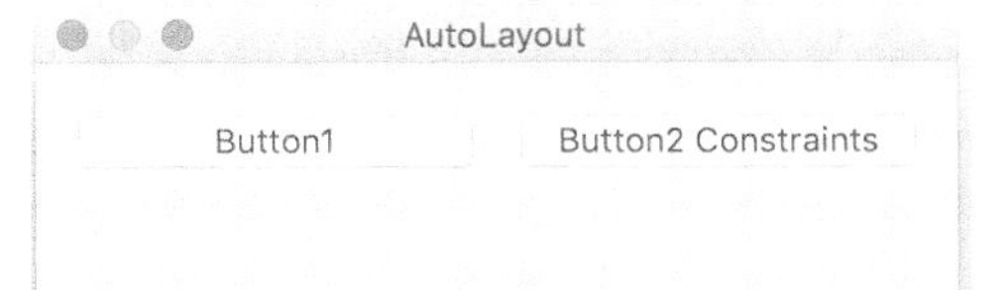

图 8-29

8.5.8 简单的 Stack View

如图 8-30 所示，设置约束如下：

```
(1) Stack View.leading = leading + 1
(2) trailing = Stack View.trailing - 1
(3) Stack View.top = top
(4) bottom = Stack View.bottom
```

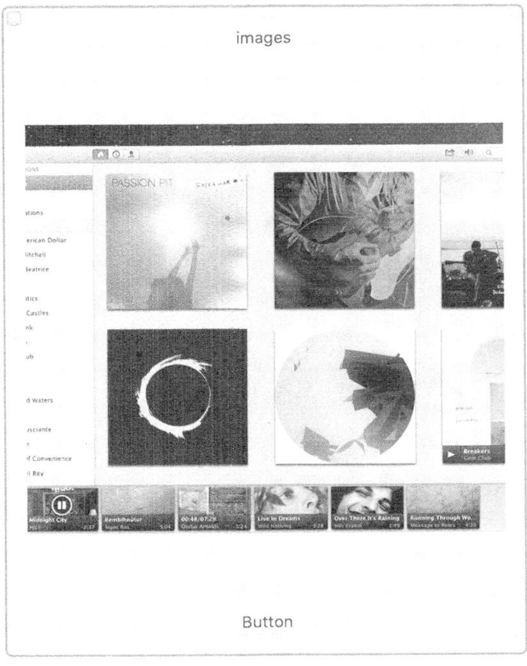

图 8-30

8.5.9 复杂界面未使用栈视图

如图 8-31 所示，设置约束如下：

```
(1) ImageView.leading = leading + 30
(2) ImageView.top = top + 28
(3) ImageView.width = 62
(4) ImageView.height = 62

(5) First Name.leading = ImageView.trailing + 8
(6) FText Field.leading = First Name.trailing + 8
(7) FText Field.baseline = First Name.baseline
(8) FText Field.top = top + 28
(9) trailing = Text Field.trailing + 30

(10) Last Name.leading = ImageView.trailing + 9
(11) LText Field.leading = Last Name.trailing + 8
(12) LText Field.baseline = Last Name.baseline
(13) LText Field.top = Text Field.bottom + 8
(14) trailing = LText Field.trailing + 30

(15) Scroll View.leading = leading + 20
(16) trailing = Scroll View.trailing + 20
(17) Scroll View.top = ImageView.bottom + 40

(18) Button1.leading = leading + 41
(19) Button1.top = Scroll View.bottom + 40
(20) bottom = Button1.bottom + 34

(21) Button2.leading = Button1.trailing + 8
(22) Button2.top = Scroll View.bottom + 40
(23) bottom = Button2.bottom + 34
(24) Button2.width = Button1.width

(25) Button3.leading = Button2.trailing + 8
(26) Button3.top = Scroll View.bottom + 40
(27) bottom = Button3.bottom + 34
(28) trailing = Button3.trailing + 41
(29) Button3.width = Button2.width
```

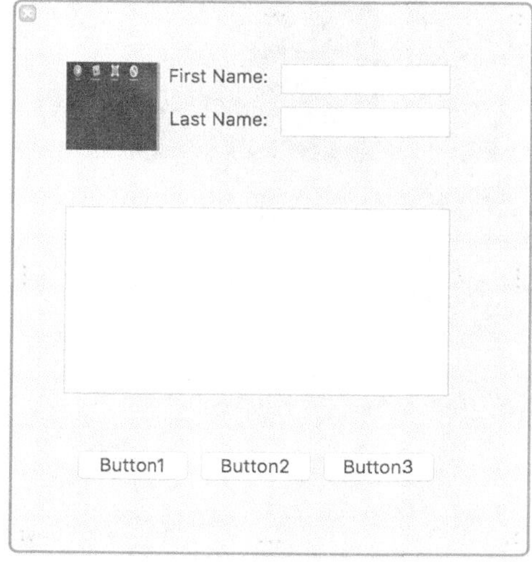

图 8-31

8.5.10　复杂界面使用多个嵌套栈视图

如图 8-32 所示，设置约束如下：

```
(1) Stack View.leading = leading + 20
(2) trailing = Stack View.trailing + 20
(3) Stack View.top = top + 81
(4) bottom = Stack View.bottom + 65
(5) imageView.width = 62
```

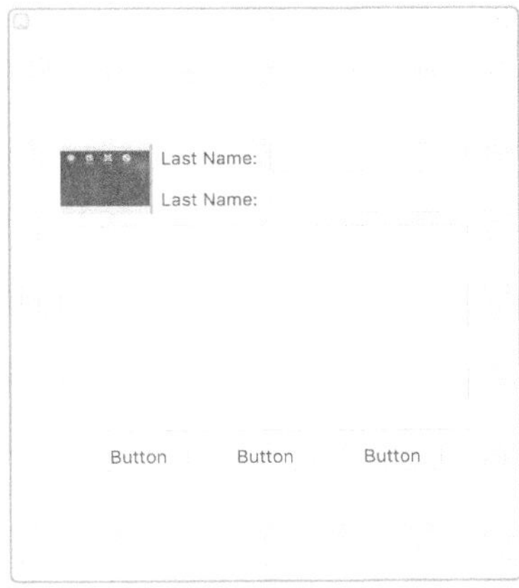

图 8-32

可以看出，同样的 UI 布局，使用 Stack View 可以大幅度减少约束的设置，因此在复杂布局中推荐优先使用 Stack View。

8.6　滚动条视图使用自动布局

新建 xib 文件，拖放一个 Scroll View 控件到视图，设置其居中，使用 Pin 工具设置它的 4 个边距约束，如图 8-33 所示。

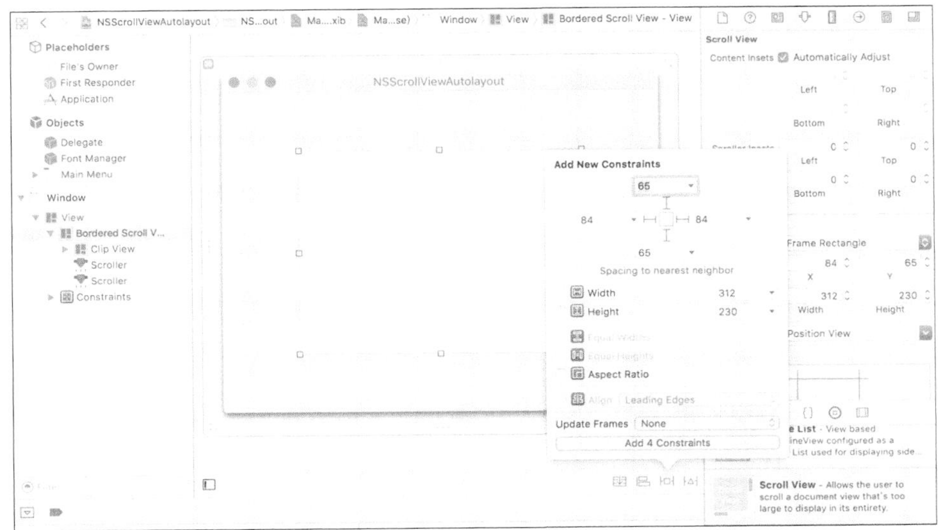

图 8-33

设置 4 个边距约束如下：

```
Scroll View.leading = leading + 84
Scroll View.top = top + 65
trailing = Scroll View.trailing + 84
bottom = Scroll View.bottom + 65
```

设置滚动条内容 View 的约束，距离顶部和左边都是 0，如图 8-34 所示，添加约束后 xib 文件导航树右边出现了红色告警，暂时忽略，等添加完 ImageView，添加约束后会自动消失。

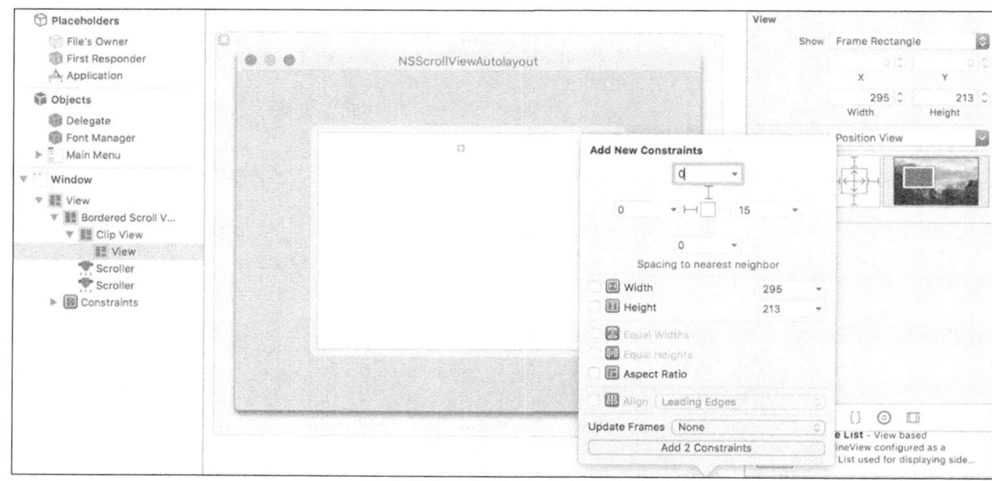

图 8-34

设置边距约束如下：

```
View.top = top
View.leading = leading
```

从控件工具箱拖一个 Image View 到 Scroll View 的内容视图上，设置 Image View 约束距离 4 个边都是 0，如图 8-35 所示，点击 Add 4 Constraints 完成，这时候红色警告消失。

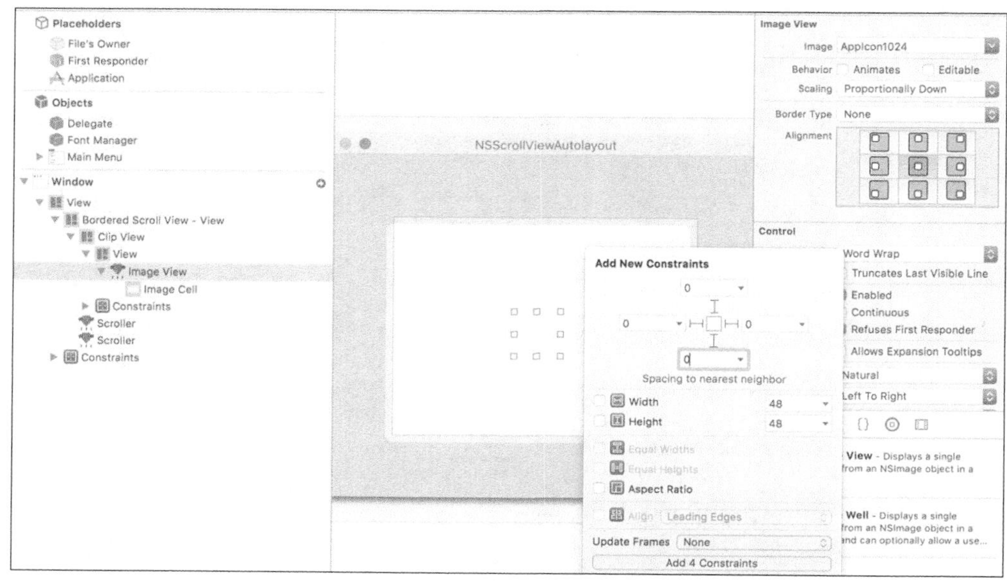

图 8-35

对于出现的黄色警告，点击 Scroll View 中的视图，从 AutoLayout 工具按钮 Resolve 菜单中点击 Update Frames。对 Image View 也进行同样的操作，告警全部消失。

设置约束如下：

```
Image View.top = top
bottom = Image View.bottom
Image View.leading = leading
trailing = Image View.trailing
```

选取一张比较大的图片添加到工程中，把 imageView 的 image 属性设置为新加的图片名。运行工程，发现图片可以在水平和垂直两个方向拖动。

注意，上面每个约束属性前面没有 item，默认表示 item 为 Super View，即 bottom 表示 Super View.bottom。

总结一下，NSScrollView 使用 xib 设置约束的步骤如下。

（1）设置 NSScrollView 的 4 个方向的边距。

（2）设置 NSScrollView 的 contentView 的 top 和 leading 与父视图距离都是 0。

（3）拖放需要的 UI 控件到 NSScrollView 的 contentView 上，设置其距离父视图 4 个方向的边距都是 0。

8.7 通过代码设置自动布局约束

Cocoa 有多种通过代码来添加约束的方式，包括使用 NSLayoutConstraint 类、使用 NSLayoutAnchor 类、使用 VFL 定义约束关系、使用第三方库来实现。下面依次进行说明。

8.7.1 使用 NSLayoutConstraint 类

NSLayoutConstraint 类中属性分别对应约束关系表达式中的不同部分，代码定义如下：

```
var priority: NSLayoutPriority
var firstItem: AnyObject? { get }
var firstAttribute: NSLayoutAttribute { get }
var secondItem: AnyObject? { get }
var secondAttribute: NSLayoutAttribute { get }
var relation: NSLayoutRelation { get }
var multiplier: CGFloat { get }
var constant: CGFloat
```

其中 NSLayoutAttribute 定义如下：

```
public enum NSLayoutAttribute : Int {
   case left
   case right
   case top
   case bottom
   case leading
   case trailing
   case width
   case height
   case centerX
   case centerY
   case lastBaseline
   @available(OSX 10.11, *)
   case firstBaseline
```

```
    case notAnAttribute
}
```

NSLayoutRelation 定义如下：

```
public enum NSLayoutRelation : Int {
    case lessThanOrEqual
    case equal
    case greaterThanOrEqual
}
```

使用代码构造的 NSLayoutConstraint 实例等价于前面的关系表达式。

```
Item1.Attribute  =  Multiplier * Item2.Attribute + Constant
```

NSLayoutConstraint 的构造方法如下：

```
init(item view1: Any, attribute attr1: NSLayoutAttribute, relatedBy relation: NSLayoutRelation,
toItem view2: Any?, attribute attr2: NSLayoutAttribute, multiplier: CGFloat, constant c: CGFloat)
```

下面是一个例子，新建一个 currentView 实例，构造其与父视图 4 个边的距离都是 5：

```
class ViewController: NSViewController {
    override func viewDidLoad() {
        super.viewDidLoad()
        self.addSubView()
    }
    func addSubView() {
        let currentView = NSView()
        currentView.wantsLayer = true
        currentView.layer?.backgroundColor = NSColor.blue.cgColor
        self.view.addSubview(currentView)
        currentView.translatesAutoresizingMaskIntoConstraints = false

        let viewTop = NSLayoutConstraint(item: currentView, attribute: .top, relatedBy: .equal,
            toItem: self.view, attribute: .top, multiplier: 1.0, constant: 5)

        let viewBottom = NSLayoutConstraint(item: currentView, attribute: .bottom, relatedBy:
            .equal, toItem: self.view, attribute: .bottom, multiplier: 1.0, constant: -5)

        let viewLeading = NSLayoutConstraint(item: currentView, attribute: .leading, relatedBy:
            .equal, toItem: self.view, attribute: .leading, multiplier: 1.0, constant: 5)

        let viewTrailing = NSLayoutConstraint(item: currentView, attribute: .trailing, relatedBy:
            .equal, toItem: self.view, attribute: .trailing, multiplier: 1.0, constant: -5)

        self.view.addConstraint(viewTop)
        self.view.addConstraint(viewBottom)
        self.view.addConstraint(viewLeading)
        self.view.addConstraint(viewTrailing)
    }
}
```

使用 NSLayoutConstraint 类来添加约束的步骤如下。

（1）首先将子视图使用 addSubview 添加到父视图。

（2）设置父视图的 setTranslatesAutoresizingMaskIntoConstraints 为 false，否则系统会根据 frame 自动创建一组约束，会与用代码创建的产生冲突，造成运行时错误。

（3）使用 NSLayoutConstraint 的 constraintWithItem 方法构造每个关系表达式。

（4）使用 addConstraint 添加约束。

8.7.2 使用 NSLayoutAnchor

NSView 类中增加了不同方向约束的属性，包括 leadingAnchor、trailingAnchor、leftAnchor、rightAnchor、topAnchor、bottomAnchor、widthAnchor、heightAnchor、centerXAnchor 和 centerYAnchor 等，可以直接用它们来设置约束关系（仅限于 macOS 系统 10.11 及以上版本和 iOS 9.0 及以上版本）。

```
myView.top = otherView.top + 10
```

上述关系表达式使用 View 的 NSLayoutAnchor 属性表示如下：

```
let top = myView.topAnchor.constraint(equalTo: otherView.topAnchor, constant: 10)
```

使用 Anchor 方式，新建 currentView 实例，构造其与父视图 4 个边的距离都是 5，完整代码如下：

```
func addConstraintByAnchor() {
   let currentView = NSView()
   currentView.wantsLayer = true
   currentView.layer?.backgroundColor = NSColor.blue.cgColor
   self.view.addSubview(currentView)
   currentView.translatesAutoresizingMaskIntoConstraints = false

   let top = currentView.topAnchor.constraint(equalTo: self.view.topAnchor, constant: 5)
   let bottom = currentView.bottomAnchor.constraint(equalTo: self.view.bottomAnchor, constant: -5)

   let left =  currentView.leftAnchor.constraint(equalTo: self.view.leftAnchor, constant: 5)
   let right = currentView.rightAnchor.constraint(equalTo: self.view.rightAnchor, constant: -5)

   self.view.addConstraints([top,bottom,left,right])

   // 或者使用下面全局方法也可以增进约束
   // NSLayoutConstraint.activate([top,bottom,left,right])
}
```

8.7.3 使用 VFL 定义约束关系

详细的 VFL 语法定义及其使用说明请参考苹果公司的官方指南。

NSLayoutConstraint 类构造 VFL 定义的约束接口如下：

```
func constraints(withVisualFormat format: String, options opts: NSLayoutFormatOptions = [], metrics: [String : NSNumber]?, views: [String : Any]) -> [NSLayoutConstraint]
```

8.7.4 使用第三方库 AutoLayoutX

AutoLayoutX 是本书作者开发的一个库，对 AutoLayout 操作进行了封装，提供了非常容易理解的自动布局的操作方式。

下面是 view1 设置在子视图 4 个方向的代码：

```
class ViewController: NSViewController {
   lazy var subView: NSView = {
      let subView = NSView()
      subView.wantsLayer = true
      subView.translatesAutoresizingMaskIntoConstraints = false
      subView.layer?.backgroundColor = NSColor.red.cgColor
```

```
        self.view.addSubview(subView)
        return subView
    }()
    override func viewDidLoad() {
        super.viewDidLoad()
        self.configConstraints()
    }
    func configConstraints() {
        subView.top    =  self.view.top + 20
        subView.bottom =  self.view.bottom - 20
        subView.left   =  self.view.left + 20
        subView.right  =  self.view.right - 20
    }
}
```

运行界面如图 8-36 所示。

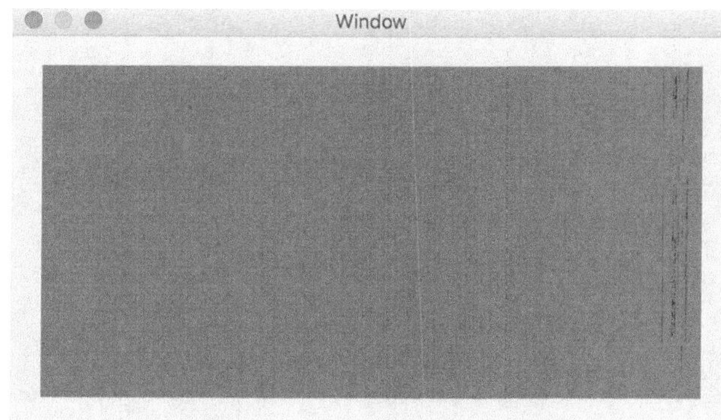

图 8-36

第 9 章

窗口控制器

窗口控制器（Window Controller）是用来管理窗口的控制器，能够管理 xib 或 storyboard 文件中加载的窗口视图，其对应的类是 NSWindowController。在 Document-Based 的应用中，窗口控制器也负责创建和管理文档的窗口。

窗口控制器在基于 UI 的应用中，管理不同场景多个界面窗口的切换，可以说具有非常重要的作用。

如图 9-1 所示，创建基于 xib 的一个窗口控制器类 WindowController 后就自动完成了 NSWindow 的创建，因此一般情况下很少单独去创建一个独立的 NSWindow，只需要调用 WindowController 的 showWindow 方法显示窗口就可以了。

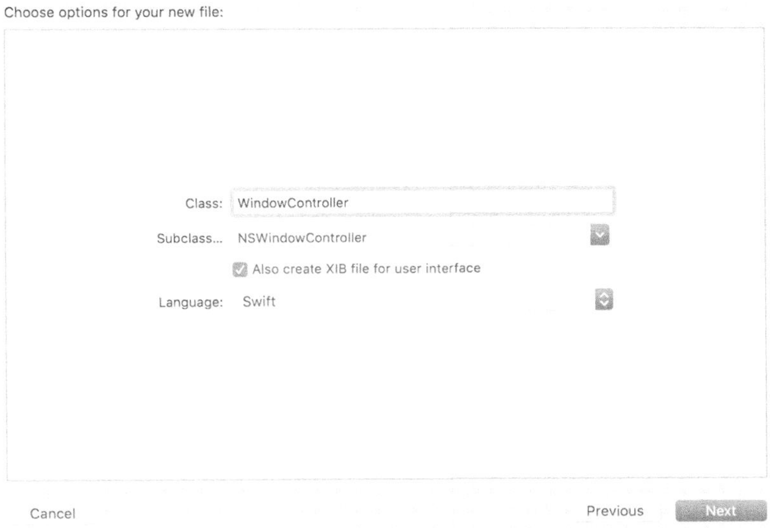

图 9-1

本章会单独创建窗口，只是为了说明它的一些接口和其窗口控制器的关系，实际项目中不推荐使用手工方式去管理窗口，因为手工创建需要代码维护窗口和窗口控制器之间双向的引用关系，增加了管理的复杂性。

9.1 xib 中窗口的加载创建过程

xib 中窗口的加载创建过程根据不同场景分别讨论如下。

1. 不使用 Storyboard 的场景

创建新的工程，不要勾选使用 Storyboard，这样默认创建了一个 xib 的工程，命名为 NSWindowControllerWithXib。新建一个自定义窗口类，命名为 MyWindow，实现 5 个父类方法，如下：

```
class MyWindow: NSWindow {
    override init(contentRect: NSRect, styleMask style: NSWindow.StyleMask, backing bufferingType:
        NSWindow.BackingStoreType, defer flag: Bool) {
        super.init(contentRect: contentRect, styleMask: style, backing: bufferingType, defer: flag)
    }
    override func orderFront(_ sender: Any?) {
        super.orderFront(sender)
    }
    override func orderOut(_ sender: Any?) {
        super.orderOut(sender)
    }
    override func makeKeyAndOrderFront(_ sender: Any?) {
        super.makeKeyAndOrderFront(sender)
    }
    override func makeKey() {
        super.makeKey()
    }
}
```

在 xib 界面中配置它的窗口类型为自定义类 MyWindow。

对上面 5 个方法加断点运行。首先在 initWithContentRect 方法处中断，查看栈调用链 NSApplication(Main) →NSBundle(LoadNib) →MyWindow(initWithContentRect)，放掉第一个断点，接下来断点停止在 orderFront 处，如图 9-2 所示，查看栈调用链 NSApplication(Main) → NSBundle(LoadNib) →MyWindow(orderFront)。

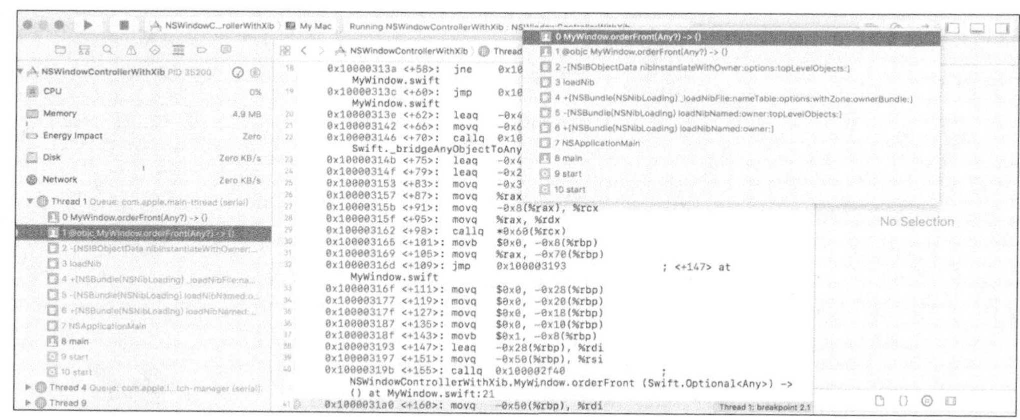

图 9-2

继续放掉上面的断点，最后断在 makeKey 方法中，查看栈调用链 NSApplication(run) → NSApplication(sendFinishLaunchingNotification) →MyWindow(makeKey)。

点击窗口左上角小圆圈关闭按钮，断在 orderOut 方法处，如图 9-3 所示。

显示窗口的整个过程可以概括为 NSApplication 运行后加载 xib 文件，创建窗口对象后显示它，应用启动完成后，使当前窗口成为键盘窗口。

关闭窗口的过程比较简单，先是执行窗口的 close 方法，最后执行 orderOut 方法。

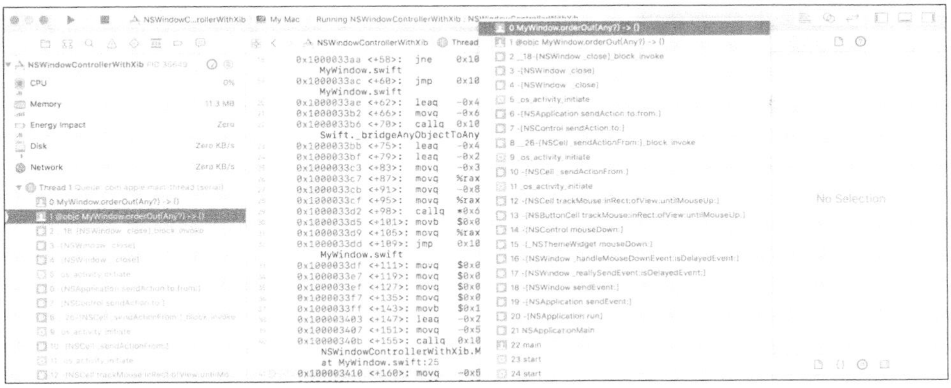

图 9-3

搞清楚了窗口的创建、显示过程，就完全可以手工创建一个窗口。在 xib 的 window 上放置一个按钮，绑定按钮事件到 showWindowAction。

```
class AppDelegate: NSObject, NSApplicationDelegate {
    @IBOutlet weak var window: NSWindow!

    // 定义一个懒加载的 MyWindow 属性变量
    lazy var myWindow: MyWindow = {
        let frame = CGRect(x: 0, y: 0, width: 400, height: 280)
        let style : NSWindow.StyleMask = [NSWindow.StyleMask.titled,NSWindow.StyleMask.closable,
            NSWindow.StyleMask.resizable]
        // 创建 window
        let window  = MyWindow(contentRect:frame, styleMask:style, backing:.buffered, defer:false)
        window.title = "New Create Window"
        return window
    }()
    @IBAction func showWindowAction(_ sender:NSButton) {
        self.myWindow.makeKeyAndOrderFront(self);
        self.myWindow.center()
    }
}
```

可以看到，点击按钮后新出现了一个窗口，并且是键盘窗口。

2. 使用 Storyboard 的场景

创建新的工程，勾选使用 Storyboard，在 Storyboard 场景下，执行完 MyWindow 的 init 方法之后，没有依次执行 orderFront 和 makeKey 方法，而是直接执行了 makeKeyAndOrderFront 方法。其实 makeKeyAndOrderFront 应该就等价于同时执行了 orderFront 和 makeKey。

同时，从调用链底部看，整个窗口的显示是由 NSWindowController 执行 showWindow 方法控制的，如图 9-4 所示。

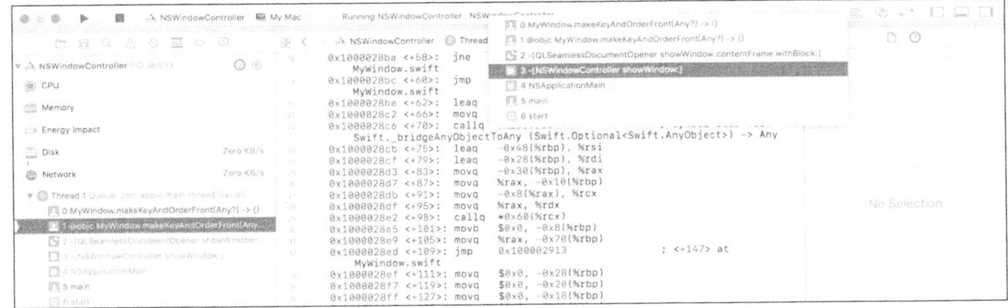

图 9-4

9.2 手工创建窗口需要注意的问题

定义一个懒加载属性变量 myWindow，来测试验证手工创建窗口的问题。

```
lazy var myWindow: MyWindow = {
   let frame = CGRect(x: 0, y: 0, width: 400, height: 280)
   let style : NSWindow.StyleMask = [NSWindow.StyleMask.titled,NSWindow.StyleMask.closable,
      NSWindow.StyleMask.resizable]
   // 创建 window
   let window  = MyWindow(contentRect:frame, styleMask:style, backing:.retained, defer:true)
   window.title = "New Create Window"
   return window
}()
```

拖放一个按钮到当前窗口上，修改标题为 New Window，如图 9-5 所示。

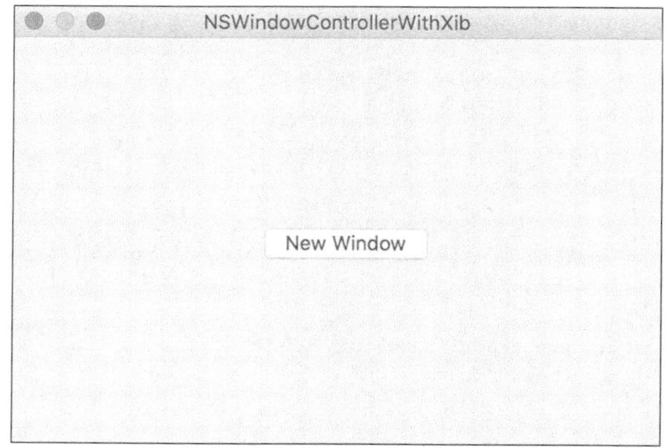

图 9-5

绑定按钮事件到 showWindowAction 的代码如下。

```
@IBAction func showWindowAction(_ sender:NSButton) {
   self.myWindow.makeKeyAndOrderFront(self);
   self.myWindow.center()
}
```

运行程序后点击按钮，会发现只有第一次可以正常呼出 myWindow，显示到屏幕上，当关闭这个窗口，再次点击按钮时程序崩溃了，如图 9-6 所示。

```
@IBAction func showWindowAction(_ sender:NSButton) {
    self.myWindow.makeKeyAndOrderFront(self);
                        Thread 1: EXC_BAD_ACCESS (code=1, address=0x40dedeadbec8)
    self.myWindow.center()
}
```

图 9-6

我们在 MyWindow 的实现中增加对象释放时执行的 deinit 方法，增加一个打印信息如下：

```
deinit {
   Swift.print("release object")
}
```

我们重新运行工程，再点击按钮，显示窗口。关闭窗口后发现控制台打印“release object”。这说明虽然我们声明了窗口为强引用，但是对于窗口的释放，系统是特殊处理的，只要关闭就释放了。

9.3 窗口控制器和窗口的关系

从 NSWindow 类的定义中看到有下面一个弱引用属性：

```
unowned(unsafe) public var windowController: NSWindowController?
```

从 NSWindowController 的定义中看到有一个窗口的强引用属性：

```
public var window: NSWindow?
```

可谓是“你中有我，我中有你”的关系。NSWindowController 强引用 NSWindow，NSWindow 非强引用地持有 NSWindowController 的指针。

还记得前面部分讨论的手工创建窗口的问题吗？直接创建一个窗口，关闭后再运行应用就崩溃了！

我们重新用窗口控制器来管理那个崩溃的窗口来看看。

（1）定义一个窗口控制器的懒加载属性变量。

（2）窗口的懒加载方法里面互相设置了窗口控制器和窗口的关系。

具体代码如下：

```
lazy var myWindowController: NSWindowController = {
   let windowVC = NSWindowController()
   return windowVC
}()

lazy var myWindow: MyWindow = {
   let frame = CGRect(x: 0, y: 0, width: 400, height: 280)
   let style : NSWindow.StyleMask = [NSWindow.StyleMask.titled,NSWindow.StyleMask.closable,
      NSWindow.StyleMask.resizable]
   // 创建 window
   let window  = MyWindow(contentRect:frame, styleMask:style, backing:.retained, defer:true)
   window.windowController = self.myWindowController
   self.myWindowController.window = window;
   window.title = "New Create Window"
   return window
}()
```

这样重新运行应用，反复关闭窗口，再点击按钮打开，没有崩溃，一切正常了。

于是，可以得出一个结论：手工创建的窗口，关闭后系统会检查这个窗口有没有窗口控制器引用它，有的话就不会释放这个窗口对象，而系统在 MainMenu.xib 中默认创建的窗口，则没有这个问题。

9.4 将 AppDelegate 中窗口的管理功能分离

新建一个项目，命名为 NSWindowArchitecture。在 MainMenu.xib 中默认生成一个窗口，如图 9-7 所示，这个窗口是由 AppDelegate 负责管理的，从应用职责单一划分的原则考虑，窗口适合由独立的窗口控制器去管理。xib 中点击选中删除窗口对象。

新建一个文件 AppMainWindowController，继承自 NSWindowController，勾选使用 xib 修改 AppMainWindowController 中默认的代码，增加窗口居中显示，返回 window 的 xib 文件名。

新建一个名称为 AppViewController 的 NSViewController，勾选使用 xib。

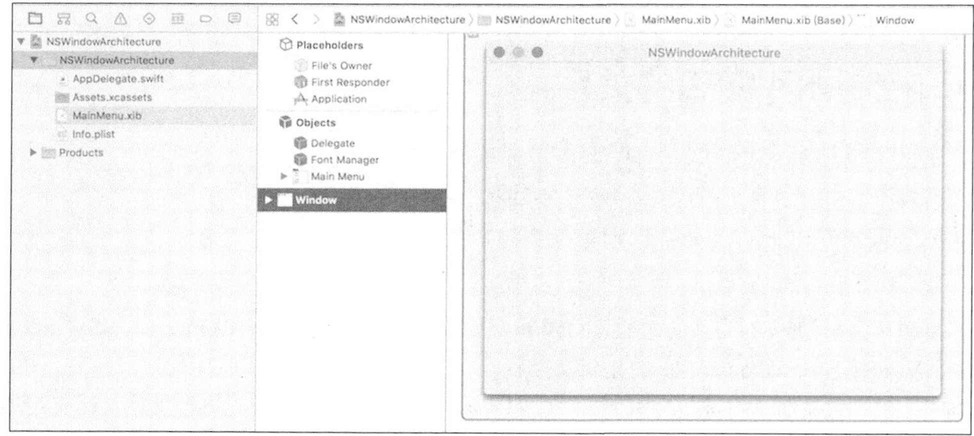

图 9-7

具体代码如下：

```
class AppMainWindowController: NSWindowController {
   lazy var viewController: AppViewController = {
      let vc = AppViewController()
      return vc
   }()
   override func windowDidLoad() {
      super.windowDidLoad()
      self.contentViewController = self.viewController
      // Implement this method to handle any initialization after your window controller's
      // window has been loaded from its nib file.
   }
   // 返回 window 的 xib 文件名
   override var windowNibName: NSNib.Name? { return NSNib.Name("AppMainWindowController")
   }
}
```

AppDelegate 中增加 AppMainWindowController 的相关代码如下：

```
@NSApplicationMain
class AppDelegate: NSObject, NSApplicationDelegate {
   lazy var windowController: AppMainWindowController = {
      let windowVC = AppMainWindowController()
      return windowVC
   }()
   func applicationDidFinishLaunching(_ aNotification: Notification) {
      self.windowController.showWindow(self)
   }
}
```

直接使用 xib 创建的工程和分离窗口调整后的架构对比如图 9-8 所示，可以看出架构二在扩展和维护性方面都优于架构一。

本书中的示例工程有时为了方便并没有严格地进行窗口的分离，实际项目中还是建议创建独立的 NSWindowController 去管理工程的启动窗口。

如果我们创建工程时勾选使用 Storyboard 选项，系统会创建 Window Controller 和 View Controller Scene 不同的分层场景，这种架构划分是非常合理的，所以推荐使用 Storyboard 来完成工程创建。

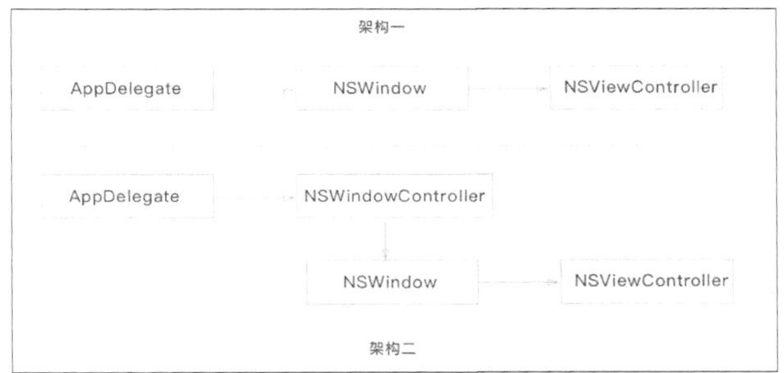

图 9-8

9.5 窗口切换后对象失去焦点问题

当前运行的应用 A 窗口内选中的对象，如 NSTableView 或 NSOutlineView 的某一行，选中行是蓝色背景的高亮状态如图 9-9 左图所示。如果点击其他应用 B 发生窗口激活状态切换后，应用 A 内的高亮行变为灰色非高亮的背景状态，如图 9-9 的右图所示。

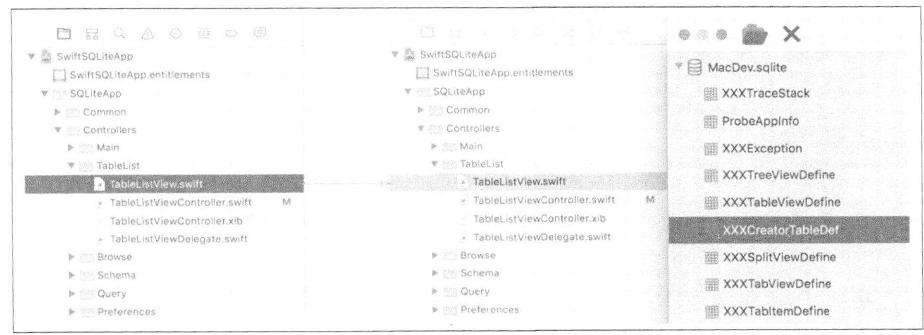

图 9-9

当从应用 B 再次切换到应用 A 时，有些情况下发现列表中之前选中的行不再是高亮状态，仍然保持灰色选中的状态。

窗口切换回来时发生 NSWindowDidBecomeMain 或 NSWindowDidBecomeKey 通知事件，因此注册这两个事件，在事件回调代码中调用视图窗口的 makeFirstResponder 方法，使得需要高亮的视图成为第一响应者。

```
override func viewDidLoad() {
   super.viewDidLoad()
   self.registerWindowNotification()
}

func registerWindowNotification() {
   NotificationCenter.default.addObserver(self, selector:#selector(self.onActiveWindow(_:)),
      name:NSNotification.Name.NSWindowDidBecomeKey, object: nil)

   NotificationCenter.default.addObserver(self, selector:#selector(self.onActiveWindow(_:)),
      name:NSNotification.Name.NSWindowDidBecomeMain, object: nil)
}

func onActiveWindow(_ notification: Notification){
   // 使 treeView 成为第一响应者
   let window = notification.object as! NSWindow
   if window == self.view.window {
      self.view.window?.makeFirstResponder(self.treeView)
   }
}
```

第 10 章 视图控制器

视图控制器（View Controller）和窗口控制器一样，是一类非常重要的控制器，它负责管理视图的生命周期过程，同时管理子视图控制器，实现了不同视图控制器之间的界面切换控制接口，其对应的类是 NSViewController。

本章首先介绍各种不同类型的视图控制器，然后通过分析视图控制器与窗口控制器的关系，给出一个使用纯代码实现一个应用的代码框架。

10.1 视图控制器

视图控制器（View Controller）是用来管理视图的控制器，可以基于 xib/storyboard 文件来加载通过 Xcode 设计好的界面视图。

NSViewController 不能独立显示，必须将 NSViewController 的 view 作为 NSWindow 的子视图（内容视图）或者作为 NSWindowController 的 contentViewController 才能显示。

NSViewController 负责视图生命周期过程管理，可作为控制器容器管理多个子视图控制器，提供或实现不同视图控制器之间跳转方式的接口，如图 10-1 所示。

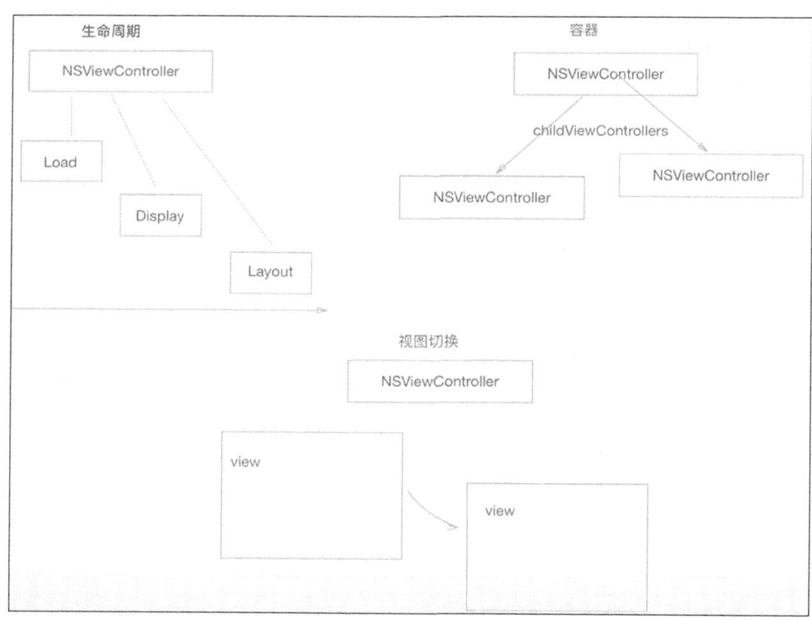

图 10-1

10.1.1 视图生命周期过程

NSViewController的核心属性为view，任何时候访问view时，如果view的值为空，则触发loadView方法从xib/storyboard文件中加载视图，然后执行viewDidLoad方法，表示界面加载完成。view显示出来之前执行viewWillAppear方法，接下来会执行与布局相关的方法，最后界面完全显示出来，执行viewDidAppear，整个过程就完成了。视图关闭的流程很简单，依次执行viewWillDisappear和viewDidDisappear方法。整个过程简单总结为：加载视图，准备显示，开始布局，显示完成。

每个阶段的关键方法如下。

（1）视图加载代码如下：

```
func loadView()
func viewDidLoad()
```

（2）视图显示/隐藏代码如下：

```
func viewWillAppear()
func viewDidAppear()
func viewWillDisappear()
func viewDidDisappear()
```

（3）布局代码如下：

```
func updateViewConstraints()
func viewWillLayout()
func viewDidLayout()
```

一个不包含任何界面控件的NSViewController的生命周期方法执行顺序如下：

```
loadView
viewDidLoad
viewWillAppear
viewDidAppear
viewWillLayout
viewDidLayout
```

拖放一个控件，增加了4个方向的约束后NSViewController方法执行顺序如下：

```
loadView
viewDidLoad
viewWillAppear
updateViewConstraints
viewWillLayout
viewDidLayout
viewDidAppear
viewWillLayout
viewDidLayout
```

此时情况稍微有些复杂，NSView执行updateConstraints方法时，如果view存在一个Controller，则会执行Controller的updateViewConstraints方法。一般情况下，不应该在NSView的updateConstraints方法中放置约束，主要原因是自动布局约束是多个视图之间的关系，集中放置便于理解和管理。所有NSViewController的updateViewConstraints方法都是放置界面上元素之间约束的最佳场所。NSView的updateConstraints方法仅仅在子视图内部管理各个subview，或者需要频繁执行需要提升性能时，才需要进行重写。

同时我们看到viewWillLayout和viewDidLayout方法重复执行了两次，第一次是NSWindow视图更新触发，第二次是RunLoop进行界面绘制触发。如果拉伸或者缩小窗口的大小就会看到

viewWillLayout 和 viewDidLayout 被频繁地调用。

10.1.2 创建视图控制器的 3 种方式

创建视图控制器有 3 种方式，分别是使用 xib 创建、使用 Storyboard 创建和使用代码直接创建。

1．使用 xib 创建

创建一个 TestViewController 类，继承 NSViewController，勾选"Also create XIB file user interface"，如图 10-2 所示。

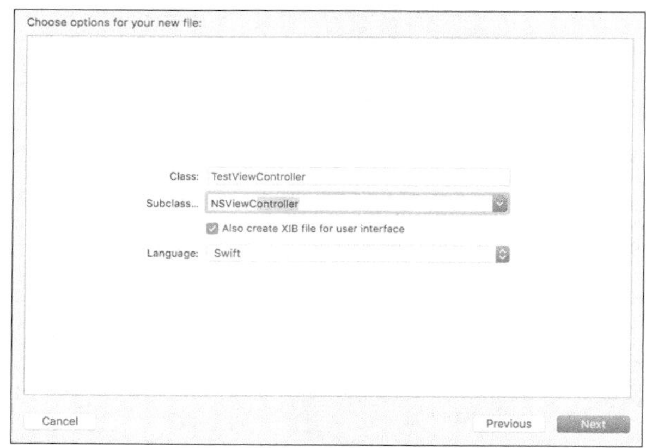

图 10-2

使用下面的代码创建一个 TestViewController 实例：

```
let testViewController = FirstViewController(nibName: NSNib.Name(rawValue:
   "TestViewController"), bundle: nil)
```

macOS 10.10 及以上系统对 loadView 方法进行了优化，如果 nibName 为空，就自动去加载与 controller 同名的 nib 文件，这样，大多数情况下都可以按下面的方法创建 ViewController 了：

```
let testViewController = TestViewController()
```

2．使用 Storyboard 创建

创建一个名为 Storyboard 的 storyboard 文件，拖放一个 View Controller 到 xib 文件导航区。点击 View Controller 节点，在右边属性面板的 Storyboard ID 框里输入 myVC，如图 10-3 所示。

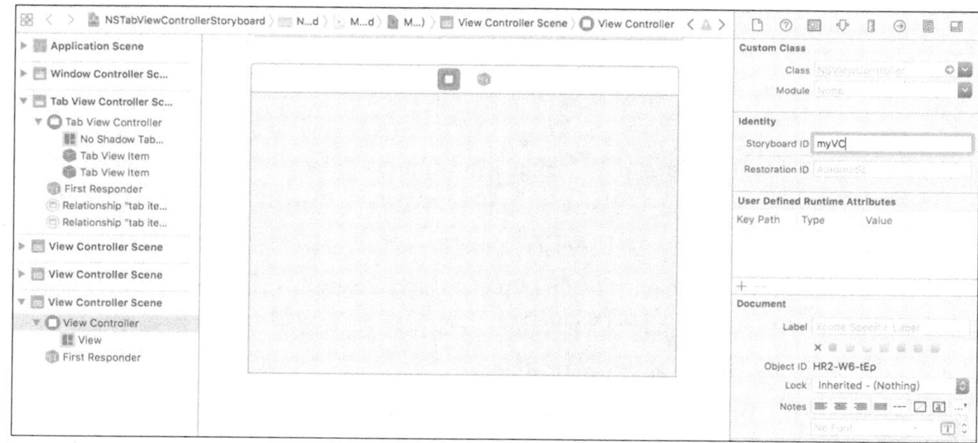

图 10-3

使用代码来获取 Storyboard 中创建的 View Controller 的代码如下：

```
let storyboard = NSStoryboard(name: NSStoryboard.Name(rawValue: "Storyboard"), bundle: nil)
let myViewController = storyboard.instantiateController(withIdentifier: NSStoryboard.
   SceneIdentifier(rawValue: "myVC"))
```

3. 使用代码直接创建

使用代码直接创建 View Controller：

```
let viewController = NSViewController()
let frame = CGRect(x: 0, y: 0, width: 100, height: 100)
let view = NSView(frame: frame)
viewController.view = view;
```

另外一种方式是直接在 NSViewController 的 loadView 中设置创建 view，代码如下：

```
class LoadViewController: NSViewController {
   override func loadView() {
      let frame = CGRect(x: 0, y: 0, width: 100, height: 100)
      let view = NSView(frame: frame)
      self.view = view
   }
}
```

另外还可以创建一个基于 xib 的 ViewController，命名为 BasicXibViewController，作为一个公共的 View Controller，在它的 init 方法中指定 xib 文件名称如下：

```
class BasicXibViewController: NSViewController {
   required init() {
      super.init(nibName: NSNib.Name(rawValue: "BasicXibViewController"), bundle: nil)!
   }

   required init?(coder: NSCoder) {
      super.init(coder: coder)
   }
}
```

这样就可以继承 BasicXibViewController，来创建其他 ViewController，而无须再勾选 xib 来创建了。

10.1.3 representedObject 属性

创建 ViewController 类时会自动生成一个 representedObject 属性，代码如下：

```
class ViewController: NSViewController {
   override var representedObject: Any? {
      didSet {
      }
   }
}
```

representedObject 代表当前绑定的数据模型对象，是一个通用的模型属性对象，外部初始化 ViewController 时可以修改它传入数据模型对象，ViewController 内部可以通过监视它的变化来实现视图 UI 界面的更新。

另外，NSCollectionViewItem 类继承自 NSViewController，NSCollectionView 视图中使用 Cocoa 绑定数据时，representedObject 代表当前绑定的数据模型对象。

10.1.4 子视图控制器管理

macOS 10.10 以后，View Controller（NSViewController）可以作为容器控制器，来管理多个子视图控制器。

NSViewController 提供的支持子视图控制器容器类管理的属性和方法如下：

```
// 父视图控制器
var parent: NSViewController? {get}
// 所有的子视图控制器
var childViewControllers: [NSViewController]
// 增加子视图控制器
func addChildViewController(_childViewController: NSViewController)
// 从父视图控制器删除自己
func removeFromParentViewController()
```

下面是一个多个视图管理的例子。通过选项卡视图可以实现多个内容视图的切换，也可以自定义实现多个视图内容的切换管理。

在主视图界面 View Controller 上增加 NSView 和 Combo Box 控件。Combo Box 中修改列表内容 item 为 First 和 Second 两项。

NSView 绑定到 mainView 变量，组合框绑定 selectionChanged Action 事件方法，如图 10-4 所示。

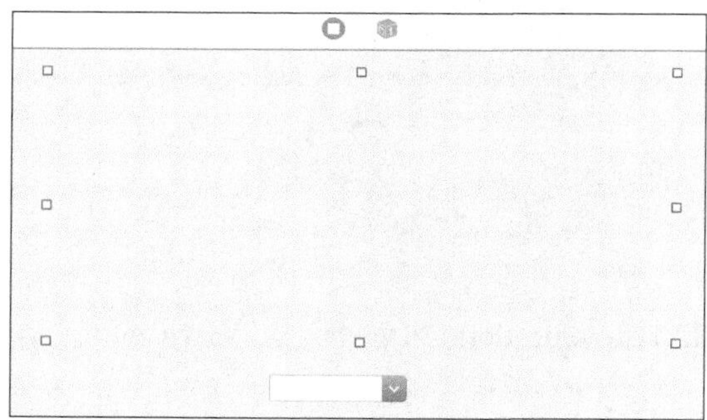

图 10-4

Main.storyboard 中创建两个视图控制器，即 FirstViewController 和 SecondViewController，分别设置 Storyboard ID 为 FirstVC 和 SecondVC，同时放置两个 Label 控件到各自的界面，如图 10-5 所示。

图 10-5

内容视图切换代码实现如下：

```
class ViewController: NSViewController {
   @IBOutlet weak var mainView: NSView!
   var currentController: NSViewController?
   override func viewDidLoad() {
      super.viewDidLoad()
      self.initiateControllers()
      self.changeViewController(0)
   }

   func initiateControllers() {
      let vc1 = self.storyboard?.instantiateController(withIdentifier: NSStoryboard.
         SceneIdentifier(rawValue: "FirstVC")) as! NSViewController
      let vc2 = self.storyboard?.instantiateController(withIdentifier: NSStoryboard.
         SceneIdentifier(rawValue: "SecondVC")) as! NSViewController self.
         addChildViewController(vc1)
      self.addChildViewController(vc2)
   }

   // 通过 ComboBox 选择，切换到不同的视图控制器显示内容
   @IBAction func selectionChanged(_ sender: NSComboBox) {
      let selectedIndex = sender.indexOfSelectedItem
      self.changeViewController(selectedIndex)
   }

   func changeViewController(_ index: NSInteger) {
      if currentController != nil {
         currentController?.view.removeFromSuperview()
      }
      // 数组越界保护
      guard index >= 0  &&  index <= self.childViewControllers.count-1 else {
         return
      }

      currentController = self.childViewControllers[index]
      self.mainView.addSubview((currentController?.view)!)

      // autoLayout 约束
      let topAnchor = currentController?.view.topAnchor.constraint(equalTo: self.mainView.
         topAnchor, constant: 0)

      let bottomAnchor = currentController?.view.bottomAnchor.constraint(equalTo: self.
         mainView.bottomAnchor, constant: 0)

      let leftAnchor =  currentController?.view.leftAnchor.constraint(equalTo: self.mainView.
         leftAnchor, constant: 0)

      let rightAnchor = currentController?.view.rightAnchor.constraint(equalTo: self.mainView.
         rightAnchor, constant: 0)

      NSLayoutConstraint.activate([topAnchor!, bottomAnchor!, leftAnchor!, rightAnchor!])
   }
}
```

10.1.5 两个视图控制器之间的切换方法

用户可以使用系统默认的动画方式来完成两个视图之间切换的动画，也可以自定义动画完成切换。macOS 10.10 之后提供了多种视图控制器之间的切换方法如下：

```
// 模态切换
func presentViewControllerAsModalWindow(_ viewController: NSViewController)

// Sheet 方式切换
func presentViewControllerAsSheet(_ viewController: NSViewController)

// Popover 方式切换
func presentViewController(_ viewController: NSViewController, asPopoverRelativeTo
   positioningRect: NSRect, of positioningView: NSView, preferredEdge: NSRectEdge, behavior:
   NSPopoverBehavior)

// 自定义动画方式
func presentViewController(_ viewController: NSViewController, animator: NSViewController
   PresentationAnimator)

// 子视图间转场变换，from 和 to 必须拥有同一个父视图
func transition(from fromViewController: NSViewController, to toViewController: NSViewController,
   options: NSViewControllerTransitionOptions = [], completionHandler completion: (() -> Swift.
   Void)? = nil)

// 关闭切换后显示的 controller
func dismissViewController(_ viewController: NSViewController)
func dismiss(_ sender: AnyObject?)
```

在 Main.storyboard 中创建一个新的 View Controller，修改 Storyboard ID 为 PresentVC，同时创建一个类 NSViewController 的子类 PresentViewController，配置新建的 View Controller 的 Class 为 PresentViewController。

在系统默认创建的第一个 View Controller 的界面放置 5 个按钮，如图 10-6 所示。

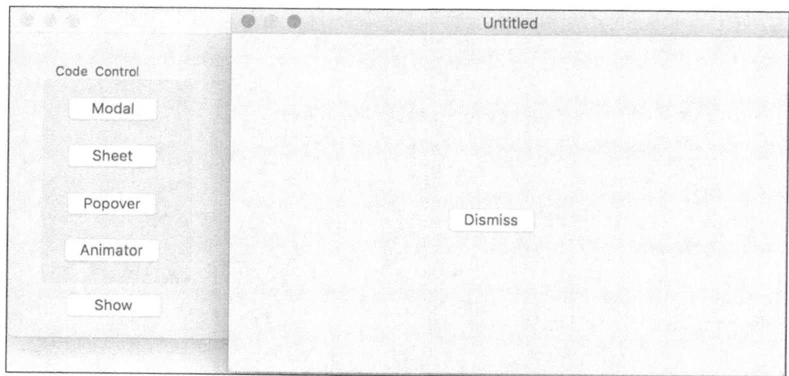

图 10-6

在 ViewController 中分别实现下面每个按钮的动作事件。

（1）Modal：

```
@IBAction func presentAsModalAction(_ sender: NSButton){
   let sceneIdentifier = NSStoryboard.SceneIdentifier(rawValue: "PresentVC")
   let presentVC = self.storyboard?.instantiateController(withIdentifier: sceneIdentifier)
      as? NSViewController
   self.presentViewControllerAsModalWindow(presentVC!)
}
```

（2）Sheet：Sheet 效果是从 Window 窗口顶部居中的位置显示出来。

```
@IBAction func presentAsSheetAction(_ sender: NSButton){
   let sceneIdentifier = NSStoryboard.SceneIdentifier(rawValue: "PresentVC")
```

```
    let presentVC = self.storyboard?.instantiateController(withIdentifier: sceneIdentifier)
      as? NSViewController
    self.presentViewControllerAsSheet(presentVC!)
}
```

执行 presentAsSheetAction 方法后发现 PresentViewController 完全遮挡了底层的 View Controller，因此需要在 PresentViewController 界面增加一个 Dismiss 按钮来关闭自己，如图 10-7 所示。

```
class PresentViewController: NSViewController {
    @IBAction  func dismissAction(_ sender: AnyObject?) {
        self.dismiss(self)
    }
}
```

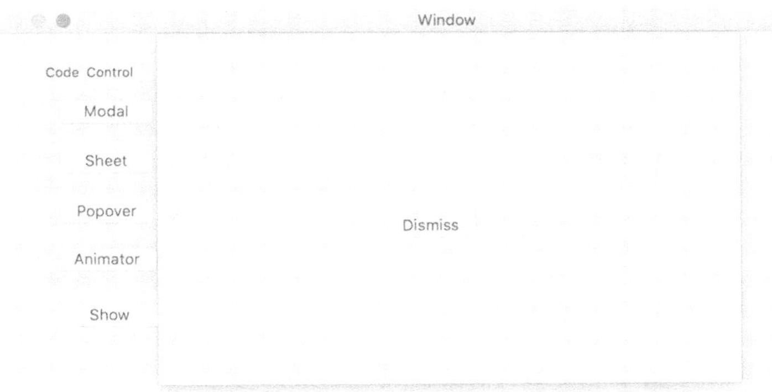

图 10-7

（3）Popover：以 NSPopover 视图方法弹出视图界面，详细可以参见第 4 章中 NSPopover 的部分。

```
@IBAction func presentAsPopoverAction(_ sender: NSButton){

    let sceneIdentifier = NSStoryboard.SceneIdentifier(rawValue: "PresentVC")
    let presentVC = self.storyboard?.instantiateController(withIdentifier: sceneIdentifier)
      as? NSViewController

    self.presentViewController(presentVC!, asPopoverRelativeTo: sender.frame, of: self.view,
preferredEdge: .minY, behavior:.transient )
}
```

（4）Animator：自定义动画方式，定义一个 PresentCustomAnimator 类，实现 NSViewController PresentationAnimator 协议方法。

下面实现的是基于 Layer 的 alphaValue 渐变的动画：

```
class PresentCustomAnimator: NSObject,NSViewControllerPresentationAnimator {
    func animatePresentation(of viewController: NSViewController, from fromViewController:
      NSViewController) {

        let bottomVC = fromViewController
        let topVC = viewController
        topVC.view.wantsLayer = true
        topVC.view.alphaValue = 0

        bottomVC.view.addSubview(topVC.view)
```

```
        topVC.view.layer?.backgroundColor = NSColor.gray().cgColor

        NSAnimationContext.runAnimationGroup( {context in
            context.duration = 0.5
            topVC.view.animator().alphaValue = 1

            }, completionHandler:nil)
    }

    func animateDismissal(of viewController: NSViewController, from fromViewController:
        NSViewController) {

        let topVC = viewController

        NSAnimationContext.runAnimationGroup( {context in
            context.duration = 0.5
            topVC.view.animator().alphaValue = 0
            }, completionHandler: { topVC.view.removeFromSuperview() } )
    }
}
```

实现了自定义动画，就可以在下面使用这个动画展示 PresentViewController 了：

```
@IBAction func presentAsAnimatorAction(_ sender: NSButton){
    let sceneIdentifier = NSStoryboard.SceneIdentifier(rawValue: "PresentVC")
    let presentVC = self.storyboard?.instantiateController(withIdentifier: sceneIdentifier)
        as? NSViewController
    let animator = PresentCustomAnimator()
    self.presentViewController(presentVC!, animator: animator)
}
```

（5）Show：父视图所属的两个子视图间的切换，要求 from 和 to 参数的 controller 拥有同一个父视图控制器。

```
@IBAction func showAction(_ sender: NSButton){
    let presentVCSceneIdentifier = NSStoryboard.SceneIdentifier(rawValue: "PresentVC")
    let presentVC = self.storyboard?.instantiateController(withIdentifier: presentVCSceneId
        entifier) as? NSViewController

    let toVCSceneIdentifier = NSStoryboard.SceneIdentifier(rawValue: "toVC")
    let toVC = self.storyboard?.instantiateController(withIdentifier: toVCSceneIdentifier)
        as? NSViewController
    // 增加两个子视图控制器
    self.addChildViewController(presentVC!)
    self.addChildViewController(toVC!)
    // 显示 presentVC 视图
    self.view.addSubview((presentVC?.view)!)
    // 从 presentVC 视图 切换到另外一个 toVC 视图
    self.transition(from: presentVC!, to: toVC!, options: NSViewController.TransitionOptions.
        crossfade , completionHandler: nil)
}
```

10.1.6 Storyboard 中的视图控制

Storyboard 中可以通过定义 Segue 来实现不同控制器之间的跳转。

为了与前面代码控制 View Controller 的跳转方式有所区别，从控件工具箱拖放一个 Box，修改其 Title 为 Code Control，将之前 Modal、Sheet、Popover 和 Animator 这 4 个按钮拖入 Box 中作为它的子元素。再拖放一个新的 Box，修改 Title 为 Segue Control，依次新建 5 个按钮，如

图 10-8 所示。

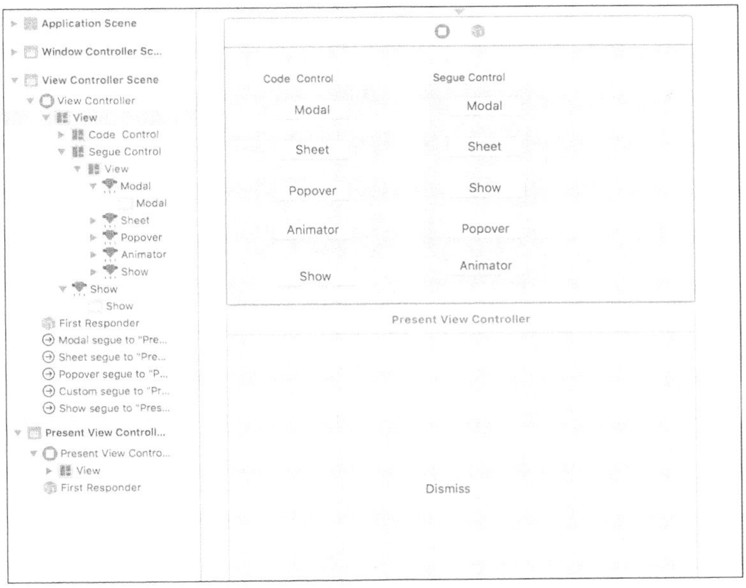

图 10-8

鼠标选择 Segue Control 分组内的 Modal 按钮，同时按下 Control 键，从按钮向下面第二个 View Controller 拖放，出现 HUD 的 Action Segue，有 5 种动作类型可选，即 Modal、Sheet、Show、Popover 和 Custom，其中 Show 模式相当于没有动画的普通切换方式，另外 4 种方式与前面通过代码实现两个视图控制器之间切换方法中的 4 种方式是一一对应的，Animator 对应选择 Custom 自定义方式，如图 10-9 所示。

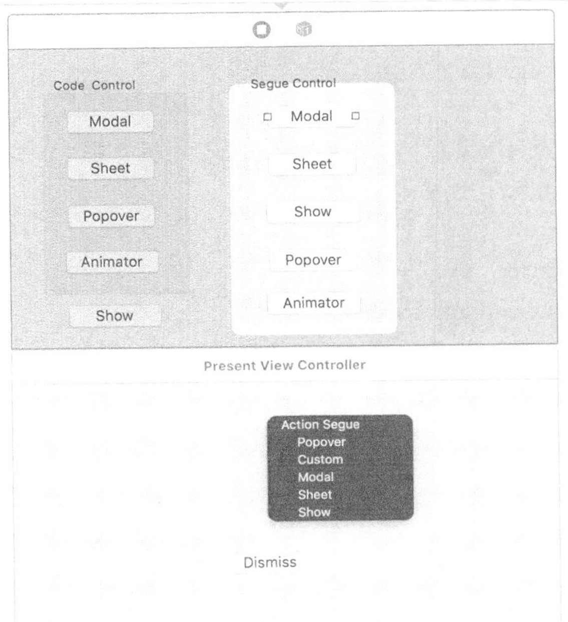

图 10-9

分别选中 Segue Control 内的 5 个按钮，进行 Segue 跳转方式。名称一一对应地进行连接。

对于 Custom 模式，需要实现 NSStoryboardSegue 的子类 CustomSegue，进行定制处理。

```
class CustomSegue: NSStoryboardSegue {
    override func perform(){
        let sourceViewController      = self.sourceController;
        let destinationViewController = self.destinationController
        let animator = PresentCustomAnimator()
        sourceViewController.presentViewController(destinationViewController as! NSViewController,
            animator: animator)
    }
}
```

选择点击 Animator 对应的 Segue，在属性面板配置它的子类为 CustomSegue，如图 10-10 所示。

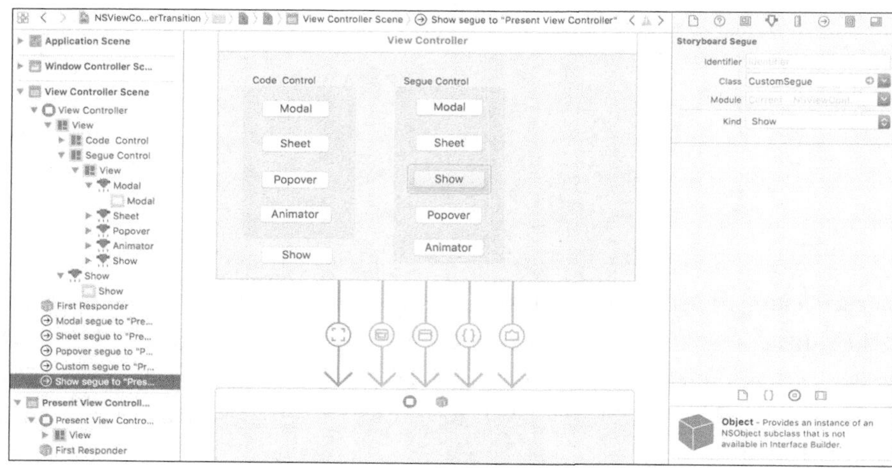

图 10-10

运行工程，可以验证在 Storyboard 中用 Segue 的方式实现了同样的代码控制效果。

10.1.7　视图中手势识别

NSGestureRecognizer 定义了手势识别的基本接口，它有 5 个子类来具体实现不同的手势识别。

- NSClickGestureRecognizer：点击。
- NSPanGestureRecognizer：滑动。
- NSPressGestureRecognizer：按。
- NSMagnificationGestureRecognizer：缩放。
- NSRotationGestureRecognizer：旋转。

定义手势识别的类和处理的动作方法，增加到需要识别的视图即可。

```
class ViewController: NSViewController {

    override func viewDidLoad() {
        super.viewDidLoad()
        // 创建手势类
        let gr = NSMagnificationGestureRecognizer(target: self, action: #selector(ViewController.
            magnify(_:)))
        // 视图增加手势识别
        self.view.addGestureRecognizer(gr)
        gr.delegate = self
```

```
    }
}
```

根据手势识别不同状态进行具体的处理，示例代码如下：

```
extension ViewController: NSGestureRecognizerDelegate {
   func magnify(_ sender: NSMagnificationGestureRecognizer) {
      switch  sender.state {
      case .began:
         print("ClickGesture began")
      break

      case .changed:
         print("ClickGesture changed")
         break

      case .ended:
         print("ClickGesture ended")
         break

      case .cancelled:
         print("ClickGesture cancelled")
         break

     default : break
      }
   }
}
```

10.2 选项卡控制器

选项卡控制器（Tab View Controller）是用来方便管理 Tab View 的控制器，其对应的类是 NSTabViewController。

10.2.1 使用 NSTabView 创建选项卡视图

使用 NSTabView 创建选项卡视图的步骤如下。

（1）从控件工具箱拖一个 Tab View 到一个 window 或 viewController 的 view 界面上。

（2）从控件工具箱拖放其他组件到不同的选项卡页面，以完成每个选项卡页面的设计，如图 10-11 所示。

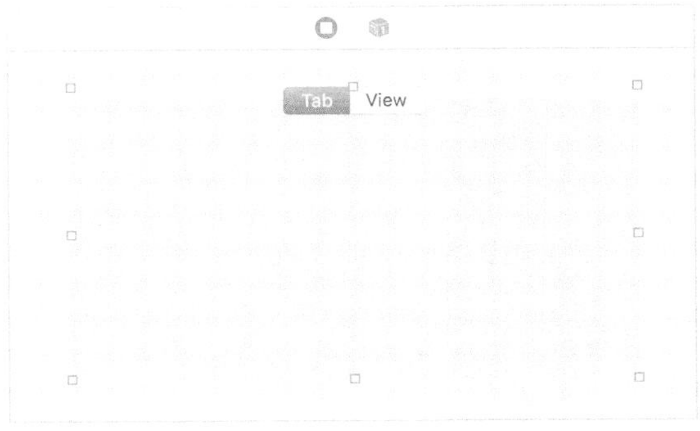

图 10-11

其中第 2 步也可以用另外一种方式设计：为每个选项卡页面分别单独创建 NSViewController 来完成页面设计，然后运行的时候将 NSViewController 的 view 添加到每个选项卡页面的 view 中去，代码如下：

```
let tabItems = self.tabView.tabViewItems
let vc1 = FirstViewController()
let vc2 = SecondViewController()
let vcs = [vc1,vc2]
var index = 0
for item in tabItems  {
   let vc = vcs[index]
   item.view?.addSubview(vc.view)
   vc.view.frame = item.view!.bounds
   index = index+1
}
```

10.2.2 使用 NSTabViewController 管理选项卡视图

在 macOS 10.10 及以后的系统中使用 NSTabViewController 管理选项卡视图的过程如下。

（1）创建一个 NSTabViewController 的子类 TabViewController。

（2）创建多个基于 xib 的 NSViewController，增加控件到 xib 界面，完成每个 NSViewController 界面元素的设计。

（3）将每个 NSViewController 实例化，作为子视图控制器加入 NSTabViewController 即可完成。

具体代码如下：

```
class TabViewController: NSTabViewController {
   override func viewDidLoad() {
      let firstViewController  = FirstViewController()
      firstViewController.title =  "FirstTab";
      let secondViewController = SecondViewController()
      secondViewController.title = "SecondTab";

      self.addChildViewController(firstViewController)
      self.addChildViewController(secondViewController)
   }
}
```

增加子视图控制器后，运行结果如图 10-12 所示。

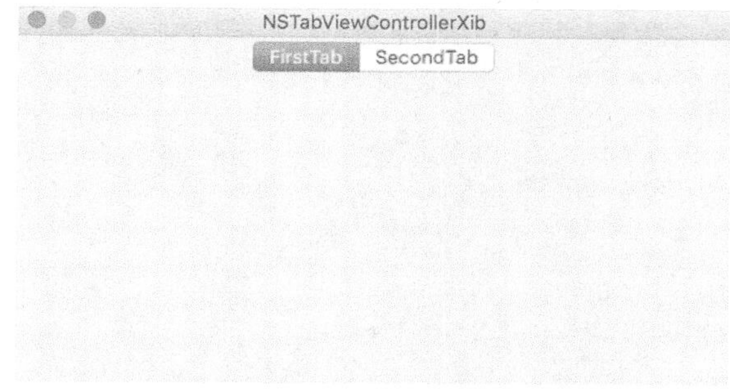

图 10-12

10.2.3 使用 Storyboard 方式创建

创建一个新的 Storyboard 工程，删除其中的 View Controller。从控件工具箱拖放一个 Tab

View Controller，它默认有两个子 View Controller。

点击 Window Controller，建立它到 Tab View Controller 之间的 Segue 关系，如图 10-13 所示。

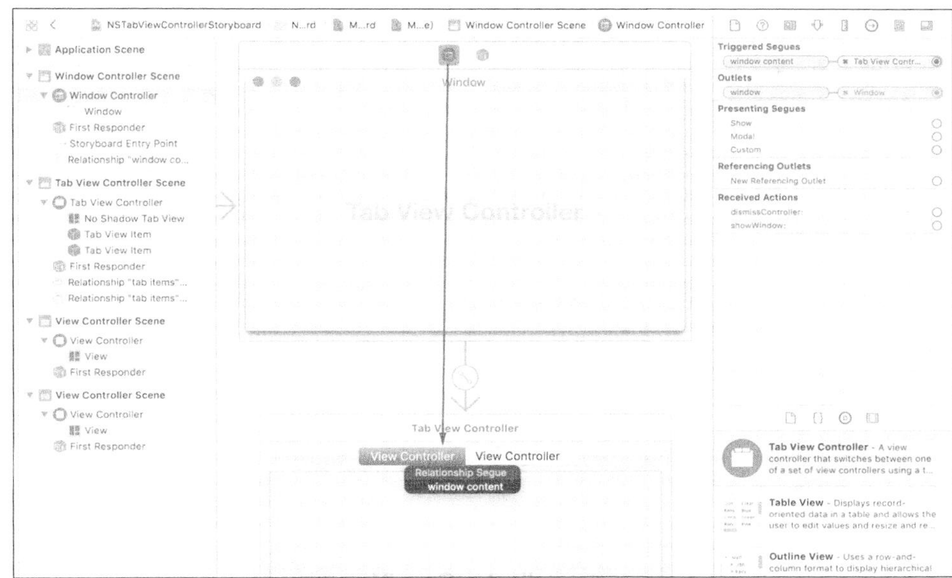

图 10-13

要增加更多的选项卡，从控件工具箱拖放一个 View Controller 到 Storyboard 中心面板上，点击左边导航区，选中 Tab View Controller，在右边属性面板区 tab Items 点击右边小圆点，拖放到新建的 View Controller，如图 10-14 所示。

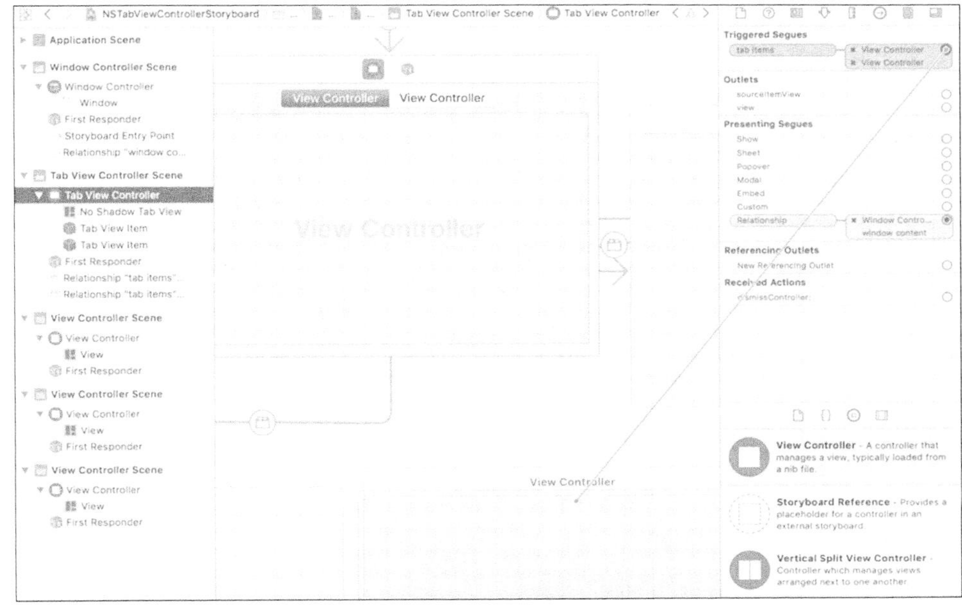

图 10-14

10.2.4 选项卡选中事件

如果要捕获选项卡不同页面的切换事件，可以通过实现 NSTabViewController 的 NSTabViewDelegate 代理协议里的代理方法，与单独使用 NSTabView 是一样的，可以参考 4.21 节。

10.3 分栏视图控制器

分栏视图控制器（Split View Controller）是 macOS 10.10 新增的一种左右或上下分隔的多视图管理控制器，其对应的类是 NSSplitViewController。每个区域都由一个单独的视图控制器管理。

NSSplitViewController 的核心对象是 NSSplitView，实际上自 macOS 10.10 系统以来，苹果公司的思路是将原有的容器式视图（NSTabView 和 NSSplitView）统一增加了控制器类，NSSplitViewController 只是对原有的 NSSplitView 进行了进一步封装，方便开发者使用。

NSSplitViewController 管理多个 NSSplitViewItem，每个 NSSplitViewItem 包含一个 NSViewController 对象，每个 NSViewController 又有一个 NSView 对象，如图 10-15 所示，最终这些 NSView 对象会增加到 NSSplitView 的视图中，成为每个分隔区的视图。

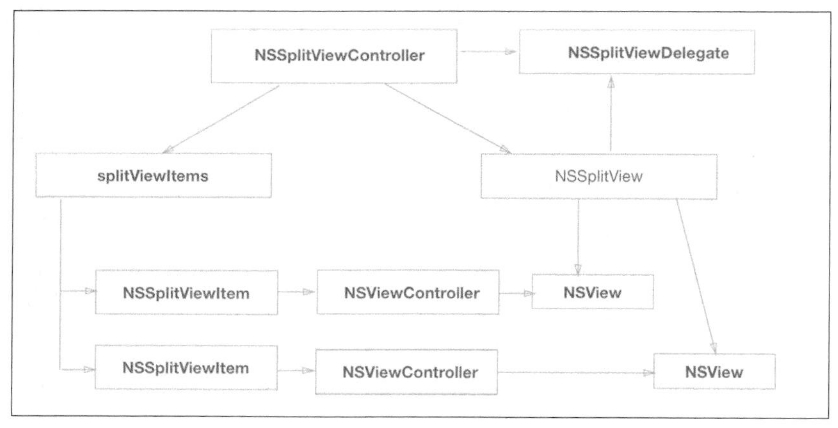

图 10-15

NSSplitViewController 实现了 NSSplitViewDelegate 代理协议，使得 NSSplitView 能够响应代理回调方法。

10.3.1 控制器的几个重要的属性和方法

NSSplitViewController 管理分隔区域对象的增加和删除，实现代理 NSSplitViewDelegate 协议方法。

```
// 核心视图对象 NSSplitView
var splitView: NSSplitView

// 每个区域的 NSSplitViewItem 类型的对象
var splitViewItems: [NSSplitViewItem]

// 增加一个区域对象
```

```
func addSplitViewItem(_ splitViewItem: NSSplitViewItem)

// 在 index 位置插入一个区域对象
func insertSplitViewItem(_ splitViewItem: NSSplitViewItem, at index: Int)

// 删除一个区域对象
func removeSplitViewItem(_ splitViewItem: NSSplitViewItem)
```

10.3.2 NSSplitViewItem

NSSplitViewItem 用来代表每个分隔区的模型类。

（1）通过 ViewController 定义 NSSplitViewItem 的类方法如下：

```
init(viewController: NSViewController)
```

（2）管理的 NSViewController 属性变量如下：

```
var viewController: NSViewController
```

（3）判断是否折叠了本区域的属性如下：

```
var isCollapsed: Bool
```

（4）是否允许本区域折叠：一般要实现折叠当前这个区域时需要设置此属性为 true。NSSplitView 为水平方向的时候，折叠表示 viewController 中的 view 宽度为 0。NSSplitView 为垂直方向的时候，折叠表示 ViewController 中的 view 高度为 0。

```
var canCollapse: Bool
```

（5）自动布局时的优先级属性：holdingPriority 越小，优先按最大的约束值显示视图。假如 NSSplitView 为水平方向，对每个区域中的 NSViewController 管理的视图，每个视图都设置了自动布局的最小和最大宽度的约束条件，对于 holdingPriority 小的，NSViewController 的 view 按最大宽度显示。

```
var holdingPriority: NSLayoutPriority
```

10.3.3 NSSplitView

NSSplitView 是分隔区域的视图容器类。

（1）水平或垂直的分隔样式风格设置，true 表示水平方向，false 表示垂直方向。

```
var isVertical: Bool
```

（2）分隔线的样式，有粗细 3 种不同的样式。

```
var dividerStyle: NSSplitViewDividerStyle
```

（3）如果设置了 autosaveName，则一次运行后记住上次分隔线的位置。

```
var autosaveName: String?
```

10.3.4 使用 Storyboard 创建分栏视图控制器

创建一个新工程，选择使用 Storyboard。删除默认生成的 View Controller Scene，从控件工具箱拖放创建一个 Vertical Split View Controller，设置 Window Controller 关联到它的 Segue，如图 10-16 所示。

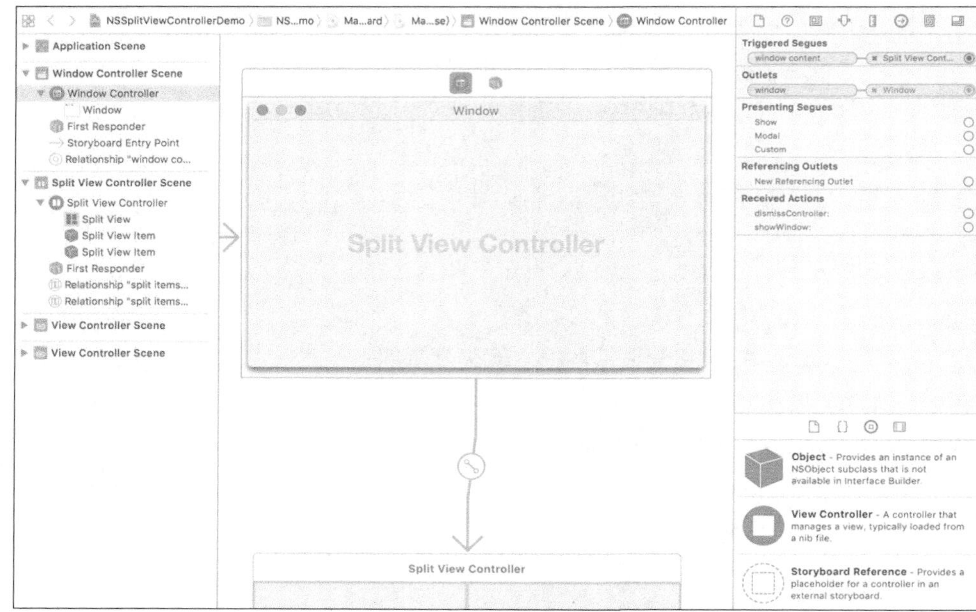

图 10-16

10.3.5 用代码创建分栏视图控制器

创建一个名为 NSSplitVCCodeCreateDemo 的新的 Storyboard 工程。新建一个 NSSplitView Controller 的子类 SplitViewController，不要勾选 xib。新建一个 NSViewController 的子类 SubViewController，勾选使用 xib 方式。

选中 Main.storyboard 文件，将 View Controller Scene 中的 Controller 的子类配置修改为 SplitViewController，同时将删除默认生成的 ViewController.swfit 类文件。

在 SplitViewController 的 viewDidLoad 方法中创建 NSSplitViewItem，完成子视图配置。相关代码如下：

```
class SplitViewController: NSSplitViewController {
    override func viewDidLoad() {
        super.viewDidLoad()

        let item1 = NSSplitViewItem()
        item1.viewController = SubViewController()
        item1.canCollapse = false
        item1.holdingPriority = NSLayoutConstraint.Priority(rawValue: 250)

        let item2 = NSSplitViewItem()
        item2.viewController = SubViewController()
        item2.canCollapse = false
        item2.holdingPriority = NSLayoutConstraint.Priority(rawValue: 270)

        // 水平方向
        self.splitView.isVertical = true

        // 增加 NSSplitViewItem
        self.addSplitViewItem(item1)
        self.addSplitViewItem(item2)

        // 左边视图宽度>200,<300
```

```
        let item1WidthGreaterThanOrEqualAnchor = item1.viewController.view.widthAnchor.
           constraint(greaterThanOrEqualToConstant: 200);
        let item1WidthlessThanOrEqualAnchor = item1.viewController.view.widthAnchor.constraint
           (lessThanOrEqualToConstant: 300);
         // 右边视图宽度>100,<800
        let item2WidthGreaterThanOrEqualAnchor = item2.viewController.view.widthAnchor.
           constraint(greaterThanOrEqualToConstant: 100);
        let item2WidthlessThanOrEqualAnchor = item2.viewController.view.widthAnchor.constraint
           (lessThanOrEqualToConstant: 800);
        // 激活约束条件
        NSLayoutConstraint.activate([item1WidthGreaterThanOrEqualAnchor, item1WidthlessThanO
           rEqualAnchor, item2WidthGreaterThanOrEqualAnchor, item2WidthlessThanOrEqualAnchor])
    }
}
```

由于 item1 的 holdingPriority 规定为 250，小于 item2 的 270，因此 item1.viewController.view 会按最小 200 宽度占据左边位置，而让 item2 尽量按最大的宽度占用空间。也就是说 NSSplitView 中间的分隔线在 200 位置处。反过来，如果使 item1 的 holdingPriority 为 270 而 item2 的为 250，则 item1.viewController.view 会按最大 300 宽度占据左边位置，NSSplitView 中间的分隔线在 300 位置处。

10.3.6 可折叠的视图控制

对于 splitView 中的视图，有时候需要其中一个子视图能放大显示到整个窗口大小，另一个子视图完全隐藏，如图 10-17 所示。

图 10-17

创建一个使用 Storyboard 的工程 DoubleClickCollapseSplitView，删除 Main.storyboard 中的 ViewController。从控件工具箱拖放一个 NSSplitViewController，关联 Window Controller 的 content 到 NSSplitViewController。

新建两个类，WindowController 继承 NSWindowController，SplitViewController 继承 NSSplitView Controller。配置 Main.storyboard 界面中的 WindowController 的 Class 为新建的 WindowController 类，界面中 SplitViewController 的 Class 为新建的 SplitViewController 类。

WindowController 界面的 Window 上增加 Toolbar 工具栏，删除默认的系统工具栏，增加一个 image 工具栏按钮，按钮绑定动作事件到 openCloseAction 方法，在 WindowController 类中实现 openCloseAction 方法。

```
@IBAction func openCloseAction(_ sender: AnyObject) {
   NotificationCenter.default.post(name: Notification.Name.onOpenCloseView, object: nil)
}
```

SplitViewController 控制器中实现 splitView 左边视图的开关控制处理：主要实现思路是定义一个开关变量，每次收到打开或关闭消息时根据开关状态的不同，打开或关闭左边视图。关闭左边视图时，更新右边视图的大小为整个 splitView 的大小，然后执行 splitView 的 display 方法完成刷新。打开左边视图时，重新计算右边的大小，同样执行刷新即可。

如果要实现关闭右边，左边视图占据整个 splitView 大小的需求，可以参考上述思路去实现。

```
class SplitViewController: NSSplitViewController {
   var isLeftCollapsed: Bool = false
   override func viewDidLoad() {
      super.viewDidLoad()
      NotificationCenter.default.addObserver(self, selector:#selector(self.toggleLeftView(_:)),
         name:NSNotification.Name.onOpenCloseView, object: nil)
   }

   @objc func toggleLeftView(_ notification: Notification){
      if isLeftCollapsed {
         self.expandLeftView()
         isLeftCollapsed = false
      }
      else {
         self.collapsedLeftView()
         isLeftCollapsed = true
      }
   }

   func expandLeftView(){
      let leftView = self.splitView.subviews[0]
      let rightView = self.splitView.subviews[1]
      leftView.isHidden = false

      let dividerThickness = self.splitView.dividerThickness

      let leftFrame = leftView.frame
      var rightFrame = rightView.frame

      // 右边视图 frame 恢复到之前的大小(rightView.size = splitView.size - leftView.size)
      rightFrame.size.width = rightFrame.size.width - leftFrame.size.width - dividerThickness

      rightView.frame = rightFrame
      // 重新刷新显示
      self.splitView.display()
   }

   func collapsedLeftView(){
      let leftView = self.splitView.subviews[0]
      let rightView = self.splitView.subviews[1]
      // 隐藏左边视图
      leftView.isHidden = true

      var frame = rightView.frame
      frame.size = self.splitView.frame.size
      // 右边视图 frame 占据整个 splitview 的大小
      rightView.frame = frame;
      // 重新刷新显示
      self.splitView.display()
   }
}
```

另外一种简单的方法是修改 NSSplitViewController 的 isCollapsed 开关属性来实现上述的效果。

```
@objc func toggleLeftView(_ notification: Notification){
       let isCollapsed = self.splitViewItems.first!.animator().isCollapsed
       self.splitViewItems.first!.animator().isCollapsed = !isCollapsed
}
```

10.4 视图控制器与窗口控制器的关系

理解视图与窗口、视图控制器与窗口控制器之间的关系，可以更好地帮助我们进行 UI 界面的设计与开发。

10.4.1 视图与窗口

视图与窗口的关系简单表述如下。

（1）窗口依赖视图而存在，窗口必须有一个根视图，即内容视图。

（2）每个视图都存在于一个窗口中，通过 self.view.window 获取 view 的 window。

窗口加载之前，即 windowDidLoad 执行时会先加载 window 对应的内容视图从而触发视图控制器 NSViewController 的 viewDidLoad 方法，在 viewDidLoad 中视图的窗口属性没有被设置，只有当视图显示到屏幕上时才会设置。因此需要在 viewDidAppear 方法中获取视图所在的 window。self.view 的所有子视图的 window 获取也同样如此。

具体代码如下：

```
class WindowController: NSWindowController {
   override func windowDidLoad() {
      super.windowDidLoad()
   }
}

class ViewController: NSViewController {
   override func viewDidLoad() {
      super.viewDidLoad()
   }
   override func viewDidAppear() {
      super.viewDidAppear()
      self.view.window?.center()
   }
}
```

10.4.2 视图控制器与窗口控制器

窗口的显示依赖于它与视图 contentView、NSWindowController、NSWinow、NSViewController 和 NSView 之间的关系，如图 10-18 所示。

NSWindowController 和 NSWinow 之间是互为引用的关系。NSWinow 的内容视图 contentView 为 NSView。当 NSWindowController 配置了 contentViewController 时，contentViewController 即 NSViewController 的 view 最终就是 NSWindowController 的 window 的 contentView。而 view 所在的 window 即它的 window 属性就是 NSWindowController 的 window，因此从图 10-18 中可以看到 view 到 window 之间有一条引用的箭头线。

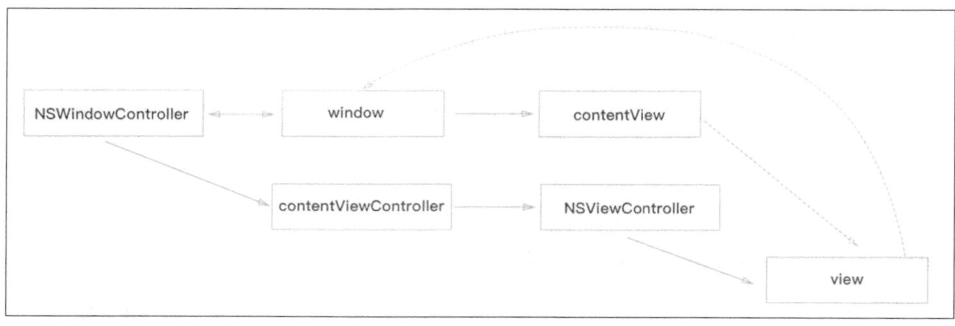

图 10-18

10.4.3 不依赖 xib 和 storyboard，纯代码实现应用

创建一个 Xcode 使用 xib 方式的项目 PureCodeApp，删除 MainMenu.xib 文件中的 window，或者创建一个 storyboard 方式的项目，删除所有默认创建的 NSWindowController 和 NSViewController 的 Scene。

（1）纯代码的 WindowController 实现。这里面主要创建一个 NSWindow 和 一个 View Controller 的懒加载实例，在 WindowController 的 初始化 init 方法中配置它的 window 和 contentViewController。required init 空方法是 Swift 编译时语法的需要。

```
class WindowController: NSWindowController {
   lazy var myWindow: NSWindow = {
      let frame = CGRect(x: 0, y: 0, width: 400, height: 280)
      let style : NSWindow.StyleMask = [NSWindow.StyleMask.titled,NSWindow.StyleMask.closable,
         NSWindow.StyleMask.resizable]
      // 创建window
      let window = NSWindow(contentRect:frame, styleMask:style, backing:.buffered, defer:false)
      window.isRestorable = false
      window.title = "Code Create Window"
      window.windowController = self
      return window
   }()

   lazy var vc: NSViewController = {
      let viewController  = ViewController()
      return viewController
   }()

   convenience init(windowNibName: NSNib.Name){
      self.init(window:nil)
   }

   override init(window: NSWindow?){
      super.init(window:window)
      self.window = self.myWindow
      self.contentViewController = self.vc
      self.window?.center()
   }

   required init?(coder aDecoder: NSCoder) {
      fatalError("init(coder:) has not been implemented")
   }
}
```

（2）纯代码的 ViewController 实现，主要是在它的 init 方法中配置它的 view。

```
class ViewController: NSViewController {
   lazy var myView: NSView = {
      let frame = CGRect(x: 0, y: 0, width: 400, height: 300)
      let view = NSView(frame: frame)
      return view
   }()

   override init(nibName nibNameOrNil: NSNib.Name?, bundle nibBundleOrNil: Bundle?){{
      super.init(nibName: nibNameOrNil, bundle: nibBundleOrNil)
      self.view = myView
   }
   required init?(coder aDecoder: NSCoder) {
      fatalError("init(coder:) has not been implemented")
   }
}
```

（3）AppDelegate 创建 WindowController。

```
class AppDelegate: NSObject, NSApplicationDelegate {
   lazy var wc: WindowController = {
      let wc = WindowController(windowNibName: nil)
      return wc
   }()

   func applicationDidFinishLaunching(_ aNotification: Notification) {
      self.wc.showWindow(self)
   }
}
```

更进一步，可以删除 xib 或 storyboard 文件，同时从 Info.plist 文件中删除 Main nib file base name 或 NSMainStoryboardFile 键值，完全代码在 AppDelegate 中定义，实现纯代码菜单。这样就是一个完全的纯代码实现的项目开发框架了。

完全纯代码参照如下步骤。

（1）删除 AppDelegate 中的@NSApplicationMain 关键字。

（2）创建 main.Swift 文件，在这个文件中创建 Application 和系统菜单。

具体代码如下：

```
func mainMenu() -> NSMenu {
   let mainMenu = NSMenu()
   let mainAppMenuItem = NSMenuItem(title: "Application", action: nil, keyEquivalent: "")
   let mainFileMenuItem = NSMenuItem(title: "File", action: nil, keyEquivalent: "")
   mainMenu.addItem(mainAppMenuItem)
   mainMenu.addItem(mainFileMenuItem)

   let appMenu = NSMenu()
   mainAppMenuItem.submenu = appMenu

   let appServicesMenu = NSMenu()
   NSApp.servicesMenu = appServicesMenu
   appMenu.addItem(withTitle: "About", action: nil, keyEquivalent: "")
   appMenu.addItem(NSMenuItem.separator())
   appMenu.addItem(withTitle: "Preferences...", action: nil, keyEquivalent: ",")
   appMenu.addItem(NSMenuItem.separator())
   appMenu.addItem(withTitle: "Hide", action: #selector(NSApplication.hide(_:)), keyEquivalent: "h")
   appMenu.addItem({ ()->NSMenuItem in
      let m = NSMenuItem(title: "Hide Others", action:
         #selector(NSApplication.hideOtherApplications(_:)), keyEquivalent: "h")
      m.keyEquivalentModifierMask = NSEvent.ModifierFlags([NSEvent.ModifierFlags.command,
```

```
            NSEvent.ModifierFlags.option])
        return m
        }())
    appMenu.addItem(withTitle: "Show All", action: #selector(NSApplication.unhideAllApplications
        (_:)), keyEquivalent: "")

    appMenu.addItem(NSMenuItem.separator())
    appMenu.addItem(withTitle: "Services", action: nil, keyEquivalent: "").submenu =
        appServicesMenu
    appMenu.addItem(NSMenuItem.separator())
    appMenu.addItem(withTitle: "Quit", action: #selector(NSApplication.terminate(_:)),
        keyEquivalent: "q")

    let fileMenu = NSMenu(title: "File")
    mainFileMenuItem.submenu = fileMenu
    fileMenu.addItem(withTitle: "New...", action: #selector(NSDocumentController.newDocument
        (_:)), keyEquivalent: "n")
    return mainMenu
}

autoreleasepool {
    let app =   NSApplication.shared   // 创建应用
    let delegate = AppDelegate()
    app.delegate =  delegate   // 配置应用代理
    app.mainMenu = mainMenu()   // 配置菜单，mainMenu函数需要前向定义，否则编译错误
    app.run()   // 启动应用
}
```

10.5 使用窗口控制器和视图控制器实现简单登录流程

对于有用户系统的应用，通常需要实现登录验证，验证成功后跳转到主页面。通过这个例子学习窗口控制器和视图控制器的结合使用，为大型应用页面管理奠定基础。

基本页面流程如图 10-19 所示，应用启动登录窗口控制器展示登录页，在页面完成登录验证后，关闭登录窗口，同时通知 AppDelegate 展示主窗口控制器。

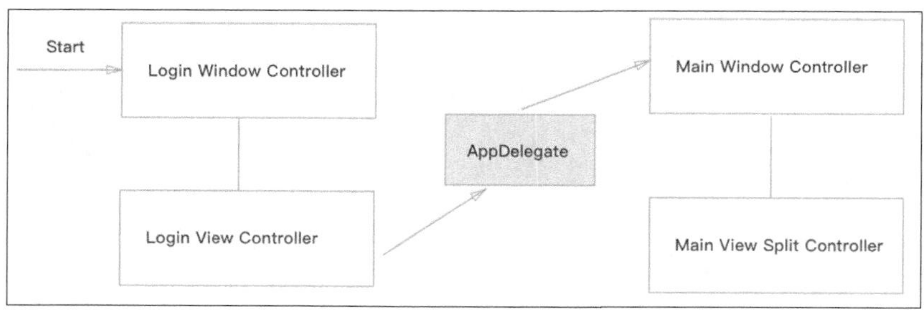

图 10-19

10.5.1 登录流程的基本工程实现

创建一个名为 WindowLogin 工程，勾选使用 Storyboard 来完成项目创建。默认创建的 Main.Storyboard 文件中包括一个 Window Controller 和一个 View Controller。

（1）创建一个 NSWindowController 的子类 LoginWindowController，修改 Window Controller 对应的 Custom Class 为 LoginWindowController。

（2）创建一个 NSViewController 的子类 LoginViewController，修改 View Controller 对应的 Custom Class 为 LoginViewController。

（3）创建一个 NSWindowController 的子类 MainWindowController。点击 Main.Storyboard，从右边控件工具箱选择 Window Controller，拖放到 Storyboard 面板导航区完成创建。修改新建的 Window Controller 对应的 Custom Class 为 MainWindowController。

在左边工程导航区点击右键菜单，新建一个名为 Controllers 的分组，将 LoginWindow Controller、LoginViewController 和 MainWindowController 拖入分组，新建完成项目的结构如图 10-20 所示。默认第一个创建的 Window Controller 为 Initial Controller，为应用启动后自动显示的 Window Controller。

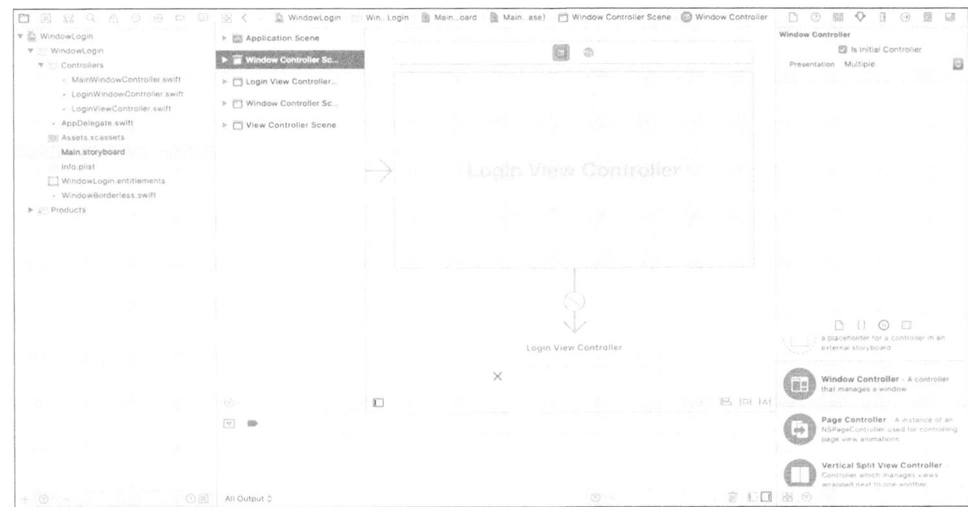

图 10-20

1. Window 的定制

登录窗口是一个没有 Title Bar 的窗口。

点击 Login Window Controller 对应的 Window，如图 10-21 所示，从右边 Appearance 属性组去掉 Title Bar 的勾选。

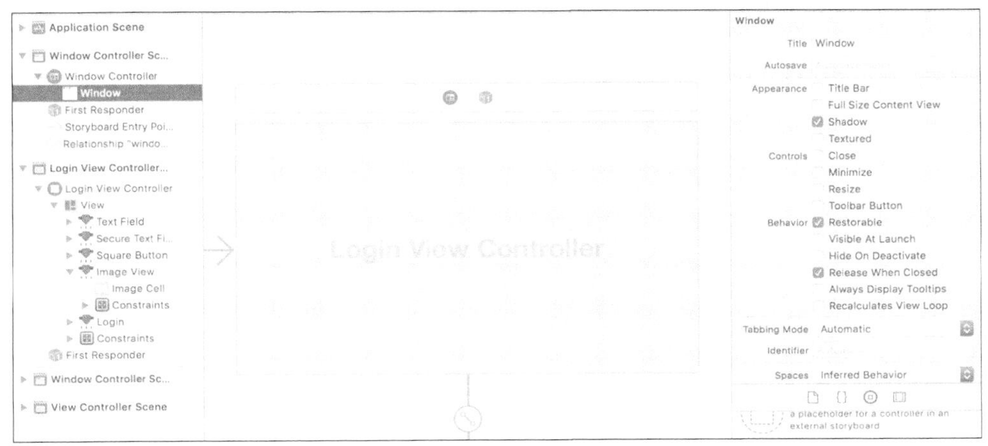

图 10-21

对于无 Title Bar 的窗口，点击窗口时无法拖动，可以通过修改 Window 的 isMovableByWindow

Background 属性为 true 以保证点击后能正常拖动。这个可以通过覆盖 NSWindow 的 init 方法在初始化时完成。

无 Title Bar 的窗口默认情况下不接收键盘事件，通过修改 canBecomeKey 属性返回 true，可以让其接收键盘事件。如果不返回 true，会发现点击 Window 上的 View 视图中的 Text Field 控件无法进行输入。

创建一个 WindowBorderless 类，修改 LoginWindowController 窗口的 Custom Class 为 WindowBorderless，这个类的实现如下：

```
class WindowBorderless: NSWindow {
   override  var canBecomeKey: Bool {
      return true
   }
   override init(contentRect: NSRect, styleMask style: NSWindow.StyleMask, backing
      backingStoreType: NSWindow.BackingStoreType, defer flag: Bool) {
      super.init(contentRect: contentRect, styleMask: style, backing: backingStoreType,
         defer: flag)
      self.isMovableByWindowBackground = true
   }
}
```

2. 设计 Login View Controller 视图

将 Login View Controller 视图拉伸缩放大小，如图 10-22 所示。

（1）界面左上角放置一个 Image Button 控件用来作为关闭按钮，绑定的按钮事件为 closeButtonAction。

（2）中间偏上的位置拖放一个 Image View 控件，下面的部分分别为 Text Field 用户名输入框和 Secure Text Field 密码框。

（3）最下面的部分增加一个 Button 登录按钮，绑定的按钮事件为 loginButtonAction。

具体代码如下：

```
class LoginViewController: NSViewController {
   @IBAction func loginButtonAction(_ sender: NSButton) {
      // 此处省略服务器登录验证
      // 关闭窗口
      self.view.window?.close()
      // 登录完成发送通知消息
      NotificationCenter.default.post(name: Notification.Name.loginOK, object: nil)
   }
   @IBAction func closeButtonAction(_ sender: NSButton) {
      self.view.window?.close()
   }
}
extension Notification.Name {
   // 定义消息通知名称
   static let loginOK = Notification.Name("loginOK")
}
```

loginButtonAction 方法中，首先需要向服务器发起网络请求完成验证（参见第 24 章，此处省略实际的代码），接着关闭登录窗口，发送一个登录完成的消息通知。

3. 登录界面的窗口控制器

每个 NSWindowController 控制器都是它管理的 NSWindow 的代理，在 LoginWindow Controller 中实现 NSWindowDelegate 协议定义的 windowWillClose 接口方法，在 Window 关闭

时释放控制器强引用的 window 和 contentViewController 实例对象。

```
class LoginWindowController: NSWindowController, NSWindowDelegate {
   override func windowDidLoad() {
      super.windowDidLoad()
   }

   func windowWillClose(_ notification: Notification) {
      self.contentViewController = nil
      self.window = nil
   }
}
```

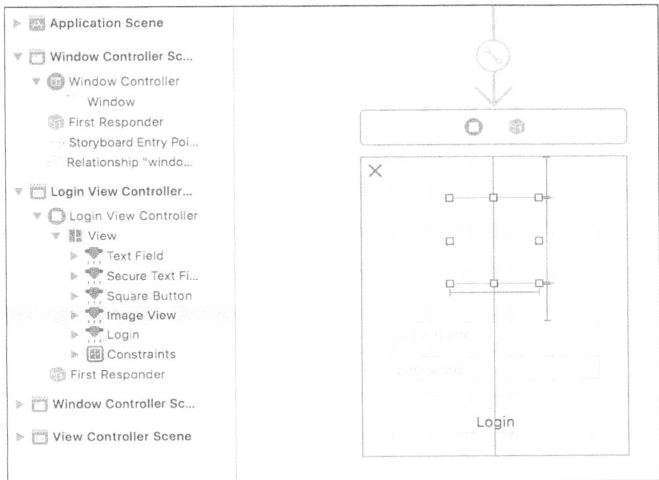

图 10-22

4. 登录完成切换到主应用窗口

AppDelegate 在 applicationDidFinishLaunching 接口方法中注册了 NSNotification.Name. loginOK 这个登录完成消息，接收到消息后显示主应用窗口。

主应用窗口控制器使用懒加载方式，通过 NSStoryboard 根据窗口的 Identifier，获得 MainWindowController 的实例。

```
class AppDelegate: NSObject, NSApplicationDelegate {
   lazy var windowController: MainWindowController? =  {
      let sb = NSStoryboard.init(name: NSStoryboard.Name("Main"), bundle: nil)
      let wvc = sb.instantiateController(withIdentifier: NSStoryboard.SceneIdentifier
         (rawValue: "MainWindowController")) as? MainWindowController
      return wvc
   }()

   func applicationDidFinishLaunching(_ aNotification: Notification) {
      registerNotification()
   }

   func registerNotification(){
      NotificationCenter.default.addObserver(self, selector:#selector(self.onLoginOK(_:)),
         name:NSNotification.Name.loginOK, object: nil)
   }

   @objc func onLoginOK(_ notification: Notification){
     windowController?.showWindow(self)
```

```
    }

    func applicationWillTerminate(_ aNotification: Notification) {
        windowController = nil
    }

    func applicationShouldTerminateAfterLastWindowClosed(_ sender: NSApplication) -> Bool {
        return true
    }
}
```

运行工程界面如图 10-23 所示。

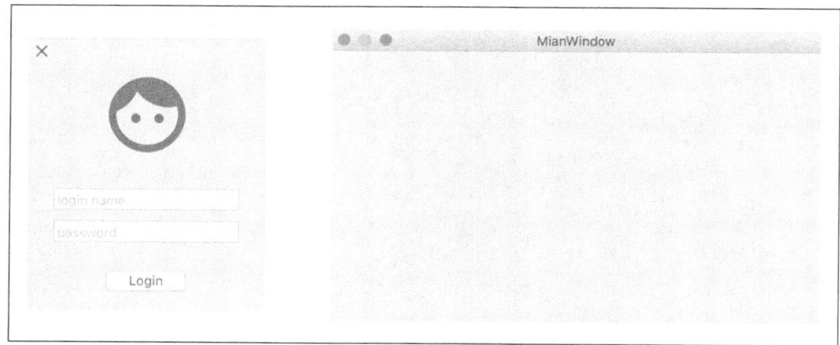

图 10-23

10.5.2 代码控制启动的控制器

如图 10-20 所示，点击 LoginWindowController 控制器，将右边属性面板上 Is Initial Controller 勾选去掉，这样应用启动后没有默认初始启动的窗口控制器，下面通过代码控制启动窗口控制器。

与前面 MainWindowController 一样，使用懒加载方式，从 Main NSStoryboard 获得 loginWindow Controller 控制器实例，在 applicationDidFinishLaunching 方法中调用登录窗口控制器的 showWindow 显示窗口。

```
class AppDelegate: NSObject, NSApplicationDelegate {
    lazy var loginWindowController: LoginWindowController? =  {
        let sb = NSStoryboard.init(name: NSStoryboard.Name("Main"), bundle: nil)
        let wvc = sb.instantiateController(withIdentifier: NSStoryboard.SceneIdentifier
            (rawValue: "LoginWindowController")) as? LoginWindowController
        return wvc
    }()

    func applicationDidFinishLaunching(_ aNotification: Notification) {
        loginWindowController?.showWindow(self)
    }
}
```

10.5.3 登录页面使用效果美化

1. 使用 Filter 效果

点击 LoginViewController 的视图，点击右边属性面板选择切换到 Effect 面板，可以对视图的内容和背景分别或同时配置对应的 Filter 属性，还可以对背景和内容的 Filter 进行组合产生效果。

（1）Content Filters 配置：点击 Content Filters 分组中的+ 按钮，增加一个 Filter，从下面的列表中选择 False Color，分别选择 Color1、Color2，如图 10-24 所示。

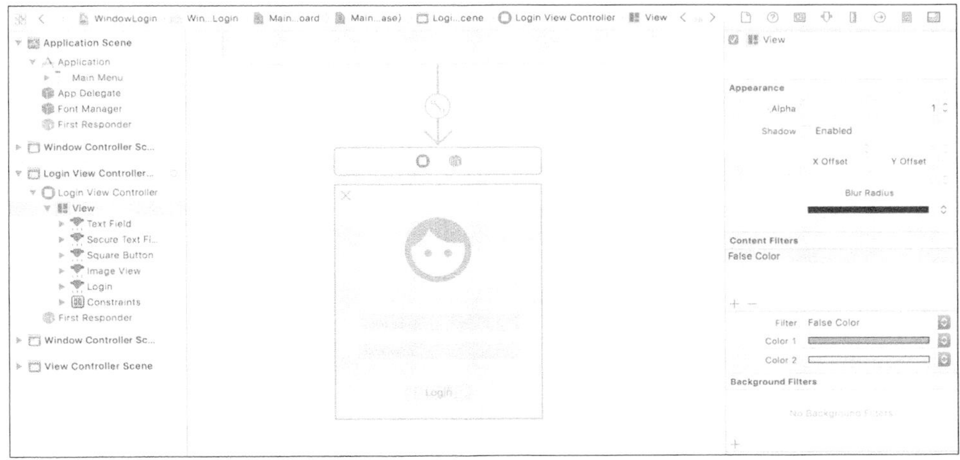

图 10-24

（2）Background Filters：点击 Background Filters 分组中的+ 按钮，增加一个 Filter，从下面的列表中选择 Thermal，如图 10-25 所示。

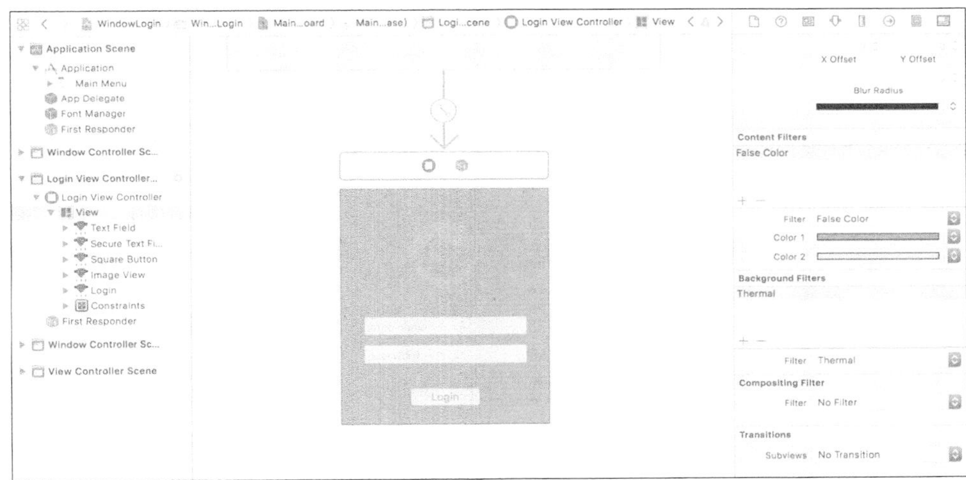

图 10-25

图 10-26 展示的是对 Background Filters 分别选择 Thermal 和 Comic Effect 后运行的界面效果。

图 10-26

（3）Compositing Filters：Compositing Filters 有一个列表，从中可以选择各种不同的组合方式，读者可以自行选择实现各种效果。

NSView 有 3 个属性分别对应上述 3 种 Filter，这样通过代码也可以定义 Filter 效果。

```
open var backgroundFilters: [CIFilter]
open var contentFilters: [CIFilter]
open var compositingFilter: CIFilter?
```

2. 使用 NSVisualEffectView

进入视图设计界面，从控件工具箱拖放 Visual Effect View 到 LoginViewController 的 View 上，拉伸 EffectView 使其大小与 View 一样，如图 10-27 所示，使用自动布局配置 EffectView 和 View 四个方向 Padding 均为 0。

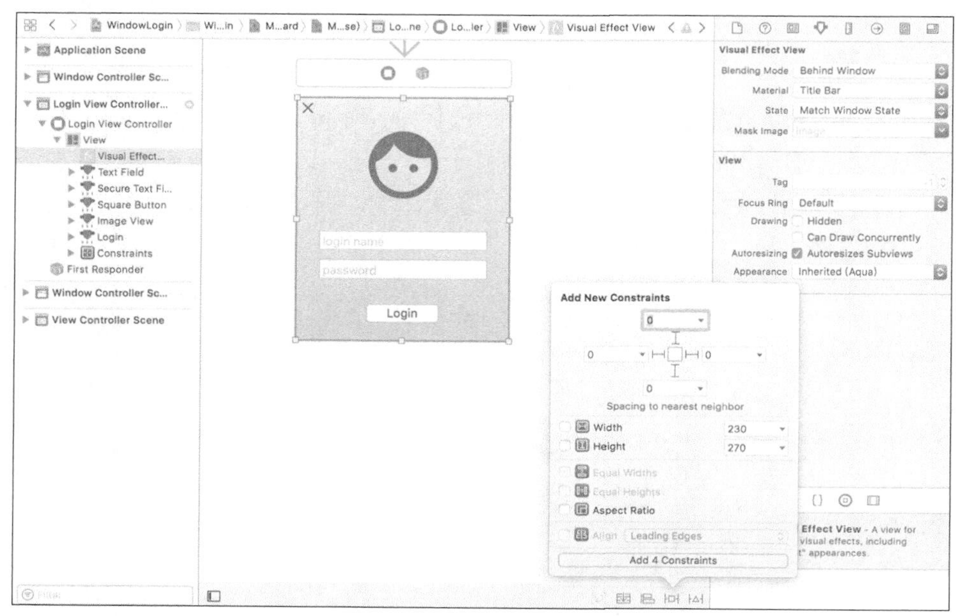

图 10-27

选择渲染模式为 Behind Window，运行后可以看到登录页面与其他窗口背景融合的效果。如果需要 HUD 黑色效果，可以选择 Material 材质为 Dark 模式。

10.5.4　登录页面纯代码实现

删除 Main.storyboard 中的所有 Controller，只留下 Application Scene。

1. LoginWindowController 代码实现

使用懒加载创建 windowBorderless 实例变量，注意配置 window 的 windowController 和 window 的 Delegate 为当前窗口控制器。

在 init 方法中初始化 window 为 windowBorderless 变量，同时创建 contentViewController 的实例为 LoginViewController 控制器变量。

```
class LoginWindowController: NSWindowController, NSWindowDelegate {
   lazy var windowBorderless: WindowBorderless = {
      let frame = CGRect(x: 0, y: 0, width: 400, height: 280)
      let style : NSWindow.StyleMask = [NSWindow.StyleMask.borderless]
```

```
        // 创建window
        let window = WindowBorderless(contentRect:frame, styleMask:style, backing:.retained,
           defer:true)
        window.windowController = self
        window.delegate = self
        return window
    }()

    override init(window: NSWindow?) {
        super.init(window: windowBorderless)
        self.contentViewController = LoginViewController()
    }
    required init?(coder: NSCoder) {
        super.init(coder: coder)
    }
    func windowWillClose(_ notification: Notification) {
        self.contentViewController = nil
        self.window = nil
    }
}
```

2. LoginViewController 代码实现

（1）代码实现视图控制器最关键的一步就是在 loadView 方法中创建控制器的视图实例。

```
override func loadView() {
    let frame = CGRect(x: 0, y: 0, width: 230, height: 270)
    let view = NSView(frame: frame)
    self.view = view
}
```

（2）使用懒加载方式创建各个控件对象实例。注意，用代码创建对象使用自动布局时 translatesAutoresizingMaskIntoConstraints 属性为 false。

```
lazy var closeButton: NSButton = {
    let button = NSButton()
    button.isBordered = false
    button.image = NSImage(named: NSImage.Name("ic_close"))
    button.imageScaling = .scaleProportionallyUpOrDown
    button.translatesAutoresizingMaskIntoConstraints = false
    button.target = self
    button.action = #selector(self.closeButtonAction(_:))
    return button
}()

lazy var imageView: NSImageView = {
    let imageView     = NSImageView()
    imageView.image = NSImage(named: NSImage.Name("ic_face"))
    imageView.imageScaling = .scaleProportionallyUpOrDown
    imageView.translatesAutoresizingMaskIntoConstraints = false
    return imageView
}()

lazy var userNameField: NSTextField = {
    let field = NSTextField()
    field.placeholderString = "login name"
    field.translatesAutoresizingMaskIntoConstraints = false
    return field
}()

lazy var passwordField: NSSecureTextField =  {
```

```
        let field = NSSecureTextField()
        field.placeholderString = "password"
        field.translatesAutoresizingMaskIntoConstraints = false
        return field
    }()

    lazy var loginButton: NSButton = {
        let button = NSButton()
        button.bezelStyle = .rounded
        button.setButtonType(NSButton.ButtonType.momentaryPushIn)
        button.title = "Login"
        button.translatesAutoresizingMaskIntoConstraints = false
        button.target = self
        button.action = #selector(self.loginButtonAction(_:))
        return button
    }()
```

（3）对象添加到视图：封装 addSubviews 方法统一将各个控件对象实例添加到主视图。

```
    func addSubviews() {
        view.addSubview(closeButton)
        view.addSubview(imageView)
        view.addSubview(userNameField)
        view.addSubview(passwordField)
        view.addSubview(loginButton)
    }
```

（4）控件对象自动布局：封装 setupAutoLayout 方法，配置各个控件自动布局。自动布局使用作者的自动布局 AutoLayoutX 库来实现。

```
    func setupAutoLayout() {
        closeButton.top      = 6
        closeButton.left     = 6
        closeButton.width    = 12
        closeButton.height   = 12

        imageView.top        = 36
        imageView.centerX    = view.centerX
        imageView.width      = 78
        imageView.height     = 78

        userNameField.top     = imageView.bottom + 34
        userNameField.centerX = view.centerX
        userNameField.width   = 181
        userNameField.height  = 22

        passwordField.top     = userNameField.bottom + 10
        passwordField.centerX = view.centerX
        passwordField.width   = 181
        passwordField.height  = 22

        loginButton.top       = passwordField.bottom + 27
        loginButton.centerX   = view.centerX
        loginButton.width     = 78
        loginButton.height    = 21
    }
```

（5）视图加载：viewDidLoad 方法中调用 addSubviews 将新建控件添加到视图，调用 setupAutoLayout 实现自动布局。

```
    override func viewDidLoad() {
        super.viewDidLoad()
```

```
        addSubviews()
        setupAutoLayout()
    }
```

3. MainWindowController 代码实现

基本上与 LoginWindowController 实现方式一样，创建一个 NSWindow 对象实例，然后在 Init 方法中进行 window 的关联配置。详细的实现请参见随书的 WindowLoginViewByCode 代码例子。

4. AppDelegate 代码实现

主要流程没有变化，只是 windowController 和 loginWindowController 的实例创建方式稍有变化。

```
class AppDelegate: NSObject, NSApplicationDelegate {
    lazy var windowController: MainWindowController? =  {
        let wvc = MainWindowController()
        return wvc
    }()
    lazy var loginWindowController: LoginWindowController? =  {
         let wvc = LoginWindowController()
         return wvc
    }()
}
```

10.5.5 整个工程纯代码实现

读者可尝试删除整个 Main.storyboard 文件，整个项目全部用纯代码实现，自己实现 AppDelegate 实例和菜单实例的代码创建，参考 10.4 节。

10.6 滚动条视图高级用法

本书第 3 章介绍了滚动条的基本用法，在本节我们将介绍滚动条管理多个视图控件的技巧和方法。

10.6.1 滚动条视图显示多个按钮

需求：通过 NSScrollView 管理 12 个按钮，NSScrollView 视图区高度仅能显示 5 个按钮，超过的需要滚动显示。

NSScrollView 需要结合 DocumentView 实现滚动功能。我们使用 NSView 作为 Button 的容器视图，将 Button 添加到 NSView 视图，然后将 NSView 视图关联为 NSScrollView 的 DocumentView 视图。

创建一个使用 Storyboard 的工程，名称为 ScrollViewButtons。新建一个类型为 NSView 的 ButtonView 类，作为 Button 的容器类。

```
class ButtonView: NSView {
}
```

在 ViewController 类中，通过代码方式创建 scrollView、buttonView 实例，在 addSubviews 方法中将 scrollView 添加到 ViewController 的根视图 view。newButton 方法封装了创建按钮的相关代码，方便一次性添加 12 个按钮。

```
let kButtonWidth:  CGFloat = 80
let kButtonHeight: CGFloat = 20
let kButtonTopPaddding: CGFloat = 10
let kButtonLeftPaddding: CGFloat = 10
class ViewController: NSViewController {
   lazy var scrollView: NSScrollView = {
      let aScrollView = NSScrollView()
      aScrollView.focusRingType          = .none
      aScrollView.autohidesScrollers     = true
      aScrollView.hasHorizontalScroller = true
      aScrollView.borderType             = .bezelBorder
      aScrollView.translatesAutoresizingMaskIntoConstraints = false
      aScrollView.documentView = buttonView
      return aScrollView
   }()

   lazy var buttonView: ButtonView = {
      let view = ButtonView()
      view.translatesAutoresizingMaskIntoConstraints = false
      return view
   }()

   func newButton()-> NSButton {
      let button = NSButton()
      button.bezelStyle = .rounded
      button.font = NSFont.boldSystemFont(ofSize: 10.0)
      button.isBordered = true
      button.setButtonType(.pushOnPushOff)
      button.translatesAutoresizingMaskIntoConstraints = false
      return button
   }

   override func viewDidLoad() {
      super.viewDidLoad()
      addSubviews()
      setupAutoLayout()
   }
   func addSubviews() {
      self.view.addSubview(self.scrollView)
      for i in 0...12 {
         let button = newButton()
         button.title = "Button\(i)"
         buttonView.addSubview(button)
      }
   }
   func setupAutoLayout() {
   }
}
```

下面的代码首先是设置了 scrollView 的布局约束，接下来在每个按钮的容器视图 buttonView 上再进行自动布局设置，对于每个按钮基本是一致的，除了第一个按钮的 top 约束是固定 10 像素的距离，其他按钮顶部都是距离上一个按钮有个相对值。按钮的左边约束、高度和宽度也是固定的。

最为关键的是 scrollView 里面的 documentView 的 buttonView，设置它的 4 个方向的约束与 scrollView 一致。这里的问题在于，通过图 10-28 可以看到 buttonView 实际的高度要远远大于 scrollView 的高度。

```
func setupAutoLayout() {
   scrollView.left   = 10
   scrollView.top    = 10
   scrollView.width  = 100
   scrollView.height = 200

   var lastView: NSView?
   for button in buttonView.subviews {
      button.left     = kButtonLeftPaddding
      if let lastView = lastView {
         button.top  = lastView.bottom + kButtonTopPaddding
      }
      else {
         button.top = kButtonTopPaddding
      }
      button.width   = kButtonWidth
      button.height  = kButtonHeight
      lastView = button
   }

   buttonViewHeight +=  kButtonTopPaddding

   buttonView.left     = self.scrollView.left
   buttonView.right    = self.scrollView.right
   buttonView.top      = self.scrollView.top
   buttonView.bottom   = self.scrollView.bottom
}
```

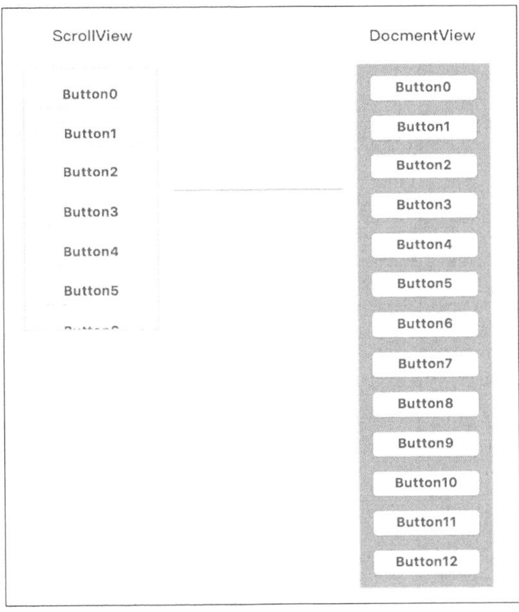

图 10-28

这部分的核心是自动布局的代码，按照上面的代码，运行结果并不正确，只能显示 5 个按钮，无法通过滑动看到其他更多的按钮。

这个问题可以通过两种方式解决，最简单的是计算一下所有按钮加上间隙的总高度，设置 buttonView 的高度即可，另一种方案是通过视图的 intrinsicContentSize 方法返回正确的视图大小。

```
func setupAutoLayout() {
   self.scrollView.left   = 10
```

```
    self.scrollView.top    = 10
    self.scrollView.width  = 100
    self.scrollView.height = 200

    var lastView: NSView?
    var buttonViewHeight: CGFloat = 0
    for button in buttonView.subviews {
       button.left     = kButtonLeftPaddding
       if let lastView = lastView {
          button.top   = lastView.bottom + kButtonTopPaddding
       }
       else {
          button.top = kButtonTopPaddding
       }
       button.width    = kButtonWidth
       button.height   = kButtonHeight
       lastView = button

       buttonViewHeight += (kButtonTopPaddding + kButtonHeight)
    }

    buttonViewHeight +=  kButtonTopPaddding

    buttonView.left      = self.scrollView.left
    buttonView.right     = self.scrollView.right
    buttonView.top       = self.scrollView.top

    var frame = buttonView.frame
    frame.size = NSSize(width: NSView.noIntrinsicMetric, height: buttonViewHeight)
    buttonView.viewSize = frame.size
    buttonView.invalidateIntrinsicContentSize()
}
```

在 ButtonView 中定义了表示视图大小的变量 viewSize，intrinsicContentSize 方法中返回这个变量。

回过头来我们看上面设置 buttonView 自动布局的代码，分别约定了 left、right 和 top 3 个方向的约束，这时候只要再约定 buttonView 的 bottom 底部约束或者 height 高度的约束就能满足自动布局的求解条件了（即保证自动布局引擎能根据这些约束条件计算出视图控件的位置坐标和大小）。上面代码约定 buttonView 的 viewSize，宽度参数使用了 NSView.noIntrinsicMetric 表示一个无效的数字，这样只会使用高度参数。invalidateIntrinsicContentSize 方法激活引擎去重新计算布局，这时自动布局引擎就能通过回调 intrinsicContentSize 接口获得 buttonView 的高度参数。

ButtonView 类的具体实现代码如下：

```
class ButtonView: NSView {
   var viewSize: NSSize = NSSize(width: 0, height: 0)
   override func draw(_ dirtyRect: NSRect) {
      super.draw(dirtyRect)
   }
   override func awakeFromNib() {
      super.awakeFromNib()
      self.viewSize = self.frame.size
   }
   override var intrinsicContentSize: NSSize {
      return self.viewSize
   }
}
```

本节的例子只是说明了垂直方向滚动条控制多个控件的例子，水平方向的实现也是同样的道理。只需要计算所有子控件占据的宽度，赋值给 buttonView 的 viewSize 即可，详细的代码可以参考本章附带的例子。

参考这个例子也可以实现多个图片滑动浏览的效果。

10.6.2　滚动条视图处理分页滑动

在上一节的基础上，本节学习如何分页管理多个子视图，主要通过容器视图 PageContainer、滚动条 PageScrollView 和分页指示器 PageIndicator 这 3 个类协同完成，如图 10-29 所示。

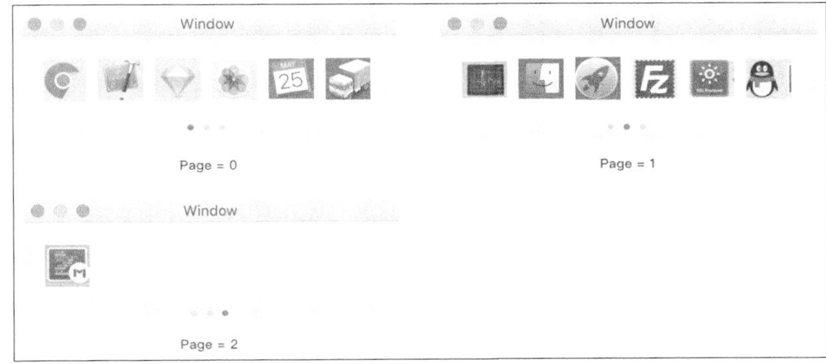

图 10-29

1．PageContainer 类

作为 ScrollView 的 documentView，用来做图片视图的容器。可以将它想象成一个大的画布，所有图片按顺序依次分布在画布上。

```
class PageContainer: NSView {
   var viewSize: NSSize = NSSize(width: 0, height: 0)
   override func awakeFromNib() {
      super.awakeFromNib()
      self.viewSize = self.frame.size
   }
   override var intrinsicContentSize: NSSize {
      return self.viewSize
   }
}
```

2．PageIndicator 类

根据总的分页数 numberOfPages 绘制相应数量的小圆代表不同的页，当前选中的页 indicator 使用 selectedColor 颜色来指示。

indicatorRects 数组存储了每个分页 indicator 小圆的位置 frame，鼠标事件 mouseDown 处理函数中根据当前鼠标点击位置来计算点击的页。

PageIndicatorDelegate 协议定义了选中页的代理方法。

```
protocol PageIndicatorDelegate: NSObjectProtocol {
   func pageIndicator(pageIndicator: PageIndicator , didSelectPageAtIndex: Int)
}
class PageIndicator: NSView {
   weak var delegate: PageIndicatorDelegate?
   var selectedColor: NSColor? = NSColor.gray
   var normalColor: NSColor? = NSColor.gray.withAlphaComponent(0.5)
```

```
var indicatorMargin: CGFloat = 8.0 {
   didSet {
      needsDisplay = true
   }
}
var currentPage: Int = 0 {
   didSet {
      needsDisplay = true
      if let delegate = delegate {
         delegate.pageIndicator(pageIndicator: self, didSelectPageAtIndex: currentPage)
      }
   }
}
var numberOfPages: Int = 0 {
   didSet {
      needsDisplay = true
   }
}
var pageIndicatorSize: NSSize = NSSize(width: 6, height: 6) {
   didSet {
      needsDisplay = true
   }
}
var indicatorRects: [NSRect] =  [NSRect]()

override func draw(_ dirtyRect: NSRect) {
   super.draw(dirtyRect)
   let indicatorAreaWidth = pageIndicatorSize.width * CGFloat(numberOfPages) + indicatorMargin
      * CGFloat( numberOfPages - 1)
   var leftPosiont: CGFloat = (self.bounds.size.width - indicatorAreaWidth) / 2
   let topPadding: CGFloat  = (self.bounds.size.height - pageIndicatorSize.height) / 2

   indicatorRects.removeAll()

   for i in 0 ..< numberOfPages {
      let position = NSPoint(x: leftPosiont, y: topPadding)
      let rect = NSRect(origin: position, size: pageIndicatorSize)
      indicatorRects.append(rect)
      let indicatorPath = NSBezierPath(ovalIn: rect)
      if currentPage == i {
         selectedColor?.setFill()
      }
      else {
         normalColor?.setFill()
      }
      indicatorPath.fill()
      leftPosiont += (pageIndicatorSize.width + indicatorMargin)
   }
}

override func mouseDown(with event: NSEvent) {
   super.mouseDown(with: event)
   let eventLocation = event.locationInWindow
   // 转化成视图的本地坐标
   let pointInView    = self.convert(eventLocation, from: nil)
   for i in 0 ..< numberOfPages {
      let rect = indicatorRects[i].insetBy(dx: -2, dy: -2)
      if NSPointInRect(pointInView, rect) {
         currentPage = i
```

```
                break
            }
        }
    }
}
```

3. PageScrollView 类

这是分页滚动处理的核心类，registerNotifications 注册了滚动结束的消息通知，每次滚动结束后，documentVisibleRect 存储了滑动后的最新位置，如果这个位置的 *x* 坐标与当前页的起始位置之差 dx 小于指定的门限 scrollThreshold，则需要滑动到一个新的页。如果 dx 大于 0 说明向右滑动到下一个页，如果 dx 小于 0 说明向左滑动到前一个页。

scroll 方法实现了滑动到一个新页面的处理逻辑。newOrigin 是计算出新页面的坐标，使用 NSAnimationContext 定义动画效果，最后调用代理接口通知滑动到新页面。

为了保证每个页面左右两边都有一个留白空间，相邻的两个页之间区域有部分重合，参见图 10-30，因此计算 newOrigin 时需要减去 itemPaddding。

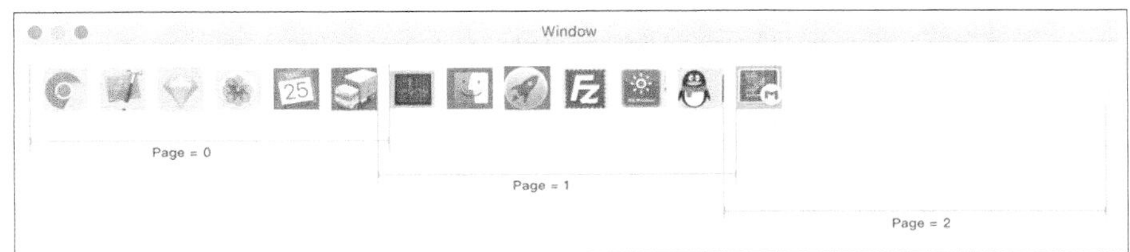

图 10-30

PageScrollViewDelegate 协议分别定义了滚动到指定页面、总的页数、每个元素之间的间隙这 3 个接口。

```
protocol PageScrollViewDelegate: NSObjectProtocol {
   func scroll(to currentPage: Int , pageScrollView: PageScrollView)
   func numberOfPages(in pageScrollView: PageScrollView) -> Int
   func itemPadding(in pageScrollView: PageScrollView) -> CGFloat
}

class PageScrollView: NSScrollView {
   weak var delegate: PageScrollViewDelegate?
   var currentPage:Int = 0
   var scrollThreshold: CGFloat = 20

   var numberOfPages: Int {
      if let delegate = delegate {
        let numberOfPages = delegate.numberOfPages(in: self)
        return numberOfPages
      }
      return 0
   }

   var itemPaddding: CGFloat {
      if let delegate = delegate {
         let padding = delegate.itemPadding(in: self)
         return padding
      }
      return 10
   }

   override init(frame frameRect: NSRect) {
```

```
        super.init(frame: frameRect)
        registerNotifications()
    }

    required init?(coder: NSCoder) {
        super.init(coder: coder)
        registerNotifications()
    }

    func registerNotifications(){
        NotificationCenter.default.addObserver(self,
            selector:#selector(self.recieveEndLiveScrollNotification(_:)),
            name:NSScrollView.didEndLiveScrollNotification, object: self)
    }

    override func tile() {
        super.tile()
        var f = self.horizontalScroller?.frame
        f?.size.height = 0
        self.horizontalScroller?.frame = f!

        var v = self.verticalScroller?.frame
        v?.size.width = 0
        self.verticalScroller?.frame = v!
    }

    func scrollPrePage(){
        if currentPage == 0 {
            return
        }
        scroll(to:currentPage - 1)
    }

    func scrollNextPage(){
        if currentPage >= numberOfPages {
            return
        }
        scroll(to:currentPage + 1)
    }

    func scroll(to page:Int) {

        guard page >= 0 && page < numberOfPages, currentPage != page   else {
            return
        }
        currentPage = page
        var newOrigin = NSPoint(x: self.contentSize.width * CGFloat(currentPage) -
            CGFloat(currentPage) * itemPaddding, y: 0)

        if !NSPointInRect(newOrigin, (self.documentView?.frame)!) {
            return
        }

        let maxDx = NSMaxX(self.documentView!.frame) - self.contentSize.width
        if newOrigin.x > maxDx {
            newOrigin.x = maxDx
        }
        if newOrigin.x < 0 {
            newOrigin.x = 0
        }
```

```
        NSAnimationContext.beginGrouping()
        NSAnimationContext.current.duration = 1
        self.contentView.animator().setBoundsOrigin(newOrigin)
        NSAnimationContext.endGrouping()

        if let delegate = delegate {
            delegate.scroll(to: currentPage, pageScrollView: self)
        }
    }

    @objc func recieveEndLiveScrollNotification(_ notification: Notification){
        let currentRect = NSRect(x: self.contentSize.width * CGFloat(currentPage), y: 0, width:
            self.contentSize.width, height: self.contentSize.height)
        let dx =   self.documentVisibleRect.origin.x  - currentRect.origin.x
        if abs (dx) > scrollThreshold  {
            var newPage: Int
            if dx > 0 {
                newPage = Int(NSMaxX(self.documentVisibleRect) / self.contentSize.width)
                if newPage >= numberOfPages {
                    newPage = numberOfPages - 1
                }
            }
            else {
                newPage = Int(NSMinX(self.documentVisibleRect) / self.contentSize.width)
                if newPage < 0 {
                    newPage = 0
                }
            }
            scroll(to: newPage)
        }
    }
}
```

下面的 ViewController 类具体使用上述 3 个类实现滑动分页。

```
let kImageWidth:  CGFloat = 40
let kImageHeight: CGFloat = 40
let kImagePaddding: CGFloat = 10

class ViewController: NSViewController {
    lazy var scrollView: PageScrollView = {
        let aScrollView = PageScrollView()
        aScrollView.focusRingType          = .none
        aScrollView.autohidesScrollers     = true
        aScrollView.hasHorizontalScroller = true
        aScrollView.borderType             = .noBorder
        aScrollView.translatesAutoresizingMaskIntoConstraints = false
        aScrollView.documentView = pageContainer
        aScrollView.delegate = self
        return aScrollView
    }()

    lazy var pageContainer: PageContainer = {
        let pageContainer = PageContainer()
        pageContainer.translatesAutoresizingMaskIntoConstraints = false
        return pageContainer
    }()

    lazy var pageIndicator: PageIndicator = {
        let pageIndicator = PageIndicator()
```

```
    pageIndicator.delegate = self
    pageIndicator.selectedColor = NSColor.red
    pageIndicator.translatesAutoresizingMaskIntoConstraints = false
    return pageIndicator
}()

func newImageView()-> NSImageView {
    let imageView = NSImageView()
    imageView.imageScaling = .scaleProportionallyUpOrDown
    imageView.translatesAutoresizingMaskIntoConstraints = false
    return imageView
}

lazy var images: [NSImage] = {
    var items = [NSImage]()
    for i in 0...12 {
        if let image = NSImage(named: NSImage.Name("icon\(i+1).png")) {
            items.append(image)
        }
    }
    return items
}()

func addSubviews() {
    view.addSubview(self.scrollView)
    for image in images {
        let imageView = newImageView()
        imageView.image = image
        pageContainer.addSubview(imageView)
    }
    view.addSubview(pageIndicator)
}

var numberOfItemsInPage: Int = 6

var scrollViewWidth: CGFloat {
    return CGFloat(numberOfItemsInPage) * kImageWidth +  CGFloat(numberOfItemsInPage + 1)
        * kImagePaddding
}

var numberOfPages: Int {
    return Int(ceil( CGFloat(images.count) / CGFloat(numberOfItemsInPage)))
}

func setupAutoLayout() {
    self.scrollView.left   = 10
    self.scrollView.top    = 10
    self.scrollView.width  = scrollViewWidth
    self.scrollView.height = 60

    var lastView: NSView?
    for imageView in pageContainer.subviews {
        imageView.centerY   = pageContainer.centerY
        if let lastView = lastView {
            imageView.left = lastView.right + kImagePaddding
        }
        else {
            imageView.left = kImagePaddding
        }
        imageView.width    = kImageWidth
```

```
            imageView.height  = kImageHeight
            lastView = imageView
        }

        pageContainer.left     = self.scrollView.left
        pageContainer.bottom   = self.scrollView.bottom
        pageContainer.top      = self.scrollView.top

        let pageContainerWidth: CGFloat = scrollViewWidth * CGFloat(scrollView.numberOfPages)

        var frame = pageContainer.frame
        frame.size = NSSize(width: pageContainerWidth, height: NSView.noIntrinsicMetric)
        pageContainer.viewSize = frame.size
        pageContainer.invalidateIntrinsicContentSize()

        pageIndicator.left    = scrollView.left
        pageIndicator.right   = scrollView.right
        pageIndicator.top     = scrollView.bottom + 2
        pageIndicator.height  = 24
    }

    override func viewDidLoad() {
        super.viewDidLoad()
        addSubviews()
        setupAutoLayout()
        pageIndicator.numberOfPages = scrollView.numberOfPages
    }
}

extension ViewController : PageScrollViewDelegate {
    func scroll(to currentPage: Int , pageScrollView: PageScrollView) {
        pageIndicator.currentPage = currentPage
    }
    func numberOfPages(in pageScrollView: PageScrollView) -> Int {
        return numberOfPages
    }
    func itemPadding(in pageScrollView: PageScrollView) -> CGFloat {
        return kImagePaddding
    }
}

extension ViewController : PageIndicatorDelegate {
    func pageIndicator(pageIndicator: PageIndicator , didSelectPageAtIndex index: Int) {
        scrollView.scroll(to: index)
    }
}
```

第 11 章

鼠标和键盘事件

鼠标和键盘是最常用的两类系统外设。本章将介绍系统事件的分发过程，以及鼠标事件和键盘事件的处理过程。

11.1 事件的分发过程

macOS 与用户交互的主要外设是触控板、鼠标和键盘。触控板、鼠标和键盘的活动会产生底层系统事件。这些事件首先传递到 IOKit 框架，处理后存储到队列，通知 Window Server 处理。Window Server 存储到先进先出（FIFO）队列中，逐一转发到当前的活动窗口或能响应这个事件的应用程序去处理。

每个应用都有自己的 Main Run Loop 线程，Run Loop 会遍历事件消息队列，逐一分发这些事件到应用中合适的对象去处理。具体来说就是调用 NSApp 的 sendEvent:方法发送消息到 NSWindow，NSWindow 再分发到视图对象，由其鼠标、键盘等的事件响应方法去处理，如图 11-1 所示。

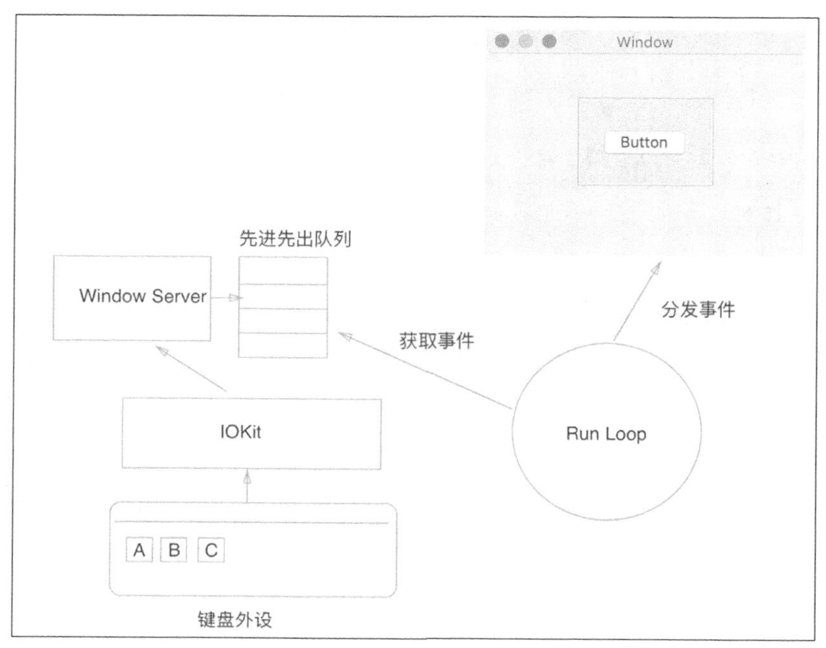

图 11-1

事件分发机制中的几个关键概念说明如下。

- 事件响应者：能处理鼠标键盘等事件的对象，包括 NSApplication、NSWindow、NSDrawer、NSWindowController、NSView 以及继承自 NSView 的所有控件对象。
- 第一响应者：鼠标按下或者键盘输入激活的当前对象称为第一响应者。
- 响应者链：能处理事件响应的一组按优先级排序的对象，从层级上看，离观察者最近的视图优先响应事件，通过 view 的 hitTest 方法检测，满足 hitTest 方法的子视图优先响应事件。

11.2 事件中的两个核心类

事件中的两个核心类分别是 NSResponder 和 NSEvent。下面具体介绍这两个类。

11.2.1 NSResponder

NSResponder 定义了鼠标、键盘和触控板等多种事件方法，下面列出一部分鼠标和键盘的主要方法。

```
// 鼠标按下事件响应方法
func mouseDown(with event: NSEvent)
// 鼠标右键按下事件响应方法
func rightMouseDown(with event: NSEvent)
// 鼠标松开事件响应方法
func mouseUp(with event: NSEvent)
// 鼠标拖放事件响应方法
func mouseDragged(with event: NSEvent)
// 鼠标进入跟踪区域事件响应方法
func mouseEntered(with event: NSEvent)
// 鼠标退出跟踪区域事件响应方法
func mouseExited(with event: NSEvent)
// 鼠标拖放事件响应方法
func mouseMoved(with event: NSEvent)
// 键盘按键按下事件响应方法
func keyDown(with event: NSEvent)
// 键盘按键松开事件响应方法
func keyUp(with event: NSEvent)
```

NSResponder 除定义了基本的响应事件外，还定义了很多 key 绑定事件方法。具体请参考 NSResponder 的头文件定义。

11.2.2 NSEvent

NSEvent 的主要属性定义如下。

```
// 事件类型，指示鼠标、键盘、触控板不同的事件源
var type: NSEventType { get }
// 键盘不同功能区的标志,可以用来区分数字键,F1-F2 功能键, Command,Option、Control,Shift 不同的功能键
var modifierFlags: NSEventModifierFlags { get }
// 鼠标、键盘等事件发生的时间
var timestamp: TimeInterval { get }
// 事件发生的窗口
var window: NSWindow? { get }
```

```
// 鼠标点击次数
var clickCount: Int { get }
// 表示是鼠标左键或右键
var buttonNumber: Int { get }
// 鼠标在窗口的位置
var locationInWindow: NSPoint { get }
// 输入的字符串
var characters: String? { get }
// 输入的字符串不包括控制键(Ctrl、Option、Command、Shift)
var charactersIgnoringModifiers: String? { get }
// 按键编码
var keyCode: UInt16 { get }
```

11.3 鼠标事件

NSApp 对于激活、去激活、隐藏、显示应用的鼠标消息会自己处理；其他鼠标消息转发到当前活动窗口。窗口接收到鼠标事件，调用 sendEvent:方法发送到鼠标事件发生位置最顶层的视图上。

可以在窗口的 sendEvent 方法中拦截到所有的事件消息，在这里进行特殊处理，如进行系统的消息统计。

```
override func sendEvent(_ event: NSEvent) {
   super.sendEvent(event)
   // 对事件做统计处理，内部转发处理
}
```

从第 4 章的控件家族类图谱中可以看到，NSWindow、NSWindowController、NSView、NSViewController 和 NSApplication 均继承了 NSResponder 类，因此它们都可能进行鼠标/键盘事件处理。

而大多数情况下事件处理都是在视图的子类各个控件内部进行响应处理的，因此都是在子视图类中对事件进行相关编程逻辑处理的。

从操作行为和处理机制上把鼠标事件分为鼠标点击、鼠标拖放和鼠标区域跟踪事件，下面逐一介绍说明。

11.3.1 鼠标点击

鼠标按下、鼠标松开一个连续的动作或者鼠标右键按下被认为是一个鼠标点击事件。mouseDown 对应鼠标按下事件响应方法，mouseUp 对应鼠标松开事件响应方法。

当事件发生时，如何获取鼠标当前的位置呢？先获取事件发生时 window 中的坐标，再转换成 view 视图坐标系的坐标。

1．基本的鼠标按键事件

下面仅以鼠标左键按下进行说明。

```
override func mouseDown(with event: NSEvent) {
   // 获取鼠标点击位置坐标
   let eventLocation = event.locationInWindow
    // 转化成视图的本地坐标
   let pointInView    = self.convert(eventLocation, fromView: nil)

   // 逻辑处理代码
```

```
    super.mouseDown(with: event)
}
```

一个典型的应用场景是在一个自定义视图中，当鼠标点击选中时高亮显示，边框用一种颜色绘制，当鼠标松开时恢复原样。我们可以这样来实现，定义一个状态变量来标记是否选中，在 View 的 draw 方法中根据这个状态来对视图进行绘制或者设置层属性。在 mouseDown 和 mouseUp 事件中修改选中状态后调用 setNeedsDisplay，请求重新绘制。

2．功能键处理

判断是否按下了 Command 键，如果满足条件则处理，否则转由 super 父类去处理。

```
override func mouseDown(with event: NSEvent) {

    .....

    // 如果同时按下了 command 键
    if event.modifierFlags.contains(NSEvent.ModifierFlags.command) {
        self.wantsLayer = true
        self.layer?.borderColor = NSColor.gray.cgColor
        self.layer?.borderWidth = 10
    }

}
```

3．判断是否鼠标双击

通过事件的 clickCount 来判断，当 clickCount 大于 2 时可以认为是双击事件。

```
override func mouseDown(with event: NSEvent) {
    if event.clickCount>=2 {
        NSLog("mouse  double click event ")
    }
    else {
        super.mouseDown(with: event)
    }
}
```

11.3.2 鼠标拖放

鼠标按下，接着移动到某一个位置，最后松开鼠标按键。这样一个过程称为鼠标拖放的 3 阶段。对应的事件过程分别是 mouseDown、mouseDragged 和 mouseUp。

新建一个自定义的拖放视图类 DragView。从控件工具箱拖放一个 NSView 控件，修改它的类为 DragView。

```
class DragView: NSView {
    var dragged: Bool = false // 拖放进行的标记
    var centerBox: NSRect? // 中心附近矩形 frame

    override  func awakeFromNib() {
        super.awakeFromNib()
        centerBox = self.bounds.insetBy(dx: 10,dy: 10);
    }

    // 拖放进行时绘制蓝色矩形，结束时为绿色
    override func draw(_ dirtyRect: NSRect) {
        super.draw(dirtyRect)
```

```
        if(dragged){
            NSColor.blue.setFill()
        }
        else {
            NSColor.green.setFill()
        }
        dirtyRect.fill()
    }
}
```

判断鼠标位置是否在点击准备拖放的控件的中心点范围内，如果在则修改拖放标记为 true。实际项目中可以自行设置满足拖放的条件：

```
override func mouseDown(with event: NSEvent) {
    // 获取鼠标点击位置坐标
    let eventLocation = event.locationInWindow
    // 转化成视图的本地坐标
    let pointInView    = self.convert(eventLocation, from: nil)
    // 判断当前鼠标位置是否在中心点附近范围内
    if NSPointInRect(pointInView, centerBox!) {
        dragged = true
    }
}
```

如果拖放标记为 true，修改正在拖放的控件的位置：

```
override func mouseDragged(with event: NSEvent) {

    if dragged {
        let eventLocation = event.locationInWindow
        let positionBox = NSRect(x: eventLocation.x, y: eventLocation.y,
            width: self.frame.size.width, height: self.frame.size.height)
        // 更新视图位置
        self.frame = positionBox
        // 重绘界面
        self.needsDisplay = true
    }
}
```

拖放结束，修改拖放标记为 false：

```
override func mouseUp(with event: NSEvent) {
    dragged = false
    self.needsDisplay = true
}
```

11.3.3 鼠标区域跟踪

为了高效地处理鼠标事件，避免无效的区域被监测，可以定义一个矩形区域，在这个区域内鼠标的任何活动（进入、移动和退出）都会收到鼠标事件。

新建一个自定义的拖放视图类 NSTrackingArea。从控件工具箱拖放一个 NSView 控件，修改它的 Class 类型为 TrackView。

1．使用 NSTrackingArea 定义跟踪区域

使用 NSTrackingArea 定义跟踪区域的方法如下：

```
class TrackView: NSView {
    var tracking: Bool = false
    override func awakeFromNib() {
```

```
        super.awakeFromNib()

        let eyeBox = CGRect(x: 0, y: 0, width: 40, height: 40)
        let trackingArea = NSTrackingArea(rect: eyeBox, options:
           [NSTrackingArea.Options.mouseMoved,NSTrackingArea.Options.mouseEnteredAndExited,
            NSTrackingArea.Options.activeInKeyWindow,NSTrackingArea.Options.cursorUpdate ],
            owner: self, userInfo: nil)
        self.addTrackingArea(trackingArea)
    }

    override func draw(_ dirtyRect: NSRect) {
        super.draw(dirtyRect)
        if(tracking){
            self.wantsLayer = true
            self.layer?.borderWidth = 10
            self.layer?.borderColor = NSColor.red().cgColor
        }
        else {
            self.wantsLayer = true
            self.layer?.borderWidth = 1
            self.layer?.borderColor = NSColor.gray().cgColor
        }
    }
}
```

NSTrackingArea 类有一个 options 参数，设置它表示需要跟踪哪些事件。

- mouseEnteredAndExited：鼠标进入/退出。
- mouseMoved：鼠标移动。
- activeWhenFirstResponder：第一响应者时跟踪所有事件。
- activeInKeyWindow：应用是键盘窗口时跟踪所有事件。
- activeInActiveApp：应用是激活状态时跟踪所有事件。
- activeAlways：跟踪所有事件（鼠标进入/退出/移动)。
- cursorUpdate：更新鼠标光标形状。

2. 监测鼠标事件

检测鼠标进入跟踪区域的方法如下：

```
override func mouseEntered(with event: NSEvent) {
    tracking = true
    self.needsDisplay = true
}
```

检测鼠标在跟踪区域移动的方法如下：

```
override func mouseMoved(with event: NSEvent) {

}
```

检测鼠标离开跟踪区域的方法如下：

```
override func mouseExited(with event: NSEvent) {
    tracking = false
    self.needsDisplay = true
}
```

更新鼠标光标为十字架形状的方法如下：

```
override func cursorUpdate(with event: NSEvent) {
    NSCursor.crosshair.set()
}
```

鼠标落入左下角(0, 0, 80, 80)区域，视图的边框宽度变大，颜色从灰色变为红色，如图 11-2 所示。

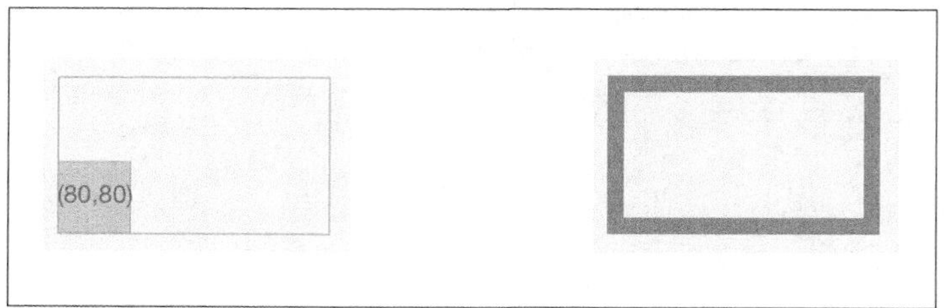

图 11-2

11.3.4 模拟鼠标点击选中

表格完成数据加载后，模拟鼠标点击某行的事件。由于表格加载需要一个过程，因此需要延时一段时间后再发送模拟点击的事件：

```
lazy var queue: DispatchQueue = {
   let queue = DispatchQueue(label: "macdec.io.tableview")
   return queue
}()

func fetchData() {
   self.queue.async {
      // 省略此次后台线程获取数据的代码
      DispatchQueue.main.async {
         let deadlineTime = DispatchTime.now() + .milliseconds(300)
         DispatchQueue.main.asyncAfter(deadline: deadlineTime) {
            // 方法 2：模拟鼠标点击选中第一行
            let rect = self.tableView.rect(ofRow: 0)
            let screen = NSScreen.main()
            let pointInScreen = screen?.convertToScreenFromLocalPoint(point: rect.origin,
               relativeToView: self.tableView)
            MouseAutoClick.post(at:pointInScreen!)
         }
         // 主线程更新数据
         self.tableView.reloadData()
      }
   }
}
```

NSScreen 的扩展中实现了将视图本地坐标转换为屏幕坐标的方法。

```
extension NSScreen {
   func flipPoint(aPoint: CGPoint) -> CGPoint {
      return CGPoint(x: aPoint.x, y: self.frame.size.height - aPoint.y)
   }

   func convertToScreenFromLocalPoint(point: CGPoint, relativeToView view: NSView) -> NSPoint
{
      let winP = view.convert(point, to: nil)
      let winRect = CGRect(origin: winP, size: CGSize(width: 10, height: 10))
      let scrnP = view.window!.convertToScreen(winRect).origin
      var flipScrnP = self.flipPoint(aPoint: scrnP)
      flipScrnP.y += self.frame.origin.y
      return flipScrnP
   }
}
```

定义 Objective-C 的 MouseAutoClick 类，实现模拟系统发送鼠标事件[①]：

```
#include <ApplicationServices/ApplicationServices.h>
#include <unistd.h>
@implementation MouseAutoClick
+ (void)postClickAt:(NSPoint)point{
   float x = point.x ;
   float y = point.y;
   float duration = 0.1;
   CGEventRef click_down = CGEventCreateMouseEvent(
         NULL, kCGEventLeftMouseDown,
         CGPointMake(x, y),
         kCGMouseButtonLeft
         );

    CGEventRef click_up = CGEventCreateMouseEvent(
         NULL, kCGEventLeftMouseUp,
         CGPointMake(x, y),
         kCGMouseButtonLeft
         );

   for (int i = 0; i < 1; i++) {
      CGEventPost(kCGHIDEventTap, click_down);
      sleep(duration);
      CGEventPost(kCGHIDEventTap, click_up);
      sleep(duration);
   }

   // Release the events
   CFRelease(click_down);
   CFRelease(click_up);
}
@end
```

11.4 键盘事件

NSApp 对不同的键盘事件的处理规则略有不同。

（1）如果是快捷键，NSApp 转发到快捷键关联的 NSWindow 中的控件或菜单，执行对应的功能。

（2）如果是控制键，转发到键盘窗口，控制切换选择不同的控件。

（3）如果是其他键，使用 sendEvent 转发到键盘窗口。窗口对象定位到第一响应者对象，从响应链按优先级寻找响应 keyDown 键盘事件的视图控件，如果找到，转发到视图处理，否则执行 insertText 方法。如果是文本视图控件，则会显示输入文本。

11.4.1 快捷键

如果按下的是快捷键，系统会在当前活动的窗口内发送 performKeyEquivalent:消息，窗口收到消息依次遍历它的子视图，沿着它们的响应链寻找 performKeyEquivalent 消息的响应者。

① 注意，Swift 混合 objc 编程需要将 objc 类的头文件加入到桥接文件中。关于混合编程方面的内容请参考苹果公司的 Swift 官方文档或网络资料说明。

如果没有找到，窗口会转发 performKeyEquivalent:消息到应用的菜单中继续寻找。

在一个视图中定义快捷键处理方法，判断是否按下了组合键 Command+l。performKeyEquivalent 方法中会进行逻辑判断，如果满足条件，则执行相应的方法，返回 true；如果不满足，则返回 false。

```
override func performKeyEquivalent(with event: NSEvent) -> Bool {
   let characters = event.characters
   if characters == "I" {
      NSApp.terminate(self)
      return true
   }
   return false
}
```

按钮和菜单控件可以在 xib 中直接设置快捷键来响应它们的动作事件。对于普通视图控件，可以子类化对象，然后实现上述 performKeyEquivalent:方法来完成自定义的快捷键处理。

11.4.2 控制键

Tab、Shift、Space、箭头键、Option、Shift、Command、Control+Tab、Control+Shift+Tab 这些按钮定义为控制键，这些键用来在当前活动窗口内切换选择不同的控件，或者模拟执行鼠标按下的操作。

ModifierFlags 集合结构体中声明了各种功能键的类型，具体定义如下：

```
public struct ModifierFlags : OptionSet {
   public init(rawValue: UInt)
   public static var capsLock: NSEvent.ModifierFlags { get }
   public static var shift: NSEvent.ModifierFlags { get }
   public static var control: NSEvent.ModifierFlags { get }
   public static var option: NSEvent.ModifierFlags { get }
   public static var command: NSEvent.ModifierFlags { get }
   public static var numericPad: NSEvent.ModifierFlags { get }
   public static var help: NSEvent.ModifierFlags { get }
   public static var function: NSEvent.ModifierFlags { get }
}
```

下面来新建一个自定义的拖放视图类 CaptureCtrlKeyView。从控件工具箱拖放一个 NSImageView 控件，修改它的类为 CaptureCtrlKeyView，在属性面板修改它的 image 为系统图片 NSColorPanel。

```
class CaptureCtrlKeyView: NSImageView {
   override func keyDown(with event: NSEvent) {
      NSLog("keyDown \(event.characters) modifierFlags = \(event.modifierFlags)")
      // 单个功能键按下判断
      if event.modifierFlags.contains(NSEvent.ModifierFlags.command) {
         NSLog("modifierFlags command")
      }

      if event.modifierFlags.contains(NSEvent.ModifierFlags.shift) {
         NSLog("modifierFlags shift")
      }

      if event.modifierFlags.contains(NSEvent.ModifierFlags.control) {
         NSLog("modifierFlags shift")
      }
```

```
        // 组合按键，判断是否同时按下
        if event.modifierFlags.contains(.command) &&  event.modifierFlags.contains(NSEvent.
           ModifierFlags.shift) {

        }

        // 回车
        if event.keyCode == 36 {
           NSLog("return key pressed!")
        }
        // 空格
        if event.keyCode == 49 {
           NSLog("space key pressed!")
        }
        // 上箭头
        if event.keyCode == 126 {
           NSLog("Up Arrow key pressed!")
        }
        // 下箭头
        if event.keyCode == 125 {
           NSLog("Down Arrow key pressed!")
        }
        // 左箭头
        if event.keyCode == 123 {
           NSLog("Left Arrow key pressed!")
        }
        // 右箭头
        if event.keyCode == 124 {
           NSLog("Right Arrow  key pressed!")
        }
        super.keyDown(with: event)
    }
}
```

11.5 按键绑定事件

绑定事件包括系统绑定按键事件和视图控件绑定事件。

11.5.1 系统绑定的按键事件

系统约定了一些按键按下自动执行的方法，这些绑定事件定义在字典文件中。在/System/Library/Frameworks/AppKit.framework/Resources/StandardKeyBinding.dict 文件中可以查看到。

用户自定义的按键绑定事件定义在～/Library/KeyBindings/的下面，默认的按键绑定的事件可以修改。

```
/* ~/Library/KeyBindings/DefaultKeyBinding.dict */
{
    /* Additional Emacs bindings */
    "~f" = "moveWordForward:";
    "~b" = "moveWordBackward:";
    "~<" = "moveToBeginningOfDocument:";
    "~>" = "moveToEndOfDocument:";
    "~v" = "pageUp:";
```

```
    "~d" = "deleteWordForward:";
    "~^h" = "deleteWordBackward:";
    "~\010" = "deleteWordBackward:";   /* Option-backspace */
    "~\177" = "deleteWordBackward:";   /* Option-delete */
}

"^" 表示 Control
"~" 表示 Option
"$" 表示 Shift
"#" 表示 numeric keypad
```

DefaultKeyBinding.dict 中定义的每一行表示，按下对应的组合键会执行当前控件中实现的方法。

11.5.2 文字输入

普通文本的字符输入触发 keyDown 方法，keyDown 内部执行字符解析过程 interpretKeyEvents。对于按下的 delete、enter、up、down、left、right 键，由 doCommandBySelector 分发到对应的 deleteBackward、insertNewline、moveUp、moveDown、moveLeft 和 moveRight 预定义的方法，对于字符执行 insertText 方法完成文本插入。

对于 NSTextField 和 NSTextView 文字输入的控件，自动将输入的文字显示到控件视图上。其他控件要响应键盘事件，首先需要实现 keyDown:方法，在内部执行 interpretKeyEvents 方法，由系统解析键盘事件，如果是对应的系统 key 绑定事件，则执行绑定方法；否则执行 insertText。

要接收文字输入，自定义的 NSView 必须覆盖实现 acceptsFirstResponder:方法，返回 true。

下面的 CustomTextView 类实现了自定义的文字输入，并且可以响应上下左右方向键、删除键和回车键按下的事件：

```
class CustomTextView: NSView {
   var string:NSMutableString =  NSMutableString()
   override func draw(_ dirtyRect: NSRect) {
      super.draw(dirtyRect)
      self.wantsLayer = true
      self.layer?.borderWidth = 1
      self.layer?.borderColor = NSColor.gray.cgColor

      if string.length > 0 {
        string.draw(in: dirtyRect, withAttributes: [:])
      }
   }

   override func keyDown(with event: NSEvent) {
      self.interpretKeyEvents([event])
   }

   override func insertText(_ insertString: Any) {
      string.append(insertString as! String)
      NSLog("insertString \(string)");
      self.needsDisplay = true
   }

   override func moveUp(_ sender: Any?) {
      NSLog("moveUp")
   }
   override func moveDown(_ sender: Any?) {
```

```
        NSLog("moveDown")
    }
    override func moveLeft(_ sender: Any?) {
        NSLog("moveLeft")
    }
    override func moveRight(_ sender: Any?) {
        NSLog("moveRight")
    }

    override func insertNewline(_ sender: Any?) {
        NSLog("insertNewline")
    }
    override func deleteBackward(_ sender: Any?) {
        NSLog("deleteBackward")
    }

    override var acceptsFirstResponder: Bool {
        return true
    }
}
```

系统的 NSTextField、NSTextView 控件中实现了文字输入的这种控制过程。但是，对于特殊按键的拦截处理（如回车键）仍然需要在 doCommandBySelector 中进行代码处理。

NSTextField 响应回车控制键的话，需要在控制器中实现下面的代理方法：

```
extension ViewController: NSTextFieldDelegate, NSTextViewDelegate {
    // MARK: NSTextFieldDelegate
    func control(_ control: NSControl, textView: NSTextView, doCommandBy commandSelector:
      Selector) -> Bool {
      if commandSelector == #selector(NSResponder.insertNewline(_:)) {
        NSLog("textField Enter key pressed!")
        return true
      }
      if commandSelector == #selector(NSResponder.deleteBackward(_:)) {
        NSLog("textField delete key pressed!")
        return true
      }
      return false
    }
}
```

NSTextView 响应回车控制键的代理方法如下：

```
extension ViewController: NSTextFieldDelegate,NSTextViewDelegate {
   func textView(_ textView: NSTextView, doCommandBy commandSelector: Selector) -> Bool {
      if commandSelector == #selector(NSResponder.insertNewline(_:)) {
         NSLog("textView Enter key pressed!")
         return true
      }
      if commandSelector == #selector(NSResponder.deleteBackward(_:)) {
         NSLog("textView delete key pressed!")
         return true
      }
      if commandSelector == #selector(NSResponder.insertTab(_:)) {
         NSLog("textView tab key pressed!")
         return true
      }
      return false
   }
}
```

11.6 事件监控

系统提供了两种事件监控处理方法，一种是不包括应用本身事件的全局监控，另一种是只监控应用中发生事件的局部监控。

下面的代码实现了事件的全局监控和局部监控：

```
class ViewController: NSViewController {
    var gEventHandler: Any?
    var lEventHandler: Any?
    override func viewDidLoad() {
        super.viewDidLoad()

        self.startGlobalEventMoniter()
        self.startLocalEventMoniter()
    }

    // 全局监控，应用外监控
    func startGlobalEventMoniter() {
        self.gEventHandler = NSEvent.addGlobalMonitorForEvents(matching: [NSEvent.EventTypeMask.
            keyDown,NSEvent.EventTypeMask.leftMouseDown], handler: {  event in
            print("global event \(event)")
        })
    }

    // 应用内本地监控
    func startLocalEventMoniter() {
        self.lEventHandler = NSEvent.addLocalMonitorForEvents(matching: [NSEvent.EventTypeMask.
            keyDown,NSEvent.EventTypeMask.leftMouseDown], handler: {event in
            print("local event \(event)")
            return event
         }
        )
    }

    // 删除监控
    func stopEventMoniter() {
        NSEvent.removeMonitor(self.gEventHandler!)
        NSEvent.removeMonitor(self.lEventHandler!)
    }
}
```

假如鼠标离开一个窗口，需要关闭这个窗口时至少有两种方法可以解决。

（1）注册 NSNotificationCenter 消息中心的 NSApplicationDidResignActiveNotification 消息通知。

（2）使用 NSEvent 的局部监控事件的方法。

注册 NSEvent 事件监控会接收大量的系统事件，从性能上考虑事件监控不是解决问题的最优方案，尽量不要使用事件监控。

11.7 动作消息

动作消息是一种特殊的系统事件，不像普通的鼠标键盘事件一样由 NSApp 使用 sendEvent 进行消息转发，动作消息是通过 NSApp 的 sendAction 方法转发的。

sendAction 方法的定义如下：

```
-(BOOL)sendAction:(SEL)theAction to:(id)theTarget from:(id)sender;
```

theAction 参数是事件响应方法，theTarget 参数是事件响应关联的控制器或其他对象，sender 是事件发生的控件本身。

动作事件是 mouseDown 事件的两次转发。鼠标点击先触发控件的 mouseDown 方法，mouseDown 中会执行 sendAction:to:方法，该方法将其分发到实现了 action 事件的 target 对象中，如图 11-3 所示。

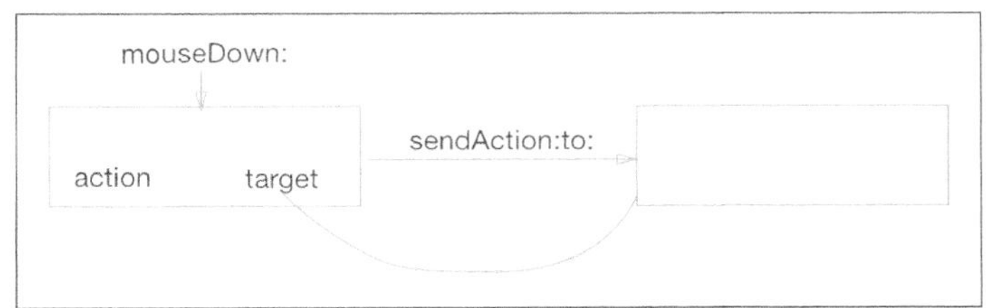

图 11-3

可以看出普通的事件消息是在控件内部处理，如 keyDown、mouseDown 等事件响应方法定义在控件内部；而动作消息的事件响应方法一般是在 target 对象的内部定义实现的。

NSControl、NSMenu 和 NSToolbar 等控件都是以动作消息形式响应事件。我们把这种事件处理模式也称为 target-action（目标-动作）模式。

11.8 在视图控制器中处理事件

视图控制器 NSViewController 继承自 NSResponder，鼠标事件是可以直接通过 mouseDown 处理的，而对于键盘事件，默认情况下并不会得到相应处理，如果需要处理，可以调用 window 的 makeFirstResponder 使自己成为第一响应者。

```
class ViewController: NSViewController {
   override func viewDidLoad() {
      super.viewDidLoad()
      self.view.window?.makeFirstResponder(self)
   }
   override func mouseDown(with event: NSEvent) {

   }
   override func keyDown(with event: NSEvent) {

   }
}
```

第 12 章 撤销/重做操作

撤销（undo）/重做（redo）操作是编辑/设计类应用中一项非常重要的功能。

Cocoa 对撤销/重做操作进行了统一封装，提供了 NSUndoManager 管理类，为应用开发提供了系统级撤销/重做管理支持。

NSUndoManager 管理撤销栈和重做栈两个操作栈，应用将每个最小的操作状态（每一个历史状态）注册到撤销栈。执行撤销操作时，从撤销栈获取顶部的历史状态，进行还原操作。

重做操作则是一个逆向过程，每次撤销操作之前需要将当前最新的状态存储到重做栈，然后执行重做操作，从重做栈获取一个状态执行还原操作。

正常操作每一步操作过程时，需要将当前操作的上一个状态压入撤销栈。撤销操作执行之前需要将当前栈顶部状态的上一个状态存入重做栈，重做操作执行之前需要将当前状态存入撤销栈，这是最关键的一点。

12.1 撤销/重做流程分析

我们从绘图程序的一个简单场景来分析一下整个撤销/重做过程。

（1）新建一个矩形，填充色默认为黑色。新建一个矩形的反向操作是删除，即上一个状态为删除，因此撤销栈状态如图 12-1 左侧所示，重做栈为空，如图 12-1 右侧所示。

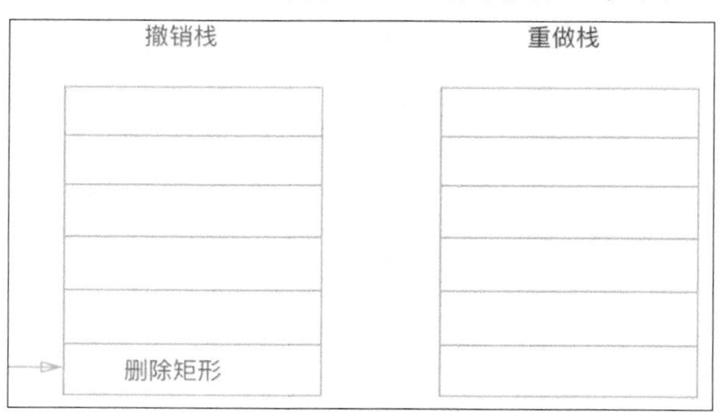

图 12-1

（2）修改矩形填充色为红色。修改填充色为红色，上一个状态是填充色为操作前的黑色，将修改填充色为黑色压入撤销栈，重做栈为空。执行修改矩形填充色为红色的操作，如图 12-2 所示。

（3）执行撤销操作。执行撤销操作，当前状态是填充色为红色，将其压入重做栈；执行修改填充色为黑色的操作，如图 12-3 所示。

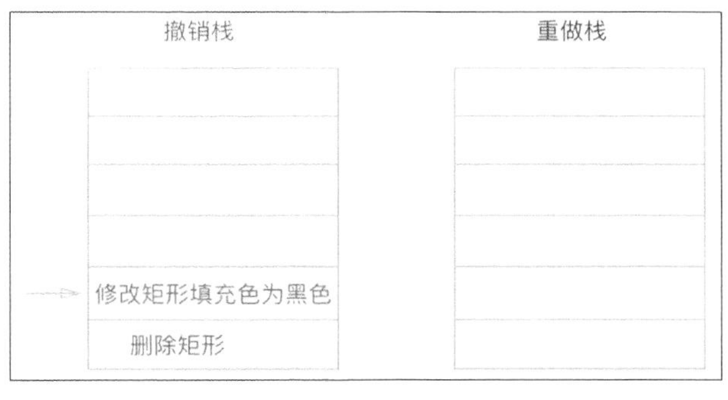

图 12-2

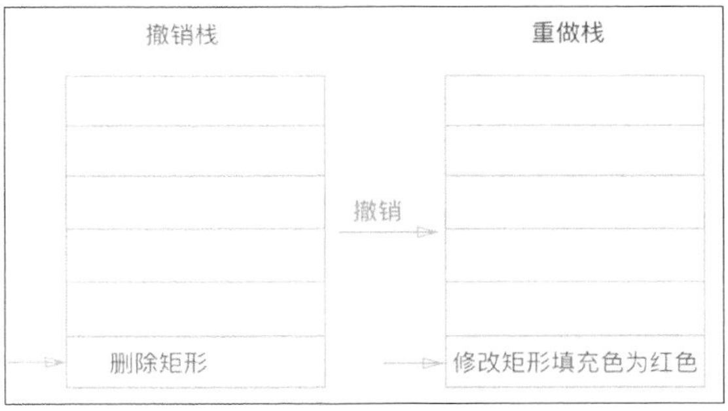

图 12-3

（4）执行撤销操作。再执行撤销操作，当前状态是新建矩形，将其压入重做栈。执行删除矩形操作，如图 12-4 所示。

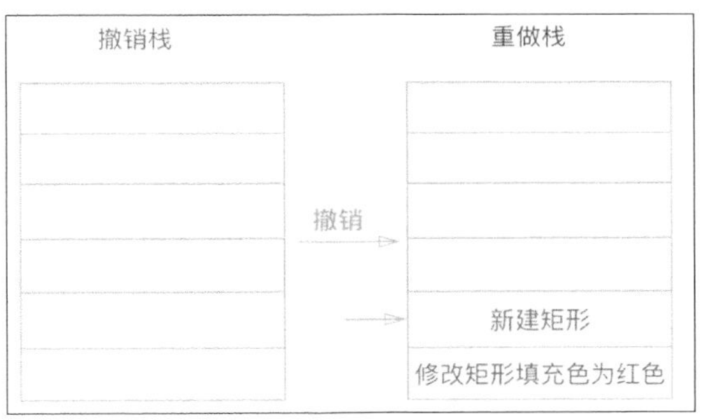

图 12-4

（5）执行重做操作。执行重做，当前状态是删除矩形，将其压入撤销栈。执行新建矩形操作，如图 12-5 所示。

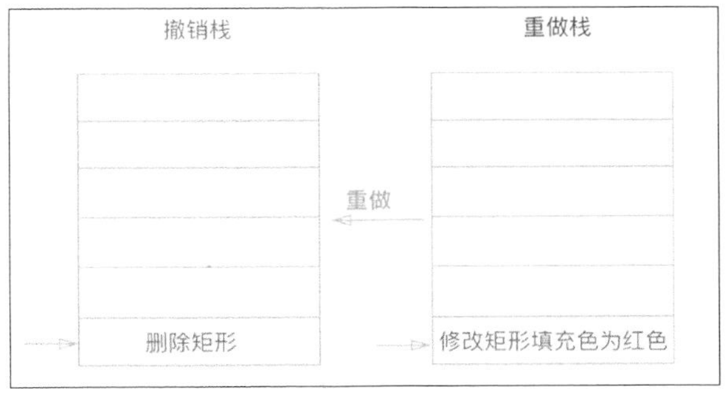

图 12-5

（6）执行重做操作。执行重做，当前状态是填充色为黑色，将其压入撤销栈。执行修改矩形为红色的操作，如图 12-6 所示。

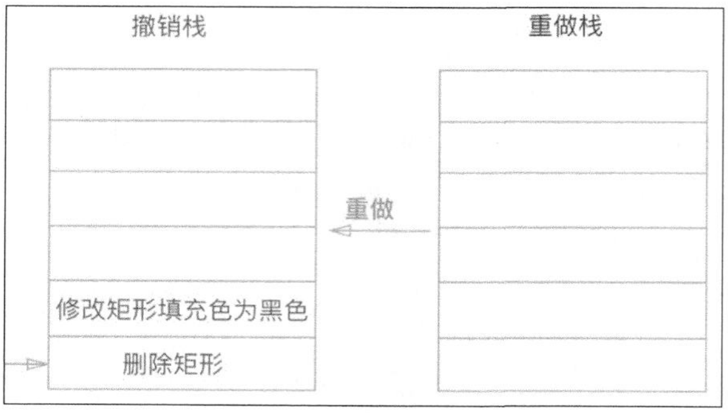

撤销栈 重做栈

重做

修改矩形填充色为黑色

删除矩形

图 12-6

从上述绘图操作撤销/重做操作流程来看，所有的状态都可以归结为下面两类。

- 对象创建/删除，增/删互为逆操作。
- 对象属性的修改，属性的新/旧值为对应的逆操作。

撤销/重做流程总结如下。

（1）正常的操作中（没有撤销/重做操作）时，将马上要执行的操作的逆操作压入撤销栈。

（2）请求执行撤销操作时，先从撤销栈获取撤销操作的动作，将其逆向操作压入重做栈，然后执行撤销的具体操作。

（3）请求执行重做操作时，从重做栈获取重做操作的动作，将其逆向操作压入撤销栈，然后执行重做的具体操作。

12.2 实现原理

NSUndoManager 将需要撤销的操作封装成 NSInvocation 对象存储到撤销栈。需要撤销操作时，从撤销栈顶部获取一个 NSInvocation 对象，执行撤销操作，同时将其逆操作封装成 NSInvocation 对象，压入重做栈。需要重做操作执行类似的过程，如图 12-7 所示。

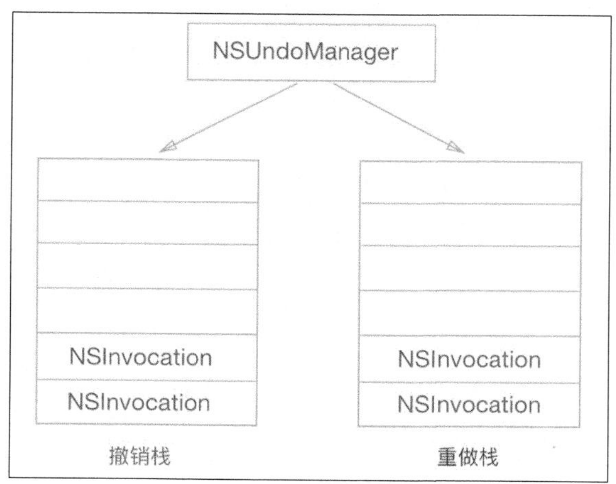

图 12-7

注意，NSInvocation 是一种包含执行方法的对象、方法签名和参数组合的对象。借助 NSInvocation 对象，可以将其他任何对象实例方法和参数存储起来，以备需要时执行。

NSUndoManager 提供了注册操作到撤销/重做栈的接口，应用在需要的流程中调用注册接口将操作压栈。按正常的操作、请求撤销的操作和请求重做的操作 3 种不同的情况区分栈的管理职责。

正常的操作由应用开发者负责调用 NSUndoManager 接口压入撤销栈；请求撤销的操作由 NSUndoManager 负责触发撤销的执行，并将撤销操作的逆向操作压入重做栈；请求重做的操作由 NSUndoManager 负责触发重做的执行，并将重做操作的逆向操作压入撤销栈。

下面是一个修改填充色的示例代码：

```
var fillColor: NSColor?
func changeFillColor(_ color:NSColor) {
   let oldColor = self.fillColor
   let undoManager = self.undoManager
   // 将修改前操作注册到栈(以对象 self,方法 changeFillColor, 参数 oldFillColor 构造 NSInvocation 实例对象)
   if let target = undoManager?.prepare(withInvocationTarget: self) as? ViewController {
      target.changeColor(oldColor)
   }
   self.fillColor = color
   self.reDraw()
}
```

正常流程调用 changeFillColor 方法修改填充色时，会调用 prepare 方法用老的颜色 oldColor 参数等构造 NSInvocation，此时 NSUndoManager 会判断当前操作是否由撤销/重做调用触发，如果不是则压入撤销栈，否则按下面的流程继续处理。

请求撤销的操作时，再次执行 changeFillColor 方法，类似地构造 NSInvocation，此时 NSUndoManager 会判断当前的操作为撤销执行 changeFillColor 方法的流程触发，则会将 NSInvocation 压入重做栈。

请求重做的操作时跟上述请求撤销类似。

同样的 changeFillColor 方法，在不同的调用链场景情况下，NSUndoManager 会智能判断存入不同的栈。这种巧妙的设计，降低了编程的复杂度。

12.3 撤销/重做动作的管理

12.3.1 NSUndoManager 的创建

对于所有基于 NSResponder 的子类，包括 NSApplication、NSPopover、NSView、NSViewController、NSWindow 和 NSWindowController，系统都默认 undoManager 属性变量，因此一般情况可以直接使用，不需要再手工创建。NSDocument 类也有 undoManager 属性，可以直接使用。

大多数场景下可以直接使用系统对象的 undoManager，无须自己单独创建 NSUndoManager。只有在除了这些类之外的类中需要实现撤销/重做操作时才需要自己创建 NSUndoManager 类。

12.3.2 注册撤销动作

有两种注册撤销动作的方式。

（1）使用 registerUndo 方法，以“对象—方法—参数”形式注册。

```
self.undoManager?.registerUndo(withTarget: self, selector:
        #selector(ViewController.setMyObjectTitle(_:)),object: "currentTitle")
```

（2）使用 prepare 方法注册。

```
if let target = undoManager?.prepare(withInvocationTarget: self) as? ViewController {
   target.setMyObjectTitle("currentTitle")
}
```

第一种方式参数比较固定，只能是对象形式；第二种方法比较灵活，可以是任意参数组合。

12.3.3 清除撤销动作

执行 removeAllActions，删除撤销栈中所有的动作；执行 removeAllActionsWithTarget，删除指定目标对象的动作。

NSUndoManager 会强引用保留栈的对象，因此当一个对象被删除或者存在没有意义时，务必同步清除注册到 undoManager 中的动作。

12.3.4 禁止注册撤销动作

默认情况下 NSUndoManager 属性 undoRegistrationEnabled 为 true，允许注册撤销动作。可以使用 disableUndoRegistration 方法禁止注册撤销动作。

注册大量的撤销动作会消耗大量的内存，一般对大量无意义的操作可以临时关闭撤销动作的注册。比如，在屏幕上拖放一个对象时，对变化的鼠标坐标就不需要注册撤销动作，只需要对拖放结束后的新位置坐标注册撤销动作即可。

12.3.5 撤销动作命名

调用 NSUndoManager 的 setActionName 方法可以给撤销动作命名。给每个动作取一个有意义的名字，执行撤销/重做操作时可以在菜单上用来显示当前的具体操作。

12.3.6 撤销组

可以将多个连续的操作定义为一个组，执行撤销/重做时，执行当前组内的所有动作。NSUndoManager 执行 beginUndoGrouping 创建一个组，执行 endUndoGrouping 关闭组。beginUndoGrouping 和 endUndoGrouping 必须成对出现。

创建的组在关闭之前，后续所有加入撤销栈中的操作，将作为一个整体在执行 NSUndoManager 的撤销操作时全部执行。

默认情况下不需要手工创建管理组，NSUndoManager 自动为每一步操作创建一个单独的组。

12.4 撤销栈的深度

可以设置 levelsOfUndo 属性来定义撤销/重做栈的深度。当注册的撤销/重做数超过 levelsOfUndo 时，栈底部存储的操作对象将被删除。

12.5 撤销/重做通知消息

执行撤销/重做操作，不同流程系统中定义了各种通知消息。

（1）执行 beginUndoGrouping/endUndoGrouping 后触发的所有通知消息如下：

```
NSNotification.Name.NSUndoManagerDidOpenUndoGroup
NSNotification.Name.NSUndoManagerCheckpoint
NSNotification.Name.NSUndoManagerWillCloseUndoGroup
NSNotification.Name.NSUndoManagerDidCloseUndoGroup
```

（2）执行撤销操作触发的所有消息如下：

```
NSNotification.Name.NSUndoManagerCheckpoint
NSNotification.Name.NSUndoManagerCheckpoint
NSNotification.Name.NSUndoManagerWillUndoChange
NSNotification.Name.NSUndoManagerCheckpoint
NSNotification.Name.NSUndoManagerDidUndoChange
```

（3）执行重做操作触发的所有消息如下：

```
NSNotification.Name.NSUndoManagerCheckpoint
NSNotification.Name.NSUndoManagerWillRedoChange
NSNotification.Name.NSUndoManagerCheckpoint
NSNotification.Name.NSUndoManagerCheckpoint
NSNotification.Name.NSUndoManagerCheckpoint
NSNotification.Name.NSUndoManagerDidRedoChange
```

12.6 撤销/重做编程示例

需求：两个数相加，计算求和。用户可以输入加数和被加数，点击计算按钮求和。同时提供撤销/重做功能。

下面通过编程实现上述需求来演示撤销/重做的基本使用，设计界面如图 12-8 所示。

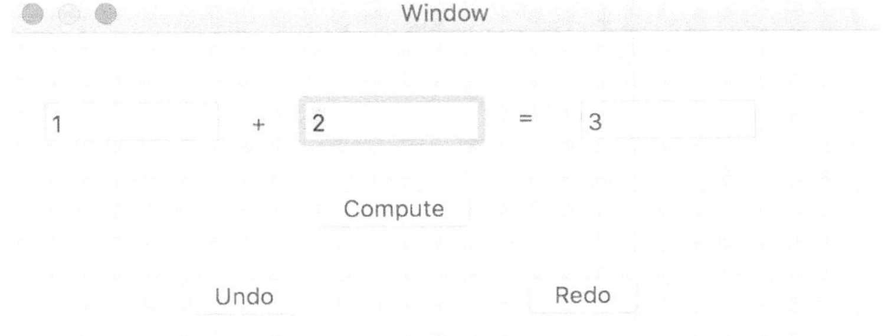

图 12-8

整个代码中最关键的是 compute 方法。首先判断两个加数，如果值没有变化则不处理；否则调用 undoManager 的 prepare 方法用两个参数的旧值构造 NSInvocation 对象，完成操作数和方法压栈。最后更新两个加数参数变量，进行计算求和并更新显示。

```
class ViewController: NSViewController {
   @IBOutlet weak var firstAddParaTextField: NSTextField!
   @IBOutlet weak var secondAddParaTextField: NSTextField!
   @IBOutlet weak var sumTextField: NSTextField!
   var para1:NSInteger = 0
   var para2:NSInteger = 0

   override func viewDidLoad() {
      super.viewDidLoad()
      self.compute(para1: 1, para2: 2)
   }
   // 计算按钮事件
   @IBAction func computeAction(_ sender: NSButton) {
      let para1 = self.firstAddParaTextField.integerValue
      let para2 = self.secondAddParaTextField.integerValue
      self.compute(para1: para1, para2: para2)
   }

   // 撤销按钮对应的事件
   @IBAction func undoAction(_ sender: NSButton) {
      self.undoManager?.undo()
   }

   // 重做按钮对应的事件
   @IBAction func redoAction(_ sender: NSButton) {
      self.undoManager?.redo()
   }

   // 执行计算的处理函数
   func compute(para1 firstPara: NSInteger,para2 secondPara: NSInteger) {
      if self.para1 == firstPara && self.para2 == secondPara {
         return
      }
      if let target = self.undoManager?.prepare(withInvocationTarget: self) as? ViewController {
         target.compute(para1: self.para1, para2: self.para2)
         let actionName = "\(self.para1)+\(self.para2)"
         self.undoManager?.setActionName(actionName)
      }

      self.para1 = firstPara
      self.para2 = secondPara
      let sum = firstPara + secondPara

      self.firstAddParaTextField.integerValue = self.para1
      self.secondAddParaTextField.integerValue = self.para2
      self.sumTextField.integerValue = sum
   }
}
```

第 13 章 拖放操作

拖放（drag/drop）提供了应用与 macOS 系统、不同应用之间，应用内部多种场景下资源、文件和数据可视化交换的一种用户体验。

可以拖曳的视图或窗口称为拖放源（Drag Source），接收拖放的视图或窗口称为拖放目标（Drag Destination）。拖曳操作的几个核心对象之间的关系如图 13-1 所示。

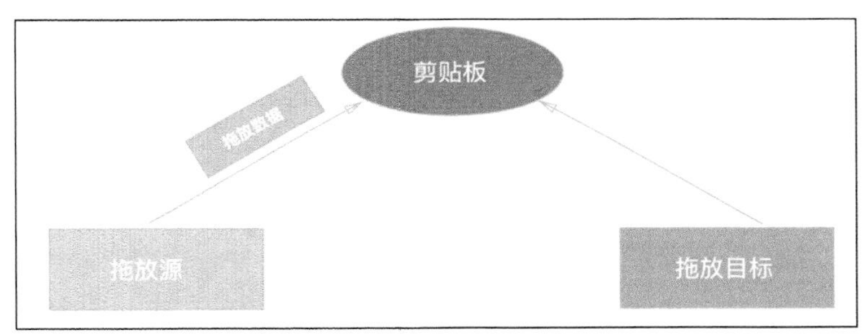

图 13-1

用户鼠标点击拖曳拖放源，发起一次拖放操作。

拖放源开始准备，将拖放数据打包成 DraggingItem 对象，缓存入系统剪贴板。

代表拖放源的图标顺着鼠标拖放的轨迹运动，直到鼠标进入到拖放目标区域，拖放目标接收了拖放请求，拖放目标从剪贴板获得拖放传递的数据，就完成了一次成功的拖放。如果拖放目标不能响应这个拖放请求，或者用户取消了拖放，代表拖放源的图标会以动画形式弹回到拖放源开始的位置。

拖放源和拖放目标之间是通过系统的剪贴板缓存数据来完成数据的交换，整个拖放过程中，拖放源和拖放目标之间会有多次数据交换的处理。

13.1 拖放开始

拖放开始前拖放源对象需要完成两个主要工作：定义拖放数据、设置拖放的可视化图像。

13.1.1 拖放数据定义

从拖放源端来看，数据层级结构如图 13-2 所示。

拖放的底层数据是 NSData 类型，任何对象都可以转换成 NSData 类型。

NSPasteboardItem 中以键/值形式存储数据，Data 数据需要关联对应一种 Pboard Type，可以使用系统预先定义的剪贴板类型，也可以自定义一种类型。

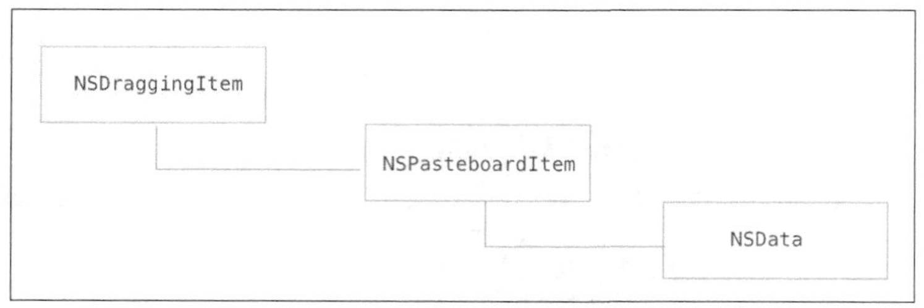

图 13-2

拖放源端跟拖放目标方需要约定采用统一的 Pboard 类型，拖放源的数据按类型存储，拖放接收方则根据 Pboard 类型来获取数据。

NSPasteboardItem 作为 NSDraggingItem 内部变量，最终发起拖放时作为拖放数据传递到剪贴板中。

系统定义的剪贴板类型如下（这种类型逐步会被 UTI 类型代替）。

```
public let NSStringPboardType: String // 使用 NSPasteboardTypeString
public let NSFilenamesPboardType: String
public let NSTIFFPboardType: String   // 使用 NSPasteboardTypeTIFF
public let NSRTFPboardType: String    // 使用 NSPasteboardTypeRTF
public let NSTabularTextPboardType: String // 使用 NSPasteboardTypeTabularText
public let NSFontPboardType: String   // 使用 NSPasteboardTypeFont
public let NSRulerPboardType: String  // 使用 NSPasteboardTypeRuler
public let NSColorPboardType: String  // 使用 NSPasteboardTypeColor
public let NSRTFDPboardType: String   // 使用 NSPasteboardTypeRTFD
public let NSHTMLPboardType: String   // 使用 NSPasteboardTypeHTML
public let NSURLPboardType: String    // 使用-writeObjects:将 URL 写到剪贴板
public let NSPDFPboardType: String    // 使用 NSPasteboardTypePDF
@available(OSX 10.5, *)
public let NSMultipleTextSelectionPboardType: String // 使用 NSPasteboardTypeMultipleTextSelection
public let NSPostScriptPboardType: String // 使用@"com.adobe.encapsulated-postscript"
public let NSVCardPboardType: String      // 使用(NSString *)kUTTypeVCard
public let NSInkTextPboardType: String    // 使用(NSString *)kUTTypeInkText

// 远程文件拖放类型
public let NSFilesPromisePboardType: String // 使用(NSString *)kPasteboardTypeFileURLPromise
```

使用 NSPasteboardItem 定义拖放携带的数据，NSPasteboardItem 提供了 3 种基本的定义数据的方法和一个使用代理提供数据的方式。

（1）3 种基本的数据定义方法，可以定义 Data、String 和 Any 类型的数据。

```
func setData(_ data: Data, forType type: NSPasteboard.PasteboardType) -> Bool
func setString(_ string: String, forType type: NSPasteboard.PasteboardType) -> Bool
func setPropertyList(_ propertyList: Any, forType type: NSPasteboard.PasteboardType) -> Bool
```

（2）使用代理方式提供数据。

```
 func setDataProvider(_ dataProvider: NSPasteboardItemDataProvider, forTypes types: [NSPas
teboard.PasteboardType]) -> Bool
```

实现代理类中定义获取数据的协议方法，实际上实现部分仍然是调用 NSPasteboardItem 的基本方法把数据存储起来。

```
extension DragSourceView: NSPasteboardItemDataProvider {
   func pasteboard(_ pasteboard: NSPasteboard?, item: NSPasteboardItem, provideDataForType
      type: NSPasteboard.PasteboardType) {
      let data = self.image?.tiffRepresentation
```

```
        item.setData(data!, forType: type)
    }
}
```

使用代理方式定义数据获取方法的好处是不需要提前初始化将 Data 数据存储到 NSPasteboardItem 中，而只需要在目标方接收数据时才触发获取的代理方法。

13.1.2 拖放的可视化图像设置

NSPasteboardItem 中不仅携带了拖放数据，同时定义了拖放过程中展示的图像，即拖放过程中跟随鼠标移动的图像。

draggingFrame 中定义了拖放图像的位置，当有多个拖放对象一起拖放时，每个拖放图像的位置是不一样的。imageComponentsProvider 代码块中定义了 NSDraggingImageComponent 对象，可以在 drawingHandler 使用绘图方法绘制出代表拖放的图像，最后返回数据对象，方便表示多个不同的拖放源。

```
// 拖放 item
let draggingItem = NSDraggingItem(pasteboardWriter: pasteboardItem)
draggingItem.draggingFrame = NSRect(x: 0, y: 0, width: 16, height: 16)

// 拖放可视化图像设置
draggingItem.imageComponentsProvider = {
   let component = NSDraggingImageComponent(key: NSDraggingImageComponentIconKey)

   component.frame = NSRect(x: 0, y: 0, width: 16, height: 16)
   component.contents = NSImage(size: NSSize(width: 32,height: 32), flipped: false,
      drawingHandler: { [unowned self]  rect in {
      self.image?.draw(in: rect)
      return true
      }()
   })
   return [component]
}
```

13.1.3 拖放源事件

用户鼠标点击拖曳视图对象触发 MouseDown 事件，调用 beginDraggingSessionWithItems 方法建立一个拖放的 session，开始启动拖放过程。

beginDraggingSessionWithItems 需要 3 个参数，按顺序依次为拖放数据 items、鼠标的 NSEvent、拖放源代理。

```
public let kImagePboardTypeName = "macdev.io.imageDrag"
let imagePboardType = NSPasteboard.PasteboardType(rawValue: kImagePboardTypeName)
class DragSourceView: NSImageView {
   weak var dragSourceDelegate: NSDraggingSource?

   override func mouseDown(_ event: NSEvent) {

      // 拖放数据定义
      let pasteboardItem = NSPasteboardItem()

      // 设置数据的提供者
      pasteboardItem.setDataProvider(self, forTypes: [imagePboardType])
```

```
        // 拖放 item
        let draggingItem = NSDraggingItem(pasteboardWriter: pasteboardItem)
        draggingItem.draggingFrame = NSRect(x: 0, y: 0, width: 16, height: 16)

        // 拖放可视化图像设置
        draggingItem.imageComponentsProvider = {

           let component = NSDraggingImageComponent(key: NSDraggingImageComponentIconKey)

           component.frame = NSRect(x: 0, y: 0, width: 16, height: 16)
           component.contents = NSImage(size: NSSize(width: 32,height: 32), flipped: false,
              drawingHandler: { [unowned self]  rect in {
               self.image?.draw(in: rect)
               return true
           }()
         })
         return [component]
        }

        // 开始启动拖放会话
        self.beginDraggingSession(with: [draggingItem], event: event, source: self.
dragSourceDelegate!)
     }
  }
```

13.1.4 拖放源协议 NSDraggingSource

下面说明拖放源协议的几个主要方法。

（1）允许拖放操作的方法，这个协议方法是必须实现的。

```
func draggingSession(_ session: NSDraggingSession, sourceOperationMaskFor context:
NSDraggingContext) -> NSDragOperation {
    return .generic
}
```

NSDragOperation 定义如下：

```
public struct NSDragOperation : OptionSet {
   public static var copy: NSDragOperation { get }
   public static var link: NSDragOperation { get }
   public static var generic: NSDragOperation { get }
   public static var `private`: NSDragOperation { get }
   public static var move: NSDragOperation { get }
   public static var delete: NSDragOperation { get }
   public static var every: NSDragOperation { get }
}
```

NSDraggingContext 参数定义如下：

```
public enum NSDraggingContext : Int {
   case outsideApplication // 表示应用外部拖放
   case withinApplication  // 表示应用内部拖放}
```

（2）3 个可选方法分别指示拖放开始、拖放移动和拖放结束。通过这几个代理方法可以实时获取当前拖放的位置。

```
func draggingSession(_ session: NSDraggingSession, willBeginAt screenPoint: NSPoint)
func draggingSession(_ session: NSDraggingSession, movedTo screenPoint: NSPoint)
func draggingSession(_ session: NSDraggingSession, endedAt screenPoint: NSPoint,
   operation: NSDragOperation)
```

13.2 拖放接收

拖放接收方，即拖放目标对象，必须注册接收的拖放类型。

将鼠标移动到拖放接收方位置区域时，系统检查拖放携带的数据类型是否与拖放目标注册的拖放类型一致。如果相同的话，拖放接收方则进行拖放接收处理过程。

拖放接收方通过拖放接收协议的一系列方法依次调用，最终完成与拖放源的数据交换，结束拖放。

13.2.1 注册接收的拖放类型

NSView 或 NSWindow 提供了注册拖放类型的方法 registerForDraggedTypes。视图注册可以接收的拖放类型，代码如下：

```
self.registerForDraggedTypes([NSColorPboardType,NSFilenamesPboardType])
```

可以使用 Cocoa 系统中预定义的类型，也可以自定义一种新的拖放类型。

13.2.2 拖放目标方协议

大部分控件都是 NSView 的子类，而 NSView 类已经继承了 NSDraggingDestination 协议，因此只需要作为拖放目标类的这些控件实现 NSDraggingDestination 协议的关键方法即可。

```
// 拖放进入目标区
func draggingEntered(_ sender: NSDraggingInfo) -> NSDragOperation
// 拖放进入目标区移动
func draggingUpdated(_ sender: NSDraggingInfo) -> NSDragOperation
// 拖放退出目标区,拖放的图像会弹回到拖放源
func draggingExited(_ sender: NSDraggingInfo?)
// 拖放预处理,一般是根据拖放类型 type，判断是否接收拖放
func prepareForDragOperation(_ sender: NSDraggingInfo?)-> Bool
// 允许接收拖放，开始接收处理拖放数据
func performDragOperation(_ sender: NSDraggingInfo?)-> Bool
// 拖放完成结束
func concludeDragOperation(_ sender: NSDraggingInfo?)
@end
```

13.2.3 拖放接收方处理过程

拖放源的代表图像进入拖放目标区，触发 draggingEntered 方法。draggingEntered 中必须返回一种有效的拖放操作。

鼠标在拖放目标区移动，触发 draggingUpdated；鼠标退出目标区，调用 draggingExited 方法，拖放的图像会弹回到拖放源。拖放源代表图像完全进入拖放目标区，释放鼠标按键。触发 prepareForDragOperation 方法。

（1）如果返回 false，拖放的图像会弹回到拖放源，接收拖放。

（2）如果返回 true，调用 performDragOperation 处理拖放，获取拖放数据，进行相关操作。

（3）最后调用 concludeDragOperation 完成一次成功的拖放。

13.3　拖放端到端编程

实现一个小应用将小球拖放到一个矩形区域。

新建一个工程，命名为 DragDrop，在 View Controller 视图界面拖放一个 Image View 控件和一个 View 控件。Image View 设置 image 为一个绿色小球图片，如图 13-3 所示。

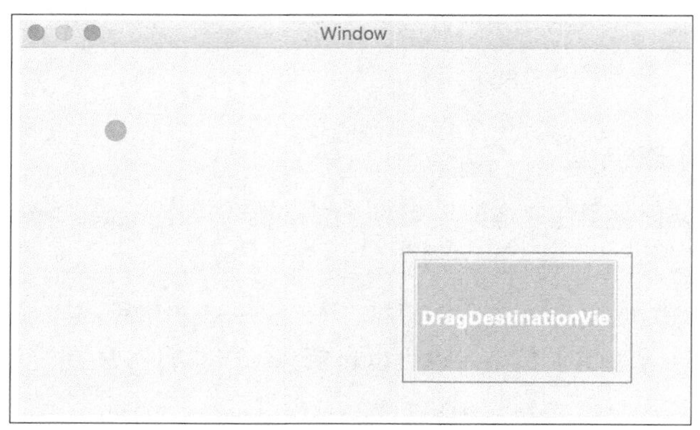

图 13-3

定义子类 DragSourceView，继承 NSImageView。定义子类 DragDestinationView，继承 View。

设置 View Controller 界面 Image View 控件的 Class 为 DragSourceView，绑定到 sourceView IBOutlet 变量。设置 View 控件的 Class 为 DragDestinationView。

```
@IBOutlet weak var sourceView: DragSourceView!
```

13.3.1　拖放源类 DragSourceView

拖放源类 DragSourceView 在鼠标 mouseDown 事件中提供了拖放时的可视化图标，调用 begin Dragging Session 方法启动一个拖放会话。同时 DragSourceView 实现 NSPasteboardItemDataProvider 协议，提供了拖放的数据。

```
public let kImagePboardTypeName = "macdev.io.imageDrag"
let imagePboardType = NSPasteboard.PasteboardType(rawValue: kImagePboardTypeName)

class DragSourceView: NSImageView {
   weak var dragSourceDelegate: NSDraggingSource?
   override func mouseDown(_ event: NSEvent) {

      // 拖放数据定义
      let pasteboardItem = NSPasteboardItem()
      // 设置数据的提供者
      pasteboardItem.setDataProvider(self, forTypes: [imagePboardType])

      // 拖放 item
      let draggingItem = NSDraggingItem(pasteboardWriter: pasteboardItem)
      draggingItem.draggingFrame = NSRect(x: 0, y: 0, width: 16, height: 16)

      // 拖放可视化图像设置
      draggingItem.imageComponentsProvider = {
         let component = NSDraggingImageComponent(key: NSDraggingImageComponentIconKey)
```

```
        component.frame = NSRect(x: 0, y: 0, width: 16, height: 16)
        component.contents = NSImage(size: NSSize(width: 32,height: 32), flipped: false,
            drawingHandler: { [unowned self]  rect in {
            self.image?.draw(in: rect)
            return true
        }()
      })
      return [component]
     }
     // 开始启动拖放 session
     self.beginDraggingSession(with: [draggingItem], event: event, source: self.
        dragSourceDelegate!)
   }
}

extension DragSourceView: NSPasteboardItemDataProvider {
   func pasteboard(_ pasteboard: NSPasteboard?, item: NSPasteboardItem, provideDataForType
      type: NSPasteboard.PasteboardType) {
      let data = self.image?.tiffRepresentation
      item.setData(data, forType: type)
   }
}
```

13.3.2 拖放目标类

拖放目标类 DragDestinationView 主要的实现功能包括注册接收的拖放类型、接收拖放请求、从剪贴板获取拖放数据、转换为本地的绘图模型对象、调用视图的 setNeedsDisplay 方法请求绘制。

```
class DropDestinationView: NSView {
   var imageItems: [DrawImageItem] = []
   override var isFlipped: Bool { return true }
   override func draw(_ dirtyRect: NSRect) {
      super.draw(dirtyRect)
      for i in 0 ..< self.imageItems.count {
         let drawImageItem:DrawImageItem = self.imageItems[i]
         let frame = NSRect(origin: drawImageItem.location!, size: CGSize(width: 16, height: 16))
         if let image = drawImageItem.image {
            image.draw(in: frame)
         }
      }
   }

   override func awakeFromNib() {
      super.awakeFromNib()
      self.wantsLayer = true
      self.layer?.borderColor = NSColor.red.cgColor
      self.layer?.borderWidth = 1
      // 注册拖放的类型
      self.registerForDraggedTypes([imagePboardType])
   }

   // 开始拖放，返回拖放类型
   override func draggingEntered(_ sender: NSDraggingInfo) -> NSDragOperation {
      return .generic
   }

   // 退出拖放
   override func draggingExited(_ sender: NSDraggingInfo?) {
```

```
    }

    // 拖放完成
    override func concludeDragOperation(_ sender: NSDraggingInfo?) {
    }

    override func prepareForDragOperation(_ sender: NSDraggingInfo?)-> Bool {
       return true
    }

    override func performDragOperation(_ sender: NSDraggingInfo?)-> Bool {
       let pboard = sender?.draggingPasteboard()
       // 获取拖放数据
       let items = pboard?.readObjects(forClasses: [DragImageDataItem.self], options: nil)

       if items?.count > 0 {
          let imageDataItem = items?[0] as! DragImageDataItem
          let img = NSImage(data: imageDataItem.data! as Data)

          // 创建绘制的图像模型类
          let drawImageItem = DrawImageItem()
          drawImageItem.image = img
          let point = self.convert((sender?.draggingLocation())!, from: nil)
          drawImageItem.location = point

          // 存储图像模型
          self.imageItems.append(drawImageItem)
          // 触发视图重绘
          self.needsDisplay = true
       }
       return true
    }
}
```

DrawImageItem 是绘图的模型对象，用来存储拖放接收后小球的坐标位置。

```
final class DrawImageItem: NSObject {
   var image: NSImage?
   var location: NSPoint?
}
```

DragImageDataItem 实现了 NSPasteboardReading 协议，剪贴板对象能通过代理方法将自己携带的数据转换处理。本例中是一个基本 NSData 对象，仅仅是简单复制存储。

```
final class DragImageDataItem: NSObject {
   var data: NSData?
}

extension DragImageDataItem: NSPasteboardReading {
   static func readableTypes(for pasteboard: NSPasteboard) -> [NSPasteboard.PasteboardType] {
      return [imagePboardType]
   }

   convenience init?(pasteboardPropertyList propertyList: Any, ofType type: NSPasteboard.
      PasteboardType) {
      self.init()
      data = propertyList as? NSData
   }
}
```

13.3.3 视图控制器中拖放源初始化

ViewController 实现了与拖放源代理协议相关的方法，代码如下：

```
class ViewController: NSViewController {
   @IBOutlet weak var sourceView: DragSourceView!
   override func viewDidLoad() {
      super.viewDidLoad()
      self.sourceView.dragSourceDelegate = self
   }
}

extension ViewController: NSDraggingSource {
   // 返回拖放操作类型
   func draggingSession(_ session: NSDraggingSession, sourceOperationMaskFor context:
      NSDraggingContext) -> NSDragOperation {
      return .generic
   }

   // 开始拖放代理回调
   func draggingSession(_ session: NSDraggingSession, willBeginAt screenPoint: NSPoint) {
      print("draggingSession beginAt \(screenPoint)")
   }

   // 拖放鼠标移动时的代理回调
   func draggingSession(_ session: NSDraggingSession, movedTo screenPoint: NSPoint) {
      print("draggingSession movedTo \(screenPoint)")
   }

   // 结束拖放代理回调
   func draggingSession(_ session: NSDraggingSession, endedAt screenPoint: NSPoint,
      operation: NSDragOperation) {
      print("draggingSession endedAt \(screenPoint)")
   }
}
```

运行程序后的界面如图 13-4 所示，可以通过鼠标不断地将小球拖入矩形区域内。

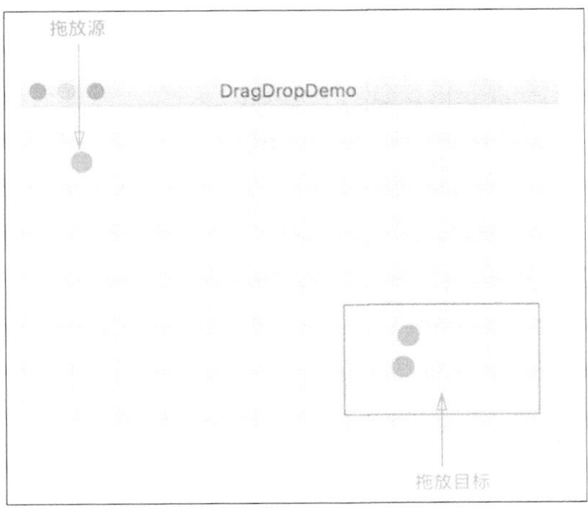

图 13-4

13.4 常见的拖放示例

前面几节完整地阐述了拖放处理的全流程，但在实际应用中，很多场景并不需要进行拖放源部分的编程，Cocoa 系统默认实现了拖放源部分的处理，应用中只需要进行拖放目标方的编程处理。

13.4.1 文件拖放处理

实现功能从 macOS 系统 Finder 目录中拖放一个文件到应用。

创建一个工程，命名为 FileDrag。在 View Controller 界面拖放一个 Text View 控件。绑定 NSTextView 到 textView 变量。

新建一个自定义应用内部接收拖放的视图类 FileDragView，将视图控制器的视图 View 对应的 Class 修改为 FileDragView。绑定 ViewController 的根视图 View 到 dragView 变量。

FileDragView 中主要完成拖放类型注册，实现目标拖放协议 NSDraggingDestination 方法。FileDragDelegate 中定义文件拖放完成后的协议方法 didFinishDrag。

FileDragView 和 FileDragDelegate 的相关代码如下：

```
// 文件拖放应用代理协议
protocol FileDragDelegate: class {
   func didFinishDrag(_ filePath:String)
}

class FileDragView: NSView {
   weak var delegate: FileDragDelegate?
   override func awakeFromNib() {
      super.awakeFromNib()
      // 注册文件拖放类型
      self.registerForDraggedTypes([NSFilenamesPboardType])
   }

   // 开始拖放，返回拖放类型
   override func draggingEntered(_ sender: NSDraggingInfo) -> NSDragOperation {
      let sourceDragMask = sender.draggingSourceOperationMask()
      let pboard = sender.draggingPasteboard()
      let dragTypes = pboard.types! as NSArray
      if dragTypes.contains(NSFilenamesPboardType) {
         if sourceDragMask.contains([.link]) {
            return .link
         }
         if sourceDragMask.contains([.copy]) {
            return .copy
         }
      }
      return .generic
   }

   // 拖放文件进入拖放区，返回拖放操作类型
   override func performDragOperation(_ sender: NSDraggingInfo?)-> Bool {
      let pboard = sender?.draggingPasteboard()
      let dragTypes = pboard!.types! as NSArray
      if dragTypes.contains(NSFilenamesPboardType) {
```

```
            let files = (pboard?.propertyList(forType: NSFilenamesPboardType))! as!  Array<String>
            let numberOfFiles = files.count
            if numberOfFiles > 0 {
               let filePath = files[0] as String
               //代理通知
               if let delegate = self.delegate {
                  NSLog("filePath \(filePath)")
                  delegate.didFinishDrag(filePath)
               }
            }
         }
         return true
      }
   }
```

ViewController 中实现了 FileDragDelegate 协议方法，代码如下：

```
class ViewController: NSViewController {
   @IBOutlet var textView: NSTextView!
   @IBOutlet var dragView: FileDragView!
   override func viewDidLoad() {
      super.viewDidLoad()
      // 设置代理
      self.dragView.delegate = self
   }
}

// 实现代理方法
extension ViewController: FileDragDelegate {
   func didFinishDrag(_ filePath:String) {
      let url = NSURL(fileURLWithPath: filePath)
      guard let string = try?  NSString.init(contentsOf: url as URL, encoding: String.Encoding.
         utf8.rawValue)
         else {
            return
      }
      self.textView.string = string as String
   }
}
```

13.4.2 表格视图的拖放处理

新建一个工程，命名为 NSTableViewDragDrop，拖放一个 Table View 控件到视图控制器的界面上。分别修改表格默认的两列的 identifier 为 name 和 address。修改每个列中 NSTableCellView 的 identifier 与列保持一致。

1. 注册表格的拖放事件

tableViewDragDataTypeName 为一个全局定义的字符串常量，用来关联存储拖放事件发生时数据的行索引，对 NSTableView 来说，存储拖放的表格单元行索引序号。

下面是拖放类型名称定义，使用 NSPasteboard.PasteboardType 类型来定义，代码如下：

```
let kTableViewDragDataTypeName = "TableViewDragDataTypeName"
let tableViewDragDataTypeName = NSPasteboard.PasteboardType(rawValue: kTableViewDragDataTypeName)
```

调用表格的 registerForDraggedTypes 方法完成拖放注册，代码如下：

```
self.tableView.registerForDraggedTypes([tableViewDragDataTypeName])
```

2. 表格视图数据源协议中拖放相关的方法

表格视图数据源协议中拖放相关的主要方法如下：

```
extension ViewController: NSTableViewDataSource {
    // 拖放的数据准备，将 row 索引写入到剪贴板
    func tableView(_ tableView: NSTableView, writeRowsWith rowIndexes: IndexSet, to pboard:
        NSPasteboard) -> Bool {

        let zNSIndexSetData = NSKeyedArchiver.archivedData(withRootObject: rowIndexes);
        pboard.declareTypes([tableViewDragDataTypeName], owner: self)
        pboard.setData(zNSIndexSetData, forType: kTableViewDragDataTypeName)
        return true
    }

    // 允许拖放
    func tableView(_ tableView: NSTableView, validateDrop info: NSDraggingInfo, proposedRow row:
        Int, proposedDropOperation dropOperation: NSTableView.DropOperation) -> NSDragOperation {
        return .every
    }

    // 拖放结束后，从剪贴板对象获得拖放的 dragRow
    func tableView(_ tableView: NSTableView, acceptDrop info: NSDraggingInfo, row:
        Int, dropOperation: NSTableView.DropOperation) -> Bool {
        let pboard = info.draggingPasteboard()
        let rowData = pboard.data(forType: tableViewDragDataTypeName)
        let rowIndexes = NSKeyedUnarchiver.unarchiveObject(with: rowData!) as! NSIndexSet
        let dragRow = rowIndexes.firstIndex

        ......

    }
}
```

拖放的源 dragRow、拖放的目标 row 这两个参数有了以后，就可以对表的数据源数组进行源 dragRow 和目标 row 交换，然后重新加载 reload 即可完成。完整的代码如下：

```
let kTableViewDragDataTypeName = "TableViewDragDataTypeName"
let tableViewDragDataTypeName = NSPasteboard.PasteboardType(rawValue: kTableViewDragDataTypeName)
class ViewController: NSViewController {
    @IBOutlet weak var tableView: NSTableView!
    var datas = [NSDictionary]()

    override func viewDidLoad() {
        super.viewDidLoad()
        self.updateData()
        self.tableView.registerForDraggedTypes([tableViewDragDataTypeName])
    }

    func updateData() {
        self.datas = [
            ["name":"john","address":"USA"],
            ["name":"mary","address":"China"],
            ["name":"park","address":"Japan"],
            ["name":"Daba","address":"Russia"],
        ]
    }
}

extension ViewController: NSTableViewDataSource {
    func numberOfRows(in tableView: NSTableView) -> Int {
```

```
        return self.datas.count
    }
    func tableView(_ tableView: NSTableView, writeRowsWith rowIndexes: IndexSet, to pboard:
        NSPasteboard) -> Bool {

        let zNSIndexSetData = NSKeyedArchiver.archivedData(withRootObject: rowIndexes);
        pboard.declareTypes([tableViewDragDataTypeName], owner: self)
        pboard.setData(zNSIndexSetData, forType: tableViewDragDataTypeName)
        return true
    }

    func tableView(_ tableView: NSTableView, validateDrop info: NSDraggingInfo, proposedRow row:
        Int, proposedDropOperation dropOperation: NSTableView.DropOperation) -> NSDragOperation {
        return .every
    }

    func tableView(_ tableView: NSTableView, acceptDrop info: NSDraggingInfo, row: Int,
        dropOperation: NSTableView.DropOperation) -> Bool {

        let pboard = info.draggingPasteboard()
        let rowData = pboard.data(forType: tableViewDragDataTypeName)
        let rowIndexes = NSKeyedUnarchiver.unarchiveObject(with: rowData!) as! NSIndexSet
        let dragRow = rowIndexes.firstIndex

        let temp = self.datas[row]
        self.datas[row] = self.datas[dragRow]
        self.datas[dragRow] = temp

        tableView.reloadData()
        return true
    }
}

extension ViewController: NSTableViewDelegate {
    func tableView(_ tableView: NSTableView, viewFor tableColumn: NSTableColumn?, row: Int)
        -> NSView? {
        let data = self.datas[row]
        // 表格列的标识符
        let key = (tableColumn?.identifier)!
        // 单元格数据
        let value = data[key]

        // 根据表格列的标识,创建单元视图
        let view = tableView.makeView(withIdentifier: key, owner: self)
        let subviews = view?.subviews
        if (subviews?.count)! <= 0 {
            return nil
        }

        let textField = subviews?[0] as! NSTextField
        if value != nil {
            textField.stringValue = value as! String
        }
        return view
    }
}
```

13.4.3 大纲视图的数据拖放处理

新建一个工程，命名为 NSOutlineViewDragDropDemo，拖放一个 Outline View 控件到 View Controller 界面上。大纲视图默认有两列，删除其中一列，修改剩余一列的 identifier 为 name，修改对应的 NSTableCellView 的 identifier 也为 name。

实现大纲视图拖放的 3 个关键步骤如下。

（1）将拖放源节点数据存储到剪贴板。

（2）拖放目标节点回允许的拖放操作类型。

（3）拖放目标节点从剪贴板获得拖放的数据 items，进行相关处理。

大纲视图拖放处理的完整代码如下：

```
let kDragOutlineViewTypeName = "kDragOutlineViewTypeName"
let dragOutlineViewTypeName = NSPasteboard.PasteboardType(rawValue: kDragOutlineViewTypeName)
class ViewController: NSViewController {
   lazy var nodes: Array = {
      return [NSMutableDictionary]()
   }()

   @IBOutlet weak var treeView: NSOutlineView!
   override func viewDidLoad() {
      super.viewDidLoad()
      self.configData()
      self.registerDrag()
      self.treeView.reloadData()
      self.treeView.expandItem(nil, expandChildren: false)
   }

   // 注册拖放
   func registerDrag() {
      self.treeView.registerForDraggedTypes([dragOutlineViewTypeName])
   }

   // 配置测试数据
   func configData() {
      let group1 = NSMutableDictionary()
      let group2 = NSMutableDictionary()
      group1["name"] = "Group1"
      group2["name"] = "Group2"

      let member11 = NSMutableDictionary()
      member11["name"] = "member11"

      let member12 = NSMutableDictionary()
      member12["name"] = "member12"

      let children1 = [ member11,member12]

      let member21 = NSMutableDictionary()
      member21["name"] = "member21"

      let member22 = NSMutableDictionary()
      member22["name"] = "member22"

      let member23 = NSMutableDictionary()
      member23["name"] = "member23"

      let children2 = [member21,member22,member23]

      group1["children"] = NSMutableArray(array: children1)
      group2["children"] = NSMutableArray(array: children2)

      self.nodes.append(group1)
```

```
        self.nodes.append(group2)
    }
}

extension ViewController:NSOutlineViewDataSource {
    func outlineView(_ outlineView: NSOutlineView, numberOfChildrenOfItem item: Any?) -> Int {
        if(item == nil) {
            return self.nodes.count
        }
        let node = item as! NSMutableDictionary
        if let children = node["children"] as? NSArray   {
            return children.count
        }
        return 0
    }

    func outlineView(_ outlineView: NSOutlineView, child index: Int, ofItem item: Any?) -> Any {

        if(item==nil) {
            return  self.nodes[index]
        }
        let node = item as! NSMutableDictionary
        let children = node["children"] as! NSArray
        return  children[index]
    }

    func outlineView(_ outlineView: NSOutlineView, isItemExpandable item: Any) -> Bool {
        return true
    }
    // 将拖放的节点数据存储到剪贴板
    func outlineView(_ outlineView: NSOutlineView, writeItems items: [Any], to pasteboard:
        NSPasteboard) -> Bool {
        if  items.count == 0 {
            return false
        }
        let data = NSKeyedArchiver.archivedData(withRootObject: items)
        pasteboard.declareTypes([dragOutlineViewTypeName], owner: self)
        pasteboard.setData(data, forType: dragOutlineViewTypeName)
        return true
    }

    // 节点允许拖放
    func outlineView(_ outlineView: NSOutlineView, validateDrop info: NSDraggingInfo,
        proposedItem item: Any?, proposedChildIndex index: Int) -> NSDragOperation {
        return .every
    }

    // 拖放数据接收处理
    func outlineView(_ outlineView: NSOutlineView, acceptDrop info: NSDraggingInfo, item:
        Any?, childIndex index: Int) -> Bool {
        let pboard = info.draggingPasteboard()
        let data = pboard.data(forType: dragOutlineViewTypeName)
        let items = NSKeyedUnarchiver.unarchiveObject(with: data!)
        guard let itemsData = items else {
            return false
        }

        let targetNodeItem = item as! NSMutableDictionary
        var children = targetNodeItem["children"] as? NSMutableArray
        // 如果拖放的目标节点没有孩子，则创建一个新孩子节点
```

```
        if children == nil {
            children =  NSMutableArray()
            targetNodeItem["children"] = children
        }
        // 将数据添加到目标节点的 children 中
        children?.addObjects(from: itemsData as! [AnyObject])

        // 重新加载数据
        outlineView.reloadData()
        return true
    }
}

extension ViewController: NSOutlineViewDelegate {
    func outlineView(_ outlineView: NSOutlineView, viewFor tableColumn: NSTableColumn?, item:
        Any) -> NSView? {
        let view = outlineView.makeView(withIdentifier: (tableColumn?.identifier)!, owner: self)
        let subviews  = view?.subviews

        let field = subviews?[0] as! NSTextField
        let node = item as! NSMutableDictionary

        if let name = node["name"] {
            field.stringValue = name as! String
        }
        return view
    }

    func outlineView(_ outlineView: NSOutlineView, heightOfRowByItem item: Any) -> CGFloat {
        return 20
    }
}
```

运行后的界面如图 13-5 所示，可以将任意节点拖放生成一个新的副本到目标节点。

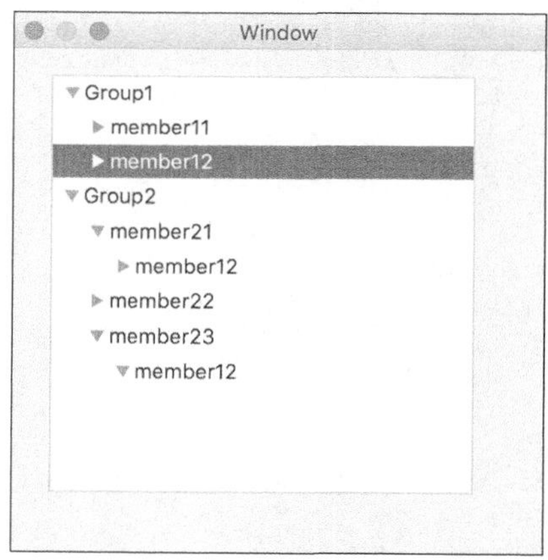

图 13-5

第 14 章 Cocoa 数据绑定

MVC 架构编程模式中，控制器负责将模型数据更新到视图，同时当用户对视图数据进行了修改后，还需要控制器将变化的数据更新到模型中，如图 14-1 所示。

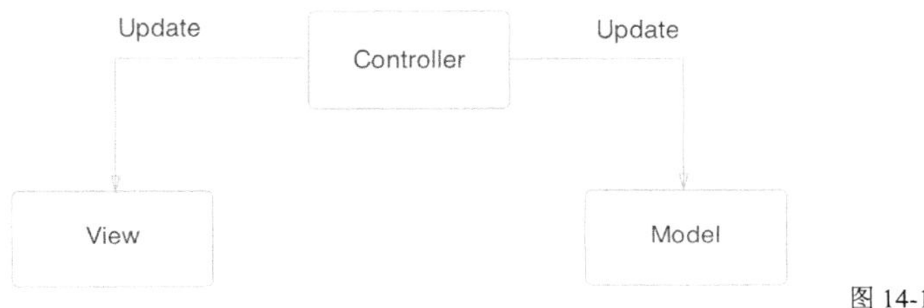

图 14-1

模型到视图，视图到模型，这种双向的数据更新涉及大量烦琐的数据转换和赋值操作，因此 macOS 从系统层面设计了 Cocoa 数据绑定机制，用以简化 MVC 编程中这种双向更新操作。

Cocoa 数据绑定机制的实现依赖 KVC、KVO、KVB 这 3 种技术，下面将分别介绍。

14.1 KVC

KVC 是 key-value coding（键值编码）的缩写，提供了通过类的属性字符名称来读写属性值的方法。你不需要通过调用类的不同方法去实现不同的属性读写修改，而只需要通过不同的属性名称，使用统一的接口实现读写访问。

KVC 的好处是明显的，获取到对象的所有属性后，可以实现循环遍历读写所有的属性值；支持属性路径链式调用，即嵌套对象的属性访问。

Cocoa 在基类 NSObject 上实现了 KVC 的接口方法，因此所有类天然支持 KVC 方式的属性读写。

定义 Person 和 Phone 两个类，便于后面说明 KVC 的属性访问方式。Person 对象类有 3 个属性，包括 name（名字）、age（年龄）和 phone（固定电话），其定义如下：

```
class Person: NSObject {
   var name: String?
   var age:  Int?
   var phone: Phone?

}
```

Phone 对象类有 3 个属性，包括 office（办公电话）、family（家庭电话）和 mobile（手机号码），其定义如下：

```
class Phone: NSObject {
   var office: String?
   var family: String?
   var mobile: String?
}
```

定义 Person 和 Phone 的实例对象，代码如下：

```
let person = Person()
person.name = "john"
person.age = 20

let phone = Phone()
phone.family = "010-67854545"
person.phone = phone
```

14.1.1 KVC 属性读写接口

属性读写接口比较简单，分别说明如下：

```
func value(forKey key: String) -> Any?     // 通过属性名访问对象属性值接口
func setValue(_ value: Any?, forKey key: String)     // 修改属性名为 key 的值
```

下面以 person 对象为例，展示获取 name 属性值，修改 name 属性值的代码：

```
// 使用 KVC 方法获取属性
let name = person.value(forKey: "name")
print("name \(name)")
// 使用 KVC 修改属性
person.setValue("Habo", forKey: "name")
```

如果使用 KVC 方式访问 Person 的 age 属性，则控制台出错提示为：

```
this class is not key value coding-compliant for the key age。
```

对于数字值类型的属性，建议不使用 Optional 方式定义，定义时进行一个初始值设置就可以解决这个问题。

```
var age:  Int = 0
```

14.1.2 KVC 路径访问相关接口

KVC 路径访问相关接口有以下两个：

```
func value(forKeyPath keyPath: String) -> Any?     // 使用 keyPath 路径去获取属性
func setValue(_ value: Any?, forKeyPath keyPath: String)    // 更新 keyPath 路径对应的属性值
```

下面以 person 对象为例，演示了通过 phone.office 路径访问属性值和修改值的相关代码。

```
// 使用 path 获取属性
let officePhone = person.value(forKeyPath: "phone.office")

// 修改属性
person.setValue("010-678545466", forKeyPath: "phone.office")
```

14.1.3 批量属性访问接口

批量属性访问接口有以下几个：

```
// 访问多个键对应的属性，返回键值形式的字典对象

func dictionaryWithValues(forKeys keys: [String]) -> [String : Any]
// 以字典对应的键值去更新对象对应的属性

func setValuesForKeys(_ keyedValues: [String : Any])
```

使用 setValuesForKeys 方法可以在 JSON 对象解析时，方便地通过字典对象来更新模型对象。

```
class Person: NSObject {
   var name: String?
   var age:  Int = 0
   var phone: Phone?

   convenience init(_ attributes:Dictionary<String,Any>) {
      self.init()
      self.setValuesForKeys(attributes)
   }
}
```

14.2 KVO

观察者模式（也称为发布/订阅模式）可以说是应用非常广泛的设计模式之一，它定义了一种一对多的依赖关系。当一个对象的状态/属性发生变化时，会给所有的观察者发送数据更新通知，如图 14-2 所示。

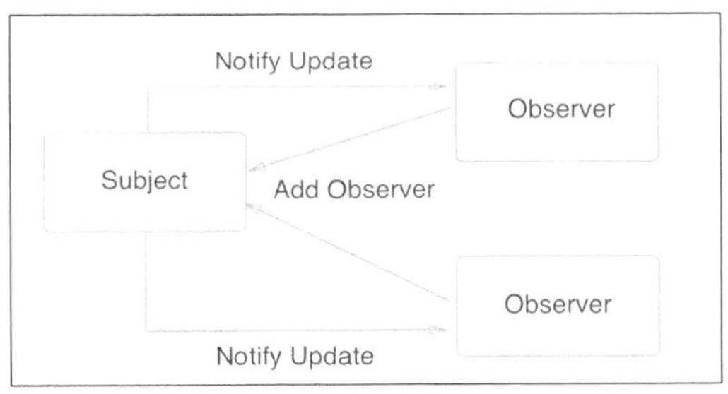

图 14-2

KVO 是 Key-value observing（键值观察）的缩写，它是 Cocoa 系统实现的对象属性变化的通知机制，也可以理解为观察者模式的系统实现。

14.2.1 KVO 相关接口

KVO 相关接口说明如下。

1. 注册观察者对象的接口

对象使用 addObserver 方法来增加观察者，接口方法定义如下：

```
func addObserver(_ observer: NSObject, forKeyPath keyPath: String,
   options: NSKeyValueObservingOptions = [],
   context: UnsafeMutablePointer<Swift.Void>?)
```

接口中的参数说明如下。

- observer：观察者。
- keyPath：对象的 keyPath。
- options：为配置项，一般为.new 和.old 两个参数组合。

- context：附加的上下文参数，为对象指针或其他标识值。

将 teacher 实例注册为 student 实例的观察者，当 student 的 address 有变化时，会得到通知。下面是具体的代码：

```
let teacher = Teacher()
let student = Student()
student.addObserver(teacher, forKeyPath: "address", options:.new, context: nil)
```

2. 接收变化通知的接口

观察者类通过实现 observeValue 接口实现接收变化通知，具体接口定义如下：

```
func observeValue(forKeyPath keyPath: String?, of object: Any?,
   change: [NSKeyValueChangeKey : Any]?,
   context: UnsafeMutableRawPointer?)
```

change 参数是字典中变化的数据，有 4 个键，分别为 kindKey、newKey、oldKey 和 indexesKey。这 4 个键的含义说明如下。

- kindKey：指示是修改、插入、删除和替换变化的类型，定义如下：

```
public enum NSKeyValueChange : UInt {
    case setting
    case insertion
    case removal
    case replacement

}
```

- old：代表修改前的旧值。
- new：为修改后的新值。
- indexesKey：数据对象变化时的索引值。

3. 删除观察者的接口

通过 removeObserver 方法删除观察者对象，接口定义如下：

```
func removeObserver(_ observer: NSObject, forKeyPath keyPath: String,
   context: UnsafeMutablePointer<Swift.Void>?)
func removeObserver(_ observer: NSObject, forKeyPath keyPath: String)
```

14.2.2 手工管理 KVO

1. 手工触发变化通知

NSObject 本身提供了自动化的通知机制，有些时候需要人工触发通知，需要进行额外的处理。

使用 automaticallyNotifiesObserversForKey 方法来约定 key 的通知方式，默认情况下所有的 key 都是系统自动通知，返回 false 表示需要手工通知变化。

```
override class func automaticallyNotifiesObservers(forKey key: String) -> Bool {
   var automatic:Bool
   if key == "address" {
      automatic = false
   }
   else {
      automatic = super.automaticallyNotifiesObservers(forKey: key)
   }
   return automatic
}
```

重写 key 属性的 set 方法，通过 willChangeValue 和 didChangeValue 完成变化通知。

```
var address: String?  {
   willSet {
      self.willChangeValue(forKey: "address")
   }
   didSet {
      self.didChangeValue(forKey: "address")
   }
}
```

2．实现依赖通知

有依赖关系的属性，当依赖有变化时，希望收到这个属性变化的通知。比如，数据库路径是由文件的根目录和名字组成的，getter 方法如下：

```
var dbPath:String {
   get {
      return path + "" + fileName
   }
}
```

当文件的目录或名字属性变化时，数据库的路径实际上也发生了变化。

有两种方式实现了依赖变化通知，实现下面任意一种类方法即可。

（1）通用的类方法

```
override class func keyPathsForValuesAffectingValue(forKey key: String) -> Set<String> {
   var keySets = super.keyPathsForValuesAffectingValue(forKey: key)
   if key == "dbPath" {
      let affectingKeys = ["path","fileName"];
      keySets.formUnion(affectingKeys)
   }
   return keySets
}
```

（2）针对键的类方法

```
class func keyPathsForValuesAffectingDbPath() -> Set<String> {
   let affectingKeys:Set<String> = ["path","fileName"];
   return affectingKeys
}
```

14.2.3 KVO 的简单例子

为了对 KVO 的使用给出一个简单示例，先定义 Teacher 和 Student 对象。

Teacher 模型类代码如下：

```
class Teacher: NSObject {
   var school: String?
   var address: String?
}
```

Student 模型类代码如下：

```
class Student: NSObject {
   var name: String?
   var address: String?  {
      willSet
         {
          self.willChangeValue(forKey: "address")
```

```
        }

        didSet
            {
                self.didChangeValue(forKey: "address")
        }
    }

    override class func automaticallyNotifiesObservers(forKey key: String) -> Bool {
        var automatic:Bool
        if key == "address" {
            automatic = false
        }
        else {
            automatic = super.automaticallyNotifiesObservers(forKey: key)
        }
        return automatic
    }
}
```

使用 KVO 观察者模式，student 注册 teacher 为 address 属性变化的观察者，当 student 的 address 有变化时，teacher 会得到通知。下面是具体实现的代码。

（1）注册观察者。student 注册 teacher 为 address 属性变化的观察者，代码如下：

```
class ViewController: NSViewController {
    var teacher: Teacher?
    var student: Student?
    override func viewDidLoad() {
        super.viewDidLoad()

        teacher = Teacher()
        student = Student()

        student?.addObserver(teacher!, forKeyPath: "address", options:.new, context: nil)
        student?.address = "beijing"
    }

    deinit {
        student?.removeObserver(teacher!, forKeyPath: "address")
    }
}
```

（2）接收通知。Teacher 类接收到 Student 属性变化的处理，代码如下：

```
class Teacher: NSObject {
    var school: String?
    var address: String?
    override func observeValue(forKeyPath keyPath: String?, of object: Any?,
        change: [NSKeyValueChangeKey : Any]?,
        context: UnsafeMutableRawPointer?)
        print("change:\(change)")
    }
}
```

14.3　KVB

KVB 是 key Value Binding（键值绑定）的缩写。

在 MVC 编程模式中，模型和视图之间的数据同步更新需要编写很多烦琐的代码。Cocoa

绑定技术提供了简单优雅的实现，是系统级的模型和视图之间双向数据同步机制。模型数据的修改能实时更新到视图上，反之视图的修改也能更新到模型上。

14.3.1 传统的数据更新流程

我们以编写修改员工个人信息的简单程序为例来说明问题，如图 14-3 所示，传统的编程方法中，假如要修改 Employee 模型对应的数据，具体流程如下。

（1）从数据库查询到工号 id=xxx 的员工信息，保存到 Employee 模型类中。

（2）将 Employee 模型中每个属性信息，更新到 Employee Profile 界面视图上。

（3）修改界面上员工的 address 信息。

（4）将界面视图上 address 新值传回到 Employee 模型类中。

（5）保存 Employee 模型类到数据库。

其中第 2 步需要完成模型到视图的数据同步，在视图类的界面初始化中，需要写如下代码：

```
self.idTextField.stringValue = "\(employee?.id)"
self.nameTextField.stringValue = (employee?.name)!
self.ageTextField.stringValue = "\(employee?.age)"
self.addressTextField.stringValue = (employee?.address)!
```

第 4 步需要完成界面视图上变化的数据到模型的数据同步，代码如下：

```
employee.id     =  self.idTextField.stringValue
employee.name     =  self.nameTextField.stringValue
employee.age =  self.ageTextField.intValue
employee.address =  self.addressTextFiled.stringValue
```

可以看到，这种模型到视图、视图到模型的代码编写是相当烦琐的。

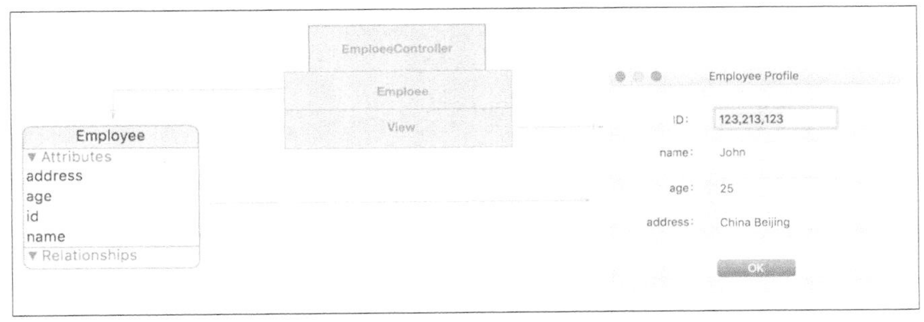

图 14-3

14.3.2 使用绑定技术简化更新流程

创建一个工程，命名为 KVBEmployee，使用绑定技术来实现模型与视图双向更新的例子。

（1）Employee 模型类和对应的 UI 创建。

```
class Employee: NSObject {
   var id: NSInteger = 0
   var name: String?
   var age: NSInteger = 0
   var address: String?
}
```

注意，对于数字类型的属性（id 和 age 字段），需要有一个初始值，否则绑定时会报错。

点击 Main.storyboard，从控件工具箱拖放一个 Object Controller 到 View Controller 导航面板区的 Objects 分组下。在 View Controller 界面增加 ID、name、address 和 age 4 个 Label 控件和 4 个 Text Field 控件，完成界面设计。

注意，这里 ID 和 age 不是 string 类型，如果使用普通的 Text Field 控件，需要 Integer 到 String 的双向转换，比较麻烦，这里使用带 Transformatter 的 Text Field，如图 14-4 所示，它能自动完成这个转换。再增加一个 Button 控件到界面上，绑定事件函数为 okAction。

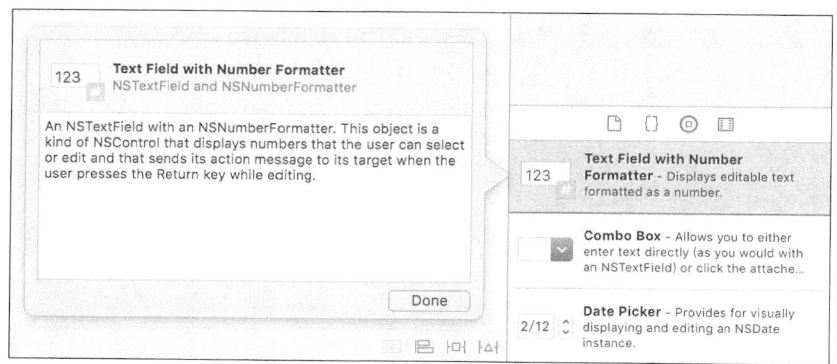

图 14-4

（2）View 绑定到 Object Controller。点击 ID 对应的 Text Field 控件，切换到 inspector 的 Bindings 面板，Value 部分勾选 Bind to，下拉框中选择 Object Controller。Controller Key 默认是 selection、Model Key Path 部分输入模型类 Employee 中的对应的 id 属性，如图 14-5 所示。对其他 3 个 Text Field 控件的绑定进行类似设置。

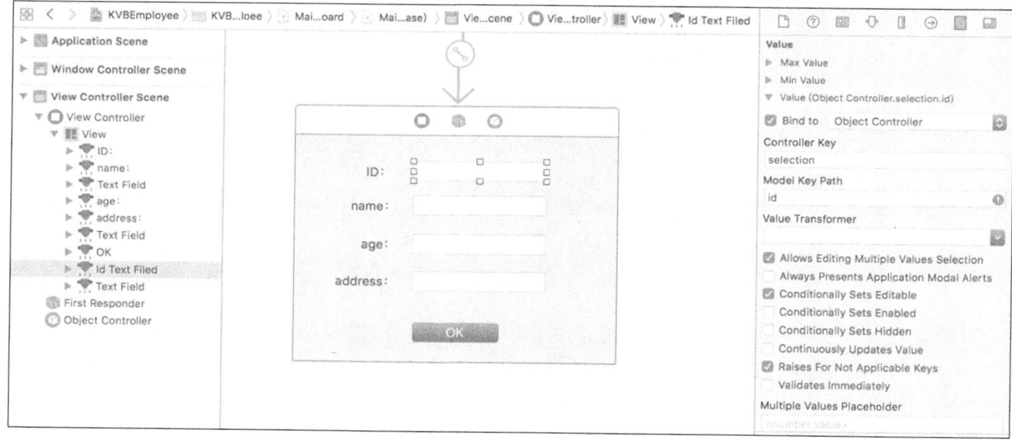

图 14-5

（3）Object Controller 绑定到模型。点击左边 Object Controller，切换到 inspector 的 Bindings 面板，Controller Content 部分勾选 Bind to，下拉框选择 View Controller，Model Key Path:输入 employee 属性变量，完成了 Object Controller 到 Employee 模型的绑定，如图 14-6 所示。

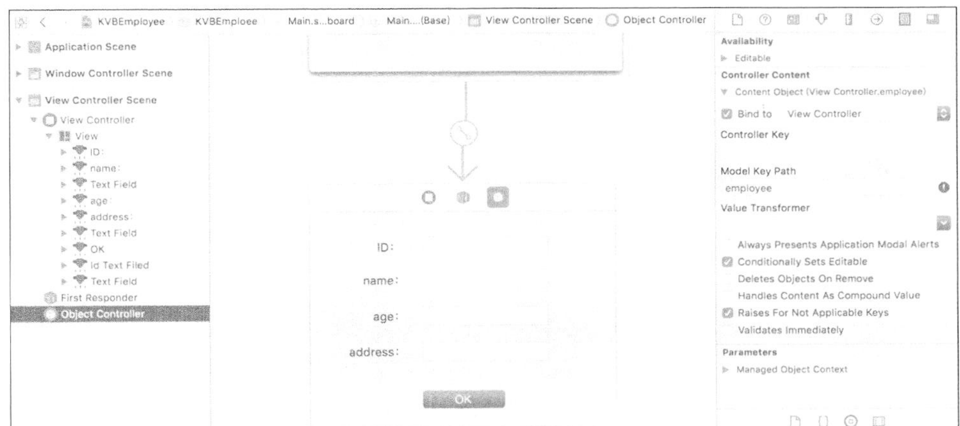

图 14-6

最终的 View←→NSObjectController←→Model 3 个对象之间的绑定关系，如图 14-7 所示。

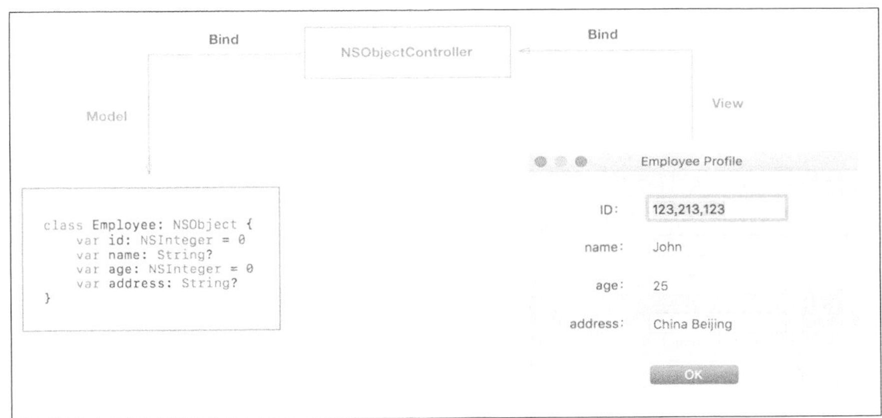

图 14-7

在 ViewController 的 viewDidLoad 方法中完成 employee 变量的初始化，代码如下：

```
class ViewController: NSViewController {
   @objc dynamic var employee: Employee?
   override func viewDidLoad() {
      super.viewDidLoad()
      let em = Employee()
      em.id = 123213123
      em.name = "John"
      em.address = "China Beijing"
      em.age = 25
      self.employee = em
   }
}
```

绑定的属性变量前面必须增加 dynamic 关键字，修改 Employee 定义如下：

```
class Employee: NSObject {
   @objc dynamic var id: NSInteger = 0
   @objc dynamic var name: String?
   @objc var age: NSInteger = 0
   @objc var address: String?
}
```

在按钮事件函数中输入下面的代码，打印输出属性变量 employee 的各个字段值：

```
@IBAction func okAction(_ sender: NSButton) {
   print("id:\(employee?.id)")
   print("name:\(employee?.name)")
   print("address:\(employee?.address)")
   print("age:\(employee?.age)")
}
```

运行工程，看到界面上 4 个输入框都有了与 self.employee 属性变量对应的值。这样就已经自动完成了模型到视图的数据更新。

再输入修改任意一个文本框里的内容，点击 OK 按钮，查看打印输出。看到打印出来模型的字段值也相应地发生了变化。这里自动完成了视图数据到模型数据的同步更新。

14.3.3 实现绑定依赖的关键点

Cocoa 实现绑定依赖于 KVC（key-value coding，键值编码）、KVO（key-value observing，键值观察）、KVB（key-value binding，键值绑定）。另外 NSEditor/NSEditorRegistration 编辑注册协议也为 Cocoa 的绑定实现提供了很好的支持。

KVC 和 KVO 我们在前面章节已经进行了介绍，下面主要讨论其他相关技术。

1. KVB 绑定接口

建立绑定的接口定义如下：

```
func bind(_ binding: NSBindingName, to observable: Any, withKeyPath keyPath: String, options: [NSBindingOption : Any]? = nil)
```

接口参数含义如下。

- binding：绑定的名称。
- observable：绑定的对象。
- keyPath：绑定对象的 keyPath。
- options：参数设置，可以为空。

上面例子中的 NSObjectController 到 Employee 模型的绑定可以这样的编码实现：

```
self.objectController.bind(NSBindingName(rawValue: "content"), to: self,
   withKeyPath: "employee", options: nil)
```

解除绑定的接口定义如下：

```
func unbind(_ binding: String)
```

手工编码实现的绑定必须在 deinit 方法或其他合适的时机去除绑定，否则绑定对象被 retain，不能及时释放内容资源；xib 中建立的绑定在视图对象释放时会自动完成解除绑定。

2. NSEditor/NSEditorRegistration 协议

NSObjectController 的父类 NSController 实现了 NSEditor/NSEditorRegistration 协议方法。

NSEditor/NSEditorRegistration 协议提供了视图对象到 NSObjectController 对象的通信接口，当用户编辑界面内容开始时，发送 objectDidBeginEditing 消息。结束编辑发送 objectDidEndEditing。当用户关闭窗口前使用 discardEditing、commitEditing 通知 NSObjectController 丢弃数据或提交保存数据。

NSEditorRegistration 协议接口定义如下：

```
func objectDidBeginEditing(_ editor: AnyObject)
func objectDidEndEditing(_ editor: AnyObject)
```

NSEditor 协议接口定义如下：

```
func discardEditing()
func commitEditing() -> Bool
```

3．系统实现的绑定控制器 NSController

系统提供了几个常用绑定控制器，使用它可以方便地实现特定类型的数据绑定。

NSController 为抽象类，它有以下 4 个子类。

- NSObjectController：管理单一的对象。
- NSUserDefaultsController：管理系统配置 NSUserDefaults 对象。
- NSArrayController：用来管理集合类对象，可以用于 NSTableView 对象绑定。
- NSTreeController：用来管理集合类对象，可以用于 NSOutlineView 视图的管理。

NSObjectController 对象除了实现了 NSEditor/NSEditorRegistration 协议外，当绑定对象为空时提供占位符；对于集合类对象可以方便地管理当前选中的对象，同时提供对象删除/增加等管理方法的实现。

只要模型类满足 KVC 和 KVO 兼容，实际上可以直接将 View 控件绑定到模型，而不需要通过中间的控制器来桥接的。但这样对处理集合类对象要增加很多额外的编码工作。

下面是 NSController 类的几个关键属性。

- content：管理的内容。
- selection：当前选中的对象，是一个代理类。
- selectedObjects：选中的对象。
- arrangedObjects：排序过的对象，是一个代理类。
- objectClass：配置的模型类，创建新对象时使用。

14.3.4 KVB 绑定的处理流程

下面以前面例子中 NSTextField、NSObjectController 和 Employee 这 3 个对象之间的绑定处理过程来说明 KVB 绑定的处理流程。

（1）建立对象之间的绑定。NSObjectController 调用 bind 方法发送绑定消息，代码如下：

```
objectController.bind(NSBindingName(rawValue: "content"), to: self,
    withKeyPath: "employee",options: nil)
```

NSTextField 调用 bind 方法发送绑定消息，代码如下：

```
idTextFiled.bind(NSBindingName(rawValue: "value"), to: objectController,
    withKeyPath: "selection.id", options: nil)
```

（2）注册 KVO。NSObjectController 注册 KVO，增加 NSTextField 对象为自己的观察者对象，代码如下：

```
objectController.addObserver(idTextFiled, forKeyPath: "selection.id", options: .new, context: nil)
```

Employee 注册 KVO，增加 NSObjectController 对象为自己的观察者对象，代码如下：

```
employee?.addObserver(objectController, forKeyPath: "id", options: .new, context: nil)
```

（3）用户输入数据。当用户输入数据修改了内容后，NSTextField 通过 KVC 更新 NSObject

Controller 的内容，代码如下：

```
objectController.setValue(4, forKey: "selection.id")
```

NSObjectController 通过 KVC 更新 Employee 的内容，代码如下：

```
employee?.setValue(4, forKey: "id")
```

（4）修改模型 Employee 数据。由于 NSObjectController 是 Employee 的观察者，因此发送 KVO 通知到 NSObjectController，NSObjectController 更新数据。NSObjectController 的变化同样由于 KVO 会通知到 NSTextField，最终更新了界面上的数据，如图 14-8 所示。

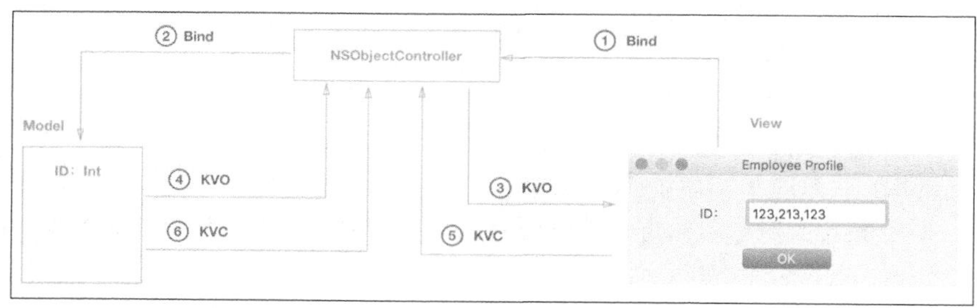

图 14-8

14.3.5 使用 NSArrayController 管理数据

创建一个工程，命名为 NSArrayControllerDemo，模型类使用之前例子中定义的 Employee。

点击 Main.storyboard，选中 View Controller，从控件工具箱拖放 Array Controller，添加 View Controller 到界面控件导航区。同时，在 View Controller 界面中添加 4 个 Label、4 个 Text Field 控件、1 个 Table View 控件和 2 个 Button 完成设计，如图 14-9 所示。

Array Controller 的 Attributes 面板配置 Class Name 为 NSArrayController.Employee，注意这个类名必须带上命名空间 NSArrayController，Keys 列表增加了 4 个属性键（id、name、age 和 address），如图 14-9 所示。

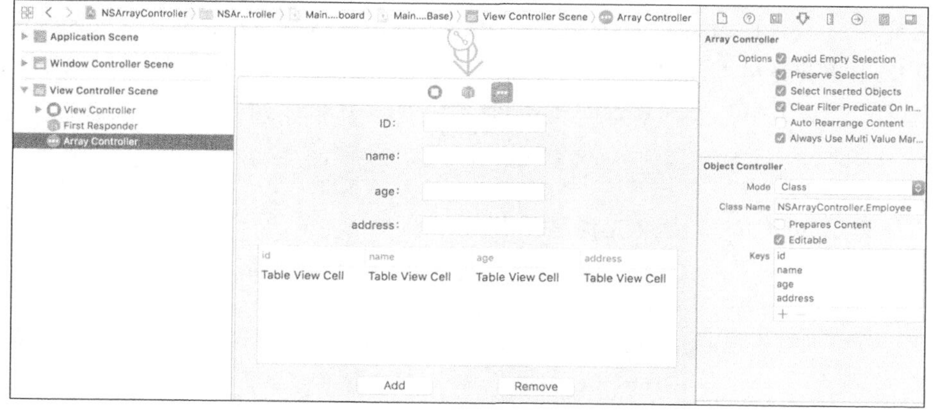

图 14-9

ViewController 定义了 NSArrayController 类型 arrayController 变量，将 xib 中 NSArrayController 对象使用 IBOutlet 连接到变量 arrayController。

定义数组变量代码如下：

```
@objc dynamic var employees:[Employee] = []
```

代码完成 arrayController 到数组 anArray 的绑定，代码如下：

```
self.arrayController.bind(NSBindingName(rawValue: "contentArray"), to: self, withKeyPath:
    "employees", options: [NSBindingOption.allowsEditingMultipleValuesSelection:true])
```

4 个文本输入框依次完成绑定，Model Key Path 对应 Emploee 中的属性字段，如图 14-10 所示。

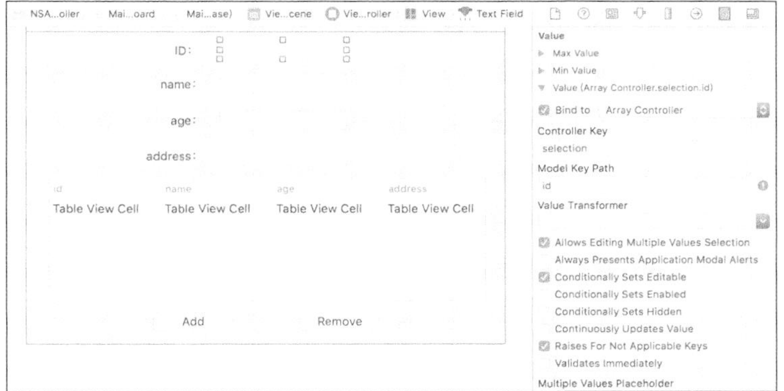

图 14-10

Table View 中的 4 个 Table Column 依次绑定到 Array Controller，Controller Key 设置为 arrangedObjects，如图 14-11 所示。

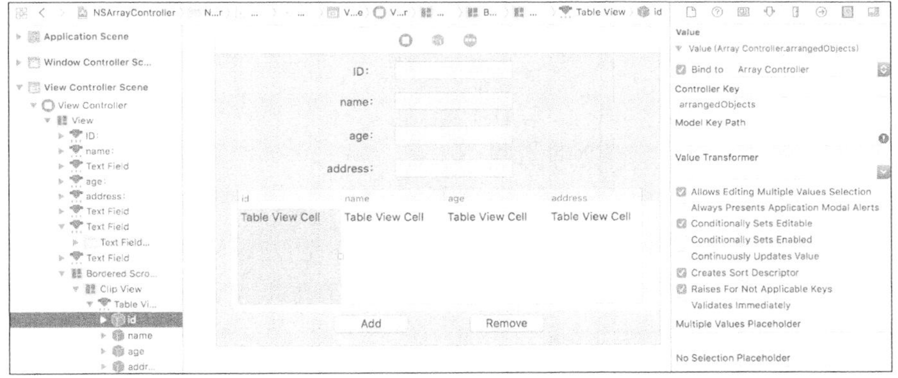

图 14-11

Add 按钮、Remove 按钮分别绑定事件响应方法为 Array Controller 的 add 和 remove，如图 14-12 所示。

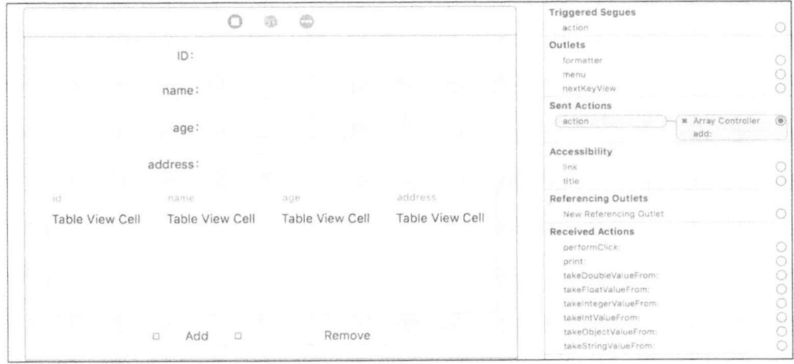

图 14-12

运行工程，修改和编辑 4 个文本框的内容，表格的内容会同步更新。修改表格中单元格的内容也会更新到上面对应的文本输入框，点击 Add 和 Remove 按钮都可以正常工作。

ViewController 的完整代码如下：

```
class ViewController: NSViewController {
   @IBOutlet var arrayController: NSArrayController!
   @objc dynamic var employees:[Employee] = []

   override func viewDidLoad() {
      super.viewDidLoad()
      // 使用代码绑定
      self.arrayController.bind(NSBindingName(rawValue: "contentArray"), to: self, withKeyPath:
         "employees", options: [NSBindingOption.allowsEditingMultipleValuesSelection:true])
      self.configData()
   }

   func configData(){
      let e1 = Employee()
      e1.id = 1
      e1.name = "mark"
      e1.age = 10
      e1.address = "beijing"
      let e2 = Employee()
      e2.id = 2
      e2.name = "john"
      e2.age = 20
      e2.address = "hongkong"
      self.employees = [e1,e2]
   }
}
```

14.3.6　使用 NSTreeController 管理数据

创建 Xcode 新工程，命名为 NSTreeControllerDemo。

Main.storyboard 中在 View Controller 界面上拖放一个 Outline View 控件，添加 5 个与增删相关的按钮，如图 14-13 所示。

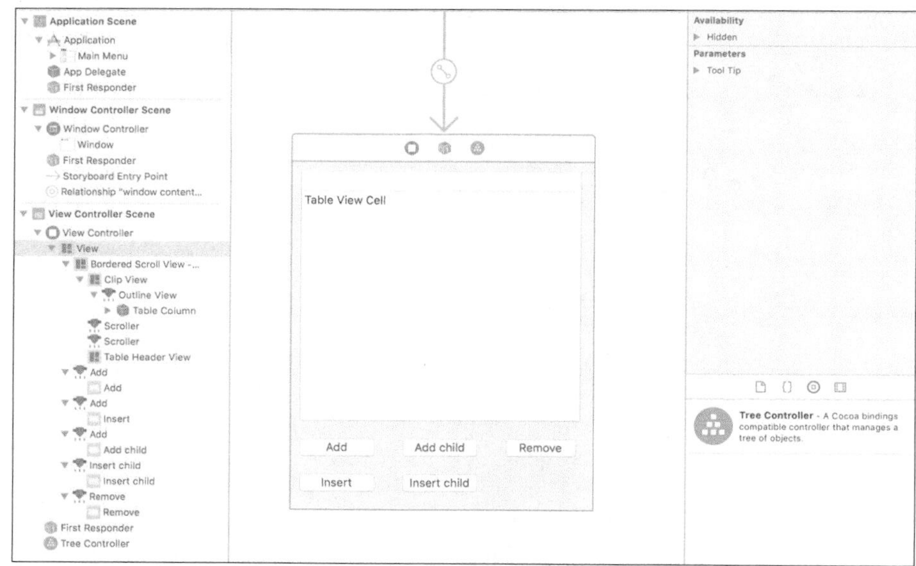

图 14-13

从控件工具箱拖放一个 Tree Controller 到左边 xib 结构导航区。

1．树节点模型

对于树形结构的视图，每个节点都要包括名称和子节点信息。我们可以用一个 TreeNode 模型来描述节点信息。TreeNode 类的实现代码如下：

```
class TreeNode: NSObject {
   var nodeName:String?       // 名称
   var count: NSInteger       // 子节点个数
   var isLeaf: Bool           // 是否子节点
   var children:[TreeNode]    // 子节点

   override init() {
      count = 0
      isLeaf = true
      children = []
      super.init()
   }
}
```

数据绑定在处理过程中都是通过 KVC 的 keyPath 访问数据的，因此也可以等价地使用 Cocoa 的字典来直接描述节点信息。

```
let node = ["nodeName": "Group",
            "children": [
               ["name": "m1"],
               ["name": "m2"]
   ]
]
```

其中子节点个数和是否子节点都不需要了，count（子节点个数）和 isLeaf（是否子节点）的值都可以通过 children 数组推算出来，如果 children 的 count 为 0，则子节点个数 count 为 0，isLeaf 为 true。

2．NSTreeController 配置节点模型

NSTreeController 类中几个重要的属性方法定义如下：

```
var childrenKeyPath: String?
var countKeyPath: String?
var leafKeyPath: String?
```

上面这 3 个属性对应于 xib 中 Tree Controller 页面上 Key Paths 里面的 3 个设置项，即 Children、Count 和 Leaf。根据之前的分析只要设置了 Children 就可以。

这里我们在 NSTreeController 的 Attributes 面板配置 Key Paths 下的 Children 为上面字典 NSDictionary 中定义的 children，并在下面 Class Name 中输入 NSMutableDictionary，在 Keys 列表中增加 name 和 children 两个键，如图 14-14 所示。

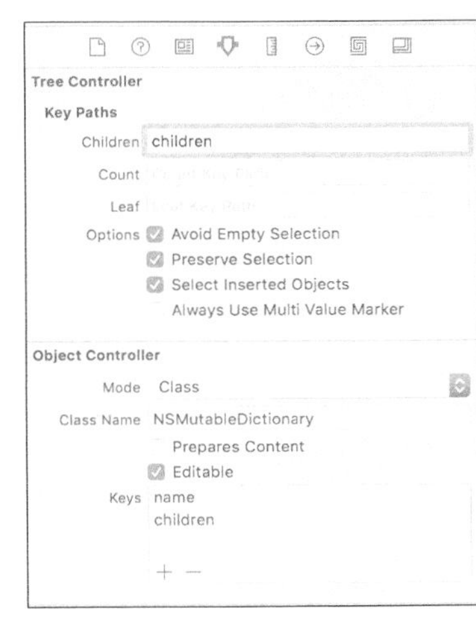

图 14-14

3．NSTreeController 的事件方法

NSTreeController 实现了增加和删除节点的方法，接口定义如下：

```
// 增加新节点
func add(_ sender: AnyObject?)
// 删除选择的节点
func remove(_ sender: AnyObject?)
// 在当前选中的节点增加一个子节点作为它的最后一个孩子
func addChild(_ sender: AnyObject?)
// 插入一个节点在当前选中的节点之前
func insert(_ sender: AnyObject?)
// 当前选中的节点插入一个子节点作为它的第一个孩子
func insertChild(_ sender: AnyObject?)
```

将图 14-13 中 5 个按钮 Add、Add Child、Insert、Insert Child、Remove 分别绑定到 NSTreeController 的 5 个方法，这样就可以管理树的节点数据了。

4. NSTreeController 跟 NSOutlineView 绑定

下面介绍 NSOutlineView 数据源 Content 绑定过程。

从 xib 界面上选中 Outline View，右侧 inspector 面板切换到绑定面板。从 Outline View Content 中的 Content 勾选 Bind to，从下拉列表中选择 Tree Controller，Controller Key 设置为 arrangedObjects。Selection index Paths 勾选 Bind to，从下拉列表中选择 Tree Controller，Controller Key 设置为 selectionIndexPaths，完成 NSOutlineView 到 NSTreeController 的数据绑定，如图 14-15 所示。

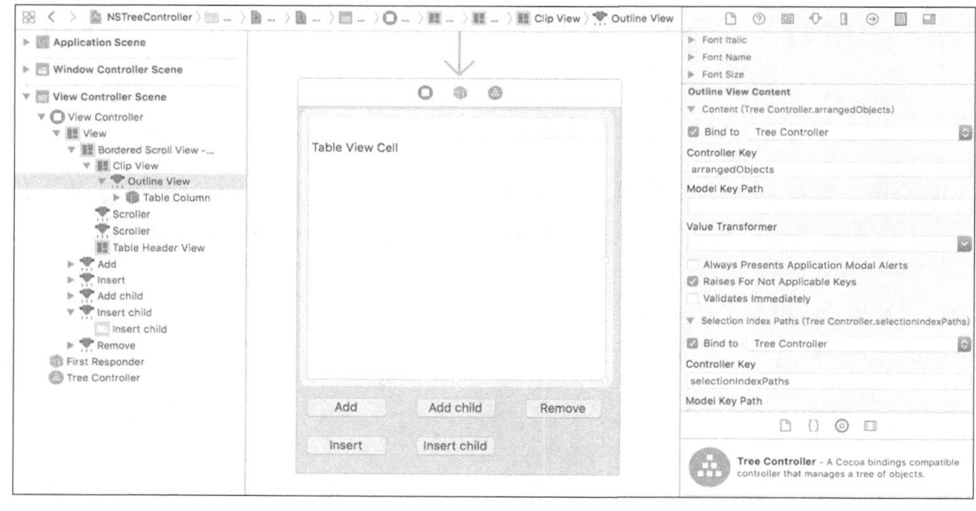

图 14-15

下面介绍 NSOutlineView 列单元数据绑定过程。

点击 Outline View 列上面的 Table View Cell 部分，实际上，Table View Cell 是一个 Text Field 控件，将其 Value 绑定到 Table Cell View，勾选 Bind to，选择即可。Model Key Path 设置为 ObjectValue.name。ObjectValue 实际上代表的是当前节点对应的模型对象。name 为其名字的键，如图 14-16 所示。

5. NSTreeController 跟 NSMutableArray 绑定

在 ViewController 类中增加 treeNodes 属性变量，定义如下：

```
dynamic var treeNodes:[NSMutableDictionary] = []
```

Tree Controller 绑定到 Delegate 对象，Model Key Path 设置为 treeNodes，如图 14-17 所示。

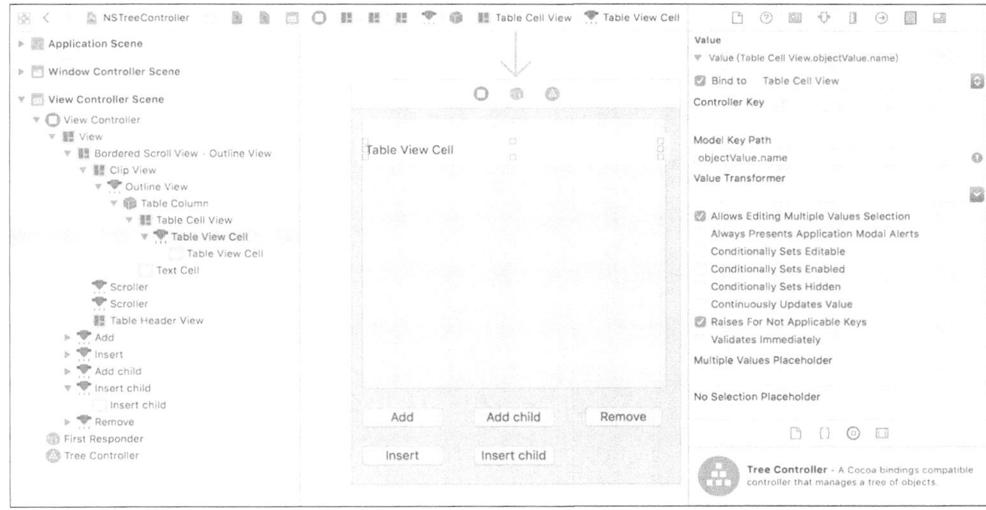

图 14-16

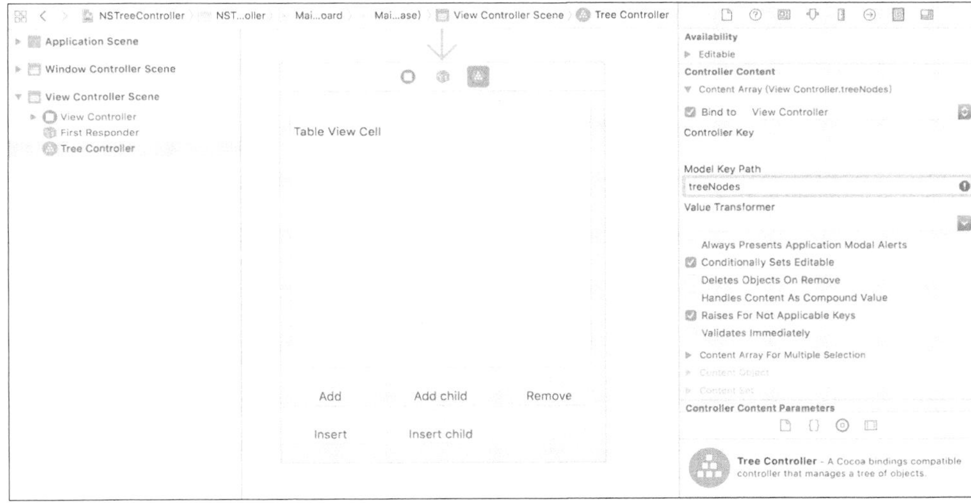

图 14-17

ViewController 的 viewDidLoad 方法完成数据初始化，代码如下：

```
class ViewController: NSViewController {
   @IBOutlet var treeController: TreeController!
   @objc dynamic var treeNodes:[NSMutableDictionary] = []
   override func viewDidLoad() {
      super.viewDidLoad()
      let rootNode = self.treeController.newObject() as! NSMutableDictionary
      self.treeNodes.append(rootNode)
   }
}
```

子类化 NSTreeController 为 TreeController 类，实现 newObject 为创建一个节点数据的方法，代码如下：

```
class TreeController: NSTreeController {
   override func newObject() -> Any {
      let node = NSMutableDictionary()
      node["name"] = "Group"
```

```
        let children = NSMutableArray()
        node["children"] =  children
        let m1 = NSMutableDictionary()
        m1["name"] =  "m1"
        children.add(m1)

        let m2 = NSMutableDictionary()
        m2["name"] =  "m2"
        children.add(m2)
        return node


    }
}
```

运行 App，看到初始的数据已经正常显示出来，如图 14-18 所示，点击 5 个功能按钮可以正常管理增加、删除节点了。

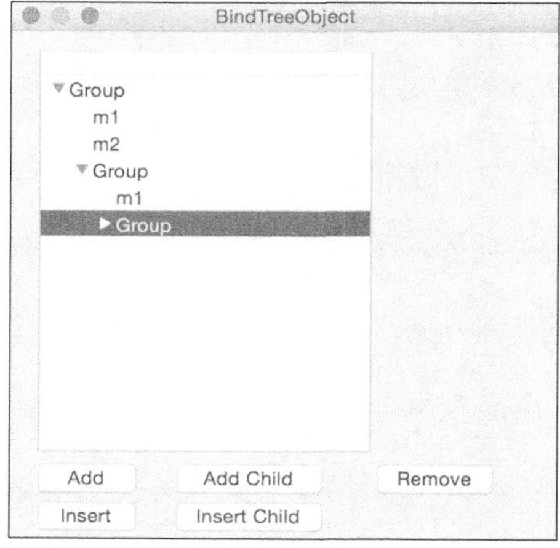

图 14-18

第 15 章 蓝牙框架

蓝牙是一种近距离无线通信技术标准，广泛用于手机与手机、手机与电脑和各种外围设备之间数据传输和共享。

本章只对蓝牙框架接口类和基本流程进行详细说明，具体编程实践请参考本书第 36 章的进一步说明。

下面先来介绍蓝牙框架中的几个概念。

- 数据中心（central），用于数据信息处理、信息展示的设备称之为数据中心，如智能手机、电脑等。
- 外围设备（peripheral），完成原始数据采集和数据监控的设备称为外围设备。比如，室外气象传感器、蓝牙电子温度计、脉搏检测器等。外围设备也简称外设。
- 服务（service），是指外围设备提供的各种能力。比如，多功能治疗仪可以同时提供体温、脉搏等多种指标的监控服务。
- 特征值（characteristic），服务中的数据称之为特征值。一种服务可以定义多个特征值。可以理解为服务中定义的各项数据指标。
- 服务或特征值的唯一标识（UUID），每个服务或特征值均有一个唯一标识符。数据中心与外围设备通信前需要约定服务 UUID 和特征值 UUID。

数据中心和外围设备之间的关系如图 15-1 所示。

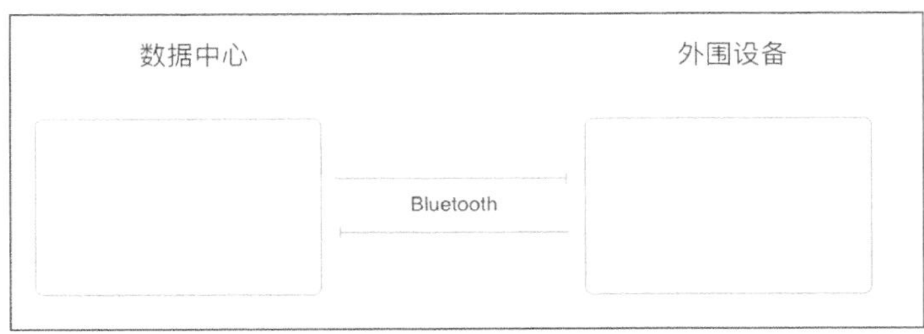

图 15-1

15.1 蓝牙数据交换流程

外围设备将自己的数据以服务的形式打包发布，通过蓝牙的物理通道广播出去。

数据中心扫描蓝牙信号，发现外围设备后，与外围设备建立连接，请求服务携带的数据，这样就完成了一次基本的读取数据的交换。数据中心也可以发送指令给外围设备，即它可以基于建立的连接回传数据给外围设备。对于外围设备中频繁变化的数据，数据中心可以订阅外围设备的特征值，当特征值变化时可以实时通知给数据中心。

基本的蓝牙数据交换流程如图 15-2 所示。

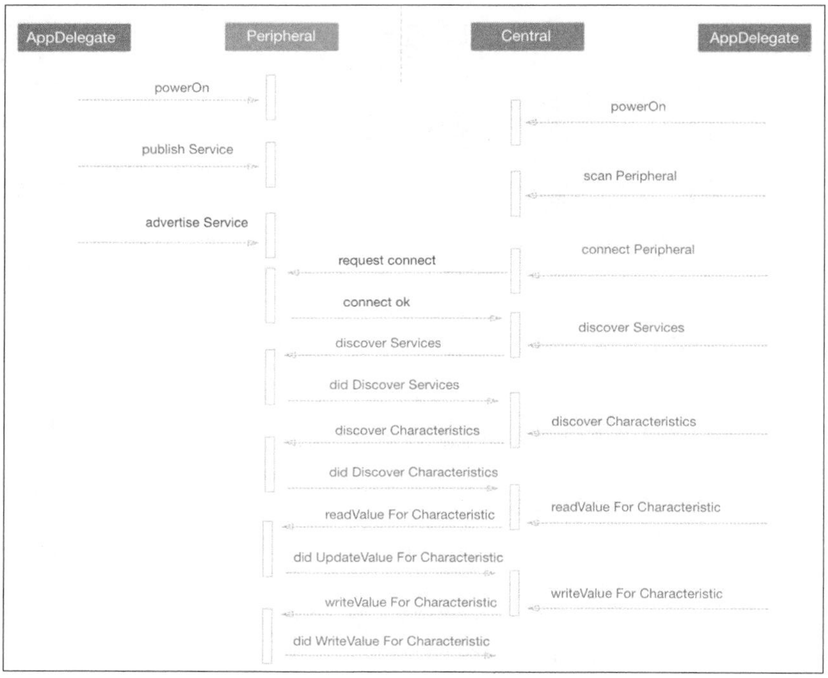

AppDelegate Peripheral Central AppDelegate

powerOn
publish Service
advertise Service
powerOn
scan Peripheral
connect Peripheral
request connect
connect ok
discover Services
discover Services
did Discover Services
discover Characteristics
discover Characteristics
did Discover Characteristics
readValue For Characteristic
readValue For Characteristic
did UpdateValue For Characteristic
writeValue For Characteristic
writeValue For Characteristic
did WriteValue For Characteristic

图 15-2

具体的流程步骤分别在后面的外围设备和数据中心工作流程章节中详细地说明。

15.2 蓝牙框架中的相关类

蓝牙框架中的相关类如图 15-3 所示。下面将对每个类功能逐个进行说明。

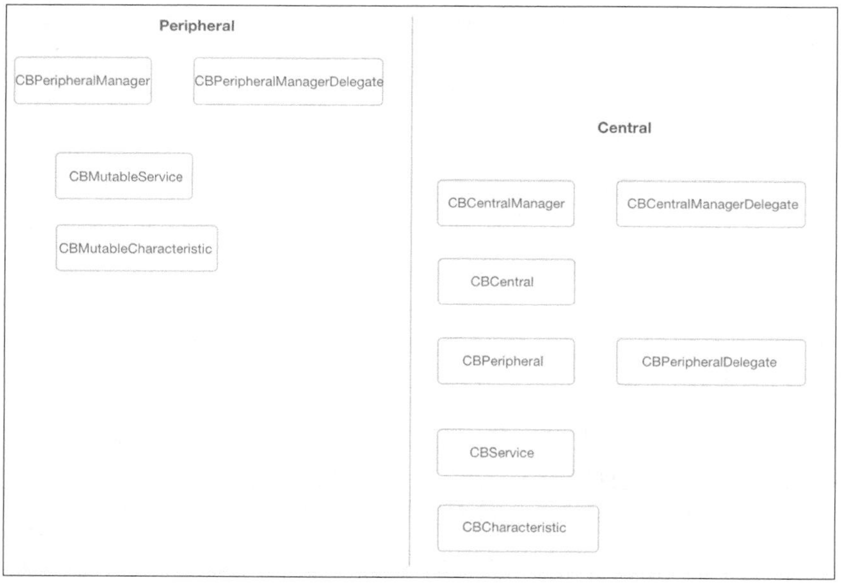

Peripheral
CBPeripheralManager
CBPeripheralManagerDelegate
CBMutableService
CBMutableCharacteristic

Central
CBCentralManager
CBCentralManagerDelegate
CBCentral
CBPeripheral
CBPeripheralDelegate
CBService
CBCharacteristic

图 15-3

15.2.1 外围设备相关

与外围设备相关的类有以下两个。

- CBPeripheralManager：外围设备的管理类。提供了服务发布、广播方法。
- CBPeripheralManagerDelegate：代理协议，由于外围设备与数据中心之间的数据交换是异步的，定义了一组协议方法，根据不同的状态触发回调代理方法完成双方数据交换，包括服务增加、数据读写请求等回调方法。
- CBPeripheral：用于 CBCentral 方的代表外围设备对象，CBCentral 与 CBPeripheral 建立连接后，CBCentral 使用 CBPeripheral 来获取它的服务和数据。
- CBPeripheralDelegate：代理协议提供辅助 CBPeripheral 完成服务发现、数据获取、订阅数据后的回调方法。

15.2.2 数据中心相关

与数据中心相关的类有以下几个。

- CBCentral：数据中心类，完成蓝牙设备发现、建立连接、请求服务数据等功能。
- CBCentralDelegate：代理协议辅助 CBCentral 提供外围设备发现、建立连接后的回调。

15.2.3 服务相关

与服务相关的类有以下两个。

- CBMutableService：Mutable 类型的服务对象类，关键的 UUID、Characteristic 属性可以修改。
- CBService：属性不可修改的服务对象类。

15.2.4 特征值相关

与特征值相关的类有以下两个。

- CBMutableCharacteristic：Mutable 类型的特征值对象类，关键的 UUID、properties 属性可以修改。
- CBCharacteristic：属性不可修改的特征值对象类。

15.3 外围设备的工作流程

15.3.1 系统初始化上电

系统初始化上电代码实现基本过程如下。

（1）定义 CBPeripheralManager 对象实例：

```
let peripheralManager = CBPeripheralManager(delegate: self, queue: nil)
```

（2）系统开始初始化，CBPeripheralManager 对象状态 state 变化触发回调代理协议方法：

```
func peripheralManagerDidUpdateState(_ peripheral: CBPeripheralManager)
```

（3）判断 state 为 poweredOn 即表示 CBPeripheralManager 成功完成了上电初始化：

```
public enum CBPeripheralManagerState : Int {
    case unknown
    case resetting
    case unsupported
    case unauthorized
    case poweredOff
    case poweredOn
}
```

15.3.2 创建服务

创建服务代码实现基本过程如下。

（1）预先定义服务 UUID：

```
let kServiceUUID: String = "84941CC5-EA0D-4CAE-BB06-1F849CCF8495"
```

（2）根据服务的 UUID 字串创建 CBUUID 对象：

```
let  serviceUUID =   CBUUID(string: kServiceUUID)
```

（3）创建服务对象，第二个参数表示为主服务，定义多个服务时用来区分主服务和其他非主服务：

```
let service = CBMutableService(type: serviceUUID, primary: true)
```

15.3.3 创建特征值

创建特征值代码实现基本过程如下。

定义特征 UUID，根据服务的 UUID 字串创建 CBUUID 对象。

```
let kCharacteristicUUID: String = "2BCD" let characteristicUUID = CBUUID(string:
   kCharacteristicUUID)
```

（1）创建只读特征值对象：

```
let data = "Start Data".data(using:String.Encoding.utf8)
let characteristic =  CBMutableCharacteristic(type: self.characteristicUUID, properties: .
   read, value: data, permissions: .readable)
```

（2）创建可写通知类型的特征值对象：

```
let characteristic =  CBMutableCharacteristic(type: characteristicUUID, properties:[.notify,
   .write], value:nil , permissions:.writeable )
```

CBMutableCharacteristic 对象中的 properties 和 permissions 分别表示特征值的读写通知等属性、外部访问的读写权限，实际开发中要具体根据业务需求场景来定义。

15.3.4 服务与特征值关联

建立服务与特征值的对应关系代码如下：

```
service.characteristics = [characteristic];
```

15.3.5 发布服务

调用 peripheralManager 的 add 方法将服务对象增加到服务数据库，完成服务发布。代码如下：

```
peripheralManager.add(service)
```

注意不能多次增加同一个服务到 peripheralManager。

服务发布成功后触发代理回调 func peripheralManager(_ peripheral: CBPeripheralManager, didAdd service: CBService, error: Error?)，如果没有 error 产生，则可以进行下一步的广播服务。

15.3.6 广播服务

调用 peripheralManager 的广播接口 startAdvertising 进行广播服务，代码如下：

```
var advertisementData: [String: Any] = [ CBAdvertisementDataServiceUUIDsKey: serviceUUIDs ]
advertisementData[CBAdvertisementDataLocalNameKey] = "RadioChannel"
peripheralManager.startAdvertising(advertisementData)
```

CBAdvertisementDataServiceUUIDsKey 表示服务的 UUID 数组，可以同时广播多个服务。CBAdvertisementDataLocalNameKey 表示外围设备的名称。

服务广播完成后触发代理回调 func peripheralManagerDidStartAdvertising(_ peripheral: CBPeripheralManager, error: Error?)，如果没有 error 产生，则说明服务广播成功。

15.3.7 数据读写请求

如果外围设备创建了具有读属性的特征值服务，连接成功后收到对端读请求触发代理方法完成数据发送。

如果外围设备创建了通知和写属性的特征值服务，连接成功后，本端若有服务数据变化更新，则触发代理方法完成写操作，将变化数据发送到对端。

（1）发生数据读请求时的代理方法。首先进行 uuid 和数据读取 offset 有效性校验，在校验有效的情况下发送从 characteristic 中获取的数据，再更新 characteristic 的 value，完成数据请求的发送。

```
func peripheralManager(_ peripheral: CBPeripheralManager, didReceiveRead request: CBATTRequest) {
   if request.characteristic.uuid != self.characteristic?.uuid {
      return
   }
   print("didReceiveReadRequest\(peripheral)")

   if request.offset > (self.characteristic?.value?.count)! {
      peripheral.respond(to: request, withResult: .invalidAttributeValueLength)
      return
   }

   let start = request.offset
   let end = (self.characteristic?.value!.count)! - request.offset
   let range = Range(start...end)

   request.value = self.characteristic?.value?.subdata(in: range)
   peripheral.respond(to: request, withResult: .success)

}
```

（2）发生数据写请求时的代理方法。从 CBATTRequest 对象中获取 value，存储到本地 characteristic 或其他对象，根据业务流程可以进行进一步的处理。

```
func peripheralManager(_ peripheral: CBPeripheralManager, didReceiveWrite requests:
   [CBATTRequest]) {
   let request = requests[0]
   if request.characteristic.uuid != self.characteristic?.uuid {
      return
   }

   self.characteristic?.value = request.value
   peripheral.respond(to: request, withResult: .success)
}
```

15.3.8 订阅请求处理

当有数据订阅请求时触发下面的代理方法。下面的 Update Data 是一个测试数据。

```
func peripheralManager(_ peripheral: CBPeripheralManager, central: CBCentral, didSubscribeTo
   characteristic: CBCharacteristic) {

   let data = "Update Data".data(using: String.Encoding.utf8)
   let didSendValue = peripheral.updateValue(data!, for: self.characteristic!,
      onSubscribedCentrals: nil)

   if didSendValue {
      print("didSubscribeToCharacteristic");
   }
}
```

完整的代码见免费下载的本章演示工程 BluetoothPeripheralOSX，运行这个工程的界面如图 15-4 所示。

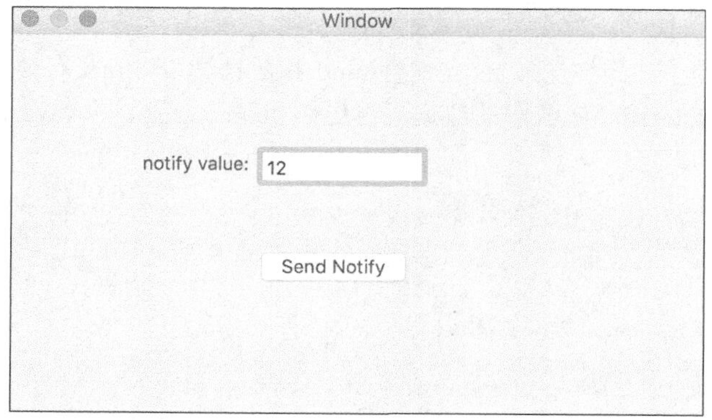

图 15-4

15.4 数据中心工作流程

数据中心上电启动后，首先需要完成设备搜索，建立连接。然后开始查询服务，从查询到的服务中选择业务需要的特征服务，发起特征值读写请求。还可以订阅特征服务，当对方服务有变化时得到变化通知。

15.4.1 系统初始化上电

系统初始化上电代码实现的基本过程如下。

（1）定义 CBCentralManager 对象实例。

```
let centralManager = CBCentralManager(delegate: self, queue: nil)
```

（2）系统开始初始化，CBCentralManager 对象状态 state 变化触发回调代理协议方法 centralManagerDidUpdateState，判断 state 为 poweredOn 即表示 CBCentralManager 成功完成上电初始化。

```
func centralManagerDidUpdateState(_ central: CBCentralManager)
```

15.4.2 搜索外围设备

搜索外围设备代码实现基本过程如下。

（1）搜索指定 kServiceUUID 的服务，设为 nil 则默认搜索所有的服务：

```
centralManager.scanForPeripherals(withServices: [self.serviceUUID], options:
   [CBCentralManagerScanOptionAllowDuplicatesKey:true])
```

（2）搜索到外部设备，调用下面的代理方法：

```
func centralManager(_ central: CBCentralManager, didDiscover peripheral: CBPeripheral,
   advertisementData: [String : Any], rssi RSSI: NSNumber)
```

15.4.3 建立连接

搜索到外围设备，停止扫描，本地保持到属性变量 peripheral，执行 connectPeripheral 方法建立连接，代码如下：

```
func centralManager(_ central: CBCentralManager, didDiscover peripheral: CBPeripheral,
   advertisementData: [String : Any], rssi RSSI: NSNumber) {
   print("didDiscover \(peripheral) advertisementData:\(advertisementData)")
   central.stopScan()
   self.peripheral = peripheral;

   // 开始连接
   central.connect(peripheral, options: [CBConnectPeripheralOptionNotifyOnDisconnectionKey:true])
}
```

15.4.4 查询服务

建立连接成功后，设置外围设备的代理，同时开始发现服务，代码如下：

```
func centralManager(_ central: CBCentralManager, didConnect peripheral: CBPeripheral) {
   print("didConnect")
   peripheral.delegate = self;
   peripheral.discoverServices([self.serviceUUID])
}
```

15.4.5 查询服务特征值

查询服务得到结果后触发 didDiscoverServices 回调方法。如果没有错误，则发起服务特征值发现请求，代码如下：

```
func peripheral(_ peripheral: CBPeripheral, didDiscoverServices error: Error?)
{
```

```
    guard error == nil else {
        print("Error didDiscoverServices: \(error!.localizedDescription)")
        return
    }

    for service in peripheral.services! {
        peripheral.discoverCharacteristics([characteristicUUID], for: service)
        print("discovered service \(service)")
    }
}
```

15.4.6 服务特征读请求

服务特征发现请求响应后触发回调方法。开发发起特征值读请求，代码如下：

```
func peripheral(_ peripheral: CBPeripheral, didDiscoverCharacteristicsFor service: CBService,
    error: Error?) {
    guard error == nil else {
        print("Error didDiscoverCharacteristicsFor: \(error!.localizedDescription)")
        return
    }

    for characteristic in service.characteristics! {
        peripheral.readValue(for: characteristic)
    }
}
```

对每个 characteristic 发起读请求 readValueForCharacteristic，读取成功后调用下面的回调方法获得 value 值，代码如下：

```
func peripheral(_ peripheral: CBPeripheral, didUpdateValueFor characteristic: CBCharacteristic,
    error: Error?) {
    guard error == nil else {
        print("Error didUpdateValueFor: \(error!.localizedDescription)")
        return
    }
    let data = characteristic.value
    let value = NSString(data: data!, encoding: String.Encoding.utf8.rawValue)
    print("Reading value: \(value)")
}
```

15.4.7 服务特征值写

通过 peripheral 的写接口完成，代码如下：

```
peripheral.writeValue(data, for: characteristic)
```

写完成后触发代理回调，代码如下：

```
func peripheral(_ peripheral: CBPeripheral, didWriteValueFor characteristic: CBCharacteristic,
    error: Error?) {
    guard error == nil else {
        print("Error didWriteValueFor: \(error!.localizedDescription)")
        return
    }
}
```

15.4.8 服务订阅

首先需要注册需要订阅的服务，在特征发现的代理回调 didDiscoverCharacteristicsForService 中设置通知标记为 true，完成注册，代码如下：

```
func peripheral(_ peripheral: CBPeripheral, didDiscoverCharacteristicsFor service: CBService,
   error: Error?) {
   guard error == nil else {
      print("Error didDiscoverCharacteristicsFor: \(error!.localizedDescription)")
      return
   }

   for characteristic in service.characteristics! {
      peripheral.setNotifyValue(true, for: characteristic)
   }
}
```

当 peripheral 有新数据时发送通知过来，触发回调方法 didUpdateNotificationStateForCharacteristic，通过特征值 value 获得订阅信息，代码如下：

```
func peripheral(_ peripheral: CBPeripheral, didUpdateValueFor characteristic:
   CBCharacteristic, error: Error?)
{
   guard error == nil else {
      print("Error didUpdateValueFor: \(error!.localizedDescription)")
      return
   }
   let data = characteristic.value
   let value = NSString(data: data!, encoding: String.Encoding.utf8.rawValue)
   print("Reading value: \(value)")
}
```

完整的代码见本书下载代码中的本章演示工程 BluetoothCentralIPhone，为了验证不同设备之间的连接，这个工程必须安装在手机端运行，同时需要保证前面一节的 Mac 端的 Demo 工程先运行起来。

Xcode 运行 BluetoothCentralIPhone，项目安装在手机上，完成运行，控制台打印，提示系统完成初始化上电，开始扫描，发现外围设备的广播消息，完成连接。接下来进行服务和特征值发现。

```
centralManager begin scan 84941CC5-EA0D-4CAE-BB06-1F849CCF8495
centralManager State PoweredOn
didDiscover <CBPeripheral: 0x1700f2100, identifier = CB600DB5-3C30-12BA-4ADC-B0C495F4FE58,
name = zhaojw's MacBook Pro, state = disconnected> advertisementData:["kCBAdvDataIsConnectable":
1, "kCBAdvDataServiceUUIDs": <__NSArrayM 0x1700478c0>(84941CC5-EA0D-4CAE-BB06-1F849CCF8495

), "kCBAdvDataLocalName": RadioChannel]
didConnect
discovered service <CBService: 0x1702612c0, isPrimary = YES, UUID = 84941CC5-EA0D-4CAE-BB06-
1F849CCF8495>
start discovering characteristics for service <CBService: 0x1702612c0, isPrimary = YES, UUID
= 84941CC5-EA0D-4CAE-BB06-1F849CCF8495>
```

从图 15-4 所示的界面，输入“notify value”的值，点击 Send 按钮，完成一次通知消息发送。控制台打印收到的消息如下：

```
Reading value: Optional(Update Data)
Reading value: Optional(12)
```

第 16 章

Bonjour 协议

传统的基于 TCP/IP 协议互联的局域网中，每个网络设备都被分配唯一的 IP 地址实现通信，这个 IP 地址是一个长期固定不变的静态 IP 或者由 DHCP 服务每次动态分配的 IP。假如一个设备的 IP 是动态的，那么每次访问这个设备，都需要重新获取它的 IP。这种通过 IP 连接端访问的方式为普通用户带来了极大的不便。

人们需要更友好的访问方式，查询所有的服务，选择一个服务后自动连接。1999 IETF 成立了 Zeroconf Working Group，发布了零配置网络协议，旨在简化网络设备之间的互联方式。Bonjour 是苹果公司实现的零配置网络协议，实现了本地服务的查找定位，能根据名称而非 IP 地址来透明地建立网络连接。图 16-1 展示了通过 Bonjour 协议实现多设备互联的网络结构示意图。

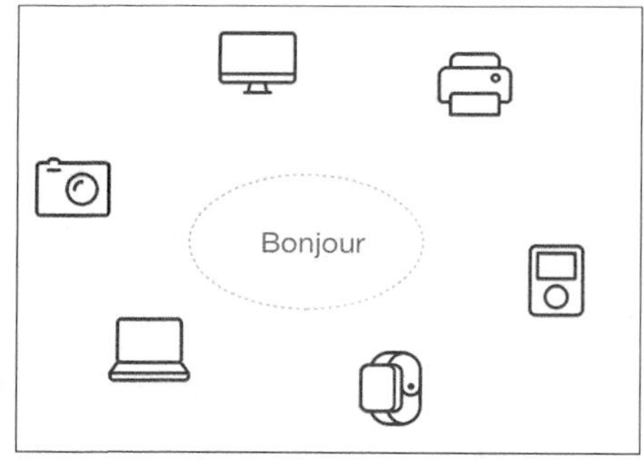

图 16-1

Bonjour 协议主要实现以下 3 个核心功能。

（1）地址分配：给每个设备 host 分配 IP 地址。首先说明本地链接地址（link-local address）的概念，它表示本地链路地址只能在本地链路使用，不能在子网间路由。设备加入本地网络会随机获取一个本地链接地址，然后发送本地网络广播报文，测试这个地址是否可用。如果没有其他设备使用，则作为自己的地址。如果得到有效应答，则换一个地址，直到找到可用的本地 IP 为止。

（2）名称转换：通过 host 反向获取 IP 地址。Multicast DNS（mDNS） 组播 DNS 服务提供 host 名称到 IP 地址的转化功能。host 一般用来表示互联网上的全局服务器名称，而在 Bonjour 协议中 host 表示局域网内的唯一的主机名称。设置主机 host 时，会发起 mDNS 查询。为了与传统的 host 名字区分，用 host.local. 表示主机名。如果没有得到响应，则表明 host.local. 可以使用；否则需要重新更换 host 名称。对 iOS 设备，系统自动分配了 hostname，而 macOS 主机可以在系统设置中修改主机 hostname。

当使用 host.local. 主机名称访问网络服务时，系统发现 xxx.local. 格式的主机名时，会自动发起 mDNS 查询请求获取 IP，最后使用真实的 IP 地址去获取网络服务。

（3）服务发现：能自动发现网络中的服务。服务提供者会注册服务到 mDNS 系统。mDNS 系统存储了本地网络中所有服务类型对应的服务名列表。用户能根据服务类型查询到所有的服务，选择自己需要的服务名，系统自动完成连接。

Bonjour 协议中扩充了服务的概念，不仅仅是一个设备/主机可以注册服务，同一个主机上运行的不同应用都可以独立注册服务。

Bonjour 协议实现了服务自动发现和地址转化功能，因此服务可以在本地网络上随意迁移配置。IP 地址的变化对服务访问者来说都不需要关注，这就是所谓的零配置协议的理念。

16.1 Bonjour 服务命名规则

互联网世界中通过域名透明地访问各种信息服务。这个过程中自动包含了 DNS 域名解析的过程，域名分为很多形式，如.com、.net、.org 等。

Bonjour 命名中也部分借用了互联网域名的概念，提出了本地域的概念。Bonjour 的域只有一个固定的域 local.，这个域只在本地网络有效，不是全局性质的。

Bonjour 服务命名约定的格式为“Name.Type.Domain”，每个字段分别解释如下。

- Name：为一个有意义的服务名称，也称为服务实例名。
- Domain：固定为 local.。
- Type：服务类型，格式为“服务类型.传输协议名”，是服务类型（应用协议）加上传输协议，每个部分前面再加一个下划线。“服务类型”（应用协议）为 http、ftp、telnet、printer、photo、music 等，最长不超过 15 个字符。“传输协议名”只能为 UDP 和 TCP 之一。ftp.tcp.就是一个正确的类型命名。photoLibrary_ftp._tcp.local.就是一个完整、符合规范的 Bonjour 服务命名例子。

16.2 Bonjour 协议 API 栈

Bonjour 协议 API 栈如图 16-2 所示，下面对每一部分进行简单说明。

- mDNSResponder：Bonjour 系统服务，负责在本地网络 mDNS 广播和目录查找服务。iTunes、iPhoto、Messages 和 Safari 都使用了 mNDSResponder 实现了零配置网络协议来支持音乐文件、聊天信息的共享服务。
- dns-sd.h：提供服务目录查询底层接口，上层框架使用它的接口查询可用的服务列表。
- CFNetService：核心框架层 C 接口，提供 Bonjour 协议中服务注册/查找的 API。
- NSNetService：Cocoa 实现的 CFNetService 的对等功能。

图 16-2

16.3 Bonjour 核心流程

Bonjour 协议实现中借助了互联网很多 DNS 的术语和流程，这样的好处是可以大量复用 DNS 软件库中已充分验证过的模块，无须从头开发。

16.3.1 服务发布

服务发布者提供 3 个参数，即 Name、Type 和 Domain，系统内部组成合法的服务名称，通过 API 接口向 mDNSResponder 发起注册。注册成功后，系统产生 3 条不同类型的 DNS 记录，分别是 SRV（服务）记录、PTR（指针）记录和 TXT（文本）记录。

（1）服务记录，存储了服务名与主机名、端口之间的对应关系。可以根据服务名获取它的主机名和端口。下面是一个图片共享的 ftp 服务注册的服务记录。

```
photoLibrary._ftp._tcp.local. 120 IN SRV 0 0 808 jokson.local.
```

每个部分解释如下。

- photoLibrary._ftp._tcp.local.：服务名。
- 120：TTL 时间生命期，单位是秒。
- 0：权重。
- 0：优先级。
- 808：服务端口号。
- jokson.local.：本地主机名。

（2）指针记录，记录了服务类型与服务名之间的对应关系。服务查询时可以根据服务类型获取服务名。

```
_ftp._tcp.local.   12000   PTR  photoLibrary._ftp._tcp.local.  12000 是 TTL
```

（3）文本记录，不是必需的，可以为空，允许存储最大不超过 200 字节的文本信息。

下面以图片共享设备加入网络为例，说明 Bonjour 协议的注册过程。

- 图片共享设备随机获取一个本地 IP 地址为 192.168.0.354，发送广播报文测试 IP 的可用性，如果没有应答则说明这个 IP 可以使用，否则更换另外的 IP 继续测试，直到找到有效的 IP 为止。
- 发送多播 DNS 请求，验证 jokson.local.的有效性，如果无效，则需要重新设置后继续测试，直到有效为止。
- 开始在 tcp 端口 808 启动 ftp 服务。
- 注册 Bonjour 服务，参数如下：

```
name = photoLibrary
type = \_ftp._tcp
domain:local.
```

注册成功后产生服务记录和指针记录两条 DNS 记录。

16.3.2 服务发现

DNS 的指针记录了服务类型与服务名的映射关系，服务查询时广播域名解析查询请求，服务提供者的域名服务响应请求返回满足条件的服务名。

发现图片服务的流程如下。

（1）客户端广播域名解析请求，服务类型为_ftp._tcp、域为 local.。

（2）图片服务应用上的域名服务侦听到查询请求，返回自己的服务名 photoLibrary._ftp._tcp.local.。

（3）客户端从服务名截取服务实例名 photoLibrary 显示给用户。

16.3.3 地址解析

当用户第一次选择了一个 Bonjour 服务名后，可以把服务名保存起来。无论后面服务的 IP 地址和端口如何变化，服务名可以保持不变。地址解析不是立即进行的，而是实际使用服务时才发起地址解析。

图片服务地址解析过程如下。

（1）客户端广播域名解析请求，参数为服务名 photoLibrary._ftp._tcp.local.。

（2）图片服务方从 DNS 的服务记录查询匹配到的服务，返回服务主机名为 jokson.local.，端口为 808。

（3）客户端发送主机名为 jokson.local.的 IP 地址多播请求。

（4）图片服务方返回 IP 地址为 192.168.0.354。

（5）客户端使用 IP 地址和端口访问服务。

16.4 Bonjour 编程

Cocoa 通过 NetService 和 NetServiceBrowser 两个类提供高层接口，实现 Bonjour 服务。NetService 代表一个 Bonjour 服务的实例。NetServiceBrowser 用来进行服务查找，查询返回的结果为 NetService 类型的服务。

由于网络报文请求都是异步应答的，因此通过代理接口通知中间处理的状态。

16.4.1 服务发布

服务发布过程包括创建服务、将服务增加到 RunLoop 中、设置服务代理和服务发布。

（1）创建服务类。

```
let  kDomain = "local."
let  kServiceType = "_ProbeHttpService._tcp."
let  kServiceName = "myBonjourServer"
let  kServicePort: Int32 = 8888
let netService = NetService(domain: kDomain, type: kServiceType, name: kServiceName, port: kServicePort)
```

（2）将服务增加到 RunLoop 中：将 NetService 加入到 RunLoop 异步地调度执行，避免长时间运行阻塞主线程。

```
netService?.schedule(in: RunLoop.current, forMode: .commonModes )
```

（3）设置服务代理：netService.delegate= self 代理用来通知服务发布的状态（成功或者失败）。

（4）发布服务：netService?.publish()完成服务发布。

服务发布成功后会回调 netServiceDidPublish 方法，可以在这个方法中进行一些测试数据发送，这一步不是必需的，测试代码如下：

```
func txtRecordData() -> Data {
   let data = "Send Data".data(using: String.Encoding.utf8)
   let txtRecordDictionary: [String:Data] = ["user":data!]
   return NetService.data(fromTXTRecord: txtRecordDictionary)
```

```
}

func netServiceDidPublish(_ sender: NetService) {
   print("Service \(sender) Did Publish")
   let sendData = self.txtRecordData()
   self.netService?.setTXTRecord(sendData)
}
```

16.4.2　服务发现

客户端使用 NetServiceBrowser 启动服务发现流程。NetServiceBrowser 使用代理的机制，通知客户端发现的服务，每个发现的服务以 NetService 对象来表示。

客户端发现服务后，进行服务的解析，同时设置服务的 delegate，解析完成后会回调代理方法，在代理方法中可以获取到 host 和 port 来进行后续业务的连接处理。

（1）启动服务发现。

```
// 实例化发现类
let serviceBrowser = NetServiceBrowser()
self.serviceBrowser?.delegate = self
// 开始服务发现
self.serviceBrowser?.searchForServices(ofType: kServiceType, inDomain: kDomain)
```

（2）实现服务发现代理方法。

```
func netServiceBrowser(_ browser: NetServiceBrowser, didFind service: NetService, moreComing:
   Bool) {
   // 保存发现的服务
   self.netServices.append(service)
   // 设置服务代理
   service.delegate  = self
   // 开始服务解析
   service.resolve(withTimeout: 2)
   print("didFindService \(service)")
}
```

（3）实现服务解析代理方法。

```
func netServiceDidResolveAddress(_ sender: NetService) {
   // 完成解析,取得服务的 host 和 port
   print("netServiceDidResolveAddress hostName \(sender.hostName) domain \(sender.domain)
      port \(sender.port) name \(sender.name) ")
}
```

16.4.3　直接使用 Bonjour 进行数据发送

为了不需要与服务端连接就能获取一些信息，Bonjour 支持服务提供方发布服务后，使用 setTXTRecordData 接口发送二进制数据，最大报文不超过 200 字节。

客户端要接收数据，使用 Service 的 startMonitoring 方法启动服务监控，代码如下：

```
func netServiceDidResolveAddress(_ sender: NetService) {
   // 完成解析，取得服务的 host 和 port
   print("netServiceDidResolveAddress hostName \(sender.hostName) domain \(sender.domain)
   port\(sender.port) name \(sender.name) ")
   sender.startMonitoring()
}
```

同时实现 didUpdateTXTRecordData 代理方法，获取服务端的 txtRecordData 数据，代码如下：

```
func netService(_ sender: NetService, didUpdateTXTRecord data: Data) {
   let infoDict = NetService.dictionary(fromTXTRecord: data)
   let data = infoDict["user"]! as Data
   let str = NSString(data: data, encoding: String.Encoding.utf8.rawValue)
   print("didUpdateTXTRecordData \(str)");
}
```

16.4.4　需要注意的问题

使用 Bonjour 进行网络连接，需要注意下面几个问题。

- 不要持久化存储 NSNetService 解析后获取的 host、port 和 IP。
- 可以将服务名信息（domain、type 和 name）存储起来，每次应用启动都应该使 NSNetServiceBrowser 去重新发现服务。
- IP 是动态变化的，尽量不要使用 IP 去连接服务器，而使用主机名去连接。

第 17 章

系统服务

系统服务（service）是 macOS 应用提供对外服务能力的一种机制。应用遵循约定的方法实现服务，声明自己为服务的提供者；服务的使用者利用服务来增强自己应用的功能，提供更好的用户体验。

macOS 系统本身提供了大量的服务，通过这些服务能极大地增强单个应用的能力，用户不需要打开其他应用就能使用这项功能。

打开系统设置，在键盘→服务→快捷键里面可以看到系统中所有的服务，这里面既包括系统各种应用提供的服务，也包括安装的第三方应用提供的服务，如图 17-1 所示。

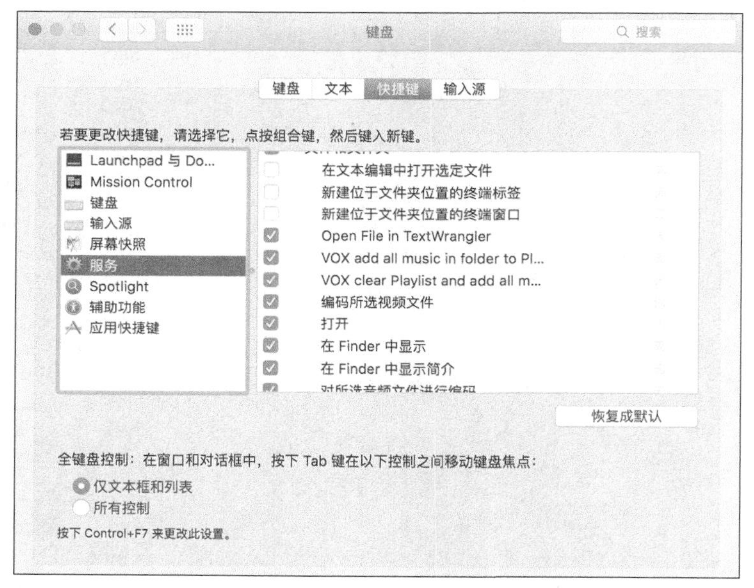

图 17-1

打开 Safari 浏览器，访问一个网站，选择网页上一段文字，点击右上角系统菜单 Safari→服务，打开服务菜单，可以看到有大量的服务可以使用，可以对选择的文字进行各种各样的处理，如使用文字内容创建一个记事本、创建一个新文档、发 Tweet 等，如图 17-2 所示。

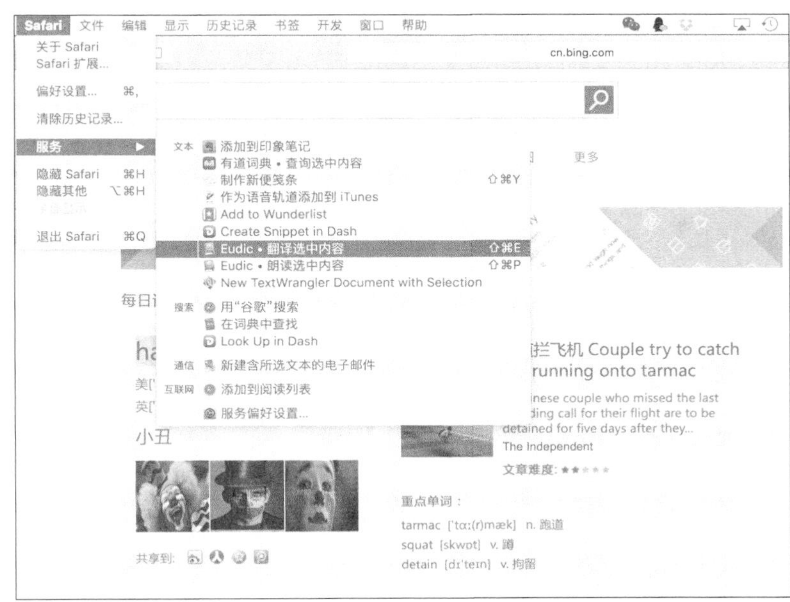

图 17-2

17.1　服务处理流程

服务中有两类角色，服务提供者和服务使用者。

服务处理流程如图 17-3 所示。

（1）复制阶段：服务使用者将需要处理的数据写入系统剪贴板对象。

（2）读取阶段：服务提供者从系统剪贴板获取数据。

（3）写入阶段：服务提供者处理完成将结果数据写回剪贴板。

（4）粘贴阶段：服务使用者得到处理完成的数据。

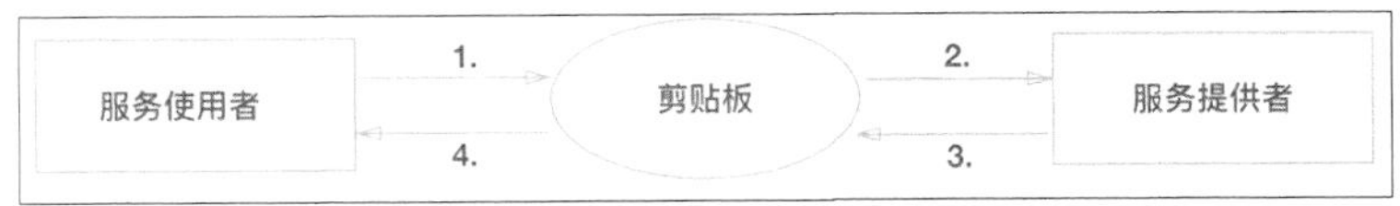

图 17-3

服务根据处理流程的不同分为下面两类。

（1）处理者：这类服务只对数据进行处理，只有复制和读取两个阶段。比如，一个邮件服务，选择文本内容，通过服务发送。

（2）提供者：服务作为提供者，包括完整的 4 个阶段的处理流程。对数据处理完成后需要将处理结果回调给触发服务的应用。

17.2　服务定义

服务通过应用的 info.plist 来定义，如图 17-4 所示，我们来逐一解释一下节点的含义。

需要注意，工程的 info.plist 中初始是没有上面这些节点字段的，需要在工程 TARGET 的 Info 面板中的 Services 中增加，输入 Method Name、Port Name、Menu Item、Send Types、Return Types 信息，如图 17-5 所示，这些字段对应的含义下面会有说明。

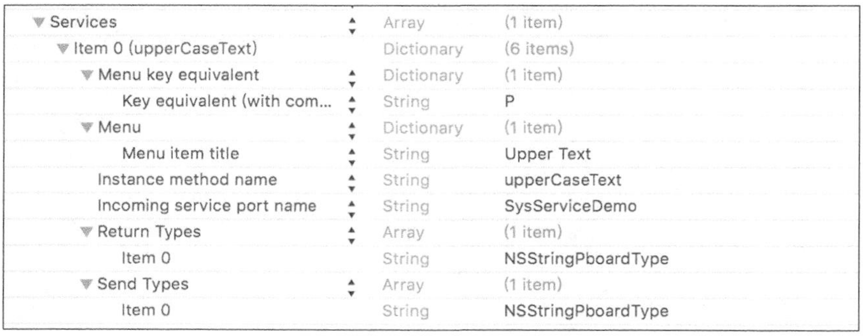

Key	Type	Value
▼ Services	Array	(1 item)
▼ Item 0 (upperCaseText)	Dictionary	(6 items)
▼ Menu key equivalent	Dictionary	(1 item)
Key equivalent (with com...	String	P
▼ Menu	Dictionary	(1 item)
Menu item title	String	Upper Text
Instance method name	String	upperCaseText
Incoming service port name	String	SysServiceDemo
▼ Return Types	Array	(1 item)
Item 0	String	NSStringPboardType
▼ Send Types	Array	(1 item)
Item 0	String	NSStringPboardType

图 17-4

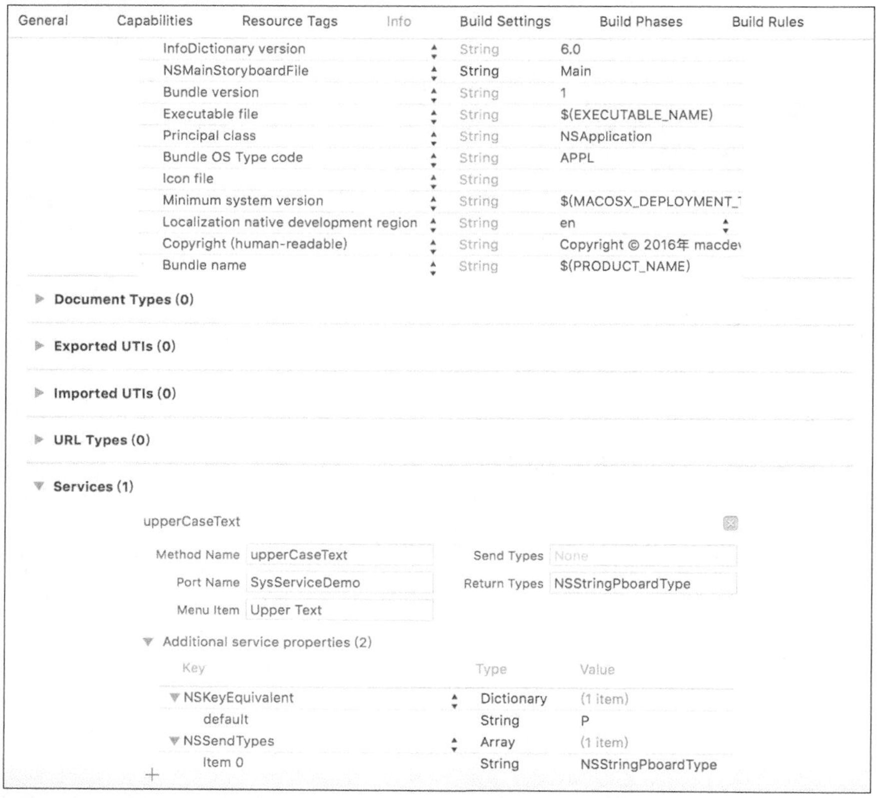

General　Capabilities　Resource Tags　Info　Build Settings　Build Phases　Build Rules

Key	Type	Value
InfoDictionary version	String	6.0
NSMainStoryboardFile	String	Main
Bundle version	String	1
Executable file	String	$(EXECUTABLE_NAME)
Principal class	String	NSApplication
Bundle OS Type code	String	APPL
Icon file	String	
Minimum system version	String	$(MACOSX_DEPLOYMENT_T
Localization native development region	String	en
Copyright (human-readable)	String	Copyright © 2016年 macde
Bundle name	String	$(PRODUCT_NAME)

▶ **Document Types (0)**

▶ **Exported UTIs (0)**

▶ **Imported UTIs (0)**

▶ **URL Types (0)**

▼ **Services (1)**

upperCaseText

Method Name: upperCaseText　　Send Types: None

Port Name: SysServiceDemo　　Return Types: NSStringPboardType

Menu Item: Upper Text

▼ Additional service properties (2)

Key	Type	Value
▼ NSKeyEquivalent	Dictionary	(1 item)
default	String	P
▼ NSSendTypes	Array	(1 item)
Item 0	String	NSStringPboardType

图 17-5

Services 对应的是一个数组，每个数组元素定义了一个服务，下面是主要参数的说明。

- NSKeyEquivalent：服务功能对应的快捷键。
- NSMenuItem：菜单的标题，可以在 ServicesMenu.strings 文件中实现国际化定义。
- NSMessage：服务的方法名，对应上面的 Method name。格式为方法名:userData:error:，这个很关键。方法名可以自定义，但是参数类型是固定的格式，下面是一个方法定义的例子：

```
-(void)upperCaseText:(NSPasteboard )pboard userData:(NSString )userData error:(NSString **)
error
```

- NSPortName：服务提供者的应用名称，对应上面的 Port Name。
- NSSendTypes：发送的数据类型，数据类型参照第 12 章中数据类型的定义。

- NSReturnTypes：返回的数据类型。文本格式定义如下：

```
<key>NSServices</key>
<array>
<dict>
<key>NSKeyEquivalent</key>
<dict>
<key>default</key>
<string>U</string>
</dict>
<key>NSMenuItem</key>
<dict>
<key>default</key>
<string>Upper Text</string>
</dict>
<key>NSMessage</key>
<string>upperCaseText</string>
<key>NSPortName</key>
<string>SysServiceDemo</string>
<key>NSSendTypes</key>
<array>
<string>NSPasteboard.PasteboardType.string</string>
</array>
<key>NSReturnTypes</key>
<array>
<string>NSPasteboard.PasteboardType.string</string>
</array>
</dict>
</array>
```

除了上面列出的基本键值设置以外，还可以通过 NSRequiredContext 可选参数，设置服务在系统设置面板 Services 列表中的分类，如果不设置这个参数，则默认为 Text。NSServiceCategory 对应的 value 可以用两种方式表示。

（1）字符串：直接显示为字符串名称，如下面的 Searching 类型。

```
<key>NSRequiredContext</key>
   <dict>
   <key>NSServiceCategory</key>
   <string>Searching</string>
</dict>
```

（2）使用 UTI 类型来定义：系统自动归类。例如，下面的 public.text 类型自动归为 Text 类型。

```
<key>NSRequiredContext</key>
   <dict>
   <key>NSServiceCategory</key>
   <string>public.text</string>
</dict>
```

17.3 服务提供方编程

新建一个工程，命名为 Services，增加一个类文件命名为 ServiceProvider。

17.3.1 实现服务功能接口

在 ServiceProvider 中实现字符串转换为大写的 Service 功能接口。upperCaseText 方法从 NSPasteboard 获取 string 对象，调用 convertToUpperCase 方法实现转换，最后将转换结果写回到剪贴板。

```
class ServiceProvider: NSObject  {
   func upperCaseText(_ pboard: NSPasteboard!,
                      userData: String!,
                      error: AutoreleasingUnsafeMutablePointer<String>) {

      if (pboard.types?.contains(NSPasteboard.PasteboardType.string) == nil) {
         error.pointee = NSLocalizedString("Error: couldn't convert text.",
            comment: "pboard couldn't uppercase string.")
         return
      }

      let pboardString = pboard.string(forType:NSPasteboard.PasteboardType.string)
      let uppserCaseString = self.convertToUpperCase(pboardString!)
      guard uppserCaseString != nil else {
         // 错误返回信息
         error.pointee = NSLocalizedString("Error: couldn't convert text.",
            comment: "pboard couldn't uppercase string.")

         return
      }
      pboard.clearContents()
      pboard.writeObjects([uppserCaseString!])
   }

   // 字符小写转换大写的测试函数
   func convertToUpperCase(_ string: String) ->String? {
      if string.characters.count > 0 {
         return string.uppercased()
      }
      return nil
   }
}
```

17.3.2 声明服务

参考服务定义部分的说明，在工程 info.plist 中增加 Services 节点定义及相关服务键值定义，如图 17-6 所示。

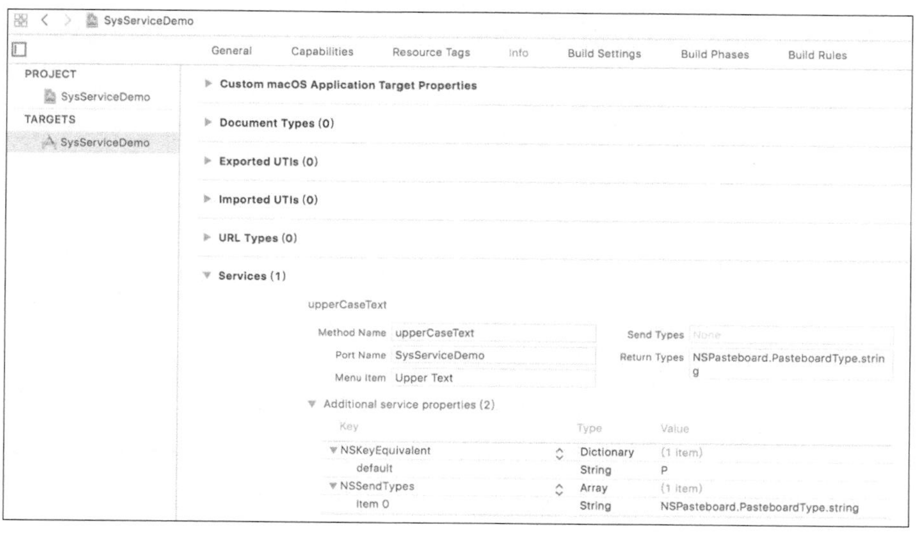

图 17-6

其中 Additional service properties 部分可以直接打开 info.plist 源文件模式，直接增加下面的元素 NSKeyEquivalent 和 NSSendTypes，如图 17-7 中矩形框内所示。

```
<key>NSServices</key>
<array>
    <dict>
        <key>NSKeyEquivalent</key>
        <dict>
            <key>default</key>
            <string>P</string>
        </dict>
        <key>NSMenuItem</key>
        <dict>
            <key>default</key>
            <string>Upper Text</string>
        </dict>
        <key>NSMessage</key>
        <string>upperCaseText</string>
        <key>NSPortName</key>
        <string>SysServiceDemo</string>
        <key>NSReturnTypes</key>
        <array>
            <string>NSPasteboard.PasteboardType.string</string>
        </array>
        <key>NSSendTypes</key>
        <array>
            <string>NSPasteboard.PasteboardType.string</string>
        </array>
    </dict>
</array>
```

图 17-7

17.3.3 注册服务

在 AppDelegate 中实现服务的注册和更新，代码如下：

```
func applicationDidFinishLaunching(_ aNotification: Notification) {
    let s = ServiceProvider()
    NSApp.servicesProvider = s
    NSUpdateDynamicServices()
}
```

17.3.4 测试服务功能

运行工程后，Service 不会立即出现到 Services 选项列表中，需要重启计算机后从系统设置中进入 Services 选项列表中，勾选 Upper Text，如图 17-8 所示。

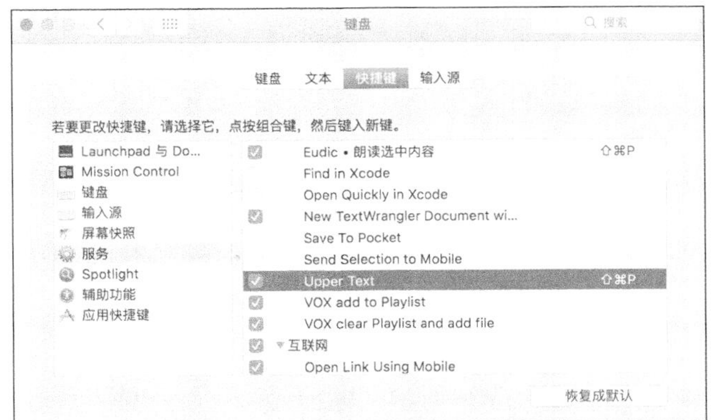

图 17-8

打开任意一个文本编辑 App，进入 App 的 Services 菜单，里面并没有出现服务菜单项。选中一行文本字符串，再进入 Services 菜单就会看到 Upper Text 菜单了。点击后会执行字符大写转换，如图 17-9 所示。

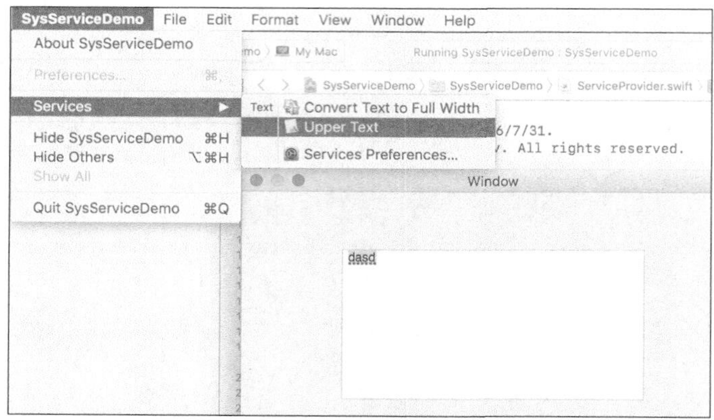

图 17-9

17.4 服务使用方编程

系统的 Text Field 和 Text View 等输入控件已经自动实现了服务请求的相关方法。如果需要通过自定义的控件实现服务请求处理，基本的处理流程如下。

（1）注册服务请求和结果的数据类型。

（2）实现菜单有效性校验方法，判断系统服务请求时此功能是否出现在服务菜单中。

（3）发送需要处理的数据到剪贴板。

（4）从剪贴板获取处理完的数据。

17.4.1 注册数据类型

在自定义类的初始化方法中注册发送和返回的服务数据类型，代码如下：

```
class TextView: NSTextView {
   var registered: Bool
   override init(frame frameRect: NSRect) {
      self.registered = true
      NSApp.registerServicesMenuSendTypes([NSStringPboardType], returnTypes: [NSStringPboardType])
      super.init(frame: frameRect)
   }

   required init?(coder: NSCoder) {
      self.registered = true
      NSApp.registerServicesMenuSendTypes([NSStringPboardType], returnTypes: [NSStringPboardType])
      super.init(coder: coder)
   }
}
```

17.4.2 菜单有效性校验

根据数据类型实现 validRequestorForSendType:returnType:菜单 valid 方法，代码如下：

```
   override func validRequestor(forSendType sendType: NSPasteboard.PasteboardType, returnType:
NSPasteboard.PasteboardType) -> AnyObject?
```

```
{
   if sendType == sendType && returnType == NSStringPboardType {
      return self
   }
   return super.validRequestor(forSendType: sendType, returnType: returnType)
}
```

17.4.3 发送数据到剪贴板

将需要处理的数据写入剪贴板，下面的例子是读取控件的 title 属性作为服务请求的数据，相关代码如下：

```
override func writeSelection(to pboard: NSPasteboard, types: [NSPasteboard.PasteboardType])
   -> Bool {
   if (types.contains(NSStringPboardType) == false) {
      return false
   }
   pboard.declareTypes([NSStringPboardType], owner: nil)
   return pboard.setString(self.string!, forType: NSStringPboardType)
}
```

17.4.4 从剪贴板读取结果数据

读取结果，写入自己的 title 显示，相关代码如下：

```
override func readSelection(from pboard: NSPasteboard) -> Bool {
   let types = pboard.types
   if (types?.contains(NSStringPboardType) == false) {
      return false
   }
   let theText = pboard.string(forType: NSStringPboardType)
   self.string = theText
   return true
}
```

第 18 章 XPC 服务

一个复杂的应用内部往往有多个协作的功能单元。传统架构上的应用，一个模块的 bug 经常会导致整个应用崩溃。XPC 引入的进程间通信机制可以很好地解决这个问题。

使用 XPC 服务有两个明显的优势。

（1）增强了应用的稳定性，单独的模块崩溃不会导致整个应用的崩溃。launchd 会自动重启崩溃的 XPC 模块服务。

（2）隔离更好，XPC 服务仅仅暴露服务接口、内部的数据结构，私有数据都在自己独立的沙盒里面，得到了更好的隔离保护。

XPC 技术同时适用于 iOS 和 macOS 平台。

18.1 XPC 架构

XPC 是一种双向通信进程间的通信架构，如图 18-1 所示。主应用可以调用 XPC 服务提供的接口来获取特定功能，XPC 服务也可以反向调用主应用提供的服务。

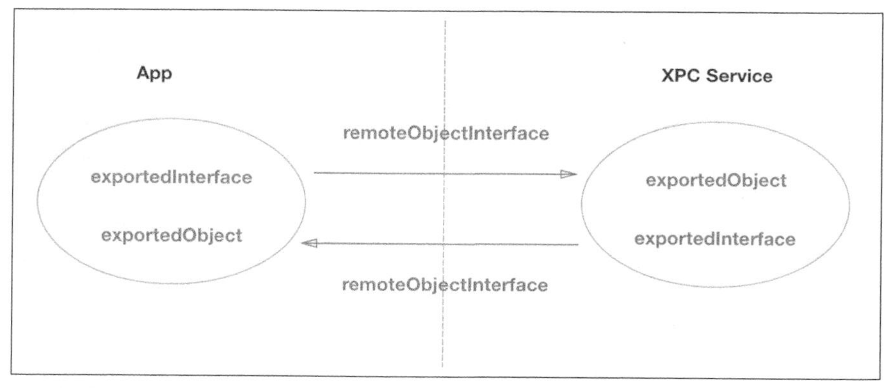

图 18-1

XPC 服务请求方的主要功能如下。

（1）通过服务名称查找服务。

（2）注册服务接口。

（3）调用服务。

XPC 服务提供方的主要功能如下。

（1）监听服务调用，建立通信通道。

（2）绑定服务接口到服务请求连接。

（3）绑定服务对象到服务请求连接。

（4）等待服务调用。

exportedObject 为服务实现者对象，exportedInterface 为服务协议接口。

从图 18-1 所示的架构图来看，App 与 XPC 之间都可以设置 exportedObject 和 exportedInterface。因此可以实现双向接口调用。

18.2 XPC 编程实现

18.2.1 XPC 服务接口对象

Cocoa 提供了高层的 XPC API 接口，主要的接口对象包括以下几个。

- NSXPCConnection：XPC 服务请求与服务双方间的双向连接。
- NSXPCInterface：XPC 服务的接口。
- NSXPCListener：服务通用的监听类，准备接收服务请求。
- NSXPCListenerEndpoint：每当监听到一个服务请求，NSXPCListener 都会创建一个 NSXPCListenerEndpoint，发送到远程连接上，由 NSXPCListenerEndpoint 提供后续实际的调用服务。可以把 NSXPCListener 理解为服务分发器，接收到来的服务连接请求，派发到新的 NSXPCListenerEndpoint 实例来提供每一次的具体服务。

18.2.2 XPC 服务方编程

首先使用 Xcode 创建名为 XPCDemo 的 App 主工程，接着创建 XPC Target，通过菜单 File→New→Target 选择 XPC Service 模板，点击 Next 输入服务名称 Helper，创建完成，如图 18-2 所示。

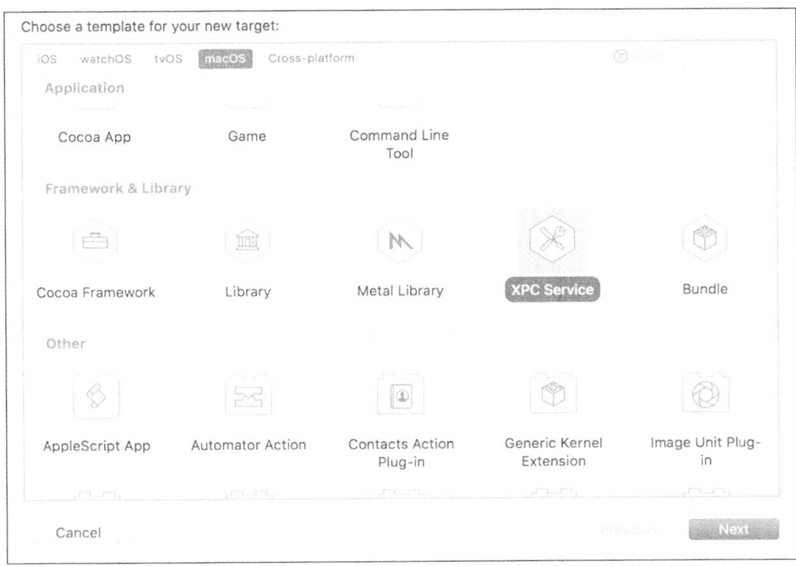

图 18-2

可以看到 Xcode 自动创建了 Helper 类和协议接口文件 HelperProtocol.h。这个接口中默认定义了一个接口，字母大写转换并且回调转换结果，相关代码如下：

```
@protocol HelperProtocol

-(void)upperCaseString:(NSString *)aString withReply:(void (^)(NSString *))reply;
@end
```

目前的 Xcode 生成的 Helper Target 中全部的代码都是 Objective-C 形式的，因此删除这些代码，下面重新创建 Swift 版本的代码。

新建一个协议接口文件，名为 HelperProtocol.swift，如图 18-3 所示。注意，创建文件时 Targets 同时勾选 XPCDemo 和 Helper。

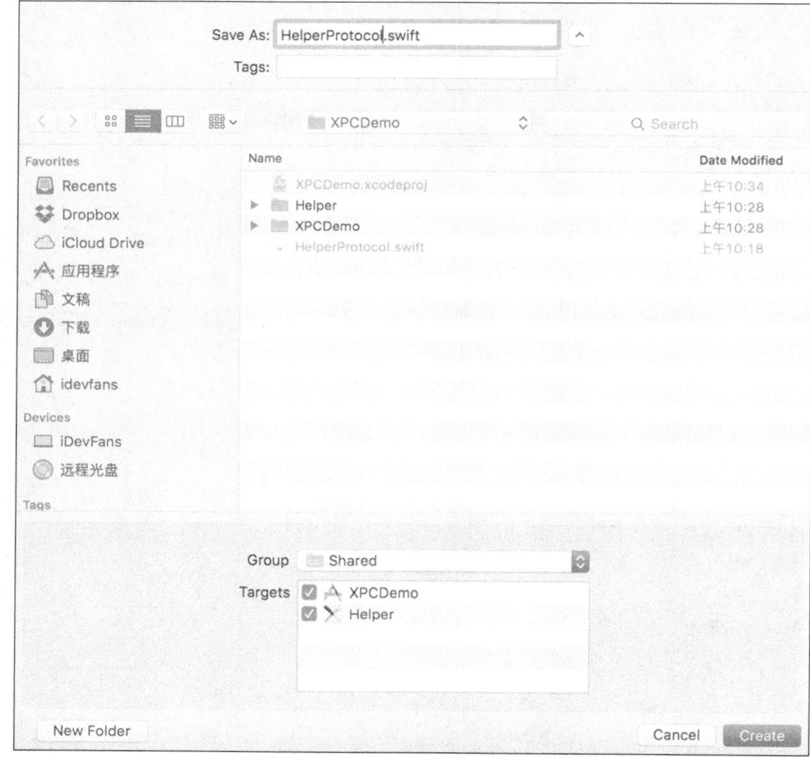

图 18-3

HelperProtocol.swift 代码如下：

```
@objc protocol HelperProtocol {
   @objc optional func upperCaseString(aString:String?, withReply: (String?)->Void )
}
```

在 Helper.swift 中编写功能实现，实现协议接口功能，代码如下：

```
class Helper: NSObject,HelperProtocol {
   func upperCaseString(aString:String?, withReply: (String?)->Void ) {
      let upperString = aString?.uppercased()
      withReply(upperString)
   }
}
```

新定义一个服务代理类 ServiceDelegate，实现 listener 代理方法，代码如下：

```
class ServiceDelegate: NSObject, NSXPCListenerDelegate {
   func listener(_ listener: NSXPCListener, shouldAcceptNewConnection newConnection:
      NSXPCConnection) -> Bool {
      // 绑定服务接口
      newConnection.exportedInterface = NSXPCInterface(with: HelperProtocol.self)
      // 创建服务实现类并且绑定到连接
      newConnection.exportedObject = Helper()
      // 准备等待接口调用
      newConnection.resume()
      return true
   }
}
```

在 Helper target 的 main.m 模板中创建相关代码，启动服务监听，代码如下：

```
// 创建服务代理
let delegate = ServiceDelegate()
// 创建 listener 准备监听服务请求
let listener = NSXPCListener.service()
// 设置服务代理
listener.delegate = delegate;
// 启动服务监听.
listener.resume()
```

18.2.3 XPC 服务请求方编程

XPCDemo App 主工程中，View Controller 界面增加了一个 Button 控件，绑定到 convertAction 事件函数，相关代码如下：

```
class ViewController: NSViewController {
   lazy var connection: NSXPCConnection = {
      // 创建 connection 服务
      let connection = NSXPCConnection(serviceName: "macdev.io.Helper")
      // 注册协议接口
      connection.remoteObjectInterface = NSXPCInterface(with: HelperProtocol.self)

      // 同步等待连接建立
      connection.resume()
      return connection
   }()

   deinit {
      self.connection.invalidate()
   }

   @IBAction func convertAction(_ sender: NSButton) {
   // 获取远程对象
      let helper = self.connection.remoteObjectProxyWithErrorHandler {
         (error) in NSLog("remote proxy error: %@", error)
         } as! HelperProtocol

      let testString = "abcd"

      // 通过 remoteObjectProxy 执行 xpc 服务方法
      helper.upperCaseString!(aString: testString, withReply: {  upperString in print("\
        (upperString)")   })
   }
}
```

注意，工程的 Build Options 的 Settings 中勾选 Always Embed Swift Standard Libraries 为 Yes，

如图 18-4 所示，否则执行报错。

图 18-4

18.2.4 XPC 服务接口反向调用

创建一个新工程，命名为 XPCBidirectionDemo，在前面的 HelperProtocol 协议基础上实现双向调用功能。

（1）增加一个新的协议接口文件 CallbackProtocol.swift，定义如下：

```
@objc protocol CallbackProtocol {
   @objc optional func logResultString(aString:String?)
}
```

（2）使用 ViewController 实现接口功能，代码如下：

```
extension ViewController: CallbackProtocol {
   func logResultString(aString:String?) {
      print("Callback Result: \(aString)")
   }
}
```

（3）在 View Controller 中实现 connection 绑定 exportedInterface 和 exportedObject，代码如下：

```
connection.exportedInterface = NSXPCInterface(with: CallbackProtocol.self)
connection.exportedObject = self
```

（4）Helper 类中增加 NSXPCConnection 属性变量，用来保存连接对象，代码如下：

```
weak var connection: NSXPCConnection?
```

（5）ServiceDelegate 的 listener 方法中增加 CallbackProtocol 协议接口注册，Helper 类的实例中保存当前的 newConnection 实例，代码如下：

```
class ServiceDelegate: NSObject, NSXPCListenerDelegate {
   func listener(_ listener: NSXPCListener, shouldAcceptNewConnection newConnection:
      NSXPCConnection) -> Bool {
      // 绑定服务接口
      newConnection.exportedInterface = NSXPCInterface(with: HelperProtocol.self)

      let helper = Helper()
      // 创建服务实现类并且绑定到 connection
      newConnection.exportedObject = helper

      // 注册远程服务接口
      newConnection.remoteObjectInterface = NSXPCInterface(with: CallbackProtocol.self)
      helper.connection = newConnection

      // 准备等待接口调用
      newConnection.resume()
```

```
        return true
    }
}
```

（6）Helper 类中实现反向调用，代码如下：

```
class Helper: NSObject,HelperProtocol {
    weak var connection: NSXPCConnection?
    func upperCaseString(aString:String?, withReply: (String?)->Void ) {
        let upperString = aString?.uppercased()
        withReply(upperString)

        // 获取远程对象
        let callback = self.connection?.remoteObjectProxyWithErrorHandler {
            (error) in NSLog("remote proxy error: %@", error)
            } as! CallbackProtocol
        callback.logResultString!(aString:upperString)
    }
}
```

第 19 章 消息推送

消息推送也称为消息通知，是一种事件提醒机制。消息通知分为本地消息通知和远程消息通知。

- *本地消息通知*：由应用自己发起，App 应用是消息的提供者；同时 App 应用也是消息的接收者。
- *远程消息通知*：消息的提供者通常是由一个服务器或者另外一个独立的应用来产生。提供者将消息首先投递到苹果公司的消息服务器（APN），再由 APN 推送到用户的设备（手机、计算机和平板电脑），设备再内部转发到应用，如图 19-1 所示，因此远程消息又称为推送消息。

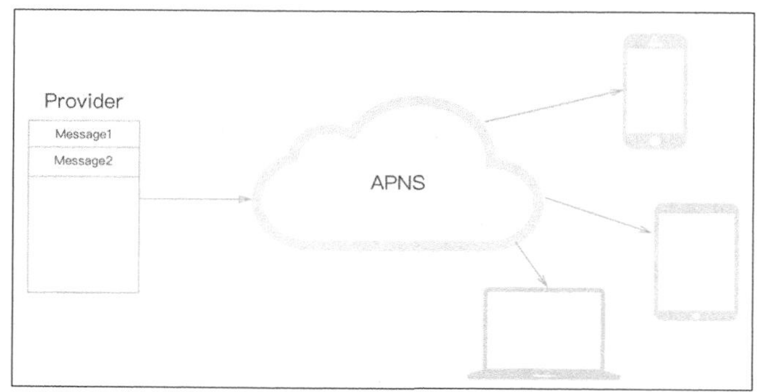

图 19-1

19.1 本地消息通知

本地消息由本地用户消息中心 NSUserNotificationCenter 发起，一个应用最多支持 64 个本地通知。

19.1.1 注册本地消息通知

本地消息通知使用 NSUserNotification 来定义，规定消息的标题、详细信息和重复间隔等属性，最后使用 NSUserNotificationCenter 完成消息注册，相关代码如下：

```
func startLocalNotification() {
   let notification = NSUserNotification()
   // 消息标题
   notification.title = "Message"
   // 消息详细信息
   notification.informativeText = "I have a dream!"
```

```
    // 消息附加数据
    notification.userInfo = ["messageID":1000]
    // 注册的时间
    notification.deliveryDate = NSDate(timeIntervalSinceNow: 10) as Date
    // 重复的间隔，5 分钟一次
    notification.deliveryRepeatInterval?.minute = 1
    // 设置代理
    NSUserNotificationCenter.default.delegate = self
    // 注册本地推送
    NSUserNotificationCenter.default.scheduleNotification(notification)
}
```

如果需要定义通知右侧图片，如图 19-2 所示，增加一个 Reply 按钮，代码如下：

```
notification.hasReplyButton = true
notification.hasActionButton = true
notification.otherButtonTitle = "Reply"
notification.contentImage = NSImage(named: NSImage.Name(rawValue: "Menu"))
```

图 19-2

19.1.2 实现本地消息代理协议方法

本地消息通知是通过消息队列管理的，到达的消息会先存放到队列，再依次通知到应用。

（1）消息投放到队列完成的回调。注册的消息通知到期后，会通过下面的回调接口，把消息推送到应用。应用可以根据消息中的信息进行逻辑处理，显示提醒或进行页面数据更新操作等。

```
func userNotificationCenter(_ center: NSUserNotificationCenter, didDeliver notification:
    NSUserNotification) {
    print("didDeliver notification \(notification)"
}
```

（2）用户点击了通知消息的回调。用户点击消息推送面板后，可以唤醒最小化隐藏的 App，或者根据消息来刷新当前页面内容。下面的代码是收到本地消息通知后，唤醒当前应用窗口。

```
func userNotificationCenter(_ center: NSUserNotificationCenter, didActivate notification:
    NSUserNotification) {
    self.view.window?.orderFront(self)
}
```

（3）是否允许通知消息弹出。用来进行消息过滤，对满足某些条件的消息可以控制不显示，默认是允许显示。

```
func userNotificationCenter(_ center: NSUserNotificationCenter, shouldPresent notification:
    NSUserNotification) -> Bool {
// 这里可以根据消息内容做过滤,允许显示推送返回 true，否则返回 false
    return true
}
```

19.1.3 取消本地通知

使用 NSUserNotificationCenter 消息管理中心的 removeScheduledNotification 可以删除本地注册的消息推送。代码如下：

```
NSUserNotificationCenter.default.removeScheduledNotification(notification)
```

19.1.4 程序控制发送消息通知

按计划定时触发的本地消息通知是由系统控制，到时间后先投放到消息队列，本地消息通知控制中心提供接口应用程序，可以直接投放通知到消息队列。这种方法主要用于应用内部的提醒，比如系统后台处理完成了一个任务，可以实时触发弹出一个本地应用内部通知。

NSUserNotificationCenter 相关的接口如下。

- 消息立即投放到消息对列：NSUserNotificationCenter.default.deliver(notification)。
- 删除队列中待发送的投递消息：NSUserNotificationCenter.default.removeScheduledNotification(notification)。
- 删除所有的投递消息：NSUserNotificationCenter.default.removeAllDeliveredNotifications()。

19.2 远程消息通知

推送消息用来解决应用在后台或退出应用后弹出通知消息。用户点击消息可以打开应用来查看详细的信息。为了防止骚扰用户，发送推送消息必须得到用户的同意，用户也可以随时在系统设置中关闭接收应用的推送消息。

对于无法送达的消息，使用 Feedback 服务接口可以查看哪些设备无法接收推送消息。

19.2.1 推送消息的处理流程

如图 19-3 所示，消息推送的基本流程如下。

（1）设备上的 App 首次启动请求注册推送消息请求，用户同意后发送注册请求到 APN。

（2）APN 生成 DeviceToken，返回给 App。

（3）App 发送 DeviceToken 到消息的提供者保存。

（4）发生了通知事件，触发提供者发送推送消息到 APN。

（5）APN 发送推送消息到设备。

（6）设备显示通知消息。

（7）用户点击通知消息，通知消息传递到 App 内部接收处理。

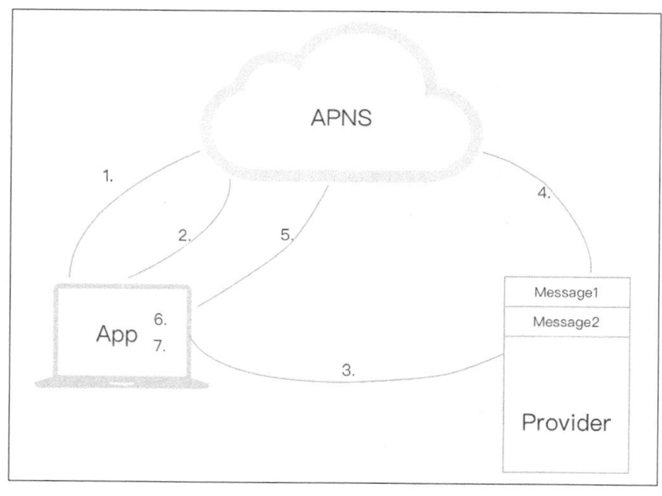

图 19-3

19.2.2 请求消息推送注册

建立名为 NSUserNotificationDemo 的 Xcode 工程，在 AppDelegate 启动的 applicationDidFinish Launching:方法中注册远程消息推送。不同的类型参数表示消息红色的数字提醒、允许声音、接收内容的选择，代码如下：

```
NSApplication.shared.registerForRemoteNotifications(matching:
   [NSApplication.RemoteNotificationType.badge,
    NSApplication.RemoteNotificationType.alert,
    NSApplication.RemoteNotificationType.sound])
```

19.2.3 设备

DeviceToken 是一个 64 位的加密串，唯一地表示一个设备。每个设备的 DeviceToken 是唯一的。同一个设备上每个 App 获得的 DeviceToken 是相同的。

一个 DeviceToken 字符串的具体示例：17801529 1f0900d1 4be9ff6c 2681f46f 298bf228 9ecb579a 9b789f2f 12345678。

在系统重新安装/恢复后，DeviceToken 可能会变化，因此苹果公司建议每次应用启动时都去获取最新的 DeviceToken。可以在应用内部缓存 DeviceToken，每次请求获得的 DeviceToken 与本地缓存的比较，如果有变化就通过接口通知服务器更新一下。

DeviceToken 用来进行推送基本有两种使用场景，一种是提供者用来群发推送消息给所有的用户，比如电商类应用中推送产品打折促销信息。另外一种是与用户相关的推送，将 DeviceToken 与用户的 id 身份信息绑定，比如社交 IM 类应用中实时推送好友的消息等。

请求消息推送注册完成后，应用会通过代理回调得到 DeviceToken，可以将 NSData 转换为字符串存储起来，发送给提供者推送消息时使用。下面是回调方法中获取 DeviceToken 后打印的代码：

```
func application(_ application: NSApplication,
   didRegisterForRemoteNotificationsWithDeviceToken deviceToken: Data) {
   var tokenStr = ""
   for i in 0..<deviceToken.count {
      tokenStr = tokenStr + String(format: "%02.2hhx", arguments: [deviceToken[i]])
   }
   print("deviceToken Data: \(tokenStr)")
}
```

下面的打印语句分别为原始数据以及转换后去掉空格和边界字符后的标准 deviceToken：

```
deviceToken Data: <63e2da53 dd4e0196 18edb145 558aea25 55ca36ea 95d97919 b33c3dcb 5fd84c1b>
deviceToken       63e2da53dd4e019618edb145558aea2555ca36ea95d97919b33c3dcb5fd84c1b
```

注意，Xcode 项目必须配置消息推送证书和使用正确签名的 Provisioning Profile 才能收到 deviceToken。

19.2.4 推送消息接收

设备收到远程推送消息，会调用应用的 didReceiveRemoteNotification 方法，将消息以 NSNotification 通知参数的形式传入应用，代码如下：

```
func application(_ application: NSApplication, didReceiveRemoteNotification userInfo:
   [String : Any]) {
```

```
    print("userInfo       \(userInfo)")
}
```

消息的内容是一个 JSON 格式的字典，格式如下：

```
{
    aps =     {
        alert = Test;
        badge = 1;
        sound = default;
    };
}
```

每个字段的含义说明如下：

- alert：消息的文本内容。
- badge：应用图标上的提醒数字。
- sound：声音设置，default 为默认的声音效果。

应用可以根据消息的 alert 内容进行进一步的处理，通常 alert 内容为应用内部可以解析处理的 json 文本格式数据，应用收到推送时解析 alert 进行逻辑处理。

19.2.5 提供者消息发送

为了保证数据安全，推送消息在提供者与 APN 之家建立了 SSL 安全通道，提供者把需要推送的消息发送给 APN。SSL 通道建立过程中需要提供者/APN 双方交换证书来完成身份认证。APN 提供的生产和开发环境的接入域名和端口别如下:

生产环境服务地址和端口为 gateway.push.apple.com:2195，开发环境为 gateway.sandbox.push.apple.com:2195。

19.2.6 消息格式

以二进制字节流形式定义，包括消息类型、消息长度和消息数据 3 个字段，其中消息数据包含多个消息单元，如图 19-4 所示。

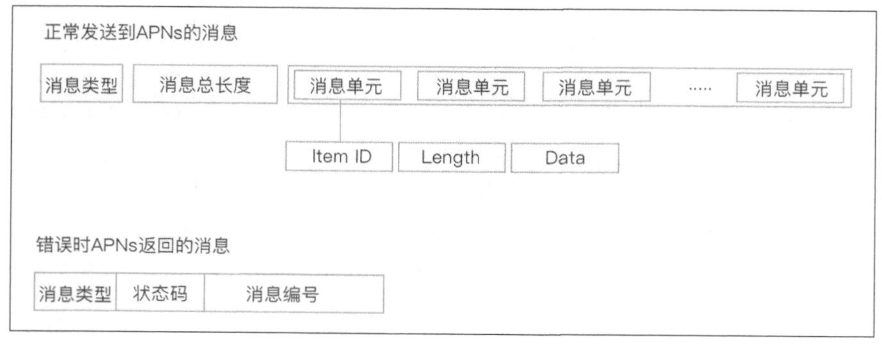

图 19-4

- 消息类型：1 字节表示，取值为 2，老版本的消息格式取值为 0 和 1。
- 消息总长度：4 字节表示，所有消息单元部分字节数总和。
- 消息单元：标准的 KLV 格式。ID 表示消息单元编号，Length 是消息单元长度，Data 是消息单元内容。

消息单元不同 ID 取值的说明如图 19-5 所示。

Item ID	长度	名字	描述
1	32 字节	设备标识	唯一的设备标识别
2	可变长度	消息内容	长度可变，最长不超过2Kbit
3	4 字节	消息编号	消息错误时带回这个编号
4	4 字节	超期时间	超过过期时间的消息不会被推送
5	1 字节	优先级	取值为10表示立即发送；取值为5 设备与 APN 连接后发送

图 19-5

19.2.7 Feedback 服务

对于无法推送的设备，APN 会记录推送消息中的 DeviceToken，提供者可以通过 Feedback 服务接口获取失败的设备 DeviceToken，这样后续的推送消息就可以过滤这些无效设备的推送。

生产环境服务地址和端口为 feedback.push.apple.com:2196，开发环境为 feedback.sandbox.push.apple.com:2196。

19.2.8 消息推送环境的证书配置

登录到开发者账户中心，新建 App ID 支持消息推送。Enable Service 中勾选 Push Notifications，如图 19-6 所示。

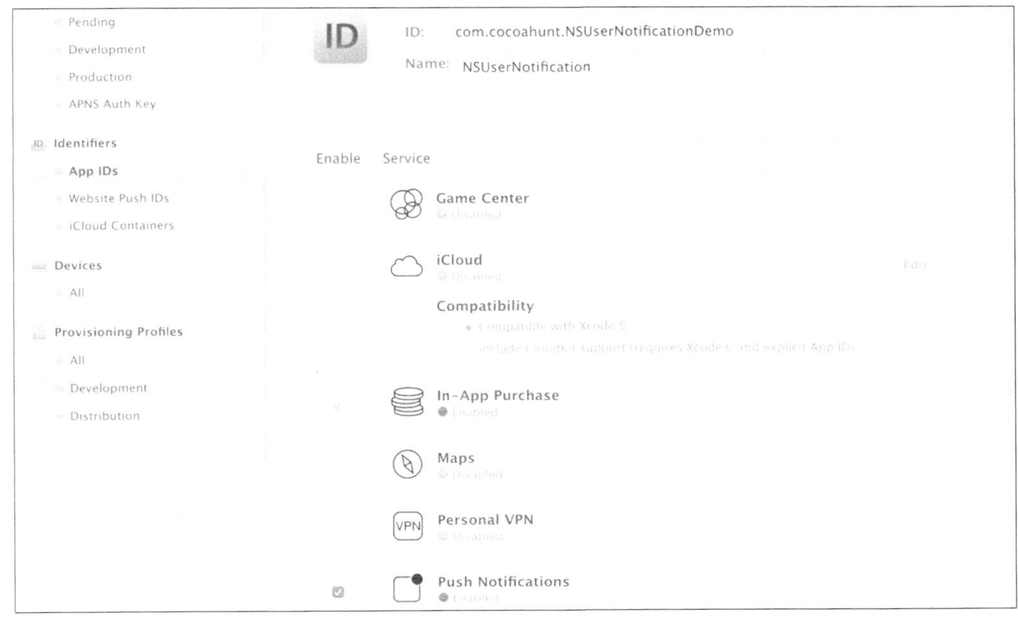

图 19-6

创建开发环境的 Provisioning Profiles，选择上面建立的 App ID，完成后在工程的 Build Settings 的 Code Signing 中完成 Provisioning Profile 的配置。

每个应用除了正常的开发和生产环境的证书外，消息推送功能需要专门的证书。对应的每个 App 需要有两个生产/开发不同环境的支持消息推送的证书，提供给提供者作为验证使用。

进入证书的页面如图 19-7 所示，完成不同环境证书的创建，下载证书到本地，双击证书文件自动加到 macOS 系统中。

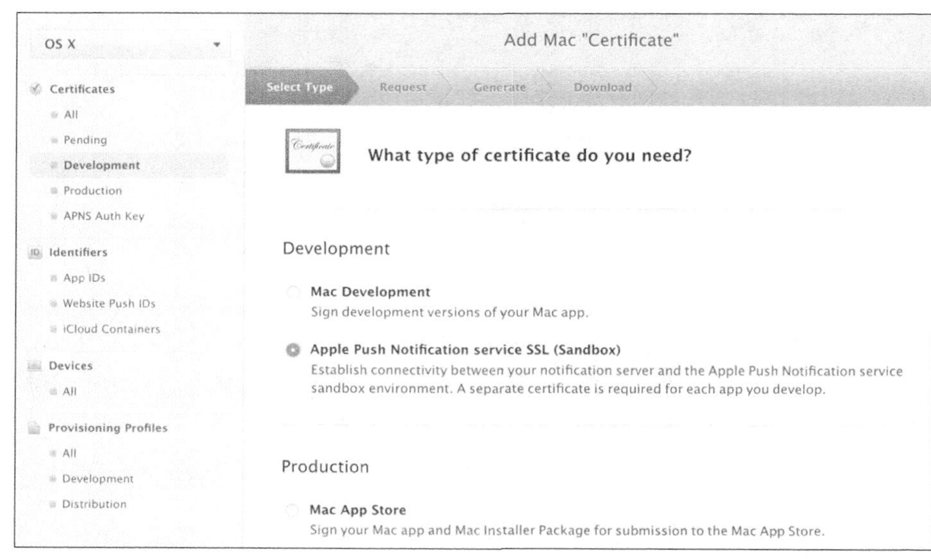

图 19-7

下载创建的 APN 证书，如图 19-8 所示，双击后自动加到系统 Keychain 中。

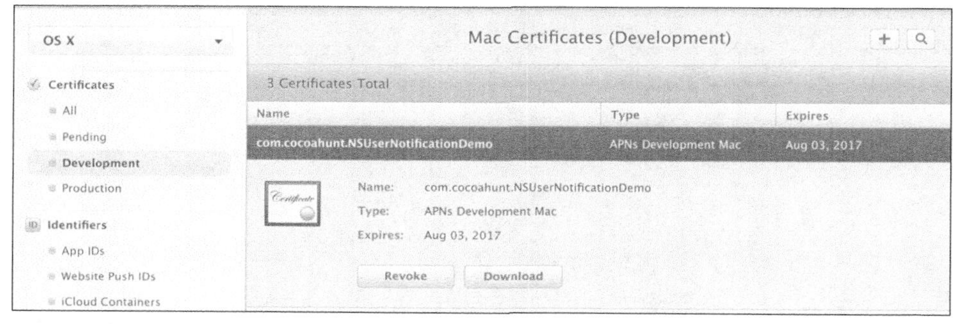

图 19-8

在工程 TARGET 配置 Capabilities，打开允许推送的开关，如图 19-9 所示。

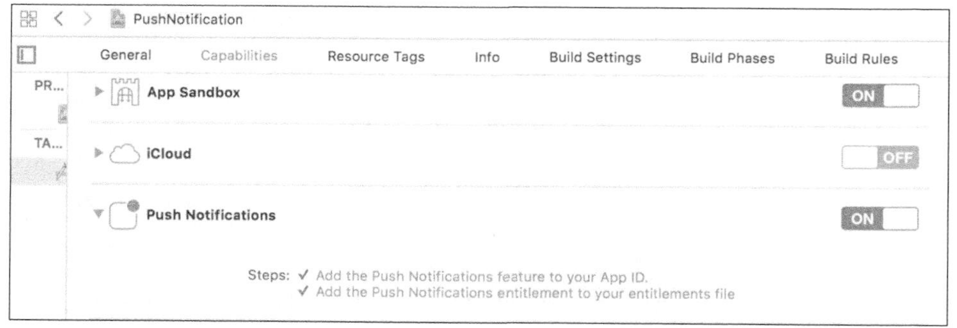

图 19-9

19.2.9 推送消息的发送

消息推送一般根据业务逻辑，满足推送条件触发推送或者人工通过后台管理界面进行消息推送的发送。

消息推送的过程一般包括下面 3 个步骤。

（1）使用应用推送证书建立 SSL 连接。

（2）组装 APN 推送报文消息。

（3）发送消息到 APN。

我们可以使用 Pusher 工具实现推送消息发送，图 19-10 所示是 Pusher 运行界面，Pusher 使用过程如下。

（1）选择证书后 Pusher 工具会根据证书类型（生产和测试）自动连接到不同的 APN 服务器。

（2）输入 64 位的 DeviceToken。

（3）点击发送完成消息发送。

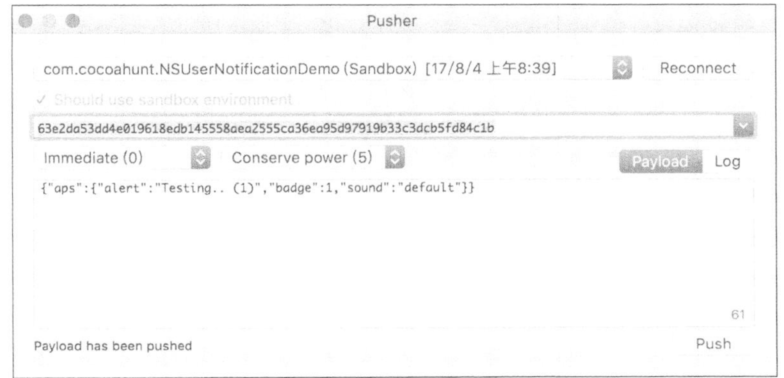

图 19-10

推送完成后，过几秒钟屏幕右上角出现了一个推送消息，如图 19-11 所示，点击后可以唤醒应用。应用在启动的情况可以看到收到推送消息的打印。如果应用没有启动，则可以在收到消息的 didReceiveRemoteNotification 函数中，根据接收的通知消息内容进行一定判断后完成逻辑业务处理。

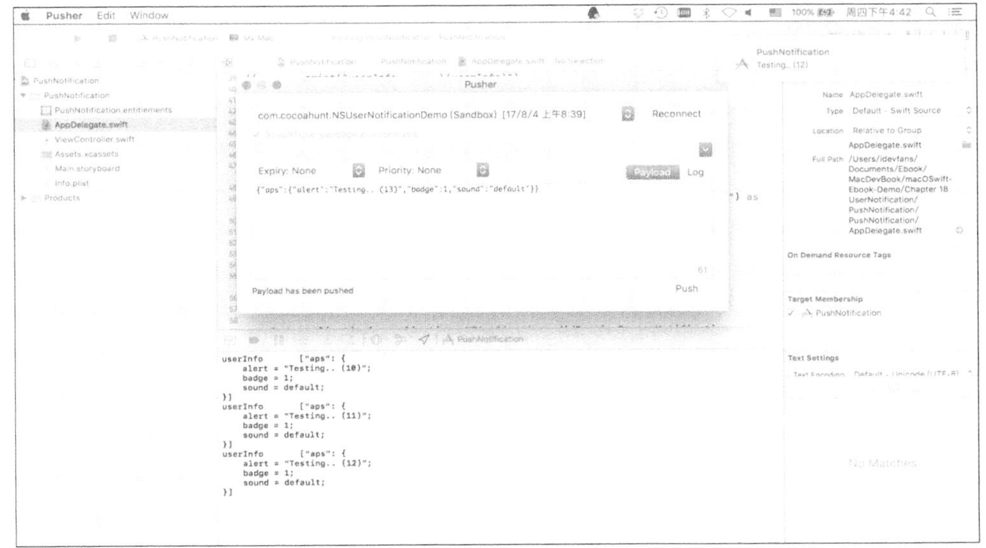

图 19-11

第 20 章 多文档应用

Cocoa 文档的应用模式对各种文件资源管理提供了统一的处理框架和编程模型。文档应用框架提供了许多系统级的功能，包括多窗口管理、文档内容自动保存、文档版本管理和文档导入/导出等。

基于文档的应用模板工程，使用文档相关编程接口，可以快速开发出各类文档管理类应用，典型的包括文本、视频、音频、图像编辑和开发工具类应用。

20.1 文档应用中的关键对象

文档应用中的关键对象包括文档控制器、文档模型和文档窗口控制器。

20.1.1 文档控制器

NSDocumentController 是一个单例对象，负责文档模型 NSDocument 的管理，维护系统中所有的文档模型 NSDocument 列表，控制多个文档窗口的激活/去激活切换，跟踪当前活动的文档对象，如图 20-1 所示。

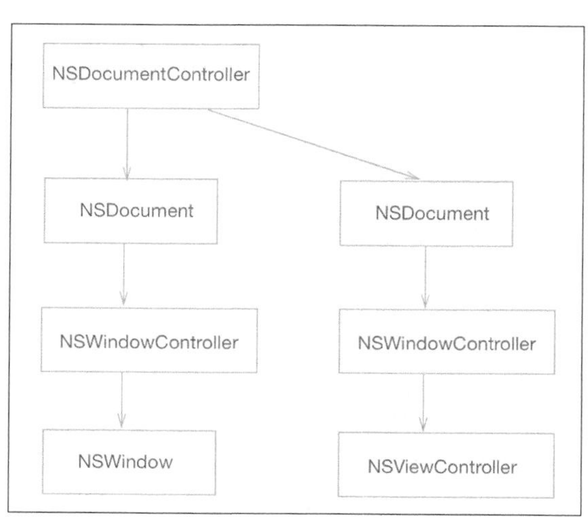

图 20-1

每个应用的文件菜单项中大部分操作，首先需要通过单例方法获得 NSDocumentController 对象，然后使用它的相应的方法去操作文档模型对象。

文档控制器提供的主要接口和属性说明如下。

```
func shared() -> NSDocumentController        // 文档对象的单例方法（每个应用中只存在唯一的实例）

var documents: [NSDocument] { get }          // 管理的文档列表

var currentDocument: NSDocument? { get }     // 当前的文档对象
func document(for url: URL) -> NSDocument?  // 根据文档路径 URL 获取文档对象
func document(for window: NSWindow) -> NSDocument?  //根据 window 对象获取文档对象

func addDocument(_ document: NSDocument)     // 增加文档对象

func removeDocument(_ document: NSDocument) // 删除文档对象
func newDocument(_ sender: AnyObject?)       // File 菜单中 New 对应的 Action 方法
func makeUntitledDocument(ofType typeName: String) throws -> NSDocument
                                            //新建标题为 Untitled 的文档对象
func openDocument(_ sender: AnyObject?)     // File 菜单中 Open 对应的 Action 方法
```

20.1.2 文档模型

文档模型 NSDocument 作为模型保存了文档的数据，同时负责文档窗口控制器 NSWindowController 的创建管理。它管理文档数据，负责文档打开时数据读取的管理、文档对象管理的数据保存到文件的处理。创建关联的 NSWindowController 负责展示文档内容，内容视图最终来响应处理用户对文档操作的各种交互事件——（鼠标键盘操作响应、内容编辑管理）。

文档模型对象提供的主要接口和属性说明如下。

```
// 初始化指定类型的文档实例
init(type typeName: String) throws
// 是否允许后台多线程读取文档（可以提升性能，防止文档数据量大时读取导致用户界面卡顿）:
func canConcurrentlyReadDocuments(ofType typeName: String) -> Bool
// 初始化指定路径和类型的文档实例:
init(contentsOf url: URL, ofType typeName: String) throws
// 读取指定路径和类型的文档内容:
func read(from url: URL, ofType typeName: String) throws
// 读取指定 fileWrapper 和类型的文档内容:
func read(from fileWrapper: FileWrapper, ofType typeName: String) throws
// 读取指定 Data 和类型的文档内容:
func read(from data: Data, ofType typeName: String) throws
// 保存指定类型的文档到规定的 url 路径:
func write(to url: URL, ofType typeName: String) throws
// 根据文档类型返回对应的 wrapper:
func fileWrapper(ofType typeName: String) throws -> FileWrapper
// 返回指定类型的文档数据,保存文件时使用:
func data(ofType typeName: String) throws -> Data
```

20.1.3 文档窗口控制器

NSWindowController 是文档窗口 NSWindow 的控制器类，负责从 xib 中加载创建窗口，NSWindowController 也可以直接控制 viewController 作为视图控制器。

20.2 创建基于文档的工程

使用 Xcode 新建一个工程，命名为 DocumentDemo，勾选 Create Document-Based Application，

Document Extension 设置为 data，作为文件扩展名，如图 20-2 所示。

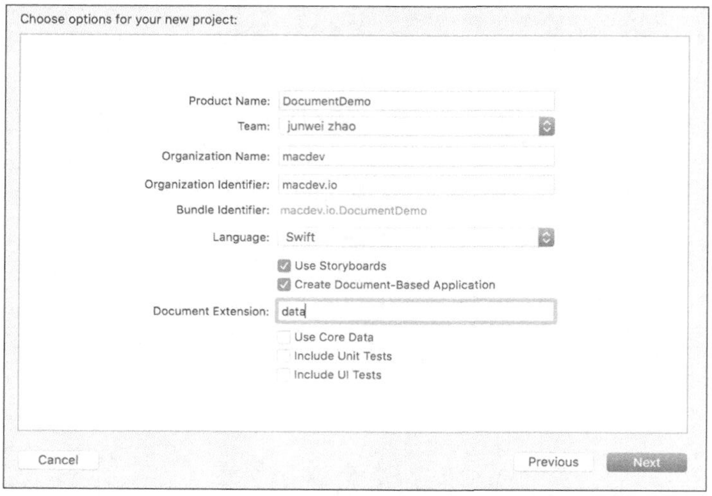

图 20-2

20.2.1 Document Types

进入工程 TARGET 的 Info 面板，来看看 Document Types 和 Exported UTIs，如图 20-3 所示。

图 20-3

Document Types 中主要字段的含义说明如下。

- Name：可以为空，文档保存时显示的类型名称。
- Identifier：文档标识。
- Class：文档类型对应的处理类（默认为$(PRODUCT_MODULE_NAME).Document，就是工程中的 Document 类）。

- Role：有 Editor 和 Viewer 两种角色。Editor 类型表示对此文档可读写，Viewer 类型仅为只读。
- Extensions：文件扩展名为 data。
- Icon：文档类型在 Finder 中显示时关联的图标。
- NSExportableTypes：通过 UTI 定义约定的文档类型，图 20-3 所示例子中是 com.adobe.pdf 和 public.html。文档导出时会出现这两种扩展名的选择。注意，图 20-3 中 Additional document type properties 中默认的键为 CFBundleTypeOSTypes，需要手工修改为 NSExportableTypes，同时增加 item0 和 item1 中对应的导出文件类型。

单击 Document Types 部分下面的+ 按钮，可以新增文档应用支持的另外一种类型。Document Types 中定义的每一种文档类型的文件，在 Finder 中浏览文件，单击打开方式菜单时会出现应用的名称，表示这个应用支持打开这种类型的文档。

Document Types 中定义了多种文档类型时，需要注意第一个定义的文档类型和对应的 Class 为创建新文档时默认的文档类型和文档模型处理类。

20.2.2 Exported UTIs

图 20-3 中 Exported UTIs 中各字段的含义说明如下。

- Description：可以为空，文档保存时显示的类型名称。
- Extension：与上面定义的值一致。
- Identifier：文档标识，与上面定义的值一致。
- Icon：与上面定义的值一致。
- Conforms To：public.data（UTI 定义的统一文档类型）。

Document Types 中定义的 Name 和 Exported UTIs 中定义的 Description 在导出文档时，File Format 会优先使用 Name。

UTI（Uniform Type Identifier）是苹果公司系统中处理文档、文件、Bundle 和剪贴板数据时全局统一约定的类型。语法定义上类似应用的 BundleID 形式（反向的域名加类型，如 com.xxx.xxxdatatype）。除了公共定义的文档类型，应用可以自定义文档类型 UTI。

下面是一些常见的 UTI 定义：

```
com.apple.quicktime-movie
com.mycompany.myapp.myspecialfiletype
public.html
com.apple.pict
public.jpeg
public.text
public.plain-text
public.jpeg
public.html
```

20.2.3 文档编程模板工程

从一个新建基于文档的工程 DocumentDemo 文件中看到，文档工程比普通的项目工程多了 Document 类，如图 20-4 所示。我们来分析一下菜单中相关的文件操作流程与这个类相关的一些方法。

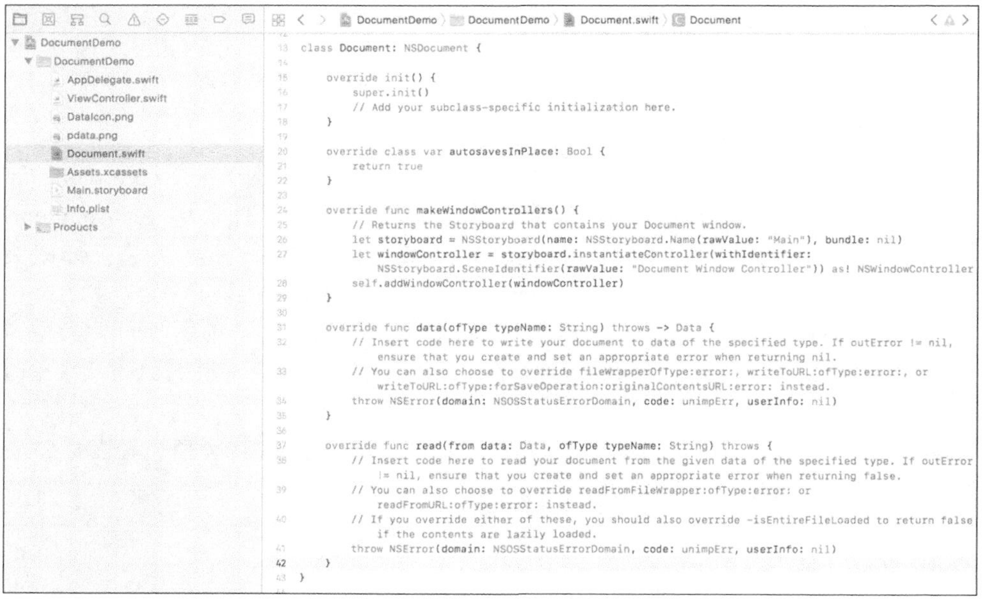

```
class Document: NSDocument {

    override init() {
        super.init()
        // Add your subclass-specific initialization here.
    }

    override class var autosavesInPlace: Bool {
        return true
    }

    override func makeWindowControllers() {
        // Returns the Storyboard that contains your Document window.
        let storyboard = NSStoryboard(name: NSStoryboard.Name(rawValue: "Main"), bundle: nil)
        let windowController = storyboard.instantiateController(withIdentifier:
            NSStoryboard.SceneIdentifier(rawValue: "Document Window Controller")) as! NSWindowController
        self.addWindowController(windowController)
    }

    override func data(ofType typeName: String) throws -> Data {
        // Insert code here to write your document to data of the specified type. If outError != nil,
            ensure that you create and set an appropriate error when returning nil.
        // You can also choose to override fileWrapperOfType:error:, writeToURL:ofType:error:, or
            writeToURL:ofType:forSaveOperation:originalContentsURL:error: instead.
        throw NSError(domain: NSOSStatusErrorDomain, code: unimpErr, userInfo: nil)
    }

    override func read(from data: Data, ofType typeName: String) throws {
        // Insert code here to read your document from the given data of the specified type. If outError
            != nil, ensure that you create and set an appropriate error when returning false.
        // You can also choose to override readFromFileWrapper:ofType:error: or
            readFromURL:ofType:error: instead.
        // If you override either of these, you should also override -isEntireFileLoaded to return false
            if the contents are lazily loaded.
        throw NSError(domain: NSOSStatusErrorDomain, code: unimpErr, userInfo: nil)
    }
}
```

图 20-4

1．新建文件

运行 DocumentDemo 工程，从 File 菜单中点击 New 可以新建一个文档窗口。

新建文件执行 makeWindowController 方法，从 Storyboard 中加载创建一个 windowController，加入 windowController 列表中，最后显示 windowController 管理的 viewController 对应的界面，代码如下：

```
override func makeWindowControllers() {
   let storyboard = NSStoryboard(name: NSStoryboard.Name(rawValue: "Main"), bundle: nil)
   let windowController = storyboard.instantiateController(withIdentifier: NSStoryboard.
   SceneIdentifier(rawValue: "Document Window Controller")) as! NSWindowController


   self.addWindowController(windowController)
}
```

2．文件读取

从 File 菜单中点击 Open 菜单，会弹出文件选择的 Panel。如果存在扩展名为.data 的文件，就可以选择打开，最终会执行下面的 read 方法，这个方法目前内部没有具体实现的代码。在实际应用中，可以根据 typeName 参数的文件类型，对 data 参数进行解析，转化为 Document 模型类可以处理的数据，最后更新数据到 Document 关联的 window 界面上去。文件读取框架代码如下：

```
override func read(from data: Data, ofType typeName: String) throws {
   throw NSError(domain: NSOSStatusErrorDomain, code: unimpErr, userInfo: nil)
}
```

从前面介绍的 NSDocument 类方法中知道，除了 readFromData 方法，还可以通过下面两种方法读取。

（1）通过文件路径方法读取。

```
func read(from url: URL, ofType typeName: String) throws
```

（2）通过文件 wrapper 方式读取，这个在 20.3 节将有专门的介绍。

```
func read(from fileWrapper: FileWrapper, ofType typeName: String) throws
```

注意，上述 3 种文件读取方法在 Document 类中只需要实现其中一种即可。

3．文件保存

从 File 菜单中点击 Save 菜单，会执行 Document 中下面的方法，内部流程是根据 typeName 文件存储的类型，将当前文档模型中的数据转化为 NSData 类型返回。文件保存的框架代码如下：

```
override func data(ofType typeName: String) throws -> Data {
   throw NSError(domain: NSOSStatusErrorDomain, code: unimpErr, userInfo: nil)
}
```

类似于文件读取，还存在其他两种文件保存的方法。

（1）将 typeName 类型的文件内容写入到 url 规定的路径。

```
func writeSafely(to url: URL, ofType typeName: String,
   for saveOperation: NSSaveOperationType) throws
```

（2）文件以 wrapper 方式保存，需要实现下面两个方法：返回 typeName 指定的类型 fileWrapper 类方法和写入文件内容到指定路径的方法，我们在下面章节中将专门介绍。

```
func fileWrapper(ofType typeName: String) throws -> FileWrapper
func write(to url: URL, ofType typeName: String) throws
```

20.3 wrapper 方式读取文件

Cocoa 提供的 NSFileWrapper 层级嵌套管理文件资源的方法，可以支持多种文件的混合读写处理，能将文本/图片等不同的文件资源打包存储在同一个文件夹内，利用系统的文件包扩展机制将其映射为文件，从用户的角度看到的只是一个文件。

下面是一个 xxxx.xdata 通过 FileWrapper 存储的文件，使用系统的右键菜单 Show Package Contents 可以看到内部有两个文件，一个文本文件和一个图片文件，如图 20-5 所示。

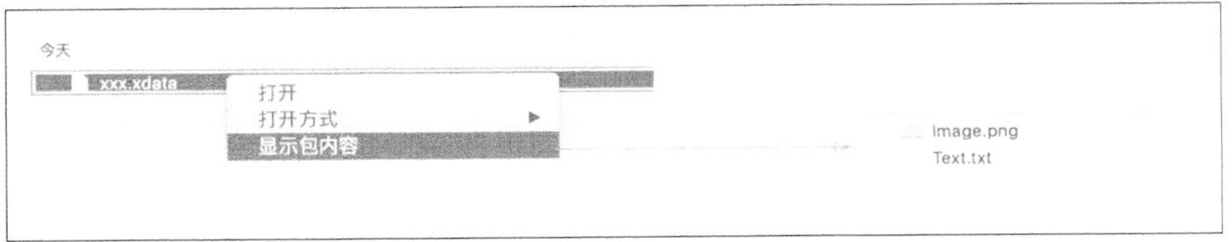

图 20-5

NSFile Wrapper 可管理的资源分为目录、单个文件和文件链接，分别使用下面 3 个属性方法来判断 NSFileWrapper 当前管理的资源。

```
var isDirectory: Bool { get }
var isRegularFile: Bool { get }
var isSymbolicLink: Bool { get }
```

NSFileWrapper 相应地提供了 3 种创建不同类型 File Wrapper 的初始化方法，接口如下：

```
init(directoryWithFileWrappers childrenByPreferredName: [String : FileWrapper])
init(regularFileWithContents contents: Data)
init(symbolicLinkWithDestinationURL url: URL)
```

对于目录类型的 NSFileWrapper，可以使用 addFileWrapper 增加一个子 FileWrapper；使用 removeFileWrapper 删除子 File Wrapper；使用 fileWrappers 属性可以以键/值形式遍历 NSFileWrapper 的所有子节点；regularFileContents 属性代表了 fileWrappers 存储的内容。相关接口如下：

```
func addFileWrapper(_ child: FileWrapper) -> String
func removeFileWrapper(_ child: FileWrapper)
var fileWrappers: [String : FileWrapper]? { get }
var regularFileContents: Data? { get }
```

20.3.1 创建 NSFileWrapper 管理文件

创建一个目录型 NSFileWrapper，内部包括一个文本和一个图片文件。

定义图片和文本文件名称如下：

```
let  ImageFileName = "Image.png"
let  TextFileName  = "Text.txt"
```

创建一个目录类型的 fileWrapper 作为根节点，读取图片内容到 imageData 变量，代码如下：

```
let fileWrappers = FileWrapper(directoryWithFileWrappers: [:])
let imageRepresentations = self.image?.representations
let imageData = NSBitmapImageRep.representationOfImageReps(in: imageRepresentations!,
   using:.PNG, properties: [:])
```

创建一个存储图片内容的文件型 FileWrapper，名为 imageFileWrapper，并将其增加到根节点 fileWrapper，代码如下：

```
let imageFileWrapper = FileWrapper(regularFileWithContents: imageData!)
imageFileWrapper.preferredFilename = ImageFileName
// 增加 fileWrapper 到父 fileWrapper
fileWrappers.addFileWrapper(imageFileWrapper)
```

创建一个文本类型的 FileWrapper，名为 textFileWrapper，并将其增加到根节点 fileWrapper，代码如下：

```
let textData = self.text?.data(using: String.Encoding.utf8)
let textFileWrapper = FileWrapper(regularFileWithContents: textData!)
textFileWrapper.preferredFilename = TextFileName
// 增加 fileWrapper 到父 fileWrapper
fileWrappers.addFileWrapper(textFileWrapper)
```

20.3.2 从 NSFileWrapper 实例读取内容

获取 NSFileWrapper 中所有的子节点，根据 key 获取不同类型的子 Wrapper，并解析其内容，代码如下：

```
let fileWrappers = fileWrapper.fileWrappers
let imageWrapper = fileWrappers?[ImageFileName]

if imageWrapper != nil {
   let imageData = imageWrapper?.regularFileContents
   let image = NSImage(data: imageData!)
   self.image = image
}

let textFileWrapper = fileWrappers?[TextFileName]

if textFileWrapper != nil {
   let textData = textFileWrapper?.regularFileContents
   let textString = String(data: textData!, encoding: String.Encoding.utf8)
   self.text = textString;
}
```

20.3.3 支持 NSFileWrapper 文件的工程配置

为了让系统支持 FileWrapper 创建的文件，需要在工程 info.plist 进行文件类型和 UTI 的配置。如图 20-6 所示，在 Exported UTIs 部分，将 Conforms To 参数配置为 com.apple.package。

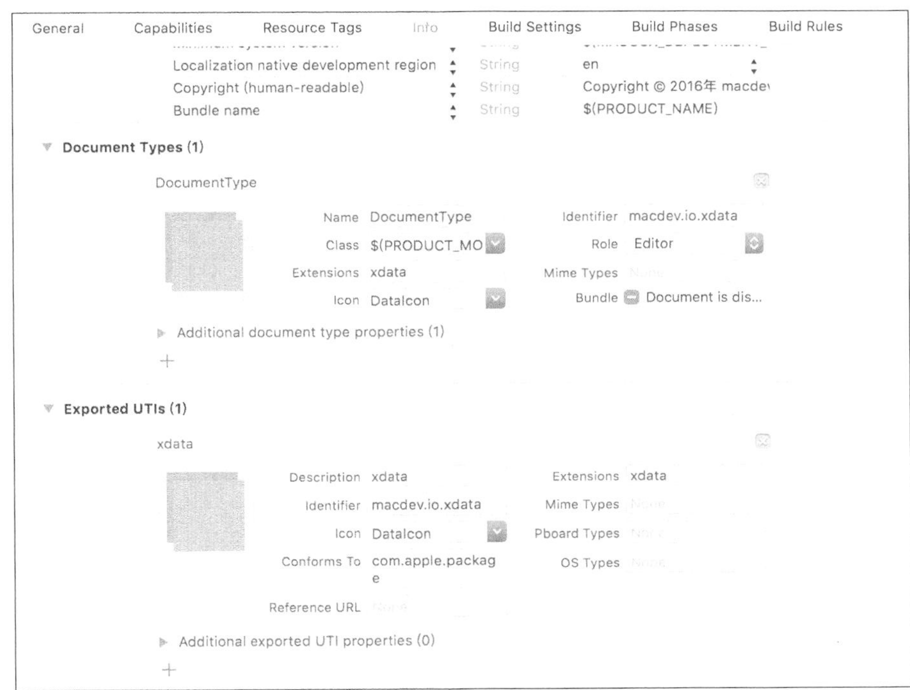

图 20-6

20.3.4 完整的 FileWrapper 工程示例

新建一个基于文档方式的工程，命名为 FileWrapper。在 View Controller 界面中拖放 Label 控件、Text Field 控件 textField 和 Image View 控件 imageView。设置 textField 的 delegate 为 viewController，如图 20-7 所示。

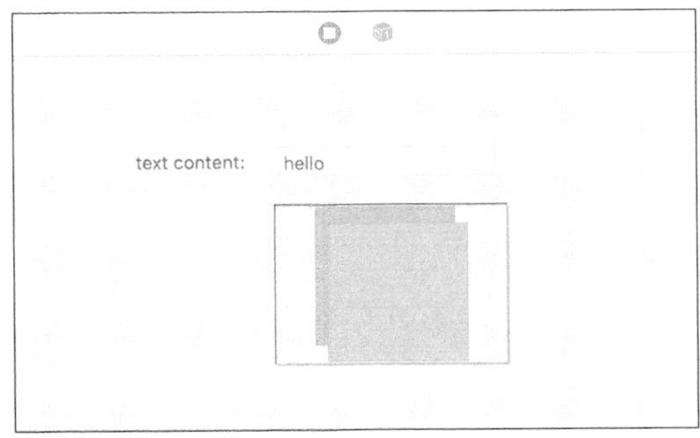

图 20-7

1. 视图控制器

ViewController 中定义了 image 和 text 两个属性变量，同时增加了 dynamic 关键字，这是为了方便后面使用绑定技术而增加的。

对于界面上的 imageView，增加了一个单击手势事件，点击后可以从文件选择面板选择一个图像，选中的图像作为 imageView 的 image 显示出来。

```
class ViewController: NSViewController {
   @IBOutlet weak var imageView: NSImageView!
   @objc dynamic var image: NSImage?
   @objc dynamic var text: String?

   override func viewDidLoad() {
      super.viewDidLoad()
      self.setupClickGesture()
   }

   deinit {
      print("ViewController deinit")
   }

   func setupClickGesture() {
      // 创建手势类
      let gr = NSClickGestureRecognizer(target: self,
         action: #selector(ViewController.magnify(_:)))
      // 视图增加手势识别
      self.imageView.addGestureRecognizer(gr)
      gr.delegate = self
   }

   // 打开文件选择面板，选择图片
   func openFilePanel() {
      let openDlg = NSOpenPanel()
      openDlg.canChooseFiles = true
      openDlg.canChooseDirectories = false
      openDlg.allowsMultipleSelection = false
      openDlg.allowedFileTypes = ["png"]
      openDlg.begin(completionHandler: { [weak self]  result in
         if(result.rawValue == NSFileHandlingPanelOKButton){
            let fileURLs = openDlg.urls
            for url:NSURL in fileURLs  {
               let image = NSImage(contentsOf: url as URL)
               // 存储选择的图像到 image
               self?.image = image
            }
         }
      })
   }
}
```

扩展视图控制器，实现手势代理协议接口，代码如下：

```
extension ViewController:  NSGestureRecognizerDelegate {
    @objc func magnify(_ sender: NSClickGestureRecognizer) {
        self.openFilePanel()
    }
}
```

扩展视图控制器，实现文本输入内容变化通知协议接口，代码如下：

```
extension ViewController: NSTextFieldDelegate { override func controlTextDidChange(_ obj:
   Notification) { if let textField = obj.object as? NSTextField { let text =
   textField.stringValue self.text = text } } }
```

使用绑定技术，将文本输入框内容与 ViewController 的 text 属性绑定，将 imageView 的图像与 ViewController 的 image 属性绑定，如图 20-8 和图 20-9 所示。

图 20-8

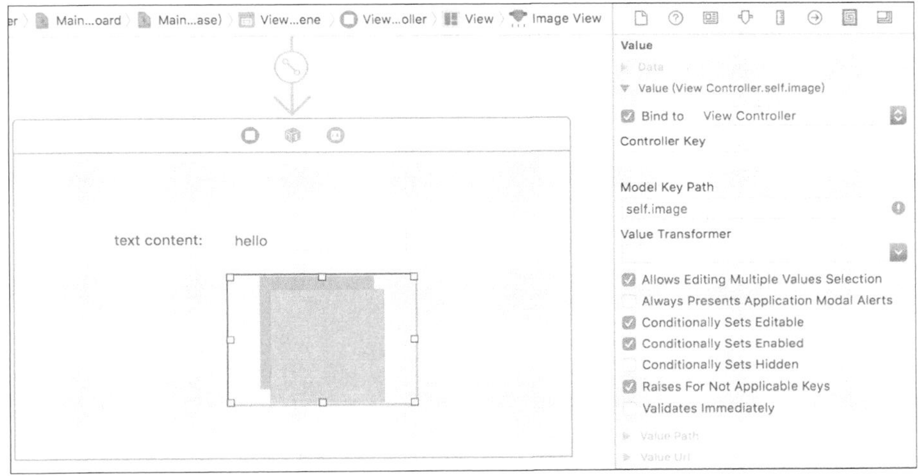

图 20-9

对于 Text Field 的绑定，注意勾选右边的 Continuously Updates Value，这样文本框输入值可以实时更新到绑定的 text 属性。

通过绑定，实现了文本框输入后内容自动更新到 viewController 的 text 属性。另外，选择图片后更新 viewController 的 image 属性，可以自动更新 imageView 的视图。

2．文档对象

Document 类中增加两个与 ViewController 中一致的属性变量，为了实时同步获得 ViewController 中的对应变化的值，以便进行文件保存。同时打开文件时将从文件获取的信息更新到 Document 的属性变量，再同步传递到 ViewController 进行 UI 界面的显示更新。

这里关键的一点是在 makeWindowControllers 方法中创建 windowController 后，使用 setupDataBindings 进行 Document 和 ViewController 对应属性的双向绑定。相关代码如下：

```
let  ImageFileName = "Image.png"
let  TextFileName  = "Text.txt"
class Document: NSDocument {
@objc dynamic var image: NSImage?
@objc dynamic var text: String?
```

```
deinit { NSLog("Document deinit") }
override func makeWindowControllers() {
   let storyboard = NSStoryboard(name: NSStoryboard.Name(rawValue: "Main"), bundle: nil)
   let windowController = storyboard.instantiateController(withIdentifier: NSStoryboard.
      SceneIdentifier(rawValue: "Document Window Controller")) as! NSWindowController
   self.addWindowController(windowController)

   // 建立双向绑定关系
   self.setupDataBindings(windowController)
   self.undoManager?.setActionName("Change Color")
}

func setupDataBindings(_ windowController: NSWindowController) {
   let document = windowController.document as! Document
   let viewController = windowController.contentViewController as! ViewController

   // document 的 image 变化后更新 viewController 的 image 属性
   viewController.bind(NSBindingName(rawValue: "image"), to: document, withKeyPath: "image",
      options: nil)
   // viewController 的 image 变化后更新 document 的 image 属性
   document.bind(NSBindingName(rawValue: "image"), to: viewController, withKeyPath: "image",
      options: nil)
   // document 的 text 变化后更新 viewController 的 text 属性
   viewController.bind(NSBindingName(rawValue: "text"), to: document, withKeyPath: "text",
      options: nil)
   // viewController 的 text 变化后更新 document 的 text 属性
   document.bind(NSBindingName(rawValue: "text"), to: viewController, withKeyPath: "text",
      options: nil)
}

override func fileWrapper(ofType typeName: String) throws -> FileWrapper {
   let  fileWrappers  = FileWrapper(directoryWithFileWrappers: [:])
   if self.image != nil {
      let imageRepresentations = self.image?.representations
      let imageData = NSBitmapImageRep.representationOfImageReps(in: imageRepresentations!,
         using: .png, properties: [:])

      let   imageFileWrapper = FileWrapper(regularFileWithContents: imageData!)
      imageFileWrapper.preferredFilename = ImageFileName
      fileWrappers.addFileWrapper(imageFileWrapper)
   }

   if self.text != nil {
      let textData = self.text?.data(using: String.Encoding.utf8)
      let textFileWrapper = FileWrapper(regularFileWithContents: textData!)

      textFileWrapper.preferredFilename = TextFileName
      fileWrappers.addFileWrapper(textFileWrapper)
   }
   return fileWrappers
}

override func read(from fileWrapper: FileWrapper, ofType typeName: String) throws {
   let fileWrappers = fileWrapper.fileWrappers
   let imageWrapper = fileWrappers?[ImageFileName]

   if imageWrapper != nil {
      let imageData = imageWrapper?.regularFileContents
      let image = NSImage(data: imageData!)
      self.image = image
```

```
        }

        let textFileWrapper = fileWrappers?[TextFileName]

        if textFileWrapper != nil {
           let textData = textFileWrapper?.regularFileContents
           let textString = String(data: textData!, encoding: String.Encoding.utf8)
           self.text = textString;
        }
    }
}
```

20.4 文档处理流程

系统默认的 File 菜单包括文档操作的大部分功能，导出 Export 功能除外，下面介绍主要的文档处理流程。

20.4.1 新建文档流程

用户点击菜单 File→New 触发新建文档流程。

首先执行 NSDocumentController 文档控制器的 newDocument 方法，流程如下。

① 从工程的 info.plist 文件中获取 Document Types 中配置的第一个优先使用的文档 Class 类。

② 创建 NSDocument 的子类实例 document。

③ 执行 NSDocumentController 的 addDocument 方法，增加 document 实例到管理的文件列表中。

然后 NSDocumentController 执行 document 的 makeWindowControllers 方法。

（1）根据 windowNibName 返回的 xib 文件创建 NSWindowController 实例 windowController，或者从 Storyboard 中加载创建一个 windowController。

（2）执行 addWindowController 方法将创建的 windowController 加到 windowControllers 存储。

（3）NSDocumentController 执行 showWindow 方法。

（4）执行 document 的 showWindow 方法：从 document 管理的 windowControllers 列表中对每个 windowController 实例执行 showWindow，最终显示出文档的窗口界面。

20.4.2 打开文档流程

用户点击菜单 File→Open 触发打开文档流程。首先执行 NSDocumentController 文档控制器的 openDocument 方法，流程如下。

（1）NSDocumentController 执行 beginOpenPanel 方法，打开一个文件选择的 panel，用户选择一个文件，得到文件的 URL 路径。

（2）NSDocumentController 执行 openDocument 方法。

（3）openDocument 方法内部执行 makeDocument 返回文件 URL 配置的 NSDocument 类，执行 NSDocument 的 init(contentsOf url: URL, ofType typeName: String) 初始化方法生成 NSDocument 的子类实例 document。

后续流程同新建文档流程。

20.4.3 保存文档流程

用户点击菜单 File→Save 触发保存文档流程。执行 NSDocument 实例的 saveDocument 方法，流程如下。

（1）弹出保存文件的面板，使用默认的文件名或者用户输入文件名，点击保存。

（2）执行 NSDocument 的 write(to url: URL, ofType typeName: String)方法。

（3）执行 NSDocument 的 data(ofType typeName: String)→Data 或 fileWrapper(ofType typeName: String)→FileWrapper 方法之一，获取文档的数据，存储到文件中。

20.4.4 导出文件流程

文件菜单中没有 Export 导出功能，需要在 MainMenu.xib 文件 Menu 中增加一个 Export 菜单项，绑定 action 到 first responder 的 saveDocumentTo:方法。

用户点击菜单 File→Export 触发文档导出流程，基本流程如下。

（1）执行 NSDocument 实例的 saveDocumentTo 方法。弹出文件保存面板，除了可以修改文件名外，还可以选择 File Format 确定导出的文件格式类型。这些类型的定义参见 20.2 节中 Document Types 部分定义的 Exported UTIs 的类型。

（2）后续流程与保存文档流程中完全一致。其中 data(ofType typeName: String) →Data 或 fileWrapper(ofType typeName: String) →FileWrapper 根据用户选择后传入的参数类型进行不同的处理。例如，如果需要导出为 PDF 格式的文件，就在 dataOfType:error 方法中根据 typeName 判断是 PDF 时返回 PDF 格式的 data 数据。

20.5 文档应用开发步骤

文档应用开发步骤如下。

（1）新建工程，勾选 Create Document-Based Application 选项，输入文档保存文件的扩展名。

（2）参照 20.2 节中配置文档的 info 属性，确定文档类型和导出类型的参数配置。

（3）定制工程中生成的 Document 类，有两种方式。

- 如果工程没有使用 storyboard：可以在 Document 类中修改 windowNibName 方法返回 xib 文件为自定义的 window 界面，代码如下：

```
override var windowNibName: String? { return "Document" }
```

- 覆盖 makeWindowControllers 方法：创建自定义的 WindowController 或者从 storyboard 创建一个 WindowController，加入到 windowControllers 列表中。这里说明一下，对于复杂的文档应用，每个文档可以创建多个不同的 NSWindowController 子类，有多个窗口对应不同的文档数据。代码如下：

```
override func makeWindowControllers() {
   let storyboard = NSStoryboard(name: "Main", bundle: nil)
   let windowController = storyboard.instantiateController(withIdentifier:
   "Document Window Controller")as! NSWindowController self.addWindowController
   (windowController) }
```

（4）实现 Document 类中文件内容读取和保存文件时返回文件内容 data 数据的方法有两种

方式：基本的数据读写方法和 wrapper 方式管理文件的读写方法。

- 基本的文件数据读写：返回当前文档模型数据存储时需要的 Data 格式，接口定义如下：

```
func data(ofType typeName: String) throws -> Data
```

将打开文件读取的 Data 格式的数据转化为文档模型中的数据，接口定义如下：

```
func read(from data: Data, ofType typeName: String) throws
```

- 基于 wrapper 方式文件数据读写：读取 wrapper 方式打包的文件内容，转化为文档模型数据，接口如下：

```
func read(from fileWrapper: FileWrapper, ofType typeName: String)
```

根据需要存储的文档数据创建 NSFileWrapper 实例，接口如下：

```
func fileWrapper(ofType typeName: String) throws -> FileWrapper
```

20.6　文档应用中的撤销/重做支持

NSUndoManager 通过提供撤销/重做两个不同的操作栈，记录每一步操作过程执行的方法和新旧参数实现撤销和恢复的操作。

每个 Document 实例都有自己的 NSUndoManager 属性变量，用于撤销/重做操作的管理。默认支持撤销/重做操作，如果不需要支持撤销/重做操作可以修改它的 hasUndoManager 属性为 false 来关闭撤销/重做特性。在文档读取期间，大量的初始化状态改变是不需要存入撤销/重做栈的，因此需要通过执行如下的代码来禁止 Undo 操作记录，等读取完成后再恢复撤销注册。

```
self.undoManager?.disableUndoRegistration()
```

为了保证文档数据的一致性，文档的每一步影响状态的操作都需要支持撤销/重做操作。例如，在文档编辑应用中，文档文本的颜色/字体属性设置支持撤销/重做操作，如果文本的删除操作不支持撤销/重做操作，就会出现异常的场景，例如用户先设置完字体/颜色后记录了撤销操作，然后选择删除了所有文本，这时候用户执行 Edit 菜单中的撤销操作，会没有任何反应。

在 updateTextColor 方法里面实现撤销操作，代码如下：

```
func updateTextColor(_ color: NSColor) { if let target = self.undoManager?.prepare
(withInvocationTarget: self) as? ViewController { target.updateTextColor(self.textColor!)
self.undoManager?.setActionName("Change Color") } self.textColor = color self.textField.
textColor = color }
```

prepare 方法会自动拦截当前执行的方法的签名和参数构造 NSInvocation 对象，记录对象的方法和参数，压入撤销栈。当执行 Edit 菜单撤销操作时从撤销栈顶取出一个 NSInvocation 封装的方法执行，同时 updateTextColor 再次执行 prepareWithInvocationTarget 时把这个对象、方法和参数压入重做栈用于重做操作。

对每个撤销操作可以执行 undoManager 对象的 setActionName 命名，这样后续执行撤销操作，菜单会变成 Undo Change Color 这样有意义的名称。参考代码如下：

```
self.undoManager?.setActionName("Change Color")
```

通过内部的对象消息转发和拦截 NSInvocation，方便地实现了撤销/重做操作。我们仅仅需要在每个状态改变的方法内部执行 document 对象的 prepareWithInvocationTarget 方法，传入对象、方法名和参数即可。

关于撤销操作的详细过程，本书第 12 章有详细的讲述，可查阅相关细节流程。

20.7 文档应用管理个人档案

我们创建一个简单的个人信息档案管理的演示应用来存储个人姓名、年龄、住址、电话和头像。前面已经介绍过文档存储的不同方法，可以使用基本的文件数据存储和基于 wrapper 包文件存储的方式。下面我们依次尝试用不同的方法管理文件的存储。

新建工程 PersonProfileDoc，选中 Document-Based Application，点击 Next 创建完成，如图 20-10 所示。

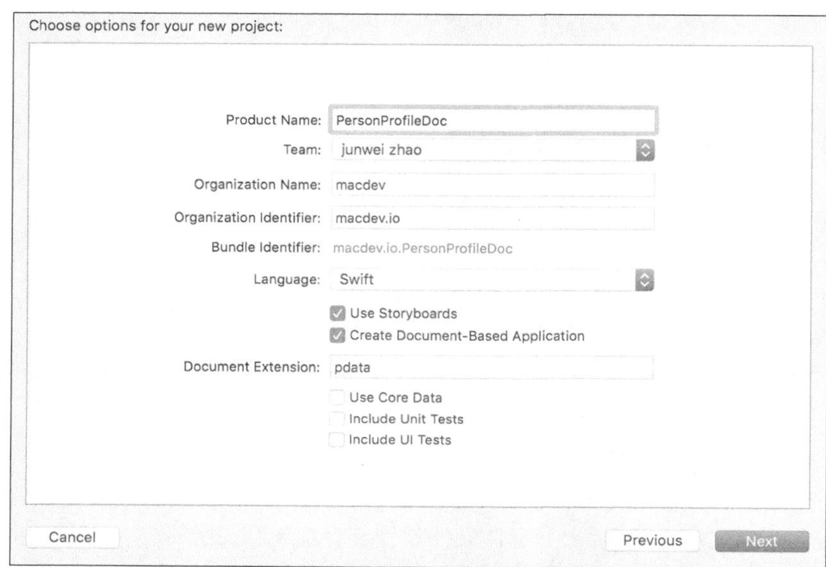

图 20-10

20.7.1 个人档案数据模型

新建一个代表个人信息数据模型的 PersonProfile 类，它采用对象的 Archive 机制将属性数据转换为 Data 数据，同时也支持从 Data 数据创建对象实例，代码如下：

```
let kPersonKey: String = "PersonKey" class PersonProfile: NSObject , NSCoding { var name:
   String? var age: NSInteger = 0 var address: String? var mobile: String? var image: NSImage?
func encode(with aCoder: NSCoder) {
   print("encodeWithCoder")
   aCoder.encode(name, forKey: "name")
   aCoder.encode(age, forKey: "age")
   aCoder.encode(address, forKey: "address")
   aCoder.encode(mobile, forKey: "mobile")
   aCoder.encode(image, forKey: "image")
}

required convenience init?(coder aDecoder: NSCoder) {
   print("decodeWithCoder")
   self.init()
   let name = aDecoder.decodeObject(forKey: "name") as? String
   self.name = name
```

```
        let age = aDecoder.decodeInteger(forKey: "age") as NSInteger
        self.age = age

        let address = aDecoder.decodeObject(forKey: "address") as? String
        self.address = address

        let mobile = aDecoder.decodeObject(forKey: "mobile") as? String
        self.mobile = mobile

        let image = aDecoder.decodeObject(forKey: "image") as? NSImage
        self.image = image
    }

    static func profileFrom(_ data: Data) -> PersonProfile {
        let unarchiver = NSKeyedUnarchiver(forReadingWith: data)
        let aPerson = unarchiver.decodeObject(forKey: kPersonKey) as! PersonProfile
        return aPerson
    }

    func docData() -> Data {
        let data = NSMutableData()
        let archiver = NSKeyedArchiver(forWritingWith: data)
        archiver.encode(self, forKey: kPersonKey)
        archiver.finishEncoding()
        return data as Data
        }
    }
```

20.7.2 文档数据以普通文件方式存储

这种方式是将用户文本字段和头像信息统一存储在一个文件中。实现的思路是使用 NSKeyedArchiver 完成用户信息类 PersonProfile 的编解码处理，这个上一节已经说明。

1. 文档类型的配置

在工程 TARGET 的 Info 中配置 Documents Types 和 Exported UTIs。

2. 文档类实现

如果不使用默认的 Document.xib 作为文档界面，就需要实现 makeWindowControllers 方法，返回自定义的 PersonProfileWindowController 窗口控制器来实现文档 UI 界面控制。可以看到，Document 类中对文件的管理非常简单，只要实现文件读写的对应方法就可以了，完整的读写流程完全由 Cocoa 框架控制，应用可以完全不关心。Document 类代码实现如下：

```
class Document: NSDocument {
@objc dynamic var profile: PersonProfile?
override init() {
 super.init()
 profile = PersonProfile()
 profile?.image = NSImage(named: NSImage.Name.user) //设置默认图片
}
override func makeWindowControllers() {
   let storyboard = NSStoryboard(name: NSStoryboard.Name(rawValue: "Main"), bundle: nil)
   let windowController = storyboard.instantiateController(withIdentifier: NSStoryboard.
      SceneIdentifier(rawValue: "Document Window Controller")) as! NSWindowController
   self.addWindowController(windowController)

   let document = windowController.document as! Document
   let viewController = windowController.contentViewController as! ViewController
```

```
        // viewController与document之间profile属性数据绑定
        viewController.bind(NSBindingName(rawValue: "profile"), to: document, withKeyPath:
           "profile", options: nil)
    }

    override func data(ofType typeName: String) throws -> Data {
        return (self.profile?.docData())!
    }

    override func read(from data: Data, ofType typeName: String) throws {
        self.profile =  PersonProfile.profileFrom(data)
    }

    override func write(to url: URL, ofType typeName: String) throws {
        if typeName == "macdev.io.pdata" {
            return try! super.write(to: url, ofType: typeName)

        }
        if typeName == "macdev.io.pxdata" {
            let pdoc = PackageDocument()
            pdoc.setValue(self.profile, forKey: "profile")
            return try! pdoc.write(to: url, ofType: typeName)
        }
    }
}
```

3. ViewController 界面设计

在 View Controller 界面拖放 1 个 Image View、4 个 Label 和 4 个 Text Field，布局如图 20-11 所示。

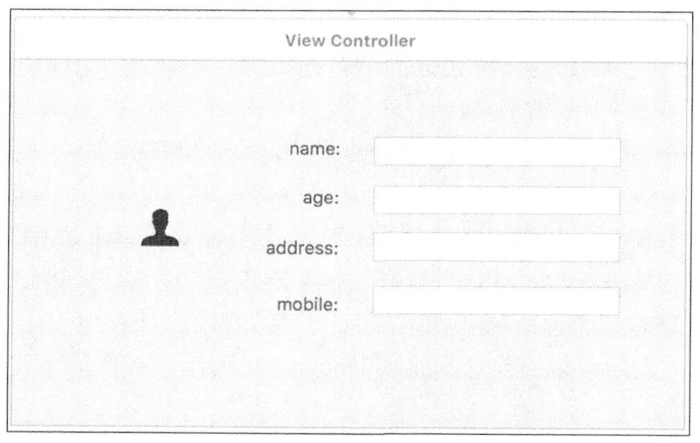

图 20-11

在 ViewController 类中定义一个 profile 属性变量，增加 dynamic 关键字，以便支持 Document 中的 profile 与 ViewController 中的 profile 实现绑定。

```
dynamic var profile: PersonProfile?
```

依次对 View 控件设置绑定，选中控件后在右手边的绑定面板 Value 部分进行如下设置：Model Key Path 分别和 PersonProfile 模型类的属性一一对应，如图 20-12 所示。

用户可以在上面 4 个 Text Field 控件中输入和编辑资料。对于图像视图，我们希望双击视图后能从本地 Finder 文件夹选择 png 图片作为用户的头像资料，因此需要对系统的 NSImageView 增加单击手势事件，通过 NSOpenPanel 选择图片文件，更新 imageView 的内容。

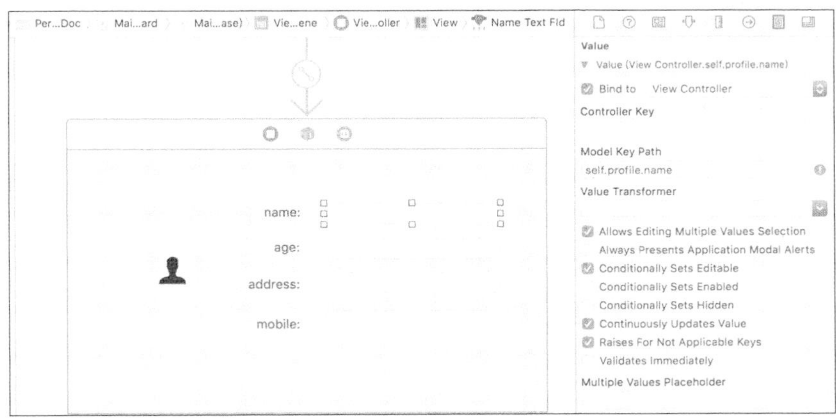

图 20-12

```
class ViewController: NSViewController { @IBOutlet weak var imageView: NSImageView! @objc
   dynamic var profile: PersonProfile?
override func viewDidLoad() {
   super.viewDidLoad()
   profile = PersonProfile()
   self.setupClickGesture()
}

func setupClickGesture() {
   // 创建手势类
   let gr = NSClickGestureRecognizer(target: self, action: #selector(ViewController.magnify(_:)))
   // 视图增加手势识别
   self.imageView.addGestureRecognizer(gr)
   gr.delegate = self
}

func openFilePanel() {
   let openDlg = NSOpenPanel()
   openDlg.canChooseFiles = true
   openDlg.canChooseDirectories = false
   openDlg.allowsMultipleSelection = false
   openDlg.allowedFileTypes = ["png"]
   openDlg.begin(completionHandler: { [weak self]  result in
      if(result.rawValue == NSFileHandlingPanelOKButton){
         let fileURLs = openDlg.urls
         for url:URL in fileURLs  {
             let image = NSImage(contentsOf: url )
             // 更新 imageView
             self?.imageView.image = image
             self?.profile?.image = image
         }
      }
   })
}
}
extension ViewController:  NSGestureRecognizerDelegate { @objc func magnify(_ sender:
   NSClickGestureRecognizer) { self.openFilePanel()
  }
}
```

运行工程后的界面如图 20-13 所示，输入用户资料信息，双击左边的头像视图选择一个 png 图片，点击 File 菜单中的 Save，输入文件名 Person 保存。关闭资料窗口，点击 File 菜单，选择 Open，从文件夹中选择刚才的 Person 文件，可以看到刚才输入的资料完整无缺。

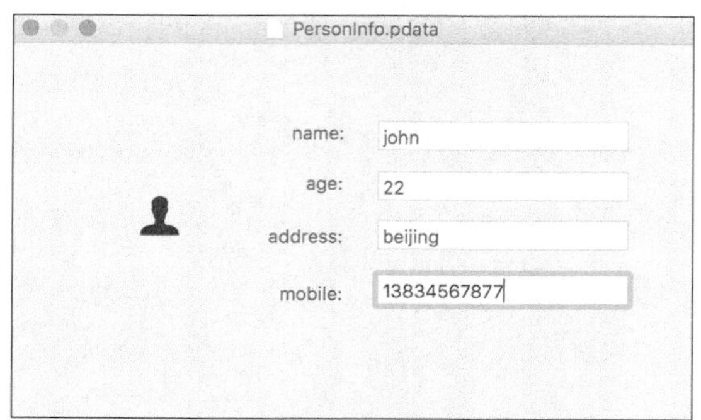

图 20-13

20.7.3 文档数据以 wrapper 方式存储

个人档案信息包括图像和文本字段信息，图像存储为图片文件，文本字段信息存储为文本文件，因此也适合使用 wrapper 方式将不同文件打包存储。

为了便于 wrapper 方式存储个人档案信息，我们需要给 PersonProfile 文档类增加两个方法。

（1）jsonData 方法：这个方法将 PersonProfile 类所有文本字段保存到 Dictionary，再转换为 Data。

（2）updata 方法：用 Dictionary 对象中的键值更新本地属性字段对应的值。

代码如下：

```
class PersonProfile: NSObject , NSCoding {
   func updata(with jsonData: Data?) {
      let  object = try? JSONSerialization.jsonObject(with: jsonData!, options:
         [.allowFragments])
      guard let dataDictionary = object as? Dictionary<String,AnyObject>
      else {
         return
      }
      self.name = dataDictionary["name"] as? String
      self.age = dataDictionary["age"] as! NSInteger
      self.address = dataDictionary["address"] as? String
      self.mobile = dataDictionary["mobile"] as? String
   }

   func jsonData() ->Data? {
      var dataDictionary  = Dictionary<String,AnyObject>()
      if let name = self.name {
         dataDictionary["name"] = name
      }
      if  self.age > 0  {
         dataDictionary["age"] = age
      }
      if let address = self.address {
         dataDictionary["address"] = address
      }
      if let mobile = self.mobile {
         dataDictionary["mobile"] = mobile
      }
      let data = try? JSONSerialization.data(withJSONObject: dataDictionary, options:
         [.prettyPrinted])
      return data
   }
}
```

新建一个 PackageDocument 类，实现以 wrapper 方式存取个人文档信息，代码如下：

```
let  ImageFileName = "Image.png"
let  TextFileName  = "Text.txt"
class PackageDocument: NSDocument {
   @objc dynamic var profile: PersonProfile?
   override init() {
      super.init()
      profile = PersonProfile()
      // 默认图片
      profile?.image = NSImage(named: NSImage.Name.user)
   }

   override func makeWindowControllers() {
      // Returns the Storyboard that contains your Document window.
      let storyboard = NSStoryboard(name: NSStoryboard.Name(rawValue: "Main"), bundle: nil)
      let windowController = storyboard.instantiateController(withIdentifier: NSStoryboard.
         SceneIdentifier(rawValue: "Document Window Controller")) as! NSWindowController
      self.addWindowController(windowController)

      let document = windowController.document as! PackageDocument
      let viewController = windowController.contentViewController as! ViewController
      // viewController与document之间profile属性数据绑定
      viewController.bind(NSBindingName(rawValue: "profile"), to: document, withKeyPath:
         "profile", options: nil)
      }

   override func fileWrapper(ofType typeName: String) throws -> FileWrapper {
      let  fileWrappers  = FileWrapper(directoryWithFileWrappers: [:])
      if self.profile?.image != nil {
         let imageRepresentations = self.profile?.image?.representations
         let imageData = NSBitmapImageRep.representationOfImageReps(in: imageRepresentations!,
            using: .png, properties: [:])

         let imageFileWrapper = FileWrapper(regularFileWithContents: imageData!)
         imageFileWrapper.preferredFilename = ImageFileName
         fileWrappers.addFileWrapper(imageFileWrapper)
      }

      let textData = self.profile?.jsonData()
      if textData != nil {
         let textFileWrapper = FileWrapper(regularFileWithContents: textData!)
         textFileWrapper.preferredFilename = TextFileName
         fileWrappers.addFileWrapper(textFileWrapper)
      }
      return fileWrappers
   }

   override func read(from fileWrapper: FileWrapper, ofType typeName: String) throws {
      let fileWrappers = fileWrapper.fileWrappers
      let imageWrapper = fileWrappers?[ImageFileName]

      if imageWrapper != nil {
         let imageData = imageWrapper?.regularFileContents
         let image = NSImage(data: imageData!)
         self.profile?.image = image
      }

      let textFileWrapper = fileWrappers?[TextFileName]
      if textFileWrapper != nil {
```

```
            let textData = textFileWrapper?.regularFileContents
            self.profile?.updata(with: textData)
        }
    }
}
```

1. 配置 Package 类型，支持 wrapper 方式读取

在 Xcode TARGET 的 Info 中的 Documents Types 部分点击底部的+，增加一种新的文档类型。点击 Exported UTIs 下面的+，增加一种类型，如图 20-14 所示。

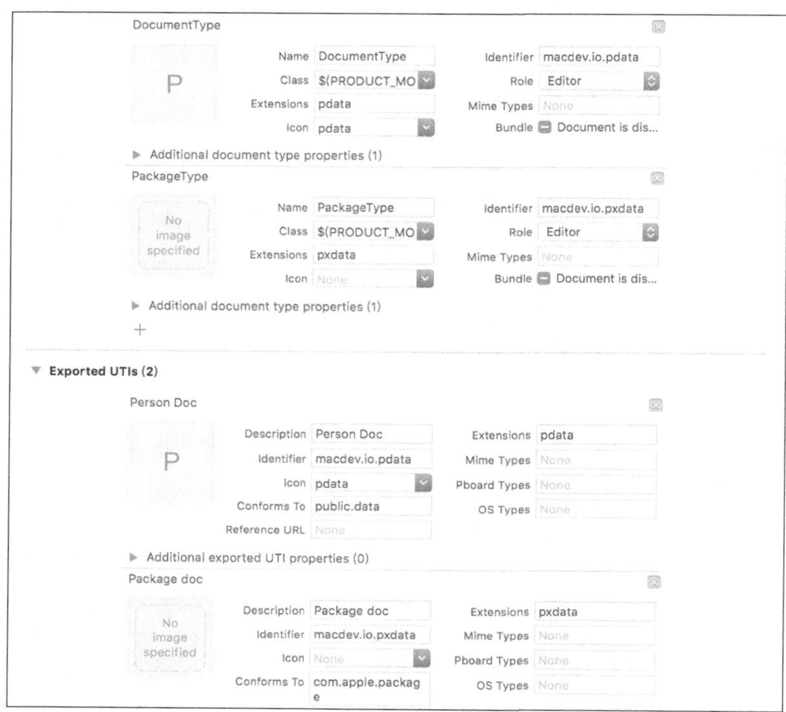

图 20-14

2. 增加导出菜单

在工程的 MainMenu.xib 中，在主菜单中找到 File 菜单，增加 Export 导出菜单。action 绑定事件为 First Responder 中的 saveDocumentTo，如图 20-15 所示。

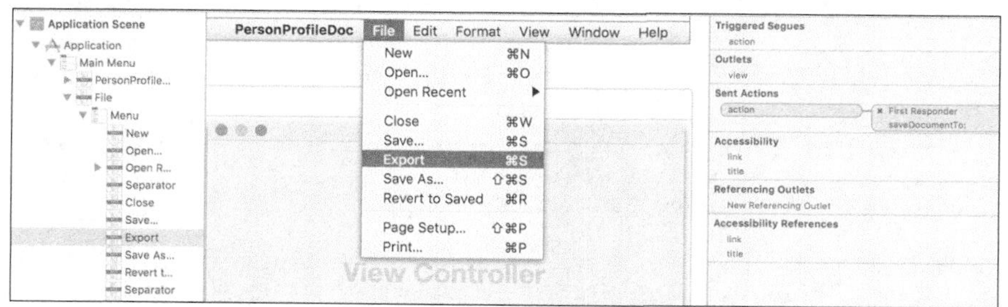

图 20-15

3. 配置主文档的导出类型

对 Documents Types 中的第一个文档类型增加导出类型，点击 Additional document type properties，如图 20-16 所示。

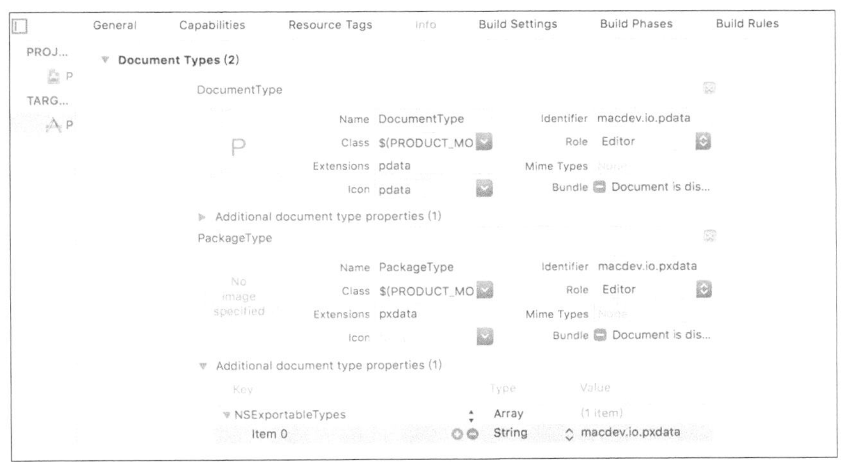

图 20-16

增加 NSExportableTypes 数组节点，增加一个 item 0 节点，类型为 String，内容为 Wrapper 文档类型的标识 macdev.io.pxdata。这里可以增加多个 UTI 文件类型。

修改 Document.swift 的 write 方法，代码如下：

```
override func write(to url: URL, ofType typeName: String) throws {
    if typeName == "macdev.io.pdata" {
        return try! super.write(to: url, ofType: typeName)
    }
    if typeName == "macdev.io.pxdata" {
        let pdoc = PackageDocument()
        pdoc.setValue(self.profile, forKey: "profile")
        return try! pdoc.write(to: url, ofType: typeName)
    }
}
```

write 方法根据文件 typeName 判断，如果是 macdev.io.pdata 基本类型，就使用超类的默认方法 write 存储；如果是 macdev.io.pxdata 类型，则使用新的 PackageDocument 存储。

这样，对创建的文档点击 Export 菜单，会在文件选择对话框底部出现 File Format 格式选择框，如图 20-17 所示。

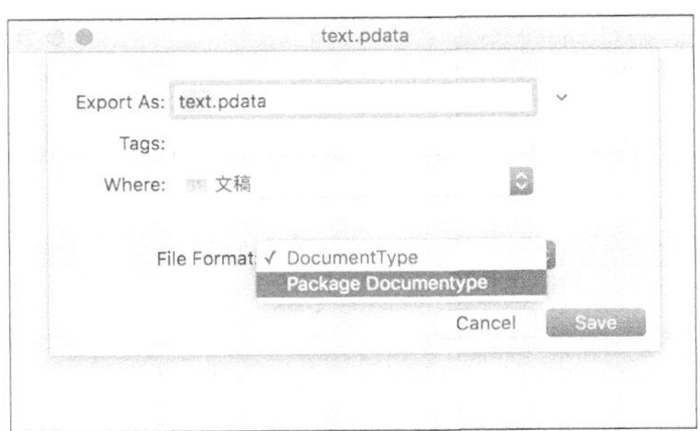

图 20-17

选择 Package Documentype 将文件使用 wrapper 的方式存储为 package 包的格式，上述 text.pdata 文件会转换为 text.pxdata。在 Finder 中找到 text.pxdata 文件，右击菜单 Show Package Contents，可以看到内部有两个文件 Text.txt 和 Image.png。

同样的道理，可以在 PackageDocument 类中实现类似的 write 方法，实现 pxdata 格式数据转换为 pdata 格式存储。

第 21 章 iCloud 同步

iCloud 提供数据同步更新机制，保证数据（如系统内的日历、通讯录、记事本和照片等）在用户的 iOS、macOS 多个设备之间同步，如图 21-1 所示。启用了 iCloud 后，就能保证数据能在 iOS、macOS 和 TVOS 不同系统设备间及时地同步更新，这样使用 iPhone 拍的照片，打开 iPad 或 macOS 电脑都能同步看到。

使用 Cocoa 提供的 iCloud 框架，可以为个人开发的应用提供一种多设备间数据同步的能力。

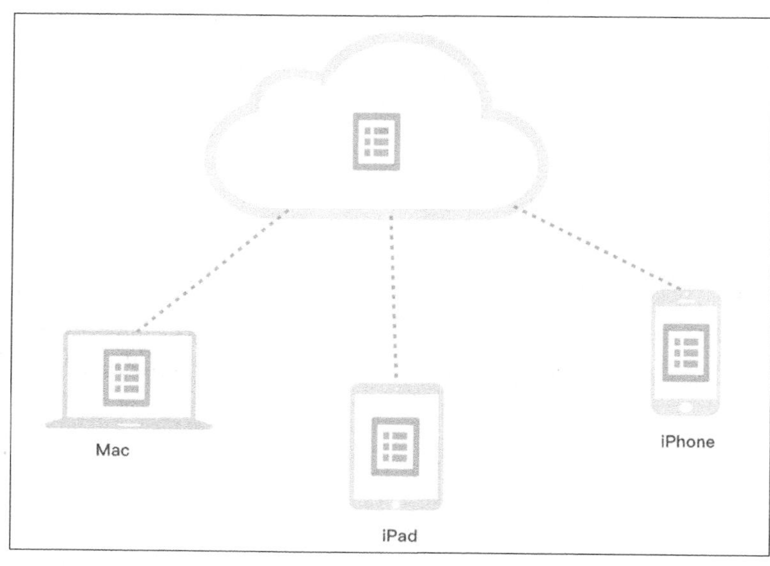

图 21-1

21.1 容器

容器（container）可以理解为 iCloud 云端数据在本地的镜像，容器内容在设备上会映射到一个本地文件夹内，用户在手机的“设置”中登录 iCloud 后，存储在 iCloud 服务器上的数据会同步下载到本地的容器文件夹内，如图 21-2 所示。

本地 Container 文件夹内新创建的文件会自动同步上传到 iCloud 服务器，这样，用户的新设备启用 iCloud 后会及时看到新文件。容器文件夹名称形式上为 iCloud.com.后面拼接 Xcode 工程的 BundleID 而成的字符串。

容器的目录为 iCloud 文档的本地根目录，里面有唯一的 Documents 目录。用户的文档可以存储在 Documents 目录内，也可以使用 FileManager 类像操作本地文件一样，在 Container 目录中创建子目录来管理文件资料，或者直接将文件存放在容器的根目录下。

图 21-2

21.2 iCloud 数据存储

iCloud 目前支持以下 4 种数据的存储。

（1）键值存储：适用于存储简单的系统配置信息、App 的简单状态信息等。

（2）文档存储：适用于文件存储、类似文档编辑程序、邮件系统、绘图程序文件、复杂游戏中的数据等。

（3）CoreData 数据存储：对象数据库云端存储。

（4）CloudKit 数据库形式的存储：类似数据库系统的结构化数据。

本章内容只针对键值形式和文档形式的存储进行介绍说明。

21.2.1 iCloud 文档数据处理流程

iCloud 文档数据处理流程如下。

（1）判断本地设备是否已经完成 iCloud 登录。获取 ubiquityIdentityToken，必须在应用启动时在主线程执行下面的代码：

```
let  fileManager =  FileManager.default
let ubiquityToken = fileManager.ubiquityIdentityToken
```

如果 ubiquityToken 不为 nil 表示用户已经登录 iCloud，将 ubiquityToken 存储到本地变量。

（2）注册 NSUbiquityIdentityDidChangeNotification 通知。

```
NotificationCenter.default.addObserver(self, selector:#selector(ViewController.ubiquityIdentity
```

```
Changed(_:)), name: NSNotification.Name.NSUbiquityIdentityDidChange , object: nil)
```

在通知处理 ubiquityIdentityChanged 方法中，重新通过 NSFileManager 获取 ubiquityIdentityToken，如果为 nil 表示用户登出了 iCloud；如果不为空，与第一步中保存的 ubiquityToken 比较，相同则不处理，不相同说明是使用新的账户登录，代码如下：

```
func ubiquityIdentityChanged(_ notification: Notification ) {
    let token = self.fileManager.ubiquityIdentityToken
    // 为空说明用户退出了账号
    if token == nil {
        self.showLogoutAlert()
    }
    else {
        // 与之前的不一样，说明用户使用了另外一个账号登录
        if token?.hash != self.ubiquityToken?.hash {
            print("user has stayed logged in with same account")
        }
        else {
            print("user logged in with a new account")
        }
        self.ubiquityToken = token
    }
}
```

（3）获取容器。在后台线程使用 FileManager 的 URLForUbiquityContainerIdentifier 方法传入参数 nil 获取默认的容器，代码如下：

```
func requestICloudContainer()  {
    let queue = DispatchQueue.global()
    queue.async {
        self.ubiquityContainer = self.fileManager.url(forUbiquityContainerIdentifier: nil)
        if self.ubiquityContainer == nil {
            print("No iCloud access");
        }
        else {
            print("iCloud access at \(self.ubiquityContainer)")
        }
    }
}
```

（4）列出用户文件。封装 documentsPath 方法，获取文档根目录，代码如下：

```
func documentsPath() -> URL? {
    if self.ubiquityContainer != nil {
        let url =  self.ubiquityContainer?.appendingPathComponent("Documents")
        return url!
    }
    return nil
}
```

遍历根目录下面的文档文件，代码如下：

```
func listICloudFiles() {
    let path = self.documentsPath()?.path
    let enumeratedDirectory = self.fileManager.enumerator(atPath: path!)
    while let filename = enumeratedDirectory?.nextObject() {
        let pathStr = NSString(string: path!)
        let destURLString = pathStr.appendingPathComponent(filename as! String)
        print("\(destURLString)")
    }
}
```

（5）上传文件。用户在沙盒内创建文件，然后使用 FileManager 下面的 setUbiquitous 方法上传至 iCloud 系统。下面是一个完整的选择文件并上传到 iCloud 的代码。

```
func uploadFile(){
   let openDlg = NSOpenPanel()
   openDlg.canChooseFiles = true
   openDlg.canChooseDirectories = false
   openDlg.allowsMultipleSelection = false
   openDlg.allowedFileTypes = ["png"]
   openDlg.begin(completionHandler: { [weak self]  result in
      if(result.rawValue == NSFileHandlingPanelOKButton){
         let fileURLs = openDlg.urls
         let docPath = (self?.documentsPath())!
         for url:URL in fileURLs  {
            let srcURL = url
            let filename = url.lastPathComponent
            let destURL = docPath.appendingPathComponent(filename)
            // 为了避免文档处理阻塞主线程，上面的代码使用后台线程
            DispatchQueue.global().async {
               // 为了减少多线程访问同一文件的冲突，
               // 使用 NSFileCoordinator 做文件访问的管理控制
               let fileCoordinator = NSFileCoordinator()

               fileCoordinator.coordinate(readingItemAt: srcURL,
                  options: [.withoutChanges], error: nil, byAccessor: {
               newURL in  _ = try? self?.fileManager.setUbiquitous(true, itemAt:
                  srcURL, destinationURL: destURL)
               })
            }
            return
         }
      }
   })
}
```

21.2.2 iCloud 文档本地目录

使用 iCloud 存储文档的 App，目前 macOS 最新系统全部使用 iCloud Drive 统一管理。点击 Finder 左边 iCloud Drive 图标进入 iCloud 本地目录，里面是每个应用的名字。每个名字代表的是应用的本地容器下的 Documents 目录，如图 21-3 所示。

图 21-3

使用开发证书测试的 iCloud App，因为不是正式上线的应用，所以不会在上面的 iCloud Drive 文件夹出现应用的名称。用户可以进入命令行终端 Terminal 下输入：

```
/Users/xxxx/Library/Mobile\ Documents（按回车，xxxx 为本机用户名）
/Users/idevfans/Library/Mobile\ Documents
```

通过 ls 命令列出目录内部内容，如图 21-4 所示。

```
Mobile Documents — -bash — 105×25
com~apple~Preview
com~apple~QuickTimePlayerX
com~apple~ScriptEditor2
com~apple~TextEdit
com~apple~TextInput
com~apple~finder
com~apple~mail
com~apple~mobilemail
com~apple~shoebox
iCloud~com~apple~iBooks
iCloud~com~apple~iBooks~iTunesU
iCloud~com~apple~mobilesafari
iCloud~com~cocoahunt~NSViewCustom
iCloud~com~codeux~irc~textual5
iCloud~com~cutedgesystems~liya
iCloud~com~fogcreek~trello
iCloud~com~idevindex~iCloudDemo
iCloud~com~idevindex~iCloudDemo2
iCloud~com~paradigmasoft~vstudio
iCloud~com~quip~Quip
iCloud~com~tencent~qqmail
iCloud~com~toketaware~ios~ithoughts
iCloud~com~touchdream~markdown
iCloud~fresh-ideas~DirtyBeijing
iDevFans:Mobile Documents idevfans$
```

图 21-4

应用的 bundleID 为 com.idevindex.iCloudDemo，则它的 iCloud Container 的 Documents 目录在本地的实际目录路径为/Users/xxxx/Library/Mobile\ Documents/iCloud～com～idevindex～iCloudDemo。

命令行再进入 iCloud～com～idevindex～iCloudDemo 目录，就可以看到使用代码上传到 iCloud 的实际文件了。

21.3 键值存储

21.3.1 键值存储接口

键值存储使用 NSUbiquitousKeyValueStore 类管理键值字典形式的数据存储。类似 UserDefaults，UbiquitousKeyValueStore 可以存储 NSNumber、NSString、NSDate、NSData、NSArray、NSDictionary 类型的数据，接口与 UserDefaults 也基本上类似。

```
var default: NSUbiquitousKeyValueStore { get }  // NSUbiquitousKeyValueStore 的单例管理类
func object(forKey aKey: String) -> AnyObject?   // 获取数据
set(_ anObject: AnyObject?, forKey aKey: String)   // 存储数据
removeObject(forKey aKey: String)   // 删除数据
```

21.3.2 键值存储限制

键值存储限制主要包括如下：

- 最多允许的 key 数量为 1 024；
- 每个 key 字节数不超过 64 字节；
- 每个 key 最大的存储数据不超过 1 MB；

- iCloud 键值存储空间为每个用户 1 MB。

21.3.3 键值存储数据变化通知

在 App 启动的 applicationDidFinishLaunching: 代理方法或页面 ViewController 中注册 NSUbiquitousKeyValueStore.didChangeExternallyNotification 通知，并且调用 NSUbiquitousKeyValueStore 的 synchronize 保证能获得数据变化后的消息通知。

21.3.4 键值存储处理流程

主要是需要判断用户是否登录，其他处理都比较简单。

（1）iCloud 账户登录判断。通过判断 ubiquityIdentityToken 的有效性来确定用户在本机已经完成 iCloud 账户登录。然后获取 keyValueStore 管理类 NSUbiquitousKeyValueStore 的实例。

```
let  fileManager = FileManager.default
let ubiquityToken = fileManager.ubiquityIdentityToken
// 不为空说明用户已经登录了 iCloud 账号
if ubiquityToken != nil {
    self.keyValueStore = NSUbiquitousKeyValueStore.default
}
```

（2）注册 NSUbiquitousKeyValueStore.didChangeExternallyNotification 通知，当 Key 值有变化时得到通知。

```
// 注册 keyStore 通知
NotificationCenter.default.addObserver(self, selector:#selector(ViewController.storeDidChange(_:)),
   name: NSUbiquitousKeyValueStore.didChangeExternallyNotification ,
   object: NSUbiquitousKeyValueStore.default())
```

消息通知的回调方法代码如下：

```
@objc func storeDidChange(_ notification: Notification ){
   self.keyValueStore?.synchronize()
   let v = self.keyValueStore?.object(forKey: kKVkey)
}
```

（3）数据保存。

```
let kKVkey: String  = "key1"
self.keyValueStore?.set("value", forKey: kKVkey)
```

（4）数据读取。

```
let v = self.keyValueStore?.object(forKey: kKVkey)
```

21.4 iCloud 开发前准备工作

iCloud 开发前准备工作包括以下几个方面。

（1）在 macOS 或 iOS 设备的系统配置中找到 iCloud，使用 Apple ID 登录，如图 21-5 所示。

（2）登录完成后进入 iCloud 功能选择页，勾选 iCloud Drive，如图 21-6 所示。

（3）使用 Xcode 创建新的工程为 iCloudDemo，配置修改工程的 Bundle ID。

图 21-5

图 21-6

（4）登录苹果公司开发者中心创建 App ID。使用创建工程的 Bundle ID，勾选允许 iCloud 选项，如图 21-7 所示。

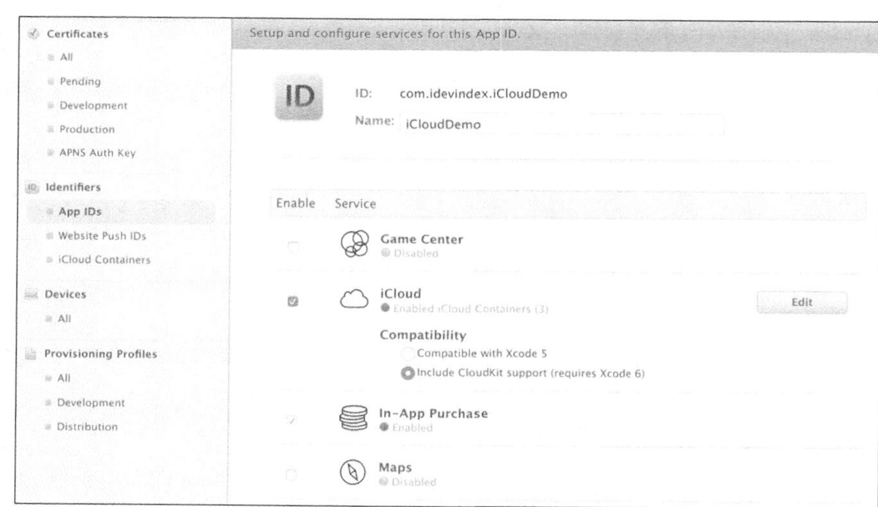

图 21-7

（5）创建 Development 开发环境的 provision。

（6）iCloudDemo 工程中 Build Setting 配置完成签名，使用上一步创建的 provision。

（7）iCloudDemo 工程中 Capabilities 中配置勾选 iCloud，打开 iCloud 开关为允许，Services 中根据需要可以勾选 Key-value storage、iCloud Documents、CloudKit 不同的选项。

Containers 使用默认的工程 bundle ID 对应的容器。对于需要访问共享的容器中的数据，可以勾选 Specify custom containers，选择其他工程的 container 或者点击下面的+，手动输入一个容器，如图 21-8 所示。

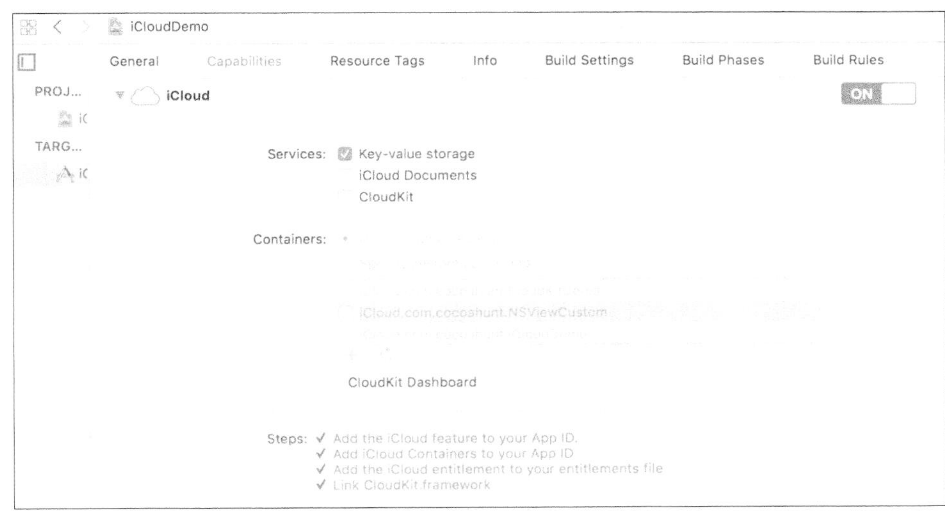

图 21-8

21.5 容器数据在多个 App 间共享

同一个开发者账户下的 App 之间可以共享容器数据，可以在 iCloud Containers 中指定要访问的其他容器，如图 21-9 所示。

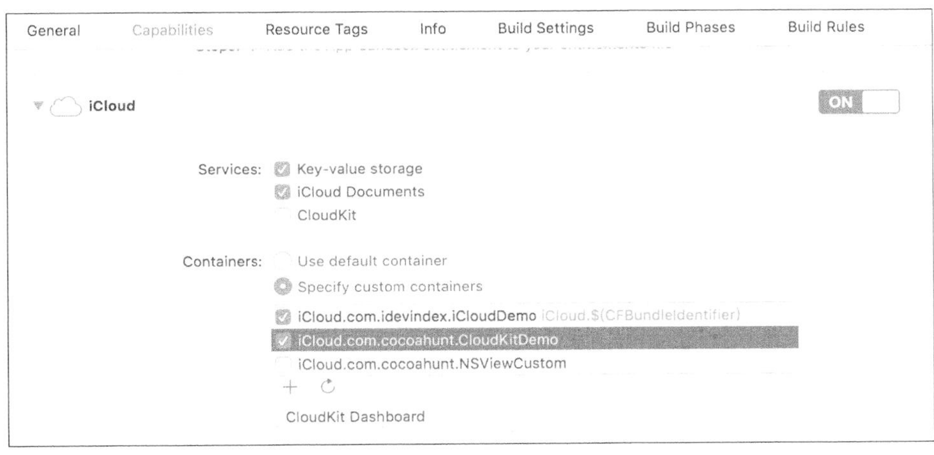

图 21-9

21.5.1 键值存储数据的 App 间共享访问

键值存储数据时一个应用只能使用一个容器。

主 App 使用默认的容器，其他从 App 使用指定的容器，全部设置为主 App 的容器，如图 21-10 所示。

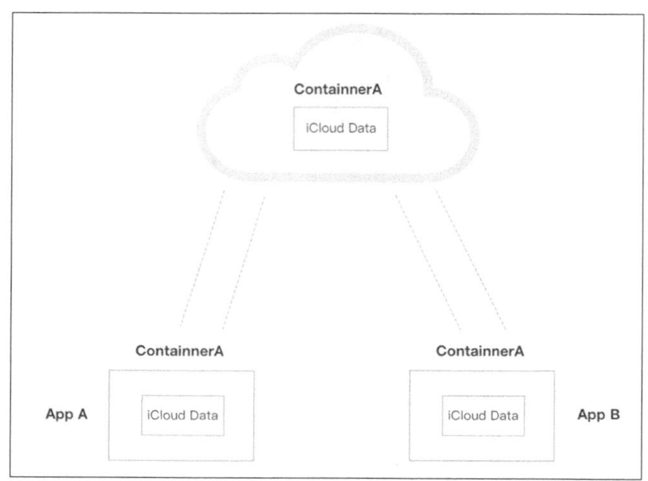

图 21-10

21.5.2 文档数据的 App 间共享访问

文档数据的访问，除了可以访问默认容器中的数据，还可以指定其他容器。FileManager 的 urlForUbiquityContainerIdentifier:方法中参数为 nil，访问默认容器中的数据。不为空访问指定容器中的数据。

```
let ubiquityContainer = self.fileManager.url(forUbiquityContainerIdentifier: nil)
```

可以看出文档数据的 iCloud 应用可以访问多个 App 间的数据。

21.6 数据冲突

同一个账号使用多个设备访问同一个 App 时，可能会产生数据的冲突。

21.6.1 键值数据冲突

键值数据冲突时会接收到 NSUbiquitousKeyValueStore.didChangeExternallyNotification 通知消息。应用可以根据通知中服务器上新的值，判断本地的值和服务器上新的值哪一个有效，如果服务器值有效，则更新本地值；如果本地的有效，则可以使用写接口，更新本地的值到服务器。

21.6.2 文档类型数据冲突

文档每次修改会记录一个版本号，macOS 自动解决冲突，一般情况应用可以不关心。

第 22 章 CloudKit

CloudKit 是一种结构化数据在 iOS/macOS 多设备间数据记录同步的开发框架，如图 22-1 所示。

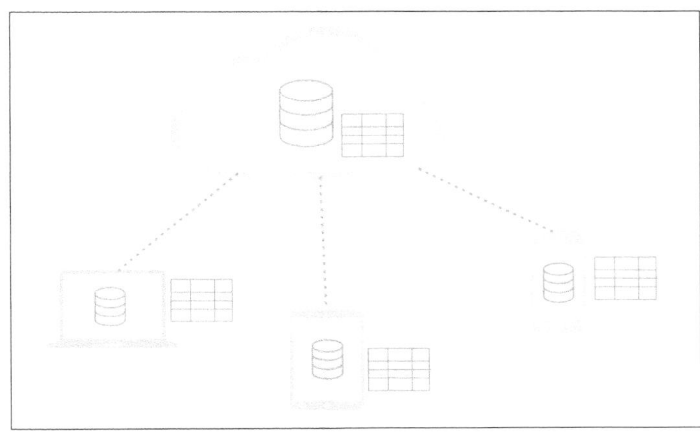

图 22-1

学习 CloudKit 之前我们对下面 4 个概念进行说明。

（1）容器（Container）：可以理解为 Cloud 数据的命名空间。每个开启 CloudKit 存储的应用有一个独立的存储空间，Container 是一个字符串，以 iCloud 或开发者账户 TeamID 开头，后面再加上应用的 bundleID。容器中的内容可以在多个应用间共享访问。

（2）数据库（Database）：每个应用只有两类数据库，分别为公开数据库和私有数据库。

- 公开数据库：应用的所有用户都可以访问，读取不需要登录 iCloud，写入需要使用 Apple ID 登录 iCloud。
- 私有数据库：每个用户独占的数据库，读写数据都需要登录 iCloud，其他用户无法访问。

（3）记录（Record）：类似于关系数据中的表结构，可以定义多个 Record，每个 Record 有多个字段，每个字段可以定义数据类型。记录中的字段除了支持基本数据类型外，还支持二进制、经纬度坐标、图片和文件类型的数据定义。完整的数据类型如表 22-1 所示。

表 22-1

字段类型	类	描述说明
Assert	CKAssert	图片
Bytes	NSData	二进制
Date/Time	NSDate	日期

续表

字段类型	类	描述说明
Double	NSNumber	双精度
Int(64)	NSNumber	整数
Location	CLLocation	经纬度位置
Reference	CKReference	引用
String	NSString	字符串
List	NSArray	数组

（4）引用（Reference）：记录之间关联关系的定义，类似关系数据库中的表外键定义。

22.1 使用 Dashboard 后台管理数据

使用 Dashboard 后台管理数据的步骤如下。

（1）启用 CloudKit。新建工程，设置工程 BundleID 为 com.cocoahunt.CloudKitDemo。Xcode 工程 Capabilities 中选择 iCloud，勾选 on 按钮，进入 iCloud 设置部分，Services 中选择 CloudKit。

（2）点击 CloudKit Dashboard 按钮，登录 CloudKit Dashboard，输入 Apple ID 账号密码，进入 Web 控制台页面。

（3）选择 container，如图 22-2 所示。

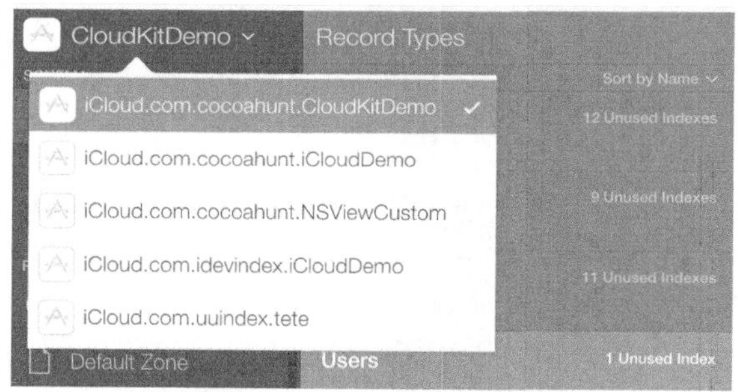

图 22-2

（4）创建 Record 记录。选中 SCHEMA 中 Record Types，如图 22-3 所示，点击右边的+。

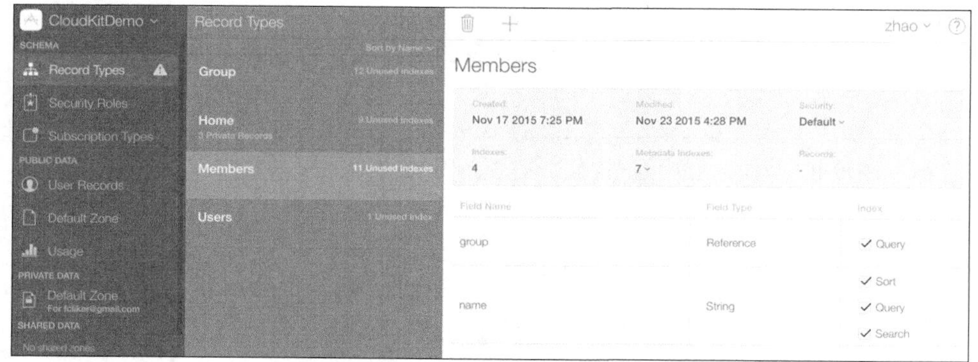

图 22-3

（5）增加字段。如图 22-4 所示，输入名称，选择数据类型，输入完成后点击保存。

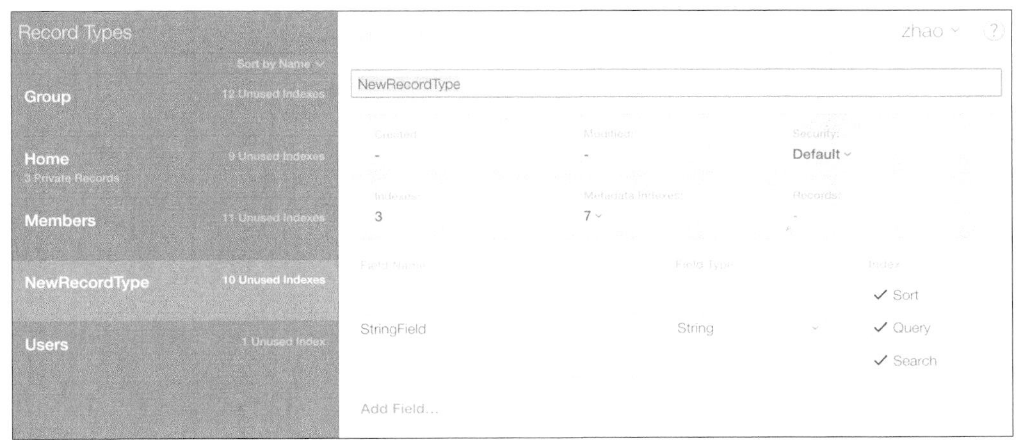

图 22-4

（6）添加数据。点击 PUBLIC DATA 或 PRIVATE DATA 进入数据浏览页面，如图 22-5 所示，点击右边+可以向当前记录中添加数据。

图 22-5

（7）数据管理。中间蓝色区域左上角可以切换到不同的记录浏览数据，蓝色区域是当前选中的记录中的数据，选中其中一条，最右边区域是记录的每个字段的详细的值。点击记录的详情页面左上角的删除图标，如图 22-6 所示，可以删除当前的记录数据。

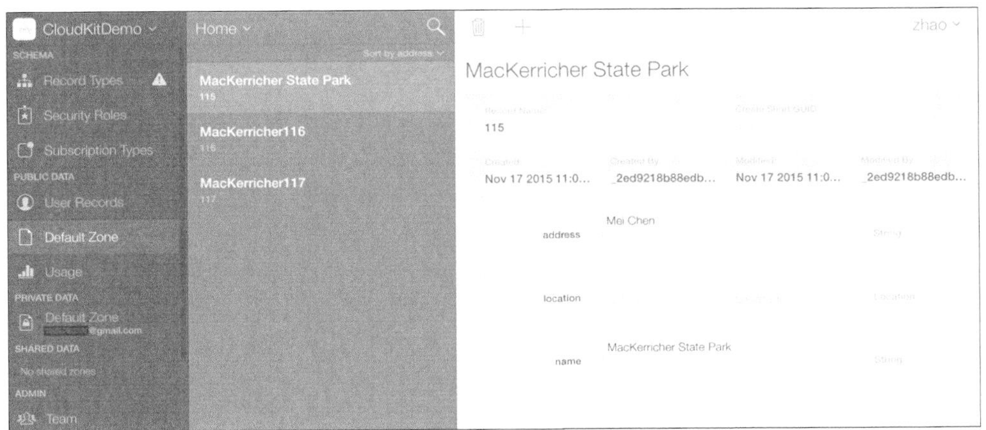

图 22-6

（8）数据查询。点击中间区域右上角查询按钮，如图 22-7 所示，可以根据字段设置搜索条件。

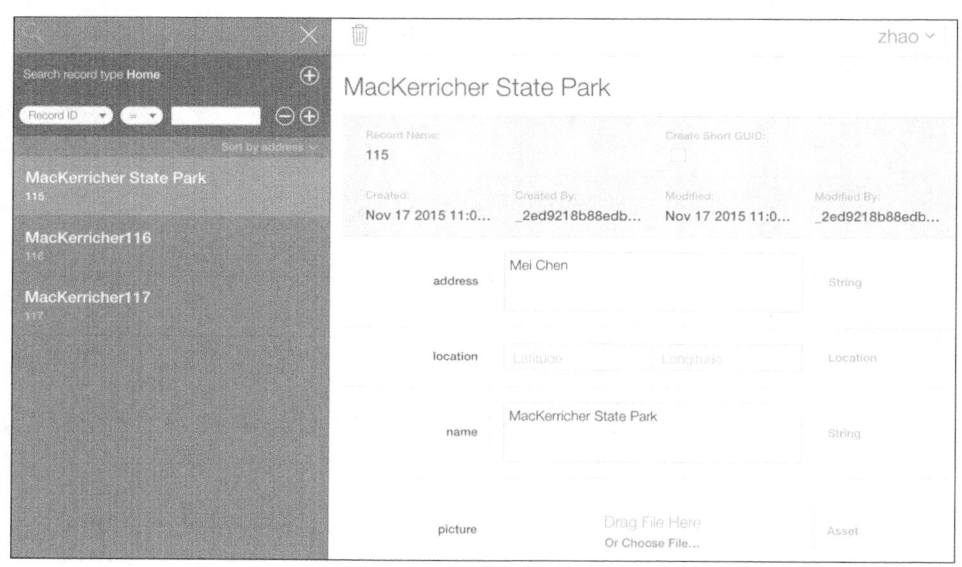

图 22-7

（9）发布。产品提交到 Mac App Store 上线前，切换到 Deployment 页面，点击 Deploy to Production，如图 22-8 所示，完成发布。

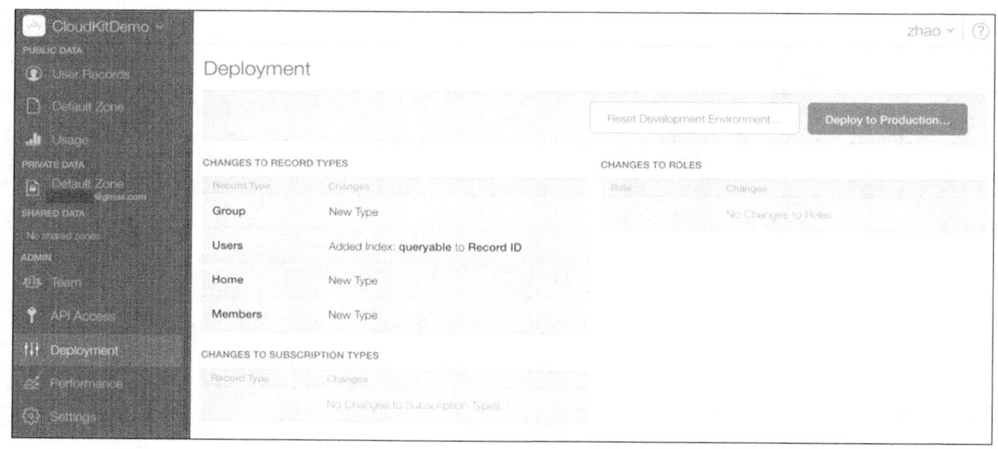

图 22-8

22.2 容器共享

主从 App 使用同一个容器共享数据存储，即从 App 使用主 App 的容器名字获取自己的容器实例。

（1）主 App 在 Xcode iCloud 功能开启配置中，使用默认的 container iCloud.com.cocoahunt.CloudKitDemo。主 App 使用 CKContainer 默认的类方法获取当前的 container。代码如下：

```
let myContainer = CKContainer.default()
```

（2）另外一个 App 在 Xcode iCloud 功能开启配置中选择 Specify custom container，勾选本 App 的 bundleID iCloud.com.cocoahunt.CloudKitDemo 和需要共享访问的其他 App 的 bundleID 关

联的 Container，如图 22-9 所示。

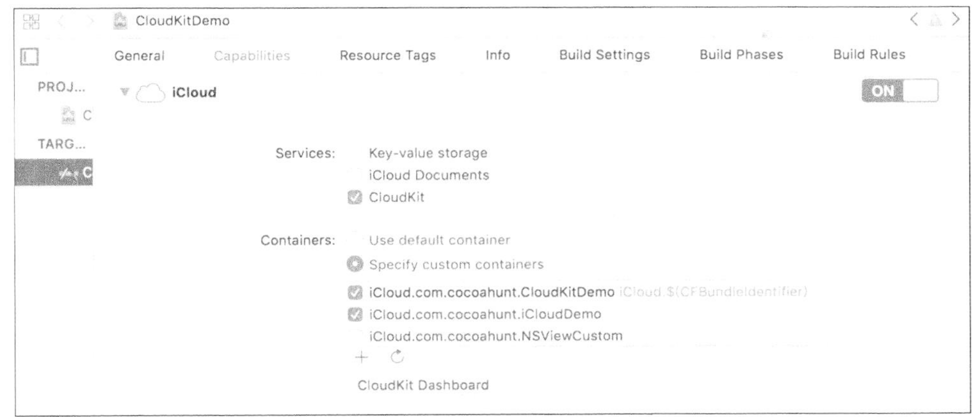

图 22-9

另外一个 App 获取 Container 使用 containerWithIdentifier 方法，传入指定的 container 名字。

```
let container = CKContainer(identifier: "iCloud.com.cocoahunt.CloudDemo")
```

22.3 创建记录结构

点击图 22-9 中的 CloudKit Dashboard 按钮，进入控制台界面，分别定义 Home、Members 和 Group 这 3 个记录，用于后面的数据库操作。

（1）Home 记录，定义如图 22-10 所示。

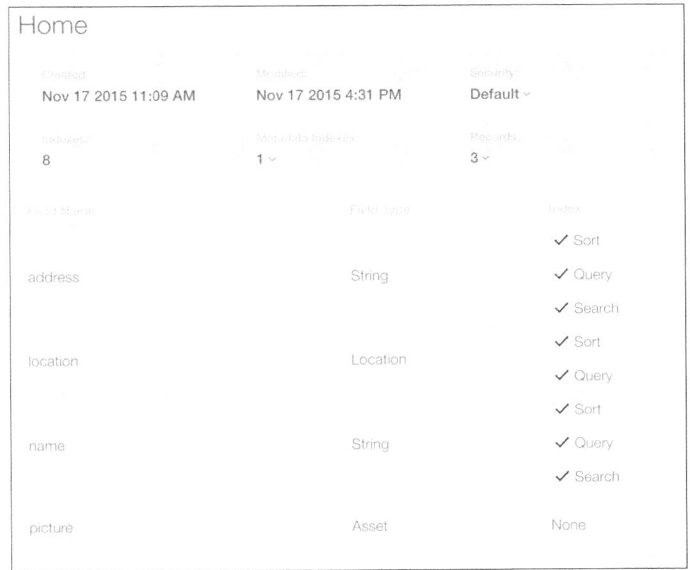

图 22-10

（2）Members 记录，定义如图 22-11 所示。在 Members 记录中，group 字段是一个 Reference 类型。

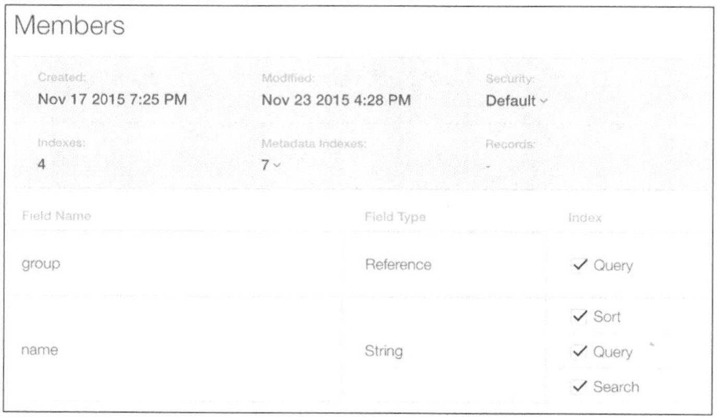

Members

Created:	Modified:	Security:
Nov 17 2015 7:25 PM	Nov 23 2015 4:28 PM	Default
Indexes:	**Metadata Indexes:**	**Records:**
4	7	-

Field Name	Field Type	Index
group	Reference	✓ Query
name	String	✓ Sort ✓ Query ✓ Search

图 22-11

（3）Group 记录，定义如图 22-12 所示。

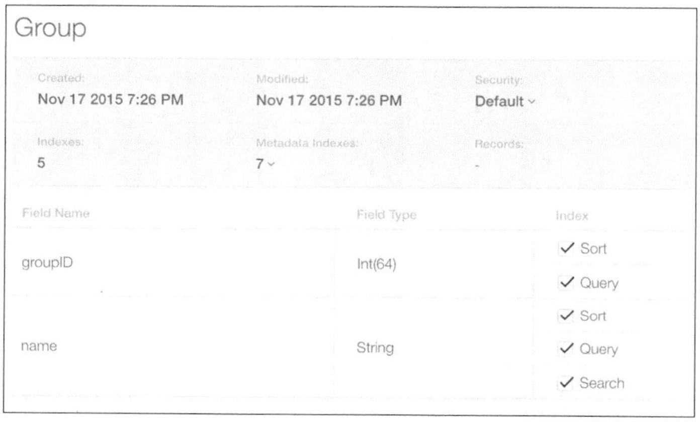

Group

Created:	Modified:	Security:
Nov 17 2015 7:26 PM	Nov 17 2015 7:26 PM	Default
Indexes:	**Metadata Indexes:**	**Records:**
5	7	-

Field Name	Field Type	Index
groupID	Int(64)	✓ Sort ✓ Query
name	String	✓ Sort ✓ Query ✓ Search

图 22-12

22.4　CloudKit 数据操作

CloudKit 数据操作主要包括保存、增加、删除、修改、单个查询、批量查询等，下面逐一介绍。

22.4.1　保存数据

保存数据包括简单数据保存和经纬度数据保存两种。

（1）简单数据保存。使用 CKRecord 定义记录对象实例 record，然后使用键/值形式保存数据到 record。

```
func insertRecord() {
   let myContainer = CKContainer.default()
   let database = myContainer.privateCloudDatabase
   let recordID = CKRecordID(recordName: "120")
   let record = CKRecord(recordType: "Home", recordID: recordID)
   record["name" ]    = "MacKerricher117" as CKRecordValue?
   record["address"] = "Mei Chen117" as CKRecordValue?
   database.save(record, completionHandler: {
      record,error in
      if error != nil {
         print("Save error\(error)")
```

```
        }
    })
}
```

（2）经纬度数据保存。经纬度数据字段使用 CLLocation 类型定义。下面的例子中，location 字段保存了经纬度信息。

```
func insertLocationRecord() {
    let myContainer = CKContainer.default()
    let database = myContainer.privateCloudDatabase
    let recordID = CKRecordID(recordName: "121")
    let record = CKRecord(recordType: "Home", recordID: recordID)
    record["name" ]    = "MacKerricher117" as CKRecordValue?
    record["address"] = "Mei Chen117" as CKRecordValue?

    let location = CLLocation(latitude: 23, longitude: 44)
    record["location"] = location

    database.save(record, completionHandler: {
        record,error in
        if error != nil {
            print("Save Location Record error\(error)")
        }
    })
}
```

（3）文件数据保存。假设一个图片文件要上传到 iCloud，只要将图片的文件路径赋值为 CKRecord 中的图片字段，保存记录即可，CloudKit 会在后台上传图片。

打开一个文件对话框的形式，让用户自己来选择上传的文件，代码如下：

```
func insertPictureRecord() {
    let myContainer = CKContainer.default()
    let database = myContainer.privateCloudDatabase
    let recordID = CKRecordID(recordName: "122")
    let record = CKRecord(recordType: "Home", recordID: recordID)
    record["name" ]    = "MacKerricher117" as CKRecordValue?
    record["address"] = "Mei Chen117" as CKRecordValue?

    let openDlg = NSOpenPanel()
    openDlg.canChooseFiles = true
    openDlg.canChooseDirectories = false
    openDlg.allowsMultipleSelection = false
    openDlg.allowedFileTypes = ["png"]
    openDlg.begin(completionHandler: {  result in

        if(result == NSFileHandlingPanelOKButton){
            let fileURLs = openDlg.urls
            // 由于指定了只能选择一个文件因此只会循环一次
            for url:URL in fileURLs  {
                let asset = CKAsset(fileURL: url)
                record["picture"] = asset
                database.save(record, completionHandler: {
                    record,error in
                    if error != nil {
                        print("Save Picture Record error\(error)")
                    }
                })
            }
        }
    })
}
```

22.4.2 删除数据

先使用记录名称构造 CKRecordID，然后获取 Container 的数据库实例执行删除。

```
func deleteRecord() {
   let myContainer = CKContainer.default()
   let database = myContainer.privateCloudDatabase
   let recordID = CKRecordID(recordName: "120")

   database.delete(withRecordID: recordID, completionHandler: {
      record,error in
      if error != nil {
         print("error\(error)")
      }
      }
   )
}
```

22.4.3 查询数据

查询数据分为根据记录 ID 和条件查询两种。

（1）根据记录名称查询。类似删除数据，使用记录名称实例化一个 CKRecordID，调用 database 的 fetchRecordWithID 执行查询，查询的结果通过 block 回调返回。

```
func fetchRecordByName() {
   let myContainer = CKContainer.default()
   let database = myContainer.privateCloudDatabase
   let recordID = CKRecordID(recordName: "122")
   database.fetch(withRecordID: recordID,completionHandler: {
      record,error in
      if error != nil {
         print("fetchRecord error\(error)")
      }
   })
}
```

（2）使用 NSPredicate 进行模糊查询。根据查询条件构造 NSPredicate 的实例 predicate，再使用 predicate 构造一个 CKQuery 查询对象，最后执行数据库的 performQuery 方法，块回调返回查询结果。

```
func fetchRecordByPredicate() {
   let myContainer = CKContainer.default()
   let database = myContainer.privateCloudDatabase

   let predicate = NSPredicate(format: "name = %@", "118")
   let query = CKQuery(recordType: "Home", predicate:predicate)

   database.perform(query, inZoneWith: nil, completionHandler: {
      records,error in
      if error != nil {
         print("fetchRecord error\(error)")
      }
   })
}
```

22.4.4 数据关联 reference

先创建一个记录 membersRecord，设置它的引用关系为 groupReference，最后使用数据库对象保存，代码如下：

```
func createReference() {
   let myContainer = CKContainer.default()
   let database = myContainer.privateCloudDatabase

   let memberRecordID = CKRecordID(recordName: "122")
   let membersRecord = CKRecord(recordType: "Members", recordID: memberRecordID)
   membersRecord["name" ]    = "MacKerricher117" as CKRecordValue?
   membersRecord["address"] = "Mei Chen117" as CKRecordValue?

   let groupRecordID = CKRecordID(recordName: "Group222")
   let groupRecord = CKRecord(recordType: "Group", recordID: groupRecordID)
   groupRecord["groupID" ]    = 20
   groupRecord["name"] = "Group2"

   // 创建引用类型，action 是操作类型,可以设置是否级联删除
   let groupReference = CKReference(record: groupRecord, action:.none)

   // 建立 group 关联
   membersRecord["group"] = groupReference

   database.save(membersRecord, completionHandler: {
      record,error in
      if error != nil {
         print("Save Location Record error\(error)")
      }
   })
}
```

22.4.5 批量查询数据操作

将多个 CKRecordID 记录 ID 存入数组，然后调用批量接口完成异步查询。

```
func fetchRecords() {
   // 构造多个 CKRecordID 数组 fetchRecordIDs
   let memberRecordID1 = CKRecordID(recordName: "1122")
   let memberRecordID2 = CKRecordID(recordName: "1133")
   let fetchRecordIDs = [memberRecordID1,memberRecordID2]

   // 以 fetchRecordIDs 数组为参数构造多线程 Operation
   let memberRecordsOperation = CKFetchRecordsOperation(recordIDs: fetchRecordIDs)

   // 设置每返回一个查询结果的回调
   memberRecordsOperation.perRecordProgressBlock = { record,t in
      print("record \(record)")
   }
   // 设置全部执行完成的块回调
   memberRecordsOperation.fetchRecordsCompletionBlock = {
      records,error in
      if error != nil {
         print("fetch record error \(error)")
      }
   }
```

```
    memberRecordsOperation.database = CKContainer.default().privateCloudDatabase

    // 开始查询
    memberRecordsOperation.start()
}
```

22.5 订阅数据变化通知

存储到 iCloud 的数据发生变化后，如果用户需要关注到数据的变化，可以订阅数据变化的通知。CloudKit 使用远程消息推送 Push 消息，实时通知到用户数据的变化。

22.5.1 创建订阅

首先创建定义订阅的条件 NSPredicate 实例，接着构造订阅对象 CKSubscription 实例，最后完成注册。相关代码如下：

```
func createSubscription() {
    // 定义订阅条件:当满足条件时 触发 Push 通知
    let predicate = NSPredicate(format: "name = %@", "Group2")
    let subscription = CKSubscription(recordType: "Members", predicate: predicate, options:
        [.firesOnRecordCreation,.firesOnRecordUpdate,.firesOnRecordDeletion])

    // 定义推送消息:定义推送消息的 title 和 appicon 上是否显示 Badge
    let notificationInfo = CKNotificationInfo()
    notificationInfo.alertLocalizationKey = "New Member Joined!"
    notificationInfo.shouldBadge = true

    // 配置消息通知订阅
    subscription.notificationInfo = notificationInfo

    // 保存订阅到数据库，有变化时发送通知
    let database = CKContainer.default().privateCloudDatabase
    database.save(subscription, completionHandler: {
        subscription,error in
        if error != nil {
            print("subscription error \(error)")
        }
    })
}
```

22.5.2 注册消息推送

注册远程消息推送，代码如下：

```
func applicationDidFinishLaunching(_ aNotification: Notification) {
    // 远程消息注册
    NSApplication.shared.registerForRemoteNotifications(matching: [NSApplication.
        RemoteNotificationType.badge,NSApplication.RemoteNotificationType.alert,
        NSApplication.RemoteNotificationType.sound])
    self.createSubscription()
}
```

接收到推送消息后转换为 CKNotification 类型，从中获得 CKRecordID，根据 CKRecordID 就可以查询到新记录，代码如下：

```
func application(_ application: NSApplication, didReceiveRemoteNotification userInfo:
   [String : Any]) {
   print("userInfo       \(userInfo)")

   let userInfoDic = userInfo as! [String : NSObject]
   let cloudKitNotification = CKNotification(fromRemoteNotificationDictionary: userInfoDic)

   if cloudKitNotification.notificationType == .query {
      let queryNotification = cloudKitNotification as! CKQueryNotification
      let recordID = queryNotification.recordID
      print("didReceiveRemoteNotification recordID \(recordID)")
   }
}
```

22.6 生产环境部署

登录 CloudKit Dashboard，点击左侧 Deployment 切换到 Deployment 页面。点击 Deploy to Production...按钮，完成生产环境部署，部署不会把开发环境的数据复制过来，仅仅将记录类型订阅关系、角色定义的 Schema 复制到生产环境。

一旦完成生产环境的部署，记录类型和记录中的字段将无法删除。

第 23 章 Core Data

Core Data 是 Cocoa 提供的一种基于对象管理结构化数据的存储访问方案。

传统的基于 SQL 的关系型数据库应用开发过程中，首先需要创建数据库，然后建立表模型和约束关系。应用开发中针对每个表的访问，需要编写模型类和数据增删修改查询的接口类来管理数据。以开发个人信息管理应用为例，图 23-1 中展示了数据库、表以及相关实体对象和数据操作 DAO 类。

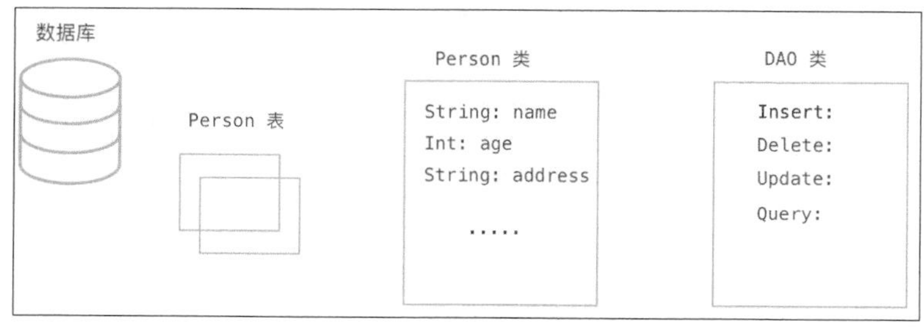

图 23-1

采用 Core Data 的数据管理方案，可以省去编写模型类和数据增删修改查询的接口类的过程，极大提高了开发效率，Xcode 根据数据模型自动生成模型类，同时 Core Data 框架自动支持模型增删修改查询 CURD 的操作。Xcode 可以自动根据 Entity Model（类似关系数据库中的 Table 定义）辅助生成 NSManagedObject 对象模型类。NSManagedObjectContext 对象管理上下文提供对象操作的管理接口。图 23-2 展示了 CoreData 方案中应用开发涉及的相关的模型和对象类。

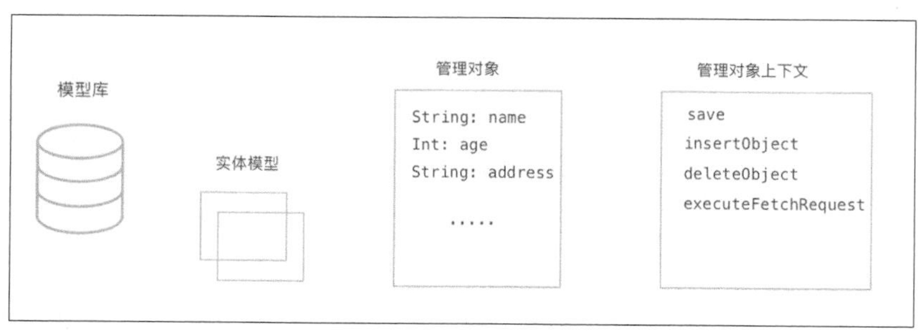

图 23-2

NSManagedObject 除了提供基本的对象操作管理的接口，还支持下面一些强大的功能。

- 撤销、重做数据操作。
- 支持 SQLite、XML、Binary 和 Memory 多种数据存储方式。
- 对数据版本升级迁移的支持。

23.1 Core Data 对象栈

NSManagedObjectModel 管理对象模型类，负责从 App 本地资源文件中加载预先定义的 momd 模型文件（类似数据库的 Schema 定义），通过 Xcode 创建的模型文件.xcdatamodeld 运行时会编译打包成.momd 文件。

NSPersistentStoreCoordinator 负责数据的持久化管理，从数据文件加载数据，提供给 NSManagedObjectContext，辅助 NSManagedObjectContext 对数据管理操作（新增修改删除）变化进行持久化存储，支持配置 SQLite、XML 等多种数据存储方式。

NSManagedObjectContext 对象管理上下文，是 CoreData 对象栈中最重要的对象，提供对数据模型对象管理操作的多种接口。

NSManagedObject 为 KVC 兼容的模型对象的基类，提供对象的一些公共的方法接口定义，可根据需要实现这些方法。典型的接口方法包括 KVO 通知，对象数据的有效性验证 validate，不同生命期 insert、delete、update 和 save 各个阶段增加自定义的逻辑处理等。

上述对象之间的依赖关系如图 23-3 所示。

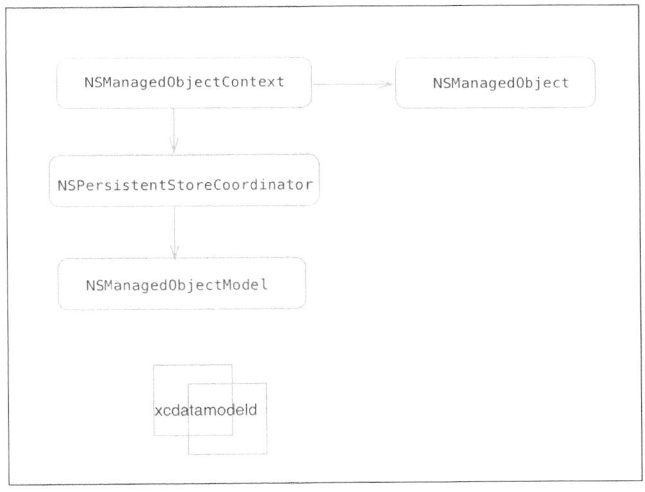

图 23-3

macOS 10.12 系统又引入了 NSPersistentContainer 持久化容器对象，统一提供了对 NSManagedObjectContext、NSManagedObjectModel、NSPersistentStoreCoordinator 的访问引用。

23.2 在项目中使用 Core Data

假设一个简单的学校场景，涉及的模型对象包括班级 Classes、学生 Students、学生档案 Profile 和课程 Subjects，后续的例子都基于这 4 个对象来说明。

1．新建工程

新建 Xcode 工程命名为 School，勾选使用 Use Core Data 完成工程创建，如图 23-4 所示。

查看左边的工程文件，发现多了一个 School.xcdatamodeld CoreData 模型文件。点击选择 School.xcdatamodeld 模型文件，进入设计界面，如图 23-5 所示。点击底部的 Add Entity 的按钮，创建一个实体模型，默认名称为 Entity，双击可以修改。模型设计视图右半边包括 3 部分。

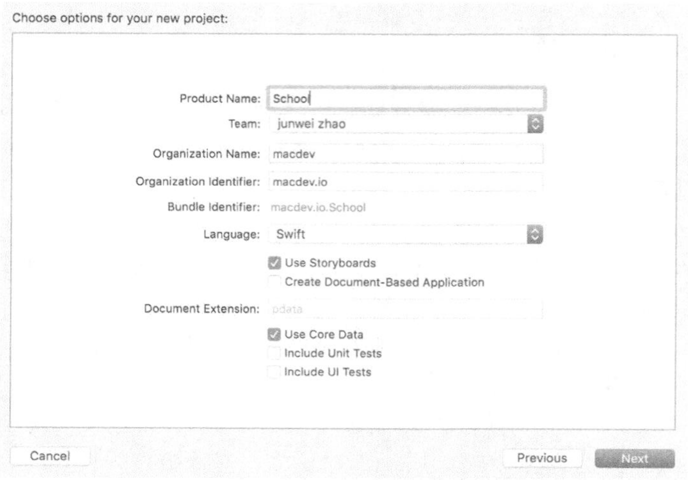

图 23-4

- Attibutes：用来定义模型的属性字段，类似数据库中的表字段。
- Relationships：模型间关系，类似数据库中表与表之间的主外键关系。
- Fetched Properties：存储在模型中，预先定义的查询语句，类似于 SQL 语句。

2．模型定义

班级 Classes 类定义过程如下。

点击 Add Entity，修改 Entity 名称为 Classes，建立第一个班级模型，点击右下部 Add Attribute 按钮，增加两个属性字段，班级名称 title、学生人数 studentsNum，类型分别为 String 和 Integer 16，如图 23-5 所示。

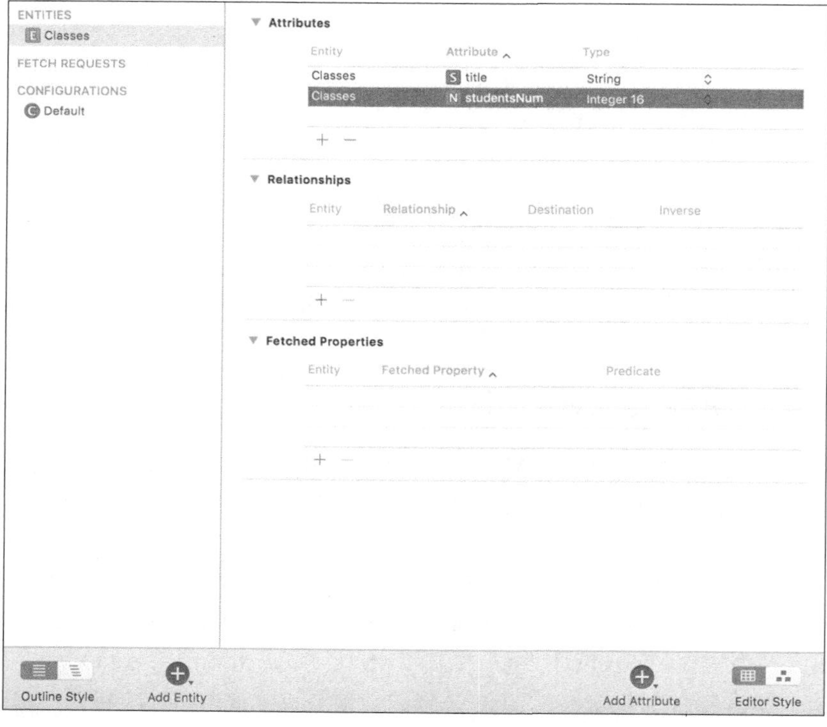

图 23-5

点击顶部右下部的 Editor Style 切换样式看到的 Classes 图形化显示，如图 23-6 所示。

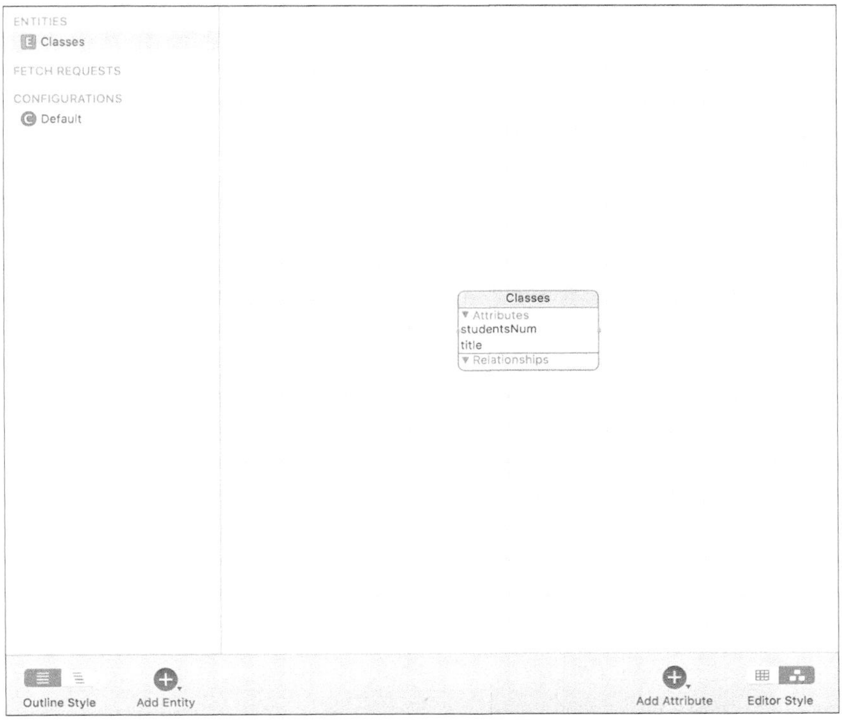

图 23-6

类似地分别完成学生 Students、学生档案 Profile、课程 Subjects 3 个模型的创建，Attributes 定义如图 23-7 所示。

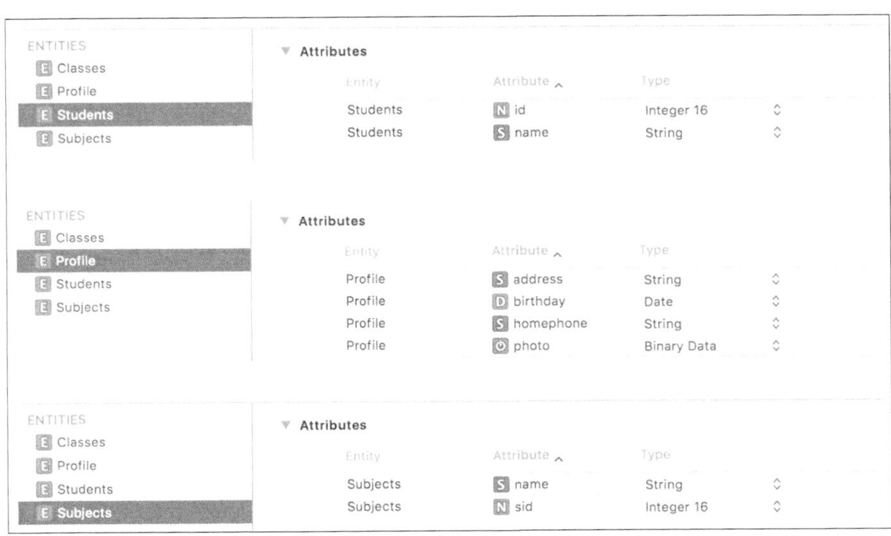

图 23-7

3．模型类自动生成

点击选择 School.xcdatamodeld 文件，执行 Xcode 菜单 Editor→Create NSManagedObject Subclasses，如图 23-8 所示。

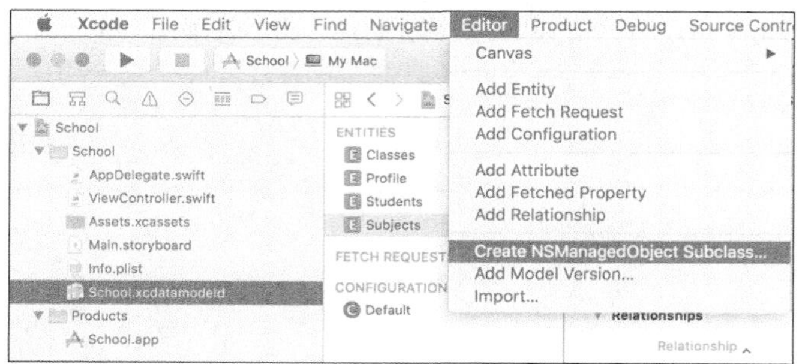

图 23-8

如图 23-9 所示，选择 School 模型点击 Next，下一个界面列出所有的实体模型，全部勾选，完成实体模型类的创建。

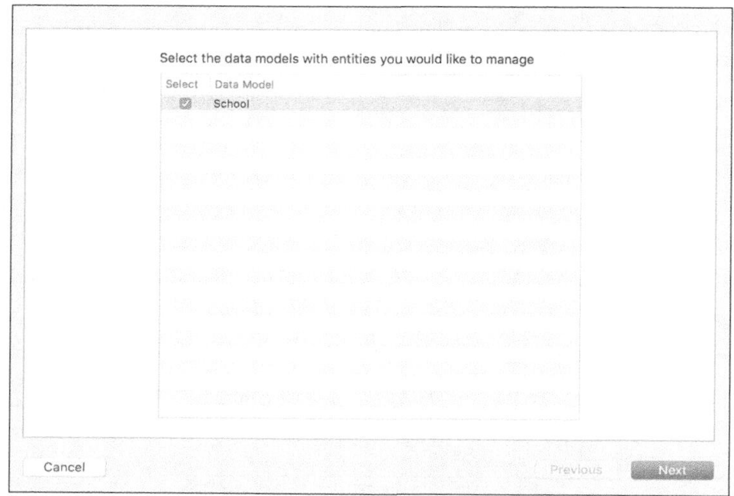

图 23-9

可以看到对每个实体模型，自动生成了两个 swift 文件，模型名＋CoreDataClass 和模型名+CoreDataProperties。例如，Students 模型生成了 Students+CoreDataClass.swift 和 Students+CoreDataProperties.swift 两个文件。

Students+CoreDataClass.swift 文件中定义 Students 对象，Students 继承 NSManagedObject 对象，接口定义如下：

```
public class Students: NSManagedObject {
}
```

Students+CoreDataProperties.swift 文件中定义 Students 的扩展，声明了模型的属性，每个属性定义增加了@NSManaged 关键字，表示为模型类特定的定义方式，接口定义如下：

```
extension Students {
   @nonobjc public class func fetchRequest() -> NSFetchRequest<Students> {
      return NSFetchRequest<Students>(entityName: "Students")


   }
   @NSManaged public var id: Int16
   @NSManaged public var name: String?

}
```

4. Core Data 对象栈初始化

创建工程时选择了使用 Core Data，因此 AppDelegate 中已经默认生成了所有 CoreData 对象栈的初始化代码。AppDelegate 中实现的 CoreData 相关方法说明如下。

（1）使用持久化容器加载对象模型：School.xcdatamodeld 编译成扩展名为 momd 的文件去加载。通过懒加载方式定义了属性变量 persistentContainer，这是 Swift 标准的懒加载写法，代码如下：

```
lazy var persistentContainer: NSPersistentContainer = {
   let container = NSPersistentContainer(name: "School")
   container.loadPersistentStores(completionHandler: { (storeDescription, error) in
      if let error = error {
         fatalError("Unresolved error \(error)")
      }
   })
   return container
}()
```

（2）持久化容器管理对象：持久化容器的 persistentStoreCoordinator 属性存储持久化容器管理对象实例，代码如下：

```
var persistentStoreCoordinator: NSPersistentStoreCoordinator {
   return self.persistentContainer.persistentStoreCoordinator
}
```

（3）管理上下文对象获取：持久化容器的 viewContext 属性存储管理上下文对象实例，代码如下：

```
var managedObjectContext: NSManagedObjectContext {
    return self.persistentContainer.viewContext
}
```

（4）对象存储：判断是否有变化的数据需要存储，满足条件时执行 save 方法。所有对象的增删修改操作都可以使用 saveAction 完成存储，代码如下：

```
@IBAction func saveAction(_ sender: AnyObject?)
{
   let context = persistentContainer.viewContext
   if !context.commitEditing() {
      NSLog("\(NSStringFromClass(type(of: self))) unable to commit editing before saving")
   }
   if context.hasChanges {
      do {
         try context.save()
      } catch {
         let nserror = error as NSError
         NSApplication.shared.presentError(nserror)
      }
   }
}
```

23.2.1 数据增加

NSEntityDescription 描述了实体对象的定义信息，使用它创建具体的 Classes 班级模型对象实例。调用 managedObjectContext 的 save 方法完成新对象的存储。或者在完成多个对象创建后调用 save 存储。增加班级数据的代码如下：

```
func addClassData() {
    let classes = NSEntityDescription.insertNewObject(forEntityName: "Classes", into:
       managedObjectContext) as!
Classes
   classes.title = "Class3";
   classes.studentsNum = 20;
   print("\(classes.objectID)")

   do {
      try managedObjectContext.save()
   } catch {
      let nserror = error as NSError
      NSApplication.shared.presentError(nserror)
   }
}
```

23.2.2 数据删除

调用 managedObjectContext 的 deleteObject 方法删除一个对象实例。同样，需要在删除后执行 save 方法或统一在一系列操作后执行 save 方法，代码如下：

```
managedObjectContext.delete(classes)
```

23.2.3 数据修改

对实体模型对象的实例直接修改它的属性，完成后直接调用模型对象的 save 方法进行存储。

23.2.4 数据查询

1. 单个对象数据查询

实体数据保存后，每个 NSManagedObject 都产生一个类似数据库中主键的 NSManaged-ObjectID 属性，通过 NSManagedObjectID 对象的 URIRepresentation 方法获取它的 URL 属性，再将 URL 转化为 String 对象。

ManagedObjectID 是一个协议形式的唯一字串，形式如下：

```
x-coredata:///Classes/tF98562FC-EB78-4BBA-8F4F-1D33E4CB591D2
```

根据 ManagedObjectID 对象的 URL String 查询单个 NSManagedObject，代码如下：

```
let urlID = URL(string: "x-coredata://56C89B2B-2EAA-4D14-A291-409F32CCFE8B/Classes/p105")
let objID = persistentStoreCoordinator.managedObjectID(forURIRepresentation: urlID!)
let object = managedObjectContext.object(with: objID!)
```

2. 批量多条数据查询

使用 NSFetchRequest 构造查询条件，执行 managedObjectContext 对象的 executeFetchRequest 方法，返回满足条件的实体对象。基本的查询所有实体对象的代码如下:

```
// 查询对象
let request = NSFetchRequest<Classes>(entityName: "Classes")
// 执行查询
let results = try? managedObjectContext.fetch(request)
for result: Classes in results! {
```

```
    print("\(result.objectID)")

}
```

设置查询条件，查询 title 为 Class3 的班级，代码如下：

```
// 查询 title 为 Class3 的班级
let predicate = NSPredicate(format: "title = %@ ", "Class3")
request.predicate = predicate
// 执行查询
results = try? managedObjectContext.fetch(request)
for result: Classes in results! {
    print("\(result.objectID)")
}
```

增加返回的记录个数控制，设置 fetchOffset 和 fetchLimit 实现分页查询，其中 fetchLimit 为每次返回的最大记录数加上起始的记录行。

```
request.fetchOffset = 0  // 从第一个记录开始
request.fetchLimit = request.fetchOffset + 2  // 最多查询 2 条记录
```

设置查询前的排序规则，代码如下：

```
let sortDescriptor = NSSortDescriptor(key: "title", ascending: true)
request.sortDescriptors = [sortDescriptor]
```

request 的 sortDescriptors 是一个数组，因此可以设置多个字段，进行组合排序。

23.3 模型间关系

我们用前面学校场景中涉及的班级 Classes、学生 Students、学生档案 Profile 和课程 Subjects 中的关系来说明模型之间的关系。

23.3.1 一对一

学生 Students 和档案 Profile 之间是一对一的关系。一个学生只能有一份档案，一份档案只能唯一地属于某个学生。

建立 Students 模型的 Relationships，点击+，修改关系名称为 profile，Destination 选择为 Profile，如图 23-10 所示，点击选择 profile 关系，在右边属性面板查看 Relationship 的设置，可以看到 Type 默认为 To One，表示一对一。

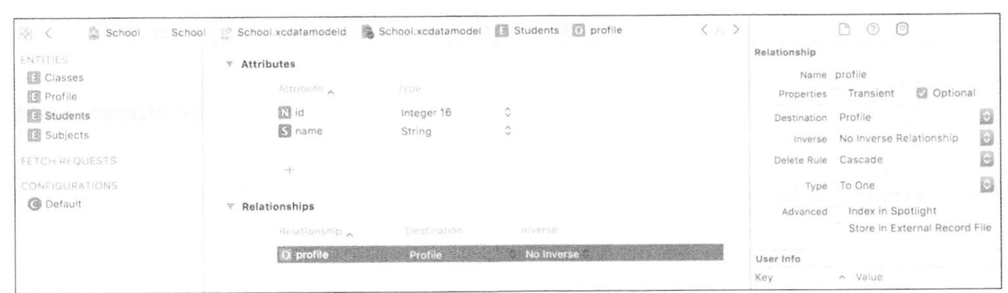

图 23-10

类似地建立 Profile 的 Relationships 属性，如图 23-11 所示。

图 23-11

设置 Profile 的 Relationships 的 Inverse 属性为 profile，Students 关系 profile 的 Inverse 属性自动为 student，如图 23-12 所示。

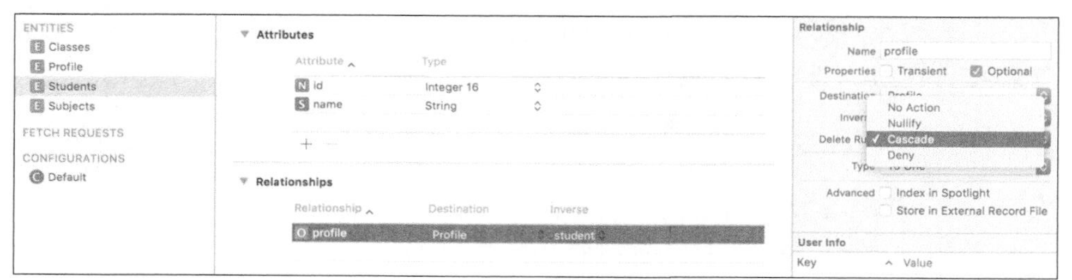

图 23-12

修改 Students 模型中 profile 的 Delete Rule 为 Cascade（级联删除），表示如果删除了某个 Students 对象，对应的 Profile 对象自动删除。

Delete Rule 有 4 种选项，说明如下。

- No Action：什么操作也不触发。
- Nullify：删除对象之间的关系，但是不删除任何对象。
- Cascade：级联删除，删除对象，同时删除管理的目标对象。
- Deny：删除对象不一定删除管理的 Destination 对象。只有当删除了最后一个对象时才触发删除对应的关联对象。

23.3.2 一对多

两个实体模型对象之间从一个对象到另外一个对象是一对一，反过来是多对一。班级和学生之间属于一对多的关系。Classes 与 Students 为一对多，表示一个班级有多个学生。Students 与 Classes 为一对一，表示一个学生只能属于一个班级。

23.3.3 多对多

两个实体模型对象之间从一个对象到另外一个对象是一对多，反过来也是一对多。学生和课程之间属于多对多的关系。Subjects 与 Students 为一对多，表示一门课程有多个学生参加学习。Students 与 Subjects 为一对多，表示一个学生参加多个课程的学习。

设置了所有对象之间的关系属性后，点击下面的 Editor Style 切换显示模式，看到所有对象之间的关系图，如图 23-13 所示。

可以看到，一对一的关系是一个小箭头，一对多关系是两个小箭头。关系是双向的，两个有关系的对象之间有两个方法的箭头连接。

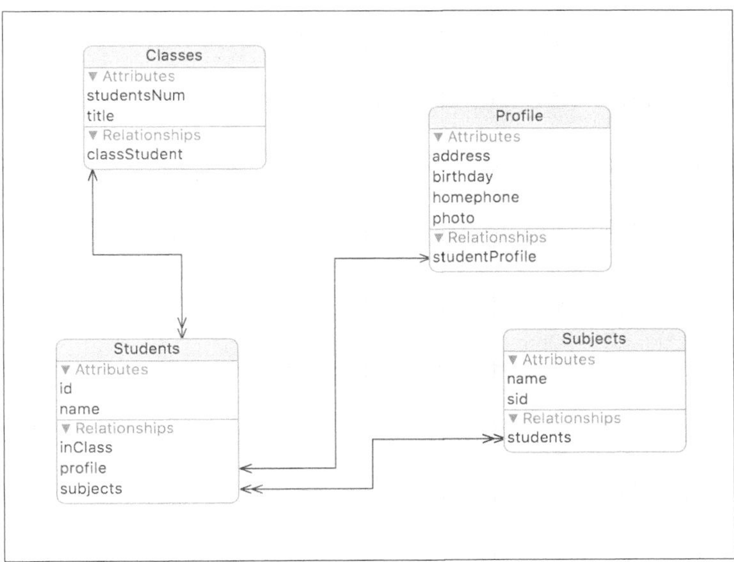

图 23-13

最后为所有的实体模型对象生成模型的管理对象类，来看一下 Students 生成的扩展类，Students 属性中，除了正常的属性字段还增加了关系属性字段，一对多的关系为 NSSet 类型。同时还生成了管理关系的 add/remove 接口方法，代码如下：

```
extension Students {
   @nonobjc public class func fetchRequest() -> NSFetchRequest<Students> {
      return NSFetchRequest<Students>(entityName: "Students");
   }
   @NSManaged public var id: Int16
   @NSManaged public var name: String?
   @NSManaged public var profile: Profile?
   @NSManaged public var inClass: Classes?
   @NSManaged public var subjects: NSSet?
}

extension Students {
   @objc(addSubjectsObject:)
   @NSManaged public func addToSubjects(_ value: Subjects)

   @objc(removeSubjectsObject:)
   @NSManaged public func removeFromSubjects(_ value: Subjects)

   @objc(addSubjects:)
   @NSManaged public func addToSubjects(_ values: NSSet)

   @objc(removeSubjects:)
   @NSManaged public func removeFromSubjects(_ values: NSSet)

}
```

可以通过关系属性直接赋值来维护两个对象之间的关系，也可以使用 add/remove 关系接口来维护对象之间的关系，通过代码完成对象间关系设置以后，执行 managedObjectContext 的 saveAction 方法实现关系的持久化存储。这样，应用重启运行后，只要查询获得实体模型对象，就可以通过关系属性字段来访问它的关联对象。

23.4 使用 Bindings 绑定管理对象

新建一个 CoreData 工程，命名为 ClassesManager。

实现一个简单的班级数据管理程序，班级列表使用 Table View 显示，表的数据使用 Cocoa 绑定技术，支持查询、增加、删除、修改和保存功能。View Controller 界面顶部是 Search Field 控件，底部是 3 个 Button 控件，修改 Window Controller 中的 Window 的 title 为 Classes Manager，完成界面设计，如图 23-14 所示。

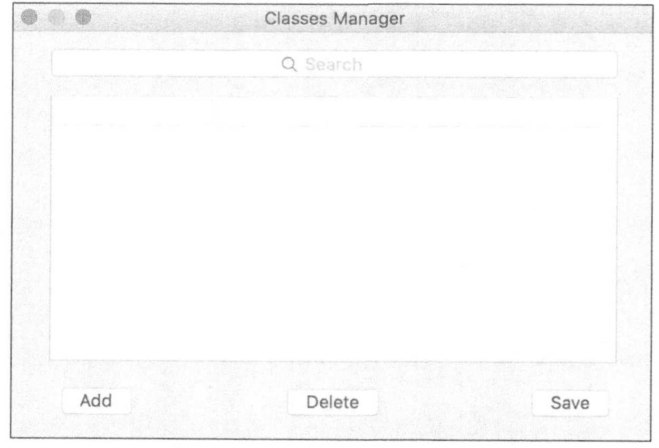

图 23-14

从前面第一个工程中的 School.xcdatamodeld 中选择模型，复制并粘贴到本工程的 ClassesManager.xcdatamodeld 文件中。使用 Editor 菜单中的模型类自动生成的方法生成 Classes 班级模型的管理类。

1．封装 CoreData 对象类 CoreDataManager

把系统在 AppDelegate 生成的 CoreData 对象栈相关属性方法统一抽取到独立的 CoreDataManager 类中。同时在 ViewController 中定义一个 lazy 属性变量 classesManager，代码如下：

```
class ViewController: NSViewController {
   @objc dynamic lazy var classesManager: ClassesManager = {
      return ClassesManager()
   }()
}
```

2．NSArrayController 绑定

从控件工具箱新增一个 NSArrayController 对象，设置它的属性 Object Controller 部分 Mode 选择 Entity Name，Entity Name 输入班级模型 Classes，如图 23-15 所示。

切换到 NSArrayController 的绑定面板，在 Parameters 部分 Bind to 选择 View Controller,，Model Key Path 输入 self.classesManager.managedObjectContext 完成 ArrayController 的绑定设置，如图 23-16 所示。

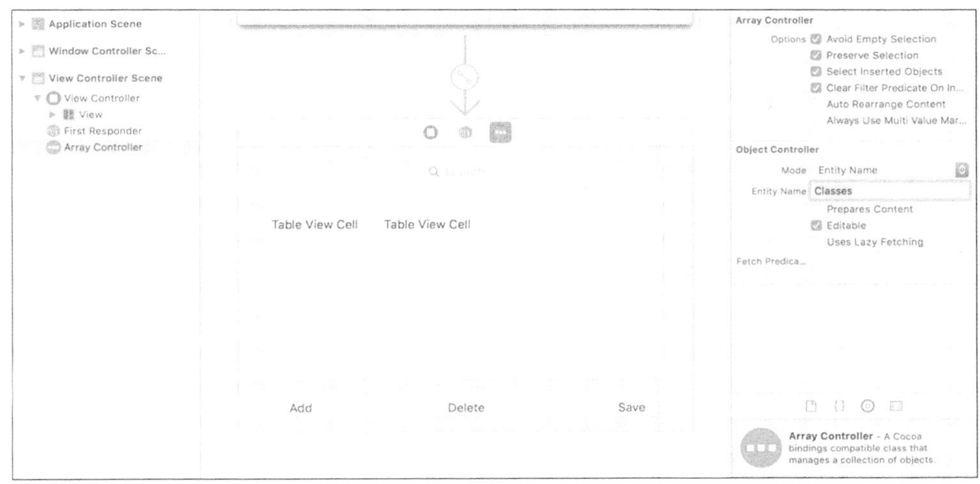

图 23-15

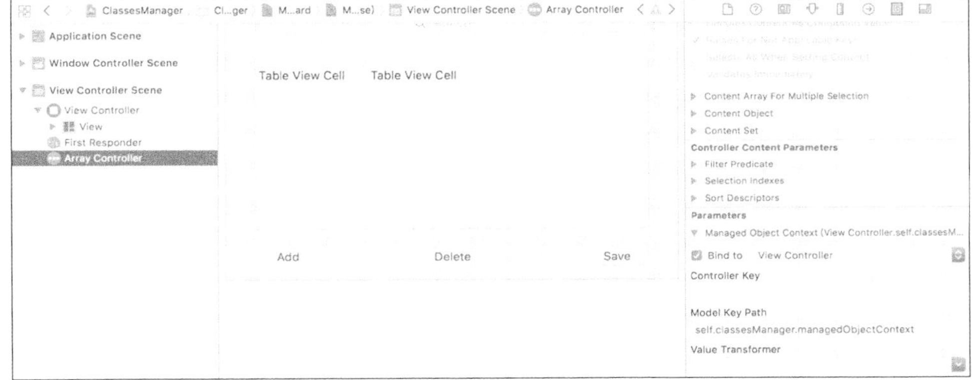

图 23-16

3．NSTableView 绑定设置

分别选择表的两个列，修改 Table Column 中的 title，切换到 Bindings 面板，选择 Value 绑定到 Array Controller，Controller Key 设置为 arrayedObjects，如图 23-17 所示。分别选择表的每个列 Cell 里面的 Text Field，Bind to 设置为 Table Cell View，Model Key Path 设置为 objectValue.title。其中 objectValue 代表当前的实例对象模型的班级类，title 表示班级名称。另外一个列中的 Text Field 类似地设置绑定。

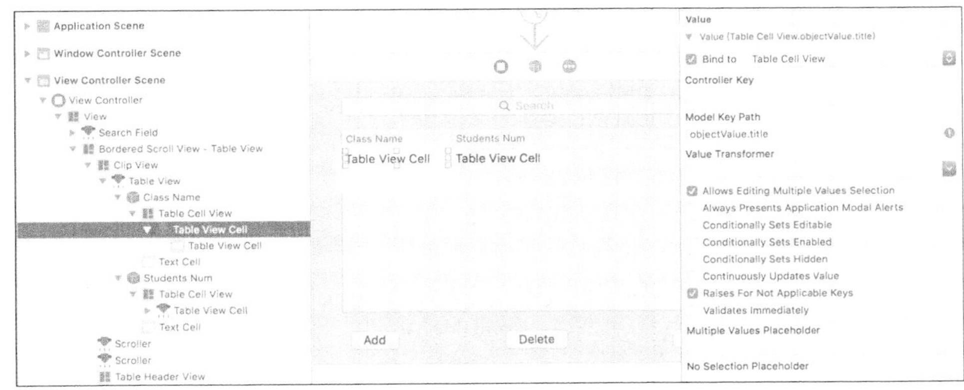

图 23-17

每个列 Cell 里面的 Text Field 默认是不支持编辑的，无法进行键盘输入，需要将 Behavior 设置为 Editable，如图 23-18 所示。

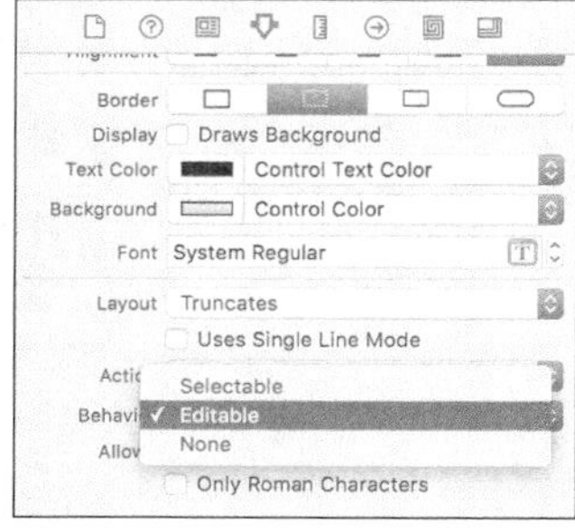

图 23-18

这里有一个问题需要注意，每个列 Cell 里面的 Text Field 默认是支持文本输入的，也就是说，对应的模型类中的属性也必须是 NSString 类型的。Classes 模型类中 studentsNum 属性是数字类型的，因此直接使用默认的 Text Field 执行数据保存时会抛出异常。

我们需要使用控件工具箱中的 Text Field with Number Formatter 来替换默认的控件，直接拖放到左边导航区 Cell 上面，删除以前的 Text Field，重新设置新的 Text Field 绑定，如图 23-19 所示。

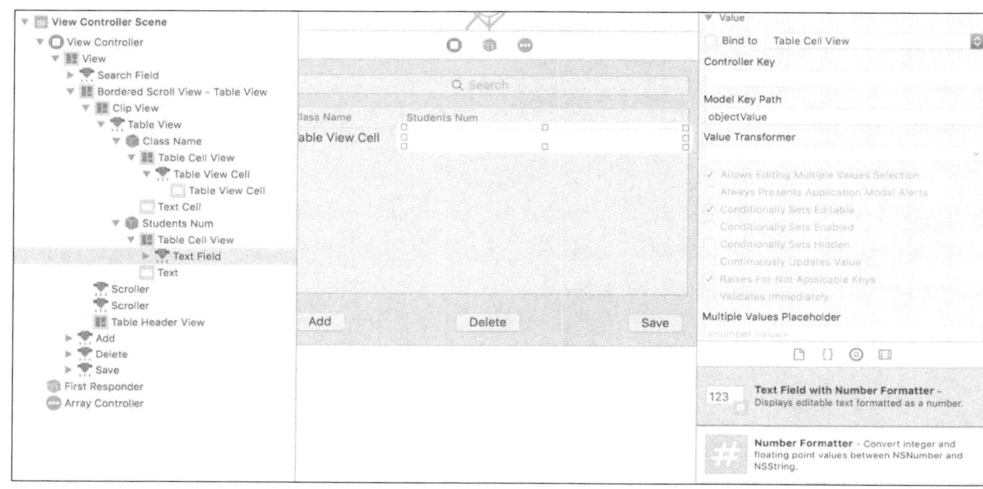

图 23-19

4. Array Controller 数据加载

将图 23-19 中 View Controller Scene 里面的 Array Controller 对象绑定到 ViewController 类中的 IBOutlet 变量 arrayController，同时在 viewDidLoad 方法中增加 fetch 方法，由于 arrayController 的 CoreData 上下文绑定到 classesManager 属性变量 managedObjectContext，因此能实现启动后自动加载模型数据。相关代码如下：

```
override func viewDidLoad() {
    super.viewDidLoad()
    try? self.arrayController.fetch(with: nil, merge: false)
}
```

5. 实现 Add 方法

绑定 Add 按钮 Send Action 到 addClassesAction，代码如下：

```
@IBAction func addClassesAction(_ sender: NSButton){
    let classes = NSEntityDescription.insertNewObject(forEntityName: "Classes", into: self.
classesManager.managedObjectContext) as!
Classes
    classes.title = "unTitled";
    classes.studentsNum = 0;
}
```

6．实现 Delete 删除方法

通过对象上下文删除模型对象，代码如下：

```
@IBAction func deleteClassesAction(_ sender: NSButton){
   let selectedObjects:[Classes]  = self.arrayController.selectedObjects as! [Classes]
   for classObject: Classes  in selectedObjects {
      self.classesManager.managedObjectContext.delete(classObject)
   }
}
```

7．实现 Save 保存方法

```
@IBAction func saveAction(_ sender: NSButton){
   self.classesManager.saveAction(sender)
}
```

8．实现查询方法

将界面顶部 Search Field 控件的 Send Action 绑定到 queryClassesAction，实现实时查询。用户输入的查询条件只要有变化就立即执行查询。输入的文本串转化为 NSPredicate 查询语句可能是无效的，因此使用了@try @catch 捕获异常，避免转化失败程序异常 Crash 退出，代码如下：

```
@IBAction func queryClassesAction(_ sender: NSSearchField) {
   let content = sender.stringValue
   if content.characters.count <= 0 {
      return
   }
   let predicate: NSPredicate = NSPredicate(format:content)
   self.arrayController.filterPredicate = predicate
}
```

运行 App，第一次启动没有任何数据，点击 Add 可以新增数据，直接在表单元编辑数据。点击 Save 保存数据。第二次运行 App 后发现已经可以显示上次 Add 的数据了。

选择某一行数据，点击可以删除。输入查询条件，可以实现数据过滤查询，如图 23-20 所示。

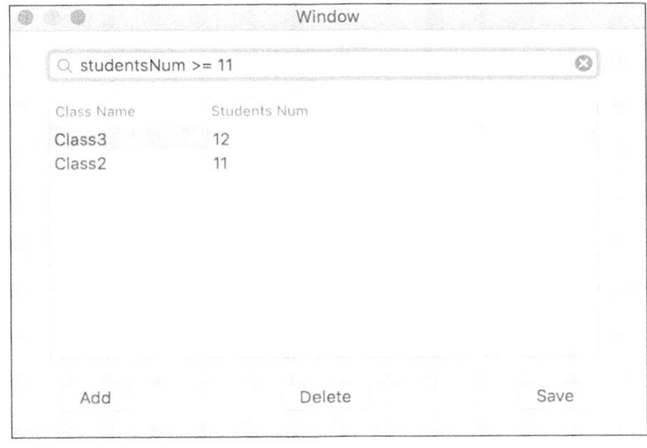

图 23-20

23.5 撤销/重做操作的支持

NSManagedObjectContext 天然支持撤销/重做操作，无须任何编码。如果需要 App 顶部 Edit 菜单中的撤销/重做响应操作，有以下两种方法。

（1）配置 managedObjectContext 使用 View Controller 的 undoManager。注意是在 viewDidAppear

方法中，没有放在 viewDidLoad，原因是此时 View Controller 的 undoManager 获取为 nil，必须等界面加载完成后才会获得。

```
override func viewDidAppear() {
   self.classesManager.managedObjectContext.undoManager = self.undoManager
}
```

（2）修改 Edit 菜单撤销/重做事件响应方法，重新绑定如下：

```
@IBAction func undo(_ sender: AnyObject){
   self.classesManager.managedObjectContext.undoManager?.undo()
}

@IBAction func redo(_ sender: AnyObject){
   self.classesManager.managedObjectContext.undoManager?.redo()
}
```

23.6 版本升级迁移

开发过程中数据模型可能随着 App 版本的不断演进，原来的对象模型需要改变来适应新的开发需求，我们把这样的改变称为版本模型迁移。版本迁移分为简单的轻量级迁移和复杂的基于映射的迁移。

轻量级迁移具备如下特征：

- 增加/删除 Attribute 属性；
- Entity 实体修改名称；
- 增加 Entity 实体；
- Attribute 属性 optional 或 non-optional 修改；
- Property 改变。

23.6.1 轻量级迁移

1. 建立新模型版本，完成迁移

Editor 菜单中点击 Add Model Version，输入名称 SchoolV2 完成新版本的建立，新建的版本并不会立即使用，必须选择启用新版本。

在 Model Version 下的 current 选择新建的版本名称 SchoolV2，如图 23-21 所示。

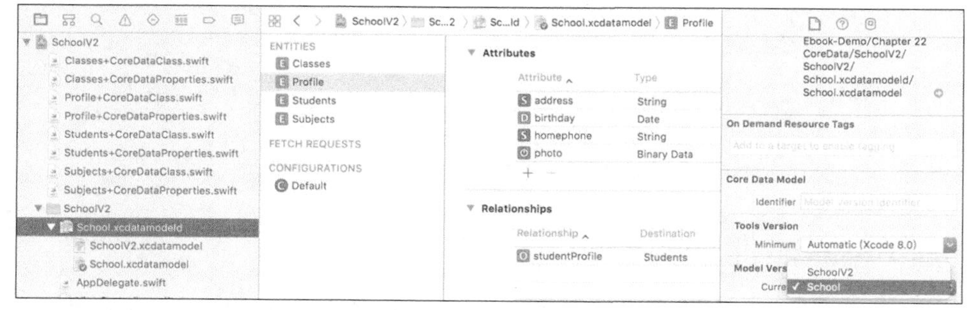

图 23-21

新建老师 Teacher 实体模型，同时修改 Classes 模型，新增 photo 班级合影照片和 slogan 班级口号两个属性字段，同时新增两个关系：teacher 老师关系和 monitor 班长关系，如图 23-22

和图 23-23 所示。

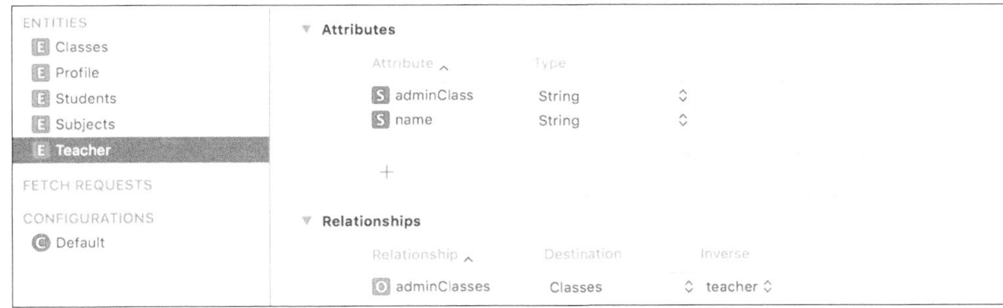

图 23-22

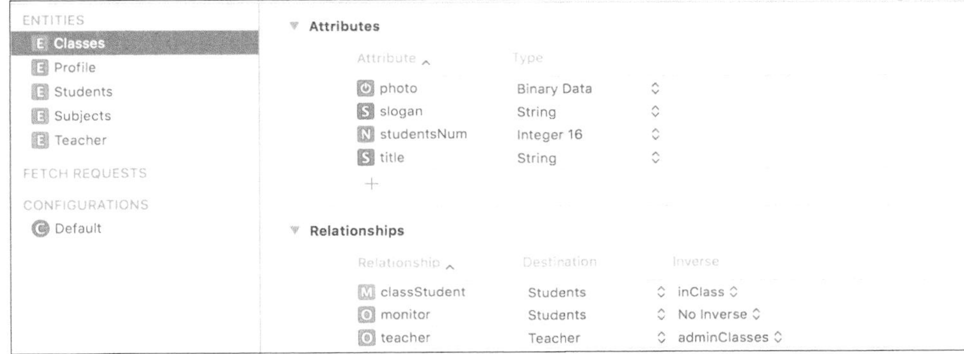

图 23-23

运行 App 控制台输出错误，提示模型不兼容错误。

```
The managed object model version used to open the persistent store is incompatible with the
one that was used to create the persistent store
```

修改 NSPersistentStoreCoordinator 懒加载方法，其中执行 coordinator 的 addPersistentStore 方法时增加 options 参数，代码如下：

```
lazy var persistentStoreCoordinator: NSPersistentStoreCoordinator = {
    ...
let options: Dictionary<String,Bool> = [NSMigratePersistentStoresAutomaticallyOption:true,
   NSInferMappingModelAutomaticallyOption:true]
     try coordinator!.addPersistentStore(ofType: NSXMLStoreType, configurationName: nil,
     at: url, options: options)

}
```

再次运行 App 已经正常了。轻量级版本迁移就这么简单，设置了 options 参数，其他不需要任何代码编写就自动完成了。

2. 实现班级图片和口号增加的新功能

班级 Classes 模型类重新生成，代码如下：

```
extension Classes {
   @nonobjc public class func fetchRequest() -> NSFetchRequest<Classes> {
      return NSFetchRequest<Classes>(entityName: "Classes");
   }
   @NSManaged public var studentsNum: Int16
   @NSManaged public var title: String?
   @NSManaged public var classStudent: NSSet?
   @NSManaged public var monitor: Students?
```

```
    @NSManaged public var teacher: NSManagedObject?
}
```

NSTableView 新增两列，分别用于 photo 和 slogan 显示。类似地完成列和单元格中的控件到模型属性字段的绑定。注意，先要将 Photo 列中默认的 Text Field 控件删除，在它上面添加一个 Image View 控件，Image View 绑定 Data 部分，如图 23-24 所示。

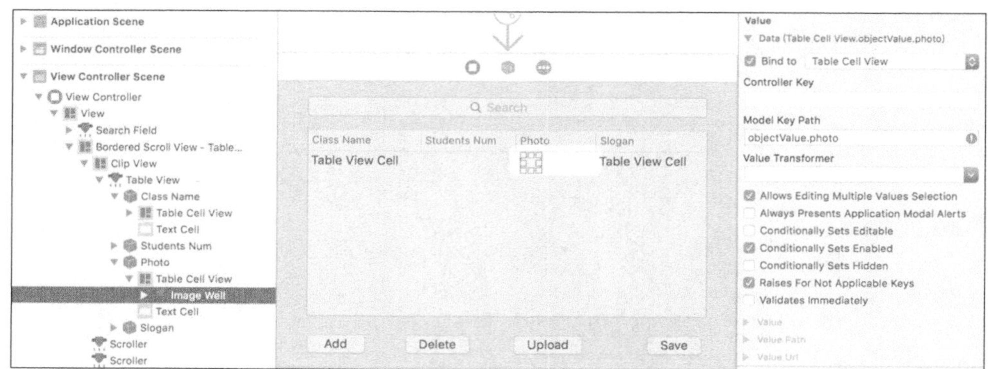

图 23-24

运行后会出现告警：Deprecated Binding Warning: 'data' binding of class NSImageView is deprecated. You will only see this warning once。

先忽略这个告警，苹果公司鼓励 ImageView 绑定 Value 字段到 NSImage，实际上我们的模型类中 photo 字段是 Data 类型，需要我们使用 ValueTransformer 转化技术去生成一个类作为 Value Transformer。

我们在界面上新增一个 Upload 按钮用来实现图片选择，并不是真正的网络上传，绑定按钮事件方法代码如下：

```
@IBAction func uploadPhotoAction(_ sender: NSButton){
    let index = self.tableView.selectedRow
    if index < 0 {
        return
    }
    self.openSelectClassPhotoFilePanel()
}

func openSelectClassPhotoFilePanel() {
    let openDlg = NSOpenPanel()
    openDlg.canChooseFiles = true
    openDlg.canChooseDirectories = false
    openDlg.allowsMultipleSelection = false
    openDlg.allowedFileTypes = ["png"]
    openDlg.begin(completionHandler: { [weak self]  result in
        if(result.rawValue == NSFileHandlingPanelOKButton){
            let fileURLs = openDlg.urls
            for url:NSURL in fileURLs  {
                let image = NSImage(contentsOf: url as URL)
                let imageRepresentations = image?.representations
                let imageData = NSBitmapImageRep.representationOfImageReps(in: imageRepresentations!,
                    using: .png, properties: [:])
                let arrangedObjects = self?.arrayController.arrangedObjects as! [Classes]
                let index = self?.tableView.selectedRow
                let classObj = arrangedObjects[index!]
                classObj.photo = imageData;
```

```
            }
        }
    })
}
```

最终运行界面如图 23-25 所示。

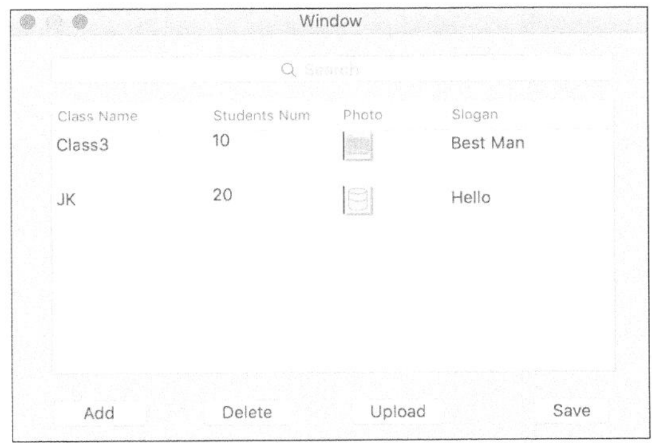

图 23-25

23.6.2 基于模型映射的迁移

随着需求的变更和功能的扩展，我们准备将班级 Classes 进行拆分，新建一个 ClassInfo 实体模型，存储班级的资料信息。

在 Editor 菜单中 Model Version 下的 current 选择新建的版本名称 SchoolV3，同时启用 SchoolV3 为 Current 版本。

Classes 模型中删除 photo 和 slogan 属性，如图 23-26 所示。

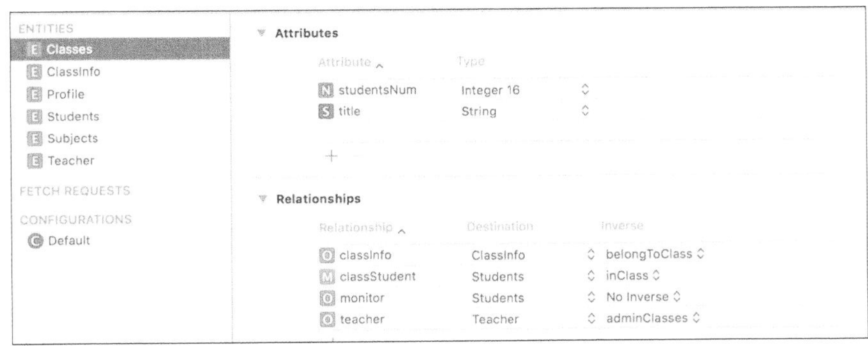

图 23-26

新建的 ClassInfo 包括 motto、photo 和 video 字段。其中 motto 是由原来的 slogan 修改而来，video 是新增字段，photo 来自原 Classes，没有变化，如图 23-27 所示。

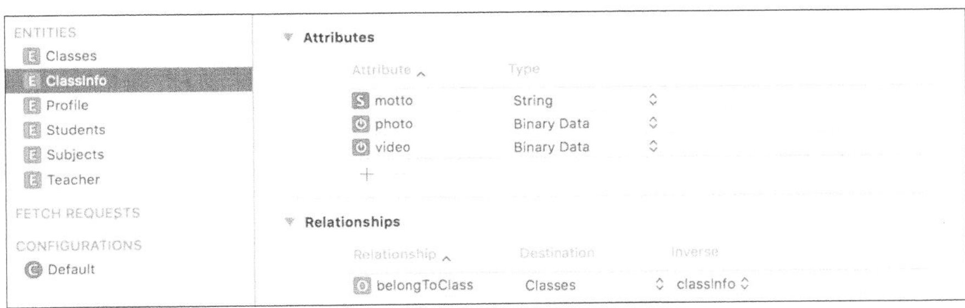

图 23-27

从左边工程文件导航树选择所有实体模型类删除，点击 File 菜单新建所有的实体模型对象。

新建文件，选择 Mapping Model，点击 Next 继续选择 Source Model 文件为 SchoolV2，Target Model 为 SchoolV3，命名为 SchoolV2_V3，完成创建 Mapping Model，如图 23-28 所示。

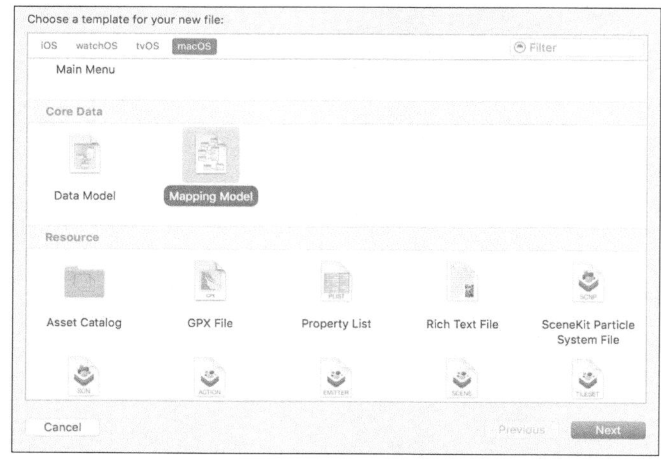

图 23-28

1．ClassesInfo 相关的 Mappings 配置

从左边工程文件列表选择 SchoolV2_V3，再从 ENTITY MAPPINGS 中选择 ClassInfo，如图 23-29 所示。

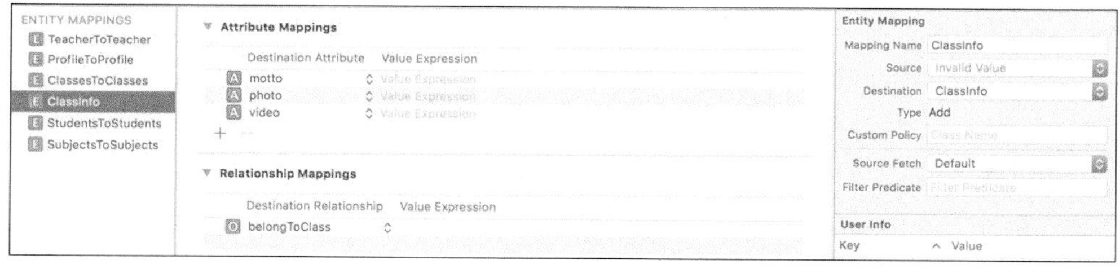

图 23-29

（1）Attributes 映射。$source:表示老版本的模型对象，$destination:表示新版本的模型对象，在右边面板 Entity Mapping 的 source 中选择 Classes，Mapping Name 自动变成 ClassesToClassInfo，表示从 Classes 到 ClassInfo 的一个映射，看到中间 Attributes Mappings 中 photo 已经定义为$source.photo，如图 23-30 所示。

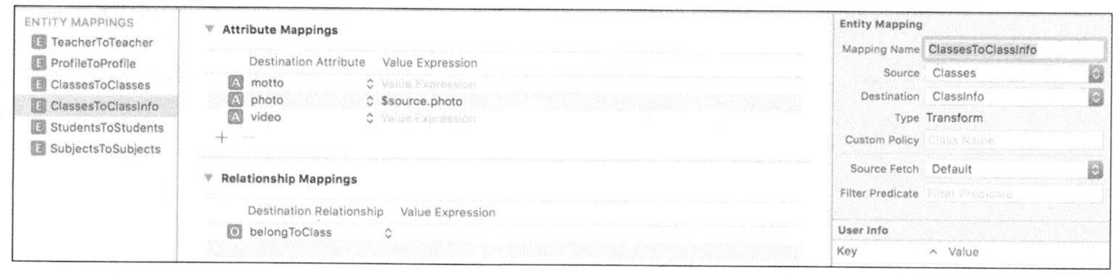

图 23-30

在中间 Attribute Mappings 中 motto 字段 Value Expression 输入为$source.slogan，新增 video 没有映射关系，不用输入任何东西。

（2）Relationships 映射。如图 23-31 所示，点击 Relationship Mappings 部分下面的 belongToClass，右边面板切换到 Relationship Mapping，Key Path 输入$source，Mapping Name

选择 ClassesToClasses

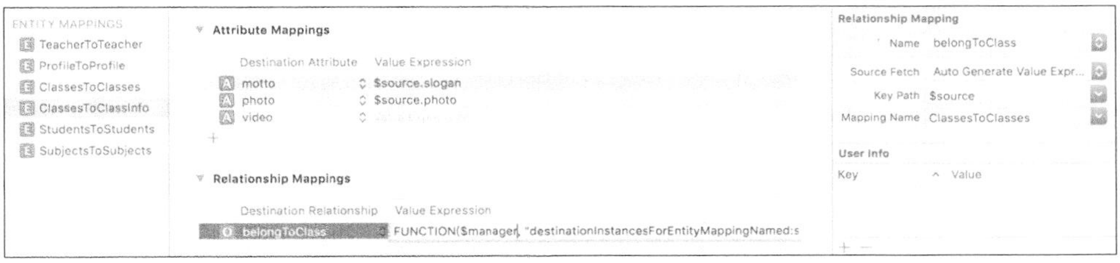

图 23-31

2. Classes 相关的 Mappings 配置

Attributes 不需要进行任何设置，只需要完成 Relationships 映射。点击 Relationship Mappings 部分下面的 classInfo，右边面板切换到 Relationship Mapping，Key Path 输入$destination，Mapping Name 选择 ClassesToClassesInfo，如图 23-32 所示。

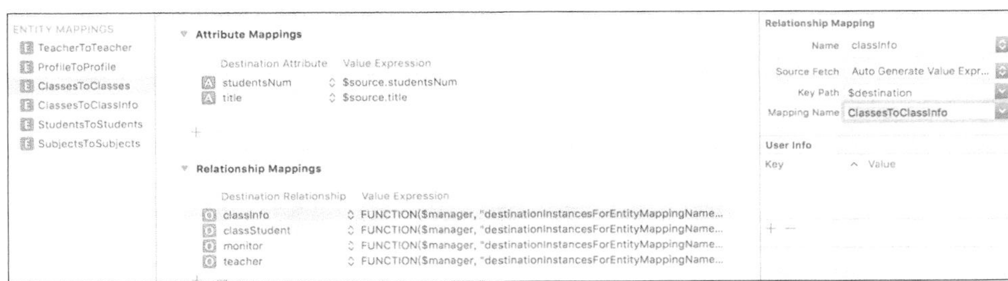

图 23-32

3. 修改 NSTableView 绑定属性

修改 ImageView 的绑定 Model Key Path 为 objectValue.classInfo.photo，修改 Slogan TextField 绑定 Model Key Path 为 objectValue.classInfo.motto。

4. 修改 NSPersistentStoreCoordinator 初始化设置

将 options 中 NSInferMappingModelAutomaticallyOption 参数修改为 false，代码如下：

```
let options: Dictionary<String,Bool> = [NSMigratePersistentStoresAutomaticallyOption:true,
   NSInferMappingModelAutomaticallyOption:false]
try coordinator!.addPersistentStore(ofType: NSXMLStoreType, configurationName: nil, at:
   url, options: options)
```

运行 App，原来的数据完美地显示出来了，如图 23-33 所示。

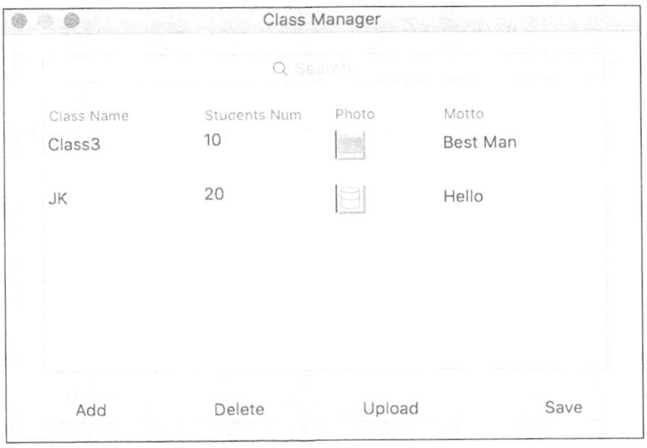

图 23-33

第 24 章

HTTP 网络编程

HTTP 网络应用协议是互联网上最伟大的发明之一，是信息交换传输最基本的协议。为了增强数据传输的安全性，防止数据被窃听或篡改，又衍生出了基于加密通道的 HTTP 安全传输协议，称之为 HTTPS。

HTTP 是一种客户-服务器间请求响应的无状态的数据交换，多个请求之间是没有关联的，而 Cookie 技术允许 Client 携带客户端状态信息给服务端，这样就可以在复杂、多次交互有关联的多个请求之间共享数据，实现 HTTP 请求之间的状态管理。HTTP 的缓存技术在一些场景下能提升系统的响应速度和性能。

Cocoa 中网络编程经过了不同时期、两个阶段的演进，第一个阶段（iOS 7 和 OS X 10.9 之前）是围绕 URLConnection 提供了一组相关辅助类和代理协议接口；第二个阶段（iOS 7 及之后和 OS X 10.9 及之后）提供了以 URLSessionTask 任务为中心的一组相关辅助类和代理协议接口，支持后台的网络请求处理，功能更为强大。

URL Connection 网络请求处理过程可以简单概括如下。

（1）构造 URLRequest 对象，设置 HTTP 请求相关的各种参数，包括设置缓存数据的规则。

（2）如果需要 Cookie 设置，可以通过 URLHTTPCookieStorage 设置，设置完成后对当前应用中所有后续的请求都有效，是全局的。

（3）如果是同步请求，则等待数据返回后结束任务。

（4）如果是异步请求，创建 URLConnection 对象，设置它的代理，发起网络请求。

（5）根据需要实现相关的代理方法，完成请求响应、数据接收、访问控制验证、缓存处理等。

图 24-1 给出了以 URLConnection 为核心的相关类。

图 24-1 中的 NSURLDownload 和 NSURLDownloadDelegate 仅 macOS 支持，iOS 不支持。

URLSessionTask 具体分为 4 种简单的数据请求任务、上传任务、下载任务和流处理任务。每个任务都是通过 URLSession 创建的，Session 有 3 种配置类型。

（1）默认的 Sessions：类似于 URLConnection 的行为，将缓存和 Cookie 存储到硬盘，证书存储到钥匙串 keyChain 中。

（2）临时 Sessions：缓存数据、Cookie、证书等信息全部存储在内存中，当 Session 失效后自动清除。

（3）后台 Sessions：类似于默认的 Sessions，不同的是当应用在后台挂起时能继续运行任务这个配置同时可以对 Cookie、缓存和认证方式进行统一的配置。

这样我们可以简单地理解 URLSession 为一组相同配置类型的任务队列，可以创建多个任务并发异步地执行。

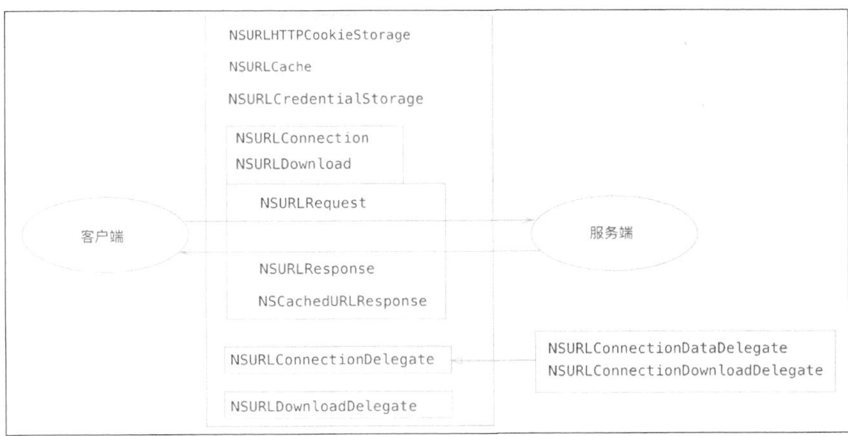

图 24-1

对每个 Task，我们可以使用系统默认的代理方法，仅提供一个任务执行完的 Block 回调；或者根据不同的任务类型，实现代理协议方法来对任务过程的响应进行处理。

图 24-2 给出了以 URLSessionTask 为核心的相关类。

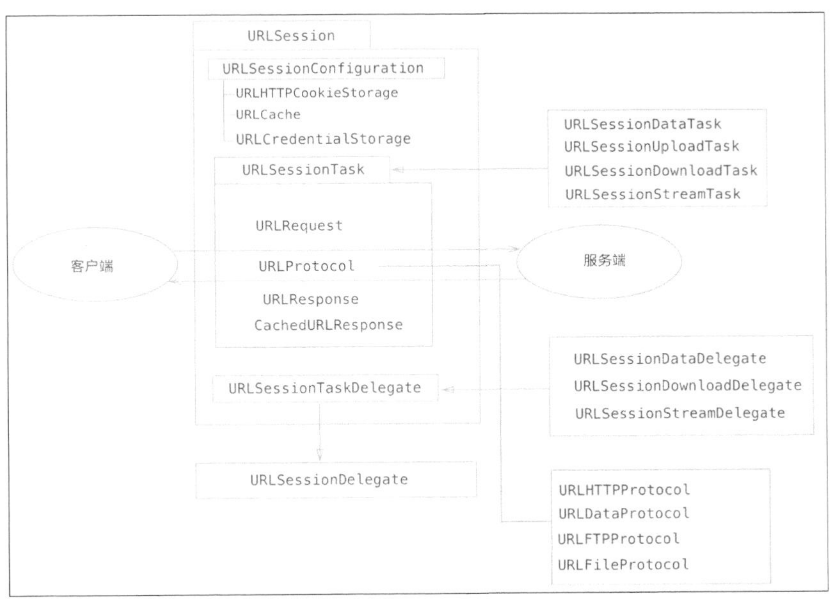

图 24-2

推荐使用最新的基于 URLSessionTask 的相关类去完成网络任务的处理，因此本章会重点介绍 URLSession 和 URLSessionTask 的相关使用。

24.1 简单的数据请求

对于应用中常见的 API 数据请求接口，可以非常方便地使用采用默认的代理 URLSession，通过任务完成的回调方式处理接收的数据，也可以自定义实现代理方法进行数据的接收处理。

24.1.1 使用系统默认方式创建 URLSession

使用系统默认的代理方式的基本流程如下。

（1）创建一个默认类型的 Session 配置。

（2）基于 Session 配置创建 URLSession，对于使用系统默认的代理进行收到数据处理的情况下，设置 URLSession 的 delegate 参数为 nil，同时设置代理执行的队列为主线程队列，在此也可以创建自己的私有队列来处理。

（3）构造 URLRequest 对象，第一个参数为接口的 url 路径；第二个参数为缓存规则，设置为协议约定的策略（缓存规则类型我们将在后面缓存章节详细说明）；第三个参数为超时时间，单位为秒。

（4）设置 HTTP 请求为 POST 方式，设置消息头中的 content-type 类型为 form 编码形式。最后将 post 参数从 String 类型转换为 Data 类型，作为 URLRequest 的 HTTPBody 数据。

（5）通过 Session 创建任务，completionHandler 定义了任务完成的回调。

整个过程代码如下：

```
let   kServerBaseUrl = "http://127.0.0.1/iosxhelper/SAPI"
func urlSessionNoDelegateTest() {
   let defaultConfigObject = URLSessionConfiguration.default
   let session = URLSession(configuration: defaultConfigObject, delegate: nil, delegateQueue:
      OperationQueue.main)
   // baseURL 拼接路径 path  VersionCheck
   let url = URL(string: kServerBaseUrl + "/VersionCheck")!

   var request = URLRequest(url: url, cachePolicy: .useProtocolCachePolicy, timeoutInterval: 30)
   request.httpMethod = "POST"
   request.setValue("application/x-www-form-urlencoded", forHTTPHeaderField: "content-type")
   let post = "versionNo=1.0&platform=Mac&channel=appstore&appName=DBAppX"
   let postData = post.data(using: String.Encoding.utf8)
   request.httpBody = postData

   let dataTask = session.dataTask(with: request,
      completionHandler: {(data, response, error) -> Void in
          let responseStr = String(data: data!, encoding: String.Encoding.utf8)
          print("data =\(responseStr)")
   })
   dataTask.resume()
}
```

24.1.2 使用自定义的代理方法创建 URLSession

创建 session 时设置代理参数，task 的创建也变得简单，传入 request 参数即可。下面的代码仅写出了变化的部分，其他代码与上面系统默认代理中的完全一样。

有一个特别需要注意的问题，由于 session 对 delegate 是 retain 强引用，如果任务完成后 session 不再被使用，需要调用 session 的 finishTasksAndInvalidate 方法完成对 delegate 的释放，避免产生内存循环引用。

```
func urlSessionDelegateTest(){
   // 使用默认对配置
   let defaultConfigObject = URLSessionConfiguration.default
   // 创建 session 并设置它的代理
   let session = URLSession(configuration: defaultConfigObject, delegate: self, delegateQueue:
      OperationQueue.main)
   let url = URL(string: kServerBaseUrl + "/VersionCheck")!
   var request = URLRequest(url: url, cachePolicy: .useProtocolCachePolicy, timeoutInterval: 30)
```

```
    request.httpMethod = "POST"
    request.setValue("application/x-www-form-urlencoded", forHTTPHeaderField: "content-type")
    let post = "versionNo=1.0&platform=Mac&channel=appstore&appName=DBAppX"
    let postData = post.data(using: String.Encoding.utf8)
    request.httpBody = postData

    let dataTask = session.dataTask(with: request)
    dataTask.resume()
}
```

ViewController 中，声明一个 buffer 的全局属性变量用来存储返回的数据，如下：

```
var buffer: Data = Data()
```

实现代理协议方法，代码如下：

```
extension ViewController: URLSessionDataDelegate {
    // 此代理方法为可选,用来控制请求,有 4 种参数可以设置(取消任务、继续进行、转为下载任务、转为流式任务)
    // 不实现此代理方法时默认为允许继续进行任务。
    func urlSession(_ session: URLSession, dataTask: URLSessionDataTask, didReceive response:
        URLResponse, completionHandler: @escaping (URLSession.ResponseDisposition) -> Swift.Void) {
        completionHandler(.allow)
    }

    func urlSession(_ session: URLSession, dataTask: URLSessionDataTask, didReceive data:
        Data) {
        // 缓存接收到的数据
        self.buffer.append(data)
    }

    func urlSession(_ session: URLSession, task: URLSessionTask, didCompleteWithError error:
        Error?) {
        let responseStr = String(data: self.buffer, encoding: String.Encoding.utf8)
        print("didReceive data =\(responseStr)")
        // 释放 session 资源
        session.finishTasksAndInvalidate()
    }
}
```

使用自定义的代理方式可以实现更加灵活的控制，包括是否允许缓存、对接收到的数据可以灵活处理。

24.1.3 创建 URLSession 使用 POST 方式传递数据

除了前面使用 URLSessionTask，通过在 URLRequest 请求的 Body 中设置 POST 的 Data 数据，相关代码如下：

```
func uploadDataPostTest() {
    // 使用默认的配置
    let defaultConfigObject = URLSessionConfiguration.default
    // 创建 session
    let session = URLSession(configuration: defaultConfigObject, delegate: nil, delegateQueue:
        OperationQueue.main)

    let url = URL(string: kServerBaseUrl + "/VersionCheck")!
    var request = URLRequest(url: url, cachePolicy: .useProtocolCachePolicy, timeoutInterval: 30)

    request.httpMethod = "POST"
    request.setValue("application/x-www-form-urlencoded", forHTTPHeaderField: "content-type")
```

```
    let post = "versionNo=1.0&platform=Mac&channel=appstore&appName=DBAppX"
    let postData = post.data(using: String.Encoding.utf8)
    let uploadTask = session.uploadTask(with: request, from: postData, completionHandler:
       {(data, response, error) -> Void in

       let responseStr = String(data: data!, encoding: String.Encoding.utf8)
       print("uploadTask data =\(responseStr)")

    })
    uploadTask.resume()
}
```

另外，还可以使用 URLSessionUploadTask 的 Data 参数接口以 POST 方式进行数据上传。

24.2 文件下载

使用 URLSessionDownloadTask 类来完成文件下载，只要指定下载文件的 URL 创建下载任务，实现相关的代理协议方法即可。文件下载过程中会写入临时文件，下载完成后需要复制到指定的地方。

URLSessionDownloadTask 是边下载边写入临时文件，因此在下载过程中对内存的占用不会随着文件增大而无限增大，因此使用它可以进行大文件的下载。

24.2.1 创建下载任务

以 url 为参数，通过 session 的 downloadTask 方法创建下载任务，代码如下：

```
func urlSessionDownloadFileTest() {
   let defaultConfigObject = URLSessionConfiguration.default
   // 创建 session 指定代理和任务队列
   let session = URLSession(configuration: defaultConfigObject, delegate: self, delegateQueue:
      OperationQueue.main)
   // 指定需要下载的文件 URL 路径
   let url = URL(string: "https://raw.githubusercontent.com/javaliker/SwiftSQLiteApp/master/
      Browse.png")!
   // 创建 Download 任务
   let task = session.downloadTask(with: url)
   task.resume()
}
```

24.2.2 实现下载代理协议

下载代理协议中最关键的是需要完成实现下载完成和下载进度回调的处理。

（1）文件下载完成回调：下载结束对文件进行保存处理。

（2）下载过程中进度回调：主要进行进度统计，bytesWritten 参数为本次回调通知时下载完成的数据长度，totalBytesWritten 为目前为止下载的数据总长度，totalBytesExpectedToWrite 为文件的总长度。

```
extension ViewController: URLSessionDownloadDelegate {
   // 下载完成
   func urlSession(_ session: URLSession, downloadTask: URLSessionDownloadTask,
      didFinishDownloadingTo location: URL) {
      // 获取原始的文件名
```

```
        let fileName = downloadTask.originalRequest?.url?.lastPathComponent
        let fileManager = FileManager.default

        // 要保存的路径
        let downloadURL = URL(fileURLWithPath: NSHomeDirectory()).appendingPathComponent
            ("Downloads").appendingPathComponent(fileName!)

        // 从下载的临时路径移动到期望的路径
        do {
            try fileManager.moveItem(at: location, to: downloadURL)
        }
        catch let error {
            print("error \(error)")
        }
    }
    // 接收到数据以后的回调
    func urlSession(_ session: URLSession, downloadTask: URLSessionDownloadTask, didWriteData
        bytesWritten: Int64, totalBytesWritten: Int64, totalBytesExpectedToWrite: Int64) {
        print("receive bytes \(bytesWritten) of totalBytes \(totalBytesExpectedToWrite)")
    }
}
```

24.3 文件上传

进行文件上传编码之前，先搭建一个服务器环境。下载 XAMPP for macOS 版本完成安装，运行 manager-osx.app，进入它的 Manager Servers 面板，启动 Apache Web Server，完成 Web 服务器启动。

24.3.1 流式文件上传客户端代码编写

使用 URLSession 的 uploadTask 方法完成文件上传，其中 Content-Type 设置为 application/octet-stream，表示为流的方式上传数据。相关代码如下：

```
func urlSessionUploadFileTest() {
    let uploadURL = URL(string: "http://127.0.0.1/fileUpload.php")!
    var request = URLRequest(url: uploadURL)
    request.httpMethod = "POST"
    // 要上传的路径，假设 Documents 目录下面有个 AppBkIcon.png 文件
    let uploadfileURL = URL(fileURLWithPath: NSHomeDirectory()).appendingPathComponent
        ("Documents").appendingPathComponent("AppBkIcon.png")
    request.setValue("application/octet-stream", forHTTPHeaderField: "Content-Type")

    let defaultConfigObject = URLSessionConfiguration.default
    let session = URLSession(configuration: defaultConfigObject, delegate: self, delegateQueue:
        OperationQueue.main)
    let uploadTask = session.uploadTask(with: request, fromFile: uploadfileURL, completionHandler
        : {(data, response, error) -> Void in
        if error != nil {
            print("error =\(error)")
        }
    })
    uploadTask.resume()
}
```

上传的进度回调的代理方法代码如下：

```
extension ViewController: URLSessionTaskDelegate {
   func urlSession(_ session: URLSession, task: URLSessionTask, didSendBodyData bytesSent:
      Int64, totalBytesSent: Int64, totalBytesExpectedToSend: Int64) {
       print("Send bytes \(bytesSent) of totalBytes \(totalBytesExpectedToSend)")
   }
}
```

文件上传服务端代码使用 PHP 编写，创建一个名为 fileUpload.php 的 php 脚本文件，将这个文件复制到 XAMPP 的 htdocs 根目录即可完成服务端接口发布，然后客户端代码就可以测试了。fileUpload.php 文件相关代码如下：

```
<?php
   // 上传后保存的文件路径和名称
   $file = 'upload/recording.png';

   // 获取上传的内容
   $request_body = @file_get_contents('php://input');

   // 获取文件信息
   $file_info = new finfo(FILEINFO_MIME);

   // 解析文件 mime 类型
   $mime_type = $file_info->buffer($request_body);

   // 根据 mime 类型处理
   switch($mime_type)
   {
      case "image/png; charset=binary":
         // 写文件到指定路径
         file_put_contents($file, $request_body);
         break;
      default:

   }
?>
```

24.3.2 表单文件上传客户端代码编写

将文件数据按表单（form）格式进行组装，最后使用 URLSessionUploadTask 的 fromData 形式的方法上传数据。其中 Request 的 URL 参数为 HTML 表单中 action 对应的 url 路径，文件内容以 Data 二进制流的形式进行上传，代码如下：

```
func urlSessionUploadFormFileTest(){
   // 服务端上传的 url
   let urlString = "http://127.0.0.1/formUpload.php"
   let url = URL(string: urlString)!

   // 上传的文件路径
   let fileURL = URL(fileURLWithPath: NSHomeDirectory()).appendingPathComponent("Documents").
      appendingPathComponent("AppBkIcon.png")

   let fileName = fileURL.lastPathComponent
   let fileData = try? Data(contentsOf: fileURL)
   let boundary = "-boundary"

   // 上传的数据缓存
   var dataSend = Data()
```

```
    // boundary 参数填充开始
    dataSend.append("--\(boundary)\r\n".data(using: String.Encoding.utf8)!)

    // form 表单的参数
    dataSend.append("Content-Disposition: form-data; name=\"file\"; filename=\"\(fileName)\"\r
       \n".data(using:String.Encoding.utf8 )!)

    dataSend.append("Content-Type: application/octet-stream\r\n\r\n".data(using: String.
       Encoding.utf8)!)
    dataSend.append(fileData!)
    dataSend.append("\r\n".data(using: String.Encoding.utf8)!)

    // boundary 参数填充结束
    dataSend.append("--\(boundary)--\r\n\r\n".data(using: String.Encoding.utf8)!)

    // 请求参数
    var request = URLRequest(url: url)
    request.httpMethod = "POST"
    request.httpBody = dataSend
    request.setValue("multipart/form-data; boundary=\(boundary)", forHTTPHeaderField:
       "Content-Type")

    let sessionConfiguration = URLSessionConfiguration.default
    let session = URLSession(configuration: sessionConfiguration, delegate: self,
       delegateQueue: nil)

    // 发起上传任务
    let sessionUploadTask = session.uploadTask(with: request, from: dataSend)
    sessionUploadTask.resume()
}
```

服务端 PHP 上传处理代码，脚本文件为 formUpload.php，代码如下：

```
<?php
 if ($_FILES["file"]["error"] > 0)
 {
   echo "Return Code: " . $_FILES["file"]["error"] . "<br />";
 }
 else
 {
   echo "Upload: " . $_FILES["file"]["name"] . "<br />";
   echo "Type: " . $_FILES["file"]["type"] . "<br />";
   echo "Size: " . ($_FILES["file"]["size"] / 1024) . " Kb<br />";
   echo "Temp file: " . $_FILES["file"]["tmp_name"] . "<br />";

   if (file_exists("upload/" . $_FILES["file"]["name"]))
   {
     echo $_FILES["file"]["name"] . " already exists. ";
   }
   else
   {
     move_uploaded_file($_FILES["file"]["tmp_name"],
     "upload/" . $_FILES["file"]["name"]);
     echo "Stored in: " . "upload/" . $_FILES["file"]["name"];
   }
 }
?>
```

新建一个 HTML 测试文件，代码名为 formUpload.html，代码如下：

```
<html>
   <body>
      <form action="fileUpload.php" method="post" enctype="multipart/form-data">
        <label for="file">Filename:</label>
        <input type="file" name="file" id="file" />
        <br />
        <input type="submit" name="submit" value="Submit" />
      </form>
    </body>
</html>
```

将上述 formUpload.php 和 formUpload.html 都复制到 XAMPP 的 htdocs 根目录，完成服务端代码发布，然后就可以进行客户端 App 运行测试了。

24.4 缓存

应用发起网络请求时，可通过 URLRequest 指定缓存策略，目前支持 4 种缓存策略。另外，在程序中可以通过编程控制来指定是否允许使用缓存。

1．缓存策略

4 种缓存策略分别如下。

- useProtocolCachePolicy：协议规定的缓存策略。
- reloadIgnoringLocalCacheData：不使用缓存，永远使用网络数据。
- returnCacheDataElseLoad：使用缓存的数据，不管数据是否过期；如果缓存没有数据才请求网络数据。
- returnCacheDataDontLoad：仅仅使用缓存数据。

2．使用缓存策略

request 中指定缓存策略，如果创建 request 时没有使用 cachePolicy 参数，则默认为第一种协议规定的策略。

```
let request = URLRequest(url: url, cachePolicy: .useProtocolCachePolicy, timeoutInterval: 30)
```

3．缓存控制编程

缓存控制的主要流程和相关代码如下。

（1）URLSession 中使用缓存。创建 CachedURLResponse 缓存对象实例，指定缓存策略，相关代码如下：

```
func urlSession(_ session: URLSession, dataTask: URLSessionDataTask, willCacheResponse
   proposedResponse: CachedURLResponse, completionHandler: @escaping (CachedURLResponse?) ->
   Swift.Void) {
   var returnCachedResponse = proposedResponse
   var newUserInfo = [String: Any]()
   newUserInfo = [ "Cached Date" : Date() ]
   #if ALLOW_CACHING
      returnCachedResponse = CachedURLResponse(response: proposedResponse.response, data:
         proposedResponse.data, userInfo: newUserInfo, storagePolicy: proposedResponse.
         storagePolicy)
      completionHandler(returnCachedResponse)
   #else
      completionHandler(nil)
   #endif
}
```

（2）NSURLConnection 中使用缓存。如果不允许缓存，可以直接返回空，代码如下：

```
-(NSCachedURLResponse *)connection:(NSURLConnection *)connection
   willCacheResponse:(NSCachedURLResponse *)cachedResponse {
   NSCachedURLResponse *newCachedResponse = cachedResponse;
   NSDictionary *newUserInfo;
   newUserInfo = [NSDictionary dictionaryWithObject:[NSDate date]
                 forKey:@"Cached Date"];
   #if ALLOW_CACHING
   newCachedResponse = [[NSCachedURLResponse alloc]
                        initWithResponse:[cachedResponse response]
                        data:[cachedResponse data]
                        userInfo:newUserInfo
                        storagePolicy:[cachedResponse storagePolicy]];

   #else
   newCachedResponse = nil;
   #endif
   return newCachedResponse;
}
```

4. 缓存大小控制

使用 URLCache 类来定义缓存的大小。

```
    // 设置内存缓存 2M,硬盘缓存 10M,路径为系统默认
    let urlCache = URLCache(memoryCapacity: 2 * 1024 * 1024, diskCapacity: 10 * 1024 * 1024,
diskPath: nil)
    URLCache.shared = urlCache
```

URL 缓存一定要在应用 applicationDidFinishLaunching 的初始化代码中设置，在发起正式请求之前完成。

使用上面方法设置的缓存是全局的，对 NSURLConnection 和 URLSession 均有效，而针对 URLSession 还可以单独配置缓存，代码如下：

```
let defaultConfigObject = URLSessionConfiguration.default
let cache = URLCache(memoryCapacity: 4 * 1024 * 1024, diskCapacity: 20 * 1024 * 1024,
   diskPath: nil)
defaultConfigObject.urlCache! = cache
let session = URLSession(configuration: defaultConfigObject, delegate: self, delegateQueue:
   OperationQueue.main)
```

24.5 Cookie 管理

Cookie 是 Web 服务器和浏览器之间传递的键值形式的文本数据信息，基本流程是客户端请求 url 访问 Web 服务器时，Web 服务器会在响应的消息头中的 Set-Cookie 字段附带 Cookie 信息。客户端会保留这个 Cookie 信息，后续客户端请求 Web 服务器时会在请求头 Header 中附加保留的 Cookie 信息。Cookie 最大字节长度不能超过 4 096k。

图 24-3 所示是使用 FireFox 浏览器首次访问 www.reddit.com 网站时，通过 FireFox 的菜单 Tools→Web Developer→Inspector 观察 Cookie 的情况。可以看到 Response Header 中 Set-Cookie 字段中具体的 Cookie 参数，每个 Cookie 有多个属性，其中最主要的几个属性为 name（名称）、value（值）、expires（超期时间）、domain（域）、path（路径），浏览器自动保存这些 Cookie 信息。

当从浏览器中访问任何资源（页面、图片和文件等）时，浏览器首先从所有存储的 Cookie 中通过 Domain 和 Path 去匹配，如果匹配成功并且 Cookie 在有限期内，就会添加到请求头 Header 中去。

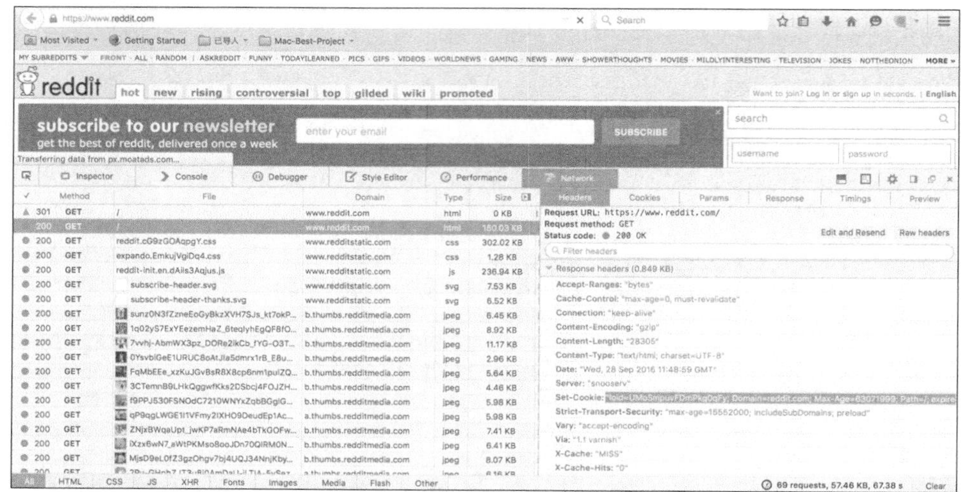

图 24-3

因此可以看到，后续访问 www.reddit.com 域名下的 pixel.png 时，Request Header 中附加了 Cookie 信息，如图 24-4 所示。

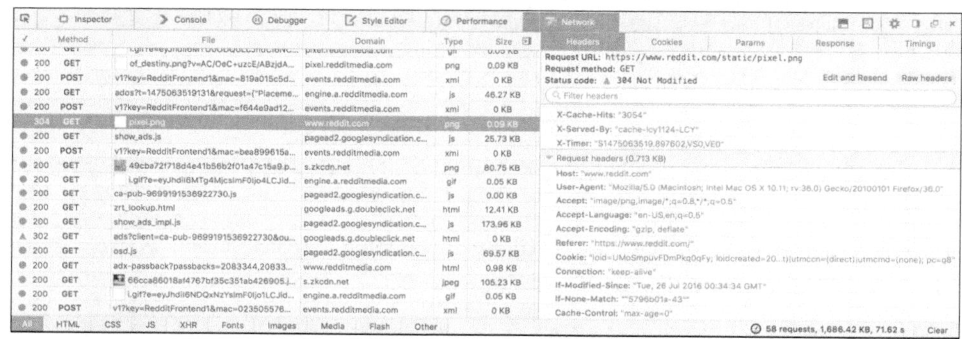

图 24-4

24.5.1 Cookie 编程

NSHTTPCookie 用来描述定义 Cookie 的属性，NSHTTPCookieStorage 是一个单例对象，提供添加和删除 Cookie 的接口，用来对 NSHTTPCookie 实例进行管理。

（1）添加 Cookie

```
let cookie = HTTPCookie(properties: [HTTPCookiePropertyKey.domain:".reddit.com",
HTTPCookiePropertyKey.path:"/"])
HTTPCookieStorage.shared.setCookie(cookie!)
```

（2）删除 Cookie

```
if let cookies = HTTPCookieStorage.shared.cookies {
   for cookie in cookies {
      HTTPCookieStorage.shared.deleteCookie(cookie)
   }
}
```

24.5.2 Cookie 的一些使用场景

除了正常使用 Cookie 缓存数据之外，还能使用 Cookie 来简化接口设计，或者在 H5 与客户端 App 集成中使用它实现自动登录处理。

（1）简化 API 接口参数设计。多个接口有公共参数时，发起 HTTP 请求前可以将固定不变的参数通过 NSHTTPCookieStorage 存储到 Cookie 中，这样每个请求 Header 中会自动填充 Cookie 字段，服务器可以从 Cookie 中获取这些信息。

（2）与 H5 Web 页面无缝集成。客户端 App 和 H5 页面都需要登录访问的页面，如果使用客户端 App 完成了登录，可以将登录的用户 token 认证信息通过 Cookie 存储，Web 服务器检查，如果 Cookie 中有登录信息，后续访问 Web 页面就可以实现自动登录了，无须再次弹出 Web 登录页面验证。

24.6 断点续传

当下载任务被用户取消或者由于网络中断停止下载，后续需要重新恢复下载时，可以使用断点续传，避免完全从头开始下载，加快下载速度。

下载任务开始后，可以使用 URLSessionDownloadTask 的 cancelByProducingResumeData 方法来停止下载任务。同时其回调的函数会返回 resumeData，将这个 resumeData 保存，甚至可以将 resumeData 持久化存储，后续恢复下载时可以重新使用 resumeData 创建新的下载任务。相关代码如下：

```
class ViewController: NSViewController {
   var downTask: URLSessionDownloadTask?
   var resumeData: Data?

   @IBAction func startDown(_ sender: NSButton) {
      let defaultConfigObject = URLSessionConfiguration.default
      let session = URLSession(configuration: defaultConfigObject, delegate: self, delegateQueue:
         OperationQueue.main)
      let url = URL(string: "http://devstreaming.apple.com/videos/wwdc/2015/1026npwuy2crj2xyuq11/
         102/102_platforms_state_of_the_union.pdf?dl=1")!
      let task = session.downloadTask(with: url)
      self.downTask = task
      task.resume()
   }

   @IBAction func stopDown(_ sender: NSButton) {
      self.downTask?.cancel(byProducingResumeData: { data in
         self.resumeData = data




      })
   }
   @IBAction func resumeDown(_ sender: NSButton) {
      let defaultConfigObject = URLSessionConfiguration.default
      let session = URLSession(configuration: defaultConfigObject, delegate: self, delegateQueue:
         OperationQueue.main)
      self.downTask = session.downloadTask(withResumeData: self.resumeData!)
      self.downTask?.resume()
   }
}
```

重新下载开始时回调的代理方法，表示从 fileOffset 字节处开始下载，代码如下：

```
func urlSession(_ session: URLSession, downloadTask: URLSessionDownloadTask, didResumeAtOffset
    fileOffset: Int64, expectedTotalBytes: Int64) {
    print("resumeAtOffset  bytes \(fileOffset) of totalBytes \(expectedTotalBytes)")
}
```

当传输失败网络异常，会接收到下面的回调函数，可以从 error 中获取 resumeData。

```
func urlSession(_ session: URLSession, task: URLSessionTask, didCompleteWithError error: Error?)
{
    if error != nil {
        let sessionError = error as! NSError
        if let resumeData = sessionError.userInfo[NSURLSessionDownloadTaskResumeData] {
            print("resumeData \(resumeData)")
            self.resumeData = resumeData
        }
        print("error \(error)")
    }
}
```

应用被关闭终止时，需要在 appDelegate 的 applicationWillTerminate 函数中发送通知到 ViewController，判断当前如果存在下载任务，可以取消任务并保存 resumeData，下次应用启动后判断，若存在 resumeData 可以重新发起下载。

24.7 基于 URLSessionDataTask 封装的网络处理工具类

24.7.1 网络处理工具类实现分析

URLSessionDataTask 使用系统默认的代理，可以实现基本的网络请求处理。如果有特殊流程需要定制处理，就必须实现代理协议方法。

如果一个类 Controller 或页面中只有一个由 URLSessionDataTask 发起的网络请求，直接使用 Controller 作为代理就可以方便地处理，如图 24-5 所示。

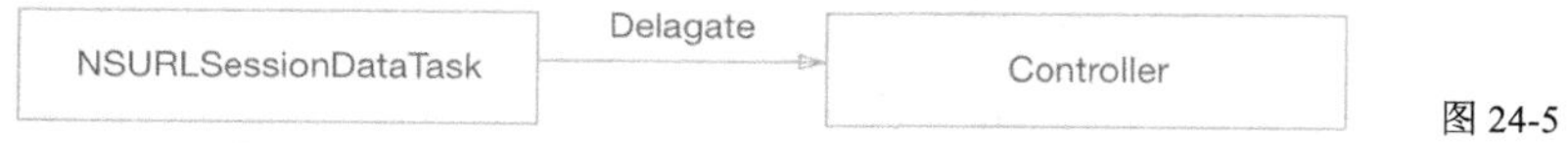

图 24-5

如果一个类 Controller 或页面中有多个网络请求由 URLSessionDataTask 发起，如何使用代理去实现？

多个 URLSessionDataTask 使用了同一个 Controller 作为代理，在代理方法中必然要区分不同的 URLSessionDataTask 来处理。

- 每个 URLSessionDataTask 有不同的 identifier。
- 将代理协议方法封装到一个独立的代理协议处理类中，每个任务的代理处理类可以有不同的实现。

基于上面两点，我们在创建 URLSessionDataTask 任务实例时，以任务 identifier 作为 key、任务实例作为 value 将键值映射存储到字典缓存中。

这样我们可以把这个 Controller 看成集中的代理中心，虽然 URLSessionDataTask 的代理仍然是 Controller，但是它不执行具体的逻辑处理，它仅仅起一个路由功能，根据每个 Task 的 identifer 来分发到具体的代理类去执行代理方法。

逻辑关系如图 24-6 所示。

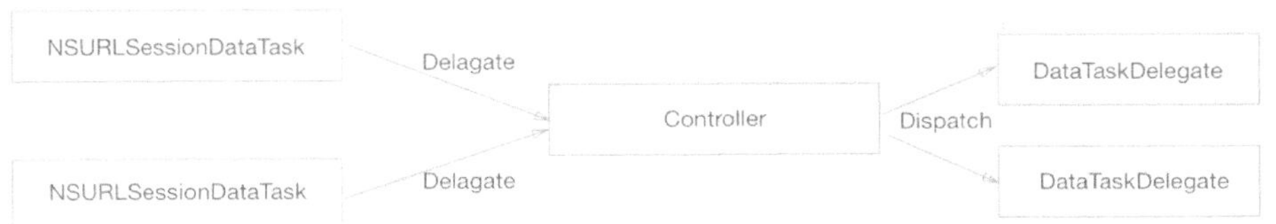

图 24-6

另外，URLSessionDataTask 发起的请求都会由系统创建 NSOperation，加入 NSOperation 线程队列调度处理，因此，对 URLSessionDataTask 的进一步的封装类不需要再继承 NSOperation 来实现。

24.7.2 HTTPClient 工具类实现

我们通过实现一个简单的 HTTP GET/POST 网络请求接口工具类，来说明上面 URLSessionDataTask 协议封装的思路。

（1）HTTPClientSessionDelegate 代理协议处理类：主要实现协议定义的方法。代码如下：

```
typealias HTTPSessionDataTaskCompletionBlock = ( _ response: URLResponse? , _ responseObject: Any?, _ error: Error?) -> ()

class HTTPClientSessionDelegate: NSObject, URLSessionDataDelegate {
   var taskCompletionHandler: HTTPSessionDataTaskCompletionBlock?
   var buffer: Data = Data()

   func urlSession(_ session: URLSession, dataTask: URLSessionDataTask, didReceive data:
      Data) {
      // 缓存接收到的数据
      self.buffer.append(data)
   }

   func urlSession(_ session: URLSession, task: URLSessionTask, didCompleteWithError error:
      Error?)
{
      let responseStr = String(data: self.buffer, encoding: String.Encoding.utf8)
      print("didReceive data =\(responseStr)")
      if let callback = taskCompletionHandler {
         callback(task.response,responseStr,error)
      }
      // 释放 session 资源
      session.finishTasksAndInvalidate()
   }
}
```

（2）HTTPClient 类：定义外部访问的 GET/POST 接口，创建 URLSessionDataTask 任务实例，实现代理功能路由到具体的代理协议处理类。代码实现如下：

```
class HTTPClient: NSObject {
   var sessionConfiguration = URLSessionConfiguration.default
   lazy var operationQueue: OperationQueue = {
      let operationQueue = OperationQueue()
      operationQueue.maxConcurrentOperationCount = 1
      return operationQueue
   }()
```

```
        lazy var session: URLSession = {
          return  URLSession(configuration: self.sessionConfiguration, delegate: self, delegateQueue
: self.operationQueue)
        }()

        // 代理缓存
        var taskDelegates =  [AnyHashable: HTTPClientSessionDelegate?]()
        // 资源保护锁
        var lock = NSLock()

        func get(_ url: URL, parameters: Any?, success: @escaping (_ responseData: Any?) -> Void,
           failure: @escaping (_ error: Error?) -> Void) {
           var request: URLRequest
           let postStr = self.formatParas(paras: parameters)
           if let paras = postStr {
              let baseURLString = url.path + "?" + paras
              request = URLRequest(url: URL(string: baseURLString)!)
           }
           else {
              request = URLRequest(url: url)
           }
           let task = self.dataTask(with: request, success: success, failure: failure)
           task.resume()
        }

        func post(_ url: URL, parameters: Any?, success: @escaping (_ responseData: Any?) -> Void,
           failure: @escaping (_ error: Error?) -> Void) {
           var request = URLRequest(url: url)
           request.httpMethod = "POST"
           let postStr = self.formatParas(paras: parameters)
           if let str = postStr {
              let postData = str.data(using: String.Encoding.utf8)!
              request.setValue("application/x-www-form-urlencoded", forHTTPHeaderField: "content-
                 type")
              request.httpBody = postData
           }

           let  task = self.dataTask(with: request, success: success, failure: failure)
           task.resume()
        }

        // 参数格式化
        func formatParas(paras parameters: Any) -> String? {
           var postStr: String?
           if (parameters is String) {
              postStr = parameters as? String
           }
           if (parameters is [AnyHashable: Any]) {
              let keyValues = parameters as! [AnyHashable: Any]
              var tempStr = String()
              var index = 0
              for (key, obj) in keyValues {
                 if index > 0 {
                    tempStr += "&"
                 }
                 let kv = "\(key)=\(obj)"
                 tempStr += kv
                 index += 1
              }
```

```
            postStr = tempStr
        }
        return postStr
    }

    // 创建任务
    func dataTask(with request: URLRequest, success: @escaping (_ responseData: Any?) -> Void,
        failure: @escaping (_ error: Error?) -> Void) -> URLSessionDataTask {
        let dataTask = self.session.dataTask(with: request)
        let completionHandler = {(response: URLResponse?, responseObject: Any?, error: Error?)
            -> Void in
            if error != nil {
                failure(error)
            }
            else {
                success(responseObject)
            }
        }
        self.add(completionHandler, for: dataTask)
        return dataTask
    }

    func add(_ completionHandler: @escaping HTTPSessionDataTaskCompletionBlock, for task:
        URLSessionDataTask) {
        let sessionDelegate = HTTPClientSessionDelegate()
        sessionDelegate.taskCompletionHandler = completionHandler
        self.lock.lock()
        self.taskDelegates[(task.taskIdentifier)] = sessionDelegate
        self.lock.unlock()
    }
}

// 代理协议
extension HTTPClient: URLSessionDataDelegate {
    // 数据接收
    func urlSession(_ session: URLSession, dataTask: URLSessionDataTask, didReceive data: Data) {
        let  sessionDelegate = self.taskDelegates[(dataTask.taskIdentifier)]
        if let delegate = sessionDelegate {
            delegate?.urlSession(session, dataTask: dataTask, didReceive: data)
        }
    }

    // 请求完成
    func urlSession(_ session: URLSession, task: URLSessionTask,
        didCompleteWithError error: Error?){
        let  sessionDelegate = self.taskDelegates[(task.taskIdentifier)]
        if let delegate = sessionDelegate {
            delegate?.urlSession(session, task: task, didCompleteWithError: error)
        }
    }
}
```

下面是 HTTPClient 具体使用的例子代码，创建 httpGetTest、postStringTest 和 postDictionaryTest 这 3 个方法，每个方法内部都使用独立的 HTTPClient 对象实例，每个都有独立的回调接口。

```
let kServerBaseUrl = "http://www.iosxhelper.com/SAPI"

func httpGetTest(){
```

```
    let httpClient = HTTPClient()
    let urlString = "\(kServerBaseUrl)\("/VersionCheck")"
    let url = URL(string: urlString)

    httpClient.get(url!, parameters: nil, success: {(responseObject: Any?) -> Void in
       print("get data =\(responseObject!) ")
       }, failure: {(error: Error?) -> Void in
    })
}

func postStringTest(){
    let httpClient = HTTPClient()
    let urlString = "\(kServerBaseUrl)\("/VersionCheck")"
    let url = URL(string: urlString)
    let paras = "versionNo=1.0&platform=Mac&channel=appstore&appName=DBAppX"
    httpClient.post(url!, parameters: paras, success: {(responseObject: Any?) -> Void in
       print("post String responseObject =\(responseObject!) ")
       }, failure: {(error: Error?) -> Void in
    })
}

func postDictionaryTest(){
    let httpClient = HTTPClient()
    let urlString = "\(kServerBaseUrl)\("/VersionCheck")"
    let url = URL(string: urlString)
    let paras = ["versionNo": "1.0", "platform": "Mac", "channel": "appstore", "appName":
       "DBAppX"]

    httpClient.post(url!, parameters: paras, success: {(responseObject: Any?) -> Void in
       print("post Dictionary responseObject =\(responseObject!) ")
       }, failure: {(error: Error?) -> Void in
    })
}
```

第 25 章 多线程

计算机和移动设备的不断发展，其计算能力已经越来越强大，从硬件层面来看，首先是 CPU 的芯片集成度越来越高，提供更快的处理能力；其次是多核化、多 CPU 发展，最后将一些图片动画渲染等剥离到独立的协处理器处理，硬件的提升促进了操作系统的不断进化，以便更好地利用硬件能力和资源。要提高系统的性能，多线程、多任务处理是极为关键的技术。

线程分为主线程和后台线程两种，一个应用只有一个主线程，其他线程都是后台线程。主线程主要负责用户界面更新和响应用户事件。

macOS 提供了多种与线程编程相关的技术，本章主要讨论 Thread、OperationQueue 和 GCD 相关的概念和编程要点。

25.1 GCD

传统的多线程编程技术，为了并行处理增强性能，采用的手段往往是创建更多线程去并行处理，但这带来了一个问题：究竟创建多少个线程是合适的、最优的呢？线程的创建准备需要耗费一定的系统内存资源，线程达到一定数量时，性能的提升并不一定与线程的多少成线性增长，这对多线程编程提出了很高的要求，如何保持合理数量的线程来保证性能最优呢？

GCD 是内核级的多线程并发技术，不需要关注线程创建，只需要把执行的程序单元添加到 GCD 的分发队列即可。GCD 线程技术特点如下：

- 创建线程由系统自动完成，简化了传统的编程模式；
- 是内核级的，创建线程不会占用应用程序的内存空间；
- 基于 C 语言函数级的接口编程，性能优；
- GCD 的分发队列按先进先出的顺序执行线程任务。

25.1.1 分发队列

GCD 的多线程任务都是通过分发队列（dispatchqueue）来管理的，有 3 种类型的分发队列，分别如下。

（1）串行分发队列。每个串行分发队列都是顺序执行，先进先出，每次只允许执行一个任务，任务执行完成后才能执行队列中的下一个任务。可以创建多个串行分发队列，多个串行分发队列之间仍然是并行调度。串行分发队列的单任务调度特点，使得它特别适合管理和保护访问存在冲突的资源，如文件读写、全局数据的访问等。除了主线程队列，任务的其他串行分发队列都需要利用代码手工去创建。

（2）并行分发队列。并行分发队列，每次可以按照顺序执行一个或多个任务单元，并发的任务数由系统根据计算资源自动地动态分配控制。系统默认提供 4 种不同高低优先级的并行分发队列，可以按需获取。除此之外，也可以通过代码创建自己的并行分发队列。

（3）主线程分发队列。每个应用中自动生成的、唯一、全局的串行分发队列，无须手工创建，用于在应用的主线程上执行任务。UI 界面元素的数据更新必须在主线程分发队列执行。

25.1.2　GCD 多线程编程

1．创建队列

系统默认有 4 种不同优先级的队列，高优先级的队列优先得到调度机会，从高到低依次如下：

```
public static let userInitiated: DispatchQoS
public static let `default`: DispatchQoS
public static let utility: DispatchQoS
public static let background: DispatchQoS
```

根据优先级参数获取系统队列，代码如下：

```
let queue4 = DispatchQueue.global(qos: .userInitiated)
```

（1）创建串行分发队列。

```
let queue1 = DispatchQueue(label: "macdev.io.exam")     // 创建私有队列
let main = DispatchQueue.main     // 获取主线程分发队列
```

（2）创建并行分发队列。

```
let queue = DispatchQueue(label: "macdev.io.exam", qos: .background, attributes: .concurrent)
```

2．添加任务到队列

有两种方式在队列中添加任务，一种是使用 async 异步添加，另一种是使用 sync 同步添加。异步添加的任务不会阻塞当前的线程，程序可以继续执行添加任务之后的代码功能，添加到队列的任务由 GCD 后续动态分配调用。

```
func asyncTask() {
    let queue = DispatchQueue(label: "macdev.io.exam")
    queue.async {
        print("Do some tasks")
    }
    print("The tasks may or may not have run")
}
```

上述代码的执行结果如下：

```
The tasks may or may not have run
Do some tasks
```

同步添加的任务会阻塞当前的程序流程，直到添加的任务执行完成后，才能执行后续的代码功能。

```
func syncTask() {
   let queue = DispatchQueue(label: "macdev.io.exam")

   queue.sync {
      print("Do some work 1 here")
   }
```

```
    queue.sync {
        print("Do some work 2 here")
    }

    print("All  works have completed")
}
```

上述代码的执行结果如下：

```
Do some work 1 here
Do some work 2 here
All works have completed
```

3. 线程切换

某些特定的队列任务，执行完成后需要将处理结果或状态通知到主线程或其他队列进行进一步的处理。下面的代码演示了异步任务进行数据计算，完成后在主线程执行 UI 界面更新。

```
let queue = DispatchQueue(label: "macdev.io.exam")
queue.async {
    var sum = 0
    for i in 1...10  {
        sum += i
    }
    DispatchQueue.main.async {
        // 更新计算结果到UI
        textFiled.integerValue = sum
    }
}
```

4. 线程组 Groups

将多个任务加入到一个组，当组内所有任务都执行完毕后收到通知。

（1）组＋队列控制任务执行。下面的代码创建了任务组和串行的队列，同时加入两个任务到组，组内所有任务执行完成后收到通知。

```
func groupTask() {
    let group = DispatchGroup() // 创建组
    let queue = DispatchQueue(label: "macdev.io.exam")// 创建队列

    queue.async(group:group) {
        print("Do some work 1 here")
    }

    queue.async(group:group) {
        print("Do some work 2 here")
    }

    // 创建一个任务
    let workItem = DispatchWorkItem(qos: .userInitiated, flags: .assignCurrentContext) {
        print("group complete")
    }

    group.notify(queue: queue, work: workItem)
}
```

上面的代码执行完的结果如下：

```
Do some work 1 here
Do some work 2 here
group complete
```

组内的任务都是异步执行的，如果需要组内的任务执行完成才能进行后续的流程，可以增加组的等待函数阻塞当前的流程。

```
func groupWaitTask() {
    let group = DispatchGroup()
    let queue = DispatchQueue(label: "macdev.io.exam")

    queue.async(group:group) {
       print("Do some work 1 here")
    }

    queue.async(group:group) {
       print("Do some work 2 here")
    }

    let workItem = DispatchWorkItem(qos: .userInitiated, flags: .assignCurrentContext) {
       print("group complete")
    }
    group.notify(queue: queue, work: workItem)
    _ = group.wait()
    print("Do some work 3 here")
}
```

这时代码执行结果如下，可以看出只有 work1 和 work2 都执行完成了 work3 才会执行。

```
Do some work 1 here
Do some work 2 here
group complete
Do some work 3 here!
```

（2）动态控制组任务。使用 dispatch_group_enter 和 dispatch_group_leave 作为任务开始和结束的标记，可以不使用 group_async 而方便地在其他流程加入组的控制。

假如需要在多个网络请求完成后进行统一的 UI 更新操作，可使用动态控制组的方式方便地实现。在每个网络请求发起前调用 dispatch_group_enter(group)，在接收数据完成后调用 dispatch_ group_leave(group)。

```
let   kServerBaseUrl = "http://www.iosxhelper.com/SAPI"
func groupEnterLeaveTask() {
    let group = DispatchGroup()
    let httpClient = HTTPClient()
    let urlString = "\(kServerBaseUrl)\("/VersionCheck")"
    let url = URL(string: urlString)

    group.enter()
    httpClient.get(url!, parameters: nil, success: {(responseObject: Any?) -> Void in
       print("first get data =\(responseObject!) ")
       group.leave()
       }, failure: {(error: Error?) -> Void in
    })

    group.enter()
    httpClient.get(url!, parameters: nil, success: {(responseObject: Any?) -> Void in
       print("second get data =\(responseObject!) ")
       group.leave()
       }, failure: {(error: Error?) -> Void in
    })

    let workItem = DispatchWorkItem(qos: .userInitiated, flags: .assignCurrentContext) {
       print("group complete")
```

```
    }
    group.notify(queue: DispatchQueue.main, work: workItem)
}
```

执行结果如下：

```
first get data ={"hasVersion":0,"status":0,"errorCode":"0"}
second get data ={"hasVersion":0,"status":0,"errorCode":"0"}
group complete
```

5. 优化循环性能

当循环处理的任务之间没有关联时，即执行顺序可以任意时，可以使用 GCD 提供 dispatch_apply 方法将循环串行的任务并行化处理。

```
for i in 0..< 10  {
    printf("%u\n", i)
}
```

假设上述的循环打印不考虑顺序输出，则可以转换为 GCD 并行化打印。

```
func apply(){
    DispatchQueue.concurrentPerform(iterations: 2) {
        i in
        print("\(i)")
    }
}
```

6. 任务暂停和唤醒

通过 suspend 函数暂停队列执行，resume 恢复队列执行。

```
func suspendQueue() {
    queue.suspend()
}

func resumeQueue() {
    queue.resume()
}
```

7. 使用信号量控制受限的资源

当允许有限的资源可以并发使用时，可以通过信号量控制访问，当信号量有效时允许访问（即信号量大于 1），否则等待其他线程释放资源，信号量变成有效时再执行任务。

使用 DispatchSemaphore 来创建信号量，执行 wait 方法时先判断当前信号量是否大于 1，如果大于 1 则执行后面的任务，同时信号量减去 1。执行 signal 方法可以使信号量加 1。

下面的代码是一个使用信号量的例子。waitAction 按钮方法可以连续执行 10 次连续打印输出，10 次以后再点击按钮不会执行打印操作。点击 signalAction 按钮方法则使信号量增加，等待执行的任务获得信号量输出打印。

```
// 初始化信号量为 10
var semaphore = DispatchSemaphore(value: 10)
@IBAction func waitAction(_ sender: AnyObject) {
    self.queue.async {
        self.semaphore.wait()
        print("begin work!")
    }
}
@IBAction func signalAction(_ sender: AnyObject) {
    semaphore.signal()
}
```

8. 延时执行任务

使用队列的 asyncAfter 方法延时任务执行。下面的代码演示了延时 3 s 执行任务。

```
DispatchQueue.main.asyncAfter(deadline: DispatchTime.now() + 3.0) {
   print("Do some work after 3s !")
}
```

9. 使用 barrier 控制并发任务

在并发任务队列中可以使用 barrier 标记来对任务进行分隔保护，使用 barrier 标记之前加入到队列的任务执行完成后，才能执行后续加入的任务。barrier 的英文意思为障碍物，因此我们可以理解为执行完前面的任务才能越过障碍物执行后续的任务。

```
let queue = DispatchQueue(label: "myBackgroundQueue", qos: .userInitiated, attributes:
   .concurrent)
queue.async {
   print("Do some work 1 here!")
}
queue.async {
   print("Do some work 2 here")
}
queue.async {
   print("Do some work 3 here")
}
queue.async(flags:.barrier){
   print("Do some work 4 here")
}
queue.async {
    print("Do some work 5 here")
}
```

上面代码的执行结果为：

```
Do some work 2 here
Do some work 1 here
Do some work 3 here
Do some work 4 here
Do some work 5 here
```

25.1.3 GCD 实际使用的例子

1. 资源同步访问保护

使用 GCD 的 queue 的同步方法对资源进行读写访问保护。

```
class MyObject: NSObject {
   private var internalState: Int
   private let queue: DispatchQueue
   override init() {
      internalState = 0
      queue = DispatchQueue(label: "macdev.io.exam")
      super.init()
   }
   var state: Int {
      get {
         return queue.sync { internalState }
      }
      set (newState) {
         queue.sync{ internalState = newState }
      }
```

```
    }
}
```

2. 防止线程重入死锁

使用 setSpecific 和 getSpecific 给队列设置私有上下文标记，这个标记值只有线程在这个队列执行时，通过 getSpecific 方法才能获得，不在当前队列时返回 nil 值。因此，可以通过这个标记来判断线程是否产生同步的死锁。

创建队列时给它设置一个关联的 key 变量。在读数据的方法 readInterface 内部首先取 key 关联的变量，如果其值不为空，则说明当前线程队列为 queue 队列，不能执行后面 self.queue.sync 内的同步方法，否则会产生死锁。

```
class MyClass  {
   var interface: String?
   var key = DispatchSpecificKey<Void>()

   lazy var queue: DispatchQueue = {
      let queue = DispatchQueue(label: "macdev.io.exam")
      queue.setSpecific(key:self.key, value:())
      return queue
   }()

   func readInterface() -> String? {
      var result: String?
      self.queue.sync {
         result = self.interface
      }
      return result
   }

   func updateInterface(_ newInterface: String?)  {
      let value = newInterface
      self.queue.async {
         self.interface = value
      }
   }
}
```

下面的测试代码可以验证在 readInterface 方法内部产生了死锁。第一个 print 函数可以执行，但是后面 self.queue.sync 里面的 print 不会打印，线程处于死锁状态。

```
@IBAction func readAction(_ sender: AnyObject) {
   let v = self.readInterface()
   print("v = \(v)")
   self.queue.sync {
      let  result = self.readInterface()
      print("result = \(result)")
   }
}
```

可以通过下面的代码优化来保证能读取到 interface 的值而不产生死锁。

```
func readInterface() -> String? {
   var result: String?
   if (DispatchQueue.getSpecific(key: self.key) != nil) {
      // 已经是当前队列，则直接返回值
      return self.interface
   }
   self.queue.sync {
```

```
        result = self.interface
    }
    return result
}
```

25.2 OperationQueue

OperationQueue 是异步对象操作队列，提供了更为灵活、强大的功能。

- 可定义基于 Operation 和 BlockOperation 不同的方式。
- 任务队列用户是可以管理的，可以取消队列中的任务。这跟 GCD 方式有本质的不同，GCD 方式的任务是完全由系统控制，发起后无法取消。
- 并发的任务数可以通过 maxConcurrentOperationCount 控制。

所有的任务操作首先要封装成 Operation 的子类，然后在加入队列后可以自动执行。

下面列出 OperationQueue 类中定义的属性和方法，通过这些方法我们可以对它提供的特性功能和使用有一个基本的了解。

```
open class OperationQueue : NSObject {
    // 增加操作任务到队列
    func addOperation(_ op: Operation)
    // 增加多个操作任务到队列
    func addOperations(_ ops: [Operation], waitUntilFinished wait: Bool)
    // 增加基于闭包块定义的操作任务到队列
    func addOperation(_ block: @escaping () -> Swift.Void)
    // 队列所有的操作任务
    var operations: [Operation] { get }
    // 所有操作任务个数
    var operationCount: Int { get }
    // 最大允许的并发数,设置为 1 时等价于 GCD 的串行分发队列，大于 1 相当于并发队列
    var maxConcurrentOperationCount: Int
    // 队列挂起状态
    var isSuspended: Bool
    // 队列名称
    var name: String?
   // 对列服务质量
    var qualityOfService: QualityOfService
   // 队列对应的底层 GCD 的队列,从这里可以印证 NSOperationQueue 在 GCD 的基础上做了封装
    unowned(unsafe) open var underlyingQueue: DispatchQueue? /* actually retain */
    // 取消所有的任务
    func cancelAllOperations()
    // 等待所有任务完成
    func waitUntilAllOperationsAreFinished()
    // 获取当前正在执行任务的队列
    var current: OperationQueue? { get }
    // 获取当前的主线程分发队列
     var main: OperationQueue { get }
}
```

25.2.1 BlockOperation

BlockOperation 可以将一个或多个代码片段封装成 Block 对象加入到队列，异步地并发执行。当有多个代码片段加入到 BlockOperation 中时，它相当于 GCD 的 Groups 分组控制。

```
let opt = BlockOperation()
opt.addExecutionBlock({
```

```
    print("Run in block 1 ")
})
opt.addExecutionBlock({
    print("Run in block 2 ")
})
opt.addExecutionBlock({
    print("Run in block 3 ")
})
opt.addExecutionBlock({
    print("Run in block 4 ")
})
OperationQueue.current!.addOperation(opt)
```

上面代码的执行结果如下，可以看出这些 Block 之间是异步并发执行的：

```
Run in block 2  Run in block 1  Run in block 3  Run in block 4
```

25.2.2 Operation

Operation 是一个抽象类，不能直接使用，必须子类化后使用。前面介绍的 BlockOperation 是 Operation 的子类。当它们不能满足需要时可以定义 Operation 的子类来实现多线程任务。

下面是 Operation 子类实现线程操作任务时的几个关键方法：

```
// 表示是否允许并发执行
var isAsynchronous: Bool { get }
// KVO 属性方法,表示任务执行状态
var isExecuting: Bool { get }
// KVO 属性方法,表示任务是否执行完成
var isFinished: Bool { get }
// 任务启动前的方法，满足执行条件时，启动线程执行 main 方法
func start()
// 实现具体的任务逻辑
func main()
```

下面例子定义了 HTTPImageOperation 类，用来异步下载网络图片。

```
// 下载完成回调接口
typealias DownCompletionBlock =  ( _ image: NSImage?) -> ()

class HTTPImageOperation: Operation {
    var url: URL!
    var downCompletionBlock: DownCompletionBlock?
    var _executing = false
    var _finished = false

    convenience init(imageURL url: URL?) {
        self.init()
        self.url = url!
    }

    // 表示是否允许并发执行
    override var isAsynchronous: Bool {
        return true
    }

    override var isExecuting: Bool {
        return _executing
    }
```

```
    override var isFinished: Bool {
        return _finished
    }

    override func start() {
        if self.isCancelled {
            self.willChangeValue(forKey: "isFinished")
            _finished = true
            self.didChangeValue(forKey: "isFinished")
            return
        }
        self.willChangeValue(forKey: "isExecuting")

        Thread.detachNewThreadSelector(#selector(self.main), toTarget: self, with: nil)

        _executing = true
        self.didChangeValue(forKey: "isExecuting")
    }

    override func main() {
        let image = NSImage(contentsOf: self.url)
        if let callback = self.downCompletionBlock {
            callback(image)
        }
        self.complete()
    }

    func complete() {
        self.willChangeValue(forKey: "isFinished")
        self.willChangeValue(forKey: "isExecuting")
        _executing = false
        _finished = true
        self.didChangeValue(forKey: "isExecuting")
        self.didChangeValue(forKey: "isFinished")
    }
}
```

使用 HTTPImageOperation 类下载网络图片，并且显示在 ImageView 中。相关代码如下：

```
// 图片路径
let url1 = URL(string: "http://www.jobbole.com/wp-content/uploads/2016/01/
    75c6c64ae288896908d2c0dcd16f8d65.jpg")
// 新建操作任务
let op1 = HTTPImageOperation(imageURL: url1)
op1.downCompletionBlock = {( _ image: NSImage?) -> () in
    if let img = image {
        self.leftImageView.image = img
    }
}
// 加入队列
OperationQueue.main.addOperation(op1)
```

25.2.3 设置任务间的依赖

可以使用 addDependency 方法在两个或多个任务间设置依赖关系，当一个任务依赖的任务全部执行完成后，这个任务才能得到执行。

下面的例子中只有 opt1 任务执行后，opt2 才能得到执行。

```
let aQueue = OperationQueue()
let opt1 = BlockOperation()
```

```
opt1.addExecutionBlock({ () -> Void in
   print("Run in block 1 ")
})
let opt2 = BlockOperation()
opt2.addExecutionBlock({ () -> Void in
   print("Run in block 2 ")
})
opt2.addDependency(opt1)
aQueue.addOperation(opt1)
aQueue.addOperation(opt2)
```

25.2.4 设置 Operation 执行完的回调

Operation 的 completionBlock 属性，用来作为任务执行完成后的回调定义，前面介绍的 BlockOperation 例子中，可以设置 completionBlock 作为所有任务块执行完成的回调通知。

```
opt.completionBlock = {
   print("Run All block Opreation ")
}
```

25.2.5 取消任务

可以取消单个任务，也可以取消队列中全部未执行的任务，下面分别是两种取消操作的示例代码。

```
// 取消单个操作
opt.cancel()
// 取消 queue 中所有的操作
OperationQueue.current?.cancelAllOperations()
```

25.2.6 暂停或恢复队列的执行

修改队列的 suspended 属性来控制队列的暂停或恢复执行。

```
// 暂停执行
OperationQueue.current?.isSuspended = true

// 恢复执行
OperationQueue.current?.isSuspended = false
```

25.2.7 任务执行的优先级

Operation 可以通过 queuePriority 属性设置 5 个不同等级的优先级，在同一个队列中，优先级越高的任务越先得到执行。要注意的是，有依赖关系的任务还是按依赖关系执行任务，不受优先级的影响。

下面例子中 opt3 任务优先得到执行：

```
let aQueue = OperationQueue()
let opt1 = BlockOperation()
opt1.queuePriority = .veryLow
opt1.addExecutionBlock({ () -> Void in
   print("Run in block 1 ")
})
let opt2 = BlockOperation()
```

```
opt2.queuePriority = .veryLow
opt2.addExecutionBlock({ () -> Void in
   print("Run in block 2 ")
})
let opt3 = BlockOperation()
opt3.queuePriority = .veryHigh
opt3.addExecutionBlock({ () -> Void in
   print("Run in block 3 ")
})
aQueue.addOperations([opt1, opt2, opt3], waitUntilFinished: false)
```

25.3 Thread

Thread 是传统意义上底层 pthread 线程的封装，提供更多的灵活性，包括：

- 可以设置线程的服务质量（QoS）；
- 可以设置线程栈大小；
- 线程提供 local 数据字典，可以存储键/值数据。

相对于 Operation 和 GCD 更高级的多线程技术，Thread 有自己独特的优势：

- 实时性更高；
- 与 RunLoop 结合，提供更为灵活高效的线程管理方式。

Thread 的缺点是创建线程代价较大，需要同时占用应用和内核的内存空间（GCD 的线程只占用内核的内存空间），编写与线程相关的代码相对繁杂。

25.3.1 线程创建方式

1. 通过 target-selector 方式创建

这种是比较简单方便的线程创建方法，直接将某个对象的方法和需要的参数包装为线程的执行方法。

下面是代码示例，MyTestClass 类中 startThread 方法中创建新的独立线程，执行当前类的 computerSum 方法。

```
class MyTestClass: NSObject {
   func startThread() {
      Thread.detachNewThreadSelector(#selector(self.computerSum), toTarget: self, with: nil)
   }

   @objc func computerSum() {
      var sum = 0
      for i in 0..<10 {
         sum += i
      }
      print("sum = \(sum)")
   }
}
```

2. 直接使用 Thread 创建

这种方式比较灵活，可以在线程启动前设置一些参数，比如线程名称/优先级/栈大小等。

```
func createThread() {
   let thread = Thread(target: self, selector: #selector(self.computerSum), object: nil)
   thread.name = "Thread1"
```

```
    thread.start()

}
```

3．对 Thread 子类化创建

对一些处理加工性耗时的操作，可以独立出来封装成 Thread 的子类进行独立处理。处理完成的结果可以以通知或代理的方法通知到主线程。

通过重载 main 方法实现子类化，注意在 main 中要加上 autoreleasepool 自动释放池，确保线程处理过程中及时释放内存资源。

```
protocol ImageDownloadDelegate: class {
   func didFinishDown(_ image: NSImage?)
}

class WorkThread: Thread {
   var url: URL!
   weak var delegate: ImageDownloadDelegate?
   convenience init(imageURL url: URL?) {
      self.init()
      self.url = url!
   }
   override func main() {
      print("start main")
      autoreleasepool {
         let image = NSImage(contentsOf: url)
         if let downloadDelegate = delegate {
            downloadDelegate.didFinishDown(image)
            print("end main")
         }
      }
   }
}
```

25.3.2 Thread 类中的关键方法和属性

获取当前线程和主线程的相关方法如下：

```
// 获取当前运行的线程
class var current: Thread { get }
// 是否支持多线程
class func isMultiThreaded() -> Bool
// 是否是主线程的属性
var isMainThread: Bool { get }
// 是否是主线程
class var isMainThread: Bool { get }
// 获取主线程
class var main: Thread { get }
```

线程的配置参数属性和方法如下：

```
// 线程的 local 数据字典
var threadDictionary: NSMutableDictionary { get }
// 线程优先级
class func threadPriority() -> Double
// 修改优先级
class func setThreadPriority(_ p: Double) -> Bool
// 线程服务质量 QoS
var qualityOfService: QualityOfService
```

```
// 线程名称
var name: String?
// 栈大小
var stackSize: Int
```

线程执行的各种状态属性参数如下：

```
// 是否正在执行
var isExecuting: Bool { get }
// 是否完成
var isFinished: Bool { get }
// 是否取消
var isCancelled: Bool { get }
```

线程的控制方法如下：

```
// 取消执行
func cancel()
// 启动执行
func start()
// 线程执行的主方法,子类化线程实现这个方法即可
func main()
// 休眠到指定日期
class func sleep(until date: Date)
// 定期休眠
class func sleep(forTimeInterval ti: TimeInterval)
// 退出线程
class func exit()
```

25.3.3 线程中的共享资源保护

1. OSAtomic 原子操作

对基本的简单数据类型提供原子操作的函数，包括数学加减运算和逻辑操作。相比于加锁保护资源的方式，原子操作更轻量级，性能更高。

```
let count = UnsafeMutablePointer<Int32>.allocate(capacity: 1)
count.pointee = 2
OSAtomicIncrement32(count)
print("val=\(count.pointee )")
OSAtomicDecrement32(count)
print("val=\(count.pointee )")
```

2. 加锁

（1）NSLock 互斥锁。下面的代码展示了最简单的锁的使用。try 方法尝试获取锁，如果没有可用的锁，函数返回 false，不会阻塞当前任务的执行。

```
let lock = NSLock()
if lock.try() {
   // Do some work

   // 释放资源
   lock.unlock()
}
```

（2）NSRecursiveLock 递归锁。主要用在循环或递归操作中，保证了同一个线程执行多次加锁操作不会产生死锁。只要保证加锁、解锁次数相同即可释放资源使其他线程得到资源使用。

使用场景：同一个类中多个方法，递归操作，循环处理中对受保护资源的访问。

```
let theLock = NSRecursiveLock()
for i in 0..<10 {
   theLock.lock()
   // Do some work
   theLock.unlock()

}
```

（3）NSConditionLock 条件锁。condition 为一个整数参数，满足 condition 条件时获得锁，解锁时可以设置 condition 条件。lock、lockWhenCondition 与 unlock、unlockWithCondition 可以任意组合使用。unlockWithCondition 表示解锁并且设置 condition 值；lockWhenCondition 表示 condition 为参数值时获得锁。

```
class NSConditionLockTest: NSObject {
   lazy var condition:  NSConditionLock = {
      let c = NSConditionLock()
      return c
   }()

   var queue = [String]()

   @objc func doWork1() {
      print("doWork1 Begin")
      while true {
         sleep(1)
         self.condition.lock()
         print("doWork1 ")
         self.queue.append("A1")
         self.queue.append("A2")
         self.condition.unlock(withCondition: 2)
      }
      print("doWork1 End")
   }

   @objc func doWork2() {
      print("doWork2 Begin")
      while true {
         sleep(1)
         self.condition.lock(whenCondition: 2)
         print("doWork2 ")
         self.queue.removeAll()
         self.condition.unlock()
      }
      print("doWork2 End")
   }

   func doWork() {
      self.performSelector(inBackground: #selector(self.doWork1), with: nil)
      self.perform(#selector(self.doWork2), with: nil, afterDelay: 0.1)
   }
}
```

3. NSCondition

Condition 通过一些条件控制多个线程协作完成任务。当条件不满足时线程等待，条件满足时通过发送 signal 信号来通知等待的线程继续处理。

```
class NSConditionTest: NSObject {
   var completed = false
   lazy var condition:  NSCondition = {
```

```
        let c = NSCondition()
        return c
    }()

    func clearCondition() {
        self.completed = false
    }

    @objc func doWork1() {
        print("doWork1 Begin")
        self.condition.lock()
        while !self.completed {
            self.condition.wait()
        }
        print("doWork1 End")
        self.condition.unlock()
    }

    @objc func doWork2() {
        print("doWork2 Begin")
        // do some work
        self.condition.lock()
        self.completed = true
        self.condition.signal()
        self.condition.unlock()
        print("doWork2 End")
    }

    func doWork() {
        self.performSelector(inBackground: #selector(self.doWork1), with: nil)
        self.perform(#selector(self.doWork2), with: nil, afterDelay: 0.1)
    }
}
```

执行 doWork 方法后的输出如下：

```
doWork1 Begin
doWork2 Begin
doWork2 End
doWork1 End
```

第 26 章 事件循环

线程将多个任务分解成不同的工作单元去执行，实现了多任务并发执行，提高了系统性能。在现代交互式系统中，还存在大量未知的、不确定的异步事件，这时线程一直处于等待状态，直到有事件发生时系统才会唤醒线程去执行，执行完成后系统又恢复到以前的等待状态。如何控制线程在等待和执行任务状态间无缝切换，就引入了事件循环（RunLoop）的概念。

事件循环可以理解为系统对各种事件源不间断、循环地处理。应用在运行过程中会产生大量的系统事件和用户事件，包括定时器事件、用户交互事件（鼠标键盘触控板操作）、模态窗口事件、各种系统 Source 事件和应用自定义的 Source 事件等，每种事件都会存储到不同的 FIFO 先进先出的队列，等待 RunLoop 依次处理，如图 26-1 所示。

事件循环管理的线程在挂起时不会占用系统的 CPU 资源，可以说事件循环是非常高效的线程管理技术。

图 26-1

线程和事件循环是一一对应的，系统会将线程和它的 RunLoop 对象实例以键/值字典形式存储到全局字典中统一管理和访问。获取线程的 RunLoop 时，如果字典中不存在，则新建一个，并将这个 RunLoop 存储到字典中。

每个应用启动后系统默认生成一个 RunLoop 对象，也可以称为主线程的 RunLoop，由它完成主线程运行期间各种事件的调度控制。

GCD 与 RunLoop 没有直接的关系，主线程自动绑定到一个 RunLoop，GCD 中提交到主线程队列的会在主线程 RunLoop 循环周期内调用。

RunLoop 中包括 3 大核心组件：定时器、输入源（input source）和观察者（observer），后面将逐一介绍。

26.1 RunLoop 的模式

模式（Mode）是一组事件类型的集合，每个事件注册关联到一个或多个模式，RunLoop 在每个时刻运行在一个特定的模式。模式定义说明如表 26-1 所示。

表 26-1

模式	名称	说明
默认	defaultRunLoopMode	默认模式，线程大多数情况运行在此 Mode
连接监控	connectionReplay-Mode	系统内部监控 NSConnection 应答时使用
模态	modalPanelRunLoopMode	模态 Panel 相关事件
事件跟踪	eventTrackingRunLoopMode	鼠标键盘外设，触控 Touch 等相关事件
通用	commonModes	包括上述所有的 Mode

RunLoop 在运行时，只处理注册到当前模式下的事件和通知模式相关的观察者，当前模式运行期发生的其他模式的事件不会被处理，只能存储到消息队列，等到 RunLoop 下一次切换到对应的模式时才能处理。

举个简单的例子，假如一个定时器注册到默认模式下，如果当前发生了高优先级的系统事件 Touch 点击事件，RunLoop 会切换到事件跟踪模式处理，如果定时器超时（timeout）的事件正好发生就不会处理了。

注册模式的原则是：如果不是高优先级需要实时处理的事件，可以采用默认模式。如果 RunLoop 运行在任何模式都需要处理这个事件就注册在常用模式。

RunLoopMode 的定义模式如下：

```
extension RunLoopMode {
   public static let defaultRunLoopMode: RunLoopMode
   public static let commonModes: RunLoopMode
   public static let modalPanelRunLoopMode: RunLoopMode
   public static let eventTrackingRunLoopMode: RunLoopMode
}
```

26.2 RunLoop 类

Cocoa 中使用 RunLoop 来管理 RunLoop 对象，CoreFoundation 中则使用 CFRunLoopRef。RunLoop 不是线程安全的，不能跨线程使用；CFRunLoopRef 则是线程安全的。

（1）获取当前线程的 RunLoop。

```
let runLoop = RunLoop.current

// 或者获取 CFRunLoopRef 的方式
let runLoop = CFRunLoopGetCurrent()
```

（2）运行 RunLoop。

```
func run()                            // 无条件运行
func run(until limitDate: Date)  // 运行到指定时间为止
func run(mode: RunLoopMode, before limitDate: Date) -> Bool
                                      // 在指定模式下，在指定的时间点之前一直运行
```

（3）停止 RunLoop。手工使用 CFRunLoopStop 来停止 RunLoop，或者运行前指定一个时间，到期后 RunLoop 自动停止。

```
CFRunLoopStop(RunLoop.current.getCFRunLoop())
CFRunLoopStop(CFRunLoopGetCurrent())
```

26.3 RunLoop 的活动状态

CFRunLoopActivity 定义了 RunLoop 在运行中不同的活动状态，这些状态可以通过观察者跟踪。

```
public struct CFRunLoopActivity : OptionSet {
   public static var entry: CFRunLoopActivity { get }           // 开始进入 runloop
   public static var beforeTimers: CFRunLoopActivity { get }    // 定时器即将到时
   public static var beforeSources: CFRunLoopActivity { get }   // 源事件即将触发
   public static var beforeWaiting: CFRunLoopActivity { get }   // 即将进入休眠
   public static var afterWaiting: CFRunLoopActivity { get }    // 即将唤醒
   public static var exit: CFRunLoopActivity { get }    // 退出
   public static var allActivities: CFRunLoopActivity { get }   // 所有活动状态
}
```

注册 RunLoop 的观察者，根据需求，可以只注册某个状态组合，也可以注册全部的状态。

CFRunLoopAddObserver 函数第一个参数为 RunLoop 对象，第三个参数为模式，可以根据需要指定。下面的例子是获取主线程的 RunLoop：

```
class ViewController: NSViewController {
   override func viewDidLoad() {
      super.viewDidLoad()
      self.addRunLoopObserver()
   }
   func addRunLoopObserver(){
      var _self = self
      // 定义观察者的 Context
      var observerContext = CFRunLoopObserverContext(version: 0, info: &_self, retain: nil,
         release: nil, copyDescription: nil)
      // 创建观察者
      let observer = CFRunLoopObserverCreate(kCFAllocatorDefault, CFRunLoopActivity.
         allActivities.rawValue, true, 0, self.observerCallbackFunc(), &observerContext)
      if(observer != nil) {
         // 增加当前线程 RunLoop 观察者
         CFRunLoopAddObserver(CFRunLoopGetCurrent(), observer, CFRunLoopMode.defaultMode)
      }
   }

   // 观察者的状态回调函数
   func observerCallbackFunc() -> CFRunLoopObserverCallBack {
      return {(observer, activity, context) -> Void in

         switch(activity) {
         case CFRunLoopActivity.entry:
            print("Run Loop Entry")
            break
         case CFRunLoopActivity.beforeTimers:
            print("Run Loop BeforeTimers")
            break
         case CFRunLoopActivity.beforeSources:
            print("Run Loop BeforeSources")
            break
         case CFRunLoopActivity.beforeWaiting:
            print("Run Loop BeforeWaiting")
            break
         case CFRunLoopActivity.afterWaiting:
            print("Run Loop AfterWaiting")
```

```
                break
            case CFRunLoopActivity.exit:
                print("Run Loop Exit")
                break
            default:
                break
            }
        }
    }
}
```

程序运行后输出如下，可以看到 Run Loop 活动状态的切换：

```
Run Loop Entry
Run Loop BeforeTimers
Run Loop BeforeSources
Run Loop Exit
Run Loop Entry
Run Loop BeforeTimers
Run Loop BeforeSources
Run Loop Exit
Run Loop Entry
Run Loop BeforeTimers
Run Loop BeforeSources
Run Loop BeforeWaiting
Run Loop AfterWaiting
Run Loop BeforeTimers
Run Loop BeforeSources
Run Loop Exit
```

利用观察者对 RunLoop 的状态监控，如果它的状态长时间处于工作态，例如为 BeforeSources 或 AfterWaiting，就可以判断主线程被阻塞。这为监控 UI 界面卡顿、不流畅提供了一种实现思路。

26.4 定时器

定时器有传统的 Timer 类型和 GCD 方式创建的两种。

（1）Timer。创建 Timer，将其关联到当前线程 RunLoop 的 Mode，设为 Common 模式。相对于默认模式，可以防止其他用户高优先级 Mode 事件影响定时器的运行。

```
class ViewController: NSViewController {
    @IBOutlet weak var timeLabel: NSTextField!
    var timer: Timer?
    var timeCount: Int32 = 100

    override func viewDidLoad() {
        super.viewDidLoad()
        timer = Timer(timeInterval: 0.5, target: self, selector: #selector(self.doFireTimer),
            userInfo: nil, repeats: true)
        RunLoop.current.add(timer!, forMode: RunLoopMode.commonModes)
    }

    @objc func doFireTimer(){
        if timeCount <= 0 {
            return
        }
        timeCount -= 1
        self.timeLabel.intValue = timeCount
    }
}
```

（2）GCD 方式的 Timer。通过 GCD 方式创建的 Timer 不受 RunLoop 的影响。在 iOS 平台的 UITextView 内初始化一段文字，在一个 Lable 控件上，通过定时器控制来显示倒计时的数字，快速滑动 UITextView 中的文字内容，可以测试、验证这个结论。可以发现，GCD 方式的 Timer 不受滑动事件的影响，而通过 NSTimer 创建的 Timer，如果 RunLoop 为默认模式，快速滑动时定时器倒计时就会停止。

```
var gcdTimer: DispatchSourceTimer?
func gcdTimerTest(){
   gcdTimer = DispatchSource.makeTimerSource(queue: DispatchQueue.main)
   gcdTimer?.setEventHandler(handler: {
      // 定时器事件
      print("timer out")
   })
   // 配置为重复执行的定时器
   gcdTimer?.scheduleRepeating(deadline: .now() + 1, interval: 1)
   // gcdTimer?.scheduleOneshot(deadline: .now() + 1)，单次定时器

   // 启动定时器，取消为 cancel,挂起为 suspend
   gcdTimer?.resume()
}
```

26.5 RunLoop 中的输入源

RunLoop 中有以下 3 种输入源（source）。

（1）基于端口的输入源。基于端口的输入源是 Cocoa 系统内部两个线程间，类似 TCP/IP 协议一样以端口方式通信的一种机制。

（2） 任一线程执行函数（perform selector）的输入源。在指定的线程执行 Perform Selector 方法，是线程间通信的重要方式。Perform Selector 方法会被顺序存储到线程队列依次执行，未被执行的选择器方法可以取消执行。

NSObject 和 RunLoop 类均提供了如下相关方法：

```
extension NSObject {
   open func perform(_ aSelector: Selector, with anArgument: Any?, afterDelay delay: TimeInterval,
      inModes modes: [RunLoopMode])

   open func perform(_ aSelector: Selector, with anArgument: Any?, afterDelay delay: TimeInterval)

   open class func cancelPreviousPerformRequests(withTarget aTarget: Any, selector aSelector:
      Selector, object anArgument: Any?)

   open class func cancelPreviousPerformRequests(withTarget aTarget: Any)
}

extension RunLoop {
   open func perform(_ aSelector: Selector, target: Any, argument arg: Any?, order: Int,
      modes: [RunLoopMode])

   open func cancelPerform(_ aSelector: Selector, target: Any, argument arg: Any?)

   open func cancelPerformSelectors(withTarget target: Any)
}
```

（3）用户自定义的输入源。用户自定义的输入源实现比较复杂，目前使用场景不多，因此

本书暂不讨论。

26.6 RunLoop 事件处理流程

RunLoop 事件处理流程描述如下。

（1）通知观察者即将进入事件循环处理。

（2）如果存在即将发生的定时器事件，通知所有的观察者。

（3）如果存在即将发生的非端口的输入源事件，在事件发生前，通知所有的观察者。

（4）触发准备就绪的非端口的输入源事件。

（5）如果存在基于端口的事件等待处理，立即处理转第 9 步。

（6）通知观察者，线程即将休眠。

（7）线程休眠，直到下面任意事件之一发生：

- 基于端口的事件发生；
- 定时器超时；
- RunLoop 设置的超时时间到期；
- 显式地唤醒 RunLoop。

（8）通知观察者，线程即将被唤醒。

（9）处理等待的事件。

- 如果是定时器事件，执行定时器处理函数重新启动 RunLoop，转第 2 步。
- 如果是用户定义的输入源执行对应的事件处理方法。
- 如果 RunLoop 被显式地唤醒并且没有超时，重新启动 RunLoop，转第 2 步。

26.7 RunLoop 使用场景

RunLoop 使用场景总结起来，包括下面一些场景。

（1）定时器事件。创建定时器将其加入指定的模式，运行在默认模式下的定时器会受到用户交互事件的影响而延迟执行。

（2）多个线程间通过执行函数 Perform Selector 方法通信。

（3）任务的性能监控，通过监控主线程的空闲时长，来分析应用程序的性能。

第 27 章
绘图技术

本章将介绍绘图上下文、坐标系统、坐标变换、点与像素的关系、颜色空间、阴影和渐变、文本绘制、图像绘制及其格式转换，以及基于路径的各种基本图形的绘制方法。

27.1 绘图上下文

绘图上下文是一个抽象的概念，它代表着当前绘图的虚拟设备（屏幕、PDF 文件、打印机等）、绘图的各种视觉属性设置（颜色、线宽、风格等）以及采用的坐标系统，因此可以简单地理解为“绘图上下文=目标设备＋视觉设置＋坐标系统”。

在应用系统中，绘图上下文与视图对象密切相关，每个视图都有自己的绘图上下文对象，在视图的 UI 更新周期内都会执行视图绘制操作，也就是调用视图对象的 drawRect 方法，在 drawRect 方法内部可以对当前绘图上下文进行各种属性和参数的设置。

每个窗口的绘图上下文是互相独立的，在当前窗口中对绘图上下文的各种设置修改都不会影响其他窗口的绘图上下文。同一窗口内的所有子视图默认都使用同一个父窗口的绘图上下文。

27.2 坐标系统

坐标系统影响绘图的参考原点，macOS 界面默认使用的是笛卡儿坐标。必要情况下可以对坐标原点进行变换以方便使用。

27.2.1 笛卡儿坐标

每个视图在屏幕上的位置使用坐标来定义，坐标系统一般采用的是笛卡儿坐标系统，即顶点原点(0, 0)在左下角位置。

笛卡儿坐标系统有些场景使用不是很方便，这时候可以对它进行变换，将坐标原点移动到左上角，这个变换称之为反转，如图 27-1 所示。对视图对象实现 isFlipped 方法返回 true，即表示使用的是反转后的坐标系统。

```
class MyView: NSView {
   override var isFlipped: Bool {
      get {
         return true
      }
   }
}
```

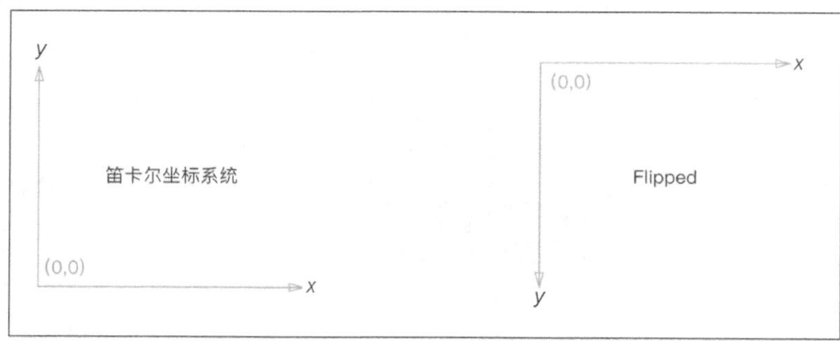

图 27-1

27.2.2 屏幕坐标与本地坐标

屏幕上每个点的坐标称为屏幕坐标，方便起见，每个视图都采用本地坐标系统，即左下角(0, 0)为原点，作为参考点来进行内部绘图设计。只有需要绘制到屏幕上时才将视图内部本地坐标变换为屏幕的坐标来显示。

以图 27-2 所示为例，视图 NSView 坐标原点的本地坐标为(0, 0)，它的内部图形绘制都基于本地坐标计算，绘制到屏幕上时系统自动转换 NSView 坐标原点为屏幕坐标(10, 15)，其他点的坐标也进行统一转换。

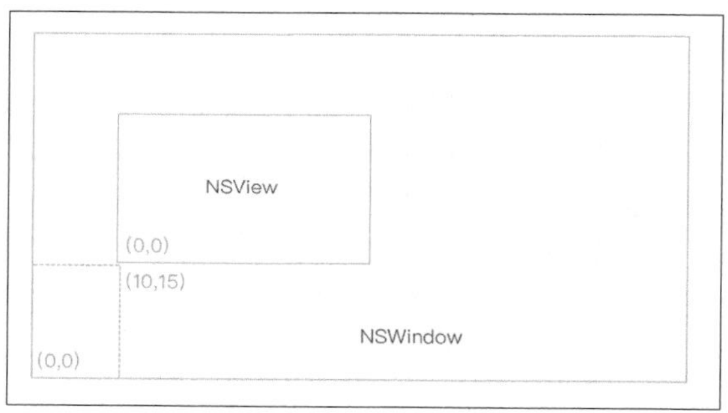

图 27-2

27.2.3 坐标变换

1．坐标变换分类

变换（translation）是一种针对坐标的数学运算操作，分为以下 3 类。

（1）平移变换。对当前坐标系统的原点在垂直或水平方向移动一定距离。下面的代码中使用 NSAffineTransform 的 translateXBy:yBy:进行位置平移。

```
let xform = NSAffineTransform()
xform.translateX(by: 10, yBy: 10)
xform.concat()
```

对坐标系的 x 和 y 轴分别进行 20 像素的移动后，原点在(10, 10)位置的图形，在原坐标系中相当于移动到了(30, 30)的位置，如图 27-3 所示。

（2）缩放变换。对坐标系中的点按比例缩放，可以分别针对 x 轴或 y 轴进行拉大或缩小，比例系数大于 1 表示放大，小于 1 表示缩小，等于 1 表示没有缩放。

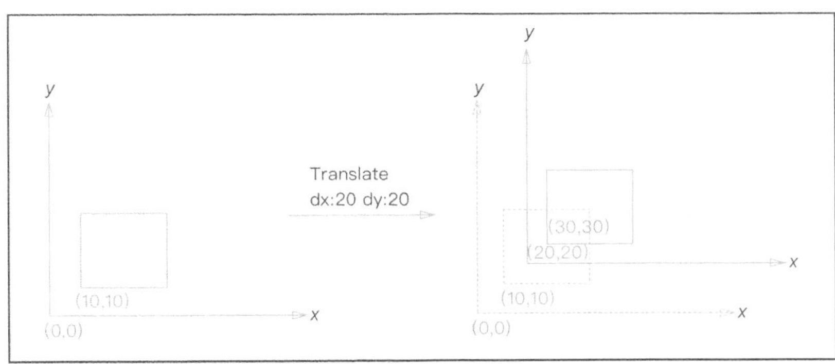

图 27-3

下面的代码表示分别对坐标系中图形的点坐标沿 x 轴和 y 轴进行两倍拉伸，拿一个正方形例子来说，最直观的就是视觉上感觉边长放大为两倍。

```
let xform = NSAffineTransform()
xform.scaleX(by: 2, yBy: 2)
xform.concat()
```

（3）旋转变换。将坐标系绕原点旋转一定的角度，如图 27-4 所示。

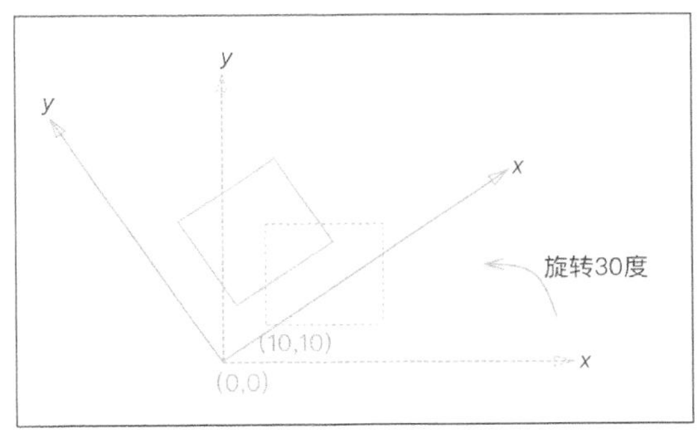

图 27-4

代码如下：

```
let xform = NSAffineTransform()
xform.rotate(byDegrees: 30)
xform.concat()
```

注意，上述 3 种变换代码均需要在视图类的 draw 方法中实现。下面是对一个 40×40 的圆角矩形通过 scale 对 x 和 y 方向分别放大两倍的例子：

```
class MyView: NSView {

   override func draw(_ dirtyRect: NSRect) {
      super.draw(dirtyRect)
      let xform = NSAffineTransform()
      xform.scaleX(by: 2, yBy: 2)
      xform.concat()

      self.wantsLayer = true
      self.layer?.borderWidth = 1

      let path = NSBezierPath()
      let rect = NSRect(x: 0, y: 0, width: 40, height: 40)
      path.appendRoundedRect(rect, xRadius: 10, yRadius: 10)
```

```
        path.stroke()
    }
}
```

代码执行后的效果如图 27-5 所示。

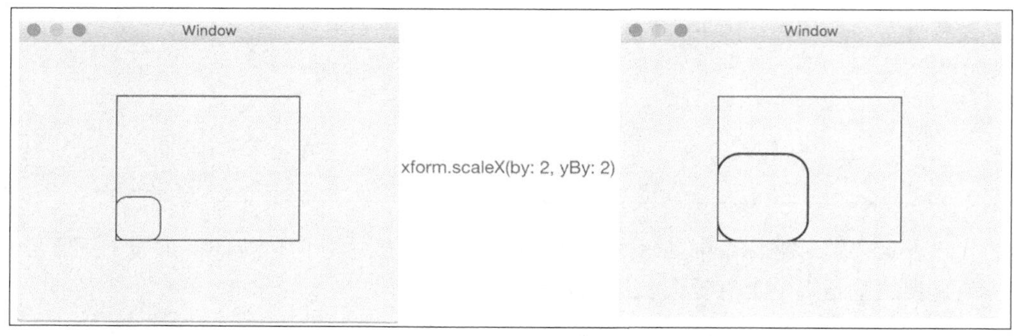

图 27-5

2．坐标变换的数学公式

3 种变换方式统一使用数学上的矩阵运算公式，如图 27-6 所示，其中[x y 1]表示原坐标，[$x1$ $y1$ 1]为变换后的坐标。

$$[x \ y \ 1] * \begin{matrix} m11 & m12 & 0 \\ m21 & m22 & 0 \\ tx & ty & 1 \end{matrix} = [x1 \ y1 \ 1]$$

图 27-6

用数学表达式表示如下：

$x1 = m11 \times x + m12 \times y + tx$

$y1 = m21 \times y + m22 \times y + ty$

其中，$m11$ 和 $m21$ 为缩放系数，$m12$ 和 $m22$ 为旋转系数，tx 和 ty 为平移系数。

对于单独的每一种变换，相当于其他的变换系数为固定的 1 或 0。例如，平移变换相当于缩放系数为 1，旋转系数都为 0。

变换数学表达式是乘法和加法的混合运算，因此不支持两种不同的变换之间交换顺序。也就是说，先旋转后缩放和先缩放后旋转的效果不是等价的。

3．变换操作编程

所有与图形相关的操作都需要在视图的 draw:方法内部实现。

```
override func draw(_ dirtyRect: NSRect) {
    super.draw(dirtyRect)
    // 获取变换操作类
    let xform = NSAffineTransform()
    // 定义变换
    xform.translateX(by: 10.0, yBy: 10.0)
    xform.rotate(byDegrees: 60.0)
    xform.scaleX(by: 2.0, yBy: 2.0)
    // 应用变换
    xform.concat()
```

```
    // 具体的绘图操作
}
```

变换操作编程的基本流程如下。

（1）获取变换操作类。

（2）定义变换类型和参数。

（3）应用变换。

（4）绘图操作。

如果应用了变换操作，则当前绘图上下文中后续所有的绘图相关的操作都会受到影响。如果希望变换只影响部分的绘制，可以在需要变换的代码执行完成后，使用 invert 来撤销变换操作，后续的绘图就不再受变换的影响。

```
xform.invert()    // 执行反向操作
xform.concat()    // 应用变换
```

27.3　颜色与透明度

颜色定义了丰富多彩的图形世界，而透明度代表了光照的强度。

27.3.1　颜色模型和颜色空间

颜色模型定义了通过哪些维度/参数来描述颜色，颜色空间是通过颜色模型定义的所有颜色的集合。Cocoa 中支持 RGB、CMYK、HSB、Gray 和 LAB 5 种颜色模型。

RGB 模型是一种发光体的色彩模式，主要用在电子显示设备上，因此在黑暗中仍然可以看见 RGB 设备显示的颜色。

CMYK 模型是由青色（cyan）、洋红色（megenta）、黄色（yellow）和黑色（black）4 种基本颜色组合成不同色彩的一种颜色模式。它是一种依靠反光的色彩模式，主要用在印刷界传统的纸媒出版，比如报纸的文字在黑暗中是看不见的，只能在有光线的场所阅读。

HSB 模型包括色泽（hue）、饱和度（saturation）和亮度（brightness）3 个维度，它是一种基于人的心理感觉的颜色模式。

Gray（灰度）模型代表了白色、黑色以及黑白之间所有的过渡色，黑白电视使用了灰度模式颜色空间。

LAB 模型是人眼看见的色彩模式，L 只表示明亮，不代表色值；A 代表从洋红色至绿色的范围；B 表示从黄色至蓝色的范围。

不同的设备实现上存在一定的差异，因此颜色的视觉显示上是与设备相关的，同一颜色在不同设备上显示效果是有差异的；而 LAB 模型中的颜色是从人类的视觉感官定义的，因此 LAB 颜色空间是与设备无关的。

27.3.2　创建颜色

Cocoa 中使用 NSColor 来定义和创建颜色，在不同颜色模型中，NSColor 提供了多种方法来创建颜色。

（1）创建与设备无关的颜色的方法如下：

```
// Gray
+ (NSColor *)colorWithCalibratedWhite:(CGFloat)white alpha:(CGFloat)alpha;

// RGB
+ (NSColor *)colorWithCalibratedRed:(CGFloat)red green:(CGFloat)green blue:(CGFloat)blue
   alpha:(CGFloat)alpha;

// HSB
+ (NSColor *)colorWithCalibratedHue:(CGFloat)hue saturation:(CGFloat)saturation brightness:
   (CGFloat)brightness alpha:(CGFloat)alpha;
```

（2）创建与设备相关颜色的方法如下：

```
// Gray
+ (NSColor *)colorWithDeviceWhite:(CGFloat)white alpha:(CGFloat)alpha;

// RGB
+ (NSColor *)colorWithDeviceRed:(CGFloat)red green:(CGFloat)green blue:(CGFloat)blue alpha:
  (CGFloat)alpha;

// HSB
+ (NSColor *)colorWithDeviceHue:(CGFloat)hue saturation:(CGFloat)saturation brightness:
   (CGFloat)brightness alpha:(CGFloat)alpha;

// CMYK
+ (NSColor *)colorWithDeviceCyan:(CGFloat)cyan magenta:(CGFloat)magenta yellow:(CGFloat)
   yellow black:(CGFloat)black alpha:(CGFloat)alpha;
```

下面的代码是颜色创建和不同空间转换的示例，将 RGB 颜色转换为 CMYK 和 Gray 颜色：

```
let rgbColor = NSColor(calibratedRed: 1.0, green: 0.5, blue: 0.5, alpha: 1)
let cmykColor = rgbColor.usingColorSpace(.genericCMYK)
let grayColor = rgbColor.usingColorSpace(.genericGray)
```

27.3.3 在绘图上下文中使用颜色

NSColor 类提供了绘图时设置填充和边框的颜色方法：

```
func set()          // 同时设置填充色和描边边框的颜色
func setFill()      // 设置填充色
func setStroke()    // 设置描边边框的颜色
```

下面是设置边框颜色和填充色的代码：

```
NSColor.red.set()
NSColor.controlBackgroundColor.setFill()
```

而对文本绘制时颜色的设置需要使用 NSForegroundColorAttributeName 属性，在 27.7 节中将另有说明。

27.3.4 从系统颜色面板获取颜色的方式

Cocoa 系统提供了两种获取颜色的方式。

（1）使用 NSColorWell 方式。从控件工具箱拖 Color Well 控件到窗口界面，将控件的 Sent Actions 事件绑定到 colorAction 方法，代码如下：

```
@IBAction func colorAction(_ sender: AnyObject) {
   let well = sender as! NSColorWell
```

```
    print("select color is \(well.color)")
}
```

运行应用，点击 Color Well 会弹出颜色面板，点击颜色面板后 Color Well 的填充色会随之变化。同时，可以从 NSColorWell 的 color 属性获取当前选择的颜色。

（2）使用 NSColorPanel 方式。NSColorPanel 方式比 NSColorWell 方式更灵活一些，可以将颜色的选择绑定到其他控件的事件中。NSColorPanel 是一个全局单例类，调用前需要设置它的 target 和 action，在 action 方法中可以获取 NSColorPanel 选择后的 color 属性。

从控件工具箱拖一个 Text View 控件和一个 Button 控件到窗口界面，修改 Button 的 Title 为 Change Color，同时绑定按钮的 Sent Actions 事件到 changeColorButtonAction 方法，代码如下：

```
@IBAction func changeColorButtonAction(_ sender: AnyObject) {
    let panel = NSColorPanel.shared
    panel.setTarget(self)
    panel.setAction(#selector(self.colorSelect))
    panel.orderFront(self)
}

@IBAction func colorSelect(_ sender: AnyObject) {
    let panel = sender as! NSColorPanel
    self.textView.textColor = panel.color
}
```

运行后的界面如图 27-7 所示。

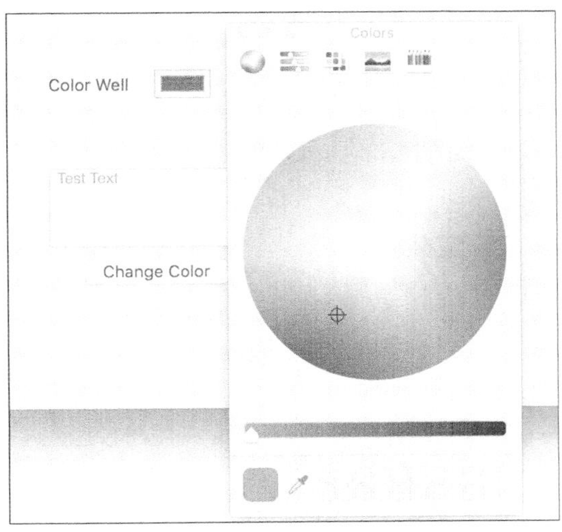

图 27-7

27.4 绘图状态

绘图上下文中保存了各种属性设置，包括变换矩阵、裁剪区、线的各种属性、颜色、字体和阴影等，使用 saveGraphicsState 保持绘图状态，完成绘图后使用 restoreGraphicsState 恢复。saveGraphicsState 和 restoreGraphicsState 必须成对出现。

下面是一段保存视图绘图状态，完成简单图形绘制，最后恢复绘图状态的代码。

```
override func draw(_ dirtyRect: NSRect) {
    super.draw(dirtyRect)
    // 保持绘图状态
```

```
    let path = NSBezierPath(ovalIn: dirtyRect)
    NSGraphicsContext.saveGraphicsState()
    // 设置新绘图属性
    NSColor.gray.setFill()
    NSBezierPath.defaultLineWidth = 2.0
    // 绘图操作
    path.fill()
    // 恢复绘制状态
    NSGraphicsContext.restoreGraphicsState()
}
```

在前面使用变换操作的章节中，我们提到的可以使用反向操作 invert 方法进行还原，由于 invert 是数学浮点数矩阵运算，本身可能有精度损失。因此更推荐使用绘图状态保存方法来恢复绘图状态。

27.5 图像

NSImage 是图像的核心类，主要提供下面的功能：从文件加载图片资源、绘制渲染图片到屏幕、图片缩放和图片不同格式的转换。

NSImage 对外提供了图像处理的高级接口，内部主要是通过操作 NSImageRep 类来完成各种处理操作的。NSImageRep 对象代表了图像的颜色空间、图像的大小、图像对应的格式及其数据。一个 NSImage 对象可能包括多个 NSImageRep 对象。例如，在 TIFF 格式的图片中有两个 NSImageRep，一个代表原始图，另一个代表缩略图。

27.5.1 图像内部缓存

每次图片被渲染到屏幕上时，都需要对图像数据进行一些预处理。当图片需要多次加载使用时，将预处理的数据缓存能提高性能。Cocoa 对每个 NSImage 图像会进行缓存，可以调用 NSImage 的 setCacheMode:方法设置缓存策略来禁止缓存。如果修改了图片的内容，需要调用 recache 方法来刷新缓存，保证能显示最新的图片。

27.5.2 图像大小

图像的大小一般从 NSImageRep 或者从数据（data）字段中获取。如果图像的大小与渲染显示的区域一致，则正常显示。如果图像尺寸小于显示区域，对于支持缩放的矢量图，渲染显示没有什么问题； 而其他格式的图像则需要使用插值算法生成更多的图像点数据来显示。

27.5.3 图像的坐标系统

图像的坐标系统跟绘制图像的父视图无关，图像的坐标系统仅仅影响图像本身数据的绘制方向，默认情况下图像坐标系统的坐标原点在左下方。

在创建了一个新图像后，在设置 lockFocus 之前修改 flipped 属性会影响后续绘图中的坐标方向，而在设置 lockFocus 之后修改 flipped 属性则不会影响后续的绘图操作。

27.5.4 图像绘制方法

drawAtPoint 方法是将图像按原大小绘制到指定的 point，operation 参数定义了图像的合成模式，fraction 定义了透明度，范围是 0.0～1.0。

drawInRect 方法是裁剪式绘制，可以将图像看成是一个(0, 0, width, height)的矩形。第一个参数 rect 为绘制时的目标区域，第二个参数 fromRect 定义了图像的裁剪区域，裁剪可以与图像矩形完全一致，也可以是其中的一部分。Rect 与 fromRect 大小不一致时，会进行缩放处理。

```
func draw(at point: NSPoint, from fromRect: NSRect, operation op: NSCompositingOperation,
   fraction delta: CGFloat)

func draw(in rect: NSRect, from fromRect: NSRect, operation op: NSCompositingOperation,
   fraction delta: CGFloat)
```

两种方法的对比如图 27-8 所示。

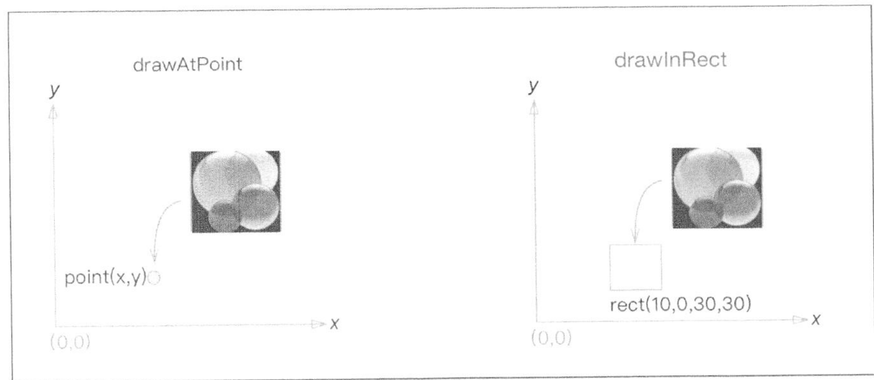

图 27-8

27.5.5 图像创建或加载

下面介绍一下图像的创建和加载。

1．加载图像

加载图像有通过文件路径加载和通过文件名加载两种方式。

（1）通过文件路径加载图像。

```
let path = Bundle.main.path(forResource: "image", ofType: "png")!
let image = NSImage(contentsOfFile: path)
```

（2）通过文件名加载图像。

```
let image = NSImage(named: "image")
```

这个初始化方法从下面任一目录加载指定文件名的图片。优先从第一个目录加载图片。

- AppKit.framework 的 Resources 目录。
- App 的 Resources 目录中的图片。

2．绘制图像

除了从文件加载图片，也可以创建图像，在图像的上下文中绘制内容。绘制前必须先调用 lockFocus 方法，完成后执行 unlockFocus 方法。相关代码如下：

```
override func draw(_ dirtyRect: NSRect) {
    super.draw(dirtyRect)

    self.wantsLayer = true
    self.layer?.borderWidth = 1

    let canvas = NSImage(size: dirtyRect.size)
    canvas.lockFocus()
    dirtyRect.fill()
    NSBezierPath.stroke(dirtyRect)
    canvas.unlockFocus()
    canvas.draw(at: NSPoint(x: 0, y: 0), from: NSRect(x: 0, y: 0, width: 40, height: 40),
        operation: .sourceOver, fraction: 1.0)
}
```

macOS 10.8 及以上版本使用 NSImage 的 size:flipped:drawingHandler:方法代替 unlockFocus 方式来绘制图像，确保对高分辨率更好的支持。

```
let image = NSImage(size: dirtyRect.size, flipped: true, drawingHandler: {
    rect in
    NSColor.red.setFill()
    rect.fill()
    return true
})

image.draw(at: NSPoint(x: 0, y: 0), from: NSRect(x: 0, y: 0, width: 40, height: 40),
    operation: .sourceOver, fraction: 1.0)
```

27.5.6 屏幕图像的捕获

在视图类中增加一个 saveImage 方法，基本流程如下。

（1）获取视图显示缓存区中的 image 对象。

（2）image 对象转换为位图。

（3）从位图获取图像数据。

（4）将数据写入文件。

具体的代码如下：

```
func saveImage(){
    let data = self.view.dataWithPDF(inside: self.view.bounds)
    // 视图的 image
    let viewImage = NSImage(data: data)
    // 获取 ImageRep
    let imageRep = NSBitmapImageRep(data: (viewImage?.tiffRepresentation)!)
    // 图像压缩比设置
    let imageProps = [ NSBitmapImageRep.PropertyKey.compressionFactor : Int(1.0) ]
    // 数据
    let imageData = imageRep?.representation(using: .png, properties: imageProps)

    let paths = NSSearchPathForDirectoriesInDomains(.documentDirectory, .userDomainMask, true)
    let documentsDirectory = paths[0]

    // 文件路径 URL
    let fileURL = URL(fileURLWithPath:documentsDirectory).appendingPathComponent("image.png")

    // 写入文件
    try? imageData?.write(to: fileURL)
}
```

27.5.7 图像的格式转换

NSImage 支持多种类型的格式转换，需要先将 NSImage 转换为 NSBitmapImageRep 类型，再指定转换的类型 NSBitmapImageRep.FileType，得到数据，然后写入文件即可。

```
public enum NSBitmapImageRep.FileType : UInt {
   case tiff
   case bmp
   case gif
   case jpeg
   case png
   case jpeg2000
}
```

具体代码可以参考前一节屏幕图像的捕获部分的例子。

27.6 阴影和渐变

27.6.1 阴影

绘制阴影需要定义阴影的位置、半径和颜色。绘图时设置阴影会修改绘图上下文的状态，因此需要保存和恢复上下文的状态，这样才不会对后续其他绘图操作造成影响。下面的 ShadowDrawView 类的 draw 方法是一个具体阴影的定义和绘制过程，代码如下：

```
class ShadowDrawView: NSView {
   override func draw(_ dirtyRect: NSRect) {
      super.draw(dirtyRect)

      // 保存绘图状态
      NSGraphicsContext.saveGraphicsState()

      // 定义阴影
      let theShadow = NSShadow()
      theShadow.shadowOffset = NSMakeSize(5.0, -5.0)
      theShadow.shadowBlurRadius = 2.0
      // 阴影为蓝色
      theShadow.shadowColor = NSColor.blue.withAlphaComponent(0.3)

      // 设置绘图使用阴影
      theShadow.set()

      // 定义绘图的矩形
      let rect = NSInsetRect(dirtyRect, 40, 40)

      // 设置填充颜色为红色
      NSColor.red.setFill()

      // 绘制矩形
      NSBezierPath.fill(rect)

      // 恢复绘图状态
      NSGraphicsContext.restoreGraphicsState()
   }
}
```

代码执行的结果如图 27-9 所示。

图 27-9

27.6.2 渐变

渐变需要定义一组颜色，每组至少需要两种颜色，每种颜色指定 location 参数，范围为 0.0～1.0。

1. 线性渐变

线性渐变是颜色沿着水平、垂直或者指定其他角度的一个轴，指定颜色按顺序改变，提供 3 种方法来实现线性渐变绘制。

（1）以指定的 path 为裁剪区域，angle 为渐变轴的方向绘制。接口方法定义如下：

```
draw(in path: NSBezierPath, angle: CGFloat)
```

GradientView 类实现了这种绘制方式，代码如下：

```
class GradientView: NSView {
   override func draw(_ dirtyRect: NSRect) {
      super.draw(dirtyRect)
      self.drawLinerGradient()
   }

   func drawLinerGradient(){
      let bounds = self.bounds
      let clipShape = NSBezierPath()
      clipShape.appendRect(bounds)
      let aGradient = NSGradient(colorsAndLocations: (NSColor.red, 0.0),(NSColor.green,0.5),
         (NSColor.blue,1.0))
      aGradient?.draw(in: clipShape, angle: 90)
   }
}
```

代码执行后的结果如图 27-10 所示。

图 27-10

（2）在当前绘图上下文中，指定起点、终点和 options 参数绘制。接口方法定义如下：

```
func draw(from startingPoint: NSPoint, to endingPoint: NSPoint, options: NSGradientDrawing
   Options = [])
```

drawPointGradient 方法实现了这种绘制方式，代码如下：

```
func drawPointGradient(){
   let aGradient = NSGradient(colorsAndLocations: (NSColor.red, 0.0),(NSColor.green,0.5),
      (NSColor.blue,1.0))
   let centerPoint = NSPoint(x: 0, y: 0)
   let otherPoint =  NSPoint(x: 0, y: 60)

   aGradient?.draw(from: centerPoint, to: otherPoint, options: NSGradient.DrawingOptions.
      drawsAfterEndingLocation)
}
```

不同的 options 的绘制效果如图 27-11 所示，从图中可以看到 drawsBeforeStartingLocation 参数对原矩形区域进行了裁剪。

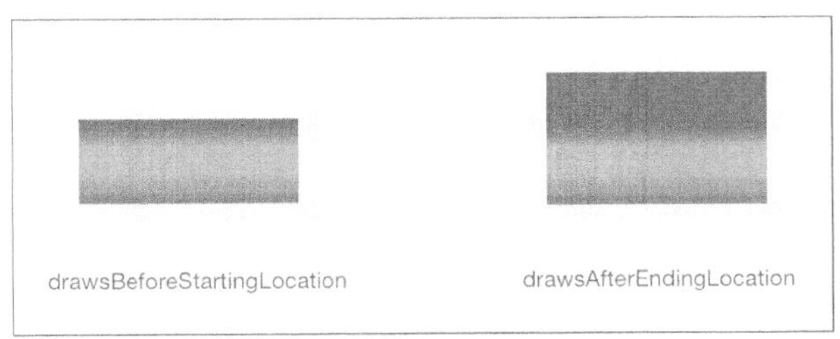

图 27-11

（3）以 rect 参数为裁剪区域绘制渐变。接口方法定义如下：

```
func draw(in rect: NSRect, angle: CGFloat)
```

drawRectGradient 方法实现了这种绘制方式，代码如下：

```
func drawRectGradient(){
   let aGradient = NSGradient(colorsAndLocations: (NSColor.red, 0.0),(NSColor.green,0.5),
      (NSColor.blue,1.0))
   let rect =  NSRect(x: 10, y: 10, width: 40, height: 40)
   aGradient?.draw(in: rect, angle: 90)
}
```

2. 径向渐变

径向渐变是颜色沿着圆形从起点到终点进行变换，提供以下 3 种方法来实现径向渐变绘制。

（1）指定起点、终点位置和半径，接口方法定义如下：

```
func draw(fromCenter startCenter: NSPoint, radius startRadius: CGFloat, toCenter endCenter:
   NSPoint, radius endRadius: CGFloat, options: NSGradientDrawingOptions = [])
```

RadialGradientView 类实现了这种绘制方式，代码如下：

```
class RadialGradientView: NSView {
   override func draw(_ dirtyRect: NSRect) {
      super.draw(dirtyRect)
      self.drawFromCenter()
   }
   func drawFromCenter(){
      let bounds = self.bounds
      let aGradient = NSGradient(starting: NSColor.blue, ending:  NSColor.green)
      let centerPoint = NSMakePoint(NSMidX(bounds), NSMidY(bounds))
      let otherPoint = NSMakePoint(centerPoint.x + 10.0, centerPoint.y + 10.0)

      aGradient?.draw(fromCenter: centerPoint, radius: 50, toCenter: otherPoint, radius: 5.0,
         options: NSGradient.DrawingOptions.drawsBeforeStartingLocation)
```

```
    }
}
```

以不同参数运行的结果如图 27-12 所示。

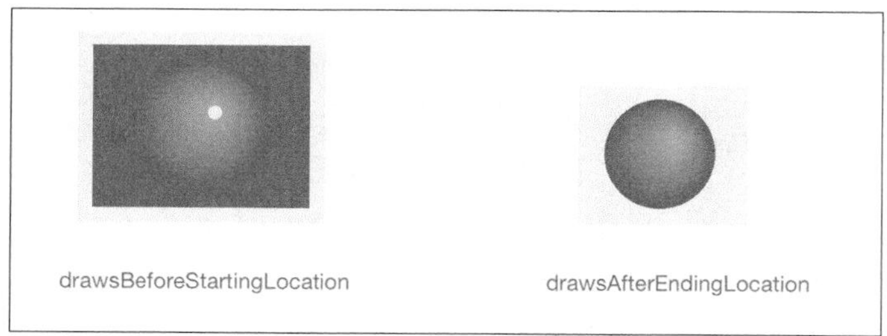

图 27-12

（2）在当前上下文中指定 rect 绘制矩形，渐变的起点位置由 relativeCenterPosition 决定，接口方法定义如下：

```
func draw(in rect: NSRect, relativeCenterPosition: NSPoint)
```

其中 relativeCenterPosition 可能的取值如下。

- (−1.0, −1.0)：左下角。
- (1.0, −1.0)：右下角。
- (1.0, 1.0)：右上角。
- (−1.0, 1.0)：左上角。
- (0.0, 0.0)：中心点。

drawRelativeCenterPosition 方法中实现了这种绘制方式，代码如下：

```
func drawRelativeCenterPosition(){
   let aGradient = NSGradient(colorsAndLocations:
      (NSColor.red, 0.0), (NSColor.green,0.5),
      (NSColor.yellow,0.75),  (NSColor.blue,1.0))
   let startPoint = NSMakePoint(1, -1)
   let bounds = self.bounds
   aGradient?.draw(in: bounds, relativeCenterPosition: startPoint)
}
```

设置不同 startPoint 参数，代码执行后的结果如图 27-13 所示。

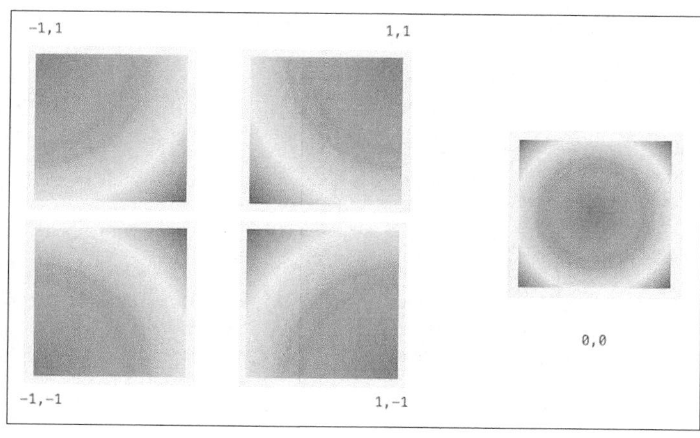

图 27-13

（3）绘制指定的 path，渐变的起点位置由 relativeCenterPosition 决定，接口方法定义如下：

```
func draw(in path: NSBezierPath, relativeCenterPosition: NSPoint)
```

drawInPath 方法中实现了这种绘制方式，代码如下：

```
func drawInPath(){
   let aGradient = NSGradient(colorsAndLocations:
      (NSColor.red, 0.0),
      (NSColor.green,0.5),
      (NSColor.yellow,0.75),
      (NSColor.blue,1.0))
   let startPoint = NSMakePoint(1, -1)
   let bounds = self.bounds

   let path = NSBezierPath()
   path.appendRect(bounds)
   aGradient?.draw(in: path, relativeCenterPosition: startPoint)
}
```

27.7 文本绘制

这里仅简单介绍文本的基本属性设置、文本的绘制方法和代码示例，更复杂的文本排版绘制请参考 Core Text 相关文档。

27.7.1 文本属性参数

表 27-1 列出了常用的文本属性参数，更多的属性参阅 Attributed String Programming Guide 文档。

表 27-1

属性名	类型	默认值	说明
NSBackgroundColorAttributeName	NSColor	无	背景色
NSFontAttributeName	NSFont	Helvetica 12-point	字体
NSParagraphStyleAttributeName	NSMutableParagraphStyle	无	段落样式
NSBaselineOffsetAttributeName	Float	0.0	文字基线偏移
NSForegroundColorAttributeName	NSColor	黑色	前景色
NSLinkAttributeName	String	无	链接
NSUnderlineStyleAttributeName	NSUnderlineStyle	无	下划线风格
NSUnderlineColorAttributeName	NSColor	无	下划线颜色

27.7.2 String 的绘制方法

文本绘制有两种方法。

（1）使用 String 类的扩展方法如下：

```
// 根据文本属性获取 size
func size(withAttributes attrs: [NSAttributedStringKey : Any]? = nil) -> NSSize

// 在指定点 point 绘制属性文本
```

```
func draw(at point: NSPoint, withAttributes attrs: [NSAttributedStringKey : Any]? = nil)
// 在指定矩形内绘制属性文本
func draw(in rect: NSRect, withAttributes attrs: [NSAttributedStringKey : Any]? = nil)
```

String 的样式属性是整体性的配置，不能对 String 中子串的局部设置单独的样式。下面是一段设置 String 文本字体和颜色的代码示例：

```
let str: NSString = "RoundedRect"
let font = NSFont(name: "Palatino-Roman", size: 14.0)
var attrsDictionary = [NSAttributedStringKey: Any]()
attrsDictionary[NSAttributedStringKey.font] = font
attrsDictionary[NSAttributedStringKey.foregroundColor] =  NSColor.green
let p = CGPoint(x: 0, y: 0)
str.draw(at: p, withAttributes: attrsDictionary)
```

（2）NSAttributedString 类的扩展方法如下：

```
// 返回属性文本的 size
func size() -> NSSize
// 在指定点 point 绘制
func draw(at point: NSPoint)
// 在指定矩形内绘制
func draw(in rect: NSRect)
```

通过 NSRange 指定不同的范围来实现字符串样式的配置，可以灵活地定义文本的样式，下面是一段代码示例：

```
func drawAttributedString(){
   let content = "NSMutableAttributedString"
   let string = NSMutableAttributedString(string: content)
   let p = CGPoint(x: 0, y: 10)
   let selectedRange = NSRange(location: 0, length: content.characters.count)

   let linkURL = NSURL(string: "http://www.youtube.com/")!
   string.addAttribute(NSAttributedStringKey.link, value: linkURL, range: selectedRange)
   string.addAttribute(NSAttributedStringKey.foregroundColor, value: NSColor.blue, range:
      selectedRange)
    string.draw(at: p)
}
```

27.8 使用路径绘图

路径用来定义一组点的集合，使用这些点可以绘制基本的图形（直线、弧形和曲线）、复杂的图形（矩形、圆、椭圆和多边形），甚至更复杂的不规则图形。

Cocoa 中提供了 NSBezierPath 类来创建管理和操作路径对象，同时也提供了许多高级系统函数来方便创建基本的几何图形。

一个规则的几何图形可以使用 NSPoint、NSRect 和 NSSize 类型定义。例如，对于直线使用起点和终点两点就可以唯一确定，矩形图像使用 NSRect 定义，圆使用中心点和半径来定义。

使用路径来绘图的基本过程：

（1）规定起点；

（2）设置绘图属性（也可以使用默认属性）；

（3）定义路径；

（4）设置路径属性；

（5）完成绘制。

27.8.1 路径的样式

路径可以设置不同的样式属性，分别说明如下。

（1）lineWidth（线宽）。默认绘图线条的宽度为 1，可以修改全局的线宽或者针对特定的路径设置线宽，代码如下：

```
// 全局的线宽
NSBezierPath.defaultLineWidth = 2.0
// 特定的 Path 设置线宽
let thePath = NSBezierPath()
thePath.lineWidth = 3.0
```

（2）lineCapStyle（线条端点样式）。线条端点样式可以全局设置，或局部针对每个路径设置，不同的样式显示如图 27-14 所示。

设置不同线条端点样式的代码如下：

```
let aPath1 = NSBezierPath()
aPath1.lineWidth = 10.0
aPath1.move(to: NSMakePoint(12.0, 20.0))
aPath1.line(to: NSMakePoint(92.0, 20.0))
aPath1.lineCapStyle = .buttLineCapStyle
aPath1.stroke()

let aPath2 = NSBezierPath()
aPath2.lineWidth = 10.0
aPath2.move(to: NSMakePoint(12.0, 60.0))
aPath2.line(to: NSMakePoint(92.0, 60.0))
aPath2.lineCapStyle = .roundLineCapStyle
aPath2.stroke()

let aPath3 = NSBezierPath()
aPath3.lineWidth = 10.0
aPath3.move(to: NSMakePoint(12.0, 100.0))
aPath3.line(to: NSMakePoint(92.0, 100.0))
aPath3.lineCapStyle = .squareLineCapStyle
aPath3.stroke()
```

（3）lineJoinStyle（连接线样式）。不同连接线样式的显示如图 27-15 所示。

图 27-14

图 27-15

设置不同连接线样式的代码如下：

```
let aPath1 = NSBezierPath()
aPath1.lineWidth = 10.0
aPath1.move(to: NSMakePoint(12.0, 20.0))
aPath1.line(to: NSMakePoint(42.0, 40.0))
aPath1.line(to: NSMakePoint(72.0, 20.0))
aPath1.lineJoinStyle = .miterLineJoinStyle
```

```
aPath1.stroke()

let aPath2 = NSBezierPath()
aPath2.lineWidth = 10.0
aPath2.move(to: NSMakePoint(12.0, 60.0))
aPath2.line(to: NSMakePoint(42.0, 80.0))
aPath2.line(to: NSMakePoint(72.0, 60.0))
aPath2.lineJoinStyle = .roundLineJoinStyle
aPath2.stroke()

let aPath3 = NSBezierPath()
aPath3.lineWidth = 10.0
aPath3.move(to: NSMakePoint(12.0, 100.0))
aPath3.line(to: NSMakePoint(42.0, 120.0))
aPath3.line(to: NSMakePoint(72.0, 100.0))
aPath3.lineJoinStyle = .bevelLineJoinStyle
aPath3.stroke()
```

（4）lineDash（虚线样式）。可以把直线理解为一个连续的点模式，每个点之间没有间隙。而虚线模式定义了点和间隙的交替模式，并且多个模式可组合为一个模式。虚线定义不支持全局设置，只能对每个路径单独设置。

虚线使用 dash 和 gap 两个参数的交替模式定义样式，下面是两个样式的定义示例和含义说明。

- dash:2 gap:2：实线宽度为 2 个点，虚线宽度为 2 个点。
- dash:2 gap:2 dash:4 gap:4：实线宽度为 2 个点，虚线宽度为 2 个点，实线宽度为 4 个点，虚线宽度为 4 个点。

不同的样式显示如图 27-16 所示。

图 27-16

设置不同虚线样式的代码如下：

```
let aPath1 = NSBezierPath()
aPath1.move(to: NSMakePoint(12.0, 60.0))
aPath1.line(to: NSMakePoint(192.0, 60.0))

var lineDash = [CGFloat](repeating: 0.0, count: 2)
lineDash[0] = 2.0
lineDash[1] = 2.0
aPath1.setLineDash(lineDash, count: 2, phase: 0.0)
aPath1.stroke()

let aPath2 = NSBezierPath()
aPath2.move(to: NSMakePoint(12.0, 20.0))
aPath2.line(to: NSMakePoint(192.0, 20.0))

var lineDash2 = [CGFloat](repeating: 0.0, count: 4)
lineDash2[0] = 2.0
lineDash2[1] = 2.0
lineDash2[2] = 4.0
lineDash2[3] = 4.0
aPath2.setLineDash(lineDash2, count: 4, phase: 0.0)
aPath2.stroke()
```

（5）flatness（曲线平滑度）。平滑度默认值为 0.6，值越小曲线越平滑，值大的曲线看起来就像多个短的直线段拼接起来一样。

下面的代码定义平滑度参数为 20：

```
NSBezierPath.setDefaultFlatness(20.0)
```

设置平滑度参数后会影响后续绘制的曲线表面的平滑度，一个椭圆加平滑度参数后的效果如图 27-17 所示。

（6）miterLimit（倾斜限制）。斜角限制规则：如果线的宽度超过倾斜限制，就使用连接线样式 NSBevelLineJoinStyle 来处理。

不同参数的显示如图 27-18 所示。

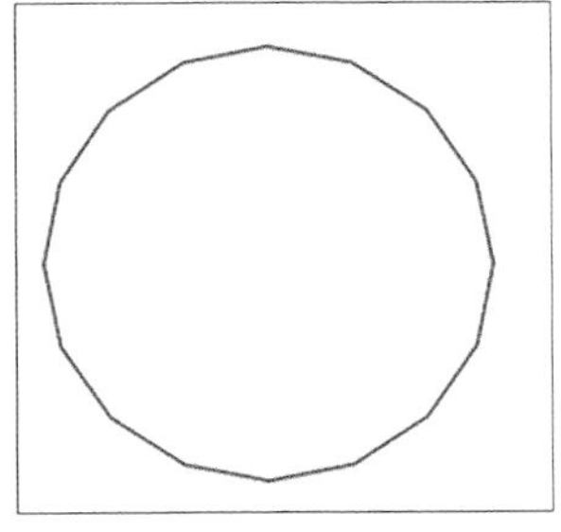

图 27-17

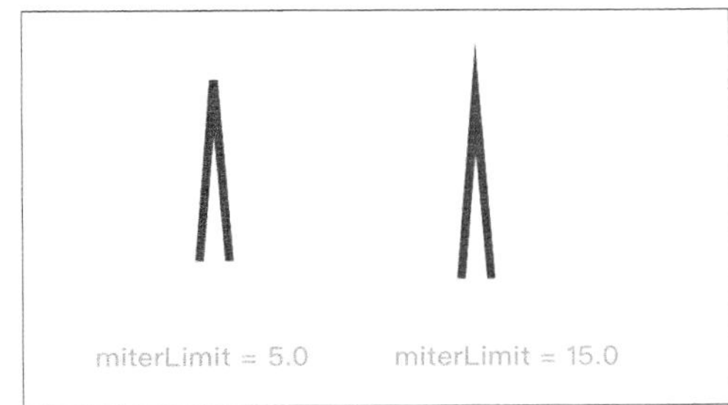

图 27-18

设置 miterLimit 参数的代码如下：

```
let aPath = NSBezierPath()
aPath.move(to: NSMakePoint(10.0, 10.0))
aPath.line(to: NSMakePoint(18.0, 110.0))
aPath.line(to: NSMakePoint(26.0, 10.0))
aPath.lineWidth = 5.0
aPath.miterLimit = 15.0
aPath.stroke()
```

（7）环绕规则（Winding Rule）。对闭合曲线路径填充时使用环绕规则来判断子区域是否可以填充。

某个区域是否可以填充，可以从区域内部找任意一点向任意方向延伸画一条射线，根据射线穿过的路径来决定。从起点到终点完整的路径中每条曲线标注方向，从左到右或从右到左，有两种判定规则。

- NSNonZeroWindingRule（非 0 环绕规则）：射线穿过一条从左到右的路径曲线则加 1，穿过一条从右到左的路径曲线则减 1，最后统计的和非 0 则此区域可填；否则不填充，如图 27-19 左边所示。
- NSEvenOddWindingRule（奇偶环绕规则）：射线穿越计数规则类似非 0 环绕规则，最后的值为基数则此区域可填充；否则不填充，如图 27-19 右边所示。

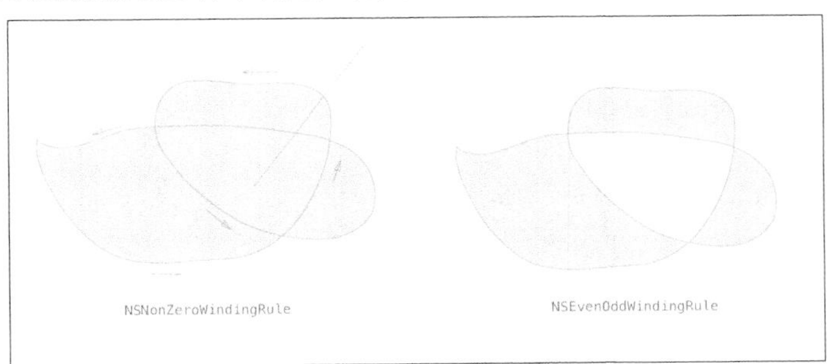

图 27-19

27.8.2 点

点是没有宽度和高度的，不能单独画一个点。我们可以画一个宽度和高度为 1 的矩形代表一个点，代码如下：

```
let aPoint = NSPoint(x: 10, y: 10)
let aRect  = NSRect(x: aPoint.x, y: aPoint.y, width: 1, height: 1)
aRect.fill()
```

27.8.3 线

在路径中定义起点和终点完成直线绘制，代码如下：

```
let aPath = NSBezierPath()
aPath.move(to: NSMakePoint(10.0, 10.0))      // 起点
aPath.line(to: NSMakePoint(100.0, 10.0))     // 终点
aPath.stroke()
```

27.8.4 多边形

多个线连接起来组合成多边形，如图 27-20 所示。相关代码如下：

```
let aPath = NSBezierPath()
aPath.move(to: NSMakePoint(10.0, 10.0))
aPath.line(to: NSMakePoint(180.0, 10.0))
aPath.line(to: NSMakePoint(100.0, 60.0))
aPath.close()
aPath.stroke()
```

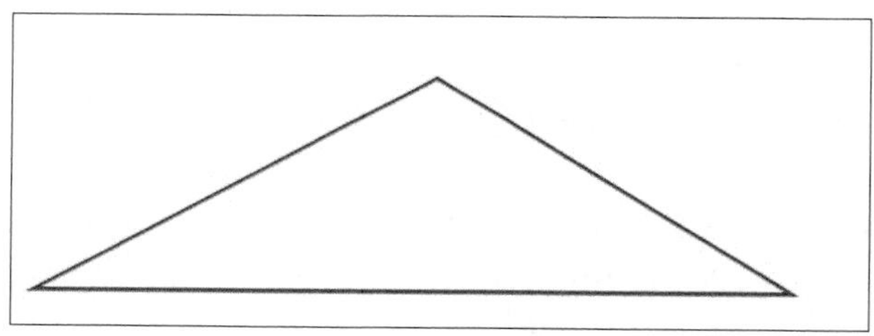

图 27-20

27.8.5 矩形

矩形可以看作是多边形的特例，除了使用多条直线连接画出矩形外，路径中提供了许多方法来实现矩形绘制。

（1）使用 NSBezierPath 类实现矩形绘制，优点是速度快、精度高。下面是使用 NSBezierPath 全局类绘制的代码。

```
let aPoint = NSMakePoint(10.0, 10.0)
let aRect  = NSMakeRect(aPoint.x, aPoint.y, 40.0, 40.0)
NSBezierPath.stroke(aRect)
```

也可以使用 NSBezierPath 实例来绘制，相关代码如下：

```
let aRect = NSMakeRect(10.0, 10.0, 40.0, 40.0)
let thePath = NSBezierPath()
thePath.appendRect(aRect)
thePath.stroke()
```

（2）使用 NSRect 矩形相关的系统函数绘制，优点是性能更高，缺点是精度相对低。

- fill：绘制矩形使用默认颜色填充。

```
aRect.fill()
```

多个矩形同时填充绘制，代码如下：

```
var borderRects = [rect1,rect2]
borderRects.fill()
```

- frame：绘制矩形不填充。

```
aRect.frame()
```

27.8.6 圆角矩形

在路径绘制矩形的方法上增加圆角参数，相关接口定义如下：

```
init(roundedRect rect: NSRect, xRadius: CGFloat, yRadius: CGFloat)

func appendRoundedRect(_ rect: NSRect, xRadius: CGFloat, yRadius: CGFloat)
```

27.8.7 圆和椭圆

使用 bezierPathOvalInRect 或 appendBezierPathWithOvalInRect 方法来绘制椭圆，参数为 NSRect 定义的矩形，如果设置矩形的长宽相等则绘制为圆，否则为椭圆。示例代码如下：

```
let aRect = NSMakeRect(10.0, 10.0, 40.0, 40.0)
let path = NSBezierPath(ovalIn: aRect)
path.stroke()

let path2 = NSBezierPath()
path2.appendOval(in: aRect)
path.stroke()
```

27.8.8 弧形

绘制弧形的方法有两种，分别说明如下。

（1）指定半径和弧形两个端点坐标来绘制。这种方法实际上需要 3 个点来绘制，首先需要移动到一个初始点，再指定 fromPoint、toPoint 和半径完成绘制，如图 27-21 所示。

```
let arcPath = NSBezierPath()
arcPath.move(to: NSMakePoint(30, 10))
arcPath.appendArc(from: NSMakePoint(10, 30), to: NSMakePoint(60, 60), radius: 20)
arcPath.stroke()
```

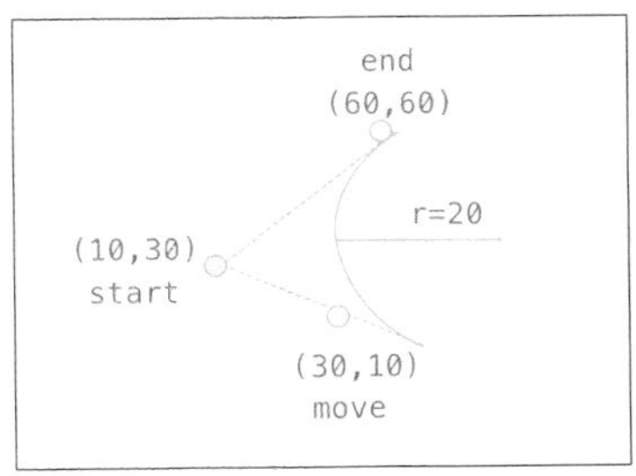

图 27-21

（2）指定半径和弧形两个边与水平线的夹角，圆可以理解为弧形的特例，如图 27-22 所示。

```
let arcPath = NSBezierPath()
arcPath.appendArc(withCenter: NSMakePoint(60, 60), radius: 40, startAngle: 45, endAngle: 90)
arcPath.stroke()
```

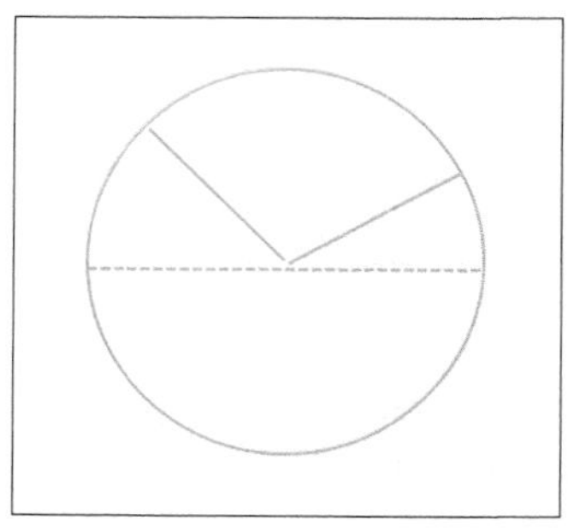

图 27-22

27.8.9 贝塞尔曲线

贝塞尔曲线是一种数学曲线，可以绘制出任意矢量图形。通过起点、终点加上两个控制点唯一确定一条贝塞尔曲线，如图 27-23 所示。相关代码如下：

```
let path = NSBezierPath()
path.move(to: NSMakePoint(20.0, 20.0))
path.curve(to: NSMakePoint(160.0, 60.0), controlPoint1: NSMakePoint(80.0, 50.0), controlPoint2:
   NSMakePoint(90.0, 5.0))
path.stroke()
```

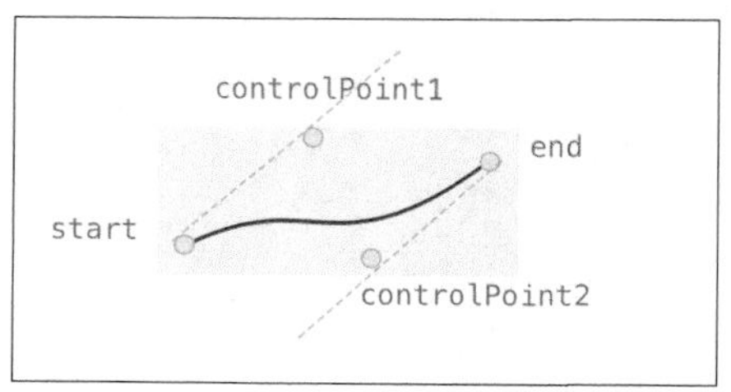

图 27-23

27.9 绘图的性能优化

绘图的性能优化，主要从下面几点来考虑。

（1）最小化 drawRect 的绘制区域。只有第一次绘制时才需要整个视图区域，后续只需要对变化区域进行刷新绘制。当多个视图需要更新绘制时，系统会自动计算互相覆盖的区域，被前面的其他视图遮挡的区域部分不会绘制。

使用 view 的 getRectsBeingDrawn 方法获取需要绘制的所有脏区域矩形 rects，对每个区域 rect 判断是否在视图的更新区域 dirtyRect 范围内，如果在则绘制重绘对象。这对于一个视图上有大量图形单元需要更新时非常高效。相关代码如下：

```
override func draw(_ dirtyRect: NSRect) {
   super.draw(dirtyRect)
   let drawObjects = self.allDrawObjects()

   var rects = UnsafePointer<NSRect>.init(bitPattern: 1)
```

```
    var count = Int.init()
    self.getRectsBeingDrawn(&rects, count: &count)

    for drawObject in drawObjects {
       for i in 0..<count {
          if NSIntersectsRect(drawObject.bounds, (rects?[i])!) {
             drawObject.draw()
          }
       }
    }
}
```

（2）不要直接使用 display 强制视图进行绘制更新。使用 setNeedsDisplay:或 setNeedsDisplay-InRect:标记视图需要更新，等待视图在绘制的更新周期内自动更新。

（3）对可重用的、复杂的绘制使用缓存。多次使用的图片采用系统默认的缓存，这个没有什么问题，而对于复杂的绘制对象可以在内存中缓存来复用，减少系统从硬盘加载或反复创建的性能损失。

（4）避免图形上下文状态的多次切换。尽量把多个相同属性的图形作为一组进行统一绘制。

（5）避免在绘制过程中处理网络请求、文件资源读取、视图布局、层级增删操作。

第 28 章 核心动画

Cocoa 系统丰富的动画效果，带给用户很多独特的视觉和使用体验。核心动画（Core Animation）在 UI 系统架构中处于关键位置。它是图形渲染和动画的基础，依赖底层的硬件加速特性，核心动画可以获得更好的性能。核心动画提供了多种不同特性的图层 Layer 以满足不同场景中使用动画或者图形渲染的需要。

核心动画在 Cocoa 系统框架中的层级关系如图 28-1 所示。

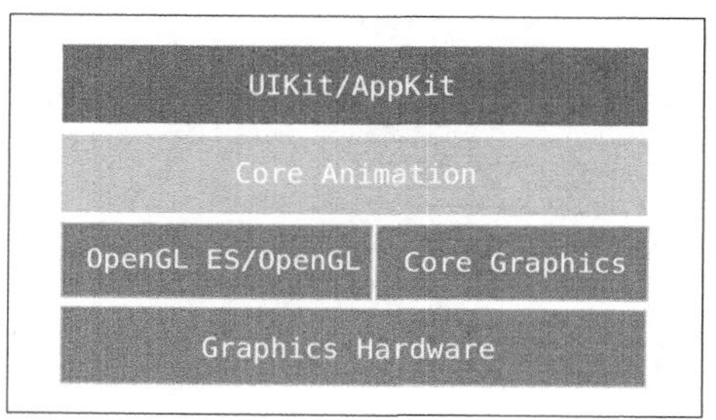

图 28-1

28.1 动画的产生过程

动画的本质是图形对象在坐标系统中基于时间参数变化，可以简单地用数学公式描述。

$$P_n = F_t(p)$$

其中 P_n 和 p 分别表示为图形某个属性变化后的值和变化前的值，F_t 为时间函数。

举一个例子。要实现把小球从 A 点移动到 B 点的动画，首先需要确定球的运动轨迹，其次在轨迹曲线上确定一些关键坐标点，然后在不同时刻移动小球到关键位置，如图 28-2 所示，这样就完成了一次动画。

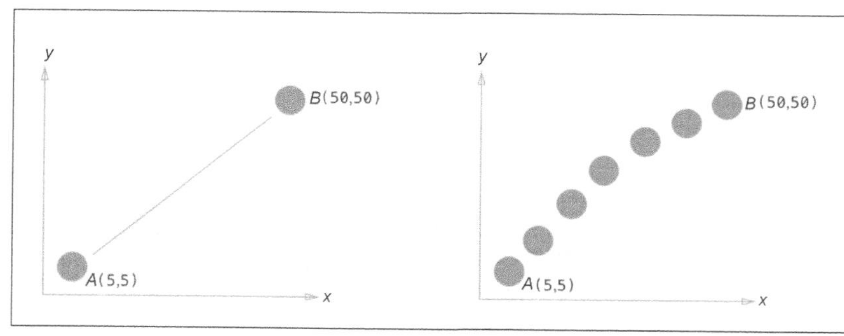

图 28-2

核心动画提供了几种常见的动画控制函数。

- 线性（linear）：匀速变化的效果。
- 淡入（ease in）：先慢后快。
- 淡出（ease out）：先快后慢。
- 淡入淡出（ease in out）：开始慢，中间匀速，最后慢。

图 28-3 展示了上述动画的变化曲线轨迹。

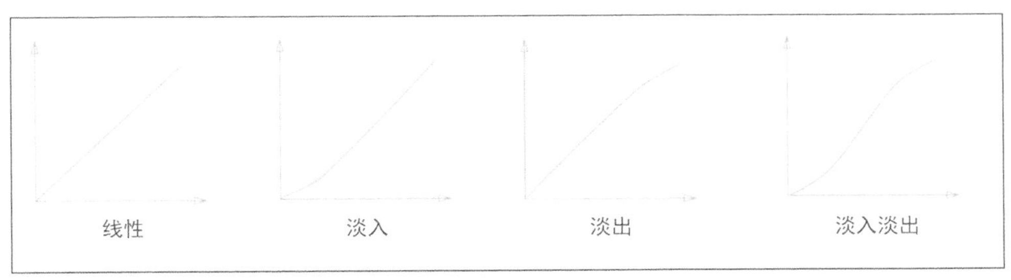

图 28-3

除这些之外，还可以通过 CGPath 和贝塞尔曲线灵活地定义动画控制函数来实现各种动画效果。

28.2 层

28.2.1 视图和层

层（lay）代表了 3D 空间中 2D 图形的表面，它是核心动画的核心，与视图有一些相同的概念，包括坐标系统、可视化的属性等。层也可以认为是视图位图的模型管理类，代表了图形学中的 2D 对象。

在 iOS 系统中，每个 UI 视图系统都会默认创建一个层，而在 macOS 系统中必须指定需要使用的层，即设置 NSView 对象的 wantsLayer 属性为 true，而且它的所有子视图也自动允许使用层属性。

View A 有两个子视图 View B 和 View C，如图 28-4 所示。在 iOS 中，每个视图都默认有一个对应的层属性，可以直接使用。

macOS 中设置了视图允许使用层 wantsLayer 属性为 true 后，它的所有子视图也默认允许使用层。如图 28-4 所示，在 macOS 中设置 View A 的 wantsLayer 属性为 true 后，它的子视图 View B 和 View C 就能直接使用 Layer 而无须单独设置 wantsLayer 属性。

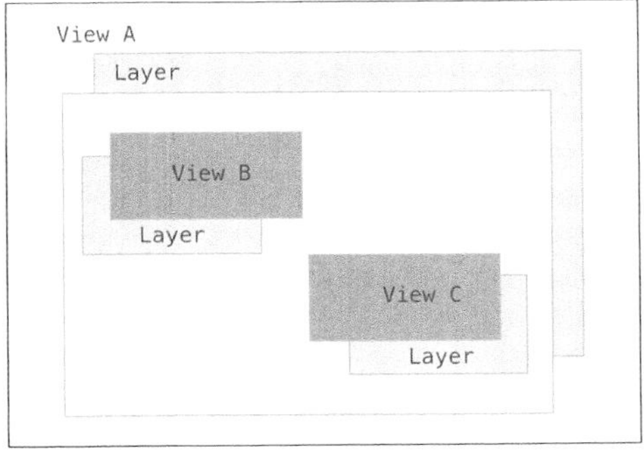

图 28-4

视图与层不同的是，视图支持各种用户交互事件和属性。层仅仅是一个几何图形或图像，不具备用户交互的特征和功能。视图中的绘制在 CPU 执行，CALayer 绘制在 GPU 执行。

支持层的视图称为 layer-backed 的视图。iOS 中的视图和 macOS 中的视图设置 wantsLayer 为 true 后，都是 layer-backed 的视图。layer-backed 的视图由系统负责层的管理创建，以及视图和层之间的内容同步，比如修改了视图的几何属性（大小、位置等），能同步到层。除了 layer-backed 的视图，macOS 中还可以创建基于层托管（layer-hosting）的视图，这种视图系统不管理它的层，视图与层托管的层同步需要自己编程处理。

视图是层的代理，实现了 CALayerDelegate 协议。层在渲染显示时，调用链如图 28-5 所示。

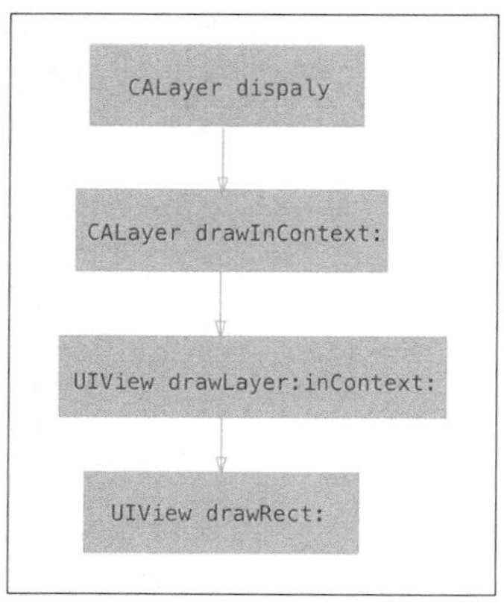

图 28-5

从图 28-5 所示的调用关系可以看出，通过 UIView 的 drawLayer:inContext:或 drawRect:方法，可以实现 UI 界面的定制。

视图默认的层类型是 CALayer，在 iOS 中可以通过 layerClass 类方法返回自定义的层类或系统提供的其他类型的层类型。

```
override class var layerClass: AnyClass {
  get {
      return CAEAGLLayer.self
  }
}
```

在 macOS 中，可以使用下面的方法给视图配置一个自定义的层：

```
override func makeBackingLayer() -> CALayer {
   return CATextLayer()
}
```

28.2.2 层的坐标系统

坐标系统一般被分为基于点的坐标系统和基于像素的坐标系统。基于点的坐标系统是一种逻辑坐标，与设备无关，一个点与一个像素不是一一对应的。在层中引入了一种新的单位坐标系统，每个坐标轴值的范围都是 0～1 之间。单位坐标系统是针对层本身的 Bounds 来定义的，也相当于对 Bounds 进行了单位化归一处理，锚点 anchorPoint 用来规定层的位置参考点，层的 position 属性是根据层的 frame 和 anchorPoint 计算得出的。

锚点 anchorPoint 在 iOS/macOS 中的单位坐标定义如图 28-6 所示。

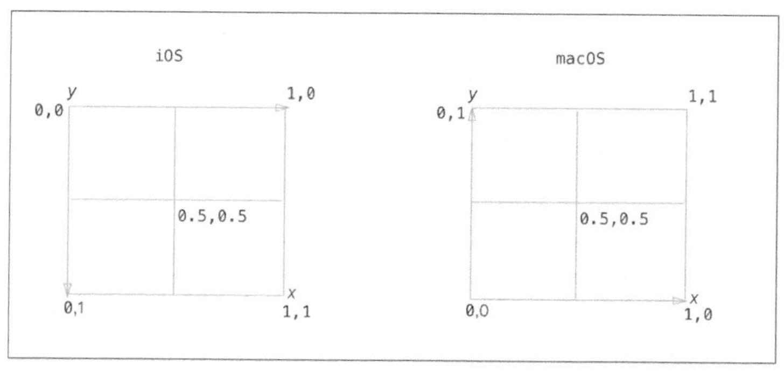

图 28-6

图 28-7 所示是层在改变 anchorPoint 情况下 position 的变化。

层的旋转变换是以 anchorPoint 作为旋转的参考轴来进行的，因此对于同一个层，不同的 anchorPoint 锚点坐标会带来不同的变换效果。

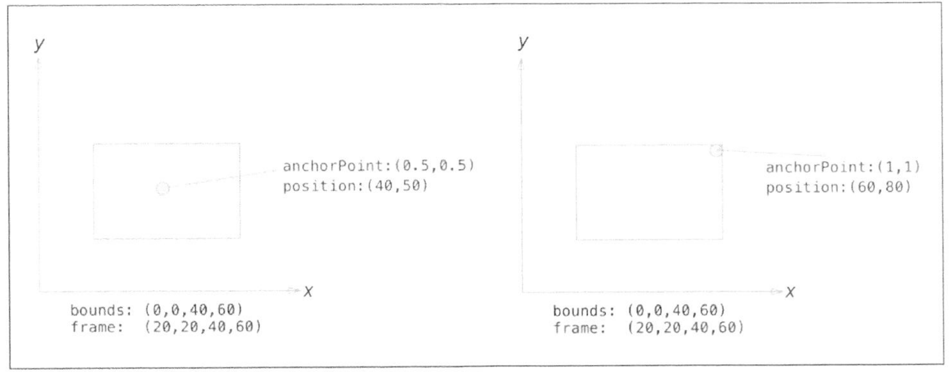

图 28-7

CALayer 提供了不同图层之间坐标变换的方法，支持 Point 和 Rect 转换接口，代码如下：

```
// 从图层 layer 的坐标系统转换成当前层的本地坐标系统
func convert(_ p: CGPoint, from l: CALayer?) -> CGPoint

// 从当前层本地坐标系统转换为层 layer 的坐标系统
func convert(_ p: CGPoint, to l: CALayer?) -> CGPoint

func convert(_ r: CGRect, from l: CALayer?) -> CGRect
func convert(_ r: CGRect, to l: CALayer?) -> CGRect
```

28.2.3 层的时间系统

类似于坐标系统，不同层内部的系统时钟也是本地化的，每个层使用本地时间系统来管理动画。CALayer 层提供的两个时间变换方法如下：

```
func convertTime(_ t: CFTimeInterval, from l: CALayer?) -> CFTimeInterval
func convertTime(_ t: CFTimeInterval, to l: CALayer?) -> CFTimeInterval
```

CACurrentMediaTime 函数可以得到计算机的全局时间，通过变换获取层的本地时间，代码如下：

```
let localLayerTime  = myLayer.convertTime(CACurrentMediaTime(), from: nil)
```

28.2.4 层的对象树

层内部定义了以下 3 种不同的对象树。

（1）模型层对象树（model layer tree）：用户交互的对象模型，存储层的各种属性值。例如，移动视图到某个位置点，目标点的坐标就存储在对象树中。

```
self.imageView.wantsLayer = true
let theLayer = self.imageView.layer
let modelLayer = theLayer?.model
```

（2）展示层对象树（presentation tree）：动画运动过程中不同时刻展示的动态属性值，反映屏幕上动画的当前属性值。

```
let presentationLayer = theLayer?.presentation()
```

（3）渲染层对象树（render tree）：动画渲染时使用，系统内部私有对象，不提供对外接口。

28.2.5 层级管理方法

类似于 NSView 和 UIView，层提供的层级管理方法分别如下：

```
// 增加层
func addSublayer(_ layer: CALayer)
// 插入层
func insertSublayer(_ layer: CALayer, at idx: UInt32)
func insertSublayer(_ layer: CALayer, below sibling: CALayer?)
func insertSublayer(_ layer: CALayer, above sibling: CALayer?)
// 替换层
func replaceSublayer(_ layer: CALayer, with layer2: CALayer)
// 删除层
func removeFromSuperlayer()
```

层提供了父层和子层属性，如下：

```
var superlayer: CALayer? { get }
var sublayers: [CALayer]?
```

28.2.6 层的内容

层的内容 contents，可以通过图片来指定，也可以使用 draw 方法去绘制。

（1）层的内容来自图片。iOS 系统中的实现代码如下：

```
let image = UIImage(named: "gradintCell")!
let blueLayer = CALayer()
blueLayer.contents = image.cgImage
```

macOS 系统的实现代码如下：

```
let image = NSImage(named: NSImage.Name(rawValue: "gradintCell"))!
let blueLayer = CALayer()
blueLayer.contents = image.cgImage
```

（2）通过层代理方法配置层的内容。这种方式首先必须设置层的代理 delegate，然后实现层代理协议 CALayerDelegate。CALayerDelegate 定义了 display 和 draw 接口，只需要实现其中一种即可。两种方法都实现时，只会调用第一种。

```
func display(_ layer: CALayer){
   let image = NSImage(named: NSImage.Name(rawValue: "gradintCell"))!
   layer.contents = image.cgImage
}

func draw(_ layer: CALayer, in ctx: CGContext) {
   // 绘制蓝色矩形
   ctx.setLineWidth(4.0)
   ctx.setStrokeColor(NSColor.green.cgColor)
   ctx.setFillColor(NSColor.blue.cgColor)
   ctx.fill(layer.bounds)
}
```

（3）子类化层。通过子类化 CALayer 提供内容。只需要实现下面两种方法中的任意一种：display 方法需要直接提供图像给 contents，drawInContext 方法可以通过绘图函数来自己实现自定义图形绘制。

```
override func display() {
   let image = NSImage(named: NSImage.Name(rawValue: "gradintCell"))!
   self.contents = image
}

override func draw(in ctx: CGContext) {
   ctx.setLineWidth(4.0)
   ctx.setStrokeColor(NSColor.green.cgColor)
   ctx.setFillColor(NSColor.blue.cgColor)
   ctx.fill(self.bounds)
}
```

28.2.7　层的深度

层的 zPosition 决定了显示的顺序，zPosition 最大的层显示在最外层。下面是 ViewController 中对 greenLayer 层的 zPosition 属性修改的示例代码：

```
class ViewController: NSViewController {
   override func viewDidLoad() {
      super.viewDidLoad()
      self.view.wantsLayer = true

      let parentLayer = self.view.layer
      let blueLayer = CALayer()
      blueLayer.frame = NSMakeRect(10, 10, 100, 100)
      blueLayer.backgroundColor = NSColor.blue.cgColor
      parentLayer?.addSublayer(blueLayer)

      let greenLayer = CALayer()
      greenLayer.frame = NSMakeRect(20, 20, 100, 100)
      greenLayer.backgroundColor = NSColor.green.cgColor
      parentLayer?.addSublayer(greenLayer)
      // greenLayer.zPosition  = 500

      let redLayer = CALayer()
      redLayer.frame = NSMakeRect(30, 30, 100, 100)
      redLayer.backgroundColor = NSColor.red.cgColor
      parentLayer?.addSublayer(redLayer)
   }
}
```

如果修改 greenLayer 的 zPosition 为 500，修改前后的显示对比如图 28-8 所示。

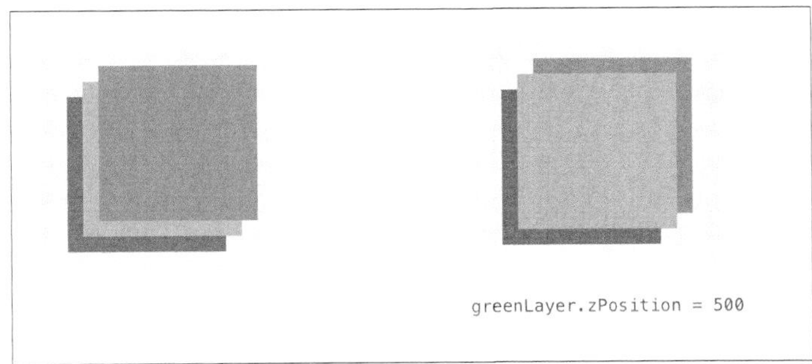

图 28-8

28.2.8　层的透视投影

使用 subLayerTransform 变换来产生透视投影（perspective），设置 3D 变换矩阵中的 m34

字段即可。

```
let parentLayer = self.view.layer
var perspective = CATransform3DIdentity
perspective.m34 = -1.0 / 500
parentLayer?.sublayerTransform = perspective
let blueLayer = CALayer()
blueLayer.frame = NSMakeRect(10, 10, 100, 100)
blueLayer.backgroundColor = NSColor.blue.cgColor
blueLayer.zPosition = 50
parentLayer?.addSublayer(blueLayer)

let greenLayer = CALayer()
greenLayer.frame = NSMakeRect(20, 20, 100, 100)
greenLayer.backgroundColor = NSColor.green.cgColor
 greenLayer.zPosition = 80
parentLayer?.addSublayer(greenLayer)

let redLayer = CALayer()
redLayer.frame = NSMakeRect(30, 30, 100, 100)
redLayer.backgroundColor = NSColor.red.cgColor
redLayer.zPosition = 200
parentLayer?.addSublayer(redLayer)
```

运行结果如图 28-9 所示。

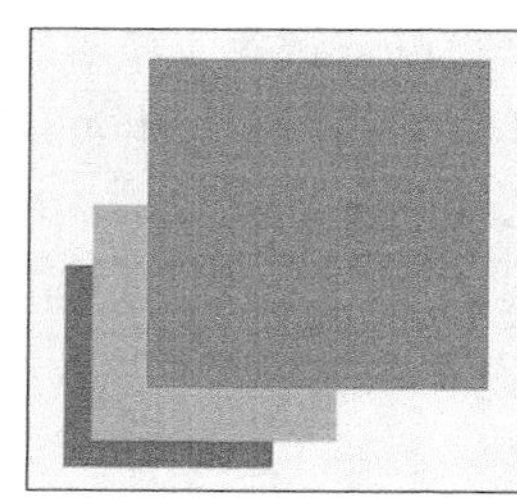

图 28-9

28.3 层动画

直接修改层的属性就能立即产生的动画为隐式动画；创建一个动画添加到一个层而产生的动画称为显式动画。

28.3.1 隐式动画

隐式动画无须配置，是系统按默认参数实现的动画（动画持续时间为 0.25s，动画风格也是默认的）。对层的属性修改会产生默认的隐式动画。假设属性修改前的值为 fromValue，修改后的值为 toValue，会产生 fromValue 到 toValue 平滑过渡的动画，属性最新的值会立即更新到 modelLayer 模型树对象。而展示树 presentationLayer 对象的属性值会在动画过程中动态变化。

只有新创建的层修改属性会产生隐式动画。UIView 或 NSView 每个视图对应的层，也就是 layer-backed 层，修改它的属性并不能产生隐式动画。

下面是一个隐式动画的例子：创建一个背景层 bgLayer，增加到视图 myView 的层上作为子层。点击按钮使背景层 bgLayer 产生渐隐的效果。

```
func addAnimationLayer(){
   let bgLayer = CALayer()
   bgLayer.frame = CGRect(x: 10, y: 10, width: 50, height: 50)
   bgLayer.backgroundColor = NSColor.red.cgColor

   // 要求 view 使用层
   self.view.wantsLayer = true
   self.view.layer?.addSublayer(bgLayer)
   self.bgLayer = bgLayer
}

@IBAction func changeOpacityAction(_ sender: AnyObject) {
   self.bgLayer.opacity = 0.1
}
```

28.3.2 显式动画

显式动画是指通过层增加动画的 add 接口，显式地增加动画，需要设置属性变化值、动画持续时间等控制参数，最后将这个动画对象增加到视图的层。

下面是创建一个显式动画的示例代码：

```
let animation = CABasicAnimation()
animation.fromValue = 10
animation.toValue = 1
layer.add(animation, forKey: "property")
```

显式动画增加接口中 forKey 支持动画的层属性，主要包括如下。

- anchorPoint：锚点。
- backgroundColor：背景色。
- borderColor：边框颜色。
- borderWidth：边框宽度。
- bounds：层边框大小。
- contents：内容。
- contentsRect：内容帧。
- cornerRadius：圆角弧度。
- hidden：隐藏。
- mask：图层掩码。
- masksToBounds：是否裁剪。
- opacity：不透明度。
- position：位置。
- shadowColor：阴影颜色。
- shadowOffset：阴影位置。
- shadowOpacity：阴影不透明度。
- shadowPath：阴影路径。
- shadowRadius：阴影半径。
- sublayers：子层。
- sublayerTransform：子层变换。
- transform：变换。
- zPosition：层深度属性。

部分属性同时支持 keyPath 形式，比如，层变换属性支持下面的子属性。

```
rotation
rotation.x
rotation.y
rotation.z
scale
scale.x
scale.y
scale.z
translation
translation.x
translation.y
translation.z
```

可以使用 setValue:forKeyPath:方法直接修改层属性：

```
layer.setValue(Int(10.0), forKeyPath: "transform.translation.y")
```

层动画属性的修改，不支持简单的值数据或结构体数据，需要使用值类型对象进行包装。使用空间数据结构类型时，需要用值类型包装。下面是它们的对应关系。

```
CGPoint                     NSValue
CGSize                      NSValue
CGRect                      NSValue
CATransform3D               NSValue
CGAffineTransform           NSAffineTransform (OS X only)
```

下面是一个实现视图位置移动的显式动画的例子。

iOS 的实现代码如下：

```
let myNewPosition = CGPoint(x: 100, y: 100)
let theAnim = CABasicAnimation(keyPath: "position")
theAnim.fromValue = NSValue(cgPoint: self.myView.layer.position)
theAnim.toValue = NSValue(cgPoint:myNewPosition)
theAnim.duration = 3.0
self.myView.layer.add(theAnim, forKey: "animateFrame")
```

macOS 的实现方式有 3 种，分别如下。

（1）通过修改层的 position 属性，同上面 iOS 的代码。

（2）通过层在 3D 空间 x 和 y 轴平移，代码如下：

```
let animation = CABasicAnimation(keyPath: "transform")
animation.duration = 2.0
animation.autoreverses = true
animation.repeatCount = 1000
animation.fromValue = NSValue(caTransform3D: CATransform3DIdentity)
animation.toValue = NSValue(caTransform3D: CATransform3DTranslate(CATransform3DIdentity,
100, 100, 0))
self.myView.layer?.add(animation, forKey: "")
```

上述方法同样需要设置 myView 的父视图为允许使用层。

（3）通过 NSViewAnimation 定义动画，代码如下：

```
let startFrame = self.myView.frame
let endFrame = NSMakeRect(100, 100, startFrame.size.width, startFrame.size.height)
let dictionary: [NSViewAnimation.Key : Any] = [
        NSViewAnimation.Key.target : self.myView,
        NSViewAnimation.Key.startFrame :  NSValue(rect: startFrame),
        NSViewAnimation.Key.endFrame :  NSValue(rect: endFrame)
    ]
let animation = NSViewAnimation(viewAnimations: [dictionary])
animation.duration = 2
animation.animationBlockingMode = .nonblockingThreaded
animation.animationCurve = .easeInOut
animation.start()
```

28.4 核心动画对象

核心动画对象可以分为动画、协议、辅助和事务 4 大类。图 28-10 展示了相关类以及它们之间的继承关系。

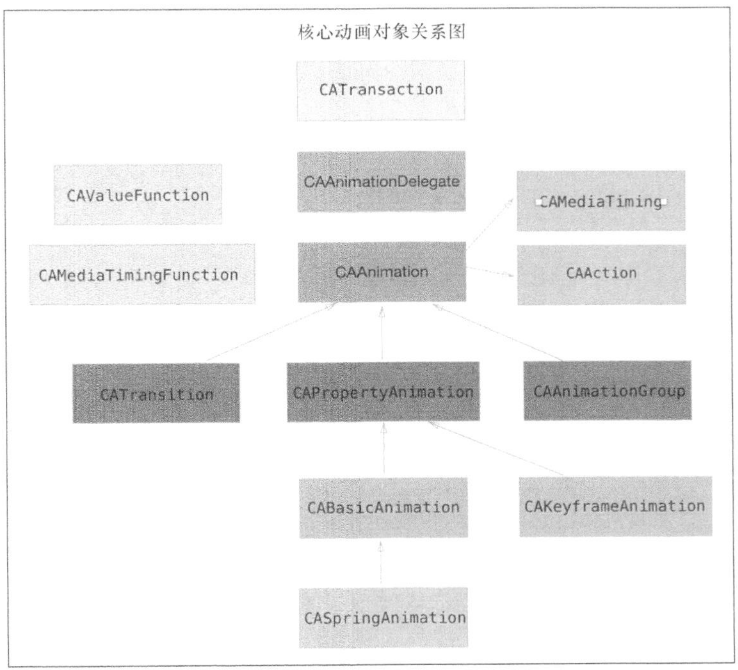

图 28-10

28.4.1 动画相关类

动画相关类包括动画基类和几个特定功能的动画子类。

（1）CAAnimation：动画基类，定义了通用的属性和方法。

```
class CAAnimation : NSObject, CAMediaTiming, CAAction {
   class func defaultValue(forKey key: String) -> Any?
   // 动画效果控制函数
   var timingFunction: CAMediaTimingFunction?
   // 动画代理，获取动画开始和结束事件
   var delegate: CAAnimationDelegate?
   // 动画执行完成后是否删除
   var isRemovedOnCompletion: Bool
}
```

（2）CAPropertyAnimation：属性动画类，即基于某个属性来产生动画。这里的属性要特别说明一下，有些属性并不是层对象的实际属性，这些属性只有在进行动画的时候才能使用，称之为虚拟属性（如 transform.rotation 不能作为 Layer 属性直接去访问设置）。

```
class CAPropertyAnimation : CAAnimation {
   // 创建属性动画,path 规定产生动画的属性
   convenience init(keyPath path: String?)

   // 动画属性对应的 keyPath
   var keyPath: String?

   // additive 为 YES 动画规定的 values 值在当前值基础上叠加作为新的值去渲染,也就是说 values 中规定的是相对值
   var isAdditive: Bool

   // cumulative 需要配合 repeatCount 使用,repeatCount 次数大于 1 且 cumulative 为 YES,
   // 表示每次动画从上一次结束的位置开始新一轮动画;cumulative 默认为 NO 表示每次都从初始值开始动画。
```

```
    var isCumulative: Bool

    // tranform 变换对应的函数
    var valueFunction: CAValueFunction?
}
```

（3）CABasicAnimation：最基本的值变化动画类，指定初始值 fromValue 和结束值 toValue，系统使用默认的动画效果产生动画。类定义代码如下：

```
class CABasicAnimation : CAPropertyAnimation {
    var fromValue: Any?      // 动画初始值
    var toValue: Any?        // 动画结束值
    var byValue: Any?        // 每次值变化的步长
}
```

各个属性说明如下。

- fromValue：指定初始值，fromValue 和 toValue 不一定要同时设定。如果 fromValue 为空，则表示产生从当前值到 toValue 的动画。
- toValue：结束值，如果 toValue 为空，则表示产生从 fromValue 到当前值的动画。
- byValue：不是必需的，可用来规定变化的步长，fromValue 加上 byValue 作为下一个新值。

（4）CAKeyframeAnimation：关键帧动画类，分为基于关键帧数据的动画和基于路径的动画两种。

```
class CAKeyframeAnimation : CAPropertyAnimation {
    var values: [Any]?    // 关键帧的值
    var path: CGPath?     // 帧路径，使用 path 时 values 被忽略

    //每个关键帧点出现时对应时间点，范围是 0～1 的数表示时间的范围。keyTimes 为 nil 时表示时间分布是均匀的
    var keyTimes: [NSNumber]?

    //时间函数，用来指定 values 中帧数值之间的过渡的变化函数，其元素个数必须为 values 中元素个数减 1
    var timingFunctions: [CAMediaTimingFunction]?

    // 计算模式
    var calculationMode: String
    // Cubic 曲线对应的控制参数
    var tensionValues: [NSNumber]?
    var continuityValues: [NSNumber]?
    var biasValues: [NSNumber]?

    // 旋转模式，设为非空值可以沿着路径方向旋转，设为空则不会沿着路径方向旋转
    var rotationMode: String?
}
```

计算模式和旋转模式参数的含义如下：

```
// 计算模式（插值算法）
let kCAAnimationLinear: String                     // 直线连接
let kCAAnimationDiscrete: String                   // 离散点，只显示关键帧的状态，没有中间过程和动画
let kCAAnimationPaced: String                      // 平滑的速度
let kCAAnimationCubic: String                      // 圆滑曲线
let kCAAnimationCubicPaced: String                 // 圆滑加均匀

// 旋转模式
let kCAAnimationRotateAuto: String                 // 沿着路径方向
let kCAAnimationRotateAutoReverse: String          // 沿路径 180°方向
```

（5）CAAnimationGroup：组动画类，不同于基本动画和关键帧动画每次只能对一个属性进行动画，组动画可以将任意的单一属性动画组合成组，同时在多个属性产生动画。组动画类定义如下：

```
class CAAnimationGroup : CAAnimation {
   var animations: [CAAnimation]?
}
```

（6）CATransition：转场动画类，不是对层属性来做动画，而是特指两个不同的层（即场景）切换时产生的动画。比如，从一张图片切换到另外一张图片、两个视图之间的切换等。转场动画类定义如下：

```
class CATransition : CAAnimation {
   var type: String // 动画类型
   var subtype: String? // 子类型
   var startProgress: Float // 开始时间百分比系数，默认为 0
   var endProgress: Float // 结束时间百分比系数，默认为 1
   var filter: Any?
}
```

转场变换类型和变换子类型定义说明如下：

```
// 转场变换类型
let kCATransitionFade: String        // 淡入
let kCATransitionMoveIn: String      // 淡出
let kCATransitionPush: String        // 压入
let kCATransitionReveal: String      // 融入

// 变换子类型
let kCATransitionFromRight: String      // 从右侧
let kCATransitionFromLeft: String       // 从左侧
let kCATransitionFromTop: String        // 从顶侧
let kCATransitionFromBottom: String     // 从底侧
```

（7）CASpringAnimation：阻尼动画类，实现类似弹簧动画的效果。阻尼动画类定义如下：

```
class CASpringAnimation : CABasicAnimation {
   var mass: CGFloat                            // 质量系数,系数越大惯性越大,振幅越大
   var stiffness: CGFloat                       // 弹性系数,系数越大,形变产生的力就越大,运动越快
   var damping: CGFloat                         // 阻尼系数,系数越大停止越快
   var initialVelocity: CGFloat                 // 初始速度
var settlingDuration: CFTimeInterval { get } // 根据动画参数计算弹簧动画完成需要时间
}
```

28.4.2 协议

动画相关的协议包括动画代理协议、时间协议和动作协议。

1. CAAnimationDelegate

CAAnimationDelegate 是动画代理协议，定义了动画开始执行和结束后的回调接口。

```
protocol CAAnimationDelegate : NSObjectProtocol {
   func animationDidStart(_ anim: CAAnimation)
   func animationDidStop(_ anim: CAAnimation, finished flag: Bool)
}
```

2. CAMediaTiming

CAMediaTiming 是时间协议，层动画类实现了 CAMediaTiming 时间协议，其中几个关键属

性说明如下。

（1）beginTime（动画开始执行前的等待时间）。延时 2 s 执行动动画的示例代码如下：

```
let theAnimation = CABasicAnimation(keyPath: "transform")
let localLayerTime = layer.convertTime(CACurrentMediaTime(), from: nil)
theAnimation.beginTime = localLayerTime + 2
theAnimation.duration = 5.0
```

动画时间 5 s，没有延时与延时 2 s 的对比如图 28-11 所示。

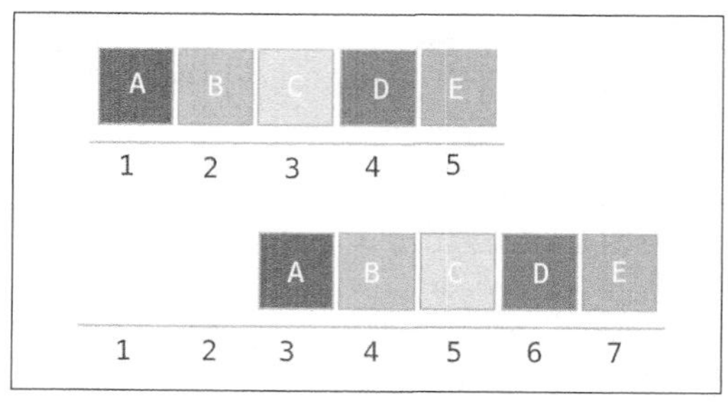

图 28-11

（2）timeOffset（动画帧的偏移量）。动画时间为 5 s，对没有设置 timeOffset 参数与设置 timeOffset 为本地时间延时 2 s 后的两种不同情况，动画帧序列从 ABCDE 变为 CDEAB，如图 28-12 所示。参考代码如下：

```
let theAnimation = CABasicAnimation(keyPath: "transform")
let localLayerTime = layer.convertTime(CACurrentMediaTime(), from: nil)
theAnimation.timeOffset = localLayerTime + 2
theAnimation.duration = 5.0
```

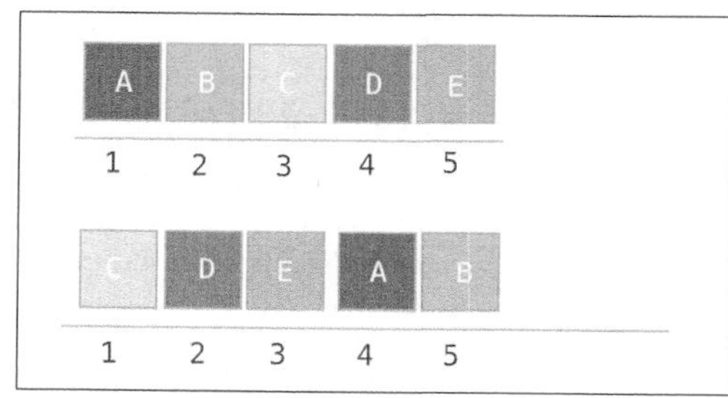

图 28-12

（3）speed（动画速度）。动画速度影响动画的持续时间。速度越大动画时间越短，速度默认是 1。动画持续时间计算公式如下：

```
Duration = duration / speed
```

（4）repeatCount（重复次数）和 repeatDuration（重复的时间）。repeatCount 和 repeatDuration 只需按需要设置其一。同时设置时取时间最短的一个。

（5）autoreverse（自动反转）。动画完成后再按原路返回。比如，原本 5 s 的动画帧序列为 ABCDE，设置 autoreverses 为 true 后，执行结果为 ABCDEEDCBA，如图 28-13 所示。

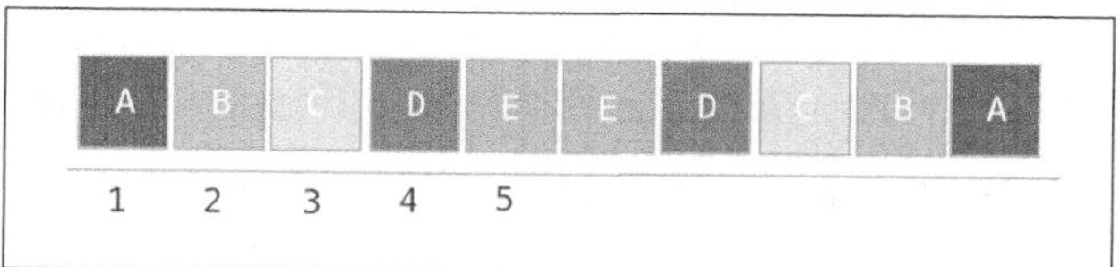

图 28-13

（6）fillMode（填充模式）。

- kCAFillModeRemoved：默认无填充。
- kCAFillModeForwards：动画结束后维持最后一个时刻的状态。例如，5 s 的动画帧序列为 ABCDE，结束后维持在 E 状态。同时设置动画的 removedOnCompletion 为 true，可以维持层的最后状态。
- kCAFillModeBackwards：当动画的 beginTime 不为 0 时，动画创建完成后，未开始之前的时间内一直使用第一帧开始展示，即开始前填充。例如，延时 2 s 的动画 kCAFillModeBackwards 填充模式如图 28-14 所示。

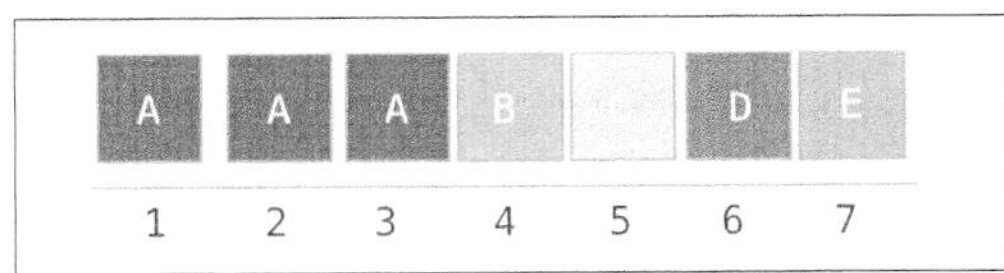

图 28-14

- kCAFillModeBoth：是 kCAFillModeBackwards 和 kCAFillModeForwards 两种情况的结合。

3．CAAction

CAAction 是动作协议，从核心动画对象图谱中可以看出，动画的基类 CAAnimation 实现了 CAAction 协议。协议接口定义如下：

```
protocol CAAction {
  func run(forKey event: String, object anObject: Any, arguments dict: [AnyHashable : Any]?)
}
```

修改单独的层属性触发隐式动画，隐式动画查找每个属性，对应地实现了 CAAction 协议的动画对象（即默认的动画类，大多数情况下为 CABasicAnimation），动画对象执行 CAAction 协议 runActionForKey:object:arguments 方法，将自己加入到系统动画队列等待执行。

隐式动画代码 layer.opacity = 0.5，借助于 CAAction 协议，相当于执行以下操作：

```
let animation = CABasicAnimation()
animation.toValue = 0.5
layer.add(animation, forKey: "opacity")
```

28.4.3 辅助类

1．CAMediaTimingFunction

通过 functionWithName 方法，提供系统实现的几种动画效果。也可以通过指定控制点构造贝塞尔曲线来实现基于路径变化的动画效果。

```
class CAMediaTimingFunction : NSObject, NSCoding {
   convenience init(name: String) // 根据动画名称返回动画效果函数

   init(controlPoints c1x: Float, _ c1y: Float, _ c2x: Float, _ c2y: Float)
   // 贝塞尔曲线
   func getControlPoint(at idx: Int, values ptr: UnsafeMutablePointer<Float>!)


   // 获取控制点
}

// 系统提供的动画函数名
let kCAMediaTimingFunctionLinear: String
```

```
let kCAMediaTimingFunctionEaseIn: String
let kCAMediaTimingFunctionEaseOut: String
let kCAMediaTimingFunctionEaseInEaseOut: String
let kCAMediaTimingFunctionDefault: String
```

2. CAValueFunction

CAValueFunction 使用名称来定义动画变换的方法。

```
class CAValueFunction : NSObject, NSCoding {
   convenience init?(name: String)
   var name: String { get }
}
```

变换的名称定义如下：

```
let kCAValueFunctionRotateX: String
let kCAValueFunctionRotateY: String
let kCAValueFunctionRotateZ: String
let kCAValueFunctionScale: String
let kCAValueFunctionScaleX: String
let kCAValueFunctionScaleY: String
let kCAValueFunctionScaleZ: String

let kCAValueFunctionTranslate: String
let kCAValueFunctionTranslateX: String
let kCAValueFunctionTranslateY: String
let kCAValueFunctionTranslateZ: String
```

CAValueFunction 使用的示例代码如下：

```
let scaleAnimation = CABasicAnimation()
scaleAnimation.valueFunction = CAValueFunction(name: kCAValueFunctionScale)
scaleAnimation.fromValue = [0, 0, 0]
scaleAnimation.toValue = [1, 1, 1]
scaleAnimation.duration = 3
scalingLayer.add(scaleAnimation, forKey: "transform")
```

28.4.4 事务

CATransaction 通过 begin 和 commit 的成对使用来定义动画，可以嵌套使用，必须保证 begin 和 commit 成对出现。所有的隐式动画实际上都是使用事务的方式定义后提交到任务调度的 RunLoop 等待执行。

在事务中可以更灵活地指定动画的持续时间、动画完成后的回调函数，指定动画效果的函数。

```
class CATransaction : NSObject {
class func begin()
class func commit()

// 动画持续的时间，默认为 0.25 秒
class func animationDuration() -> CFTimeInterval
class func setAnimationDuration(_ dur: CFTimeInterval)

// 动画时间变换函数，默认为 nil
class func animationTimingFunction() -> CAMediaTimingFunction?
class func setAnimationTimingFunction(_ function: CAMediaTimingFunction?)

// 动画默认的 action 开关，初始值为 NO
class func disableActions() -> Bool
class func setDisableActions(_ flag: Bool)
```

```
// 动画完成代码块
class func completionBlock() -> (() -> Swift.Void)?
class func setCompletionBlock(_ block: (@escaping () -> Swift.Void)?)
```

CATransaction 支持 KVC 形式的 setValue:forKey:设置和访问属性。

下面是系统预定义的 4 个键，分别对应 CATransaction 类中定义的 4 个接口方法。除了系统预定义的之外，也可以定义自己的键来传入参数，在整个 CATransaction 上下文中访问。

```
let kCATransactionAnimationDuration: String
let kCATransactionDisableActions: String
let kCATransactionAnimationTimingFunction: String
let kCATransactionCompletionBlock: String
```

下面是使用 CATransaction 设置隐式动画时间的代码：

```
CATransaction.begin()
CATransaction.setAnimationDuration(1)
self.bgLayer.position = CGPoint(x: 10, y: 10)
self.bgLayer.opacity = 0.1
CATransaction.commit()
```

关闭隐式动画的示例代码如下：

```
CATransaction.begin()
CATransaction.setValue(true, forKey: kCATransactionDisableActions)
self.bgLayer.opacity = 0.2
CATransaction.commit()
```

28.5 动画的控制

显式动画由用户代码自定义实现，对用户是透明的。隐式动画是由系统默认实现的，了解它的产生过程后也可以修改隐式动画默认的实现。如果需要在动画结束后触发其他业务流程，可以在动画代理协议的 Stop 方法中实现。

28.5.1 隐式动画的产生过程

修改一个独立的层的属性会触发一个隐式动画，这个隐式动画究竟是怎么产生的呢？两个关键步骤如下。

1. 查找实现 CAAction 协议的动画对象

修改一个层的属性，立即触发它的 actionForKey:方法，去查找 CAAction 类型对象，查找流程如下。

（1）优先检测层是否有代理并且实现了 actionForLayer:forKey:方法。如果有返回 CAAction 类型对象，则返回这个对象；如果返回 nil，则继续分支流程处理；如果返回 NSNull，则结束后续搜索分支。

（2）通过键查找层的 action 字典。如果查找成功，则返回 CAAction 类型对象，否则继续下一步去查找。

（3）查找层的 style 字典中的键为 action 的字典。如果不为空则在新的 action 字典中继续用 key 去查找。

（4）执行层的 defaultActionForKey:方法查找。

2. 执行 CAAction 协议，创建一个显式动画

对搜索到的动画对象执行 CAAction 协议的方法 runActionForKey:object:arguments:，这个方法的第一个参数 key 为一个 CALayer 属性名称，第二个参数 object 为 CALayer 层对象。执行的过程是在 CALayer 层上根据属性参数修改前和修改后的值，通过层的 addAnimation:forKey:方法，创建一个显式动画。

对于正常的 NSView/UIView 的 layer 属性的修改，并不产生隐式动画，原因在于执行上述隐式动画搜索过程时 actionForLayer:forKey:方法返回空，因此不会创建最终的动画。

28.5.2 隐式动画的动作定义

根据 CALayer 层中查找 CAAction 动画对象的执行过程，可以根据属性参数进行拦截返回指定的动画对象，从而影响默认返回的动画。

（1）修改 CALayer 中的 actionForKey:方法。禁止 bounds 变化的动画，定义 CALayer 的子类，覆盖 action 方法，代码如下：

```
override func action(forKey event: String) -> CAAction? {
   if event == "bounds" {
      return nil
   }
   return super.action(forKey: event)
}
```

（2）修改视图 NSView/UIView 中实现的 animation:forKey:方法。层的内容变化时实现一个自定义转场动画，子类化 NSView，实现 animation 方法，代码如下：

```
func animation(forKey key: NSAnimatablePropertyKey) -> Any? {
   if key.rawValue == "contents"  {
      let theAnimation = CATransition()
      theAnimation.duration = 1.0
      theAnimation.timingFunction = CAMediaTimingFunction(name: kCAMediaTimingFunctionEaseOut)
      theAnimation.type = kCATransitionPush
      theAnimation.subtype = kCATransitionFromLeft
      return theAnimation
   }
   return super.action(forKey: key)
}
```

28.5.3 动画结束通知

动画执行完成后，可以使用代理方法或动画事务完成代码块，得到回调通知。

（1）代理方法回调。设置 CABasicAnimation 实例的代理，实现 CAAnimationDelegate 代理协议接口，代码如下：

```
class CustomView: NSView {
   override func draw(_ dirtyRect: NSRect) {
      super.draw(dirtyRect)
      self.wantsLayer = true
      self.layer?.backgroundColor = NSColor.red.cgColor
   }

   func animationSetup() {
      let animation1 = CABasicAnimation()
      animation1.keyPath = "borderWidth"
```

```
      animation1.toValue = (10)
      animation1.delegate = self
      self.layer?.add(animation1, forKey: nil)
   }
}

extension CustomView: CAAnimationDelegate {
   func animationDidStop(_ anim: CAAnimation, finished flag: Bool) {
      self.layer?.borderWidth = 10
   }
}
```

（2）动画事务完成代码块回调。通过 CATransaction 设置完成的回调闭包函数，代码如下：

```
CATransaction.begin()
let animation1 = CABasicAnimation()
animation1.keyPath = "borderWidth"
animation1.toValue = (10)
animation1.delegate = self
myLayer?.add(animation1, forKey: nil)
CATransaction.commit()
CATransaction.setCompletionBlock({   in
   myLayer?.borderWidth = 10
})
```

28.5.4 动画的暂停和恢复

暂停动画主要是记录当前时间点，代码如下：

```
func pause(_ layer: CALayer) {
   let pausedTime = layer.convertTime(CACurrentMediaTime(), from: nil)
   layer.speed = 0.0
   layer.timeOffset = pausedTime
}
```

恢复动画是从上次暂停时间点开始动画，代码如下：

```
func resumeLayer(_ layer: CALayer) {
   let pausedTime = layer.timeOffset
   layer.speed = 1.0
   layer.timeOffset = 0.0
   layer.beginTime = 0.0
   let timeSincePause = layer.convertTime(CACurrentMediaTime(), from: nil) - pausedTime
   layer.beginTime = timeSincePause
}
```

28.6 macOS 中的属性动画

NSView/NSWindow 实现了 NSAnimatablePropertyContainer 代理。当视图的 frame、size 和 position 变化时，可以产生动画效果。通过它的 animator 可以透明地使用这些属性来产生动画。

属性动画代理协议接口的定义如下：

```
protocol NSAnimatablePropertyContainer {
    func animator() -> Self
    var animations: [NSAnimatablePropertyKey : Any] { get set }
    func animation(forKey key: NSAnimatablePropertyKey) -> Any?
    static func defaultAnimation(forKey key: NSAnimatablePropertyKey) -> Any?
}
```

28.6.1 属性动画

属性动画可以由下面几种方式产生。

（1）修改视图属性产生动画。

```
self.myView.animator().frame = NSMakeRect(10,10,100,100)
```

（2）自定义属性添加动画。

```
class CustomView: NSView {
   var lineColor:NSColor = NSColor.black {
      didSet {
         self.needsDisplay = true
      }
   }

   override func draw(_ dirtyRect: NSRect) {
      super.draw(dirtyRect)
      lineColor.set()
      self.bounds.frame(withWidth: 2)
   }

   // 实现 defaultAnimationForKey 方法，给自定义属性 lineColor 配置默认的动画

    override class func defaultAnimation(forKey key: NSAnimatablePropertyKey) -> Any? {
      if (key.rawValue == "lineColor") {
         return CABasicAnimation()
      }
      return super.defaultAnimation(forKey:key)
   }
}
```

这样修改 CustomView 的对象实例 myView 的 lineColor 属性就会产生动画，代码如下：

```
myView.animator().lineColor = NSColor.red
```

（3）修改默认的动画。视图的 animations 中存储了属性关联的动画。修改属性时，优先从这个字典获取属性对应的动画。

下面的代码给 view 类属性 lineColor 配置了一个关键帧动画：

```
let kfa = CAKeyframeAnimation()
kfa.values = [NSColor.green, NSColor.red, NSColor.yellow]
view.animations = ["lineColor": kfa]
view.animator().lineColor = NSColor.purple
```

28.6.2 动画上下文对象

NSAnimationContext 动画上下文对象，可以对动画的时长、时间函数、是否允许隐式动画等进行全局控制。

（1）使用 runAnimationGroup 定义链式动画，多个动画依次执行，示例代码如下：

```
let  toValue1 =  NSMakeRect(10,10,100,100)
let  toValue2 =  NSMakeRect(80,100,100,100)

NSAnimationContext.runAnimationGroup({(NSAnimationContext) -> Void in
   self.view1.animator().frame = toValue1
   }, completionHandler: {() -> Void in
```

```
        NSAnimationContext.runAnimationGroup({(NSAnimationContext) -> Void in
            self.view2.animator().frame = toValue2
            }, completionHandler: {() -> Void in
        })
})
```

（2）控制视图隐式动画。修改 NSAnimationContext 的 allowsImplicitAnimation 为 true 后，直接修改视图的属性就会产生动画。属性动画仅支持 frame、frameSize 和 frameOrigin 这 3 个属性。更多的属性动画需要 layer-backed 的视图，即视图的 wantsLayer = true。

通过代理的 animator 修改 frame 执行动画：

```
view.animator().frame = toValue
```

配置 allowsImplicitAnimation 为 true 以后，可以简化为直接修改 frame 属性，代码如下：

```
NSAnimationContext.current.allowsImplicitAnimation = true
view.frame = toValue
```

更多的属性，通过修改层的背景色产生动画，代码如下：

```
// 允许隐式动画
NSAnimationContext.current.allowsImplicitAnimation = true
// 允许使用层
self.myView.wantsLayer = true
// 类似 iOS 直接修改 Layer 属性产生动画
self.myView.layer?.backgroundColor = NSColor.red.cgColor
```

28.6.3 自动布局动画

增加自动布局约束后，可以通过在 NSAnimationContext 的 runAnimationBlock 方法中执行视图或窗口的更新方法实现隐式动画。

```
self.myView.addConstraint(constraint)
NSAnimationContext.runAnimationGroup({ context in
    context.allowsImplicitAnimation = true

    self.myView.layoutSubtreeIfNeeded()
    // 或者 self.myView.window?.layoutIfNeeded()

    }, completionHandler: nil)
```

28.7 系统动画与核心动画的对比

系统动画与核心动画运行在不同的线程，渲染机制也完全不一样。

（1）系统动画，作为视图的属性存储，运行在主线程，在 drawRect 绘制周期修改视图的属性。

（2）核心动画，作为 CALayer 的属性存储，运行在后台线程，只修改渲染层的属性。

下面是视图 size 变化时的动画过程，核心动画只有在开始的 *t*1 和最后的 *t*4 时刻工作在主线程，其他时刻均在后台线程运行，如图 28-15 所示。

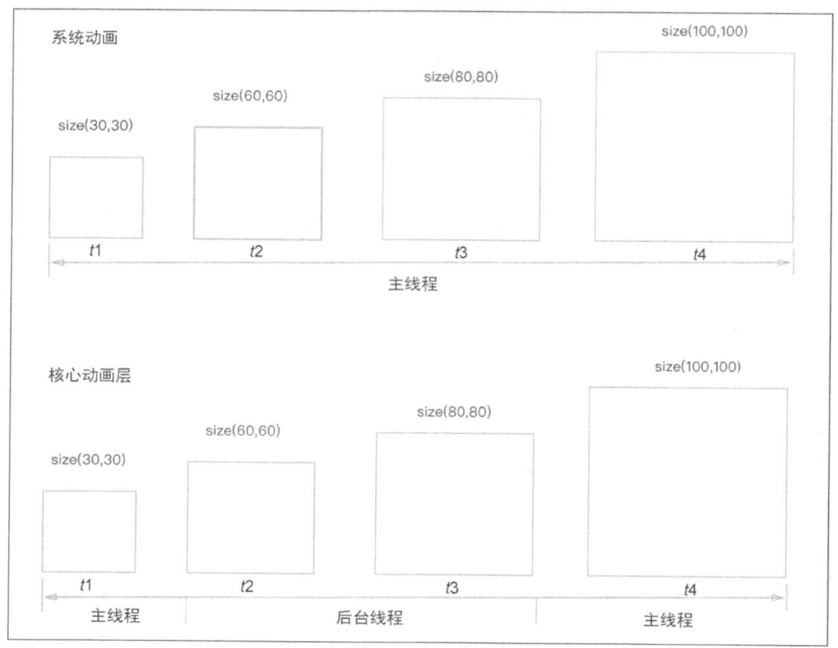

图 28-15

28.8　动画编程示例

前面章节重点介绍了动画相关的原理、概念、主要的类和协议，本节通过几种不同的动画编程实践，帮助我们理解基本的动画在开发中的使用。

28.8.1　关键帧动画

关键帧动画分为基于关键帧数据和基于路径两种形式。

（1）基于关键帧数据的动画。例如，设计一个登录界面，如图 28-16 所示。文本输入框用户输入出错后，使用关键帧动画实现左右匀速晃动的动画，代码如下：

```
@IBAction func okAction(_ sender: AnyObject) {
   let animation = CAKeyframeAnimation(keyPath: "position.x")
   animation.isAdditive = true
   animation.values = [(-15), (15), (-10), (10), (-8), (8), (-6), (6), (-4), (4)]
   animation.duration = 1
   self.userNameTextField.layer?.add(animation, forKey: nil)
}
```

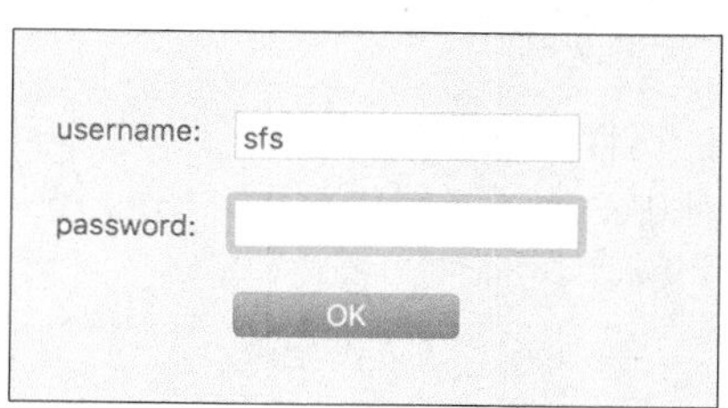

图 28-16

（2）基于路径的动画。例如，实现一个层沿着圆形轨道旋转的动画。首先定义一个圆形图层，这个圆形是通过一个 CAShapeLayer 层作为 mask 来实现的。定义需要旋转的图层，添加关键帧动画，关键帧的 path 定义为一个圆形，旋转模式 rotationMode 设置为自动模式，代码如下：

```
class PathAnimationWC: NSWindowController {

   override func windowDidLoad() {
      super.windowDidLoad()
      self.startPathAnimation()
   }

   override var windowNibName: String? {
      return "PathAnimationWC"
   }

   func startPathAnimation(){

      let view = self.window!.contentView
      let rootLayer = view?.layer

      // 作为mask的Shape Layer
      let circleShapeLayer = CAShapeLayer()
      let shapePath = CGMutablePath()
      shapePath.addEllipse(in: CGRect(x: 0, y: 0, width: 160, height: 160))
      circleShapeLayer.path = shapePath

      // 圆形图层
      let circleLayer = CALayer()
      circleLayer.frame = CGRect(x: 60, y: 60, width: 160, height: 160)
      circleLayer.backgroundColor = NSColor.purple.cgColor
      circleLayer.mask = circleShapeLayer
      circleLayer.masksToBounds = true
      rootLayer?.addSublayer(circleLayer)

      // 旋转的图层
      let colorLayer = CALayer()
      colorLayer.frame = CGRect(x: -10, y: -10, width: 20, height: 20)
      colorLayer.backgroundColor = NSColor.green.cgColor
      rootLayer?.addSublayer(colorLayer)

      // 沿着圆形轨迹运行的关键帧动画
      let animation1 = CAKeyframeAnimation()
      animation1.keyPath = "position"

      let ellipsePath = CGMutablePath()
      ellipsePath.addEllipse(in: CGRect(x: 40, y: 40, width: 200, height: 200))
      animation1.path = ellipsePath
      animation1.rotationMode = kCAAnimationRotateAuto
      animation1.repeatCount = 100000
      animation1.isAdditive = true
      animation1.duration = 2.0
      animation1.calculationMode = kCAAnimationPaced
      colorLayer.add(animation1, forKey: nil)
   }
}
```

运行后结果的界面如图 28-17 所示。

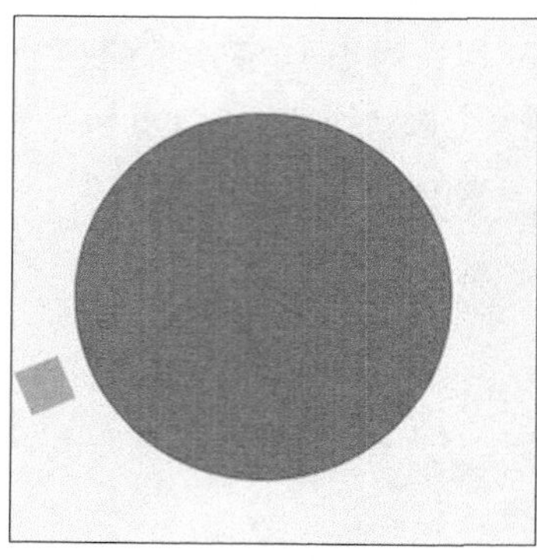

图 28-17

28.8.2　分组动画

将多个动画组合成一组同时运行。下面的 groupAnimation 方法中对视图层增加了一个组动画，实现视图层边框宽度和层的背景同时变化的动画，代码如下：

```
func groupAnimation(){
   let view = self.window!.contentView
   let rootLayer = view?.layer

   let layer = CALayer()
   layer.frame = CGRect(x: 10, y: 10, width: 100, height: 100)
   rootLayer?.addSublayer(layer)
   let animation1 = CABasicAnimation()
   animation1.keyPath = "borderWidth"
   animation1.toValue =  10
   animation1.duration = 4.0

   let animation2 = CABasicAnimation()
   animation2.keyPath = "backgroundColor"
   animation2.toValue = NSColor.red.cgColor

   let groupAnimation = CAAnimationGroup()
   groupAnimation.animations = [animation1, animation2]
   groupAnimation.duration = 4.0
   // 动画保持
   groupAnimation.isRemovedOnCompletion = false
   // 保持动画完成后的帧状态
   groupAnimation.fillMode = kCAFillModeForwards
   layer.add(animation1, forKey: nil)
}
```

28.8.3　转场动画

层的内容发生变化或视图的隐藏/显示，这些场景变化时可以使用 CATransition 产生一种过渡动画，可实现推入、移动、淡入淡的出动画效果。另外，macOS 平台还可以使用 CIFilter 自定义动画变化效果。

图像轮播组件中，图像视图的图像层上可以通过 CATransition 加入转场动画，来实现图像切换的动画效果。

```
func transitionAnimation() {
   let transition = CATransition()
   transition.startProgress = 0.5
```

```
    transition.endProgress = 1.0
    transition.type = kCATransitionPush
    transition.subtype = kCATransitionFromBottom
    transition.duration = 1.0
    self.imageView!.layer?.add(transition, forKey: "transition")
}

@IBAction func transitionAction(_ sender: AnyObject) {
    self.transitionAnimation()
    self.imageView!.isHidden = !self.imageView!.isHidden
}
```

28.9 动画性能

对层动画进行性能优化主要从下面几个方面来考虑。

（1）减少层的数量。在 macOS 中，视图设置了 wantsLayer 为 true 后，所有子视图就都有了层，如果层较多，会带来下面几个性能问题。

- 每个层有自己的图像存储区，层太多会产生额外的内存开销。
- 动画渲染时多个层图像合成的开销。
- 隐藏的图层也会产生合成的代价。

在设置了视图的 wantsLayer 为 true 后，设置视图的 canDrawSubviewsIntoLayer 也为 true，如图 28-18 所示，这样每个子视图就不会使用层。如果某个子视图需要使用层，可以自己单独设置允许使用的层。

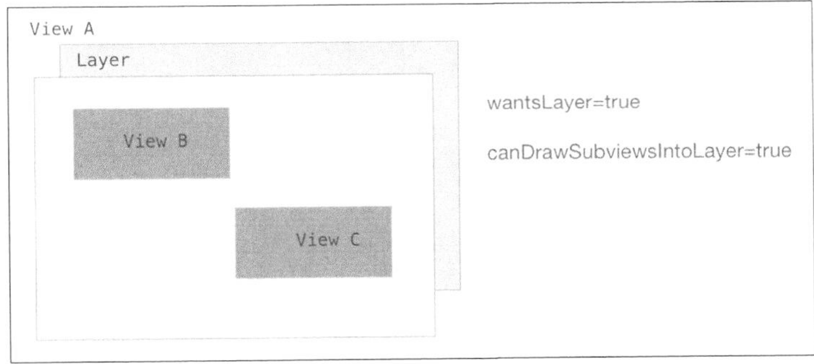

图 28-18

（2）尽可能避免操作影响性能的属性，主要包括下面几个属性：

```
var cornerRadius: CGFloat
var mask: CALayer?
var filters: [Any]?
var backgroundFilters: [Any]?
```

（3）尽可能设置视图的非透明属性，需要设置 isOpaque 属性为 true。

（4）使用 updateLayer 方法优化绘制。

传统的视图绘制是基于 CPU 的 drawRect:方式。如果视图的 wantsUpdateLayer 方法返回 true，就不再调用 drawRect:方法而执行 updateLayer 方法，在这个方法中通过直接修改层的内容来实现视图绘制，具体流程如图 28-19 所示。

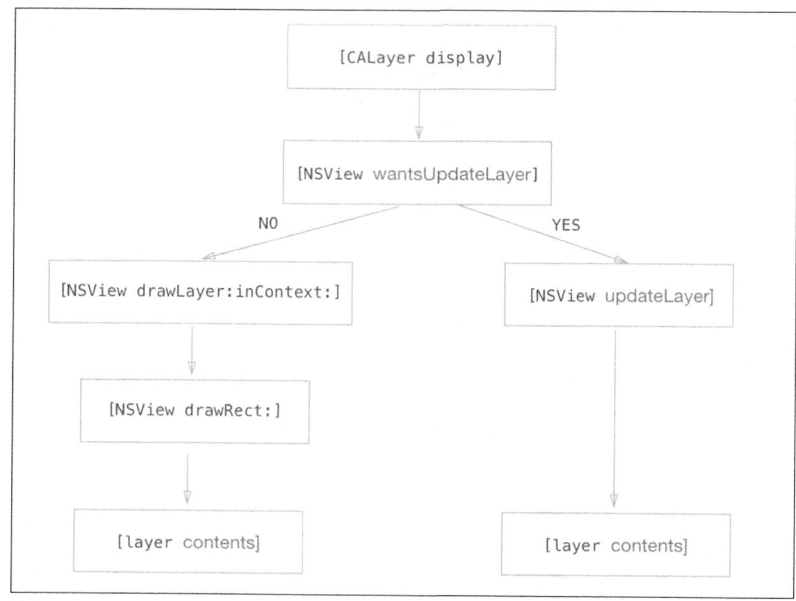

图 28-19

使用 updateLayer 实现绘制，相关代码如下：

```
override var wantsUpdateLayer: Bool {
   return true
}

override func updateLayer(){
   self.layer?.backgroundColor = NSColor.white.cgColor;
   self.layer?.borderColor = NSColor.red.cgColor;
}
```

28.10 系统专有层

CALayer 作为通用的层对象，定义了层的基本属性、位置大小和旋转等基本的动画支持。系统同时提供了很多专门的子类来支撑特定场景的使用。下面逐一来介绍系统的专有层。

28.10.1 渐变层

渐变层 CAGradientLayer 使用硬件加速实现一个渐变层，比使用 NSGradient 性能高。startPoint 和 endPoint 用来定义渐变的方向，坐标系统为单位坐标系统，(0, 0)为左下角，(1, 1)为右上角。

下面是一个层渐变定义的例子：

```
class CAGradientLayerVC: NSViewController {
   override func viewDidLoad() {
      super.viewDidLoad()
      self.view.wantsLayer = true
      self.addLayer()
   }
   func addLayer(){
      let gradientLayer = CAGradientLayer()
      gradientLayer.frame = CGRect(x: 0, y: 0, width: 200, height: 200)
```

```
        gradientLayer.colors = [NSColor.green.cgColor, NSColor.red.cgColor,
            NSColor.cyan.cgColor, NSColor.purple.cgColor]
        gradientLayer.startPoint = CGPoint(x: 0, y: 0)
        gradientLayer.endPoint = CGPoint(x: 1, y: 1)
        self.view.layer?.addSublayer(gradientLayer)
    }
}
```

代码执行后的结果如图 28-20 所示。

图 28-20

28.10.2 形状层

使用 Path 定义的几何图形或者任意的贝塞尔曲线的矢量图作为 CAShapeLayer 的 Path，实现 GPU 加速绘制。除了基本的矢量图绘制外，CAShapeLayer 还可以实现图形的动画绘制。

形状层 CAShapeLayer 只能对绘制的路径边缘实现动画，不能对区域填充实现动画。strokeStart 定义了起点，strokeEnd 定义了终点（值的范围是按百分比定义的，都是 0 到 1 之间的浮点数，strokeEnd 的值要大于 strokeStart）。strokeColor 定义了画笔的颜色。CAShapeLayer 动画就是在从 strokeStart 到 strokeEnd 之间绘制路径时产生的动画。

下面的代码是直线段绘制实现进度条动画的一个例子，定义了 CAShapeLayer 层对象和直线段 path，设置 strokeStart 和 strokeEnd 的初始值。通过定时器 timer 每隔 1 s 修改路径的 strokeEnd 值，产生隐式动画。

```
class CAShapeLayerVC: NSViewController {
    var shapeLayer: CAShapeLayer!
    var timer: Timer!
    override func viewDidLoad() {
        super.viewDidLoad()
        self.view.wantsLayer = true
        self.addLayer()

        self.timer = Timer.scheduledTimer(timeInterval: 1, target: self, selector: #selector(self.
            animationAction), userInfo: nil, repeats: true)
        RunLoop.current.add(self.timer, forMode: .commonModes)

    }

    func addLayer(){
        shapeLayer = CAShapeLayer()
        shapeLayer.frame = CGRect(x: 0, y: 0, width: 200, height: 200)
        let path = CGMutablePath()
        path.move(to: CGPoint(x: 0, y: 20))
        path.addLine(to: CGPoint(x: 200, y: 20))
        shapeLayer.path = path
        shapeLayer.strokeStart = 0
```

```
        shapeLayer.strokeEnd = 0
        shapeLayer.strokeColor = NSColor.green.cgColor
        self.view.layer?.addSublayer(shapeLayer)
    }

    func animationAction(_ sender: AnyObject) {
        if self.shapeLayer.strokeEnd < 1.0 {
            self.shapeLayer.strokeEnd += 0.1
        }
        else {
            self.timer.invalidate()
        }
    }
}
```

28.10.3　文本层

文本层 CATextLayer 支持 NSString 或 NSAttributedString 的格式文本。示例代码如下：

```
class CATextLayerVC: NSViewController {
    override func viewDidLoad() {
        super.viewDidLoad()
        self.view.wantsLayer = true
        self.addLayer()
    }

    func addLayer(){
        let textLayer = CATextLayer()
        textLayer.fontSize = 14.0
        // 分辨率适配
        textLayer.contentsScale = NSScreen.main!.backingScaleFactor
        textLayer.frame = CGRect(x: 0, y: 0, width: 80, height: 50)
        textLayer.string = "text string"
        textLayer.alignmentMode = kCAAlignmentCenter
        textLayer.backgroundColor = NSColor.clear.cgColor
        textLayer.foregroundColor = NSColor.black.cgColor
        self.view.layer?.addSublayer(textLayer)
    }
}
```

28.10.4　分片层

分片层 CATiledLayer 是一种分片显示内容的层，可以理解为把层划分为小的网格，每个格子内容单独加载显示，常用于显示大的图像或大的视图。

定义一个子类化视图 TileView，在 makeBackingLayer 方法中定义 TileView 的层对象为 CATiledLayer 类型。在层代理方法 drawLayer:inContext:中计算每个格子的行 row 和列 col，分别处理。下面的例子是简单随机生成颜色来绘制一个矩形。相关代码如下：

```
class TileView: NSView {
    override func draw(_ dirtyRect: NSRect) {
        super.draw(dirtyRect)
    }
    override func makeBackingLayer() -> CALayer {
        let tileLayer = CATiledLayer()
        tileLayer.tileSize = CGSize(width: 60, height: 60)
        tileLayer.delegate = self
        return tileLayer
```

```
    }
}

extension TileView: CALayerDelegate {
    func draw(_ layer: CALayer, in ctx: CGContext) {
        let tileLayer = layer as! CATiledLayer
        let bounds =  ctx.boundingBoxOfClipPath
        let row = floor(bounds.origin.x / tileLayer.tileSize.width)
        let col = floor(bounds.origin.y / tileLayer.tileSize.height)
        let r = CGFloat(arc4random() % 255) / 255.0
        let g = CGFloat(arc4random() % 255) / 255.0
        let b = CGFloat(arc4random() % 255) / 255.0
        let fillColor = NSColor(calibratedRed: r, green: g, blue: b, alpha: 1)
        ctx.setFillColor(fillColor.cgColor)
        ctx.fill(bounds)
        NSLog("row= \(row) col = \(col) bounds = \(bounds) ")
    }
}
```

将 TileView 作为 scrollView 的文档视图，代码如下：

```
class CATiledLayerVC: NSViewController {
    @IBOutlet weak var scrollView: NSScrollView!
    override func viewDidLoad() {
        super.viewDidLoad()
        let layerView = TileView(frame: CGRect(x: 0, y: 0, width: 360, height: 360))
        self.scrollView.autohidesScrollers = true
        self.scrollView.documentView = layerView
    }
}
```

代码执行后的结果如图 28-21 所示。

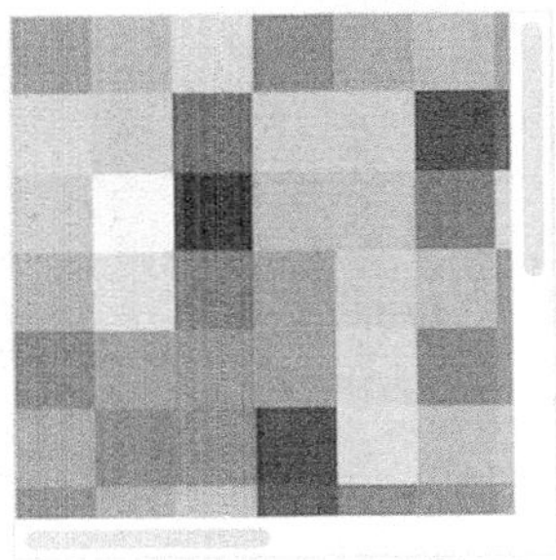

图 28-21

28.10.5 副本层

副本层 CAReplicatorLayer 实现子层的多份副本，包括子层的动画效果。示例代码如下：

```
class CAReplicatorLayerVC: NSViewController {
    override func viewDidLoad() {
        super.viewDidLoad()
        self.view.wantsLayer = true
        self.addLayer()
    }
    func addLayer(){
        let copiedLayer = CAReplicatorLayer()
        self.view.layer?.addSublayer(copiedLayer)
        // 复制的个数
```

```
        copiedLayer.instanceCount = 3
        // 复制时延时间隔
        copiedLayer.instanceDelay = 0.3
        // 颜色的 RGB 递减
        copiedLayer.instanceRedOffset = -0.1
        copiedLayer.instanceBlueOffset = -0.1
        copiedLayer.instanceGreenOffset = -0.1
        // 复制的层之间 x、y、z 轴的变换
        copiedLayer.instanceTransform = CATransform3DMakeTranslation(20, 0, 0)

        // 创建子层
        let layer = CALayer()
        layer.frame = CGRect(x: 10.0, y: 10.0, width: 10.0, height: 100.0)
        layer.backgroundColor = NSColor.green.cgColor

        // 子层动画
        let animation = CABasicAnimation(keyPath: "position.y")
        // 位置 Y 坐标随机变化
        animation.toValue = (layer.position.y - CGFloat( arc4random() % 100))
        animation.duration = 1.0
        animation.timingFunction = CAMediaTimingFunction(name: kCAMediaTimingFunctionEaseInEaseOut)

        animation.autoreverses = true
        animation.repeatCount = 100000
        layer.add(animation, forKey: nil)
        // 增加子层到复制层
        copiedLayer.addSublayer(layer)
    }
}
```

代码执行后的结果如图 28-22 所示。

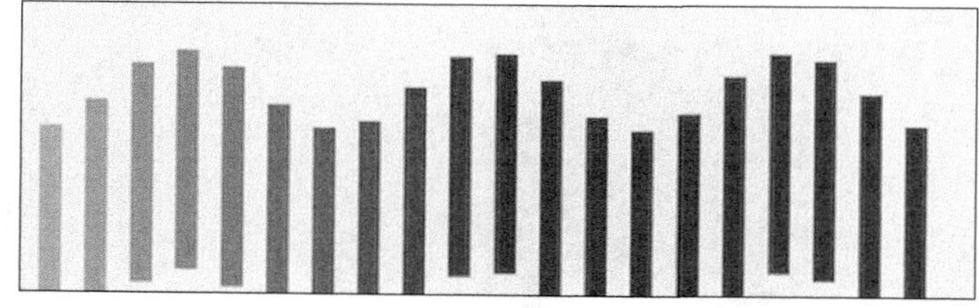

图 28-22

28.10.6 发射层

粒子系统包括粒子发射源控制系统 CAEmitterLayer 和粒子模型 CAEmitterCell。

发射层 CAEmitterLayer 发射源声明全局的控制参数，包括 emitterPosition（发射源的位置）、emitterSize（发射源的大小）、birthRate（每秒产生率）、renderMode（渲染模式）、emitterShape（发射源形状）、velocity（速度）等。

CAEmitterCell 粒子模型主要包括 contents（粒子内容，CGImageRef 类型）、color（粒子的颜色）、velocity（速度）、scale（缩放）、spin（方向旋转）、lifetime（生命周期）、acceleration（x、y 和 z 三个方向的加速度）等。粒子模型中的大多数参数都有 range 参数，表示属性的随机变化范围。

下面是一个使用粒子系统的例子：

```
class CAEmitterLayerVC: NSViewController {
   @IBOutlet weak var myView: NSView!
```

```
override func viewDidLoad() {
   super.viewDidLoad()
   // Do view setup here.
   self.view.wantsLayer = true
   self.addLayer()
}

func addLayer(){
   let rootLayer = self.view.layer
   // 粒子源系统定义
   let snowEmitter = CAEmitterLayer()
   // 异步绘制
   snowEmitter.drawsAsynchronously = true
   snowEmitter.name = "snowEmitter"
   snowEmitter.zPosition = 10.00
   snowEmitter.emitterPosition = CGPoint(x: 300.00, y: 300.00)
   snowEmitter.renderMode = kCAEmitterLayerBackToFront
   snowEmitter.emitterShape = kCAEmitterLayerCircle
   snowEmitter.emitterZPosition = -43.00
   snowEmitter.emitterSize = CGSize(width: 160, height: 160)
   snowEmitter.velocity = 20.57
   snowEmitter.emitterMode = kCAEmitterLayerPoints
   snowEmitter.birthRate = 10
   // 第一个粒子模型定义
   let snowFlakesCell = CAEmitterCell()
   snowFlakesCell.name = "snowFlakesCell"
   // 粒子内容图像，必须是 CGImageRef 类型
   snowFlakesCell.contents = NSImage(named: NSImage.Name(rawValue: "Ball_red.png"))?.cgImage
   let colorRefSnowflakescell = CGColor(red: 0.77, green: 0.65, blue: 0.55, alpha: 0.50)
   snowFlakesCell.color = colorRefSnowflakescell
   snowFlakesCell.redRange = 0.90
   snowFlakesCell.greenRange = 0.80
   snowFlakesCell.blueRange = 0.70
   snowFlakesCell.alphaRange = 0.80
   snowFlakesCell.redSpeed = 0.92
   snowFlakesCell.greenSpeed = 0.84
   snowFlakesCell.blueSpeed = 0.74
   snowFlakesCell.alphaSpeed = 0.55
   snowFlakesCell.magnificationFilter = kCAFilterTrilinear
   snowFlakesCell.scale = 0.72
   snowFlakesCell.scaleRange = 0.14
   snowFlakesCell.spin = 0.38
   snowFlakesCell.spinRange = 0
   snowFlakesCell.emissionLatitude = 1.75
   snowFlakesCell.emissionLongitude = 1.75
   snowFlakesCell.emissionRange = 3.49
   snowFlakesCell.lifetime = 9.00
   snowFlakesCell.lifetimeRange = 2.37
   snowFlakesCell.birthRate = 10.00
   snowFlakesCell.scaleSpeed = -0.25
   snowFlakesCell.velocity = 4.00
   snowFlakesCell.velocityRange = 2.00
   snowFlakesCell.xAcceleration = 1.00
   snowFlakesCell.yAcceleration = 10.00
   // 第二个例子模型定义
   let snowFlakesCell2 = CAEmitterCell()
   snowFlakesCell2.emissionRange = .pi
```

```
        snowFlakesCell2.lifetime = 10.0
        snowFlakesCell2.birthRate = 4.0
        snowFlakesCell2.velocity = 2.0
        snowFlakesCell2.velocityRange = 100.0
        snowFlakesCell2.yAcceleration = 300.0
        snowFlakesCell2.contents = NSImage(named: NSImage.Name(rawValue: "Ball_red.png"))?.cgImage
        snowFlakesCell2.magnificationFilter = kCAFilterNearest
        snowFlakesCell2.scale = 0.72
        snowFlakesCell2.scaleRange = 0.14
        snowFlakesCell2.spin = 0.38
        snowFlakesCell2.spinRange = 0
        // 粒子发射源配置粒子模型
        snowEmitter.emitterCells = [snowFlakesCell, snowFlakesCell2]
        rootLayer?.addSublayer(snowEmitter)
    }
}
```

代码执行后的结果如图 28-23 所示。

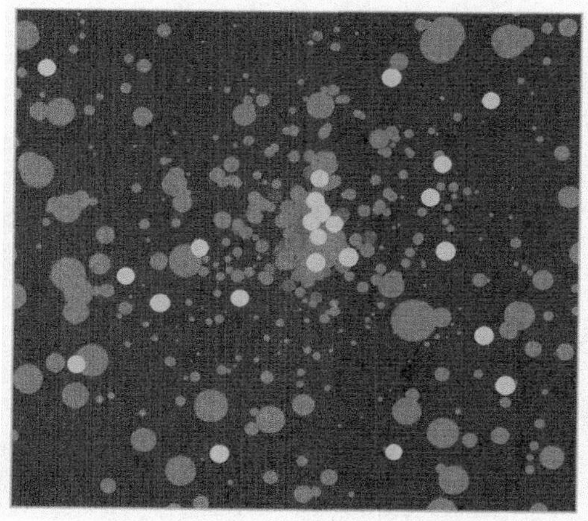

图 28-23

28.10.7　变换层

变换层 CATransformLayer 是一个 3D 空间的容器，可以添加多个子层，每个子层可以独立应用 3D 变换。而对于 CATransformLayer 的父层来说，透视变换系数 m34 是一个非常重要的参数，设置它以后才能看到 3D 效果。

下面是构造一个立方体的示例代码：

```
class CATransformLayerVC: NSViewController {
    override func viewDidLoad() {
        super.viewDidLoad()
        // self.view.wantsLayer = true
    }

    override func viewDidLayout() {
        super.viewDidLayout()
        self.transformLayerSetup()
    }

    func transformLayerSetup() {
```

```
        let rect = NSInsetRect(self.view.frame, 10, 10)
        let myView =  NSView(frame: rect)
        myView.wantsLayer = true
        self.view.addSubview(myView)

        let cube = CATransformLayer()

        // z 轴正对自己的前后两个面
        var ct = CATransform3DMakeTranslation(0, 0, 50)
        let face1 = self.layerApplyTransform(ct)
        cube.addSublayer(face1)
        ct = CATransform3DMakeTranslation(0, 0, -50)
        let face2 = self.layerApplyTransform(ct)
        cube.addSublayer(face2)

        // x 轴左右两个面
        ct = CATransform3DMakeTranslation(-50, 0, 0)
        ct = CATransform3DRotate(ct, -(CGFloat)(M_PI_2), 0, 1, 0)
        let face3 = self.layerApplyTransform(ct)
        cube.addSublayer(face3)
        ct = CATransform3DMakeTranslation(50, 0, 0)
        ct = CATransform3DRotate(ct, CGFloat(M_PI_2), 0, 1, 0)
        let face4 = self.layerApplyTransform(ct)
        cube.addSublayer(face4)

        // y 轴上下两个面
        ct = CATransform3DMakeTranslation(0, 50, 0)
        ct = CATransform3DRotate(ct, CGFloat(M_PI_2), 1, 0, 0)
        let face5 = self.layerApplyTransform(ct)
        cube.addSublayer(face5)
        ct = CATransform3DMakeTranslation(0, -50, 0)
        ct = CATransform3DRotate(ct, -(CGFloat)(M_PI_2), 1, 0, 0)
        let face6 = self.layerApplyTransform(ct)
        cube.addSublayer(face6)

        // 立方体的位置
        cube.position = CGPoint(x: 240, y: 240)

        // m34，透视变换系数
        var pt = CATransform3DIdentity
        pt.m34 = -1 / 500.0
        myView.layer?.sublayerTransform = pt
        myView.layer?.addSublayer(cube)
    }

    func layerApplyTransform(_ transform: CATransform3D) -> CALayer {
        // 创建立方体层
        let face = CALayer()
        face.frame = CGRect(x: -50, y: -50, width: 100, height: 100)

        // 应用随机颜色
        let red = CGFloat(arc4random() % 255) / 255.0
        let green = CGFloat(arc4random() % 255) / 255.0
        let blue = CGFloat(arc4random() % 255) / 255.0
        face.backgroundColor = NSColor(red: red, green: green, blue: blue, alpha: 1.0).cgColor
        face.transform = transform
        return face
    }
}
```

3D 空间演示效果如图 28-24 所示。

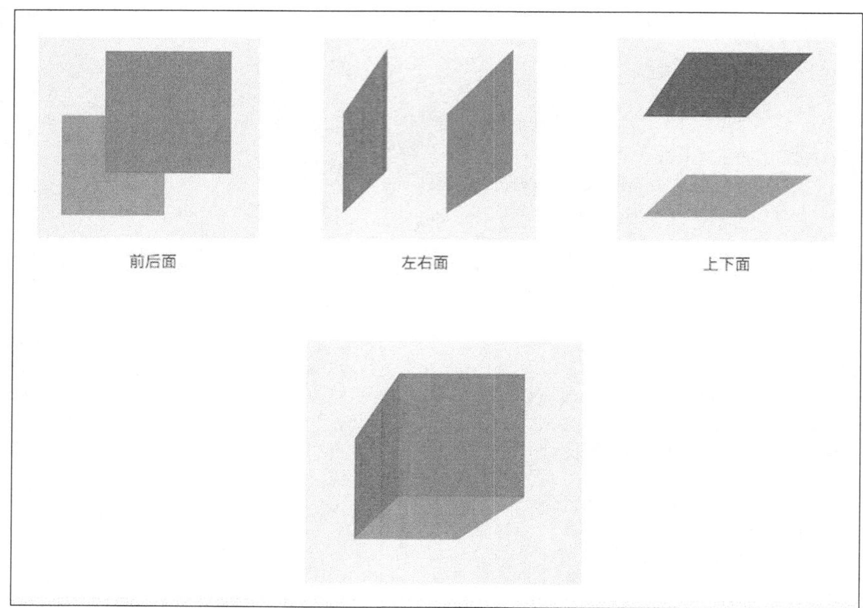

图 28-24

第 29 章 多代理

代理设计模式采用接口协议的形式解决一对一对象间的事件传递，消息通知则是事件的广播通信。多代理是二者的结合，以协议接口的形式优雅地实现了事件在一定范围内的广播。

29.1 多代理与代理和通知的比较

代理模式在 Cocoa 编程中使用得非常普遍。代理模式通常是一对一的关系，一个事件只能通过代理通知给一个另外的对象。

想象一下 A 用户与 B 用户聊天应用的场景：A 用户接收到 B 用户的新消息，首先要将消息显示在聊天窗口中，其次要更新联系人列表，将最新消息显示在对应的用户列表中，如图 29-1 所示。

图 29-1

假设联系人列表的控制器是 BuddyListController，聊天窗口的控制器是 ChatViewController。消息接收由 MessageManager 统一管理。如果说收到聊天消息是一个事件的话，对于每个聊天消息，都需要 MessageManager 将这个消息事件同时通知到两个控制器，即 BuddyListController 和 ChatViewController，由这两个控制器完成页面的更新。

29.1.1 代理方式实现

如果使用代理来实现消息通知，需要定义代理协议接口，代码如下：

```
protocol MessageDelegate: class {
   func recieveMessage(_ message: Message)
}
```

MessageManager 中定义两个代理属性 delegate1 和 delegate2，分别对应 BuddyListController 和 ChatViewController，代码如下：

```
class MessageManager: NSObject {
   weak var delegate1: MessageDelegate?
   weak var delegate2: MessageDelegate?
}
```

这样，当 MessageManager 接收到消息时，可以通过如下方式通知给不同的控制器：

```
func recieveMessage(_ message: Message) {
   if let delegate = self.delegate1 {
      delegate.recieveMessage(message)
   }
   if let delegate = self.delegate2 {
      delegate.recieveMessage(message)
   }
}
```

29.1.2 通知

通知支持实现一对多的事件处理。

定义消息名称为 onChatMessage，控制器 BuddyListController 和 ChatViewController 都可以注册为聊天消息 onChatMessage 事件的接收者。当有消息到达 MessageManager 时，发送 onChatMessage 消息事件，BuddyListController 和 ChatViewController 接收处理即可。

ChatViewController 的实现如下（BuddyListController 代码与前面是一样的，不再说明）：

```
class ChatViewController: NSViewController {
   override func viewDidLoad() {
      super.viewDidLoad()
      self.registerNotification()
   }

   func registerNotification() {
      NotificationCenter.default.addObserver(self, selector:#selector(self.onRecieveChatMessage
         (_:)),  name:NSNotification.Name.onChatMessage, object: nil)

   }

   func onRecieveChatMessage(_ notification: Notification){
      let message = notification.object as! Message
      print("\(message.content)")
   }
}
```

MessageManager 接收到消息，广播通知，代码如下：

```
class MessageManager: NSObject {
   func notifyMessage(_ message: Message) {
      NotificationCenter.default.post(name:Notification.Name.onChatMessage, object: message)
   }
}

extension Notification.Name {
   // 定义消息通知名称
   static let onChatMessage  = Notification.Name("on-chat-message")
}
```

29.1.3 多代理

代理只适合一对一关系的处理，要处理一对多的场景需要添加多个代理属性，代码结构烦琐、不够清晰。

通知支持一对多关系的处理，每次处理都需要从消息通知类 NSNotification 中拆解数据，不支持调用需要有返回值的场景。通知是全局的，任何类都可以注册接收消息。

多代理融合了代理和通知的优点，包括：

- 支持一对多处理；
- 执行代理方法的同时可以获取返回值；
- 可以控制事件的接收范围。

29.2 多代理的实现

由于 Swift 跟 Objective-C 代码可以桥接、整合编译来实现 Swift 调用 Objective-C 代码，因此本节的多代理实现是基于 Objective-C 的 GCDMulticastDelegate 开源代码来展开讨论的。

29.2.1 Objective-C 中多代理实现技术

既然是多代理，首先考虑的是用数组 delegateNodes 将多个代理存储起来，然后当事件发生的时候，遍历数组，对各个代理对象进行方法回调通知。

基本的伪代码如下：

```
- (void)recieveMessage:(Message *)message{
   for(id delegate in self.delegateNodes){
      if ([delegate respondsToSelector:@selector(recieveMessage:sender:)]){
           [delegate recieveMessage:message sender:self];
      }
   }
}
```

如果代理协议定义了多个方法，则对每个代理方法都要写上述类似的代码。利用 Objective-C 中运行时（runtime）提供的消息转发机制可以实现在对象 A 上执行对象 B 的方法，因此我们可以考虑使用消息转发机制来简化代码的实现。

29.2.2 使用消息转发机制进行优化

使用 Objective-C 的 NSMethodSignature 和 NSInvocation 实现消息转发。实现消息转发，必须实现两个方法，即 methodSignatureForSelector 和 forwardInvocation。methodSignatureForSelector 的作用在于为另一个类实现的消息创建一个有效的方法签名，forwardInvocation:将方法调用转发给一个真正实现了该消息的对象。

```
- (NSMethodSignature *)methodSignatureForSelector:(SEL)aSelector{
   for (id delegate in self.delegateNodes){
      NSMethodSignature *result = [delegate methodSignatureForSelector:aSelector];
      if (result != nil){
         return result;
      }
   }
}

- (void)forwardInvocation:(NSInvocation *)origInvocation{
   SEL selector = [origInvocation selector];
```

```
    for (id delegate in self.delegateNodes){
        if ([delegate respondsToSelector:selector]){
            [origInvocation invokeWithTarget:delegate];
        }
    }
}
```

这样就可以方便地在多代理的管理类上简单地执行代理方法，而不需要循环遍历，对每个代理执行一遍。

```
[multicastDelegate recieveMessage:message sender:self];
```

单代理的方法调用如下：

```
if ([delegate respondsToSelector:@selector(recieveMessage:sender:)]){
    [delegate recieveMessage:message sender:self];
}
```

可以看出，多代理的调用方法和参数与单代理基本是一样的，而实际上，multicastDelegate 多代理管理类内部又进行了一次透明的多个代理转发，如图 29-2 所示。

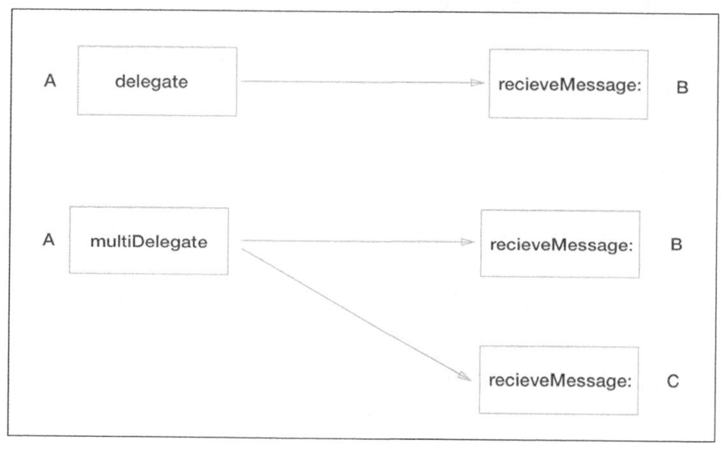

图 29-2

29.2.3　XMPPFramework

第三方开源的 XMPPFramework 框架中实现了一个通用的多代理类 GCDMulticastDelegate，我们的例子基于 GCDMulticastDelegate 来实现。

GCDMulticastDelegate 中增加删除代理的接口定义如下：

```
@interface GCDMulticastDelegate : NSObject
-(void)addDelegate:(id)delegate delegateQueue:(dispatch_queue_t)delegateQueue;
-(void)removeDelegate:(id)delegate delegateQueue:(dispatch_queue_t)delegateQueue;
@end
```

代理存储数组变量 delegateNodes 定义如下：

```
@interface GCDMulticastDelegate () {
    NSMutableArray *delegateNodes;
}
```

同时实现了 methodSignatureForSelector 和 forwardInvocation 两个用于消息转发的方法（具体实现参考 XMPPFramework 源代码）。

29.3 聊天列表示例

新建一个工程，命名为 BuddyMultiDelegateDemo，实现一个简单的联系人列表界面，如图 29-3 所示，左边是联系人列表，每一行显示用户昵称和是否在线的状态，如果在线显示为绿色小圆，不在线显示为灰色小圆。当点击左边每一行时，右边页面会显示联系人的详细资料。当用户上线或者下线时，左边的状态小圆要实时更新。同时，右边页面上的头像也要更新，如果离线的话，头像需要显示为灰色。

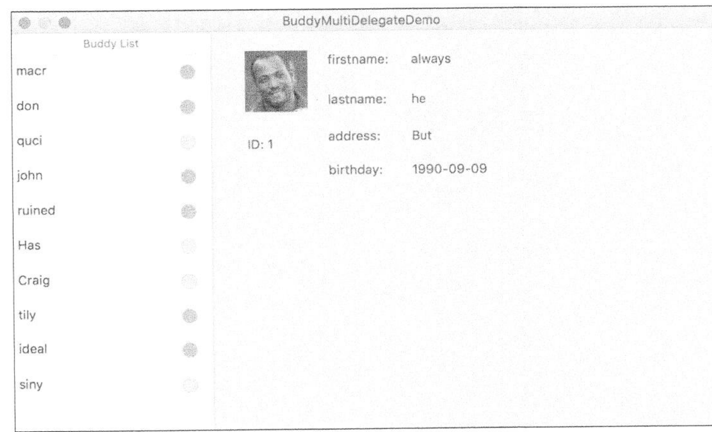

图 29-3

29.3.1 主要的视图控制器

创建 3 个主要的视图控制器如下。

- MainViewController，继承 NSSplitViewController，作为主体视图框架类。
- BuddyListViewController，继承 NSViewController，作为联系人列表。
- BuddyDetailViewController，继承 NSViewController，显示联系人的详细信息。

MainViewController 类中使用 AutoLayoutX 库实现了自动布局，代码如下：

```
class MainViewController: NSSplitViewController {
   override func viewDidLoad() {
      super.viewDidLoad()
      self.configConstraints()
   }
   func configConstraints() {
      let controllers = self.childViewControllers;
      if controllers.count < 2 {
         return
      }

      let leftVC = controllers[0]
      let rightVC = controllers[1]

      // 设置左边视图的宽度最小为 100，最大为 300
      leftVC.view.width >= 100
      leftVC.view.width <= 260

      // 设置右边视图的宽度最小为 300，最大为 2000
```

```
        rightVC.view.width >= 300
        rightVC.view.width <= 2000
    }
}
```

29.3.2 联系人模型类

联系人模型包括 BuddyList 和 BuddyDetail 两个类。

（1）BuddyList：联系人基本信息类。代码如下：

```
class BuddyList: MModel {
   var ID = 0
   var nickName = ""
   var status = false
}
```

（2）BuddyDetail：联系人详细信息类。代码如下：

```
class BuddyDetail: MModel {
   var ID = 0
   var firstName = ""
   var lastName = ""
   var address = ""
   var birthDay = ""
   var image = ""
}
```

29.3.3 多代理管理类

多代理管理类 BuddyStatusManager 是一个全局的单例对象，对外提供了注册/删除，触发多代理广播的接口方法。BuddyStatusDelegate 定义了接口协议，多代理观察者需要实现接口方法。BuddyStatusMulticastDelegate 是多代理核心类，实现了多代理的接口广播，即通知所有注册了多代理的观察者对象。

（1）定义了 BuddyStatusDelegate 协议，声明了两个代理方法。接口如下：

```
// 代理协议
@objc protocol BuddyStatusDelegate  {
   @objc optional  func buddyOfflineRequest(sender: AnyObject,  buddy: BuddyList)
   @objc optional  func buddyOnlineRequest(sender: AnyObject,  buddy: BuddyList)
   @objc optional  func buddySelection(sender: AnyObject,  buddy: BuddyList)
}
```

（2）实现了多代理的广播方法。代码如下：

```
// 多代理广播接口
class BuddyStatusMulticastDelegate: GCDMulticastDelegate,BuddyStatusDelegate {

   func buddyOfflineRequest(_ buddy: BuddyList) {
      let multiDelegate: BuddyStatusDelegate = self
      multiDelegate.buddyOfflineRequest!(sender: self, buddy: buddy)
   }

   func buddyOnlineRequest(_ buddy: BuddyList) {
      let multiDelegate: BuddyStatusDelegate = self
      multiDelegate.buddyOnlineRequest!(sender: self, buddy: buddy)
   }
```

```
    func buddySelection(_ buddy: BuddyList) {
        let multiDelegate: BuddyStatusDelegate = self
        multiDelegate.buddySelection!(sender: self, buddy: buddy)
    }
}
```

（3）多代理管理类 BuddyStatusManager，单例方式实现，对外提供了代理注册和删除的接口。属性变量 multiDelegate 作为多代理，使用它实现代理广播。代码如下：

```
// 多代理管理类
class BuddyStatusManager: NSObject {
    lazy var queue: DispatchQueue = {
        let queue = DispatchQueue(label: "macdec.io.BuddyManager")
        return queue
    }()

    private static let  sharedInstance = BuddyStatusManager()
    class var shared: BuddyStatusManager {
        return sharedInstance
    }

    lazy var multiDelegate: BuddyStatusMulticastDelegate = {
        let delegate = BuddyStatusMulticastDelegate()
        return delegate
    }()

    func addMultiDelegate(delegate:BuddyStatusDelegate, delegateQueue:DispatchQueue?){
        if delegateQueue == nil {
            multiDelegate.add(delegate, delegateQueue: self.queue)
        }
        else {
            multiDelegate.add(delegate, delegateQueue: delegateQueue)
        }
    }
    func removeMultiDelegate(delegate:BuddyStatusDelegate){
        multiDelegate.remove(delegate)
    }
}
```

29.3.4 多代理的注册

在 BuddyListViewController 的 viewDidLoad 和 deinit 中分别实现多代理的注册和删除。代码如下：

```
class BuddyListViewController: NSViewController {
    @IBOutlet weak var tableView: NSTableView!
    lazy var buddyListDAO: DAO = {
        let dao = BuddyListDAO()
        return dao
    }()
    var buddies = [BuddyList]()

    deinit {
        unRegisterMultiDelegate()
    }

    override func viewDidLoad() {
        super.viewDidLoad()
        self.openDB()
```

```
        self.registerMultiDelegate()
        self.fetchData()
    }

    func openDB(){
        let opened = DataStoreBO.shared.openDefaultDB()
        if opened == false {
            print("openDB Failed!")
        }
    }

    func fetchData() {
        DispatchQueue.back.async {
            self.buddies = self.buddyListDAO.findAll() as! [BuddyList]
            DispatchQueue.main.async {
                self.tableView.reloadData()
            }
        }
    }

    func upDateBuddyStatus(_ buddy: BuddyList) {
        for aBubby: BuddyList in self.buddies {
            if aBubby.ID == buddy.ID {
                aBubby.status = buddy.status
            }
        }

        DispatchQueue.main.async {
            self.tableView.reloadData()
        }
    }
}
```

实现多代理协议接口的方法的代码如下：

```
extension BuddyListViewController: BuddyStatusDelegate {

    func registerMultiDelegate() {
        BuddyStatusManager.shared.addMultiDelegate(delegate: self, delegateQueue: nil)
    }

    func unRegisterMultiDelegate() {
        BuddyStatusManager.shared.removeMultiDelegate(delegate: self)
    }

    func buddyOfflineRequest(sender: AnyObject,  buddy: BuddyList) {
        self.upDateBuddyStatus(buddy)
    }

    func buddyOnlineRequest(sender: AnyObject,  buddy: BuddyList) {
        self.upDateBuddyStatus(buddy)
    }
}
```

在 BuddyDetailViewController 中使用多代理也是类似的，不再赘述。

29.3.5 多代理的通知

在 AppDelegate 中实现一个测试方法，模拟用户在线状态的变化，这样在列表 BuddyListViewController 和详细资料窗口 BuddyDetailViewController 中都能收到用户状态变化的代理通知，代码如下：

```
class AppDelegate: NSObject, NSApplicationDelegate {

   var timer: Timer?
   func applicationDidFinishLaunching(_ aNotification: Notification) {
      self.timer = Timer.scheduledTimer(timeInterval: 2, target: self, selector:
         #selector(self.buddyTest), userInfo: nil, repeats: true)

   }

   @objc func buddyTest() {
      let ID = arc4random() % 2 + 1
      let status = arc4random() % 10
      let buddy = BuddyList()
      buddy.ID = Int(ID)
      buddy.status = false
      if status > 5 {
         buddy.status = true
         BuddyStatusManager.shared.multiDelegate.buddyOnlineRequest(buddy)
      }
      else{
         BuddyStatusManager.shared.multiDelegate.buddyOfflineRequest(buddy)
      }
   }
}
```

第 30 章
数据转换

Cocoa 提供了一种通用的对象间单向/双向转换的解决方案。通过扩展系统的 ValueTransformer 类，可以实现不同数据类型间的相互映射、不同对象间的相互转换以及基本数据模型和视图模型间的互相转换。

基本数据类型间转换的映射如图 30-1 所示。

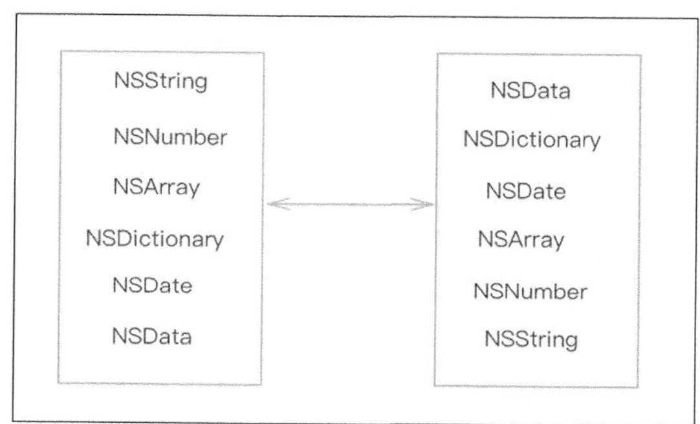

图 30-1

字典到模型的转换映射如图 30-2 所示。

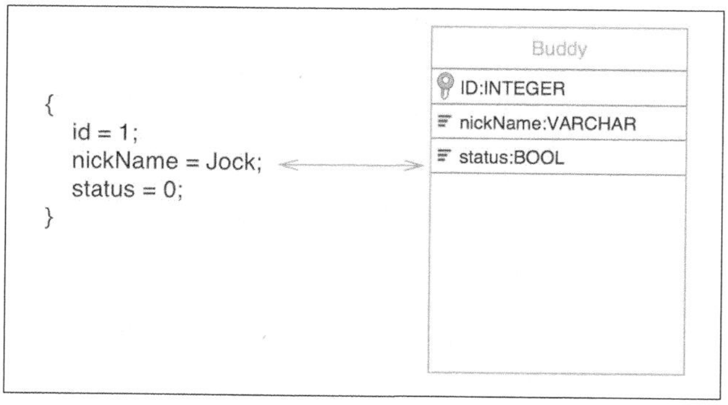

```
{
   id = 1;
   nickName = Jock;
   status = 0;
}
```

Buddy
ID:INTEGER
nickName:VARCHAR
status:BOOL

图 30-2

模型到模型的转换映射如图 30-3 所示。

系统定义转换器（transformer）的基类 ValueTransformer，同时提供了一些默认类型的转换器实现。Cocoa 的绑定中大量使用了系统提供的转换器。

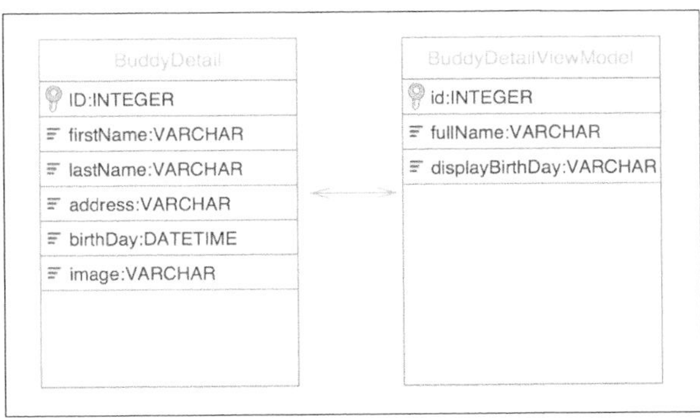

图 30-3

30.1　转换器基类

转换器基类 ValueTransformer 中定义了通用的转换处理接口，其中最主要的是实现下面 4 个功能的方法。

- 正向转换。
- 反向转换。
- 通过名称注册转换器子类。
- 根据名称查找转换器。

转换器是通过名称注册后由系统统一管理的。因此，在 Cocoa 绑定中只需要关联一个转换器的名称就可以由系统自动完成数据的双向转换工作。

下面是相关接口的说明：

```
// 转换器的子类 Class
func transformedValueClass() -> Swift.AnyClass
// 是否支持逆向转换
func allowsReverseTransformation() -> Bool
// 正向的转换接口,此接口必须实现
func transformedValue(_ value: Any?) -> Any?
// 反向的转换接口,此接口是否实现取决于 allowsReverseTransformation 返回值
func reverseTransformedValue(_ value: Any?) -> Any?
// 注册自定义的转换器类,每个转换器使用唯一的名称。
func setValueTransformer(_ transformer: ValueTransformer?, forName name: ValueTransformerName)
// 根据名称获取具体的转换器实例
init?(forName name: NSValueTransformerName)
// 返回系统中注册的所有转换器
func valueTransformerNames() -> [NSValueTransformerName]
```

30.2　系统实现的转换器

系统实现的转换器包括以下几种。

（1）negateBooleanTransformerName：将 boolean 类型的数进行取反转换，即 NSNumber(YES) 和 NSNumber(NO)之间互相转换。

（2）isNilTransformerName：转换的对象为 nil 时返回 true，否则返回 false。

（3）isNotNilTransformerName：转换的对象不为 nil 时返回 true，否则返回 false。

（4）unarchiveFromDataTransformerName：可以将归档化的数据还原为对象，反方向可以将

对象转化为归档化的数据。

（5）keyedUnarchiveFromDataTransformerName：可以将基于 key 值归档化的数据还原为对象，反方向可以将对象转化为基于 key 归档的数据。

下面的代码是系统默认实现的 IsNotNilTransformer 类，transformedValueClass 方法为 false，因此不需要实现 reverseTransformedValue 反向接口，正向接口 transformedValue 的内部实现也非常简单。

```
class IsNotNilTransformer: ValueTransformer {
   // 是否允许反向转换
   override class func allowsReverseTransformation() -> Bool {
      return true
   }

   // 正向转换器的类名
   override class func transformedValueClass() -> Swift.AnyClass {
      return NSNumber.self
   }

   // 正向的转换接口
   override func transformedValue(_ value: Any?) -> Any? {

      if value != nil {
         return NSNumber(value:true)
      }
      return NSNumber(value:false)
   }
}
```

系统已经提供了非空判断的转换器，下面是根据 ValueTransformer 接口模拟实现的一个非空判断的转换器 IsNotNilTransformer。

30.3 绑定中使用的转换器

下面实现一个数据类型的整型值与对应的名称字符串类型之间双向转换的转换器。

30.3.1 类型转换器的实现和注册

（1）数据类型 DBDataType 定义如下：

```
public enum DBDataType : UInt {
   case boolDataType
   case stringDataType
   case intDataType
   case dateDataType
   case blobDataType
}
```

（2）转换器类型定义如下：

```
extension NSValueTransformerName {
   static var typeMapValueTransformerName: NSValueTransformerName {
      return  NSValueTransformerName("kTypeMapValueTransformerName")
   }
}
```

（3）转换器 TypeMapValueTransformer 实现如下：

```
class TypeMapValueTransformer: ValueTransformer {

   override class func initialize() {
      let transformer = TypeMapValueTransformer()
      ValueTransformer.setValueTransformer(transformer, forName: NSValueTransformerName.
         typeMapValueTransformerName)
   }

   // 转换器的类名
   override class func transformedValueClass() -> Swift.AnyClass {
      return NSString.self
   }

   override class func allowsReverseTransformation() -> Bool {
      return true
   }

   // 正向的转换接口
   override func transformedValue(_ value: Any?) -> Any? {
      let typeObj = value as! NSNumber
      let type = DBDataType(rawValue: typeObj.uintValue)
      return TypeMapValueTransformer.typeString(type!)
   }

   // 反向的转换接口
   override func reverseTransformedValue(_ value: Any?) -> Any? {
      let type = value as! String
      return NSNumber(value: (TypeMapValueTransformer.dataType(type)?.rawValue)!)
   }

   class func typeString(_ type: DBDataType) -> String? {
      let typeDic: Dictionary<DBDataType,String> = [.boolDataType:"Bool",
                                                   .stringDataType:"String",
                                                   .intDataType:"Int",
                                                   .dateDataType:"Date",
                                                   .blobDataType:"Blob"]
      return typeDic[type]
   }

   class func dataType(_ type: String) -> DBDataType? {
      let dateTypeDic: Dictionary<String,DBDataType> = ["Bool":.boolDataType,
                                                       "String":.stringDataType,
                                                       "Int": .intDataType,
                                                       "Date": .dateDataType,
                                                       "Blob": .blobDataType]
      return dateTypeDic[type]
   }
}
```

30.3.2 实现模型类

定义 DataField 模型类，代码如下：

```
class DataField: NSObject {
   var name: String?
   var type: Int = 0
}
```

在 ViewController 中定义模型属性变量 dateField，代码如下：

```
lazy var dateField: DataField = {
   let dataField = DataField()
   dataField.name = "john"
   dataField.type = (Int)(DBDataType.dateDataType.rawValue)
   return dataField
}()
```

30.3.3 绑定 Combo Box 控件到模型类

在 xib 界面中放置一个 Label 控件和一个 Combo Box 控件。选中 Combo Box 控件，切换到属性面板。在 Items 中依次增加 Bool、String、Int、Date 和 Blob 这 5 个值，如图 30-4 所示。

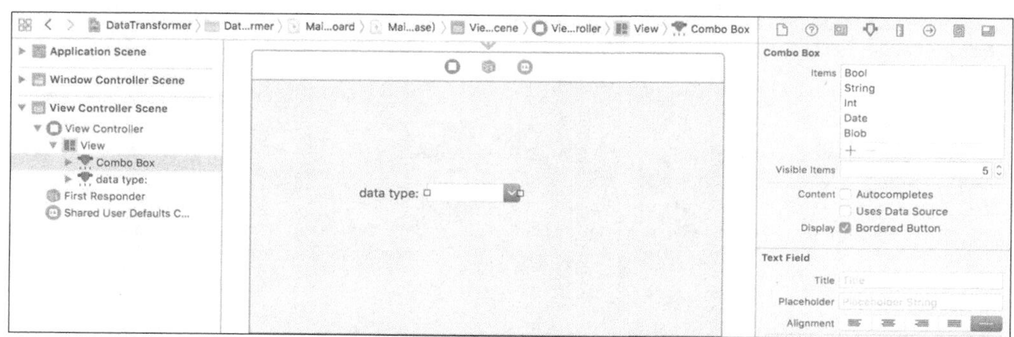

图 30-4

切换到绑定面板，Value Selection 部分 Bind to 选择 View Controller，Model Key Path 输入 self.dateField.type，Value Transformer 中输入 DataTransformer.TypeMapValueTransformer（其中 DataTransformer 为类的命令空间），完成绑定，如图 30-5 所示。

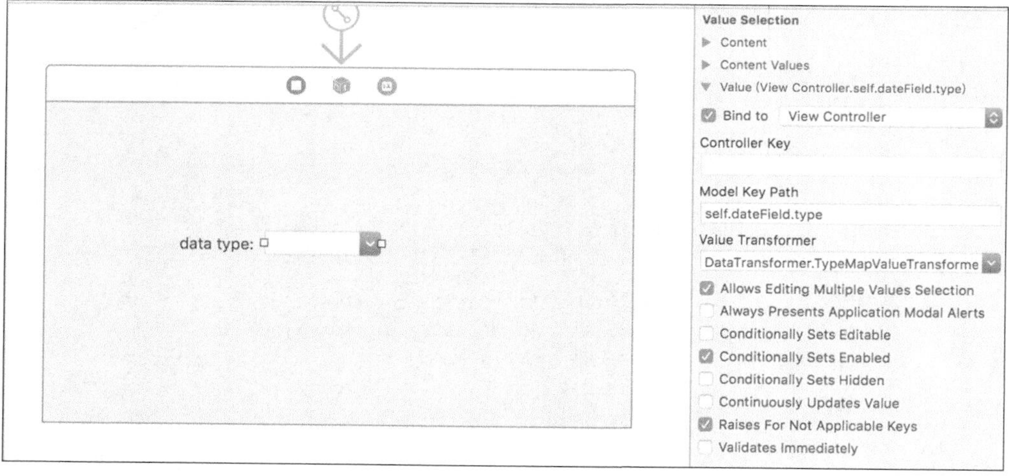

图 30-5

dateField 的 type 开始赋值为 dateDataType，运行程序后，Combo Box 自动显示为 Date，如图 30-6 所示。

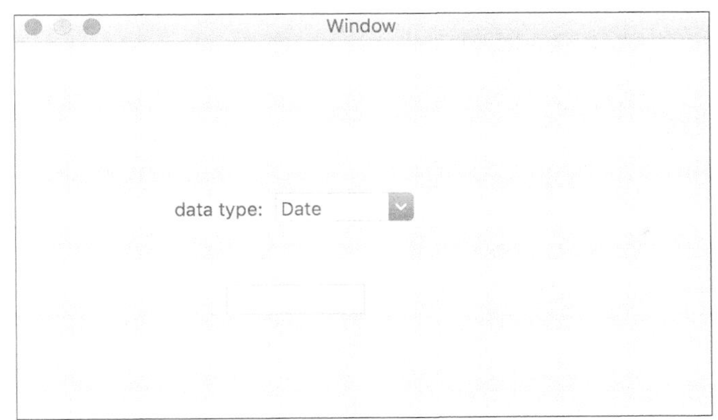

图 30-6

给 Combo Box 控件增加一个 action 事件，下拉选择一个新的数据类型后打印绑定的 dateField.type：

```
@IBAction func selectionChaned(_ sender: NSComboBox){
   let type = self.dateField.type
   print("type index \(type)")
}
```

重新运行，选择 Combo Box 中的不同的属性类型，控制台打印出不同的整型值。

绑定中使用转换器的流程总结如下。

（1）注册自定义的 TypeMapValueTransformer，ValueTransformer 中存储了它的实例。

（2）Combo Box 的 Binding 面板中指定了 Value Transformer 为 DataTransformer.TypeMapValueTransformer。

（3）绑定数据转换时遍历 ValueTransformer 中注册的所有转换器，找到 TypeMapValueTransformer 类型的实例，数据转换时使用它完成转换。

30.4 实现自定义转换器的步骤

实现自定义的转换器步骤如下。

（1）新建一个类，继承 ValueTransformer，命名为 XXXXValueTransformer，如 Date2StringValueTransformer。

（2）实现 transformedValueClass 方法，返回转换后的对象类型。

（3）实现 transformedValue 方法。

（4）实现 allowsReverseTransformation 方法。

（5）如果 allowsReverseTransformation 方法返回 true，则需要实现 reverseTransformedValue 方法。

（6）在转换器的 initialize 类方法中完成注册，也可以在其他类中完成转换器的注册。

30.5 使用转换器分离数据转换逻辑

除了在 Binding 中使用转换器，还可以将转换器用在不同业务层的数据转换中。主要包括下面几类。

（1）网络数据 json 到数据模型类的转换。

（2）数据模型类到视图模型类的转换。

（3）数据字段在不同业务中的双向映射。

以前面的 TypeMapValueTransformer 为例，手工调用转换器，实现不同的数据转换。相关代码如下：

```
// 定义转换器实例
let typeMapValueTransformer = TypeMapValueTransformer()
// 正向转换
let typeString = typeMapValueTransformer.transformedValue(NSNumber(value:
   DBDataType.boolDataType.rawValue))
print("typeString: \(typeString)")
// 反向转换
let type = typeMapValueTransformer.reverseTransformedValue("Int")
print("type: \(type)")
```

第 31 章 框架

框架（framework）是一种外部可访问的类库的封装，同时它可以将图片等各种文件类资料打包到一起，提供统一访问。因此框架可以理解为“代码＋资源”。

31.1 框架与静态库

框架可以包括头文件、图片、xib 和文档等多种资源，被多个应用共享使用。

静态库 lib 只能包含代码，被单独打包到应用里面。如果多个应用都使用这个静态库，内存中就有多份副本，比较耗费资源。

框架和静态库文件的内部对比如图 31-1 所示。

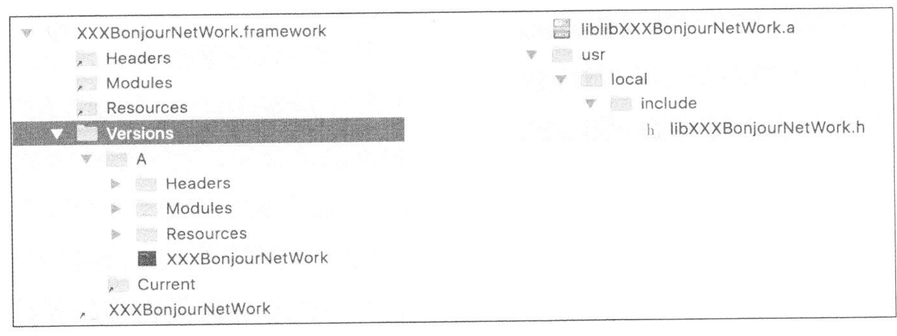

图 31-1

31.2 创建框架工程

创建新工程，选择 Framework&Library 中的 Cocoa 模板，输入 XXXBonjourNetWork 名称，完成创建，工程中自动生成一个桥接头文件 XXXBonjourNetWork.h，这个文件中可以引用 Objective-C 的头文件，将其中的类桥接给 Swift 类使用。

下面将 Bonjour 网络发现服务功能通过框架封装，提供给其他应用使用。

31.2.1 接口定义

新建一个文件，命名为 XXXBonjourNetWorkManager，实现 Bonjour 网络服务发现功能。由于这个类和对应的接口需要允许外部模块访问，因此类和接口方法前增加 public 关键字。

```
enum XXXBonjourNetWorkBroadcastType : Int {
    case xxxBonjourNetWorkNilType = 0
    case xxxBonjourNetWorkFindService = 1
    case xxxBonjourNetWorkRemoveService = 2
    case xxxBonjourNetWorkResolveAddress = 3
    case xxxBonjourNetWorkNotResolveAddress = 4
    case xxxBonjourNetWorkStop = 5
}

let  kDomain = "local."
let  kServiceType = "_ProbeHttpService._tcp."

public class XXXBonjourNetWorkManager: NSObject {

    private static let  sharedInstance = XXXBonjourNetWorkManager()
    public class var shared: XXXBonjourNetWorkManager {
        return sharedInstance
    }

    lazy var serviceBrowser: NetServiceBrowser? = {
        let serviceBrowser = NetServiceBrowser()
        serviceBrowser.delegate = self
        return serviceBrowser
    }()
    var netServices: [NetService] = []

    public func start() {
        // 开始服务发现
        self.serviceBrowser?.searchForServices(ofType: kServiceType, inDomain: kDomain)
        print("XXXBonjourNetWorkManager start")
    }

    public func stop() {
        self.serviceBrowser?.stop()
    }
}
```

XXXBonjourNetWorkManager 类首先根据 HttpTcpType 和 domain 去发起 Bonjour 服务查找，这个过程中网络的状态变化会通过 NetServiceDelegate 协议定义的 netServiceDidResolveAddress 方法通知。在这里面，可以再定义应用内部通知消息，将 Bonjour 网络信息广播出去。

31.2.2 头文件引用声明

创建完成后系统会自动生成一个 XXXBonjourNetWork.h 文件，这里面可以把希望外部使用的 Objective-C 类功能的头文件导入进去。

进入 TARGETS 的 Build Settings 选项卡里面的 Headers 部分，将 Helper.h 从项目部分拖动到 Public 区，如图 31-2 所示，这样可以保证外部应用有访问权限。

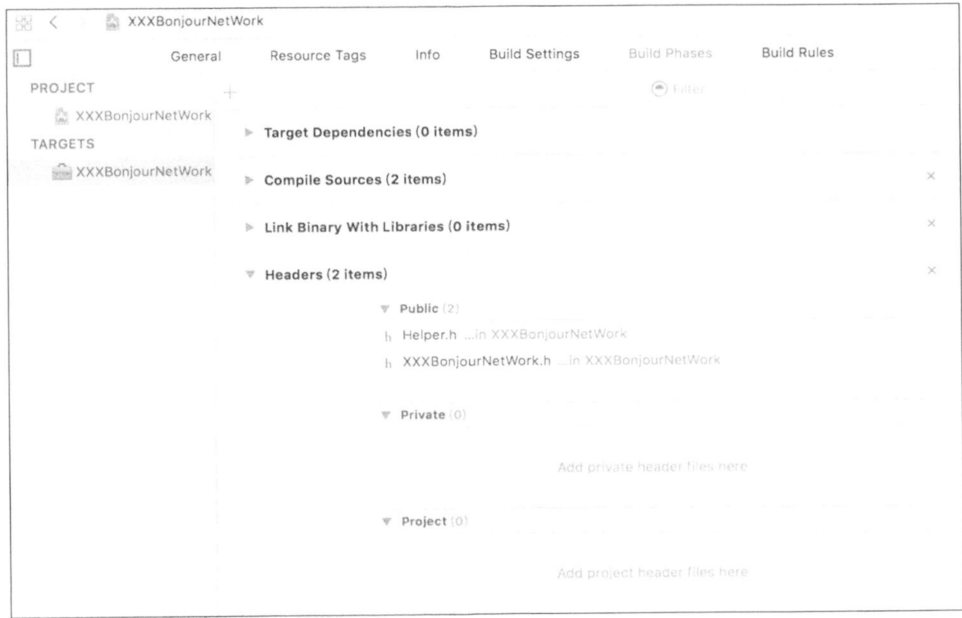

图 31-2

31.2.3 使用框架

新建一个 XXXBonjourNetWorkManagerTest 来测试 App。从上面框架工程 XXXBonjourNetWork 的 Products 下面拖动 XXXBonjourNetWork.framework 到 XXXBonjourNetWorkManagerTest 工程。在 XXXBonjourNetWorkManagerTest 工程的视图控制器中导入模块 XXXBonjourNetWork 后，调用 XXXBonjourNetWorkManager 的 start 方法。相关代码如下：

```
import XXXBonjourNetWork
class ViewController: NSViewController {
   override func viewDidLoad() {
      super.viewDidLoad()
      XXXBonjourNetWorkManager.shared.start()
      Helper.show()
   }
}
```

运行后 App 报错，如图 31-3 所示。

```
dyld: Library not loaded: @rpath/XXXBonjourNetWork.framework/Versions/A/XXXBonjourNetWork
  Referenced from: /Users/idevfans/Documents/DerivedData/XXXBonjourNetWorkManagerTest-
hkymslpvngyzcsddcfimumvfnivz/Build/Products/Debug/XXXBonjourNetWorkManagerTest.app/Contents/MacOS/
XXXBonjourNetWorkManagerTest
  Reason: image not found
(lldb)
```

图 31-3

要解决这个问题，首先需要理解框架的 Linking 选项的 Mach-O Type，如图 31-4 所示，它包括以下 5 种类型。

- Executable：可执行二进制文件，这种类型是独立 App 使用。
- Dynamic Library：动态库，创建的框架默认此类型。
- Bundle：资源包，需要手工代码加载。
- Static Library：静态库。

- Relocatable Object File：可重定位的对象文件，可以理解为动态库和静态库的组装单元。

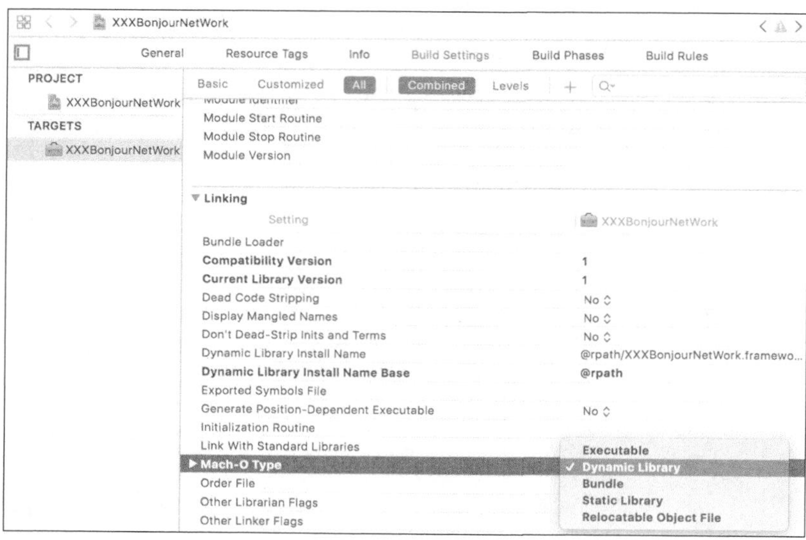

图 31-4

对于框架，我们只关注 Dynamic Library 和 Static Library。

1．解决方案一

如果修改 Mach-O Type 为 Static Library，解决上面问题的方案如下。

切换到工程 TARGETS 的 Build Phases 部分，选中 Xcode 菜单 Editor→Add Build Phase→Add Copy Files Build Phase，如图 31-5 所示。

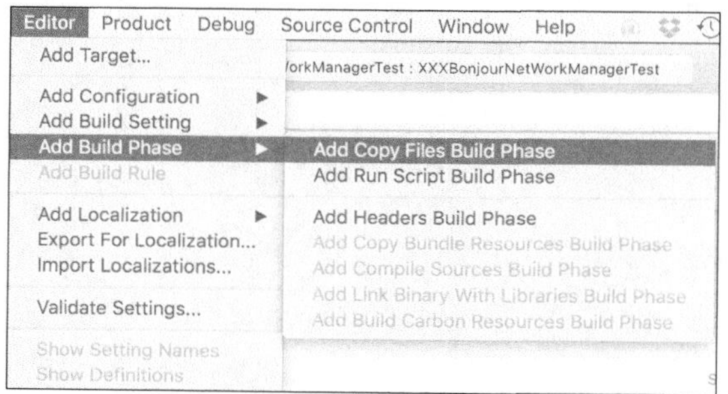

图 31-5

在 Build Phases 下面的 Copy Files 中的 Destination 选择 Frameworks，点击下面的+号，选择 XXXBonjourNetWork.framework 加入即可，如图 31-6 所示。

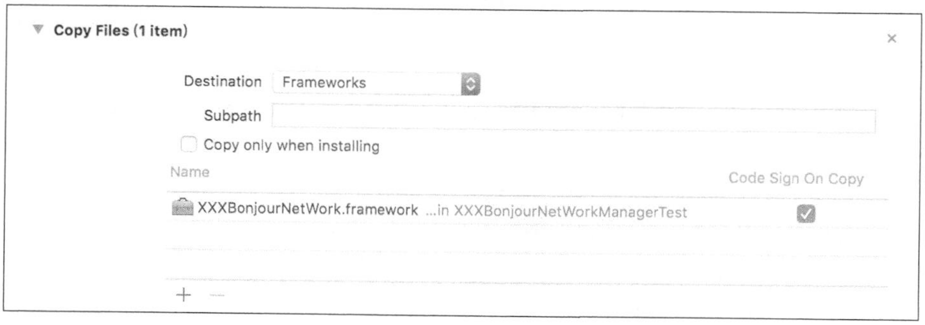

图 31-6

重新运行工程就没有问题了。

2. 解决方案二

如果框架是默认创建的，Mach-O Type 为 Dynamic Library，则按下面的方式纠正编译运行错误。

选择工程配置里面 TARGETS 的 General 选项卡，如图 31-7 所示，从下面 Embedded Binaries 中选择从外部引入的框架，点击下面的+号，弹出如图 31-8 所示的界面。

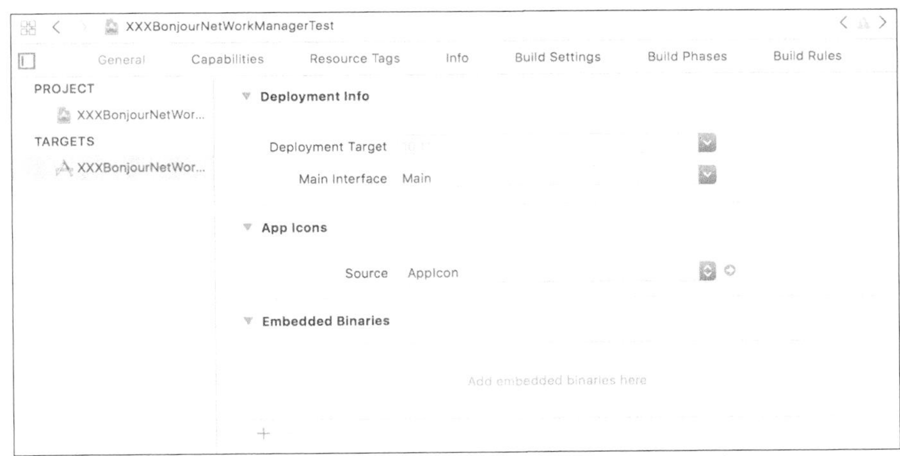

图 31-7

选择 XXXBonjourNetWork.framework，完成添加，如图 31-8 所示。

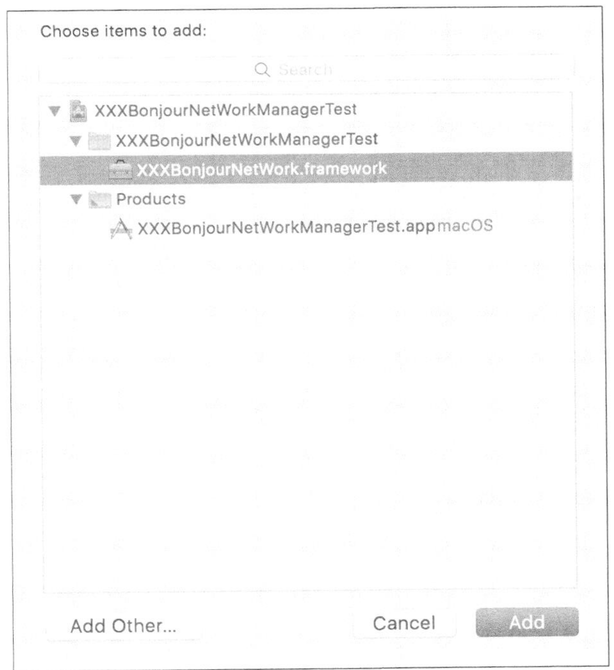

图 31-8

完成添加后切换到 Build Phases 选项卡，看到多了 Embed Frameworks 部分，如图 31-9 所示，里面有选择的框架，同时上面的 Link Binary With Libraries 中也会有刚添加的框架。

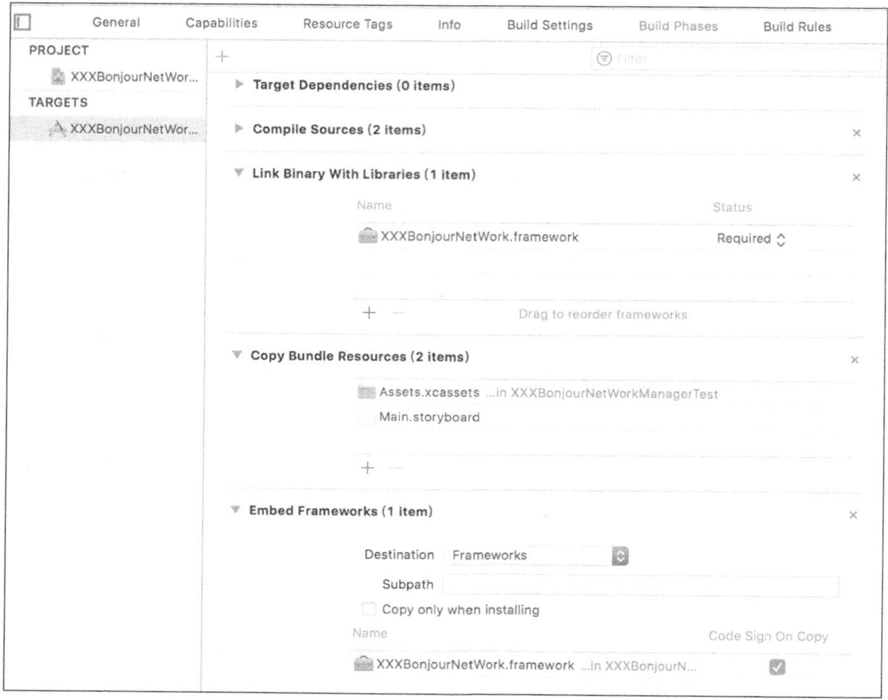

图 31-9

31.2.4 框架的加载路径

框架的加载路径依赖于创建框架时指定的路径参数。

1．几个路径的概念

（1）@executable_path：应用程序可执行文件路径。比如，一个应用 Foo 的具体路径为/Applications/Foo.app/Contents/MacOS。

（2）@loader_path：加载的相对路径。一个框架库可以被一个应用加载使用，也可以被一个插件加载使用。如果被应用加载，@loader_path 跟@executable_path 是一样的。如果被插件加载，@loader_path 的路径可能为一个插件的具体二进制目录，如/Applications/Foo.app/Contents/FooModule.plugin/Contents/MacOS。

（3）@rpath：定义编译链接时搜索框架的路径范围列表，rpath 可以定义多个路径。

为了便于在不同场景下框架（插件和应用）的使用，可以同时加入以@executable_path 和@loader_path 为基础路径的框架的全路径，如图 31-10 所示。

图 31-10

2．框架在工程中的实际路径

框架工程的 Linking 选项中 Dynamic Library 链接相关参数，如图 31-11 所示。

- Dynamic Library Install Name Base：表示框架的根路径。
- Dynamic Library Install Name：框架被链接时的加载路径。

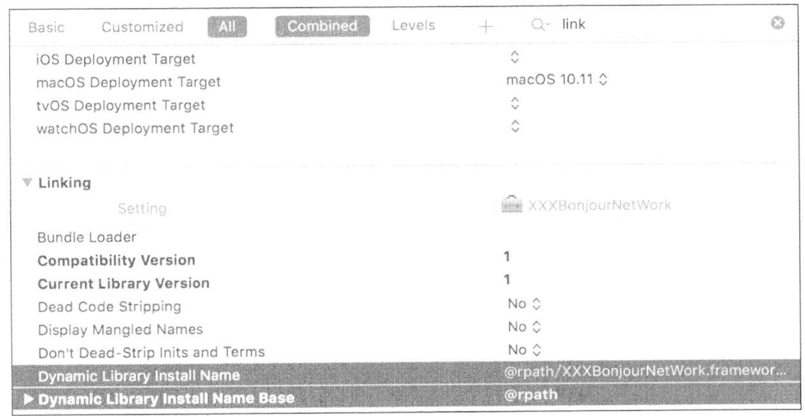

图 31-11

这两个参数由系统默认生成，可以看出框架的根路径为@rpath。

我们再来看看引用框架工程的项目 XXXBonjourNetWorkManagerTest 中 Runpath Search Paths 的定义，如图 31-12 所示，其中第二行为@executable_path/../Frameworks。@executable_path 表示当前程序二进制文件所在的目录。

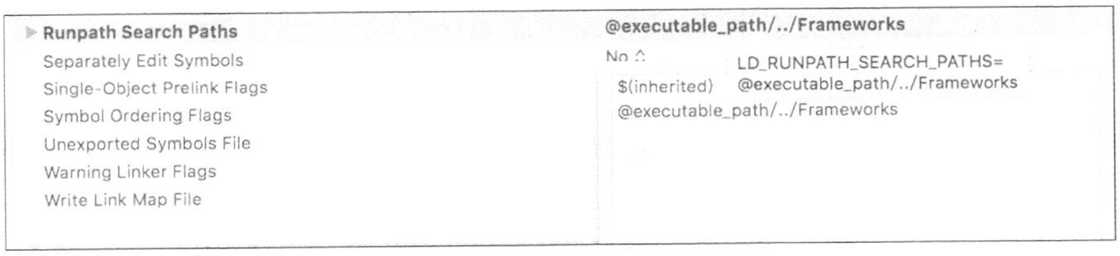

图 31-12

点击应用程序的 App 包，右击菜单选择 Show Package Contents，显示目录结果如图 31-13 所示。可以看出@executable_path/../Frameworks 目录下是工程使用的框架。

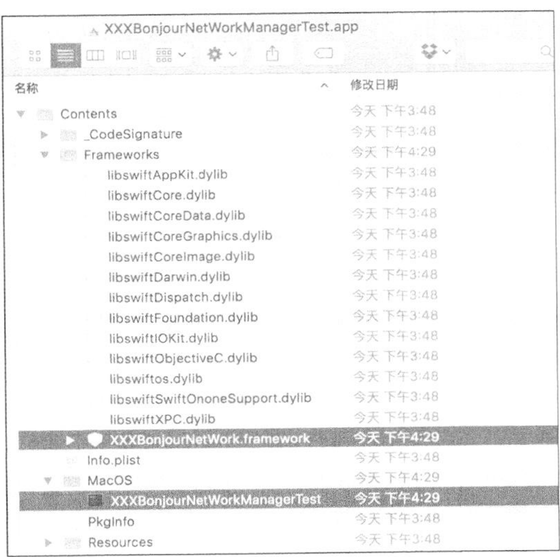

图 31-13

目前 Xcode 版本中已经默认在 Runpath Search Paths 中添加了路径@executable_path/../Frameworks，因此工程中添加了框架可以正常使用，不会报错。早期的 Xcode 版本中没有在 Runpath Search Paths 中添加@executable_path 这样的路径，因此需要手工添加。

如果删除 Runpath Search Paths 中@executable_path/../Frameworks 这个参数，工程运行就会报错，提示无法加载框架。

```
dyld: Library not loaded: @rpath/XXXBonjourNetWork.framework/Versions/A/XXXBonjourNetWork
```

31.2.5 框架的签名问题

应用中使用了框架，提交到 App Store 时，必须进行有效的签名。如果使用的是第三方的框架，没有源码就无法方便地进行签名。另外一种情况是使用了多个框架，每个都进行签名的话也很不方便。

这些问题可以通过编译选项，忽略第三方框架的签名来保证可以正常提交到 App Store。在 Code Signing 的 Other Code Signing Flags 中加入--deep 即可，如图 31-14 所示，这样会忽略框架的签名检查。

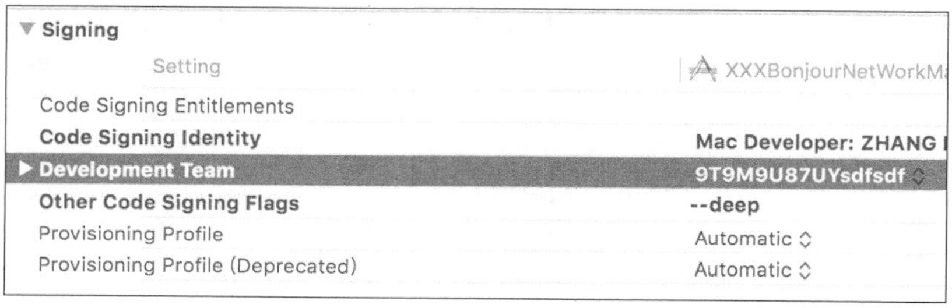

▼ Signing	
Setting	XXXBonjourNetWorkM
Code Signing Entitlements	
Code Signing Identity	Mac Developer: ZHANG
▶ Development Team	9T9M9U87UYsdfsdf
Other Code Signing Flags	--deep
Provisioning Profile	Automatic
Provisioning Profile (Deprecated)	Automatic

图 31-14

第 32 章 应用沙盒化

应用沙盒化是 macOS 应用发布到应用商店的强制要求，保证了系统的安全性。但是这一要求带来了编程上的复杂性。

32.1 macOS 沙盒机制

macOS 从 10.6 版本开始引入了沙盒机制，规定发布到 Mac App Store 的应用必须遵守沙盒约定。沙盒对应用访问的系统资源、硬件外设、文件、网络以及 XPC 等都进行了严格的限制，这样能防止恶意的 App 通过系统漏洞及攻击系统获取控制权限，保证了系统的安全。

沙盒相当于给每个 App 一个独立的空间，每个 App 只能在自己的小天地里，如图 32-1 所示，要获取自己空间之外的资源，必须获得授权。

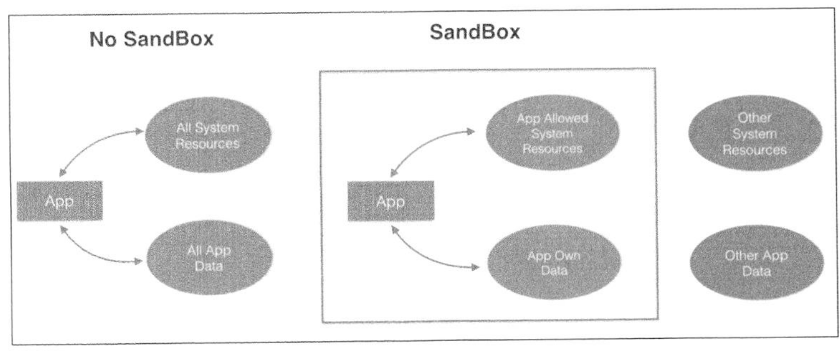

图 32-1

32.2 应用沙盒配置信息

应用开发完成提交到 App Store 时，必须进行沙盒化。切换到工程 TARGETS 设置 Capabilities 选项卡，第一项就是 App Sandbox 开关，置为 ON，表示应用使用沙盒，如图 32-2 所示。

我们来逐一看看沙盒的这些设置项。

（1）Network：网络访问控制。

- Incoming Connections（Server）：应用作为服务器，对外提供 HTTP、FTP 等服务时需要打开。
- Outgoing Connections（Client）：应用作为客户端，要访问外部的服务器时需要打开。

（2）Hardware：硬件资源控制。Printing 为必须勾选。App 默认第一个顶级菜单中有打印功

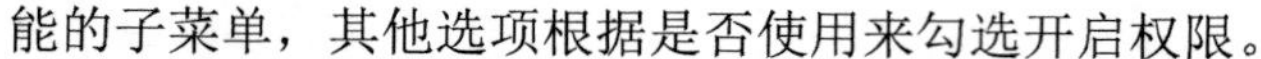

能的子菜单，其他选项根据是否使用来勾选开启权限。

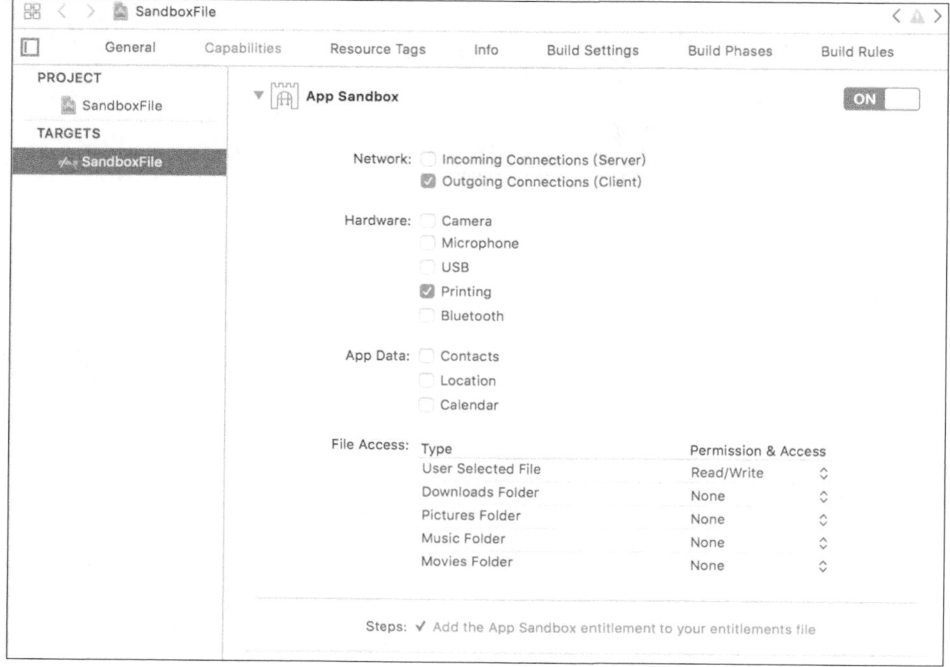

图 32-2

（3）App Data：有 Contacts（联系人）、Location（位置）和 Calendar（日历）3 个选项，根据实际需要开启。

（4）File Access：文件和用户目录的访问控制，分为禁止（None）、只读（Read）和读写（Read/Write）这 3 类。其中，User Selected File 表示文档类应用或者需要用户选择打开某个文件时，需要选择合适的访问权限，其他几个文件夹选项根据是否使用来勾选、开启权限。

图 32-2 所示的沙盒配置表示应用需要连接服务器获取数据，应用菜单中有打印功能的菜单，允许用户打开文件并进行读写操作。

提交到 Mac App Store 时，注意以下几点。

- App Sandbox 的总开关必须为 On。
- Hardware 里面的 Printing 为必须勾选。
- 其他选项根据需要选择性地勾选或设置。

应用中不需要的权限项一律不要打开，否则 App 评审团队会拒绝你的应用上架。

沙盒中每个需要访问权限的项都对应一个键，对应的值 true 或 false 分别表示是否允许访问。选择配置了沙盒的访问控制信息后，Xcode 会自动保存到一个扩展名为.entitlements 的 plist 文件中。应用打包时会对这个文件进行签名。

.entitlements 文件里面存储了沙盒的访问权限配置项信息。下面是一个 entitlements 文件的具体内容：

```
<?xml version="1.0" encoding="UTF-8"?>
<!DOCTYPE plist PUBLIC "-//Apple//DTD PLIST 1.0//EN" "http://www.apple.com/DTDs/PropertyList-
  1.0.dtd">
<plist version="1.0">
<dict>
```

```
    <key>com.apple.security.app-sandbox</key>
    <true/>
    <key>com.apple.security.files.user-selected.read-write</key>
    <true/>
    <key>com.apple.security.network.client</key>
    <true/>
    <key>com.apple.security.print</key>
    <true/>
</dict>
</plist>
```

应用运行期间要获取某个权限时，系统都会通过读取.entitlements，检查应用的行为是否获得了授权，如果没有，就拒绝访问。

32.3 文件沙盒编程

我们通过一个简单的文件读写访问 App 来说明一下文件应用如何沙盒化。App 功能包括：

- 用户打开一个文本文件，将文件路径显示到 Text Field 中，将内容显示到 Text View 中；
- 用户可以修改文件，修改后可以保存；
- 应用下一次启动时能自动打开上次修改过的文件。

32.3.1 设计界面

拖放一个 Text Field、一个 Text View 和两个 Button 到 View Controller 界面上，调整大小位置，如图 32-3 所示。将 NSTextField 和 NSTextView 绑定到 Outlet 变量，分别给两个按钮绑定事件响应方法。

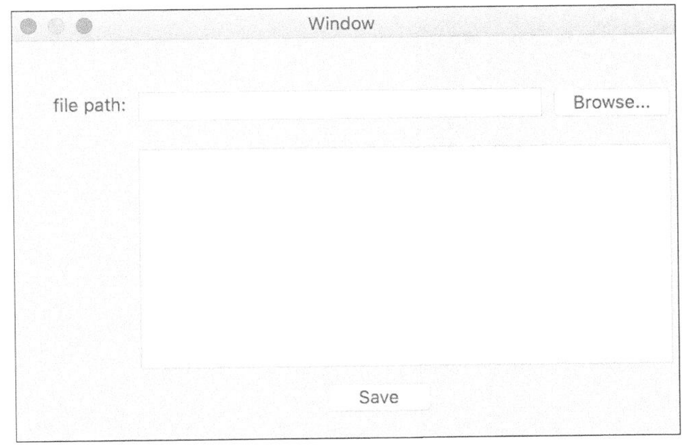

图 32-3

32.3.2 App 启动处理

每次 App 启动时都先检查 UserDefaults 中是否保存有文件路径，有的话读取文件的内容显示，代码如下：

```
let kFilePath: String = "kFilePath"
class ViewController: NSViewController {
   @IBOutlet weak var filePathField: NSTextField!
   @IBOutlet var textView: NSTextView!
```

```
    var filePathURL: URL?
    override func viewDidLoad() {
        super.viewDidLoad()

        // 从 UserDefaults 获取文件路径
        let defaults = UserDefaults.standard
        let fileURL = defaults.value(forKey: kFilePath) as? String
        let url = URL.init(string: fileURL!)

        // 如果能从 url 路径中读取内容，则把文件路径和内容更新到界面控件
        guard let string = try?  NSString.init(contentsOf: url!, encoding: String.Encoding.
            utf8.rawValue)
            else {
                // 获取失败则不进行后续的处理
                return
        }
        // 存储 url 路径到本地属性变量
        self.filePathURL = url
        // 更新 UI 控件
        self.filePathField.stringValue = fileURL!
        self.textView.string = string as String
    }
}
```

32.3.3 打开文件处理流程

首先定义 NSOpenPanel 实例变量，配置相应的参数。如果用户选择了文件，通过 completion Handler:回调函数获取打开的文件列表，代码如下：

```
@IBAction func openFileAction(_ sender: NSButton) {
    let openDlg = NSOpenPanel()
    openDlg.canChooseFiles = true
    openDlg.canChooseDirectories = false
    openDlg.allowsMultipleSelection = false
    openDlg.allowedFileTypes = ["txt"]

    openDlg.begin(completionHandler: { [weak self]  result in

        if(result.rawValue == NSFileHandlingPanelOKButton){
            let fileURLs = openDlg.urls
            // 返回的结果是数组，实际上只有一个元素
            for url:URL in fileURLs  {
                guard let string = try?  NSString.init(contentsOf: url as URL, encoding: String.
                    Encoding.utf8.rawValue)
                    else {
                        return
                }
                self?.filePathField.stringValue = url.absoluteString
                self?.textView.string = string as String
                self?.filePathURL = url

                let defaults = UserDefaults.standard
                defaults.set(url.absoluteString, forKey: kFilePath)
                // 同步保存数据
                defaults.synchronize()
            }
        }
    })
}
```

32.3.4 保存文件

通过执行文本的 write 方法实现文件的保存，代码如下：

```
@IBAction func saveFileAction(_ sender: NSButton) {
    // 获取 textview 的内容
    let text = self.textView.string
    // 写入文件，捕获异常处理使用 try?
    _ = try? text.write(to: self.filePathURL!, atomically: true, encoding: String.Encoding
       (rawValue: String.Encoding.utf8.rawValue))
}
```

运行 App，打开文本文件，修改保存。再次运行，能自动显示上次的文件内容，如图 32-4 所示。

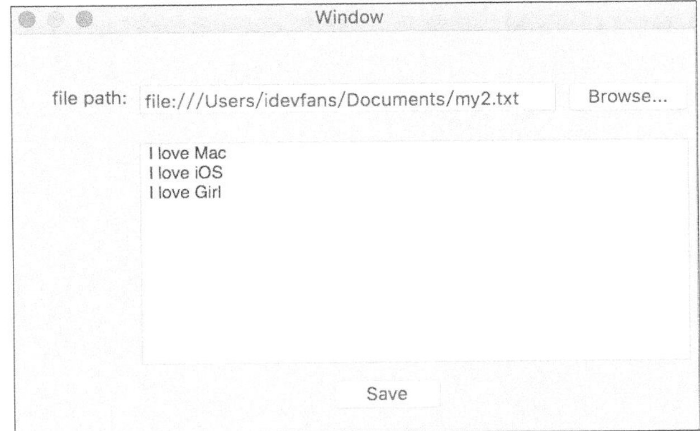

图 32-4

32.3.5 应用沙盒配置

将 App Sandbox 开关设置为 On，在 File Access 的 User Selected File 项中选择 Read/Write 文件读写权限，如图 32-5 所示。

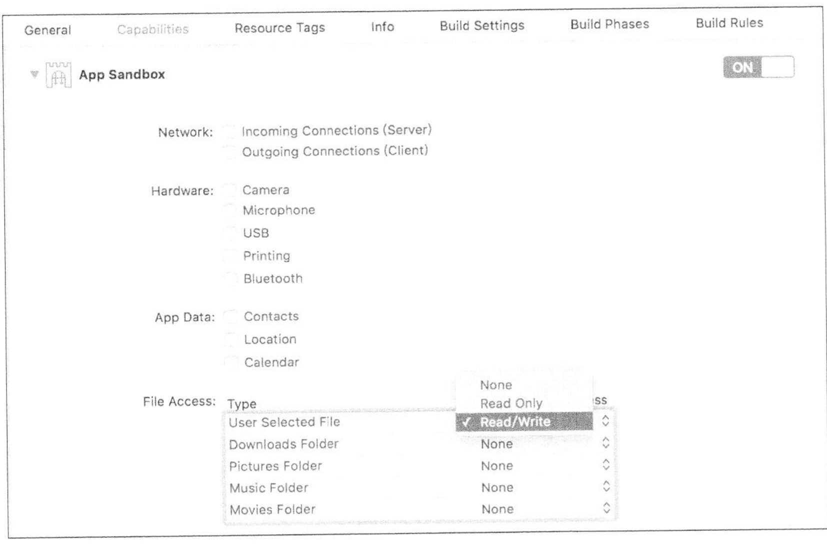

图 32-5

再次运行 App，打开文本文件，文件内容能正常显示。修改内容、保存后退出 App。再次运行 App，发现上次打开的文件内容不能显示了，问题出在哪里呢？

32.3.6 作用域安全的书签

沙盒有个默认的规则：在 App 运行期间通过 NSOpenPanel 打开的任意位置的文件，把这个路径保存下来，后面都是可以直接用这个路径继续访问来获取文件内容的。但是 App 重新启动后，这个文件路径就不能直接访问了。要想永久获得应用的 Container 目录之外的文件，必须讲一下作用域安全的书签（security-scoped bookmark）。作用域安全的书签有两种。

- 应用作用域书签（app-scoped bookmark）：可以对应用中打开的文件或文件夹永久性访问而不需要再通过 NSOpenPanel 打开，这种书签使用得比较多。
- 文档作用域书签（document-scoped bookmark）：提供对特定文档的永久访问权。可以理解为针对文档嵌套的一种权限模式。比如，你开发一个能编辑 ppt 文档的应用，里面嵌入了视频文件、图片文件连接，那么下次打开这个 ppt 文档时就能直接访问这些文件而不需要再通过 NSOpenPanel 打开来获得授权。

32.3.7 保存打开的文件 URL 的书签

获取 URL 的 bookmarkData，存储到 UserDefaults，代码如下：

```
let bookmarkData = try?  url.bookmarkData(options: .withSecurityScope, includingResource
   ValuesForKeys: nil, relativeTo: nil)
if let bookmarkData = bookmarkData {
   let defaults = UserDefaults.standard
   defaults.setValue(bookmarkData, forKey: url.path)
   defaults.synchronize()
}
```

32.3.8 应用启动时通过 URL 的书签获取文件授权

通过书签数据解析获取授权的 URL，并且执行 startAccessingSecurityScopedResource 方法，得到访问权限。执行代码块回调，完成相关内容读取后，执行 stopAccessingSecurityScoped Resource 来停止授权。

```
let allowedUrl = try! URL(resolvingBookmarkData: bookmarkData, options:[.withoutUI,
   .withSecurityScope], relativeTo: nil, bookmarkDataIsStale: &bookmarkDataIsStale)

if (allowedUrl?.startAccessingSecurityScopedResource())! {
   block() // 外部回调，执行文件读写操作
   allowedUrl?.stopAccessingSecurityScopedResource()
   return true
}
```

再打开一次文件，让应用保存文件的书签。关闭应用再执行一次，应用启动后你会发现文件的数据被自动读取出来了。

在开发文档类应用时必须将用户选择打开的文件通过书签方式存取，保证关闭应用再启动时能正常打开历史文件。完整的代码示例如下：

```
let kFilePath: String = "kFilePath"
typealias FilePermissionBlock = () -> Void
```

```
class ViewController: NSViewController {
   @IBOutlet weak var filePathField: NSTextField!
   @IBOutlet var textView: NSTextView!
   var filePathURL: URL?
   override func viewDidLoad() {
      super.viewDidLoad()

      // 从UserDefaults获取文件路径
      let defaults = UserDefaults.standard
      let fileURL = defaults.value(forKey: kFilePath) as? String
      let url = URL.init(string: fileURL!)

      // 从UserDefaults获取文件书签
      _ = self.accessFileURL(ofURL: url!, withBlock: {

         // 如果能从url路径中读取内容，则把文件路径和内容更新到界面控件
         guard let string = try?  NSString.init(contentsOf: url!, encoding: String.Encoding.
            utf8.rawValue)
            else {
               // 获取失败则不进行后续的处理
               return
         }
         // 存储url路径到本地属性变量
         self.filePathURL = url
         // 更新UI控件
         self.filePathField.stringValue = fileURL!
         self.textView.string = string as String
         }
      )
   }

   @IBAction func openFileAction(_ sender: NSButton) {
      let openDlg = NSOpenPanel()
      openDlg.canChooseFiles = true
      openDlg.canChooseDirectories = false
      openDlg.allowsMultipleSelection = false
      openDlg.allowedFileTypes = ["txt"]

      openDlg.begin(completionHandler: { [weak self]  result in

         if(result == NSFileHandlingPanelOKButton){
            let fileURLs = openDlg.urls
            // 返回的结果是数组，实际上只有一个元素
            for url:URL in fileURLs  {
               guard let string = try?  NSString.init(contentsOf: url as URL, encoding:
                  String.Encoding.utf8.rawValue)
                   else {
                     return
                   }
                self?.filePathField.stringValue = url.absoluteString
                self?.textView.string = string as String
                self?.filePathURL = url

                let defaults = UserDefaults.standard
                defaults.set(url.absoluteString, forKey: kFilePath)
                // 同步保存数据
                defaults.synchronize()
                self?.persistPermissionURL(url)
             }
```

```
            }
        })
    }

    @IBAction func saveFileAction(_ sender: NSButton) {
        // 获取文本视图的内容
        let text = self.textView.string

        _ = self.accessFileURL(ofURL: self.filePathURL!, withBlock: {

            // 写入文件，捕获异常处理使用 try?
            _ = try? text?.write(to: self.filePathURL!, atomically: true, encoding: String.
                Encoding(rawValue: String.Encoding.utf8.rawValue))

            }
        )
    }

    func persistPermissionURL(_ url:URL) {
        // 根据 url 生产 bookmarkData
        let bookmarkData = try?  url.bookmarkData(options: .withSecurityScope,
            includingResourceValuesForKeys: nil, relativeTo: nil)

        print("persistPermissionURL bookmarkData\(url) \(bookmarkData)")
        // 存储 bookmarkData
        if let bookmarkData = bookmarkData {
            let defaults = UserDefaults.standard
            defaults.setValue(bookmarkData, forKey: url.path)
            defaults.synchronize()
        }
    }

    func accessFileURL(ofURL url: URL, withBlock block:FilePermissionBlock) -> Bool {

        let defaults = UserDefaults.standard
        let bookmarkData = defaults.value(forKey: url.path) as? Data

        if let bookmarkData = bookmarkData {
            var bookmarkDataIsStale: Bool = false
            let allowedUrl = try! URL(resolvingBookmarkData: bookmarkData, options:[.withoutUI,
                .withSecurityScope], relativeTo: nil, bookmarkDataIsStale: &bookmarkDataIsStale)
            // bookmarkDataIsStale 返回为 true 时需要重新创建 bookmarkData
            if bookmarkDataIsStale  {
                self.persistPermissionURL(url)
            }
            if (allowedUrl?.startAccessingSecurityScopedResource())! {
                block()
                allowedUrl?.stopAccessingSecurityScopedResource()
                return true
            }
        }
        return false
    }
}
```

第 33 章 数据导航视图

系统的工具栏（NSToolbar） 控件只能在窗口（NSWindow）上使用，并且工具栏的每个子控件按钮的大小也只有固定的几种，无法结合表格视图作为数据导航来使用。本章介绍的数据导航视图是一个完全自定义的按钮集合视图，可以在数据集合类视图中灵活地进行数据导航控制。

数据导航视图类似工具栏，上面有多个小按钮视图，如图 33-1 所示。

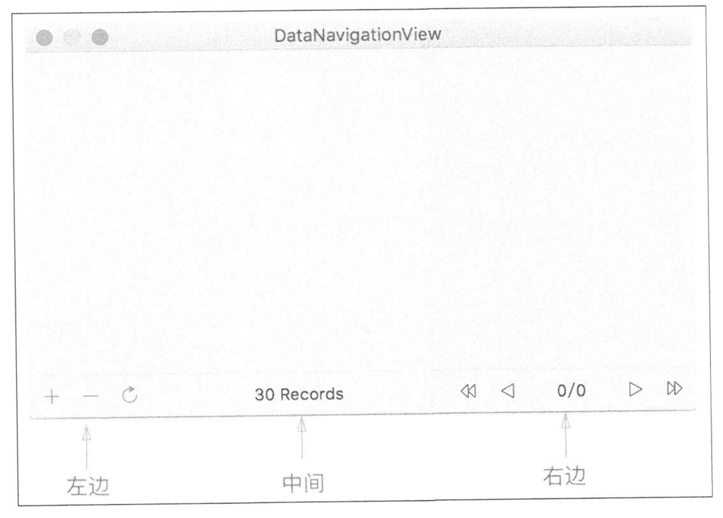

图 33-1

我们通过自定义 View 控件来实现多按钮视图组件。参考系统的工具栏设计中，每个单元用 NSToolbarItem 来描述相关属性参数，我们定义 DataNavigationView 和 DataNavigationItem，分别来表示多按钮视图组件和每个按钮控件项的配置参数。

数据导航视图（Data Navigation View）作为一个容器，每个按钮/文本视图为它的子元素，每个元素通过 item 来配置界面参数，通过使用自动布局来完成各个视图的约束设置。

数据导航视图类定义了 target 和 action 属性，对外提供接口，可以设置它。每个按钮创建时，将它的 target 和 action 设置为与数据导航视图一致。

33.1 DataNavigationItem 的设计

我们看到数据导航控制视图界面由图标按钮和分页信息文本组成。

为了区分不同的按钮和文本元素，我们在 DataNavigationItem 类的基础上子类化了两个类

DataNavigationButtonItem 和 DataNavigationTextItem，分别对应按钮元素和文本元素。

中间空白区域显示文本信息，如图 33-1 中的中间部分，我们用 DataNavigationFlexibleItem 定义。

DataNavigationItem 与其基类的关系如图 33-2 所示。

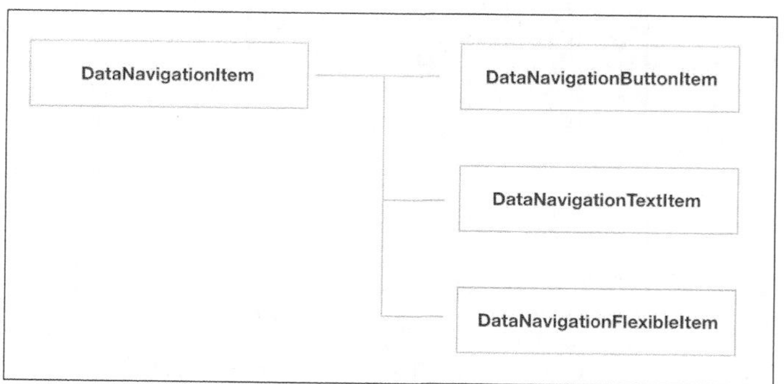

图 33-2

33.1.1 DataNavigationItem 基类

DataNavigationItem 是各种扩展 item 的基类，定义了公共的属性，其中 tag 为 DataNavigationViewButtonActionTypeEnum 类型，表示各种图标类型的按钮。定义如下：

```
class DataNavigationItem: NSObject {
   var tooltips: String? // 鼠标悬停的提示
   var identifier: String?// 标识字符串
   var tag: DataNavigationViewButtonActionType? // 按钮的 tag
}
```

DataNavigationViewButtonActionType 定义如下：

```
public enum DataNavigationViewButtonActionType : Int {
   case add
   case remove
   case refresh
   case first
   case pre
   case next
   case last
}
```

33.1.2 DataNavigationButtonItem

DataNavigationButtonItem 在 DataNavigationItem 基础上扩展了图标名称字段，定义如下：

```
class DataNavigationButtonItem: DataNavigationItem {
   var imageName: String?  // 按钮的图标名称
}
```

33.1.3 DataNavigationTextItem

DataNavigationTextItem 在 DataNavigationItem 基础上增加了文本相关属性，定义如下：

```
class DataNavigationTextItem: DataNavigationItem {
   var title: String?  // 用作 label 的标题
```

```
    var textColor: NSColor? // 文本颜色
    var alignment: NSTextAlignment = .center // 文本的位置
}
```

33.1.4 DataNavigationFlexibleItem

DataNavigationFlexibleItem 没有具体的属性，用来表示一个空白占位 item 对象，定义如下：

```
class DataNavigationFlexibleItem: DataNavigationItem {
}
```

33.2 DataNavigationView 接口和属性

数据导航视图对外提供的主要接口是按钮数据配置、视图自动布局和文本更新接口。它的最重要的外部属性是相应目标 target 和事件响应函数 action。

33.2.1 接口

主要对外接口包括以下几个。

- 配置相关接口：提供默认 item 配置和用户自定义的 item 配置接口。
- 自动布局接口：为每个子视图设置自动布局约束。
- 文本更新接口：在 DataNavigationView 中通过每个子视图的 identifier 字符串获取子视图对象，方便管理。例如，对于文本对象，可以更新它的文本内容。

DataNavigationView 接口的具体定义如下：

```
  // 配置默认的按钮组视图
func setUpDefaultNavigationView()
  // 按 items 配置不同的按钮组

func setUpNavigationViewWithItems(_ buttonItems: [AnyObject])
    // 默认的按钮项配置

func defaultItemsConfig() ->[AnyObject]
 // 根据 items 数组创建按钮视图

func addNavigationItemsToView()
  // 对按钮组进行布局

func layoutNavigationView()

// 根据唯一标识符更新 label 的标题
func updateLabelWithIdentifier(_ identifier:String, title labelTitle: String)
```

按钮用到的 icon 文件名的定义如下：

```
let kToolbarPreImageName   = "pre"
let kToolbarFirstImageName = "first"
let kToolbarNextImageName  = "next"
let kToolbarLastImageName  = "last"
```

33.2.2 内部属性

DataNavigationView 中 items 数组存储了所有配置的 item、target 和 action 属性代表的按钮

事件响应的处理函数定义，而 line 属性是 NSBox 类型的，用来在视图顶部显示一条水平分割线。根据 DataNavigationFlexibleItem 的位置，将 DataNavigationView 中的子视图分为左、中、右 3 部分，leftViews 存储左边的所有视图对象，rightViews 存储右边的所有视图对象，flexibleView 是一个中间占位视图，用来显示提示信息。DataNavigationView 的相关代码如下：

```
class DataNavigationView: NSView {
   var items: [AnyObject] =  [ ]
   var leftViews: [NSView] =  [ ]    // 左边按钮视图集
   var flexibleView: NSView?         // 中间 Center 区域
   var rightViews: [NSView] = [ ]  // 右边按钮视图集

   // 顶部一条横线
   lazy var topLine:NSBox = {
      let line = NSBox()
      // 使用 Box 控件的分隔线模式
      line.boxType = .separator
      line.translatesAutoresizingMaskIntoConstraints = false
      return line
   }()

   weak var target: AnyObject?
   var action: Selector?
}
```

33.3 DataNavigationView 代码实现

数据导航视图实现时首先根据配置的 item 创建所有按钮和文本视图，然后将这些子视图添加到数据导航视图的根视图。最后对这些子视图进行自动布局。

33.3.1 item 配置

item 配置主要实现了默认的按钮配置和自定义配置方法，代码如下：

```
// 配置默认的按钮组视图
func setUpDefaultNavigationView() {
   let buttonItems = self.defaultItemsConfig()
   self.setUpNavigationViewWithItems(buttonItems)
}

// 按 items 配置不同的按钮组
func setUpNavigationViewWithItems(_ buttonItems: [AnyObject]) {
   self.items = buttonItems
   self.addNavigationItemsToView()
}

// 默认的按钮配置
func defaultItemsConfig() ->[AnyObject] {
   let item1 = DataNavigationButtonItem()
   item1.imageName = NSImage.Name.addTemplate.rawValue
   item1.tag = .add

   let item2 = DataNavigationButtonItem()
   item2.imageName = NSImage.Name.removeTemplate.rawValue
   item2.tag = .remove
```

```
    let item3 = DataNavigationButtonItem()
    item3.imageName = NSImage.Name.refreshTemplate.rawValue
    item3.tag = .refresh

    return [item1,item2,item3]
}
```

33.3.2 创建视图

创建视图的过程如下。

（1）首先删除所有子视图，这一步不是必需的。

（2）接下来添加一个水平线视图，然后遍历所有的 items 对象，根据不同的 item 类型创建不同的子视图，逐个添加到父视图 DataNavigationView 中。

（3）最后是调用自动布局 layoutNavigationView 方法。代码创建自动布局的前提是子视图必须先添加到父视图中。

相关代码如下：

```
/*
 ---------------------------------------------------------
 [B B B]  [---------------------------][B B ---- B B]
 ---------------------------------------------------------
 中间区域是一个空白区域，可以作为信息面板，显示提示说明信息。
 */
func addNavigationItemsToView() {
   for view in self.subviews {
      view.removeFromSuperview()
   }
   self.addSubview(self.topLine)

   var hasFlexibleView: Bool = false
   var itemView: NSView?
   for item in self.items {
      itemView = nil
      if let buttonItem = item as? DataNavigationButtonItem {
         itemView = self.buttonWithItem(buttonItem)
      }
      else if let textItem = item as? DataNavigationTextItem {
         itemView = self.textLabelWithItem(textItem)
      }
      else if item is DataNavigationFlexibleItem {
         // 中间区域,使用一个 Text Lable 占位
         self.flexibleView = self.infoLabel()
         self.addSubview(self.flexibleView!)
         hasFlexibleView = true
      }

      if let view = itemView {
         self.addSubview(view)
         if !hasFlexibleView {
            self.leftViews.append(view)
         }
         else {
            self.rightViews.append(view)
         }
      }
   }
```

```
        self.layoutNavigationView()
    }

    // 创建按钮，并绑定事件响应方法，根据 item 创建 button
    func buttonWithItem(_ item:DataNavigationButtonItem) ->NSButton {
        let button = NSButton()
        // 设置按钮图标
        button.image = NSImage(named: NSImage.Name(rawValue: item.imageName!))
        button.setButtonType(.momentaryPushIn)
        // 无边框
        button.isBordered = false
        button.bezelStyle = .rounded
        button.isEnabled = true
        button.state = .on
        if let identifier = item.identifier {
              button.identifier = NSUserInterfaceItemIdentifier(rawValue:identifier)
        }
        button.toolTip = item.tooltips
        // 设置按钮事件响应方法
        button.target = self.target
        button.action = self.action
        button.tag = (item.tag?.rawValue)!
        button.translatesAutoresizingMaskIntoConstraints = false
        return button
    }

    // 根据 item 创建 Text Label
    func textLabelWithItem(_ item:DataNavigationTextItem) ->NSTextField {
        let textLabel = self.infoLabel()
        textLabel.stringValue = item.title!
        if let identifier = item.identifier {
              textLabel.identifier = NSUserInterfaceItemIdentifier(rawValue:identifier)
        }
        textLabel.textColor = item.textColor
        textLabel.tag = (item.tag?.rawValue)!
        return textLabel
    }

    // 创建一个空字符串的占位视图
    func infoLabel() ->NSTextField {
        let label = NSTextField()
        label.alignment = .center
        label.identifier = NSUserInterfaceItemIdentifier(rawValue: "info")
        label.font = NSFont.labelFont(ofSize: 12)
        label.stringValue = ""
        label.isBezeled = false
        label.drawsBackground = false
        label.isEditable = false
        label.isSelectable = false
        label.translatesAutoresizingMaskIntoConstraints = false
        return label
    }
```

33.3.3 自动布局

自动布局使用系统的 NSLayoutAnchor 来进行布局。DataNavigationView 的约束规则说明如下。

（1）顶部水平线的自动布局：

- 线的左边＝DataNavigationView 的左边；

- 线的右边＝DataNavigationView 的右边；
- 线的顶部＝DataNavigationView 的顶部。

（2）左边 leftViews 部分的布局：

- 所有元素垂直方向与 DataNavigationView 居中对齐；
- 第一元素的左边与 DataNavigationView 的左边距离 10 个像素点；
- 其他元素的左边与邻居元素的右边距离 10 个像素点。

（3）右边 rightViews 部分的布局：如果 rightViews 元素个数少于 1，就不需要进行右边布局处理。与 leftViews 不同的是，这些元素整体上是靠父视图右边的，因此从右边最后一个元素开始布局比较方便。所以，先把 rightViews 中的元素逆序过来，然后依次布局。

（4）注意控件 translatesAutoresizingMaskIntoConstraints 属性的设置。手工实现自动布局代码时，注意设置这个属性为 false。

自动布局实现代码如下：

```
// 对按钮组进行布局
func layoutNavigationView() {
   // 顶部一条横线布局配置（顶部、左边、右边）
   let topLineTop = self.topLine.topAnchor.constraint(equalTo: self.topAnchor, constant: 0)
   let topLineLeft =  self.topLine.leftAnchor.constraint(equalTo: self.leftAnchor, constant: 0)
   let topLineRight = self.topLine.rightAnchor.constraint(equalTo: self.rightAnchor,
      constant: 0)
   // let topLineHeight = self.topLine.heightAnchor.constraint(equalToConstant: 1)
   NSLayoutConstraint.activate([topLineTop, topLineLeft, topLineRight])

   var leftLastView: NSView?
   var left: NSLayoutConstraint?

   // 当 button 是左边区域的第一个元素时，它的左边参考 DataNavigationView 的左边布局，
   // 否则参考 leftLastView 及 button 的左邻居布局
   for view in self.leftViews {
      let width = view.heightAnchor.constraint(equalToConstant: 24)
      let height = view.widthAnchor.constraint(equalToConstant: 24)
      let centerY = view.centerYAnchor.constraint(equalTo: self.centerYAnchor, constant: 0)
      if leftLastView == nil {
         left =  view.leftAnchor.constraint(equalTo: self.leftAnchor, constant: 4)
      }
      else {
         left =  view.leftAnchor.constraint(equalTo: (leftLastView?.rightAnchor)!, constant: 4)
      }
      // 激活自动布局约束，相当于增加约束到布局引擎
      NSLayoutConstraint.activate([left!, centerY, width, height])
      // 保存当前 view 作为下一次循环处理的按钮的左邻居
      leftLastView = view
   }

   if self.rightViews.count <= 0 {
      return
   }

   var rightLastView: NSView?
   // 数组逆序，即 [2, 3, 7]  = > [7,3,2]
   let reverseRightViews = self.rightViews.reversed()

   var right: NSLayoutConstraint?
   // 从右边 button 区域最右边的第一个按钮的开始布局
   for view in reverseRightViews {
```

```
        let width = view.heightAnchor.constraint(equalToConstant: 24)
        let height = view.widthAnchor.constraint(equalToConstant: 24)
        let centerY = view.centerYAnchor.constraint(equalTo: self.centerYAnchor, constant: 0)
        if rightLastView == nil {
           right =  view.rightAnchor.constraint(equalTo: self.rightAnchor, constant: -4)
        }
        else {
           right =  view.rightAnchor.constraint(equalTo: (rightLastView?.leftAnchor)!, constant: -4)
        }

        if view is NSTextField {
           let left  =  view.leftAnchor.constraint(equalTo: (rightLastView?.leftAnchor)!,
              constant: -64)
           NSLayoutConstraint.activate([left, right!, centerY])
        }
        else {
           NSLayoutConstraint.activate([right!, centerY, width, height])
        }

        rightLastView = view
     }

     // 与中间区域右边相邻的第一个按钮
     let neighborButton = self.rightViews[0]

     // 中间区域的约束，与左边、右边邻居各偏离 4 像素
     let flexibleLeft = self.flexibleView?.leftAnchor.constraint(equalTo: (leftLastView?.
        rightAnchor)!, constant: 4)
     let flexibleRigth = self.flexibleView?.rightAnchor.constraint(equalTo: neighborButton.
leftAnchor, constant: 4)
     let centerY = self.flexibleView?.centerYAnchor.constraint(equalTo: self.centerYAnchor,
constant: 0)

     NSLayoutConstraint.activate([flexibleLeft!, flexibleRigth!, centerY!])
  }
```

33.3.4 更新文本视图的方法

如果数据导航视图上面的文本视图需要动态更新标题内容，需要提供修改的接口。updateLabelWithIdentifier 实现了根据视图的标识符来修改对应的文本视图的内容。

```
// 根据标识符更新文本视图的标题
func updateLabelWithIdentifier(_ identifier:String, title labelTitle: String) {
   for view in self.subviews {
      if view.identifier?.rawValue == identifier {
         if let label = view as? NSTextField {
            label.stringValue = labelTitle
            break
         }
      }
   }
}
```

33.4 使用 DataNavigationView

创建一个视图控制器 DataNavigationViewController，它的生命期内依次执行 loadView 和 viewDidLoad。其中 loadView 将导航面板视图添加到父视图，完成事件响应函数的配置、面板

按钮的自定义。相关代码如下：

```
class ViewController: NSViewController {
   //懒加载定义 dataNavigationView
   lazy var dataNavigationView: DataNavigationView = {
      let navigationView = DataNavigationView()
      return navigationView
   }()

   override func loadView() {
      super.loadView()
      self.view.addSubview(self.dataNavigationView)
      self.dataNavigationView.target = self
      self.dataNavigationView.action = #selector(ViewController.toolButtonClicked(_:))
      self.dataNavigationView.setUpNavigationViewWithItems(self.dataNavigationItemsConfig())
      self.dataNavigationView.updateLabelWithIdentifier("info", title: "30 Records")
   }

   override func viewDidLoad() {
      super.viewDidLoad()
      self.setupAutolayout()
   }

   // 设置 dataNavigationView 的自动布局约束
   func setupAutolayout(){

      self.dataNavigationView.translatesAutoresizingMaskIntoConstraints = false
      let top = self.dataNavigationView.topAnchor.constraint(equalTo: self.view.bottomAnchor,
         constant: -33)
      let bottom = self.dataNavigationView.bottomAnchor.constraint(equalTo: self.view.
         bottomAnchor, constant: 0)

      let left = self.dataNavigationView.leftAnchor.constraint(equalTo: self.view.leftAnchor,
         constant: 0)
      let rifht = self.dataNavigationView.rightAnchor.constraint(equalTo: self.view.
         rightAnchor, constant: 0)

      // 激活自动布局约束
      NSLayoutConstraint.activate([left, rifht,top, bottom ])
   }

   // 根据不同的 tag 执行不同的处理
   func toolButtonClicked(_ sender: NSButton) {
      print("button.tag \(sender.tag)")
   }

   // 导航面板按钮自定义
    func dataNavigationItemsConfig() ->[DataNavigationItem] {

      let insertItem = DataNavigationButtonItem()
      insertItem.imageName = NSImage.Name.addTemplate.rawValue
      insertItem.tooltips = "insert a row into current table"
      insertItem.tag = .add

      let deleteItem = DataNavigationButtonItem()
      deleteItem.imageName = NSImage.Name.removeTemplate.rawValue
      deleteItem.tooltips = "delete seleted rows form current table"
      deleteItem.tag = .remove

      let refreshItem = DataNavigationButtonItem()
```

```
        refreshItem.imageName = NSImage.Name.refreshTemplate.rawValue
        refreshItem.tooltips = "reload table data"
        refreshItem.tag = .refresh

        let flexibleItem = DataNavigationFlexibleItem()

        let firstItem = DataNavigationButtonItem()
        firstItem.imageName = kToolbarFirstImageName
        firstItem.tooltips = "go first page"
        firstItem.tag = .first

        let preItem = DataNavigationButtonItem()
        preItem.imageName = kToolbarPreImageName
        preItem.tooltips = "go pre page"
        preItem.tag = .pre

        let pageLable = DataNavigationTextItem()
        pageLable.identifier = "pages"
        pageLable.title = "0/0"
        pageLable.alignment = .center

        let nextItem = DataNavigationButtonItem()
        nextItem.imageName = kToolbarNextImageName
        nextItem.tooltips = "go next page"
        nextItem.tag = .next

        let lastItem = DataNavigationButtonItem()
        lastItem.imageName = kToolbarLastImageName
        lastItem.tooltips = "go last page"
        lastItem.tag = .last

        return [insertItem,deleteItem, refreshItem, flexibleItem, firstItem,preItem,
           pageLable,nextItem,lastItem]

    }
}
```

运行工程即可看到本章开始如图 33-1 所示的导航视图界面效果。

第 34 章 表格数据管理控制器

表格视图（Table View）非常适合用于展示大量的结构化数据。

首先新建一个工程，命名为 TableViewControllerDemo，使用 Storyboard 方式创建。我们实现一个通用的 TableDataNavigationViewController（表格数据导航视图控制器），如图 34-1 所示，使其支持下列功能：

- 表格列的动态配置；
- 数据列排序；
- 数据行拖放交换顺序；
- 数据分页导航显示；
- 增加、删除和编辑表数据。

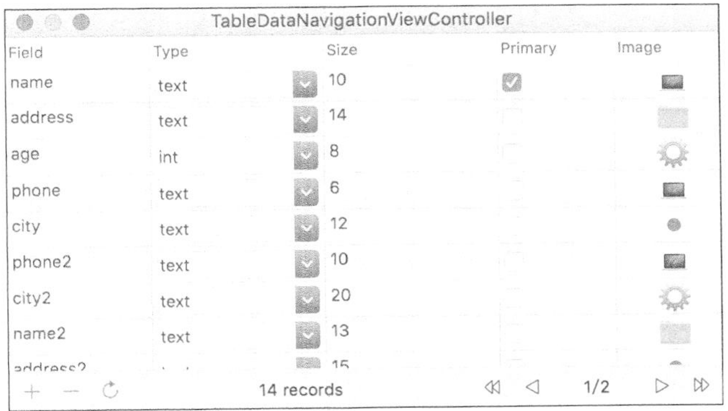

图 34-1

34.1 表格列的动态配置

在使用 xib 设计表时，不管是老式的基于单元格的表还是现在推荐的基于视图的表，只需要从控件工具箱拖放相关的控件到表列定义视图上即可完成。但这种方法只适合表的列数比较固定的情况，如果表的列数不固定，是动态变化的，就完全不适用了。这时就只能使用代码来实现表列的动态配置了。

我们来看一下 NSTableView 类中关于表列的属性和方法：

```
var tableColumns: [NSTableColumn] { get }
var numberOfColumns: Int { get }
func addTableColumn(_ tableColumn: NSTableColumn)
func removeTableColumn(_ tableColumn: NSTableColumn)
```

```
func addTableColumn(_ tableColumn: NSTableColumn)
func tableColumn(withIdentifier identifier: String) -> NSTableColumn?
```

可以看出，表的所有列都存储到只读属性访问 tableColumns 数组中，同时提供列的增加和删除接口方法。

NSTableColumn 类型的定义如下：

```
var identifier: String
var width: CGFloat
var minWidth: CGFloat
var maxWidth: CGFloat
var title: String
var isEditable: Bool
var headerToolTip: String?
```

为了能动态创建 NSTableColumn，需要定义一个表列配置的模型类来指定这些属性，下面一节会专门讨论表列定义的模型类 TableColumnItem。

因此，动态创建表列的步骤为先通过 TableColumnItem 模型类定义表列的属性，再通过 TableColumnItem 创建 NSTableColumn，然后将 NSTableColumn 加到 NSTableView 表对象实例中。

上述对象关系如图 34-2 所示。

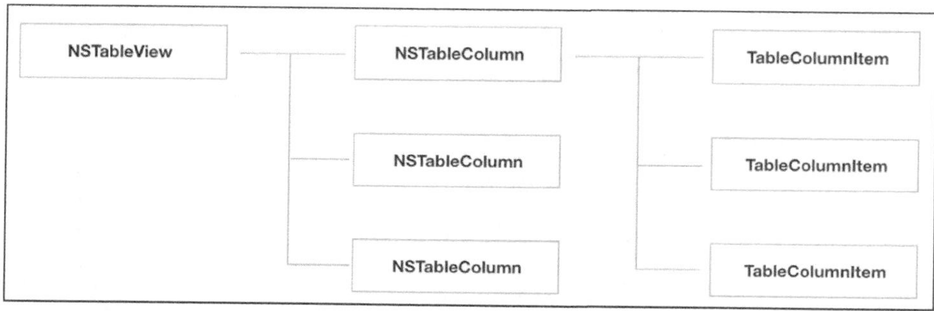

图 34-2

34.1.1　表列定义的模型

TableColumnItem 类用来定义表头部分和表单元的属性。

```
public enum TableColumnCellType : Int {
   case label
   case textField
   case comboBox
   case checkBox
   case imageView
}

class TableColumnItem: NSObject {
   // 表头定义部分
   var title: String?               // 列标题
   var identifier: String?          // 表列标识符
   var headerAlignment: NSTextAlignment = .center      // 列标题的对齐
   var width: CGFloat = 20          // 列宽度
   var minWidth: CGFloat = 20       // 列最小宽度
   var maxWidth: CGFloat = 20       // 列最大宽度
   var editable: Bool = false       // 文本是否允许编辑

   // 下面是表单元格内容部分
```

```
    var cellType: TableColumnCellType = .textField      // 表单元格视图的类型
    var textColor: NSColor?     // 文本的 Color
    var items: [String]?        // Combox 类型的 items 数据}
```

TableColumnCellType 定义了表列数据支持的 View 控件的类型，包括文本标签（label）、文本输入控件（textField）、组合框（comboBox）、复选框（checkBox）和图片显示视图（imageView）5 大类。

34.1.2 NSTableColumn 类的扩展

创建 NSTableColumn+ColumnItem.swift 文件，实现 NSTableColumn 的扩展，可以方便地通过 TableColumnItem 模型来创建 NSTableColumn 的实例对象，代码如下：

```
extension NSTableColumn {
   static func column(_ item: TableColumnItem) -> NSTableColumn{
      let column = NSTableColumn()
      if let identifier = item.identifier {
         column.identifier = NSUserInterfaceItemIdentifier(rawValue: identifier)
      }
      column.width       = item.width
      column.minWidth    = item.minWidth
      column.maxWidth    = item.maxWidth
      column.isEditable = item.editable
      column.updateHeaderCellWithItem(item)
      return column
   }

   func updateHeaderCellWithItem(_ item: TableColumnItem) {
      if let headTitle = item.title {
         self.headerCell.title = headTitle
      }
      self.headerCell.alignment = item.headerAlignment
      self.headerCell.lineBreakMode = .byTruncatingMiddle
   }
}
```

34.1.3 NSTableView 类的扩展

同样，新建 NSTableView 的扩展类 NSTableView+ColumnItem.swift 文件。xx_updateColumnsWithItems 方法根据 items 创建表的 NSTableColumn，然后使用 addTableColumn 方法完成增加列到 NSTableView。为了能够根据列的标识符获取列的定义 TableColumnItem，这里使用关联数组存储所有的 items。相关代码如下：

```
private var itemKey = "itemKey"
extension NSTableView {
   var items: [TableColumnItem]? {
      get {
         if let itemObjs = objc_getAssociatedObject(
            self,
            &itemKey
            )
         {
            return itemObjs as? [TableColumnItem]
         }
         return nil
```

```
        }
        set {
            objc_setAssociatedObject(self,
                                     &itemKey,
                                     newValue,
                                     .OBJC_ASSOCIATION_RETAIN)
        }
    }

    // 删除所有列
    func xx_removeAllColumns() {
        while self.tableColumns.count > 0 {
            let tableColumn = self.tableColumns.last
            self.removeTableColumn(tableColumn!)
        }
    }

    // 使用 items 定义的 TableColumnItem 数组来创建列
    func xx_updateColumnsWithItems(_ items: [TableColumnItem]) {
        if items.count <= 0 {
            return
        }
        self.xx_removeAllColumns()
        self.items = items
        for item in items {
            let column = NSTableColumn.column(item)
            self.addTableColumn(column)
        }
    }
}
```

34.1.4　代码动态配置表列的表数据导航控制器

新建文件 TableDataNavigationViewController.swift，TableDataNavigationViewController 类继承自 NSViewController。

我们也同时定义了一个数据导航视图 dataNavigationView 子视图。tableViewStyleConfig 方法中对表格的样式属性进行了设置。tableViewColumnConfig 方法实现了表格列的动态加载。tableColumnItems 返回每个列的定义，具体项目中可以在子类去覆盖实现。相关代码如下：

```
class TableDataNavigationViewController: NSViewController {
    override func viewDidLoad() {
        super.viewDidLoad()
        self.setupAutolayout()          // 自动布局
        self.tableViewStyleConfig()     // 配置表格样式
        self.tableViewColumnConfig()    // 配置表格列

    }

    func setupAutolayout() {
        // 如果存在 xib，则说明不需要通过代码设置自动布局
        if self.tableXibView() != nil {
            return
        }

        // 关联表视图到滚动条视图
        self.tableViewScrollView?.documentView = self.tableView
        // 将滚动条视图添加到父视图
```

```
    self.view.addSubview(self.tableViewScrollView!);
    // 将导航面板视图添加到父视图
    self.view.addSubview(self.dataNavigationView!);

    // 表格视图自动布局配置
    {
        let top = self.tableViewScrollView?.topAnchor.constraint(equalTo: self.view.topAnchor,
            constant: 0)
        let bottom = self.tableViewScrollView?.bottomAnchor.constraint(equalTo: self.view.
            bottomAnchor, constant: -30)

        let left = self.tableViewScrollView?.leftAnchor.constraint(equalTo: self.view.
            leftAnchor, constant: 0)
        let right = self.tableViewScrollView?.rightAnchor.constraint(equalTo: self.view.
            rightAnchor, constant: 0)

        // 激活自动布局约束
        NSLayoutConstraint.activate([left!, right!,top!, bottom! ])

    }();

    // 底部导航视图自动布局配置
    {
        let top = self.dataNavigationView?.topAnchor.constraint(equalTo:
            (self.tableViewScrollView?.bottomAnchor)!, constant: 0)
        let bottom = self.dataNavigationView?.bottomAnchor.constraint(equalTo: self.view.
            bottomAnchor, constant: 0)

        let left = self.dataNavigationView?.leftAnchor.constraint(equalTo: self.view.
            leftAnchor, constant: 0)
        let right = self.dataNavigationView?.rightAnchor.constraint(equalTo: self.view.
            rightAnchor, constant: 0)

        // 激活自动布局约束
        NSLayoutConstraint.activate([left!, right!,top!, bottom! ])

    }()
}

func tableViewStyleConfig() {
    self.tableView?.gridStyleMask = [.solidHorizontalGridLineMask,.solidVerticalGridLineMask ]
    self.tableView?.usesAlternatingRowBackgroundColors = true
}

 func tableViewColumnConfig(){
    let items = self.tableColumnItems()
    self.tableView?.xx_updateColumnsWithItems(items)
}

// 具体每个列的定义，也可以不实现这个方法，留在子类去定义
func tableColumnItems() ->[TableColumnItem] {
    let field = TableColumnItem()
    field.title = "Field"
    field.identifier = "field"
    field.width = 100
    field.minWidth = 100
    field.maxWidth = 120
    field.editable   = true
    field.headerAlignment = .left
```

```
        field.cellType = .textField

        let type = TableColumnItem()
        type.title = "Type"
        type.identifier = "type"
        type.width = 120
        type.minWidth = 120
        type.maxWidth = 160
        type.editable = true
        type.headerAlignment = .left
        type.cellType = .comboBox
        type.items = ["int","varchar","bool"]

        let length = TableColumnItem()
        length.title      = "Size"
        length.identifier = "size"
        length.width      = 120
        length.minWidth   = 120
        length.maxWidth   = 120
        length.editable   = true;
        length.headerAlignment = NSLeftTextAlignment;
        length.cellType = .textField

        let primary = TableColumnItem()
        primary.title      = "Primary"
        primary.identifier = "primary"
        primary.width      = 80
        primary.minWidth   = 80
        primary.maxWidth   = 120
        primary.editable   = true
        primary.headerAlignment = .left
        primary.cellType = .checkBox

        let image = TableColumnItem()
        image.title      = "Image";
        image.identifier = "image";
        image.width      = 80;
        image.minWidth   = 80;
        image.maxWidth   = 120;
        image.cellType = .imageView;
        return [field,type,length,primary,image]
    }

    // MARK: ivars
    func tableViewXibScrollView() ->NSScrollView? {
        return nil
    }
    func tableXibView() ->NSTableView? {
        return nil
    }

    func dataNavigationXibView() ->DataNavigationView? {
        return nil
    }

    lazy var tableView: NSTableView? = {
        var tb: NSTableView?  = self.tableXibView()
        if tb == nil {
            tb = NSTableView()
```

```
            tb?.focusRingType = .none
            tb?.autoresizesSubviews = true
        }
        return tb
    }()

    lazy var tableViewScrollView: NSScrollView? = {
        var tbScollView: NSScrollView? = self.tableViewXibScrollView()
        if tbScollView == nil {
            tbScollView = NSScrollView()
            tbScollView?.hasVerticalScroller = false
            tbScollView?.hasVerticalScroller = false
            tbScollView?.focusRingType = .none
            tbScollView?.autohidesScrollers = true
            tbScollView?.borderType = .bezelBorder
            tbScollView?.translatesAutoresizingMaskIntoConstraints = false
        }
        return tbScollView
    }()

    lazy var dataNavigationView: DataNavigationView? = {
        var dataNav: DataNavigationView? = self.dataNavigationXibView()
        if dataNav == nil {
            dataNav = DataNavigationView()
            dataNav?.translatesAutoresizingMaskIntoConstraints = false
        }
        return dataNav
    }()
}
```

tableView、tableViewScrollView 和 dataNavigationView 为 3 个懒加载的属性变量。对于每个属性变量优先从对应的返回@IBOutlet 绑定的变量方法中获取，如果为空才使用代码方式去创建。以 tableView 属性变量举例说明如下。

如果在 xib 界面上拖放了一个 NSTableView，并将其绑定到 myTableView 的 IBOutlet 变量，同时实现了 tableXibView 方法返回 self.myTableView。在这种情况下调用 self.tableView 则直接返回 IBOutlet 绑定的变量。当 tableXibView 返回为空时会执行后续的代码来创建一个 NSTableView。

```
@IBOutlet weak var myTableView: NSTableView!

func tableXibView() ->NSTableView? {
    return self.myTableView
}
```

这样做的好处是，对于 tableView、tableViewScrollView 和 dataNavigationView，既可以通过 xib 界面拖放控件实现，也可以用代码实现，非常灵活。

在自动布局 setupAutolayout 方法中，首先判断 self.tableXibView() != nil 这个条件，如果存在拖放的 xib 控件，则不执行后续的界面布局流程，此时认为自动布局完全通过 xib 界面设置完成了，不需要代码来设置。

在实现表格视图自动布局配置和底部导航视图自动布局配置时，使用了两个匿名闭包非常巧妙地实现 4 个变量（left、right、top 和 bottom）独立的命名空间，简化了命名，避免了变量名重复的错误。

修改工程中的 ViewController，让它继承 TableDataNavigationViewController。

```
class ViewController: TableDataNavigationViewController {
}
```

运行后的界面如图 34-3 所示。

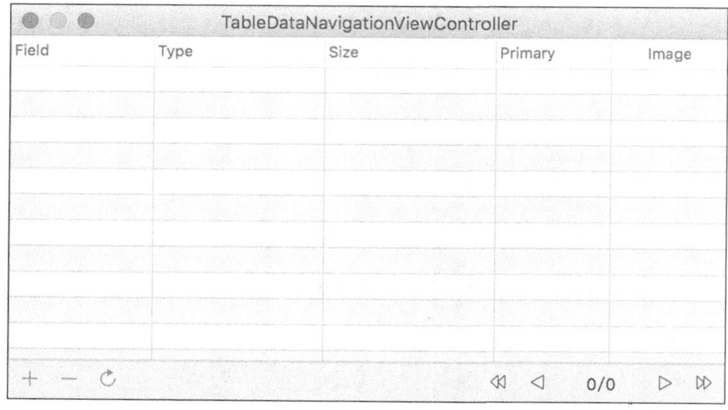

图 34-3

34.2 实现用代码创建的表格和用 xib 创建表格的兼容

在 View Controller 界面拖放 3 个控件，即 Label、Table View 和 View，设置 View 的 Class 为 DataNavigationView，将 3 个控件绑定到 IBOutlet 变量，如图 34-4 所示。

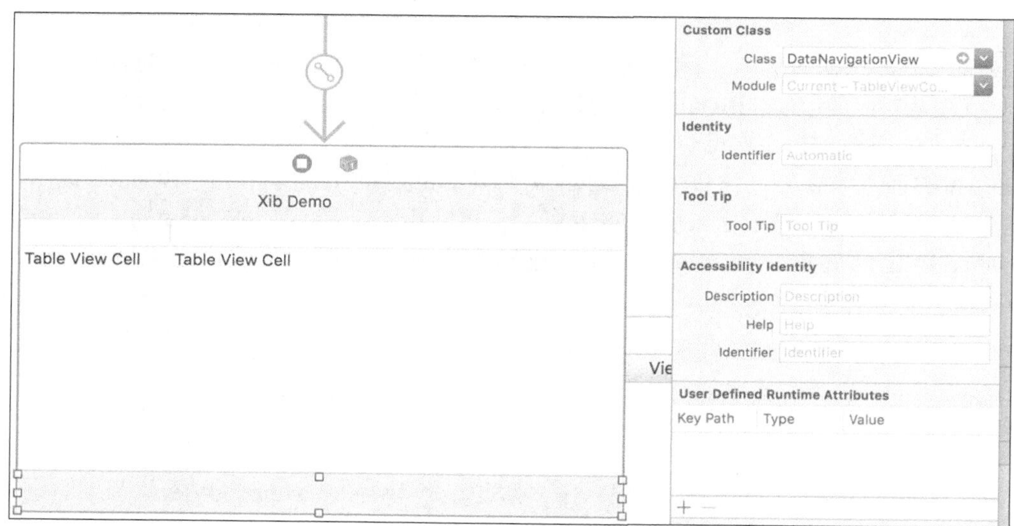

图 34-4

让 tableView 和 dataNavigationView 同时支持用 xib 方式和用纯代码实现。如果要通过 xib 界面创建表格，实现下面的空方法返回绑定的 IBOutlet 变量即可。同时，tableViewScrollView、tableView 和 dataNavigationView3 个方法中都优先判断是否存在通过 xib 创建的对象，若不存在才使用代码去创建。相关代码如下：

```
class ViewController: TableDataNavigationViewController {
    @IBOutlet weak var myTableView: NSTableView!
    @IBOutlet weak var myTableScrollView: NSScrollView!
    @IBOutlet weak var dataNavView: DataNavigationView!
```

```
    override func tableViewXibScrollView() ->NSScrollView? {
        return self.myTableScrollView
    }

    override func tableXibView() ->NSTableView? {
        return self.myTableView
    }

    override func dataNavigationXibView() ->DataNavigationView? {
        return self.dataNavView
    }
}
```

图 34-5 所示是 XibDemoViewController 的界面，顶部多了一个文字标记 Xib Demo。

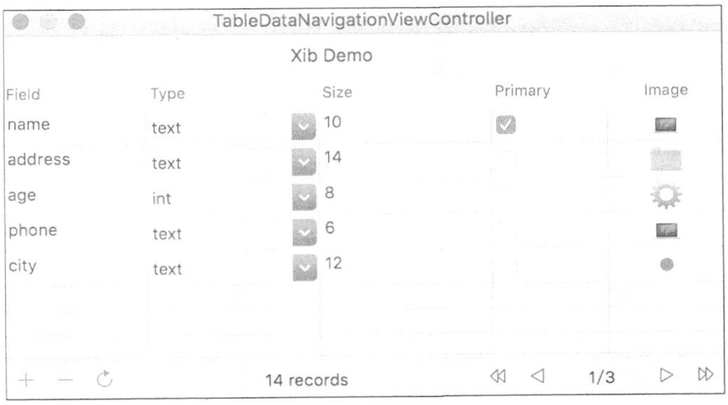

图 34-5

34.3 表格的数据代理

为了缩减视图控制器中的代码行数，从类职责单一的角度，这里将表格视图的代理和数据源独立成一个 TableDataDelegate 类。TableDataDelegate 中包括以下主要方法和属性。

- 表格数据变化的回调接口。包括表格行选择变化回调接口 SelectionChangedCallback Block、拖放 Drag/Drop 回调接口 TableViewRowDragCallbackBlock、表格单元值修改变化回调接口 RowObjectValueChangedCallbackBlock。
- 数据集的管理操作类接口，包括增加数据方法 addData、删除数据方法 deleteData、修改数据方法 updateData、根据索引数据访问的方法 itemOf 等。
- 实现了默认的表格代理接口。
- 实现了默认的数据源接口。

34.3.1 数据集管理操作接口

数据集管理一个 items 数组，每一行数据元素是一个动态可修改的（mutable）的字典对象。

```
// 选择不同的行回调接口
typealias SelectionChangedCallbackBlock = (index:NSInteger , obj: AnyObject) -> ()
// 拖放 Drag/Drop 回调接口
typealias TableViewRowDragCallbackBlock = (sourceRow:NSInteger , targetRow: NSInteger) -> ()
// 表格单元值修改变化的回调接口
typealias RowObjectValueChangedCallbackBlock = (obj: AnyObject , oldObj: AnyObject , row:
NSInteger , fieldName: String ) -> ()
```

```
let kTableViewDragDataTypeName  = "TableViewDragDataTypeName"

class TableDataDelegate: NSObject {
   weak var owner: NSTableView?
   var selectionChangedCallback: SelectionChangedCallbackBlock?
   var rowDragCallback: TableViewRowDragCallbackBlock?
   var rowObjectValueChangedCallback: RowObjectValueChangedCallbackBlock?
   var items  = [AnyObject]()
   func setData(data: AnyObject?) {
      if let aData = data {
         self.clearData()
         if aData is [AnyObject] {
            self.items = aData as! [AnyObject]
         }
      }
   }

   func updateData(data: AnyObject?, row: NSInteger) {

      if row <= items.count - 1 {
         self.items[row] = data!
      }
   }

   func addData(data: AnyObject?) {
      if let aData = data {
         if aData is [AnyObject] {
            self.items.append(contentsOf: aData as! [AnyObject])
         }
         else {
            self.items.append(aData)
         }
      }
   }

   func deleteData(data: AnyObject) {
      if data is IndexSet {
         let indexSet = data as! IndexSet
         let mutuDatas = NSMutableArray(array: self.items)
         mutuDatas.removeObjects(at: indexSet)
         self.items = mutuDatas as [AnyObject]
      }
      else  if data is  [AnyObject] {
         let datas = data as! [AnyObject]
         let mutuDatas = NSMutableArray(array: self.items)
         for obj in datas {
            mutuDatas.remove(obj)
         }
         self.items = mutuDatas as [AnyObject]
      }
      else {
         let mutuDatas = NSMutableArray(array: self.items)
         mutuDatas.remove(data)
         self.items = mutuDatas as [AnyObject]
      }
   }

   func deleteDataAt(index: Int) {
      self.items.remove(at: index)
   }
```

```
    func clearData() {
        self.items = [AnyObject]()
    }

    func itemCount() ->NSInteger {
        return self.items.count
    }

    func itemOf(row: NSInteger) ->AnyObject? {

        if row < 0 || row >= self.items.count - 1 {
            return nil
        }
        return self.items[row]
    }
}
```

34.3.2 数据源实现

数据源实现的相关代码如下：

```
extension TableDataDelegate: NSTableViewDataSource {
    func numberOfRows(in tableView: NSTableView) -> Int {
        return self.items.count
    }

    func tableViewSelectionDidChange(_ notification: Notification) {
        let tableView = notification.object as! NSTableView
        let row = tableView.selectedRow
        if row < 0 || row >= self.items.count {
            return
        }
        let data = self.items[row]
        // 触发回调接口
        if let callback = selectionChangedCallback {
            callback(index: row,obj: data)
        }
    }

    // 如果设置了排序的列，会执行排序算法并重新刷新表数据
    func tableView(_ tableView: NSTableView, sortDescriptorsDidChange oldDescriptors:
        [NSSortDescriptor]) {
        let sortDescriptors = tableView.sortDescriptors
        let mutuDatas = NSMutableArray(array: self.items)
        let sortData = mutuDatas.sortedArray(using: sortDescriptors)
        self.items = sortData as [AnyObject]
        tableView.reloadData()
    }
}
```

34.3.3 动态创建表格内容的数据代理方法

这是一个非常关键的方法，它根据不同的列的定义来动态地创建表格行单元的内容视图。每种不同单元类型的列视图，通过视图类的扩展方法来实现。

一般来说，表格的每个单元格都是一个 Table Cell View（其对应的类为 NSTableCellView）。NSTableCellView 继承 NSView，扩展了一些表格背景的属性，默认包括一个 NSTextField 类型

的 textField，这就是我们在 xib 界面上看到创建的表格列里面有一个文本框的原因。

如果不想利用 NSTableCellView 提供的特性，完全可以实现一个自定义的视图，或者使用系统其他视图控件。

简单起见，下面的代码大都直接返回了系统控件。只有创建 Combo Box 时使用了 Table Cell View 作为根视图。这里如果直接返回 Combo Box，则表示 Combo Box 的大小有问题。

代理实现的相关代码如下：

```
extension TableDataDelegate: NSTableViewDelegate {
  func tableView(_ tableView: NSTableView, viewFor tableColumn: NSTableColumn?, row: Int)
    -> NSView? {

    let data = self.items[row]
    // 表格列标识符
    guard let identifierStr = tableColumn?.identifier.rawValue, let identifier = tableColumn?.
      identifier else {
      return nil
    }
    // 单元格数据
    let value = data[identifierStr]

    // 根据表格列的标识，创建单元视图
    var view = tableView.make(withIdentifier: identifier, owner: self)

    let tableColumnItem = tableView.xx_columnItemWithIdentifier(identifierStr)!

      switch (tableColumnItem.cellType) {
      case .checkBox:

        var  checkBoxField: NSButton?
        // 如果不存在，创建新的 checkBoxField
        if view == nil {
          checkBoxField = NSButton.init(item: tableColumnItem)
          view = checkBoxField
          view?.identifier = identifier
        }
        else{
          checkBoxField = view as? NSButton
        }

        checkBoxField?.target = self
        checkBoxField?.action = #selector(TableDataDelegate.checkBoxChick(_:))

        if let state  = value {
          checkBoxField?.state = state as! NSInteger
        }

        break

      case .comboBox:

        var comboBoxField: NSComboBox?

        if view == nil {

          view = NSTableCellView()
          view?.identifier = identifier
          comboBoxField =  NSComboBox.init(item: tableColumnItem)
```

```
            comboBoxField?.delegate = self
            comboBoxField?.translatesAutoresizingMaskIntoConstraints = false
            view?.addSubview(comboBoxField!)

            let left = comboBoxField?.leftAnchor.constraint(equalTo: (view?.leftAnchor)!,
               constant: 0)
            let right = comboBoxField?.rightAnchor.constraint(equalTo: (view?.rightAnchor)!,
               constant: 0)

            let centerY = comboBoxField?.centerYAnchor.constraint(equalTo: (view?.
               centerYAnchor)!, constant: 0)
            NSLayoutConstraint.activate([left!, right!, centerY!])

         }
         else{
            comboBoxField = view?.subviews[0] as? NSComboBox
         }

         let items = tableColumnItem.items
         if let values = items {
            comboBoxField?.addItems(withObjectValues: values)
         }

         if let text  = value {
            comboBoxField?.stringValue = text as! String
         }

         break

      case .imageView:
         var imageField: NSImageView?
         // 如果不存在，就创建新的 textField
         if view == nil {
            imageField =  NSImageView.init(item: tableColumnItem)
            view = imageField
            view?.identifier = identifier
         }
         else{
           imageField = view as? NSImageView
         }

         if let image  = value {
           // 更新单元格的 image
           imageField?.image = image as? NSImage
         }

         break

      default:
            var  textField: NSTextField?
            // 如果不存在，就创建新的 textField
            if view == nil {
               textField = NSTextField.init(item: tableColumnItem)
               textField?.delegate  = self
               view = textField
               view?.identifier = identifier
            }
            else{
               textField = view as? NSTextField
            }
```

```
                textField?.stringValue  = ""
                if let text  = value {
                   // 更新单元格的文本
                   textField?.stringValue = text as! String
                }
             break
          }
       return view
    }

    // 选择框处理事件
    @IBAction func checkBoxChick(_ sender:NSButton) {
       guard let identifier = sender.identifier?.rawValue else {
          return
       }
       let rowIndex = self.owner?.selectedRow
       var data = self.itemOf(row: rowIndex!) as! Dictionary<String,AnyObject>

       // 老数据的复制
       let oldData = data
       // 更新数据源
       data[identifier] = sender.state

       self.updateData(data: data, row: rowIndex!)
       // 数据变化回调通知
       if let callback = rowObjectValueChangedCallback {
          callback(obj: data, oldObj: oldData, row: rowIndex!, fieldName: identifier)
       }
    }
}
```

NSTextField 的扩展实现代码如下：

```
extension NSTextField {
   convenience init(item: TableColumnItem) {
      self.init()
      self.isBezeled = false
      self.drawsBackground = false
      self.isEditable = item.editable
      self.isSelectable = item.editable
      self.identifier = item.identifier
   }
}
```

NSButton 的扩展实现代码如下：

```
extension NSButton {
   convenience init(item: TableColumnItem) {
      self.init()
      self.setButtonType(.switch)
      self.bezelStyle = .regularSquare
      self.title = ""
      self.cell?.isBordered = false
      self.identifier = item.identifier
   }
}
```

NSComboBox 的扩展实现代码如下：

```
extension NSComboBox {
   convenience init(item: TableColumnItem) {
```

```
      self.init()
      self.isEditable = item.editable
      self.isBordered = false
      self.isBezeled = false
      self.bezelStyle = .roundedBezel
      self.identifier = item.identifier
   }
}
```

NSImageView 的扩展实现代码如下：

```
extension NSImageView {
   convenience init(item: TableColumnItem) {
      self.init()
      self.identifier = item.identifier
   }
}
```

34.3.4 表内容的编辑处理

在表单元子视图的事件响应方法中，对数据的变化进行处理的方法也是处理表内容编辑的方法。

分别为 NSTextField、NSComboBox 和 NSButton 子视图提供事件处理方法，将变化的数据存储到行数据字典中。同时，如果注册了行数据回调，则会执行回调处理。

（1）文本输入框变化处理事件。

```
extension TableDataDelegate: NSTextFieldDelegate {
   override func controlTextDidChange(_ obj: Notification) {
      let field = obj.object as! NSTextField
      guard let identifier = field.identifier?.rawValue else {
         return
      }

      let rowIndex = self.owner?.selectedRow
      var data = self.itemOf(row: rowIndex!) as! Dictionary<String,AnyObject>
      // 老数据的复制
      let oldData = data
      // 更新数据源
      data[identifier] = field.stringValue
      self.updateData(data: data, row: rowIndex!)

      // 数据变化回调通知
      if let callback = rowObjectValueChangedCallback {
         callback(obj: data, oldObj: oldData, row: rowIndex!, fieldName: identifier)
      }
   }
}
```

（2）Check Box 点击选择处理事件为 checkBoxChick，已经在 TableDataDelegate 内部实现。

（3）Combo Box 选择处理事件。

```
extension TableDataDelegate: NSComboBoxDelegate {
   func comboBoxSelectionDidChange(_ notification: Notification) {
      let field = notification.object as! NSComboBox
      guard let identifier = field.identifier?.rawValue else {
         return
      }
      let rowIndex = self.owner?.selectedRow
      var data = self.itemOf(row: rowIndex!) as!  Dictionary<String,AnyObject>
```

```
        // 老数据的复制
        let oldData = data
        // 获取选择的数据，更新数据源
        let indexOfSelectedItem = field.indexOfSelectedItem
        let type = field.itemObjectValue(at: indexOfSelectedItem)
        data[identifier] = type

        self.updateData(data: data, row: rowIndex!)

        // 数据变化回调通知
        if let callback = rowObjectValueChangedCallback {
            callback(obj: data, oldObj: oldData, row: rowIndex!, fieldName: identifier)
        }
    }
}
```

34.3.5 TableDataDelegate 的使用

如果 TableDataDelegate 方法或接口不满足需要，可以基于它灵活地扩展增加或覆盖方法实现。定义一个 TableDataNavigationViewDelegate 类，继承自 TableDataDelegate，实现表格行高度的代理方法。

```
class TableDataNavigationViewDelegate: TableDataDelegate {
    func tableView(_ tableView: NSTableView, heightOfRow row: Int) -> CGFloat {
        return 24
    }
}
```

在前面的 TableDataNavigationViewController 的基础上，使用 TableDataDelegate 作为 tableView 的代理和数据源来管理数据。

在头文件中增加 tableDataDelegate 代理属性类和 datas 测试数据数组，代码如下：

```
// 数据代理
lazy var dataDelegate: TableDataNavigationViewDelegate = {
    let dataDelegate = TableDataNavigationViewDelegate()
    return dataDelegate
}()

// 数据集合
var datas: Array = [Dictionary<String,AnyObject>]()

// 定义一个线程队列
lazy var queue: DispatchQueue = {
    let queue = DispatchQueue(label: "macdec.io.example")
    return queue
}()
```

在 tableDelegateConfig 方法中配置表格的代理，代码如下：

```
override func tableDelegateConfig(){
    self.tableView?.delegate = self.dataDelegate
    self.tableView?.dataSource = self.dataDelegate
    self.dataDelegate.owner = self.tableView
}
```

创建测试数据，代码如下：

```
func makeTestDatas(){
    let image = NSImage(named: NSImage.Name.computer)
```

```
    let folderImage = NSImage(named: NSImage.Name.folder)

    let row1: Dictionary<String,AnyObject> = ["field": "name", "type": "text", "size": "10",
        "primary":(1), "image": image!]

    let row2: Dictionary<String,AnyObject> = ["field": "address", "type": "text", "size":
        "14","primary":(0), "image":folderImage!]

     ....... 此处省略多行类似的数据

    let testDatas = [row1,row2,row3,row4,row5,row6,row7,row8,row9,row10,row11,row12,row13,row14]

    self.datas  = testDatas
}
```

在 controller 的 viewDidLoad 方法中调用 fetchData 即可实现数据的加载显示：

```
func fetchData(){
    self.queue.async {
        self.dataDelegate.setData(data: self.datas)
        DispatchQueue.main.async {
            self.tableView?.reloadData()
        }
    }
}
```

34.4 数据列排序

通过 NSSortDescriptor 来定义排序规则，可以对 NSTableColumn 配置排序规则来实现表点击表头排序功能。ascending 表示升序还是降序排列。selector 表示排序方法选择。此处的 compare 为一个系统实现的默认排序算法。

```
// 使用系统的排序方法
let sortDescriptor = NSSortDescriptor(key: tableColumn.identifier.rawValue, ascending: true,
    selector: #selector(NSNumber.compare(_:)))
tableColumn.sortDescriptorPrototype = sortDescriptor
```

也可以自己实现一个排序算法，参考代码如下：

```
// 使用自定义的排序方法
let sortRules = NSSortDescriptor(key: tableColumn.identifier.rawValue, ascending: true,
    comparator:{ s1,s2 in
    let str1 = s1 as! String
    let str2 = s2 as! String
    if str1 > str2 {return .orderedAscending}
    if str1 < str2 {return .orderedDescending}
    return .orderedSame
    }
)
```

可以对表的每一列都指定使用默认的排序算法，相关代码如下：

```
func tableViewSortColumnsConfig() {

    for tableColumn in (self.tableView?.tableColumns)! {
        // 升序排序

        // 使用系统的排序方法
        let  sortDescriptor =  NSSortDescriptor(key: tableColumn.identifier.rawValue, ascending: true,
```

```
                                  selector: #selector(NSNumber.compare(_:)))

        // image 列暂不排序
        if tableColumn.identifier != "image" {
            tableColumn.sortDescriptorPrototype = sortDescriptor
        }
    }
}
```

仅定义列的排序算法还是不够的，最终的数据排序更新 UI 必须在 TableDataDelegate 类中添加 NSTableViewDataSource 的排序代理方法。相关代码如下：

```
    func tableView(_ tableView: NSTableView, sortDescriptorsDidChange oldDescriptors:
[NSSortDescriptor]) {

        let sortDescriptors = tableView.sortDescriptors
        let mutuDatas = NSMutableArray(array: self.items)
        let sortData = mutuDatas.sortedArray(using: sortDescriptors)
        self.items = sortData as [AnyObject]
        tableView.reloadData()
    }
```

34.5 数据行拖放交换顺序

表格中的数据行拖放可以交换它们的顺序，实现的基本步骤如下。

（1）需要注册 NSTableView 的拖放事件。

TableViewDragDataTypeName 为一个自定义的字符串键，用来存储拖放事件发生时的关键数据，对于 NSTableView 来说，就是存储拖放的行索引序号。

在 TableDataDelegate.swift 中定义拖放类型名称，如下：

```
let kTableViewDragDataTypeName  = "TableViewDragDataTypeName"
let tableViewDragDataTypeName =NSPasteboard.PasteboardType(rawValue:
   kTableViewDragDataTypeName)
```

在 TableDataNavigationViewController 中实现拖放注册，代码如下：

```
func registerRowDrag() {
   self.tableView?.registerForDraggedTypes([tableViewDragDataTypeName])
}
```

（2）在 TableDataDelegate 中实现 NSTableViewDataSource 数据源中代理方法。

```
func tableView(_ tableView: NSTableView, validateDrop info: NSDraggingInfo, proposedRow row:
   Int, proposedDropOperation dropOperation: NSTableView.DropOperation) -> NSDragOperation {
   return .every
}
```

将表行编号复制到剪贴板对象，代码如下：

```
func tableView(_ tableView: NSTableView, writeRowsWith rowIndexes: IndexSet, to pboard:
   NSPasteboard) -> Bool {

   let zNSIndexSetData = NSKeyedArchiver.archivedData(withRootObject: rowIndexes);
   pboard.declareTypes([tableViewDragDataTypeName], owner: self)
   pboard.setData(zNSIndexSetData, forType: kTableViewDragDataTypeName)
   return true
}
```

拖放结束后从剪贴板对象获取到拖放的行，代码如下：

```
func tableView(_ tableView: NSTableView, acceptDrop info: NSDraggingInfo, row: Int,
  dropOperation: NSTableViewDropOperation) -> Bool {

  let pboard = info.draggingPasteboard()
  let rowData = pboard.data(forType: tableViewDragDataTypeName)
  let rowIndexes = NSKeyedUnarchiver.unarchiveObject(with: rowData!) as! NSIndexSet
  let dragRow = rowIndexes.firstIndex

  let temp = self.items[row]
  self.items[row] = self.items[dragRow]
  self.items[dragRow] = temp

  tableView.reloadData()
  return true
}
```

有了拖放源 dragRow、拖放目标 row 这两个参数以后，就可以对表的数据源数组进行源 dragRow 和目标 row 交换，然后再重新加载即可完成。

34.6 数据分页显示控制

为了对大量的数据进行分页管理，我们需要实现一个分页控制器来完成数据翻页控制。将分页控制器和前面的数据导航视图结合起来，这就是后面要说明的分页导航视图。

34.6.1 分页控制器

分页控制器 DataPageManager 负责管理总页数、当前页索引、向前、向后、第一页、最后一页的翻页控制。

按实现和接口分离的原则，我们需要定义分页的代理协议接口 PaginatorDelegate。PaginatorDelegate 分页协议定义了分页后的数据获取回调接口，应用可以实现这个接口，完成分页数据的加载。它同时也定义了总的数据量接口，辅助 DataPageManager 通过 computePageNumbers 完成计算分页。

```
public protocol PaginatorDelegate: class {
   func paginator(id:AnyObject, pageIndex index:Int, pageSize size:Int )
   func totalNumberOfData(_ id:AnyObject) ->Int
}
```

DataPageManager 类实现了分页控制相关的接口：

```
class DataPageManager : NSObject {
   weak var delegate: PaginatorDelegate?
   var page: Int = 0
   var pageSize: Int = 0
   var pages: Int = 0
   var total: Int = 0

   convenience init(pageSize: Int , delegate paginatorDelegate: PaginatorDelegate? ) {
      self.init()
      self.pageSize = pageSize
      self.delegate = paginatorDelegate
   }

   convenience init(pageSize: Int ) {
```

```
        self.init(pageSize: pageSize , delegate: nil)
    }

    func isFirstPage() ->Bool {
        return self.page == 0
    }

    func isLastPage() ->Bool {
        return (self.pages == 0 || self.page == self.pages-1)
    }

    func goPage(_ index:Int) {
        if self.pages > 0 && index <= self.pages-1 {
            self.page = index

            if let paginatorDelegate = self.delegate {
                paginatorDelegate.paginator(id: self, pageIndex: index, pageSize: self.pageSize)
            }
        }
    }

    func refreshCurrentPage() {
         self.goPage(self.page)
    }

    func goNextPage(){
        if !self.isLastPage() {
            self.goPage(self.page+1)
        }
    }

    func goPrePage() {
        if !self.isFirstPage() {
             self.goPage(self.page-1)
        }
    }

    func goFirstPage(){
         self.goPage(0)
    }

    func goLastPage() {
        if self.pages > 1 {
            return self.goPage(self.pages-1)
        }
    }

    func reset() {
        self.pages = 0
        self.page = 0
    }

    func computePageNumbers() {
        self.reset()
        if let paginatorDelegate = self.delegate {
            self.total = paginatorDelegate.totalNumberOfData(self)
            if self.pageSize > 0 {
                self.pages = Int(ceil( Double(self.total)  / Double(self.pageSize)))
            }
            else{
```

```
                self.pages = 0
            }
        }
    }
}
```

goPage:方法完成页面的有效性检查，保存当前页面，执行分页数据回调。goNextPage、goPrePage、goFirstPage 和 goLastPage 通过调用 goPage:方法完成数据导航。

34.6.2 分页导航视图

在 TableDataNavigationViewController 中定义 DataPageManager 属性变量，代码如下：

```
let kPageSize: Int = 20
class TableDataNavigationViewController: NSViewController {
   lazy var pageManager: DataPageManager = {
      let dataPageManager = DataPageManager.init(pageSize: kPageSize)
      return dataPageManager
   }()

   override func viewDidLoad() {
      super.viewDidLoad()


      // 关联导航面板按钮事件
      self.dataNavigationView?.target = self
      self.dataNavigationView?.action = #selector(TableDataNavigationViewController.
         toolButtonClicked(_:))

   }

   // MARK: Action
   @IBAction func toolButtonClicked(_ sender: NSButton) {
      let actionType = DataNavigationViewButtonActionType(rawValue: sender.tag)!

      switch (actionType) {
      case .add:
         self.addNewData()
         break

      case .remove:
         self.reomoveSelectedData()
         break

      case .refresh:
         self.pageManager.refreshCurrentPage()
         break

      case .first:
         self.pageManager.goFirstPage()
         break

      case .pre:
         self.pageManager.goPrePage()
         break

      case .next:
         self.pageManager.goNextPage()
         break
```

```
        case .last:
            self.pageManager.goLastPage()
            break
        }
    }

    func addNewData() {
    }

    func reomoveSelectedData() {
        let selectedRow = self.tableView?.selectedRow
        // 没有行选择，不执行删除操作
        if selectedRow < 0 {
            return
        }
        // 开始删除
        self.tableView?.beginUpdates()
        let indexes = self.tableView?.selectedRowIndexes
        // 以指定的动画风格执行删除
        self.tableView?.removeRows(at: indexes!, withAnimation: .slideUp)
        // 完成删除
        self.tableView?.endUpdates()
    }

    // MARK : Page
    func computePageNumbers () {
        return self.pageManager.computePageNumbers()
    }

    func updatePageInfo() {
        let currentPageIndex = self.pageManager.page
        let pageNumbers = self.pageManager.pages
        var pageInfo: String?
        if pageNumbers > 0 {
            pageInfo = "\(currentPageIndex+1)/\(pageNumbers)"
        }
        else {
            pageInfo = "\(currentPageIndex)/\(pageNumbers)"
        }

        self.dataNavigationView?.updatePagesLabel(title: pageInfo!)
        let info = "\(self.pageManager.total) records"
        self.dataNavigationView?.updateInfoLabel(title: info)
    }
}
```

在 ViewController 的 viewDidLoad 方法中进行与分页相关的初始化，代码如下：

```
override func viewDidLoad() {
    super.viewDidLoad()
    // 设置分页代理
    self.pageManager.delegate = self
    // 计算分页数据
    self.pageManager.pageSize = 5;
    self.pageManager.computePageNumbers()
    // 导航到第一页
    self.pageManager.goFirstPage()
    // 更新导航面板分页提示信息
    self.updatePageInfo()
}
```

34.6.3 分页数据获取

在 ViewController 中实现一个简单的数组分页方法，调用它来获取分页数据，代码如下：

```
func findBy(page:Int , pageSize: Int) -> [Dictionary<String,AnyObject>]? {
   let count = self.datas.count
   if count < 0 {
      return [Dictionary<String,AnyObject>]()
   }

   let  fromIndex = page * pageSize
   let  toIndex    = fromIndex + pageSize

   var  validPageSize = pageSize

   if toIndex > count {
      validPageSize = count - fromIndex
   }
   let range = fromIndex ..< fromIndex+validPageSize

   let subDatas = self.datas[range]

   return Array(subDatas)
}
```

在 ViewController 中实现分页代理协议方法，代码如下：

```
extension ViewController: PaginatorDelegate {

   func paginator(id:AnyObject , pageIndex index:Int, pageSize size:Int ) {

      self.queue.async {
         let datas = self.findBy(page: index, pageSize: size)
         self.dataDelegate.setData(data: datas)
         DispatchQueue.main.async {
            self.tableView?.reloadData()
            self.updatePageInfo()
         }
      }
   }

   func totalNumberOfData(_ id:AnyObject) ->Int {
      return self.datas.count
   }
}
```

可以看出基本处理流程是先由分页控制器实现翻页控制，然后调用通过回调获取的数据，最后实现数据查询刷新 UI。完整的代码请参考本书附带的本章示例程序。

34.7 表格数据的增删编辑操作

表格最常规的操作就是数据的增删编辑，下面对每种操作方式进行逐一说明。

34.7.1 增加数据

增加数据的基本流程如下。

（1）创建一个新的行数据对象，添加到数据源。
（2）重新加载表。
（3）更新分页导航控件上的总数据行数。
（4）设置新建数据所在行的第一列为选中状态。
具体代码如下：

```
override func addNewData() {
   // 定义一个默认数据
   let data  = [ "field":"","type":"","size":"8","primary":(0)]

   // 插入的位置，默认数据插入当前页面的最后一行（也可以实现为插入当前选择的行的位置）
   let pos = (self.tableView?.numberOfRows)! - 1
   self.datas.insert(data, at: pos)
   // 计算总数据的行
   self.computePageNumbers()
   // 重新刷新页面
   self.pageManager.refreshCurrentPage( complete: {
      // 设置光标焦点的位置
      self.tableView?.xx_setEditFoucusAtColumn(0)
      }
   )
}
```

34.7.2 删除数据

使用 selectedRow 方法获取表选中的行，调用 tableView 的 removeRowsAtIndexes 方法删除选中的行。获取 selectedRow 在数据源中对应的数据对象，先从数据代理中删除，再从数据源删除，重新加载表，更新分页数据。

超类 TableDataNavigationViewController 中默认实现了删除数据的方法，代码如下：

```
func reomoveSelectedData() {
   let selectedRow = self.tableView?.selectedRow
   // 没有行选择，不执行删除操作
   if selectedRow < 0 {
      return
   }
   // 开始删除
   self.tableView?.beginUpdates()
   let indexes = self.tableView?.selectedRowIndexes
   // 以指定的动画风格执行删除
   self.tableView?.removeRows(at: indexes!, withAnimation: .slideUp)
   // 完成删除
   self.tableView?.endUpdates()
}
```

子类 ViewController 覆盖实现中，调用父类方法完成删除数据外，还进行分页处理的更新，代码如下：

```
override func reomoveSelectedData() {
   let selectedRow = self.tableView?.selectedRow
   // 没有行选择，不执行删除操作
   if selectedRow < 0 {
      return
   }
   super.reomoveSelectedData()
```

```
        self.dataDelegate.deleteDataAt(index: selectedRow!)
        self.datas.remove(at: selectedRow!)
        // 更新页数据
        self.computePageNumbers()
        self.updatePageInfo()
    }
```

34.7.3 编辑表数据

在 TableDataDelegate 代理中已经实现表数据编辑的基本处理，只要注册了代理回调方法 rowObjectValueChangedCallback，就可以实现数据变化后的逻辑处理，代码如下：

```
override func tableDelegateConfig(){
    self.tableView?.delegate    = self.dataDelegate
    self.tableView?.dataSource = self.dataDelegate
    self.dataDelegate.owner     = self.tableView

    self.dataDelegate.rowObjectValueChangedCallback = {
        obj , oldObj , row , fieldName in
        if row >= self.datas.count {
            return
        }
        // 将最新输入数据存储到 datas 数据区
        self.datas[row] = obj as! Dictionary<String, AnyObject>
    }
}
```

第 35 章 自动化小工具

人类通过不断地制造先进的工具来改造世界。

本章的两个工具项目重点在于说明实现的思路，读者可以自行参考本章的示例源码进行参考、学习，了解具体的实现细节。

35.1 图片资源适配自动化工具

无论是 iOS App 还是 macOS App，开发完成发布前都需要设置各种尺寸的 AppIcon 图标。通常的做法是设计师做一张 1024×1024 的大图，按 App 的要求缩成不同尺寸的图，然后工程师再逐个加到 Xcode 项目中。

这里我们来开发一个图片适配自动化工具，自动实现这个过程。

35.1.1 实现思路

1．不同平台的 AppIcon 图标规格分析

图 35-1 展示的是 iOS/iPad 应用图标。

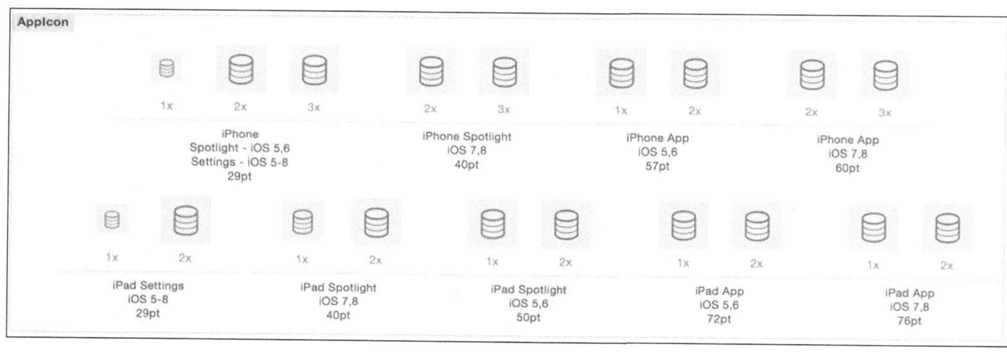

图 35-1

图 35-2 展示的是 macOS 应用图标。

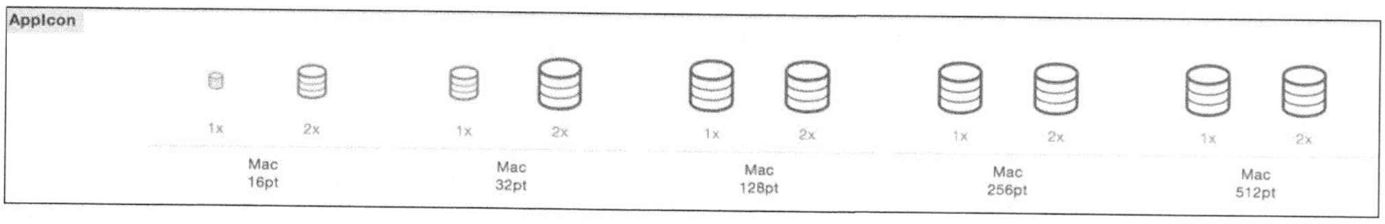

AppIcon

1x	2x	1x	2x	1x	2x	1x	2x	1x	2x
Mac 16pt		Mac 32pt		Mac 128pt		Mac 256pt		Mac 512pt	

图 35-2

点击 AppIcon 右键菜单上的 Show in Finder，如图 35-3 所示。

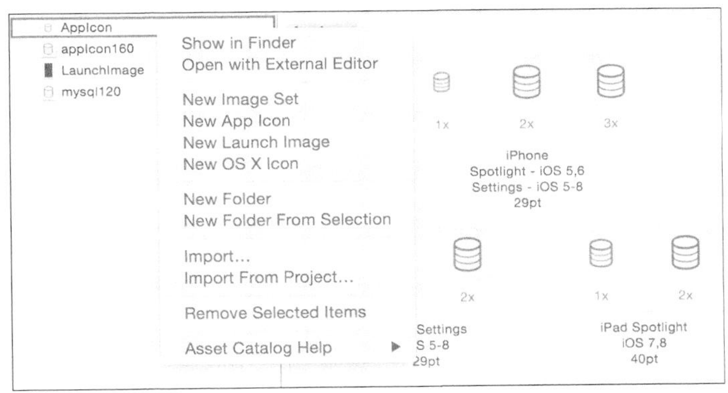

图 35-3

可以看到，AppIcon.appiconset 是一个文件夹，里面是大小不同的图标。另外，有一个 Contents.json 文件来描述 AppIcon 中包括的图片的大小和路径，如图 35-4 所示。

图 35-5 展示的是 iOS 项目中的 Contents.json 内容。Contents.json 中的 idiom 分别为 iPhone、iPad 和 macOS，表示不同的系统平台。

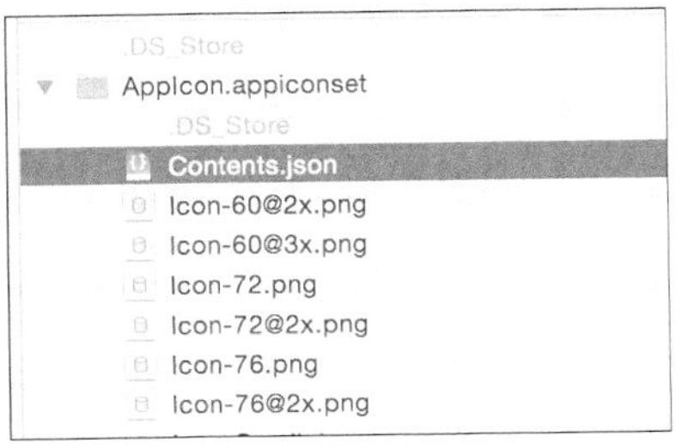

```
.DS_Store
▼ AppIcon.appiconset
    .DS_Store
    Contents.json
    Icon-60@2x.png
    Icon-60@3x.png
    Icon-72.png
    Icon-72@2x.png
    Icon-76.png
    Icon-76@2x.png
```

图 35-4

```
◀ ▶ Contents.json ⇕ images ⇕
{
  "images" : [
    {
      "size" : "29x29",
      "idiom" : "iphone",
      "filename" : "Icon-Small-1.png",
      "scale" : "1x"
    },
    {
      "size" : "29x29",
      "idiom" : "iphone",
      "filename" : "Icon-Small@2x-1.png",
      "scale" : "2x"
    },
    {
      "size" : "29x29",
      "idiom" : "iphone",
      "filename" : "Icon-Small@3x.png",
      "scale" : "3x"
    },
    {
      "size" : "40x40",
      "idiom" : "iphone",
      "filename" : "Icon-Spotlight-40@2x.png",
      "scale" : "2x"
    },
    {
      "size" : "40x40",
      "idiom" : "iphone",
      "filename" : "Icon-Spotlight-40@3x.png",
      "scale" : "3x"
    },
    { ••• },
    {
      "size" : "57x57",
      "idiom" : "iphone",
      "filename" : "Icon@2x.png",
      "scale" : "2x"
    },
```

图 35-5

2．图片自动化工具的实现思路

通过上面的分析，这里的实现思路是，先对 1 024×1 024 的大图按不同平台的要求进行缩放，然后再生成对应的 Contents.json 内容，最后把各个图标和 Contents.json 复制到 AppIcon 指定的目录下。

这样就只需要设计师做一张大图，然后通过自动化工具来完成缩放裁剪，并添加到项目路径中，代替之前手工一个个地添加到项目的烦琐过程。

35.1.2 工程实现

使用 Xcode 新建一个 macOS 应用，命名为 ImageAassetAutomator。完成 View Controller 界面设计，如图 35-6 所示。

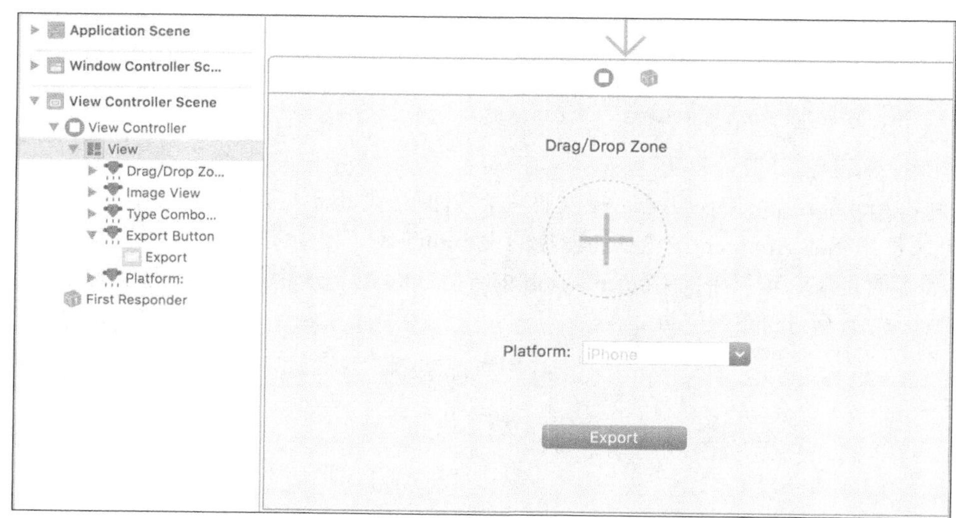

图 35-6

界面十字图标区域为 Image View，可以从 Finder 中拖动图片文件到这个区域，Image View 支持拖放事件，能自动识别文件的路径；中间 Combo Box 为下拉选择列表，可以选择 iPhone、iPad、iPhone+iPad 和 macOS 4 种模式；最下面是 Export 按钮，单击后让用户选择一个路径，根据从 Combo Box 选择的平台，生成相应尺寸的图片和图片资源文件 Contents.json，将这些图片资源文件复制到用户指定的路径中。

1．图像视图的拖放处理

新建一个 DragImageView 类，继承自 NSImageView，实现 NSDraggingDestination 拖放协议。定义 DragImageZoneDelegate 协议，图片拖放完成后通过代理方法将图片路径返回。协议接口定义如下：

```
public protocol DragImageZoneDelegate: class {
   func didFinishDragWithFile(_ filePath:String)
}
```

在 DragImageView 类中，dropAreaFadeIn 和 dropAreaFadeOut 是两个辅助方法，实现拖放鼠标进入时 DragImageView 图片背景透明度变化的动画效果。DragImageView 的实现代码如下：

```
class DragImageView: NSImageView {
   weak var delegate: DragImageZoneDelegate?
   func dropAreaFadeIn() {
      self.alphaValue = 1.0
   }
   func dropAreaFadeOut() {
      self.alphaValue = 0.2
   }
```

```
}

extension DragImageView  {
   // 实现 NSDraggingDestination 代理协议接口
   override func draggingEntered(_ sender: NSDraggingInfo) -> NSDragOperation {
      let sourceDragMask = sender.draggingSourceOperationMask()
      let pboard = sender.draggingPasteboard()
      let fileURLType = NSPasteboard.PasteboardType.backwardsCompatibleFileURL
      if (pboard.types?.contains(fileURLType))! {
         if sourceDragMask == .copy {
            return .copy
         }
         if sourceDragMask == .link {
            return .link
         }
      }
      return .every
   }

   override func draggingExited(_ sender: NSDraggingInfo?) {
      self.dropAreaFadeOut()
   }

   // 拖放完成后 执行 DragImageZoneDelegate 代理协议回调
   override func performDragOperation(_ sender: NSDraggingInfo) -> Bool {
      let pboard = sender.draggingPasteboard()
      self.dropAreaFadeOut()
      let fileURLType = NSPasteboard.PasteboardType.backwardsCompatibleFileURL
      if (pboard.types?.contains(fileURLType))! {
         var filePath: String?
         if #available(OSX 10.13, *) {
            if let utTypeFilePath = pboard.propertyList(forType:fileURLType) as? URL {
               filePath = utTypeFilePath.path
            }
         }
         else {
            // UTType 类型的文件路径，需要转换成标准路径
            if let utTypeFilePath = pboard.string(forType:fileURLType) {
               filePath =  URL(fileURLWithPath: utTypeFilePath).standardized.path
            }
         }
         if let dragDelegate = delegate , let filePath = filePath {
            dragDelegate.didFinishDragWithFile(filePath)
         }
      }
      return true
   }
}
```

backwardsCompatibleFileURL 是对 NSPasteboard.PasteboardType 类型进行扩展的一个属性方法，为了区分不同系统版本的差异，进行兼容处理，代码如下：

```
extension NSPasteboard.PasteboardType {
   static let backwardsCompatibleFileURL: NSPasteboard.PasteboardType = {
      if #available(OSX 10.13, *) {
         return NSPasteboard.PasteboardType.fileURL
      } else {
         return NSPasteboard.PasteboardType(kUTTypeFileURL as String)
      }

   } ()
}
```

更多拖放处理流程细节参见第 12 章。

2. 图片尺寸定义

在 plist 文件中分别对 iPhone、iPad 和 macOS 使用的图片尺寸进行了定义，如图 35-7 所示。

以每个平台的图片大小为键（Key），值（Value）对应为 1×、2×和 3×的数组。例如，iPhone 里面 29 对应 1×、2×和 3×这 3 个规格，60 只有 2×和 3×这 2 个规格。

Key	Type	Value
▼ Root	Dictionary	(3 items)
▼ iPhone	Dictionary	(4 items)
▼ 29	Array	(3 items)
Item 0	Number	1
Item 1	Number	2
Item 2	Number	3
▶ 40	Array	(2 items)
▶ 57	Array	(2 items)
▼ 60	Array	(2 items)
Item 0	Number	2
Item 1	Number	3
▼ iPad	Dictionary	(5 items)
▼ 29	Array	(2 items)
Item 0	Number	1
Item 1	Number	2
▶ 40	Array	(2 items)
▶ 50	Array	(2 items)
▶ 72	Array	(2 items)
▶ 76	Array	(2 items)
▼ macOS	Dictionary	(5 items)
▼ 16	Array	(2 items)
Item 0	Number	1
Item 1	Number	2
▶ 32	Array	(2 items)
▶ 128	Array	(2 items)
▶ 256	Array	(2 items)
▶ 512	Array	(2 items)

图 35-7

3. 图片裁剪和保存

通过 NSImage 的类扩展来实现指定大小的裁剪和保存到指定路径，相关代码如下：

```
extension NSImage {
   func saveAtPath(path:String) {
      let data = self.tiffRepresentation
      let imageData = imageRep?.representation(using: .png , properties: [NSBitmapImageRep.
         PropertyKey.compressionFactor:1.0])
      try? imageData?.write(to: URL(fileURLWithPath: path))
   }

   func reSize(size:NSSize) ->NSImage {
      let resizeWidth = size.width / 2
      let resizeHeight = size.height / 2
      let resizedImage = NSImage(size: NSSize(width: resizeWidth, height: resizeHeight))
      let originalSize = self.size

      resizedImage.lockFocus()
      let inRect = NSRect(x: 0, y: 0, width: resizeWidth, height: resizeHeight)
      let fromRect = NSRect(x: 0, y: 0, width: originalSize.width, height: originalSize.height)

      self.draw(in: inRect , from: fromRect, operation: .sourceOver, fraction: 1.0)
      resizedImage.unlockFocus()
```

```
        return resizedImage
    }
}
```

4. Contents.json 文件的生成

根据用户选择的平台是 iPhone、iPad、iPhone+iPad，还是 macOS，从 plist 文件中获取尺寸规格参数，依次生成类似下面的字典对象，最后转换为字符串写入到文件中：

```
{
    "size" : "512x512",
    "idiom" : "mac",
    "filename" : "icon_mac_512.png",
    "scale" : "1x"
}
```

默认情况下，用户点击 Export 按钮，裁剪图片和 json 文件会生成到当前用户 Documents 目录，为了节省篇幅，具体代码这里不提供，读者可以参考随书附带发行的例子——工程 ImageAassetAutomator 中 ViewController 的详细实现。

35.2 国际化

要把 App 推向国际市场全球发布，一件重要的事情就是语言文字信息国际化。

35.2.1 App 语言国际化的过程

我们来看看在 Xcode 中 App 国际化的处理过程。

首先，需要创建 Localizable.strings 文本文件。File 菜单创建文件，选择 Strings File 模板，创建，输入 Localizable.strings 名字，完成字符国际化文件的创建，如图 35-8 所示。

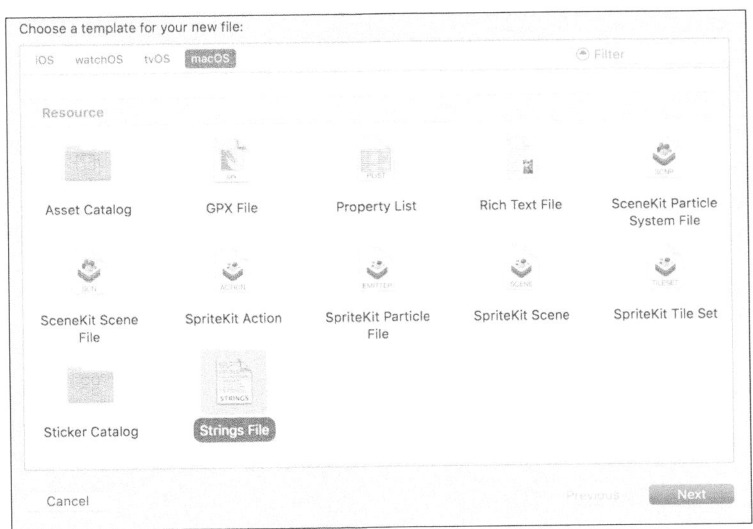

图 35-8

查看 Localizable.strings 文件的内容，里面是空的。如图 35-9 所示，点击右边面板上 Localize 按钮，从弹出的面板中选中 English，点击 Localize 按钮，生成 English 语言，右边面板的 Localization 部分会变成 Base 和 English 两项。Base 表示默认的国际化定义，English 表示当前项目支持的语言。每个语言名字前面的勾选框表示是否已经生成了国际化语言文件，如图 35-10 所示。

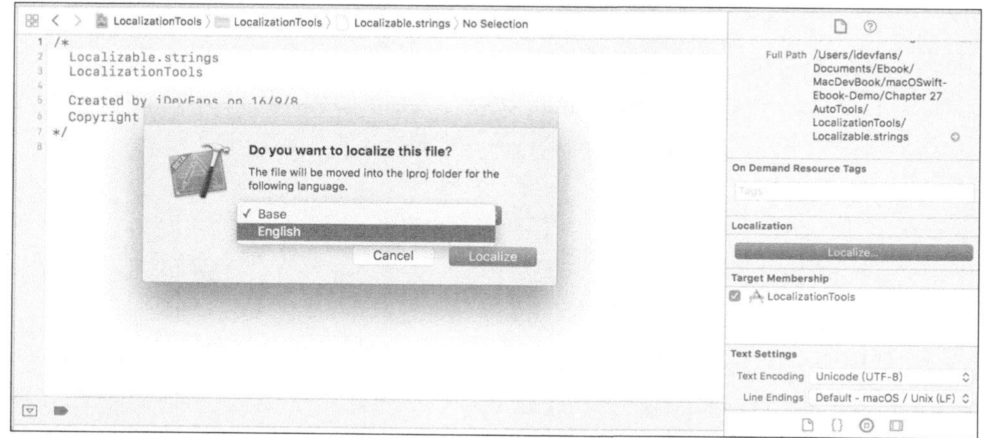

图 35-9

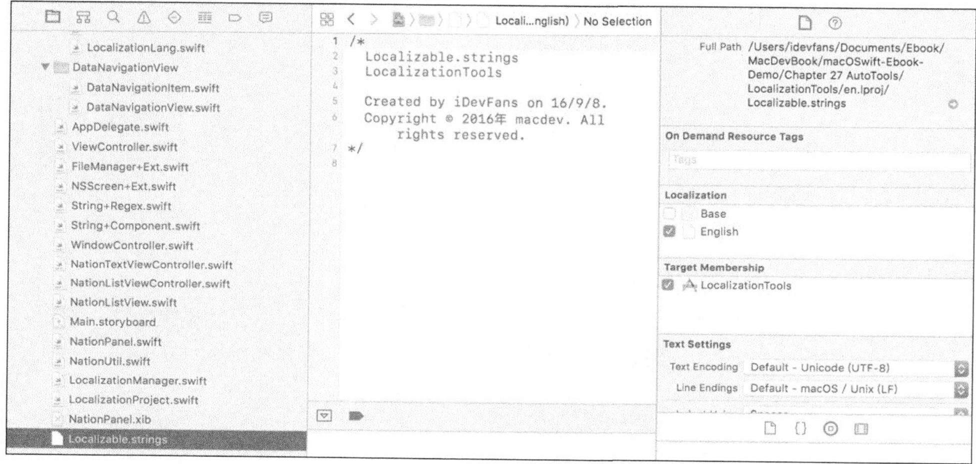

图 35-10

勾选 English，让系统生成英语的语言包。这时会发现工程目录中 Localizable.strings 节点多了两个子节点 Localizable.strings(Base)和 Localizable.strings(English)，表示生成了语言包，如图 35-11 所示。

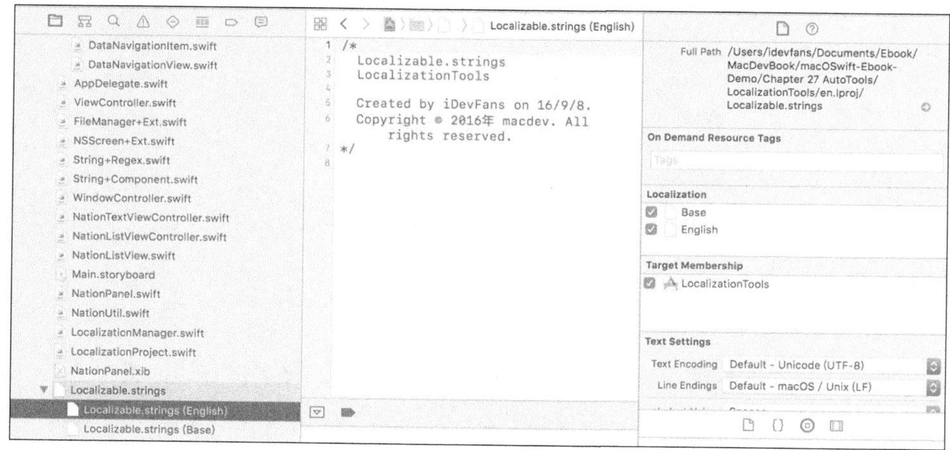

图 35-11

接下来增加其他语言。点击 Project 中的 Info 面板，看到 Localizations 部分，再点击下面的+按钮，出现多语言选择列表，从这里可以选择几十种语言，如图 35-12 所示。

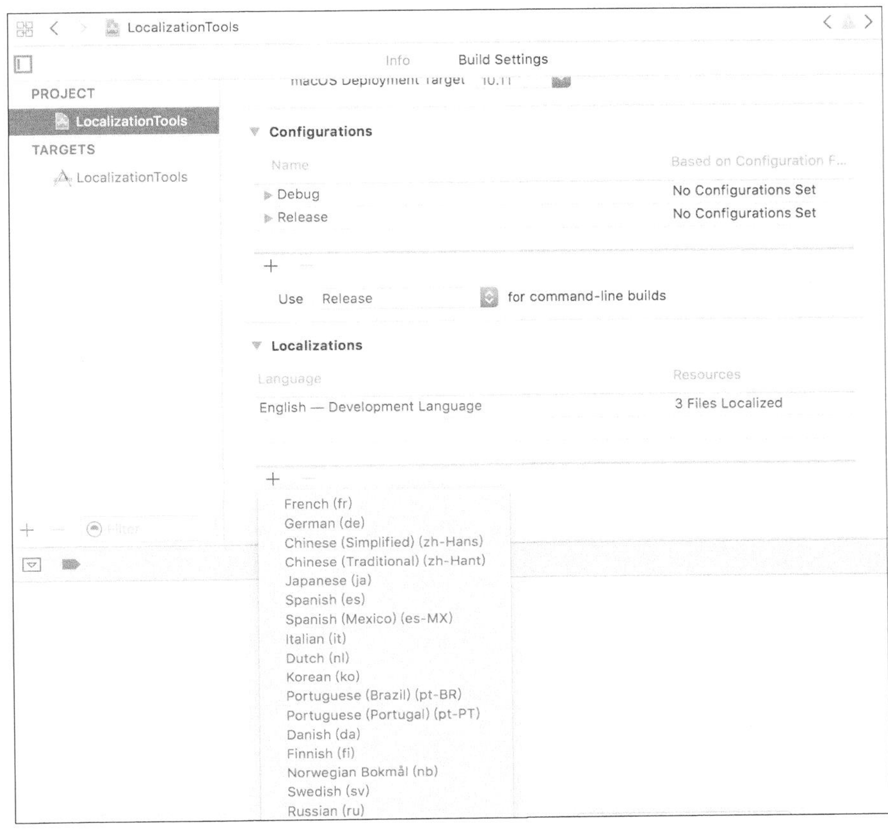

图 35-12

点击选择增加一个 French(fr)，进行法语国际化。我们只对 Localizable.strings 文件进行国际化，因此取消列表中的 MainMenu.xib 选择。这时回到工程目录树中，点击 Localizable.strings，再看右边的 Info 面板的 Localization 中已经生成了 French 的国际化语言文件，如图 35-13 所示。

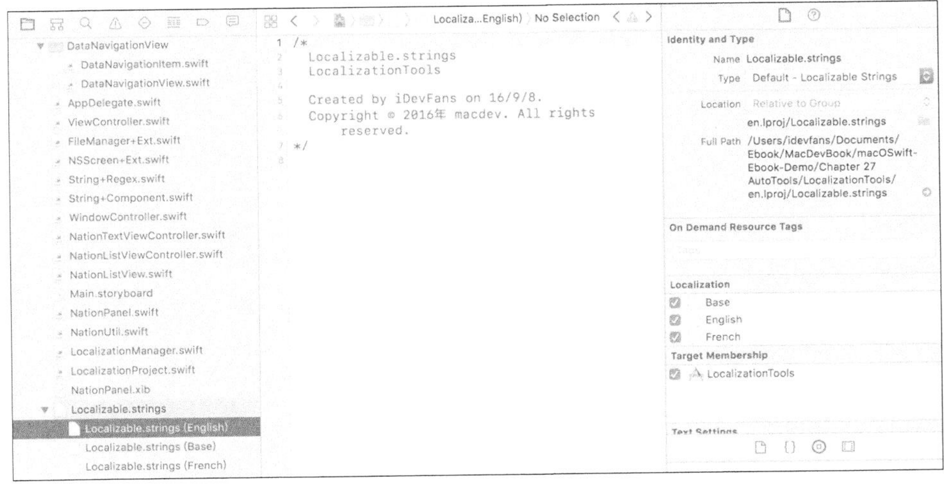

图 35-13

如果想增加其他语言，继续重复上述过程即可。如果要增加十多个国家（或地区）主流市场的话，将是非常烦琐的过程。我们希望能自动化语言增加的过程，能一次性增加多种语言的支持，这是对国际化自动工具的要求。

一次性选择多个语言的界面原型如图 35-14 所示。

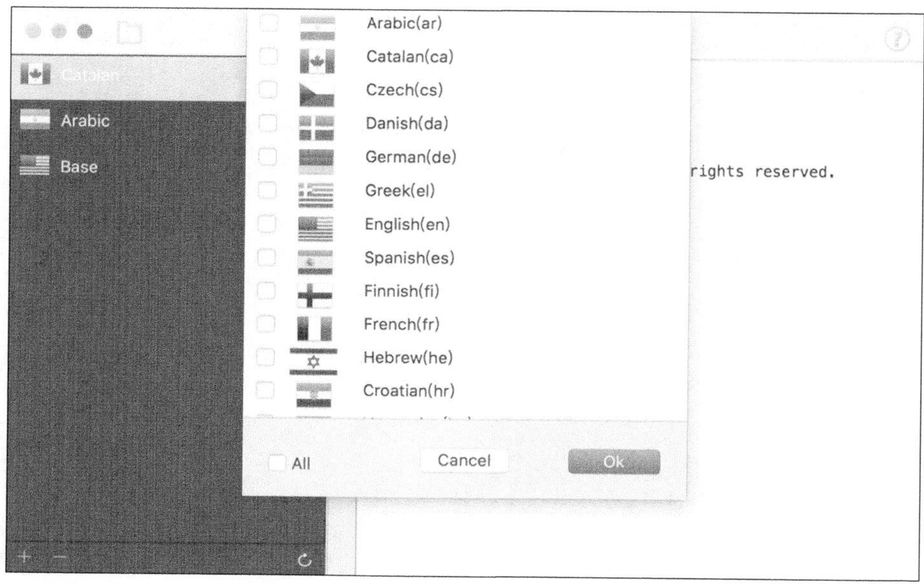

图 35-14

最终可以一次性生成项目中的所有语言，如图 35-15 所示。

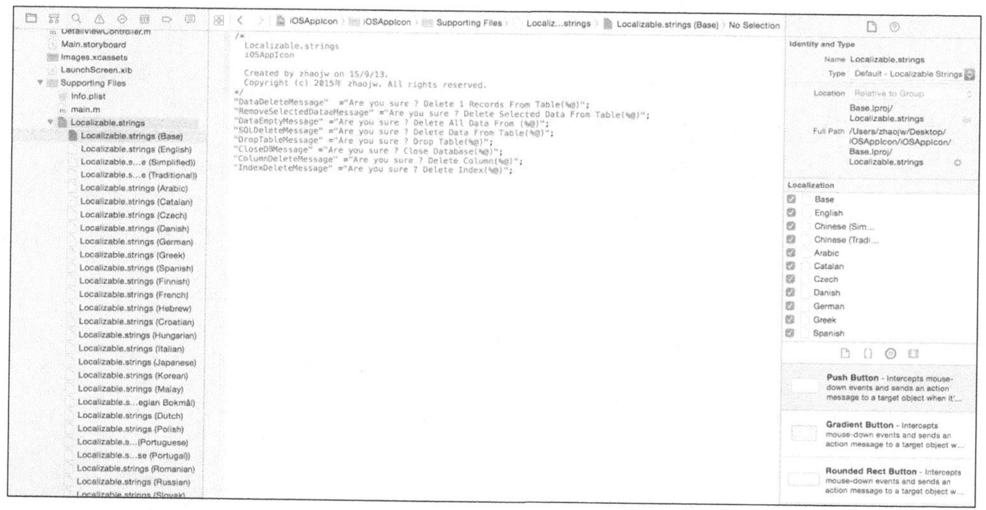

图 35-15

另外，更高级一点，还可以对语言包进行翻译，借助于 Google 翻译，实现将标准的 Base 语言包自动翻译成多种语言。

35.2.2 自动化的思路

打开 Xcode 国际化示例工程，完成的项目文件的工程目录如图 35-16 所示。

可以看到，每种国际化语言都单独有一个目录，名称为语言的简写加上 lproj 后缀，目录里面都是 Localizable.strings 文件。

图 35-16

要让用户一次性选择多种语言，按 Xcode 希望的命名规则生成每种语言的文件夹，文件夹里面再放 Localizable.strings 文件，我们可以新建一个项目，增加 Localizable.strings 文件，做好 Base 和 English 两种基本语言的国际化。然后打开这个工程文件目录，找到国际化 Base.lproj，复制一份，重命名为 fr.lproj，然后再到 Xcode 中，看这个新项目工程目录树中的 Localizable.strings 里面是不是增加了 French？

当然事情远远不是这么简单，工程里面根本没有新加 French 语言！

继续分析，找到工程文件，右键菜单点击，显示包内容，里面有个 project.pbxproj 文件。使用文本编辑器打开这个文件后搜索.strings，可以看到 Localizable.strings 节点，里面 children 部分包括了全部的国际化语言。

```
71D62C071D81AB2C00A99069 /* Localizable.strings */ = {
   isa = PBXVariantGroup;
   children = (
      71D62C091D81AB4B00A99069 /* en */,
      71D62C0A1D82317F00A99069 /* Base */,
      71141FF21D82505A0003C01E /* fr */,
      71141FF31D8251990003C01E /* ja */,
      71141FF41D82519F0003C01E /* nl */,
      ……
   );
   name = Localizable.strings;
   path = ..;
   sourceTree = "<group>";
};
```

这样看来，我们需要将国际化多语言信息添加到工程文件信息中。

这样我们的思路就明确了，需要做两件事情：一是创建多语言文件夹和 string 文件；二是将多语言信息增加到工程文件信息中。

第一步已经很容易实现了，下面看看第二步怎么做吧？

35.2.3 Xcode 工程文件的编辑和修改

一个工程文件其实是一个文件夹，里面 project.pbxproj 是工程的核心文件，可以转换为 NSMutableDictionary 类进行操作，如图 35-17 所示。

对工程文件的操作，开源的第三方库 xcodeEditor 提供了非常方便的 API，直接使用就能对工程文件进行各种操作。

由于 xcodeEditor 是使用 Objective-C 语言开发的，因此需要通过在工程声明 Bridging 头文件后才能在 Swift 项目中混合编程使用，对于 LocalizationTools 工程，桥接的头文件为 LocalizationTools-Bridging-Header.h，在工程的 Build Settings 中 Objective-C Bridging Header 参数中增加这个文件的路径，最后导入 XcodeEditor.h 头文件即可在 Swift 代码中使用 XcodeEditor

相关类，如图 35-18 所示。

```
- (void)applicationDidFinishLaunching:(NSNotification *)aNotification {
    // Insert code here to initialize your application

    NSString *filePath = @"/Users/zhaojw/Desktop/iOSAppIcon/iOSAppIcon.xcodeproj";
    NSMutableDictionary *dataStore = [[NSMutableDictionary alloc] initWithContentsOfFile:[filePath
        stringByAppendingPathComponent:@"project.pbxproj"]];
}                                                           Unused variable 'dataStore'
                                                            Thread 1: step over

- (void)applicationWillTerminate:(NSNotification *)aNotification {
    // Insert code here to tear down your application
}

Localization 〉 Thread 1 〉 0 -[AppDelegate applicationDidFinishLaunching:]

(lldb) po dataStore
{
    archiveVersion = 1;
    classes =     {
    };
    objectVersion = 46;
    objects =     {
        06C6FD41AEC6E183E80A430A =         {
            fileEncoding = 4;
            isa = PBXFileReference;
            lastKnownFileType = "text.plist.strings";
            name = cs;
            path = "cs.lproj/Localizable.strings";
            sourceTree = "<group>";
        };
        11F63A44627932DAFEFAF3C8 =         {
            fileEncoding = 4;
```

图 35-17

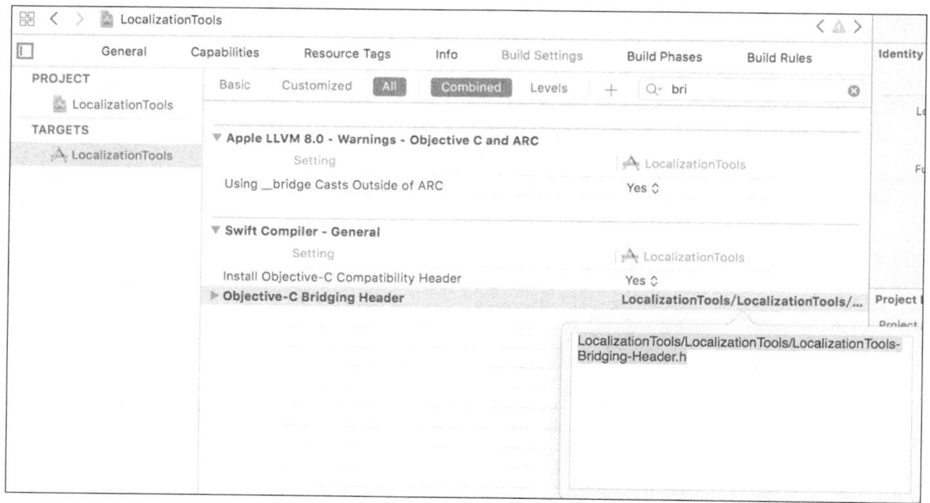

图 35-18

xcodeEditor 库中有 3 个关键的对象，其中 XCProject 代表工程类对象，XCSourceFile 代表文件类对象，XCGroup 代表工程组类对象。

将文件增加到一个工程组中的大致过程如下。

（1）初始化工程的操作类 XCProject，参数为工程项目的实际路径。

```
let project = XCProject.init(filePath: "usr/path/myproject.proj")
```

（2）获取工程中所有的 Localizable.strings 文件。代码如下：

```
let kKeyStringsFile = "Localizable.strings"
let files = project?.files().filter({
   return NSSet(object: kKeyStringsFile).contains(URL(fileURLWithPath: $0.name).lastPathComponent)
})
```

对工程中的 Localizable.strings 文件的操作访问，都使用 XCSourceFile 类来进行。因此上述代码中 files 是 XCSourceFile 类的集合。

（3）增加新语言到组。

每个文件会有唯一的键，根据 XCSourceFile 的键获取文件归属的 XCGroup。

对 Localizable.strings 文件所在的 XCGroup 增加一个新语言的引用，保存 project 就完成了语言的增加，代码如下：

```
// 法语 fr 增加到文件组
let group = self.project?.groupForGroupMember(withKey: file.key)
let relretivePath = "\(fr).lproj/\(Localizable.strings)"
group?.addPlistFileReference(withPath: relretivePath, name: lang.name)
project?.save()
```

第 36 章

iPhone 利用蓝牙控制 Mac

iOS 和 macOS 平台通过蓝牙框架对蓝牙连接提供了很好的支持，因此借助 iPhone 和 Mac 之间建立的蓝牙数据通道，iPhone 手机可以发送自定义的各种指令去控制 Mac 电脑的开关机、锁定屏幕和解锁等（蓝牙相关技术可参考第 15 章的详细说明）。

36.1 控制的主要流程分析

macOS 服务端作为蓝牙协议中的外围设备，提供服务能力。初始化上电后，按约定的服务标识广播服务，等待客户端发现。

iPhone 客户端代表数据中心角色，上电后搜索服务，与外围设备建立连接，请求服务和服务对应的特征 Characteristics。

在本章的示例应用中，如图 36-1 所示，用户点击 iOS 应用中的锁定按钮后，会生成一个锁定的命令报文，通过蓝牙通道，发送写数据请求到对端的外围设备，外围设备再将命令报文数据通知到 macOS 应用中，进行命令解析处理，执行控制命令，对 Mac 电脑屏幕进行锁定。macOS 应用中最后将执行完成的结果状态发送给对端的数据中心 iOS 应用中，iOS 端接收后处理，更新界面锁定按钮的文字为已锁定。

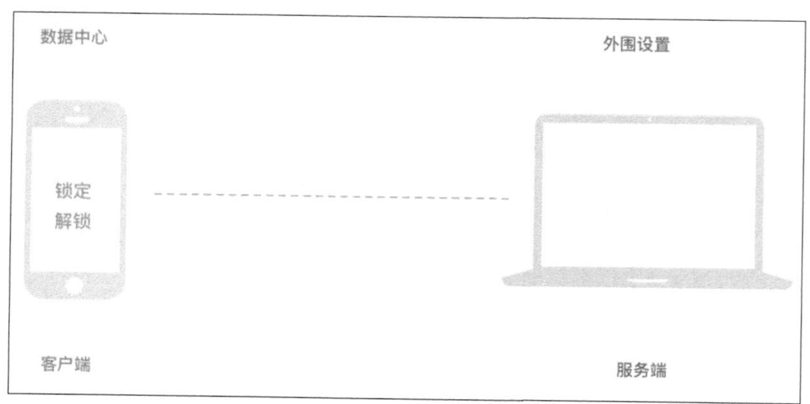

图 36-1

我们也可以从数据中心与外围设备、客户端与服务器、工程项目的角度分别进行基本的分析如下。

（1）数据中心与外围设备（central-peripheral）。从蓝牙框架视角来看，iPhone 手机代表了数据中心角色，macOS 代表的是外围设备角色，如图 36-1 所示。外围设备是服务提供方，广播自己的服务能力；数据中心是控制中心，搜索服务，建立连接。连接建立后，数据中心可以发送指令给外围设备，外围设备对锁定/解锁指令进行相应处理，控制电脑的锁屏或开屏。

（2）客户端与服务器（client-server）。我们也可以将 iPhone 端理解为传统的客户端，macOS 应用端理解为服务器。iPhone 客户端主动跟 macOS 服务器端建立连接。连接成功后，iPhone 端可以向 macOS 服务器端发送指令。

（3）iOS App-macOS App。从工程上看，我们需要建立两个项目，OpenMacI 为 iOS App 项目，OpenMacX 为 macOS App 项目。

36.2 macOS 服务器端

macOS 服务端的主要功能是启动服务后，等待对方发送不同的指令来执行各种控制。

36.2.1 XXXPeripheralService 服务类

对蓝牙协议的外围设备角色做了一个类 XXXPeripheralService 的封装，它包括外围设备角色所有流程的功能，对外提供 3 个主要接口，即启动服务、停止服务和发送通知到对端。

1. 代理协议定义

XXXPeripheralServiceDelegate 代理协议定义了两个接口，外围设备接收到写请求数据回调和发送订阅数据前获取订阅信息的回调接口，定义如下：

```
protocol XXXPeripheralServiceDelegate: class  {
   func peripheralService(peripheralService: XXXPeripheralService, didRecieveWriteData data: Data?)
   func peripheralServiceSubscribeData(peripheralService: XXXPeripheralService) -> Data?
}
```

XXXPeripheralService 类 init 方法中传入 ServiceID 和 characteristicID，用于构建服务和服务特征类：

```
convenience init(serviceID: String, characteristicID: String) {
   self.init()
   self.serviceID = serviceID
   self.characteristicID = characteristicID
   self.configCharacteristic()
}
```

2. 双向通道建立的参数设置

对特征值进行初始化设置，注意 properties 参数规定为[.notify,.write]，表示这个特征值是一个双向通道，支持写操作，支持发送通知。写操作允许对方发送数据过来，设置通知则表示自己可以发送状态变化的消息到对方。permissions:.writeable 权限设置为可写。相关代码如下：

```
func configCharacteristic() {
   let data = "Start Data".data(using:String.Encoding.utf8)
   if(self.notified){
      self.characteristic =  CBMutableCharacteristic(type: self.characteristicUUID, properties:
        [.notify,.write], value:nil , permissions:.writeable )
   }
   else {
      self.characteristic =  CBMutableCharacteristic(type: self.characteristicUUID, properties:
        .read, value: data, permissions: .readable)
   }
}
```

3. 广播服务

构造广播参数，进行服务广播，代码如下：

```
func advertiseService() {
   var advertisementData: [String: Any] = [ CBAdvertisementDataServiceUUIDsKey: serviceUUIDs ]
   advertisementData[CBAdvertisementDataLocalNameKey] = self.peripheralIdentifier
   self.peripheralManager.startAdvertising(advertisementData)
}
```

4. 服务类外部接口

（1）启动服务，通过获取 peripheralManager 的当前 state 状态，间接地创建了一个 CBPeripheralManager 实例，它会自动完成 PowerOn 上电过程，从而达到服务的启动。相关代码如下：

```
func startService() {
   print("XXXPeripheralService Init State \(self.peripheralManager.state)")
}
```

（2）停止服务，代码如下：

```
func stopService() {
   self.disableService()
}
func disableService() {
   self.peripheralManager.stopAdvertising()
   self.peripheralManager.remove(self.service)
}
```

（3）发送通知数据到对方，代码如下：

```
func nofifySubscribeData(data: Data) {

   let didSendValue = self.peripheralManager.updateValue(data, for: self.characteristic!,
     onSubscribedCentrals: nil)

   if didSendValue {
      print("notify ok!")
   }
}
```

5. 从对端接收到数据写请求数据

接收到对端的写请求，发送响应，同时执行代理方法，通知到上层业务处理类。在本节的例子中，用来将对方的各种指令通知到上层类处理，代码如下：

```
func peripheralManager(_ peripheral: CBPeripheralManager, didReceiveWrite requests:
  [CBATTRequest]) {
   let request = requests[0]
   if request.characteristic.uuid != self.characteristic?.uuid {
      return
   }

   self.characteristic?.value = request.value
   peripheral.respond(to: request, withResult: .success)

   if let aDelegate =  self.delegate  {
      aDelegate.peripheralService(peripheralService: self, didRecieveWriteData: request.value)
   }
}
```

定义 XXXPeripheralService 类型懒加载成员变量 peripheralService，接下来通过菜单事件方法来调用它的接口，实现服务的启动和停止：

```
let  kServiceUUID          = "84941CC5-EA0D-4CAE-BB06-1F849CCF8495"
let  kCharacteristicUUID  =  "2BCD"

lazy var peripheralService: XXXPeripheralService = {
   let p = XXXPeripheralService(serviceID: kServiceUUID, characteristicID: kCharacteristicUUID)
   p.delegate = self
   p.peripheralIdentifier = self.userName
   return p
}()

/// 获取计算机名称
lazy var userName: String = {
   let name = NSUserName()
   return name
}()
```

36.2.2 macOS 端界面开发

Xcode 新建立一个 OpenMacX 工程，删除 MainMenu.xib 界面中默认的窗口和菜单。

1．菜单定义

从控件工具箱拖放一个 Menu 控件到 xib 界面，修改 3 个子菜单分别为 Start Service、Stop 和 Exit OpenMac，如图 36-2 所示。

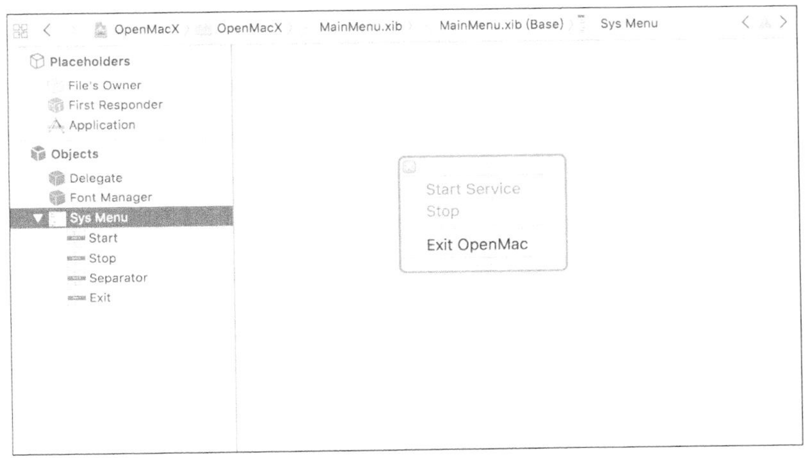

图 36-2

对每个菜单绑定 action 事件，将菜单项绑定到 3 个 IBOutlet 变量，即 sysMenu、startMenu 和 stopMenu：

```
@IBOutlet weak var sysMenu: NSMenu!
@IBOutlet weak var startMenu: NSMenuItem!
@IBOutlet weak var stopMenu: NSMenuItem!
```

菜单绑定 action 事件方法的实现代码如下：

```
@IBAction func startAction(_ sender: AnyObject) {
   print("startAction")
   self.peripheralService.startService()
   self.enableStartMenu = false
}
@IBAction func stopAction(_ sender: AnyObject) {
   print("stopAction")
```

```
    self.peripheralService.stopService()
    self.enableStartMenu = true
}

@IBAction func exitAction(_ sender: AnyObject) {
    NSApplication.shared.terminate(nil)
}
```

2. 状态栏创建

NSStatusBar 是系统的单例对象，NSStatusItem 定义了状态栏在系统顶部 Dock 显示的图标和菜单项。在 AppDelegate 的 applicationDidFinishLaunching 方法中调用 createStatusBar 方法完成状态栏的初始化创建，代码如下：

```
func applicationDidFinishLaunching(_ aNotification: Notification) {
    self.createStatusMenuBar()
}

func applicationWillTerminate(_ aNotification: Notification) {
    let statusBar = NSStatusBar.system
    statusBar.removeStatusItem(item!)
}

func createStatusMenuBar() {
    // 获取系统单例 NSStatusBar 对象
    let statusBar = NSStatusBar.system()
    // 创建固定宽度的状态栏项
    item = statusBar.statusItem(withLength: NSStatusItem.squareLength)
    item?.button?.image = NSImage(named: NSImage.Name(rawValue: "openMacIcon"))!
    // 设置下拉菜单
     item?.menu = self.sysMenu
}
```

运行后界面如图 36-3 所示。

图 36-3

36.2.3 Mac 锁屏状态通知

锁屏后进入休眠和唤醒屏幕的通知事件属于系统级的通知事件，需要通过 NSWorkspace 通知中心来注册。收到系统的消息通知后，根据不同的通知类型修改本地的 statusType，同时将本机的休眠或唤醒状态通知到对端。相关代码如下：

```
// 注册系统休眠和唤醒消息通知
func registerScreenStatusNotify() {
    NSWorkspace.shared.notificationCenter.addObserver(self,
        selector: #selector(self.recieveSleepNotification),
        name: NSWorkspace.screensDidSleepNotification, object: nil)
    NSWorkspace.shared.notificationCenter.addObserver(self,
        selector: #selector(self.recieveSleepNotification),
        name: NSWorkspace.screensDidWakeNotification, object: nil)
}

@objc func recieveSleepNotification(notification: NSNotification) {
    if (notification.name == NSWorkspace.screensDidSleepNotification) {
        self.statusType = .sleep
    }
    if (notification.name == NSWorkspace.screensDidWakeNotification) {
        self.statusType = .wakeup
    }
```

```
        self.sendSubscribeData()
    }

    func sendSubscribeData() {
        if let nofifyData = self.statusInfo().jsonData(){
            self.peripheralService.nofifySubscribeData(data: nofifyData)
        }
    }

    func statusInfo() -> [String : Any] {
        var statusInfo = [String : Any]()
        statusInfo[kUsernameKey] = self.userName
        statusInfo[kStatusKey]   = NSNumber.init(integerLiteral: self.statusType.rawValue)
        return statusInfo
    }
```

36.2.4 控制 Mac 电脑的系统命令和脚本

我们使用 CoreServices 的 API 接口，向 Mac 电脑发送系统控制指令。另外模拟按键输入开机解锁密码通过 AppleScript 脚本来完成。

1．控制系统操作的消息函数

CoreServices 提供了底层的 API，可以用来向系统发送消息指令，实现锁定、解锁、注销、重启操作。相关代码如下：

```
#import <CoreServices/CoreServices.h>
/*
 *    kAERestart        系统重启
 *    kAEShutDown       关机
 *    kAEReallyLogOut   注销
 *    kAESleep          休眠
 */
OSStatus MDSendAppleEventToSystemProcess(AEEventID eventToSendID) {
  AEAddressDesc targetDesc;
  static const ProcessSerialNumber kPSNOfSystemProcess = {0, kSystemProcess};
  AppleEvent eventReply = {typeNull, NULL};
  AppleEvent eventToSend = {typeNull, NULL};
  OSStatus status = AECreateDesc(typeProcessSerialNumber, &kPSNOfSystemProcess, sizeof
     (kPSNOfSystemProcess), &targetDesc);
  if (status != noErr) return status;
  status = AECreateAppleEvent(kCoreEventClass, eventToSendID, &targetDesc, kAutoGenerateReturnID,
   kAnyTransactionID, &eventToSend);

  AEDisposeDesc(&targetDesc);
  if (status != noErr) return status;
    status = AESendMessage(&eventToSend, &eventReply, kAENormalPriority, kAEDefaultTimeout);

  AEDisposeDesc(&eventToSend);
  if (status != noErr) return status;
  AEDisposeDesc(&eventReply);
  return status;
}
```

2．模拟键盘输入的 AppleScript

另外，模拟键盘输入用户开机指令使用了 AppleScript。AppleScript 是 macOS 系统内置的脚本语言，非常强大，几乎可以实现 macOS 系统内部所有 App 的控制和一些系统级的操作。

下面是一段控制 Mac 休眠的脚本指令，告诉系统事件执行休眠指令：

```
try
tell application "System Events" to sleep
end try
```

模拟用户输入的一段 AppleScript 指令如下：

```
delay 1      // 延时 1 秒
   tell application "System Events"
   keystroke "your password"     // 模拟键盘输入密码字符串
   keystroke return     // 模拟回车按键输入
end tell
```

36.2.5 macOS 端接收 iOS 端的命令处理

接收到 iOS 端写请求数据文本，解析处理转换成命令类型，分别处理。对于唤醒和休眠类型的命令，同时向 iOS 端发送执行完成指令后 macOS 系统的 Status 状态。

```
extension AppDelegate: XXXPeripheralServiceDelegate {

   func peripheralService(peripheralService: XXXPeripheralService,
     didRecieveWriteData data: Data?) {
      let cmdStr = String(data: data!, encoding: String.Encoding.utf8)
      print("didReceiveWriteRequests Data String = \(cmdStr) ")
      let cmdDict = cmdStr?.jsonObject()
      let cmdType = ClientCmdType.init(rawValue: cmdDict?[kCmdTypeKey] as! Int )

      if cmdType == .wakeup {
         self.wake()
         let password = cmdDict?[kPasswordKey] as! String
         let isOK = self.inputPasswordScript(password: password)
         if isOK {
            self.statusType = .wakeup
         }
         self.sendSubscribeData()
         return
      }
      if cmdType == .sleep {
         self.sleep()
         self.statusType = .sleep
         self.sendSubscribeData()
         return
      }
      if cmdType == .restart{
         MDSendAppleEventToSystemProcess(kAERestart)
      }
      if cmdType == .shutdown {
         MDSendAppleEventToSystemProcess(kAEShutDown)
      }
   }

   func peripheralServiceSubscribeData(peripheralService: XXXPeripheralService) -> Data? {
       let data = self.statusInfo().jsonData()
       return data
   }
}
```

模拟键盘输入，用户密码通过 iOS 端的蓝牙数据报文传输过来，构造一个 NSAppleScript 对象执行脚本命令。相关代码如下：

```
func inputPasswordScript(password: String) -> Bool {
   var scriptSource = CmdManager.shared.passwordCmdScript
   if password.characters.count > 0 {
      scriptSource = scriptSource?.replace(target:"%@", withString: password)
   }
   let appleScript = NSAppleScript(source: scriptSource!)

   var errDict: NSDictionary? = NSDictionary()
   let errObj: AutoreleasingUnsafeMutablePointer<NSDictionary?>? =
     AutoreleasingUnsafeMutablePointer<NSDictionary?>(&(errDict))

   let desc = appleScript?.executeAndReturnError(errObj)
   print("desc \(desc)  errObj = \(errObj)")
   return true
}
```

唤醒电脑锁屏，通过另外一种方式实现唤醒操作，修改 IODisplayWrangler 的状态，代码如下：

```
func wake() {
   let registryEntry = IORegistryEntryFromPath(kIOMasterPortDefault,
     "IOService:/IOResources/IODisplayWrangler")
   IORegistryEntrySetCFProperty(registryEntry, "IORequestIdle" as CFString!, kCFBooleanFalse)
   IOObjectRelease(registryEntry)

}
```

操作电脑进行休眠处理，代码如下：

```
func sleep() {
   let registryEntry = IORegistryEntryFromPath(kIOMasterPortDefault,
     "IOService:/IOResources/IODisplayWrangler")

   IORegistryEntrySetCFProperty(registryEntry, "IORequestIdle" as CFString!, kCFBooleanTrue)
   IOObjectRelease(registryEntry)

}
```

36.3 iOS 控制端

iOS 控制端主要实现控制 Mac 电脑的指令发送。

36.3.1 XXXCentralClient 类

XXXCentralClient 类中封装了蓝牙协议中数据中心角色的功能，对外提供启动、ping 服务、发送指令到对端的写操作。

1. 代理协议定义

XXXCentralClientDelegate 代理协议中定义了数据中心与外围设备建立连接过程中的几个回调接口，用于 XXXCentralClient 在开始建立连接、连接完成、接收到对端数据流程中通知到 ViewController 层。接口定义如下：

```
protocol XXXCentralClientDelegate: class {
   // 搜索服务完成，获取到广播数据
   func centralClient(centralClient: XXXCentralClient, didRecieveAdvertisementData
     advertisementData: [String : Any])

   // 接收到订阅数据
```

```
    func centralClient(centralClient: XXXCentralClient, didRecieveSubscribeData subscribData: Data)

    // 数据中心开始与外围设备建立连接
    func didStartConnect(centralClient: XXXCentralClient)

    // 连接完成
    func didCompleteConnect(centralClient: XXXCentralClient)
}
```

2. 蓝牙协议上电建立连接

XXXCentralClient 类中定义了 centralManager 懒加载变量，执行 start 方法，即创建一个 CBCentralManager 实例，自动完成蓝牙协议上电。上电后调用 pingService 方法，完成服务扫描。

```
lazy var centralManager: CBCentralManager = {
    return CBCentralManager(delegate: self, queue: nil)
}()
```

蓝牙上电后开始扫描服务，代码如下：

```
func scan() {
   self.centralManager.scanForPeripherals(withServices: [self.serviceUUID], options:
     [CBCentralManagerScanOptionAllowDuplicatesKey:true])
   print("centralManager begin scan \(self.serviceUUID)")
}
```

ping 服务，防止蓝牙连接断开，代码如下：

```
func pingService() {
   self.scan()
}
```

获取懒加载变量状态，初始化 centralManager，完成启动：

```
func start() {
   print("centralManager init state \(self.centralManager.state)")
}
```

3. 数据发送到对端的写操作实现

搜索到服务后获取服务的 peripheral 对象，与对端 peripheral 建立连接，连接完成后，可以通过 peripheral 的写接口将数据发送到对端。相关代码如下：

```
func write(data: Data) {
   if self.service == nil {
      print("writeData No connected services for peripheralat!")
      return
   }
   self.peripheral?.writeValue(data, for: self.characteristic!, type: .withResponse)
}
```

4. 接收到订阅的通知数据

Mac 端电脑状态变化会发送订阅消息到数据中心客户端，数据会通过代理协议接口通知到界面层的视图控制器。相关代码如下：

```
func peripheral(_ peripheral: CBPeripheral, didUpdateValueFor characteristic: CBCharacteristic,
   error: Error?) {

   guard error == nil else {
      print("Error didUpdateValueFor: \(error!.localizedDescription)")
      return
   }
```

```
    let data = characteristic.value
    let value = NSString(data: data!, encoding: String.Encoding.utf8.rawValue)
    print("Reading value: \(value)")
    self.delegate?.centralClient(centralClient: self, didRecieveSubscribeData: data!)
}
```

36.3.2 iOS 界面开发

新建 iOS 工程 OpenMacI，选择 Single View Application 模板，完成创建。在 View Controller 界面拖放相关控件进行布局，如图 36-4 所示，在 View Controller 中完成控件 IBOutlet 变量的绑定。

1. viewDidLoad 初始化

在 viewDidLoad 中完成控件的初始化设置：隐藏下面的 3 个功能按钮，默认对端 Mac 电脑未处于休眠态，启动 centralClient。相关代码如下：

```
override func viewDidLoad() {
    super.viewDidLoad()
    self.activityIndicatorView.startAnimating()
    self.lockButton.isHidden = true
    self.restartButton.isHidden = true
    self.shutdownButton.isHidden = true
    self.hostNameLabel.text = ""
    self.isMacSleep = false
    self.centralClient.start()
}
```

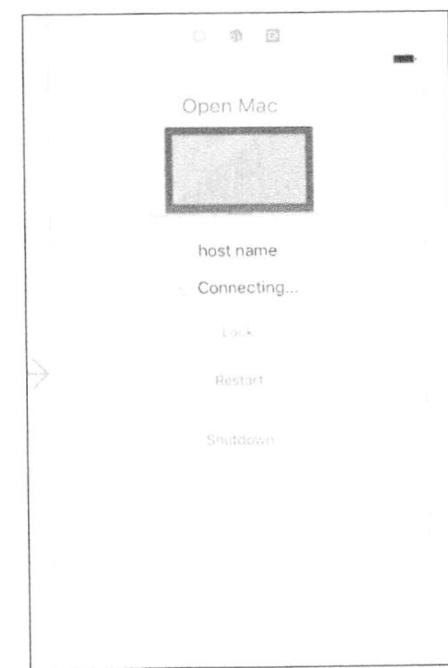

图 36-4

2. 按钮的 action 事件方法

实现加锁和解锁控制的 action 事件方法，代码如下：

```
@IBAction func lockAction(_ sender: AnyObject) {
    var CmdData = ClientCmdHelper.sleepCmdData()
    if self.isMacSleep {
        CmdData = ClientCmdHelper.wakeupCmdData()
    }
    self.centralClient.write(data: CmdData!)
    self.centralClient.pingService()
}
```

发起重启指令的按钮 action 事件方法，代码如下：

```
@IBAction func restartAction(_ sender: AnyObject) {
    let CmdData = ClientCmdHelper.restartCmdData()
    self.centralClient.write(data: CmdData!)
    self.centralClient.pingService()
}
```

发起关机指令的按钮 action 事件方法，代码如下：

```
@IBAction func shutdownAction(_ sender: AnyObject) {
    let CmdData = ClientCmdHelper.shutdownCmdData()
    self.centralClient.write(data:CmdData!)
    self.centralClient.pingService()
}
```

发送的指令是一个自定义的 JSON 串，通过 ClientCmdHelper 工具类封装，实现代码如下：

```
let kCmdTypeKey  = "cmdType"
let kPasswordKey = "password"
```

```
let kStatusKey   = "status"
let kUsernameKey = "userName"

enum ClientCmdType : Int {
   case sleep = 0
   case wakeup
   case restart
   case shutdown
}

class ClientCmdHelper {
   class func wakeupCmdData() -> Data? {
      var opMap = [String : Any]()
      opMap[kCmdTypeKey] =  ClientCmdType.wakeup.rawValue
      opMap[kPasswordKey] = "1234"
      return opMap.jsonData()
   }

   class func sleepCmdData() -> Data? {
      var opMap = [String : Any]()
      opMap[kCmdTypeKey] = ClientCmdType.sleep.rawValue
      return opMap.jsonData()
   }

   class func restartCmdData() -> Data? {
      var opMap = [String : Any]()
      opMap[kCmdTypeKey] = ClientCmdType.restart.rawValue
      return opMap.jsonData()
   }

   class func shutdownCmdData() -> Data? {
      var opMap = [String : Any]()
      opMap[kCmdTypeKey] = ClientCmdType.shutdown.rawValue
      return opMap.jsonData()
   }
}
```

3. XXXCentralClientDelegate 代理协议接口实现

iOS 端收到对端发送的广播报文，从报文字典获取服务名称，即对方的 Mac 用户名。相关代码如下：

```
func centralClient(centralClient: XXXCentralClient, didRecieveAdvertisementData
  advertisementData: [String : Any]) {
   let userName = advertisementData[CBAdvertisementDataLocalNameKey] as! String
   if userName != "" {
      self.hostNameLabel.text = userName
      let image = UIImage(named: "MacColor")!
      self.macImageView.image = image
   }
}
```

Mac 端执行完成休眠或唤醒指令后会回传发送自己的状态，iOS 端接收到订阅消息，根据这个状态修改 Lock 按钮的标题。相关代码如下：

```
func centralClient(centralClient: XXXCentralClient, didRecieveSubscribeData subscribData: Data) {
   let dataDict = subscribData.jsonObject()
   if dataDict == nil {
      return
   }
   let status = StatusType(rawValue: Int(dataDict?[kStatusKey] as! NSNumber))!
```

```
    print("status dataDict \(dataDict) ")
    if status == .wakeup && self.isMacSleep {
        self.isMacSleep = false
        self.lockButton.titleLabel?.text = "  Lock  "
    }
    if status == .sleep && !self.isMacSleep {
        self.isMacSleep = true
        self.lockButton.titleLabel?.text = "Unlock"
    }
}
```

连接过程中显示“Connecting...”：

```
func didStartConnect(centralClient: XXXCentralClient) {
    self.statusLabel.text = "Connecting..."
}
```

连接完成，将隐藏的按钮显示到界面，隐藏 activityIndicatorView 和 statusLabel，相关代码如下：

```
func didCompleteConnect(centralClient: XXXCentralClient) {
    self.activityIndicatorView.stopAnimating()
    self.activityIndicatorView.isHidden = true
    self.statusLabel.isHidden = true
    self.lockButton.isHidden = false
    self.restartButton.isHidden = false
    self.shutdownButton.isHidden = false
}
```

完成后运行的界面如图 36-5 所示。

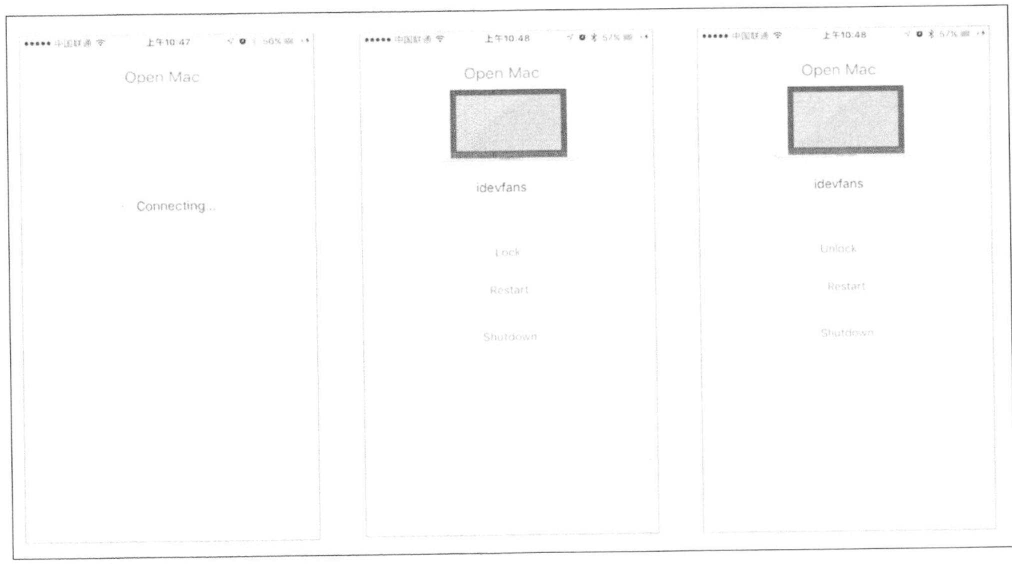

图 36-5

第 37 章 SQLite 数据库编程

SQLite 是一个开源的关系型数据库，它轻巧简单、性能出色，因此在手机等智能设备中使用非常广泛。

SQLite 提供一个 C 语言级的操作 API，使用起来不太方便。开源的 FMDB 在它的基础上进行了进一步封装，提供了 Cocoa 的接口。另外，FMDB 还提供了多线程安全的访问接口，大大降低了在应用中使用 SQLite 的门槛和难度。

FMDB 提供通用的数据库操作接口，我们基于实际的应用需要，将增、删、查询、更新等常用操作接口进行了更上层的封装。

SQLite 数据库是明文存储，在考虑安全的场景下会简单介绍使用 SQLCipher 加密去保证数据的安全性。

数据库的元（meta）数据描述了数据库中的表定义和配置信息，本章将介绍如何获取 SQLite 表的元数据信息，通过元数据信息可以方便地构造自动化程序来进行一些代码的自动生成。

37.1 FMDB 介绍

FMDB 库提供了两个核心对象 FMDatabase 和 FMDatabaseQueue 来管理和操作数据库。在单线程环境下可以直接使用 FMDatabase 操作数据库，使用 FMDatabaseQueue 可以避免多线程访问及修改数据产生的冲突。

FMResultSet 是一个查询结果集，FMDB 的主要对象类如图 37-1 所示。

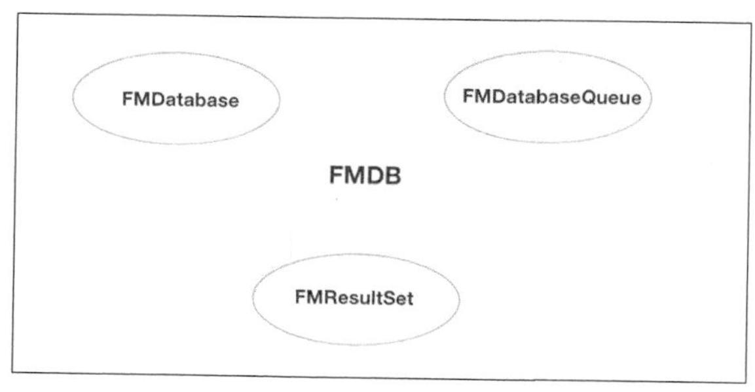

图 37-1

FMResultSet 结果集以游标的访问方式，获取数据时执行它的 next 接口，直到返回空为止。它提供了两类方便获取数据接口，即根据列的顺序索引访问和根据列的名称访问。另外，它还提供了一个数据转换接口 resultDictionary，能将当前记录转换为字典对象，里面以键/值形式存储。键为字段名，值为对应的值。

FMDB 库是基于 Objective-C 语言开发的，因此在 Swift 项目中需要增加桥接方式的引用声明后才可以使用。下面是单线程访问数据库例子的代码：

```
if let db = FMDatabase.init(path: path) {
   // 判断是否可以正常打开数据库
   if !db.open() {
      return
   }
   let sql = "select * from Person"

   // 数据查询
   if let rs = try? db.executeQuery(sql,values: nil) {
      while rs.next() {
         // 获取 key-value json 格式数据
         let jsonData = rs.resultDictionary()

         // 根据列名称获取
         let name = rs.string(forColumn: "name")
         let age = rs.int(forColumn: "age")

         // 根据表列顺序获取
         let name1 = rs.string(forColumnIndex: 0)
         let age1 = rs.int(forColumnIndex: 1)
      }
      rs.close()
   }

   // 增加数据
   let updateSQL = "insert into Person values ('jhon',10)"

   var isOK = false
   isOK = db.executeUpdate(updateSQL,withArgumentsIn: nil)
   if !isOK {
      print("insert data failed!")
   }

   // 删除数据
   let deleteSQL = "delete from Person where age > 40"

   isOK = db.executeUpdate(deleteSQL,withArgumentsIn: nil)
   if !isOK {
      print("delete data failed!")
   }
   db.close()
}
```

多线程环境使用 FMDatabaseQueue 在代码块中执行各种 SQL 操作，将上述代码直接放到块内部执行就可以了。下面是一段示例代码：

```
let queue = FMDatabaseQueue(path: path)
queue?.inDatabase({ db in
   if let rs = try? db!.executeQuery(sql,values: nil) {
      while rs.next() {
         let jsonData = rs.resultDictionary()
      }
      rs.close()
   }
})
```

FMDatabaseQueue 中创建了一个 GCD 串行队列，同一个 FMDatabaseQueue 共享同一个

FMDatabase 对象，每一个 SQL 操作都是同步执行的，因此在多线程环境下保障了数据的安全和有序的访问，如图 37-2 所示。

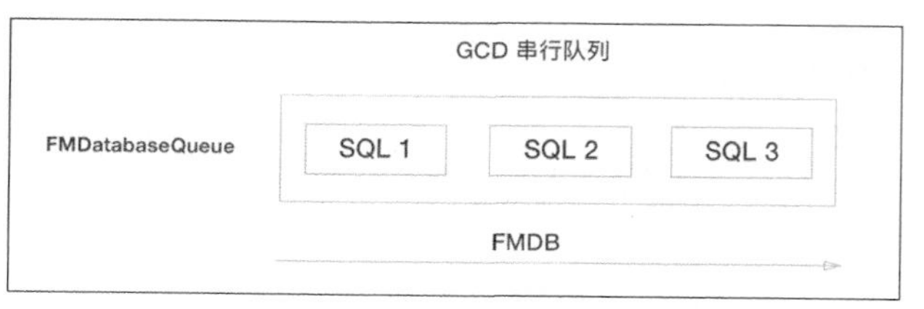

图 37-2

37.2　数据库操作接口封装

为了方便数据库管理，通过 MDatabase 数据库管理对象对 FMDatabaseQueue 进行接口封装。

DAO 是一个数据访问对象，它依赖 MDatabase 暴露的 FMDatabaseQueue 对象，提供表的增、删、改、查接口。借助于 KVC 提供的键值接口，可以对单个对象的增、删、改，同时让对象支持 MModel 对象和 Dictonary 类型。

MModel 类提供了对象级数据库操作的接口，同时它也是表数据模型类的基类。

上述对象之间的关系如图 37-3 所示。

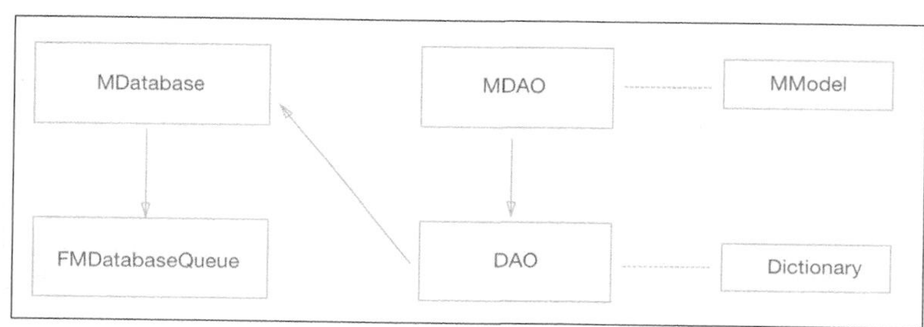

图 37-3

37.2.1　数据库管理对象

数据库管理对象 MDatabase 是一个单例对象，提供数据库打开和关闭接口，同时它对外提供一个只读类型的属性 FMDatabaseQueue。

openDBWithName 是打开数据库，是最关键的方法，主要实现以下功能。

（1）根据数据库文件名在应用的 Document 目录查找数据库文件是否存在。如果不存在，说明是第一次访问数据库，则从应用的程序资源路径将数据库文件复制到 Document 目录。

（2）以数据库全路径为参数创建一个 FMDatabaseQueue 队列 queue，如果 queue 不为空，则说明创建成功。

（3）queue 创建成功后，并不会立即创建 FMDatabase 对象打开数据库文件，FMDatabase 是懒加载创建的，只有需要执行数据库操作时才会创建一个 FMDatabase 对象并缓存起来。

MDatabase 类的实现代码如下：

```
class MDatabase: NSObject {
    var queue: FMDatabaseQueue!
    var dbName = ""
    var dbPath: URL?
```

```
    deinit {
        self.close()
    }

    private static let  sharedInstance = MDatabase()
    class var shared: MDatabase {
        return sharedInstance
    }

    func openDBWithName(dbName: String) -> Bool {
        self.dbName = dbName
        let dbPath  =  URL(fileURLWithPath: self.docPath()).appendingPathComponent(dbName)
        return self.openDBWithPath(dbPath: dbPath)
    }

    func openDBWithPath(dbPath: URL) -> Bool {
        let fileManager = FileManager.default
        let success = fileManager.fileExists(atPath: dbPath.path)
        if !success {
            let resourcePath = Bundle.main.resourcePath!
            let defaultDBPath =  URL(fileURLWithPath: resourcePath).appendingPathComponent
                (self.dbName)

            do {
                try fileManager.copyItem(at: defaultDBPath, to: dbPath)
            }
            catch let error {
                print("copy path \(dbPath.path) error \(error)")
            }

        }
        self.dbPath = dbPath
        self.queue = FMDatabaseQueue(path: dbPath.path)
        if (self.queue == nil) {
            print("\n create queue failed!")
            return false
        }
        return true
    }
}
```

37.2.2　数据访问对象

数据访问对象 DAO 接口的属性包括表名称（tableName）、字段列表（fldList）、主键集（keyList）和不包括主键的列（fldExcludeKeyList），同时还有一个弱引用的 FMDatabaseQueue 队列 queue，使用它来完成各种表的操作。

```
var tableName = "" /*table name*/
var fldList = [String]() /*all coulumn list*/
var keyList = [String]()  /*primary key coulumn list*/
var fldExcludeKeyList = [String]() /*coulumn list */
var recordsNum: Int = 0
weak var queue: FMDatabaseQueue?
```

DAO 对象对表操作提供了 4 组接口，下面只进行简单说明，详细的实现可以参考本书提供的配套示例代码。

DAO 对象实现的查询接口返回的行数据是 json 字典的格式，MDAO 继承自 DAO，返回的行数据是 MModel 对象类型。

（1）记录数和分页的相关接口。

```
func numbersOfRecord() -> Int                          // 总记录数
func pageNumberWithSize(pageSize: Int) -> Int          // 按 pageSize 做分页大小的分页数
func numbersOfRecordWithSQL(sql: String) -> Int        // 基于 SQL 查询的记录数
func pageNumberWithSQL(sql: String, pageSize: Int) -> Int     // SQL 查询后的分页数
```

（2）增删修改接口。这些接口比较简单，核心是插入和修改时 SQL 语句拼接的实现。

```
func insert(model: AnyObject) -> Bool     // 插入
func update(model: AnyObject) -> Bool     // 更新
func delete(model: AnyObject) -> Bool     // 删除
func removeAll() -> Bool     //删所有
```

下面是插入的执行流程。

① 判断表是否存在主键没有主键则退出执行。

② 如果表存在主键，但是当前数据中主键值为 0，则取查询表最大的主键值加 1 作为当前要插入记录的主键值。如果当前数据中主键值不为 0 则执行一次查询，判断要插入的记录是否已经存在。如果存在，则调用 DAO 的 update:接口。

③ 通过 mode l 对象动态构造 SQL 语句。

④ 通过 queue 执行 SQL 完成插入操作。

具体的实现代码如下：

```
func insert(model: AnyObject) -> Bool {
   let keyCount = keyList.count
   if keyCount == 0 {
      return false
   }
   if keyCount > 0 {
      let key = keyList[0]
      var keyID = (model.value(forKey: key) as! NSNumber).intValue
      if keyID == 0 {
         keyID = findMaxKey() + 1
         model.setValue(keyID, forKey: key)
      }
      else {
         if findBy(model: model) != nil {
            print("info:add \(tableName) exsist!\n")
            return update(model: model)
         }
      }
   }
   var vals = String()
   let fieldCount = fldList.count
   for i in 0..<fieldCount {
      if i != fieldCount - 1 {
         vals += "?,"
      }
      else {
         vals += "?"
      }
   }
   let fieldString = fldList.joined(separator: ",")
   let sql = "INSERT INTO \(tableName) (\(fieldString)) VALUES ( \(vals) )"
   print("insert sql= \(sql)")
   var args = [Any]()
   for mapkey in fldList{
      let value = model.value(forKey: mapkey)
```

```
      args.append(value!)
   }
   var isOK = false
   self.queue?.inDatabase({ db  in
      isOK = db!.executeUpdate(sql, withArgumentsIn: args)
      print("insert lastErrorMessage \(db!.lastErrorMessage())")
   })
   return isOK
}
```

（3）SQL 执行接口。执行 SQL 语句的 3 个接口定义如下：

```
func sqlUpdate(sql: String) -> Bool
func sqlUpdate(sql: String, withArgumentsIn args: [AnyObject]?) -> Bool
func sqlUpdate(sql: String, withParameterDictionary dics: [NSObject : AnyObject]?) -> Bool
```

（4）SQL 查询接口。

```
// 根据 SQL 查询数据
func sqlQuery(sql: String) -> [Any]?

// 根据 SQL 和分页参数查询数据
func sqlQuery(sql: String, pageIndex: Int, pageSize: Int) -> [Any]?
func sqlQuery(sql: String, withArgumentsIn args: [Any]) -> [Any]?
func sqlQuery(sql: String, withParameterDictionary dics: [String : Any]) -> [Any]?

// 查询所有数据
func findAll() -> [Any]?

// 根据主键组合的 kv 字典对象查询
func findBy(kv: [String : Any]) -> Any?

// 返回最大的主键值
func findMaxKey() -> Int

// 以 kv 字典构造查询条件来查询数据
func findByAttributes(attributes: [String : Any]) -> [Any]?

// 表数据分页查询
func findByPage(pageIndex: Int, pageSize: Int) -> [Any]?
```

37.2.3 MDAO 对象

最关键的方法是 createModel，动态地根据表名生成模型对象，使用对象的 KVC 接口 setValuesForKeys，将数据库查询得到的 json 数据转换为模型对应的属性值。相关代码如下：

```
class MDAO: DAO {
   override func sqlQuery(sql: String) -> [Any]? {
      var modles = [Any]()
      self.queue?.inDatabase({ db in
         let rs = try? db!.executeQuery(sql,values: nil)
         while rs!.next() {
            if let json = rs!.resultDictionary() {
               let model = self.createModel(json: json as! [String:Any])
               modles.append(model)
            }
         }
```

```
            rs!.close()
        })
        return modles
    }

    override func sqlQuery(sql: String, withArgumentsIn args: [Any]) -> [Any]? {
        if args.count == 0 {
            return self.sqlQuery(sql: sql)
        }
        var modles = [Any]()
        self.queue?.inDatabase({ db in
            let rs = db!.executeQuery(sql, withArgumentsIn: args)
            while rs!.next() {
                if let json = rs!.resultDictionary() {
                    let model = self.createModel(json: json as! [String:Any])
                    modles.append(model)
                }
            }
            rs!.close()
        })
        return modles
    }

    override func sqlQuery(sql: String, withParameterDictionary dics: [String : Any]) -> [Any]? {
        let count = dics.keys.count
        if  count == 0 {
            return self.sqlQuery(sql:sql)
        }
        var modles = [Any]()
        self.queue?.inDatabase({ db  in
            let rs =  db!.executeQuery(sql, withParameterDictionary: dics)
            while rs!.next() {
                if let json = rs!.resultDictionary() {
                    let model = self.createModel(json: json as! [String:Any])
                    modles.append(model)
                }
            }
            rs!.close()
        })
        return modles
    }

    func createModel(json: [String:Any])-> MModel {
        let className = Bundle.main.infoDictionary!["CFBundleName"] as! String + "." + self.
          tableName
        let aClass = NSClassFromString(className) as! MModel.Type
        let model = aClass.init()
        model.setValuesForKeys(json)
        return model
    }
}
```

37.2.4 数据模型对象

数据模型对象 MModel 有些类似于 Core Data 中的模型对象或者活动记录（Active Record），MModel 对象可以透明地完成增删改的操作，不需要与底层的数据库接口有任何交互。

下面是 MModel 的代码实现：

```
class MModel: NSObject {
    override required init() {
        super.init()
    }
    lazy var dao: MDAO = {
        print("\(type(of: self))")
        print("\(self.className)")
        let className = "\(self.className)DAO"
        let aClass = NSClassFromString(className) as! MDAO.Type
        return aClass.init()

    }()

    func save() {
        _ = self.dao.insert(model: self)
    }

   func update() {
      _ = self.dao.update(model: self)
   }

   func delete() {
      _ = self.dao.delete(model: self)
   }
}
```

37.2.5 具体使用

下面以 SQLite 数据库中的一个表 Person 为例来进行简单说明。

创建 Person 表的 SQL 语句如下:

```
CREATE TABLE Person ("id" INTEGER NOT NULL, "name" VARCHAR , "address" VARCHAR ,
   "age" INTEGER ,PRIMARY KEY ( "id" ))
```

Person 表对应的数据模型类定义如下：

```
class Person: MModel {
   var id: Int = 0
   var name: String?
   var address: String?
   var age: Int = 0

   convenience init(dictionary: [String : AnyObject]) {
      self.init()
      self.setValuesForKeys(dictionary)
   }
}
```

PersonMDAO 的定义和实现在 init 方法中要定义好表名、主键以及除主键外的其他列名，代码如下：

```
class PersonDAO: MDAO {
   required init() {
      super.init()
      self.tableName = "Person"
      self.fldList = ["id", "name", "address", "age"]
      self.keyList = ["id"]
```

```
        let allFieldSet = NSMutableSet(array: self.fldList)
        let keyFieldSet = NSSet(array: self.keyList)
        allFieldSet.minus(keyFieldSet as Set<NSObject>)
        self.fldExcludeKeyList = allFieldSet.allObjects as! [String]
        print ("fldExcludeKeyList = \(self.fldExcludeKeyList)")
    }
}
```

MDatabase 使用非常简单，打开数据库，实例化表模型的 DAO 对象，执行查询方法获取结果集。下面是一段示例代码：

```
if MDatabase.shared.openDBWithName(dbName: dbName) {
    let personDAO = PersonDAO()

    // 查询所有记录
    var persons = personDAO.findAll()
    for person in persons! {
        let p = person as! Person
        print("person \(person)")
        print("address \(p.address)")
        print("name \(p.name)")
    }

    // 修改所有 person 对象的名字并保存
    for person in persons! {
        let p = person as! Person
        p.name = "111"
        p.save()
    }

    // 根据名字查询
    persons = personDAO.findByAttributes(attributes: ["name":"to"])

    for person in persons! {
        let p = person as! Person
        print("name \(p.name)")
    }

    // 根据主键查询
    let person = personDAO.findBy(kv: ["id":13]) as! Person
    print("name \(person.name)")
}
```

37.3 数据库加密

使用 FMDB 创建管理的数据库文件是明文的，意味着只要有这个文件，任何人都可以使用 SQLite 数据库管理工具打开文件查看其内容。在一些安全性要求高的场景下，出于保密的考虑需要对数据库文件进行加密处理。

37.3.1 获取支持加密的 SQLite3 版本

SQLCipher 是支持 256 位 AES 加密的 SQLite 扩展库，从 GitHub 上下载 sqlcipher 项目，解压后进入 sqlcipher 目录，然后新建一个子目录 sqlite3，在控制台命令行模式，进入 sqlite3 子目录，执行下面的 configure 和 make 两个命令：

```
../configure --enable-tempstore=yes CFLAGS="-DSQLITE_HAS_CODEC"
make
```

执行完成后在 sqlite3 目录找到 sqlite3.h 和 sqlite3.c 两个文件。新建一个工程为 FMDBEncrypt，加入 fmdb 库，同时将上面两个文件加到工程中。

如图 37-4 所示，修改工程的 Build Setting 中的 Other C Flags，双击 Other C Flags 输入区，输入下面的参数：

```
$(inherited) -DSQLITE_HAS_CODEC -DSQLITE_HAS_CODEC -DSQLITE_TEMP_STORE=2 -DSQLITE_THREADSAF
E -DSQLCIPHER_CRYPTO_CC
```

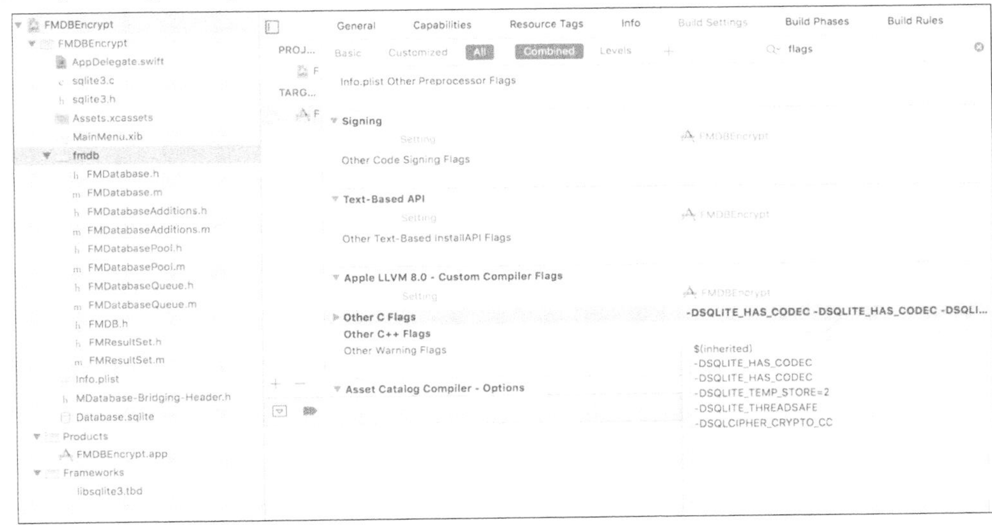

图 37-4

运行工程，编译成功。

37.3.2 加密数据库

对于已经存在的未加密的数据库，可以使用 SQLCipher 提供的函数创建一个新的空数据库，然后把原来的数据库 attach 到新数据库，将数据迁移到加密后的新数据库。

下面的代码中定义了 OpaquePointer 类型的 C 语言的指针_handle，作为打开的 SQLite3 数据库的句柄指针：

```
let kDBKEY           = "dfgdgf"
let kDBName          = "Database.sqlite"
let kDBEncryptName   = "DatabaseEn.sqlite"

@NSApplicationMain
class AppDelegate: NSObject, NSApplicationDelegate {
   @IBOutlet weak var window: NSWindow!
   public var handle: OpaquePointer? { return _handle }
   private var _handle: OpaquePointer?

   func applicationDidFinishLaunching(_ aNotification: Notification) {
      // Insert code here to initialize your application

      let resourcePath = Bundle.main.resourcePath!
      let originalDBPath =  URL(fileURLWithPath: resourcePath).appendingPathComponent
        (kDBName).path
```

```
        let paths = NSSearchPathForDirectoriesInDomains(.documentDirectory, .userDomainMask, true)
        let newPath =  URL(fileURLWithPath: paths[0]).appendingPathComponent(kDBEncryptName).path

        let sql  = " SELECT * FROM Person "

        if let db = FMDatabase.init(path: originalDBPath) {

            if !db.open() {
                return
            }
            // 未加密的数据库表数据显示
            if let rs = try? db.executeQuery(sql,values: nil) {
                while rs.next() {
                    let jsonData = rs.resultDictionary()!
                    print(jsonData)
                }
            }

            if db.goodConnection() {
                // 关键流程，将未加密数据库内容导入一个新建的加密库
                let SQL = "ATTACH DATABASE  '\(newPath)' AS encrypted KEY '\(kDBKEY)' ;"
                if sqlite3_open(originalDBPath, &_handle) == SQLITE_OK {
                    sqlite3_exec(_handle,SQL,nil,nil,nil)
                    sqlite3_exec(_handle, "SELECT sqlcipher_export('encrypted');", nil, nil, nil);
                    sqlite3_exec(_handle, "DETACH DATABASE encrypted;", nil, nil, nil);
                    sqlite3_close(_handle);
                    print("newPath \(newPath)");
                }
            }
        }
    }
}
```

37.3.3 操作加密数据库

操作加密数据库之前都需要设置键，代码如下：

```
if let enDB = FMDatabase.init(path: newPath) {
    if !enDB.open() {
        return
    }
    else {
        enDB.setKey(kDBKEY)
    }

    if let rs = try? enDB.executeQuery(sql,values: nil) {
        while rs.next() {
            let jsonData = rs.resultDictionary()
            print(jsonData)
        }
    }
}
```

37.4 获取 SQLite 元数据

数据库的元数据中描述了所有的 schema 信息，包括表的定义、每个字段的数据类型的定义

信息。SQLite 数据库提供了专门的 SQL 语句来获取元数据。

我们需要将获取的元数据信息存储以备后用，因此先定义表和字段的数据模型类。

（1）定义表元数据模型类 TableInfo，包括表名、字段列表、主键列表。TableInfo 定义如下：

```
class TableInfo: NSObject {
   /** 表名 */
   var name = ""
   /** 表列 */
   var fields = [FieldInfo]()
   /** 表主键 */
   var keys = [FieldInfo]()
}
```

（2）定义字段元数据模型类 FieldInfo，包括字段名称、数据库类型、swift 类型、是否为主键，剩余的 is 开头的布尔类型的属性只是为了方便支持代码生成而增加的存储属性，FieldInfo 定义如下：

```
class FieldInfo: NSObject {
   var name = ""               // 字段名称
   var type: String = ""       // 字段数据库类型
   var defaultVal = ""         // 默认值
   var isNULL = false          // 是否为空
   var isKey = false           // 是否为主键

   // 字段数据库类型对应的 swift 类型
   var swiftType: String {
      get  {
         return TypeKit.swiftType(self.type.uppercased())!
      }
   }

   // 数值类型
   var isSimpleType: Bool {
      get  {
         return TypeKit.isSimpleType(self.type.uppercased())
      }
   }

   // 对象类型
   var isObjectType: Bool {
      get  {
         return TypeKit.isObjectType(self.type.uppercased())
      }
   }

   var isBOOL: Bool {
      get  {
         return self.type == "BOOL"
      }
   }

   var isINTEGER: Bool {
      get  {
         return self.type == "INT" || self.type == "INTEGER"
      }
   }
}
```

为了统一管理数据库表对象，我们还需要定义数据库信息对象 DatabaseInfo，包括存储数据库名称、路径和所有表元数据信息，DatabaseInfo 定义如下：

```
class DatabaseInfo: NSObject {
   var dbName = ""
   var dbPath = ""
   var tables = [TableInfo]()

   func tableInfo(withName tableName: String) -> TableInfo? {
      for table: TableInfo in self.tables {
         if (table.name == tableName) {
            return table
         }
      }
      return nil
   }
}
```

下面讲一下元数据的获取。

SQLite 数据库中表 sqlite_master 存储了元数据信息，查询表信息的 SQL 如下：

```
SELECT * FROM sqlite_master where type = 'table'
```

查询表信息的 SQL 如下：

```
PRAGMA table_info (表名)
```

这里在之前的 MDatabase 的基础上增加一个 Meta 扩展，提供 tables 接口来查询表的基本信息。相关实现代码如下：

```
extension MDatabase {
   func tables() -> [TableInfo]? {
      var tables = [TableInfo]()
      self.queue.inDatabase({ db in
         let sql = "SELECT * FROM sqlite_master where type = 'table' "
         var rs: FMResultSet?
         do {
            rs = try db!.executeQuery(sql,values: nil)
         }
         catch let error {
            print("error \(error)")
            return
         }

         while rs!.next() {
            let tableName = rs?.string(forColumn: "tbl_name")
            let table = TableInfo()
            table.name = tableName!
            tables.append(table)
         }
         rs?.close()

         for table: TableInfo in tables {
            let tableSQL = " PRAGMA table_info ( \(table.name) ) "
            var rs: FMResultSet?
            do {
               rs = try db!.executeQuery(tableSQL,values: nil)
            }
            catch let error {
               print("error \(error)")
```

```
                continue
            }

            var fields = [FieldInfo]()
            var keys = [FieldInfo]()
            while rs!.next() {
                // NSDictionary *dict = [rs resultDictionary];
                let field = FieldInfo()
                let fName = rs?.string(forColumn: "name")
                let fType = rs?.string(forColumn: "type")
                let defaultV = rs?.string(forColumn: "dflt_value")
                let isKey = rs?.bool(forColumn: "pk")
                let isNULL = rs?.bool(forColumn: "notnull")
                field.name = fName!
                field.type = fType!
                field.defaultVal = defaultV!
                field.isKey = isKey!
                field.isNULL = isNULL!
                fields.append(field)
                if field.isKey {
                    keys.append(field)
                }
            }
            rs?.close()
            table.fields = fields
            table.keys = keys
        }
    })
    return tables
  }
}
```

将查询到的 Person 表元数据信息转换为 JSON 字典，里面包括创建表的 SQL、表名和类型信息。

```
{
   name = Person;
   rootpage = 2;
   sql = "CREATE TABLE Person (\"id\" INTEGER NOT NULL,\"name\" VARCHAR ,\"address\" VARCHAR ,
      \"age\" INTEGER ,PRIMARY KEY ( \"id\" ))";
  "tbl_name" = Person;
   type = table;
}
```

主键列信息的 JSON 信息，里面是每个列的元数据信息：

```
{
   cid = 0;
   "dflt_value" = "<null>";
   name = id;
   notnull = 1;
   pk = 1;
   type = INTEGER;
}
```

37.5 模板引擎

模板引擎是一种通用的处理框架，它可以将重复、类似的文件定义为模板文件，抽取其中变化的部分定义成变量。每次只需要传入不同的变量即可自动生成固定格式的文件。

37.5.1　Xcode 中的模板

Xcode 实际上就是使用模板来帮助我们生成各种应用的框架代码和类文件代码。打开 Xcode 安装目录里面的 Templates 路径，可以看到不同平台的模板文件。

Mac 的模板路径为：

```
/Applications/Xcode.app/Contents/Developer/Library/Xcode/Templates/File Templates/Source
```

iOS 的模板路径为：

```
Contents/Developer/Platforms/iPhoneOS.platform/Developer/Library/Xcode/Templates/Templates
/Source
```

进入 iOS 平台的模板路径中，会看到很多 iOS 的类模板文件，找到 UITableViewControllerSwift 的模板文件__FILEBASENAME__.swift，打开文件，内容如图 37-5 所示。

```
__FILEBASENAME__.swift 〉No Selection
//
//  ___FILENAME___
//  ___PROJECTNAME___
//
//  Created by ___FULLUSERNAME___ on ___DATE___.
//___COPYRIGHT___
//

import UIKit

class ___FILEBASENAMEASIDENTIFIER___: ___VARIABLE_cocoaTouchSubclass___ {

    override func viewDidLoad() {
        super.viewDidLoad()

        // Uncomment the following line to preserve selection between presentations
        // self.clearsSelectionOnViewWillAppear = false

        // Uncomment the following line to display an Edit button in the navigation bar for
            this view controller.
        // self.navigationItem.rightBarButtonItem = self.editButtonItem()
    }

    override func didReceiveMemoryWarning() {
        super.didReceiveMemoryWarning()
        // Dispose of any resources that can be recreated.
    }

    // MARK: - Table view data source

    override func numberOfSections(in tableView: UITableView) -> Int {
        // #warning Incomplete implementation, return the number of sections
        return 0
    }

    override func tableView(_ tableView: UITableView, numberOfRowsInSection section: Int) ->
        Int {
        // #warning Incomplete implementation, return the number of rows
        return 0
    }
```

图 37-5

注意，这个文件中抽取出了 UITableViewController 类的基本公共内容。两个文件中有很多_样式的字符串，是每次需要动态替换的部分。具体来说，就是文件名、类名、工程名、作者、日期、版权说明、包含的文件等。

37.5.2　模板引擎处理流程

Cocoa 中有很多开源模板项目，MGTemplateEngine 和 DMTemplateEngine 都是优秀的模板处理框架。下面我们以 DMTemplateEngine 为例来说明如何使用它来实现一个代码生成器。

模板引擎的处理流程如下。

（1）引擎加载模板文件。

（2）使用配置参数数据对模板进行渲染。

（3）输出生成的新文件。

渲染的过程就是使用配置的参数数据对模板文件进行参数替换，输出新的处理结果。

DMTemplateEngine 详细的参数定义请参考源 github 项目中对它的介绍。DMTemplateEngine 中模板的参数定义格式为{% ×××× %}，××××为参数名。下面来看看如何通过 DMTemplateEngine 引擎来进行模板化处理。

```
let engine = DMTemplateEngine()
engine.template = "Hello, my name is {% firstName %}."      // 加载模板
var templateData = [String : AnyObject]()
templateData["firstName"] = "Dustin" as AnyObject?          // 参数设置
let renderedTemplate = engine.renderAgainst(templateData)   // 渲染
```

渲染后的结果如下：

```
Hello, my name is Dustin.
```

37.6 表模型自动化代码生成

前面的几节已经完成了数据库/表元数据的获取，那么结合模板引擎处理技术，可以自动化地生成表模型代码。

下面开发一个 SQLite 数据库表属性模型的生成器，演示一下 DMTemplateEngine 的具体使用。

37.6.1 模板文件定义

先从表模型代码开始，分析代码中有规律变化的部分，确定出模板中的参数，定义出模板文件。

Person.swift 文件代码如下：

```
//
// Person.swift
// Demo
//
// Created by MacDev on 2016-06-09.
// Copyright © 2016年www.macdev.io. All rights reserved.
//

import Cocoa
class Person: MModel {
   var Int: id?
   var String: name?
   var String: address?
   var Int: age?
   convenience init(dictionary: [String : AnyObject]) {
      self.init()
      self.setValuesForKeys(dictionary)
   }
}
```

类名、工程名、作者、创建时间、版权人部分都定义为模板参数。

类的属性部分通过 DMTemplateEngine 的循环语句，获取每个字段的名称和类型，可以动态循环生成属性变量。

下面是根据 Person 类头文件定义的模板文件 Model.txt：

```
//
// {% table.name %}.swift
// {%Project%}
//
// Created by {%Author%} on {%CreateDate%}.
// Copyright © 2016年{%CopyRights%}. All rights reserved.
//

import Cocoa
class {% table.name %}: MModel {
{% foreach(field in table.fields) %}
   var {% field.swiftType %}: {% field.name %}?
{% endforeach %}

   convenience init(dictionary: [String : AnyObject]) {
      self.init()
      self.setValuesForKeys(dictionary)
   }
}
```

37.6.2 代码实现

整个流程为加载模板文件、配置参数、渲染模板，最后生成代码，代码如下：

```
class CodeGenerate: NSObject {
   func makeCode() {
      let tables = MDatabase.shared.tables() as [TableInfo]?
      if (tables?.count)! <= 0 {
         return
      }
      let engine = DMTemplateEngine.engine() as! DMTemplateEngine
      let template = self.loadModelTempalte(name: "Model.txt")

      for table  in tables! {
         let templateData = self.templateParametersWithTable(table: table)
         // 从文件加载头文件模板
         engine.template = template
         // 头文件源码渲染并写入文件
         let renderedHeadTemplate = engine.renderAgainst(templateData)
         print("renderedHeadTemplate\n \(renderedHeadTemplate) ")
         let headFileName = "\(table.name).swift"
         self.createFileWithName(fileName: headFileName, withFileConten: renderedHeadTemplate!)
      }
   }

   // 加载模板
   func loadModelTempalte(name: String) -> String? {
      let resourcePath = Bundle.main.resourcePath!
      let url =  URL(fileURLWithPath: resourcePath).appendingPathComponent(name).path
      let content = try? String(contentsOfFile: url)
      return  content
   }

   // 配置模板参数
```

```
    func templateParametersWithTable(table: Any) -> [String : Any] {
        var templateData = [String : Any]()
        // 参数设置
        templateData["table"] = table
        templateData["Project"] = "Demo"
        templateData["Author"] = "MacDev"
        templateData["CreateDate"] = "2016-06-09"
        templateData["CopyRights"] = "www.macdev.io"
        return templateData
    }

    // 创建文件
    func createFileWithName(fileName: String, withFileConten content: String) {
        let fm = FileManager.default
        let paths = NSSearchPathForDirectoriesInDomains(.documentDirectory, .userDomainMask,
            true)
        let documentsDirectory = paths[0]
        let fileOutPath = URL(fileURLWithPath: documentsDirectory).appendingPathComponent
            (fileName).path
        // 创建输出文件
        fm.createFile(atPath: fileOutPath, contents: nil, attributes: nil)

        try? content.write(toFile: fileOutPath, atomically: true, encoding: String.Encoding.utf8)
    }
}
```

利用同样的思路可以自动生成实现表数据操作的 DAO 代码，这个留给读者自行完成。

第 38 章

开发一个完整的 macOS 应用

万事开头难，行动起来吧！投入时间和精力学习，并开始做，无须学完所有的理论知识，可以边学边做，实现一个应用实际上并不难！

38.1 制定目标

思考开发的应用主要解决什么问题？做 macOS 应用开发的无外乎是下面几类人。

- 听说 macOS 应用很赚钱，寻找商业机会的。
- 做个工具软件，解决自己学习或工作中的痛点问题，提升效率的。
- 做公司商业软件的 macOS 版本的。
- 纯粹是个人兴趣爱好，做一个 macOS 应用玩的。
- 学完了基本技术，不知道要做什么的。

没有明确的目标，建议每天去浏览 Mac App Store 付费/免费应用下载排行榜，看看别人在做什么，市场上流行哪些应用，有哪些经典应用？找到一个自己感兴趣的应用，瞄准它，就照着做吧！

当然不能做低级的复制了，想想自己在哪些方面可以做得更好，更接地气，至少要有些微创新。练练技术，培养一下市场感觉，没准儿一个实用的应用就诞生了！

总之，需要明确要做什么应用，这个应用需要完成哪些功能。

38.2 开发自己的应用

我们以开发一个管理 SQLite 数据库的小应用 SwiftSQLiteApp，一步步地说明一个完整应用的开发过程。

使用 Xcode 创建一个工程，取名为 SwiftSQLiteApp，勾选 Storyboard 的选项完成创建。

38.3 主界面设计

数据库和表之间是一个层级关系，因此很自然地想到可以使用大纲视图（Outline View）来展示这种关系。分栏视图控制器（Split View Controller）可以方便地实现 Master-Detail 这种关系的布局，左边对应数据库列表导航页面，右边为当前表的详细信息页。

对于每个表，我们希望能浏览它的数据，查看它的表结构信息，执行特定的 SQL 查询，这

3 种不同的操作可以对应到不同选项卡页面去管理。

这个 App 的主要控制器之间的逻辑关系如图 38-1 所示。

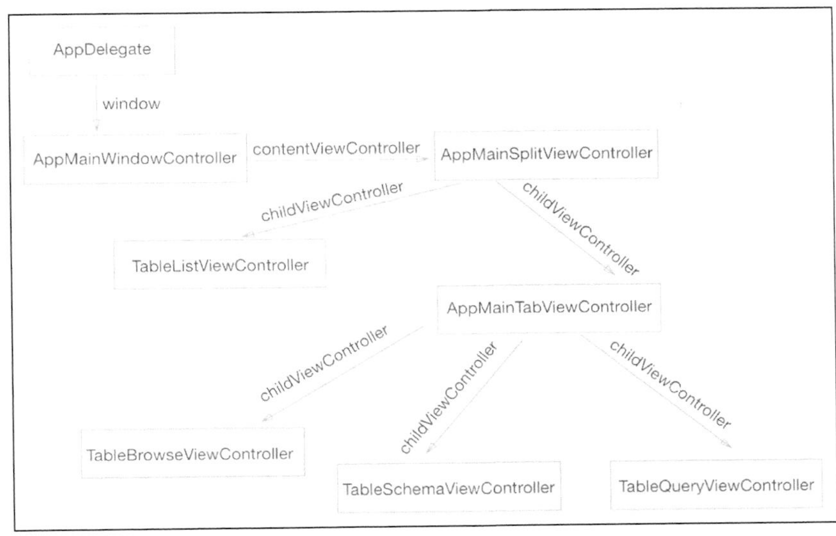

图 38-1

38.3.1 主窗口控制器

Storyboard 模式的工程由 NSApplication 加载 Initial Controller 即主应用控制器 WindowController 完成启动，在这个例子中修改类名为 AppMainWindowController。

在 AppMainWindowController 中，主要是将它的 contentViewController 配置为 AppMainSplitViewController 类实例，同时对它的窗口风格进行了标题栏背景透明化，隐藏了窗口的标题栏设置。隐藏标题栏的情况下，函数 setWindowTitleImage 中的窗口标题栏上的图标和标题设置是无效的。

AppMainWindowController 实现的代码如下：

```
class AppMainWindowController: NSWindowController {
   lazy var splitViewController: AppMainSplitViewController = {
      let vc = AppMainSplitViewController()
      return vc
   }()

   override func windowDidLoad() {
      super.windowDidLoad()
      self.configWindowStyle()
      self.setWindowTitleImage()
      self.contentViewController = self.splitViewController
   }

   func configWindowStyle() {
      // Toolbar 与 titleBar 融合在一起显示
      self.window?.titleVisibility = .hidden;
      // 透明化
      self.window?.titlebarAppearsTransparent = true
      // 设置背景颜色
      self.window?.backgroundColor = NSColor.white
   }
```

```
    override var windowNibName: NSNib.Name? {
        return NSNib.Name("AppMainWindowController")
    }

    func setWindowTitleImage(){
        self.window?.representedURL = URL(string:"WindowTitle")
        self.window?.title = "SQLiteApp"
        let image = NSImage(named: "windowIcon")
        self.window?.standardWindowButton(.documentIconButton)?.image = image
    }
}
```

38.3.2　分栏页面控制器

分栏页面控制器的创建过程如下。

（1）创建一个类，命名为 AppMainSplitViewController，使用 xib 方式，继承自 NSSplitViewController。

（2）创建两个类，分别命名为 TableListViewController 和 AppMainTabViewController，使用 xib 方式，TableListViewController 继承自 NSViewController，而 AppMainTabViewController 继承自 NSTabViewController。

（3）配置 AppMainSplitViewController 的子控制器：在 AppMainSplitViewController 中增加 setUpControllers 和 configLayout 方法，setUpControllers 通过 addChildViewController 方法实现增加子视图控制器到 AppMainSplitViewController。configLayout 方法使用作者开发的 AutoLayoutX 库（参见 8.7.4 节的使用第三方库 AutoLayoutX）增加左右分栏视图的约束。

AppMainSplitViewController 实现的代码如下：

```
class AppMainSplitViewController: NSSplitViewController {
    lazy var tableListViewController: TableListViewController = {
        let vc = TableListViewController()
        return vc
    }()

    lazy var appMainTabViewController: AppMainTabViewController = {
        let vc = AppMainTabViewController()
        return vc
    }()

    override func viewDidLoad() {
        super.viewDidLoad()
        self.setUpControllers()
        self.configLayout()
    }

    func setUpControllers() {
        self.addChildViewController(self.tableListViewController)
        self.addChildViewController(self.appMainTabViewController)
    }

    func configLayout() {
        // 设置左边视图的宽度最小为 100，最大为 300
        self.tableListViewController.view.width >= 100
        self.tableListViewController.view.width <= 300
```

```
        // 设置右边视图的宽度最小为 300，最大为 2000
        self.appMainTabViewController.view.width >= 300
        self.appMainTabViewController.view.width <= 2000
    }
}
```

运行后的界面如图 38-2 所示。

图 38-2

38.3.3　左边导航列表页的设计与实现

数据库导航列表是一个层级导航结构，分为数据库和表两种不同的节点类型，页面的界面原型如图 38-3 所示。

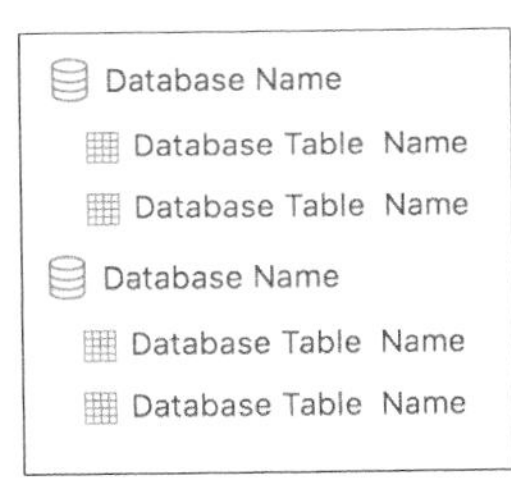

图 38-3

界面上用到的所有图标图片都需要在工程的 Assets.xcassets 中提前加入。

拖放一个 Outline View 到 TableListViewController.xib 界面上，系统默认生成的基于视图的 Outline View 有两列，这里只需要一列，删除另外一列。不需要显示表头部分，因此从右边属性面板去掉 Header 勾选。设置 Table Column 的 identifier 为 name。

1. Database Cell 视图设计

选择 Table Cell View，从右下边控件箱选择一个 Image View 拖放到 Table Cell View。这样从左边 xib 导航树上看到 Table Cell View 有两个子视图元素，如图 38-4 所示，修改树节点 Image View 名称为 DB Image View，修改 Table Cell View 名称为 DB Name View Cell。如图 38-4 左下角树状结构中所示，这两个元素可以上下拖动调整顺序，保证 DB Image View 节点在树中位于 DB Name View Cell 上方即可。

设置 DB Name View 的 Identifier 为 database，修改 DB Image View Cell 文本标签的 Title 为 Database Name，选择 DB Image View，设置它的 image 为 database 图标。

调整 Image View 的高度和宽度都为 20，如图 38-5 所示。

点击选中 Cell 拖动 xib 界面上中间的小矩形，调整 Tabel Cell View 的高度为 32。在 Tabel Cell View 中分别点击选择 Image View 和 Label，上下调整位置使其垂直方向居中，如图 38-6 所示。

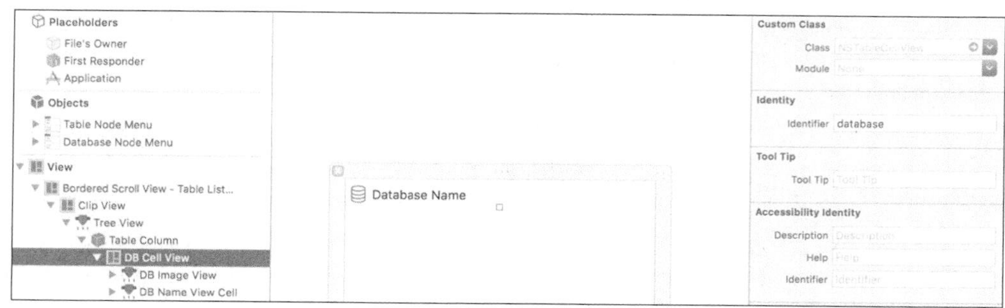

图 38-4

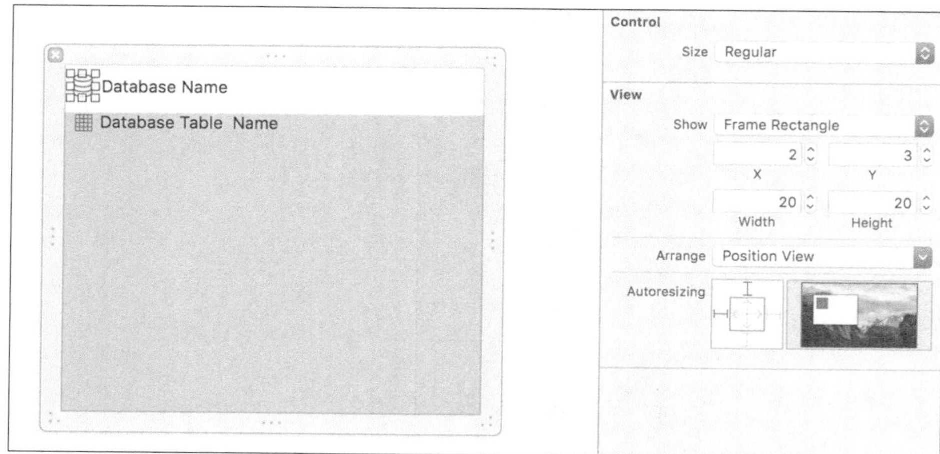

图 38-5

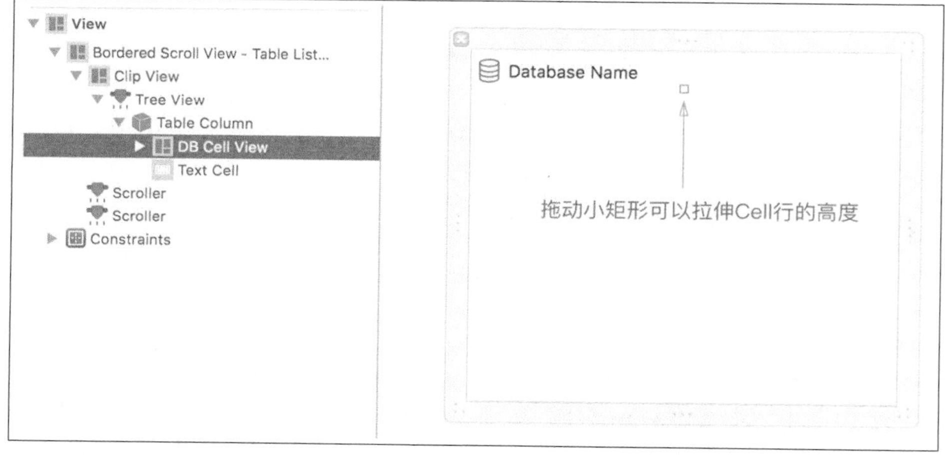

图 38-6

双击修改 Table Cell View 名称为 DB Cell View，它的子视图也进行名称修改，如图 38-7 所示。

2．Database Table Cell 视图设计

从 xib 文件导航树中选择 DB Cell View，按下 Command+C 组合键进行复制，再按下 Command+V 组合键进行粘贴。复制一个 Cell 视图，双击修改节点名称为 DBTable Cell View。同样地修改子视图为 DBTable Image View 和 DBTable Name View Cell。在视图内部拖动调整 Image View 和 Table Name 子视图的位置，向右边缩进一定的距离。

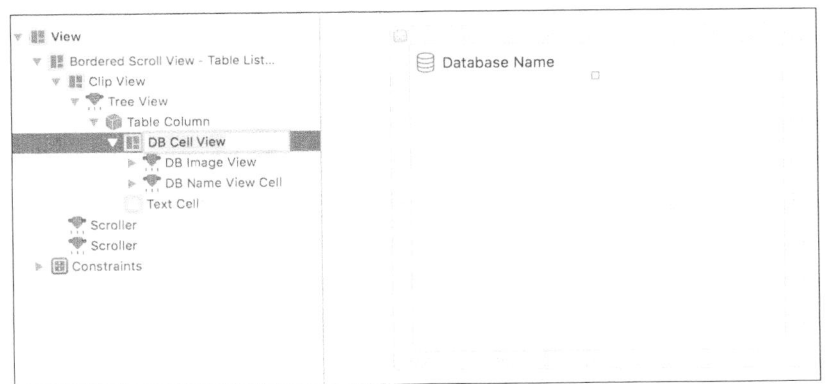

图 38-7

点击 DBTable Cell View，在右侧属性面板中设置 Identity 为 table，如图 38-8 所示。

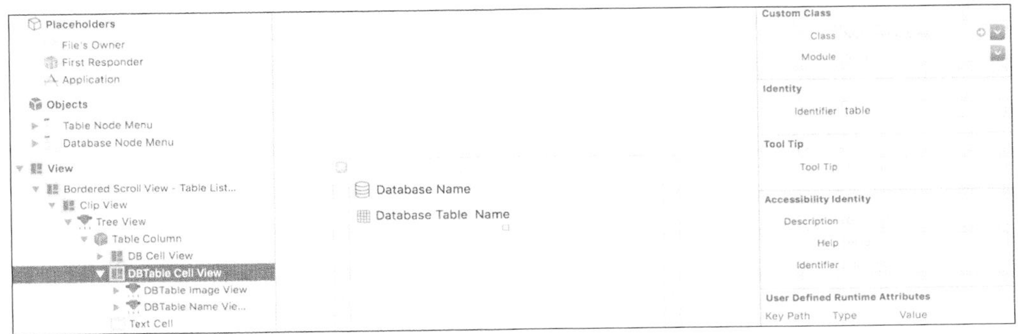

图 38-8

在 xib 界面中点击选择 Scroll View，拖动 4 个方向使它占满整个视图，点击 autoLayout 的 Pin 工具按钮，设置 4 个方向空距均为 0，点击 Add 4 Constraints，完成自动布局约束的添加，如图 38-9 所示。

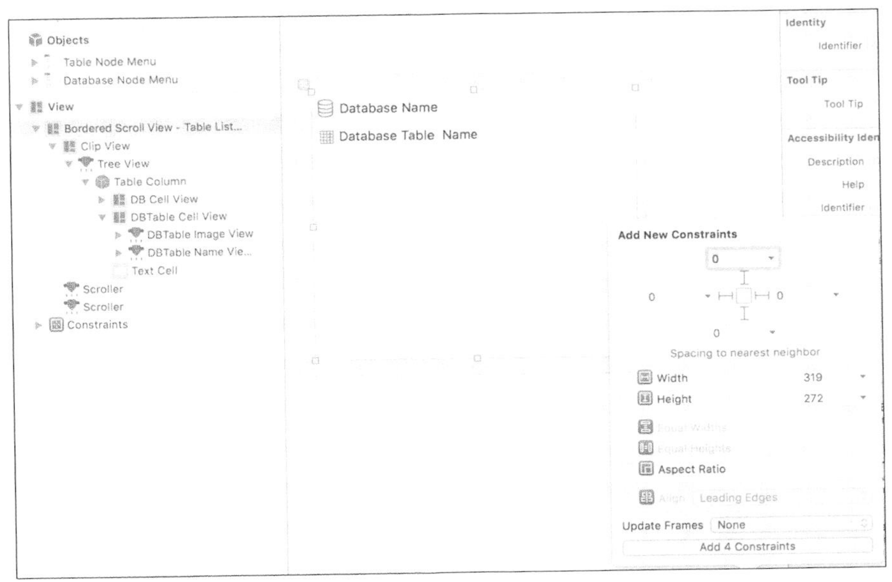

图 38-9

至此，已经完成了 TableListViewController.xib 界面的设计。这个界面设计中最关键的一点是要搞清楚 Table Column 和 Cell View 的 Identifier 的不同，在 Outline View 的 Delegate 中加载数据时会用到它们。

38.3.4 分栏右部界面

分栏右边整体是一个标签页视图控制器，将其命名为 AppMainTabViewController，然后界面使用 xib 方式，创建 3 个子控制器 TableBrowseViewController、TableSchemaViewController 和 TableQueryViewController（均继承自 TableDataNavigationViewCon troller），并将这 3 个子控制器配置为 AppMainTabViewController 的子控制器。

在 AppMainTabViewController 中完成各个子控制器的配置，代码如下：

```
class AppMainTabViewController: NSTabViewController {
   override func viewDidLoad() {
      super.viewDidLoad()
      self.addChildViewControllers()
   }

   func addChildViewControllers() {
      let dataViewController = TableBrowseViewController()
      dataViewController.title = "Browse"

      let schemaViewController = TableSchemaViewController()
      schemaViewController.title = "Schema"

      let nibName = NSNib.Name("TableQueryViewController")
      let queryViewController = TableQueryViewController(nibName: nibName, bundle: nil)
      queryViewController.title = "Query"

      self.addChildViewController(dataViewController)
      self.addChildViewController(schemaViewController)
      self.addChildViewController(queryViewController)
   }
}
```

运行后的界面如图 38-10 所示，右边 3 个标签页 Browse、Schema 和 Query 分别对应表数据浏览、表结构和 SQL 查询 3 个子视图。

图 38-10

完成了主框架界面后，接下来开始 Browse、Schema 和 Query 这 3 个标签页页面的具体设计。

38.3.5　详细界面设计

Browse 界面上半部分是一个表视图，底部是一个自定义的工具按钮即数据导航视图（参见第 33 章数据导航视图），如图 38-11 所示。底部工具按钮布局视图，根据不同的需要配置不同的按钮，实现事件响应方法即可。

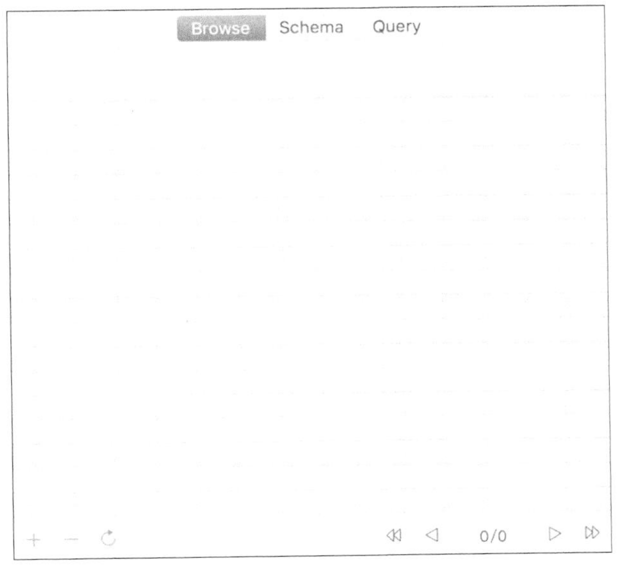

图 38-11

Schema、Query 界面也是类似的结构，分别如图 38-12 和图 38-13 所示。

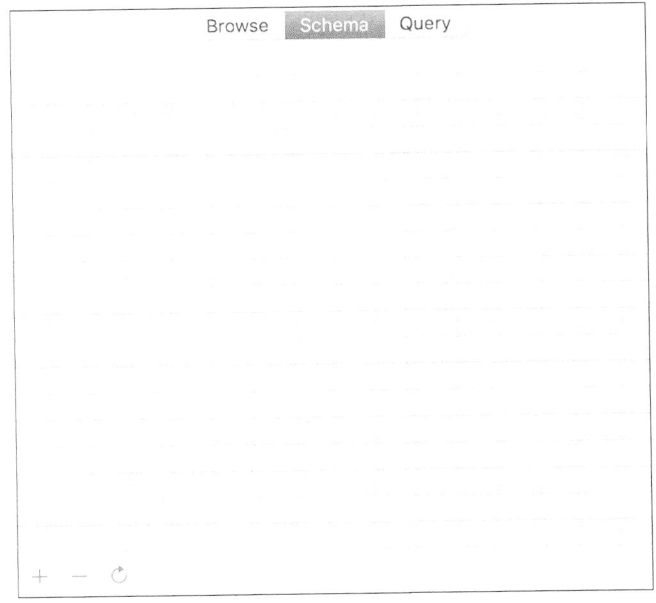

图 38-12

但是表视图在 Browse、Schema 和 Query 这 3 个视图控制器中的实现上各有不同。Browse

是一个动态表，它的列是运行时创建的，Schema 显示数据库表的结构是一个固定列的表格。Browse 和 Schema 界面这种比较简单的视图是在基类的空 xib 界面上通过纯代码创建的，而 Query 界面元素较多，因此采用子类独立的 xib 界面布局的设计方式完成。

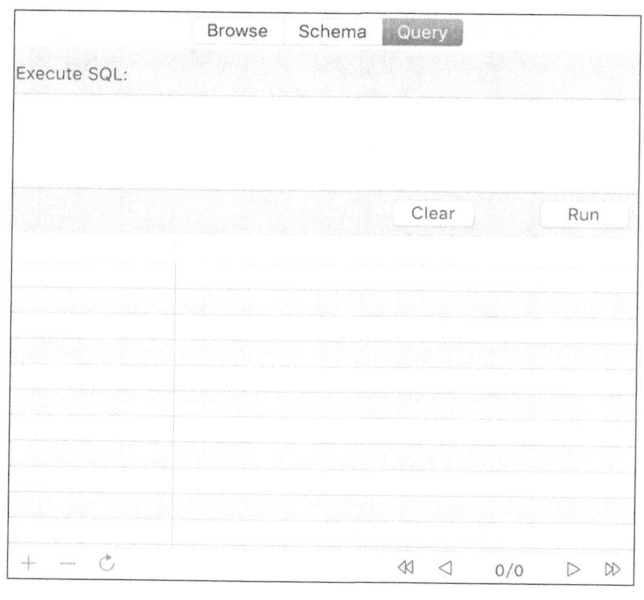

图 38-13

38.4 工具栏设计

为了方便数据库的管理，需要增加几个快捷功能入口，这可以通过工具栏来实现。

点击选择 AppMainWindowController 的界面，从工具箱拖放一个 Toolbar 控件到窗口，Xcode 会自动把它放在窗口的顶部。点击文件导航树 Window 上新建的 Toolbar，进入它的设计界面。从 Toolbar 的 Allowed Toolbar Items 删除几个默认的项，只留下固定的 Space 项。从控件工具箱拖放 3 个 Image Toolbar Item 和 1 个 Label 控件。对 3 个 Image Toolbar Item 分别命名和加入图片图标，修改 Label 控件文字为 SQLiteApp，再将其按顺序拖入 Default Toolbar Items 区域完成设计，如图 38-14 所示。

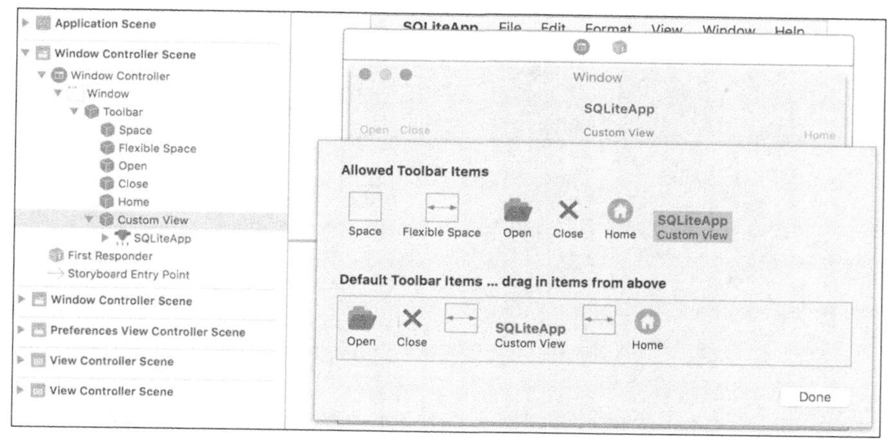

图 38-14

Open 按钮实现打开数据库的功能，Close 为关闭当前数据库，Home 是一个链接，指向 App 的支持站点。把每个按钮的 action 方法分别与代码中定义的对应的 IBAction 方法绑定即可。

AppMainWindowController 中实现的 3 个 Action 方法如下：

```
var openFileDlg = NSOpenPanel()
@IBAction func openDBActionClicked(_ sender: AnyObject) {
   openFileDlg.canChooseFiles = true
   openFileDlg.canChooseDirectories = false
   openFileDlg.allowsMultipleSelection = false
   openFileDlg.allowedFileTypes = ["sqlite"]

   openFileDlg.begin(completionHandler: { [weak self] result in

      if(result.rawValue == NSFileHandlingPanelOKButton){
         let fileURLs = self?.openFileDlg.urls
         for url: URL in fileURLs!  {
            NotificationCenter.default.post(name:Notification.Name.onOpenDBFile, object:
               url.path)
            break
         }
      }
   })
}

@IBAction func closeDBActionClicked(_ sender: AnyObject) {
   let alert = NSAlert()
   // 增加 Ok 按钮
   alert.addButton(withTitle: "Ok")
   // 增加 Cancel 按钮
   alert.addButton(withTitle: "Cancel")
   // 提示的标题
   alert.messageText = "Confirm"
   // 提示的详细内容
   alert.informativeText = "Close Database?"
   // 设置告警风格
   alert.alertStyle = .informational
   alert.beginSheetModal(for: self.window!, completionHandler: { returnCode in
      // 当有多个按钮时可以通过 returnCode 区分判断
      if returnCode == NSApplication.ModalResponse.alertFirstButtonReturn { {
         NotificationCenter.default.post(name:Notification.Name.onCloseDBFile, object: nil)
      }
   })
}

@IBAction func homeToolBarClicked(_ sender: AnyObject) {
   let kHomeURL = "http://http://www.macdev.io"
   let url = URL(string: kHomeURL)
   if !NSWorkspace.shared.open(url!) {
      print("open failed!")
   }
}
```

定义了两个消息通知名称，分别用于实现打开文件和关闭文件的通知：

```
extension Notification.Name {
   // 定义消息通知名称
   static let onOpenDBFile  = Notification.Name("on-open-file")
   static let onCloseDBFile = Notification.Name("on-close-file")
}
```

38.5 菜单设计

菜单一般包括顶部的系统菜单、控件的右键上下文菜单和桌面 Dock 右键菜单等。这里只介绍系统菜单和上下文菜单。

38.5.1 系统菜单

在顶部系统菜单增加 Database 菜单，并增加子菜单项，如图 38-15 所示。

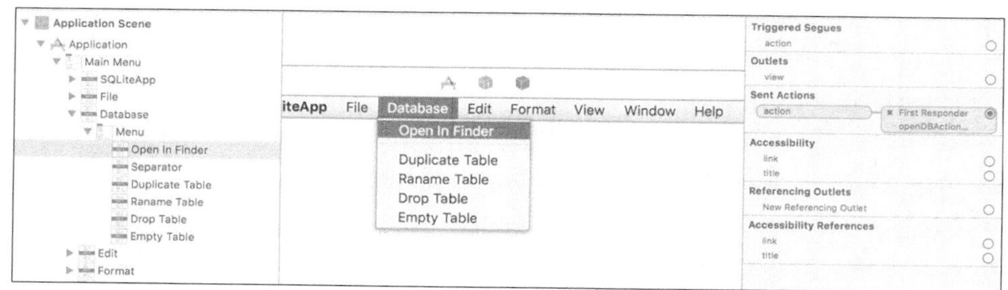

图 38-15

在 TableListViewController 中实现 5 个不同的 Action 方法，然后在菜单的 action 事件中进行事件关联。这里要注意的是，不需要直接关联到 TableListViewController 文件来选择事件绑定，点击右边面板上 action 的小圆圈，拖放到左边面板上部的 First Responder，会弹出下拉菜单，从中选择定义在 TableListViewController 中的方法名称即可。

实际上，如果菜单的 action 方法要通过拖动小圆圈直接绑定到 AppDelegate 对象或某个控制器的方法，那么菜单所在的 xib 文件的 Files Owner 对象必须是 AppDelegate 对象或这个控制器类。所以 App 顶部的系统菜单只能直接拖放绑定到 appDelegate 中定义的方法。

关联到 First Responder 选择事件方法是菜单 action 绑定的通用方法。事件响应链机制能保证最终定位到方法的实现者即 target 对象，并执行对应的方法。

下面是删除表的事件方法。这里对于不能恢复的操作，操作前通过 Alert 提示用户确认后再执行。

```
@IBAction func dropTableMenuItemClicked(_ sender: AnyObject) {
    let selectedRow = self.treeView.selectedRow
    if selectedRow < 0 {
        return
    }
    let node = self.treeView.item(atRow: selectedRow) as! TreeNodeModel

    if (node.type == kDatabaseNode) {
        return
    }
    let tableName = node.name

    let alert = NSAlert()
    // 增加一个 Ok 按钮
    alert.addButton(withTitle: "Ok")
    // 增加一个 Cancel 按钮
    alert.addButton(withTitle: "Cancel")
    // 提示的标题
```

```
        alert.messageText = "Confirm"
        // 提示的详细内容
        alert.informativeText = "Drop Table \(tableName)?"
        // 设置告警风格
        alert.alertStyle = .critical
        // 开始显示告警
        alert.beginSheetModal(for: self.view.window!, completionHandler: {(returnCode:
           NSModalResponse) -> Void in
           print("returnCode \(returnCode)")
           if returnCode == NSApplication.ModalResponse.alertFirstButtonReturn {
              self.dropTable(tableName)
           }
           // 用户点击告警上面的按钮后的回调
        })
    }

    func dropTable(_ tableName: String ) {
        let dropSQL = "Drop Table \(tableName)"
        let dao = DataStoreBO.shared.defaultDao
        if dao.sqlUpdate(sql: dropSQL) {
           DataStoreBO.shared.refreshTables()
           self.fetchData()
        }
        else {
           print("Drop Table Failed!")
        }
    }
```

38.5.2 上下文菜单

分栏控制器页面左边的数据库中表导航列表和右边数据表浏览视图都可以配置上下文菜单，用户右击鼠标可以出现菜单。

1．数据库导航列表上下文菜单

点击选择 TableListViewController.xib 文件，从控件工具箱拖放两个 Menu，分别命名为 Table Node Menu 和 Database Node Menu。设计它们对应的子菜单，如图 38-16 所示。

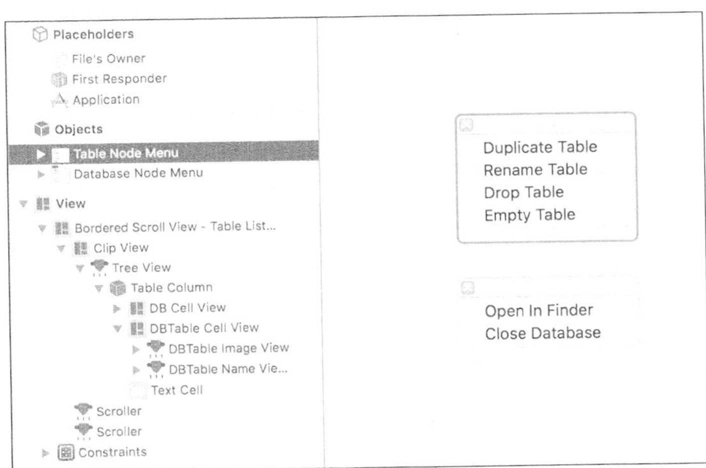

图 38-16

这些子菜单项对应的 action 方法在 TableListViewController 中均已实现，因此只需要绑定它们的 action 到 First Responder 的方法上即可。在 TableListViewController 中的表视图，子类化为

TableListView，对其配置菜单。

首先需要给 TableListView 类增加两个菜单属性如下：

```
@IBOutlet var tableNodeMenu: NSMenu!
@IBOutlet var dataBaseNodeMenu: NSMenu!
```

然后在 TableListViewController 的 viewDidLoad 加载方法中执行 treeViewMenuConfig 菜单配置方法，代码如下：

```
func treeViewMenuConfig() {
   self.treeView.tableNodeMenu    = self.tableNodeMenu
   self.treeView.dataBaseNodeMenu = self.dataBaseNodeMenu
}
```

子类化 NSOutlineView 类为 TableListView，增加两个菜单属性。最后，在 TableListView 中实现 menuForEvent:方法，根据不同的节点返回不同的菜单。相关代码如下：

```
class TableListView: NSOutlineView {
   weak var tableNodeMenu: NSMenu?
   weak var dataBaseNodeMenu: NSMenu?

   override func menu(for event: NSEvent) -> NSMenu? {
      let pt = self.convert(event.locationInWindow, from: nil)
      let row = self.row(at: pt)
      if row >= 0 {
         let item = self.item(atRow: row) as! TreeNodeModel
         let type = item.type
         if (type == kTableNode) {
            return self.tableNodeMenu
         }
         if (type == kDatabaseNode) {
            return self.dataBaseNodeMenu
         }
      }
      return super.menu(for: event)!
   }
}
```

运行后点击左边导航树的 Database 和 Table 节点，就会出现不同的上下文菜单。

2. 表数据浏览视图 Browse 中表格行点击上下文菜单

点击 TableView 行能够方便地完成数据的复制，这里提供两种数据格式（即 JSON 和 XML 格式）的转换功能，并且将其复制到剪贴板对象。

由于 Browse 控制器是用纯代码实现的，没有 xib 文件，因此无法像上面的上下文菜单那样直接设计，只能使用代码实现。

首先定义一个 NSMenu 属性变量 tableCellMenu，然后在 tableCellMenu 的懒加载方法中定义菜单和它的子菜单项。contextMenuActionConfig 方法中对每个子菜单项配置它的 action 方法。在 Browse 控制器的 viewDidLoad 加载方法中执行 contextMenuActionConfig 完成菜单的方法配置。相关代码如下：

```
lazy var tableCellMenu: NSMenu = {
   let tableCellMenu = NSMenu()
   var item = NSMenuItem()
   item.title = "Copy as JSON"
   tableCellMenu.addItem(item)
   item = NSMenuItem()
   item.title = "Copy as XML"
```

```
        tableCellMenu.addItem(item)
        return tableCellMenu

    }()

    func contextMenuConfig() {
        // 关联菜单到tableView
        self.tableView?.menu = self.tableCellMenu
        let menus = self.tableCellMenu.items
        var opIndex = 0
        for item: NSMenuItem in menus {
            item.target = self
            item.tag = opIndex
            item.action = #selector(self.tableCellMenuItemClick)
            opIndex += 1
        }
    }

    @IBAction func tableCellMenuItemClick(sender: AnyObject) {
        let item = sender
        let index = item.tag
        let selectedRow = self.tableView?.selectedRow
        if selectedRow! < 0 {
            return
        }
        var data = self.dataDelegate.itemOf(row: selectedRow!) as! [String:AnyObject]
        if index == 0 {
            let json = data.jsonString()
            NSPasteboard.copyString(str: json!, owner: self)
        }
        if index == 1 {
            let table = DataStoreBO.shared.tableInfoWithName(tableName: self.tableName)
            let fields = table.fields
            var strs = String()
            for field: FieldInfo in fields {
                let val = data[field.name]
                let colStr = "<column name=\"\(field.name)\">\(val!)</column>"
                strs += colStr
                strs += "\n"
            }
            NSPasteboard.copyString(str: strs,
owner: self)
        }
    }
```

运行结果如图 38-17 所示。

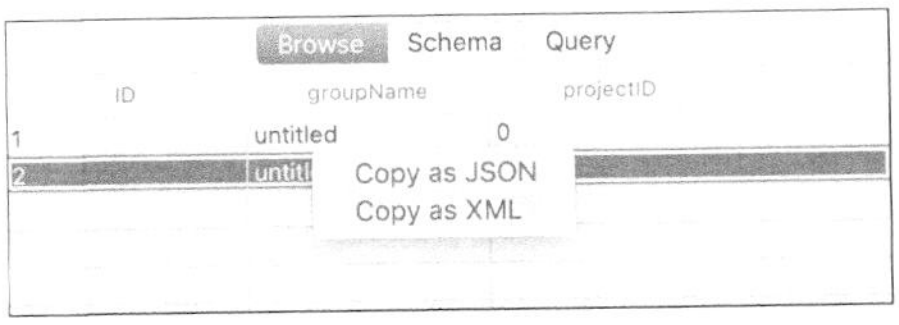

图 38-17

38.6 应用偏好设置

偏好页面一般是设计一个新的窗口控制器，将一些应用中的配置项分类展示，让用户进行选择设置，同时将其保存。一般是保存到 UserDefault 中，其他相关的控制器中通过读取 UserDefault 中保存的配置来实现一些个性化的参数配置。

从控件库拖放一个 Window Controller 到 Stortboard 中，针对我们的应用可对分页导航数据浏览时每页的数据大小 pageSize、表格文字样式（大小、颜色）等进行配置，这个留给读者去练习吧。

从 Stortboard 文件 MainMenu 中定位到 Preferences 菜单项，将其绑定到 AppDelegate 中的 showPreferenceWindowController:方法即可，如图 38-18 所示。

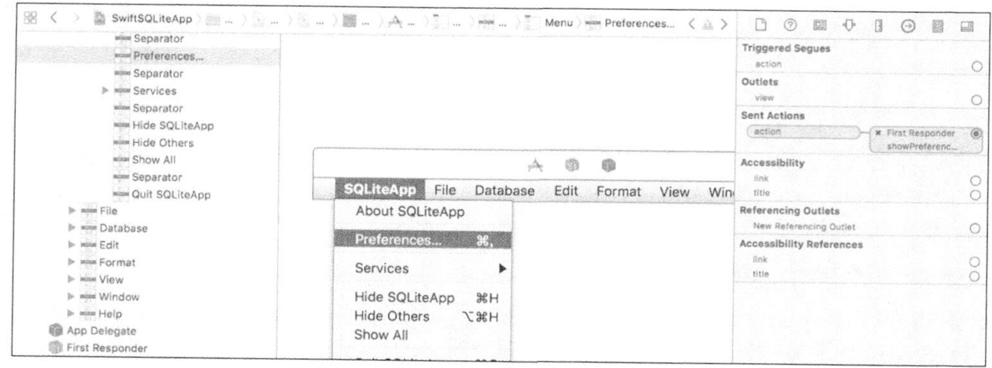

图 38-18

显示 Preferences 窗口的相关代码如下：

```
class AppDelegate: NSObject, NSApplicationDelegate {
   lazy var preferencesWindowController: PreferencesWindowController  = {
      let sb = NSStoryboard(name: NSStoryboard.Name(rawValue: "Main"), bundle: Bundle.main)
      let pWVC = sb.instantiateController(withIdentifier: NSStoryboard.SceneIdentifier
         (rawValue: "Preferences")) as! PreferencesWindowController
      return pWVC
   }()

   @IBAction func showPreferenceWindowController(_ sender: AnyObject) {
      self.preferencesWindowController.showWindow(self)
   }
}
```

38.7 页面控制器的核心流程

Table List Controller 是数据的核心控制器，负责显示数据库中的所有表；Browse 控制器用来显示一个具体表中的数据，Schema 控制器显示表的结构信息。这几个控制器之间的数据同步是通过多代理实现的，多代理广播通知有两种途径，如图 38-19 所示。

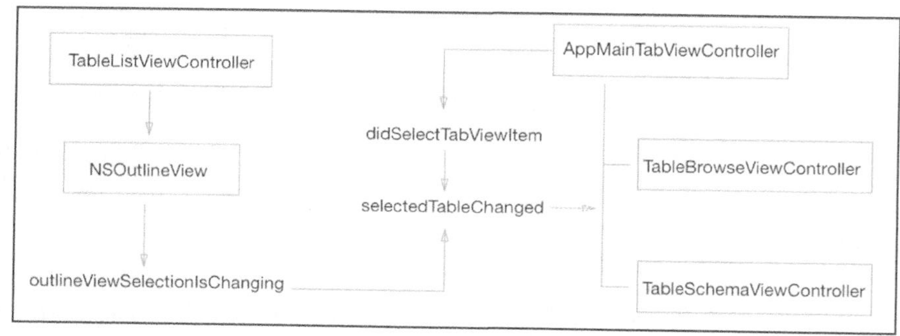

图 38-19

（1）用户点击选择 TableListView 中的表时，触发表代理回调接口 outlineViewSelectionIsChanging:。

（2）用户选择 Browse 或 Schema 选项卡时触发 AppMainTabViewController 控制器的代理方法 tabView:didSelectTabViewItem:。

TableListSelectionState 是 Table List View 选择的多代理模块，定义了多代理广播通知接口 selectedTableChanged:，当选择切换不同的表时通过 selectedTableChanged: 广播通知，Browse

控制器和 Schema 控制器注册了多代理通知，同时实现了 TableListSelectionStateDelegate 协议接口 selectedTableChanged:tableName:，这样就同步实现了数据刷新。

AppMainTabViewController 控制器中切换选项卡基本是同样的流程。TableListSelectionState 中属性变量 currentTableName 存储了当前选择的表名，切换选项卡时发送 selectedTableChanged:通知。

TableListSelectionStateDelegate 是协议接口的定义，控制流程的核心是通过 TableListSelectionState 多代理实现。

```
@objc protocol TableListSelectionStateDelegate  {
   @objc optional func selectedTableChanged(sender: AnyObject, tableName: String)
   @objc optional func closeDatabase(sender: AnyObject)
}

class TableListSelectionState: GCDMulticastDelegate,TableListSelectionStateDelegate {
   var currentTableName = ""

   func selectedTableChanged(tableName: String) {
      self.currentTableName = tableName
      let multiDelegate: TableListSelectionStateDelegate = self
      multiDelegate.selectedTableChanged!(sender: self, tableName: tableName)
   }

   func selectedTableChanged() {
      if currentTableName == "" {
         return
      }
      let multiDelegate: TableListSelectionStateDelegate = self
      multiDelegate.selectedTableChanged!(sender: self, tableName: self.currentTableName)
   }

   func closeDatabase () {
      let multiDelegate: TableListSelectionStateDelegate = self
      multiDelegate.closeDatabase!(sender: self)
   }
}
```

为了全局的管理和访问多代理，这里实现了 TableListStateManager 单例对象，提供了多代理注册和删除的接口，代码如下：

```
class TableListStateManager: NSObject {
   lazy var queue: DispatchQueue = {
      let queue = DispatchQueue(label: "macdec.io.StateManager")
      return queue
   }()

   private static let  sharedInstance = TableListStateManager()
   class var shared: TableListStateManager {
      return sharedInstance
   }

   lazy var multiDelegate: TableListSelectionState = {
      let delegate = TableListSelectionState()
      return delegate
   }()

   func addMultiDelegate(delegate:TableListSelectionStateDelegate, delegateQueue:DispatchQueue?){
      if delegateQueue == nil {
          multiDelegate.add(delegate, delegateQueue: self.queue)
      }
```

```
        else {
            multiDelegate.add(delegate, delegateQueue: delegateQueue)
        }
    }
    func removeMultiDelegate(delegate:TableListSelectionStateDelegate){
        multiDelegate.remove(delegate)
    }
}
```

下面对几个主要控制器中的处理流程进行说明。

1. TableList 控制器

TableList 控制器是数据的核心控制器，负责获取默认的 SQLite 数据库中的所有表，然后构造 NSOutlineView 的节点模型对象 TreeNodeModel，TreeNodeModel 的 type 属性区分了数据库和表不同类型的节点。最后将数据模型对象加载到 TableListViewDelegate 数据源和代理对象，完成 UI 的数据加载和显示。

SQLite 数据库中表的元数据获取使用了第 37 章中封装的 MDatabase+Meta 提供的接口来实现。不过我们并没有直接使用 MDatabase+Meta 扩展类，而是通过一个 DataStoreBO 单例对象做了接口封装来使用的。这样做的一个好处是便于后续的扩展和 MDatabase 内部的重构，而不影响上层的接口使用；另一个好处是有利于后续支持多个数据库节点展示，简单来说就是可以在 DataStoreBO 提供一个根据数据库路径作为键的数据库信息缓存，同时对下面的 TreeNodeModel 对象增加一个数据库路径属性，再将 TableListSelectionStateDelegate 协议中接口 selectedTableChanged:tableName:修改为 selectedTableChanged:tablePath:，tablePath 为 dbPath+tableName 组合的全路径。这样就可以实现多个数据统一列表的管理。

树节点模型类的实现如下：

```
class TreeNodeModel: NSObject {
   var name: String = ""
   var type: String = ""
   lazy var childNodes: Array = {
      return [TreeNodeModel]()
   }()
}
```

TableListViewController 中配置了树节点选择变化时的回调方法 selectionChangedCallback，这个方法里面实现了多代理通知广播。其他注册了多代理通知的页面就会收到通知事件进行相应的数据更新处理。相关代码如下：

```
func treeViewDelegateConfig() {
   self.treeView.delegate = self.treeViewDelegate
   self.treeView.dataSource = self.treeViewDelegate
   self.treeViewDelegate.owner = self.treeView
   self.treeViewDelegate.selectionChangedCallback = {(item: AnyObject, parentItem: AnyObject?)
      -> Void in
      let treeNode = item as! TreeNodeModel
      if treeNode.type == kDatabaseNode {
          return
      }
      let tableName = treeNode.name

      TableListStateManager.shared.multiDelegate.selectedTableChanged(tableName: tableName)
   }
}
```

在封装的 NSOutlineView 代理类 TreeViewDataDelegate 中实现了节点选择变换的系统消息通知 outlineViewSelectionDidChange，最终触发 selectionChangedCallback 回调触发多代理广播。相关代码如下：

```
func outlineViewSelectionDidChange(_ notification: Notification) {
   let treeView = notification.object as! NSOutlineView
   let row = treeView.selectedRow
   if let item = treeView.item(atRow: row) {
      let pItem = treeView.parent(forItem: item)
      if let callback = self.selectionChangedCallback {
         callback(item as AnyObject, pItem as AnyObject?)
      }
   }
}
```

作为用户选择的表的方式，除了点击选择一个节点外，还可以通过键盘的上下箭头键来切换不同的选择。要处理键盘事件，可以通过子类化 NSOutlineView 的 TableListView 类，在 keyDown:方法中根据事件的 keyCode 来进行处理。NSOutlineView 已经自动实现了键盘上下键切换时触发 outlineViewSelectionDidChange 消息通知。

2. Browse 控制器

Browse 控制器是完全使用代码实现的动态配置表列的表数据导航控制器。我们在本书第 34 章中已经讲了动态配置表列的实现过程，这里不再赘述。

Browse 控制器在 viewDidLoad 初始化完成后注册了 TableListSelectionStateDelegate 多代理通知，同时实现了多代理接口协议：

```
class TableBrowseViewController
   deinit {
      unRegisterMultiDelegate()
   }

   override func viewDidLoad() {
      super.viewDidLoad()
      self.registerMultiDelegate()
   }
}
```

注册和删除多代理，多代理协议接口实现相关的代码如下：

```
extension TableBrowseViewController: TableListSelectionStateDelegate {
   func registerMultiDelegate() {
      TableListStateManager.shared.addMultiDelegate(delegate: self, delegateQueue: nil)
   }

   func unRegisterMultiDelegate() {
       TableListStateManager.shared.removeMultiDelegate(delegate: self)
   }

   func selectedTableChanged(sender: AnyObject, tableName: String) {
      print("Browse selectedTableChanged \(tableName)")

      let table = DataStoreBO.shared.tableInfoWithName(tableName: tableName)
      self.tableName = tableName
      let fields = table.fields
      DispatchQueue.main.async {
         self.tableViewUpdateColumns(fields: fields)
         self.tableViewSortColumnsConfig()
```

```
            // 计算分页数据
            self.pageManager.computePageNumbers()
            // 导航到第一页
            self.pageManager.goFirstPage()
            // 更新导航面板分页提示信息
            self.updatePageInfo()
        }
    }
}
```

3. Schema 控制器

Schema 控制器是一个固定列的表视图，固定列的表视图可以通过 xib 定义每个列的视图界面，这里是完全通过代码实现的。它也注册了 TableListSelectionStateDelegate 多代理通知，实现了相关方法。

底部的工具栏按钮只配置了增加表的列、删除表的列和刷新数据，3 个按钮，具体的按钮事件方法没有实现，这个读者可以留作自己练习。

4. Query 控制器

Query 控制器界面是使用 xib 方式实现的。界面上方是一个输入 SQL 语句的 Text View，为了支持语法高亮功能，使用了开源的 MGSFragaria 库。

由于 MGSFragaria 是一个 OC 库，因此需要将其头文件加入 SQLiteApp-Bridging-Header.h 桥接头文件中。

38.8 用户体验的一点改进

打开一个新数据库，除了通过文件选择对话框面板外，还希望有更方便的方式，用户在系统的 Finder 中找到某个数据库文件，直接拖放到 App 左侧数据库导航面板就能自动打开。实现拖放操作的主要过程如下。

（1）在 TableListViewController 中注册拖放事件。

```
func registerFilesDrag() {
    self.treeView.registerForDraggedTypes([NSPasteboard.PasteboardType.backwardsCompatibleFileURL])
}
```

（2）在 TreeViewDataDelegate 中增加文件拖放回调代码块。

```
typealias DragFileCallbackBlock =  ( _  path: String) -> ()

var dragFileCallBack: DragFileCallbackBlock?
```

（3）在 TableListViewController 中的 treeView 代理配置 treeViewDelegateConfig 方法中增加回调处理，执行具体打开数据库的操作处理。

```
self.treeViewDelegate.dragFileCallBack = { [weak self]  (path: String) -> Void in
    self!.openDatabaseWithPath(path: path)
}
```

（4）在 TableListViewDelegate 中实现拖放协议方法。

```
func  outlineView(_ outlineView: NSOutlineView, validateDrop info: NSDraggingInfo, propose
    dItem item: Any?, proposedChildIndex index: Int) -> NSDragOperation {
    return .every
}
```

```
func outlineView(_ outlineView: NSOutlineView, acceptDrop info: NSDraggingInfo, item: Any?,
   childIndex index: Int) -> Bool {

   let pboard = info.draggingPasteboard()

   self.handleFileBasedDrops(pboard)

   return true
}

func handleFileBasedDrops(_ pboard: NSPasteboard ) {
   let fileURLType = NSPasteboard.PasteboardType.backwardsCompatibleFileURL
   if (pboard.types?.contains(fileURLType))! {
      var filePath: String?
      if #available(OSX 10.13, *) {
         if let utTypeFilePath = pboard.propertyList(forType:fileURLType) as? URL {
            filePath = utTypeFilePath.path
         }
      }
      else {
         // UTType 类型的文件路径，需要转换成标准路径
         if let utTypeFilePath = pboard.string(forType:fileURLType) {
            filePath =  URL(fileURLWithPath: utTypeFilePath).standardized.path
         }
      }
      // 代理通知
      if let dragFileCallBack = self.dragFileCallBack, let filePath = filePath {
         dragFileCallBack(filePath)
      }
   }
}
```

另外一点是增加了历史数据库记忆功能，App 运行时自动打开上次的数据库。这个可以在 UserDefaults 中存储每次打开的数据库路径，启动时检查是否存储了上次的路径。

38.9 发布应用准备

基本功能开发完成后，接下来就到了应用的发布环节。

38.9.1 发布到非应用商店渠道

发布到非应用商店渠道，一种方法是使用专业工具软件 DMG Canvas 来打包，另一种最简单、快捷的绿色发布方式是在 Xcode 中去掉签名，不要使用证书来编译工程，然后将 app 文件压缩后作为发布包直接使用。

去掉签名打包时的检查过程如下。

（1）去掉 Signing 中 Automatically manage signing 勾选，如图 38-20 所示。

（2）Signing 中 Code Signing Identity 选 Don't CodeSIgn，Provisioning Profile 选 None，如图 38-21 所示。

然后在左边工程文件列表最下面的 Products 中找到 app 文件，点击右键菜单选择 Show In Finder 定位到打包文件，将其压缩为 zip 文件发布即可。

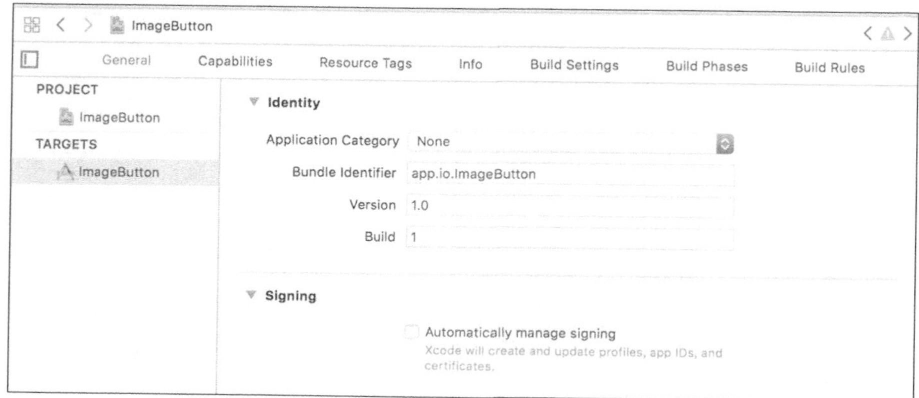

图 38-20

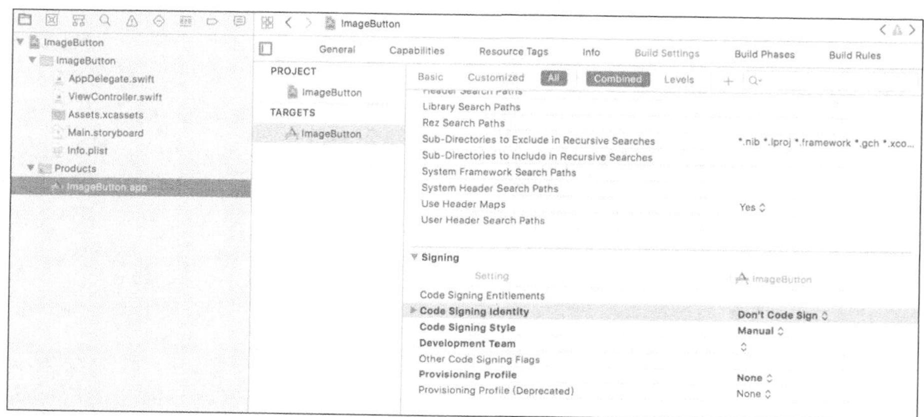

图 38-21

38.9.2 发布到应用商店

应用发布到商店打包时需要注意的事项如下。

1．准备 App Icon

针对应用的特点和风格请设计师准备一个 1 024 像素×1 024 像素大小的 png 图标，参考 35.1 节中的图标规格，把图标转换成 macOS 平台要求的图标大小，增加到 Assets.xcassets 的 appIcon 中。

2．工程基本配置信息

在工程的 TARGET 的 General 中，Application Category 选择一个应用类型，这里 SQLiteApp 定位为 Developer Tools。

Deployment Target 选择支持的最低版本为 10.10，如图 38-22 所示。

3．打开沙盒开关

工程 target SQLiteApp，在工程配置的 Capabilities 中将 App Sandbox 设置为 ON。

（1）应用没有网络访问服务器的功能，因此 Network 无须设置。

（2）Hardware 必须勾选 Printing。

（3）由于应用中允许用户通过文件对话框选择打开数据库文件的功能，因此 File Access 中 User Selected File 选择 Read /Write，如图 38-23 所示。

4．打包发布

登录开发者中心，进行发布应用的创建，包括 Bundle ID、App ID、签名配置文件（provision）、应用的功能简介、图片资料等。配置生产证书，执行 Xcode→Product 菜单下的 Archive，完成打包。

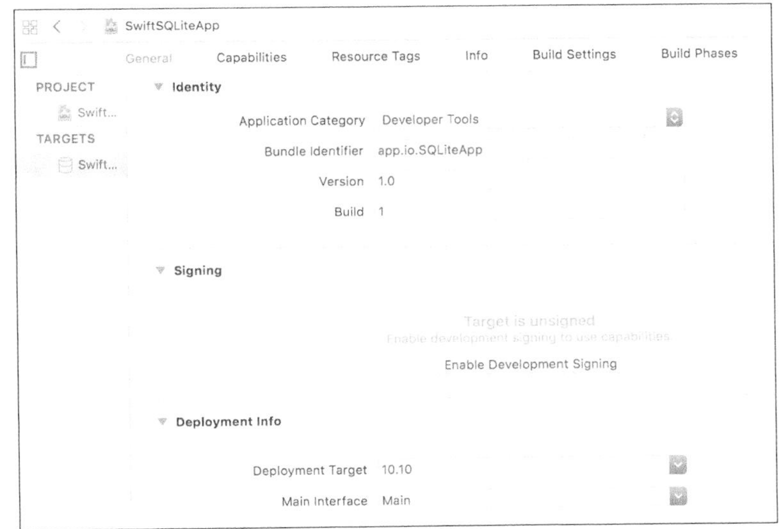

图 38-22

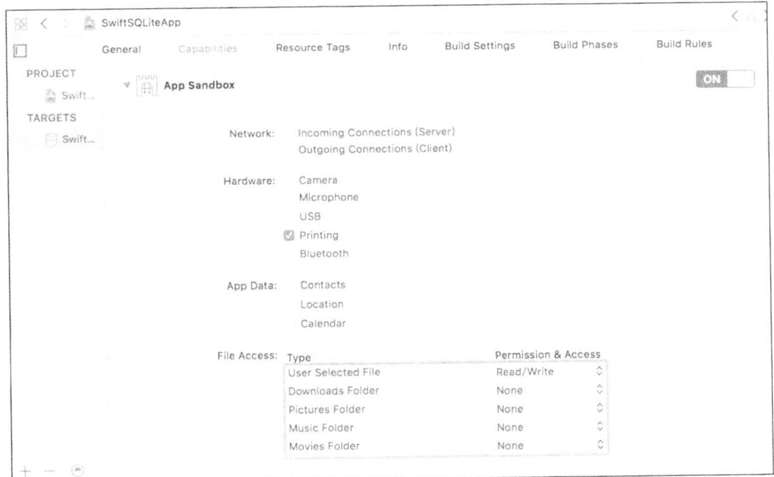

图 38-23

打开 Xcode→Open Developer Tool→Application Loader，将刚才打包的文件上传到开发者中心，如图 38-24 所示。

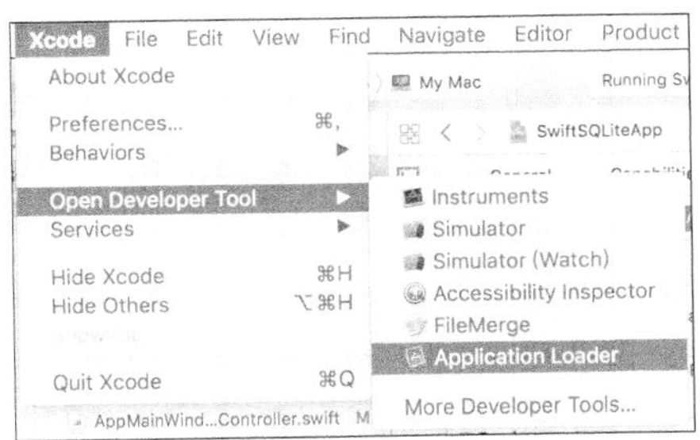

图 38-24

上传完成之后在开发者中心提交应用，进入审核状态。到这一步基本就大功告成，等待进一步审核结果了。

后 记

孕育之旅

写书的过程与学习任何新东西一样，起初是兴奋的，看着几十页属于自己的文字会有些小小的成就感。接下来的几个月就是痛苦和折磨的开始，我发现困难还真不少，有些内容自己看起来好像懂，但是要把它写成文字并且成为自成体系的章节，就有些觉得无从下手了，就有把石头滚到半山腰的感觉，但没有退路。只好咬牙再去学习，阅读苹果公司的官方文档教程，思考整个知识的逻辑，列出提纲再慢慢补充，这样才终于完成了大部分章节。

写书给我另外的收获是让我再一次看到了坚持的力量。我没有想过我能独自完成一本书的写作，以前读书的时候看到一本厚厚的书都会觉得作者真是了不起，觉得写书太难了！尽管有些书的确是只有大师才能完成的，但普通人完成一本基础性的书还真是有可能的！

学会放弃

互联网思维中讲求快速发布，不断迭代打磨产品。我觉得，再继续写下去，本书的内容还可以继续增加很多，但那样就永远都不可能完成了，只有到此结束，才会有新的开始。于是，我放下新内容的编写，整理完善之前完成的章节，决定把这样一本书交给读者，接受读者的批评和意见。

不完美

世上没有完美，本书同样是如此！它只是记录了 macOS 应用开发的一些基础知识，很多东西来不及细细研究就被我先写了出来，但这仍然不影响它在我心中的美！

本书还有很多问题，我希望它会像 App 开发一样，不断迭代，完善下去。

铸剑

每个人都应该学会打造自己的剑！

macOS 开发不是巨大的市场，但在全球范围内 Mac 电脑已有上亿的规模，每个季度的销量在三四百万。我们可以看到不断地有新的用户群涌现，iOS 系统的流行带来了更多的 macOS 用户。

一把小小的“剑”可能改变工作方式，带来巨大的效率提高，甚至做成一个成功的产品推向世界，不要小看自己，不要放弃！